Les Libellules de France, Belgique, Luxembourg et Suisse

Troisième édition

Jean-Pierre Boudot, Daniel Grand,
Hansruedi Wildermuth & Christian Monnerat

Platycnemis pennipes. © G. Doucet.

Sommaire

Chapitre 4

Chapitre 5

Libellula fulva. © L. Rouschmeyer.

Avant-propos

Dix-sept ans après la première édition des *Libellules de France, Belgique et Luxembourg*, et sept ans après la seconde, qui incluait également la Confédération Helvétique, nous proposons ici la troisième édition de cet ouvrage. Tout en veillant à rester dans le même esprit que les deux premières éditions et l'ensemble de la collection Parthénope, l'ouvrage a été mis à jour par l'intégration des nouvelles informations disponibles.

La généralisation des méthodes modernes d'analyses cladistiques, génétiques et structurales appliquées à la systématique des organismes vivants ou fossiles a progressivement modifié la systématique traditionnelle des Odonates, très largement fondée sur l'analyse de la nervation alaire des espèces depuis le début du XXe siècle mais dont la signification évolutive avait été largement surestimée du fait de phénomènes de convergences évolutives mal identifiés. Cette troisième édition intègre donc les changements concernant la nomenclature et la position systématique de certaines familles et genres présents dans nos quatre pays. Par ailleurs, suite à la réalisation d'un atlas européen des Odonates (*Atlas of the European dragonflies and damselflies*, éditions KNNV, Pays-Bas) et d'un nombre important d'atlas nationaux et régionaux, de nombreuses données concernant la distribution des libellules étaient devenues disponibles et ont permis une mise à jour de la cartographie.

À cet égard, l'expansion vers le nord de plusieurs espèces à l'échelle européenne notée depuis plusieurs décennies se poursuit. *Trithemis annulata*, qui a très largement colonisé le sud de l'Europe depuis 1978, a fait une apparition remarquée dans le sud de la Hongrie en 2016. Ce phénomène ne doit néanmoins pas être attribué aveuglément au réchauffement du climat comme cela est trop souvent fait dogmatiquement lorsque l'on ne tient pas compte des changements d'habitats imposés par l'homme. Certaines de ces espèces sont également en expansion ou de plus en plus fréquentes dans le sud de leur aire du fait de la création de nouveaux habitats par l'homme et le climat n'a alors qu'un rôle secondaire dans ces dynamiques de colonisation, même s'il le permet. Les deux paramètres, climat et influence humaine directe, agissent généralement en synergie, il s'agit de ne pas l'oublier si l'on veut comprendre les changements d'aire correctement. Si l'implantation durable de *Trithemis kirbyi* dans le sud de l'Espagne s'est d'abord faite dans des localités naturelles stables depuis longtemps en correspondance à des vagues de chaleur inhabituelles et peut donc être attribuée à une dérive climatique, la rapidité de la propagation de cette espèce du sud de l'Andalousie au nord-ouest de l'Aragon par la côte méditerranéenne puis par le centre du pays en moins de dix ans (de 2007 à 2016) est en relation directe avec la création de milliers de mares d'irrigation artificielles tout au long des côtes méridionales et orientales de l'Espagne. Il en est de même en ce qui concerne l'apparition de cette même espèce au Sahara Occidental, bien que de tels nouveaux habitats y soient restés plus confidentiels et localisés. D'autres espèces montrent au contraire une densification de leur implantation dans une aire totale n'ayant pas significativement varié, du fait de la multiplication des points d'eau par l'homme à des fins agricoles, domestiques ou récréatives. L'implantation de plus en plus générale de *Selysiothemis nigra* depuis 1990 et de *Lindenia tetraphylla* depuis 2012 en Crète dans des bassins agricoles et des lacs de barrages artificiels, l'implantation de *S. nigra* dans d'anciennes gravières réhabilitées en Algérie et dans le nord-est de l'Italie en sont d'excellents exemples qui n'ont pas de relation directe avec les évolutions du climat. Il reste bien des phénomènes à analyser dans ce domaine, mais cela nécessite une approche multifactorielle complexe s'éloignant de raisonnements trop simplistes.

Les auteurs

Platycnemis pennipes, mâle. © P. Papon.

Remerciements

En regardant la couverture du livre les « Libellules de France, Belgique, Luxembourg et Suisse », nous pourrions croire que seuls quatre auteurs ont travaillé à son élaboration. Cette impression est trompeuse et notre livre est bien le fruit de nombreuses collaborations avec les scientifiques et nos collègues odonatologues, que nous remercions avec le plus vif plaisir.

Nous remercions chaleureusement pour leur contribution à la rédaction de certains textes ou à la communication de données régionales et pour leur participation à l'établissement de la cartographie, Guillaume Lemoine, Joël Broyer, Philippe Lambret, Xavier Houard, Bastien Louboutin, Régis Krieg-Jacquier, Valérie-Anne Lafont ainsi que nos collègues belges et luxembourgeois, Philippe Goffart, Grégory Motte, Geert de Knijf et Rolland Proess.

Nous adressons également un grand merci à tous les universitaires et scientifiques qui nous ont conseillés dès la première édition de ce livre sur certains chapitres difficiles de l'ouvrage ou informés de leurs travaux en cours ou peu connus et, en particulier, les professeurs Henri Dumont (Belgique), Gerhard Jurzitza (Allemagne) et Antonio Cordero Rivera (Espagne), mais aussi les docteurs André Nel (Muséum national d'Histoire naturelle de Paris), Gilles Jacquemin (université de Nancy), Philippe Richoux (université de Lyon), Arnold Abro (Norvège), Jürg De Marmels (Venezuela), Matti Hämäläinen (Finlande), Oleg Kosterin (Russie) et Antonio Torralba Burrial (Espagne) ainsi que Messieurs Harald Heidemann (Allemagne) et Jean-Louis Dommanget (Société française d'Odonatologie).

C'est également une authentique satisfaction que de remercier tous nos collègues français et étrangers qui sont les véritables chevilles ouvrières de l'ouvrage par leurs informations sur la distribution des espèces et autres données faunistiques, mais aussi pour le prêt de documents et clichés photographiques, ou encore pour la communication de toute autre donnée. Nous voulons citer Greg Lasley (États-Unis), Michel Savard (Québec), Mathias Lohr et Dietrich Kern (Allemagne), J.-L. Gathoye, T. Paternoster et Mme C. Delmarche (Belgique), M. Caviglia et Jacques Léone (Grand Lyon), Damien Cohez (station biologique de la Tour du Valat), Pascal Favérot (Conservatoire régional des Espaces naturels Rhône-Alpes), Philippe Jourde (Ligue pour la Protection des Oiseaux), André Ulmer (Fédération Rhône-Alpes de Protection de la Nature), Christine et Pierre Juliand, Mlle Anne Morgillo, Messieurs Benjamin Adam, Sébastien Albinet, Gilles Bailleux, Alan Cann, Jean-François Cornuet, Xavier Delclos, Vincent Delcourt, Cyrille Deliry, Jean-François Desmet, Jean-Charles Dor, Guillaume Doucet, Carlo Galiani, Bruno Gilard, Bruno Gontier, Charles Gosset, François Guérold, Nicolas Hélitas, Stéphane Hette, Étienne Hubert, Franck Jouandoudet, Bruno Jourdain, Jean-Yves Kernel, Vincent Koch, Régis Krieg-Jacquier, Sébastien Lamy, Michel Leconte, Thomas Luzzato, Don Marsille, Frédéric Melki, Thomas Menut, Raynald Moratin, Vincent Nicolas, Erland Nielsen (Danemark), Loup Noally, Pierre Papon, Vincent Prié, Éric Prud'homme, Jérôme Robin, Laurent Rouschmeyer, Thomas Roussel, Vincent Rufray, Xavier Rufray, Cédric Vanappelghem, Gérard Vincent, en espérant n'oublier personne.

Nous adressons aussi des remerciements appuyés à la Société odonatologique de France.

Enfin, merci à tous et à tous ceux que nous aurions pu involontairement oublier.

Un grand merci également aux éditions Biotope pour l'énorme travail réalisé lors des diverses éditions de cet ouvrage.

Les auteurs

Jeune *Aeshna mixta* au cours de sa phase de maturation.
© C. Gosset.

Introduction

Les libellules sont connues de tout observateur de la nature. Qui, enfant accompagnant ses parents à la pêche, n'a pas été hypnotisé par le vol papillonnant des Caloptéryx ou par le vol au point fixe d'un Orthétrum, d'une Libellule déprimée ou d'une Aeschne au coin d'un étang ? En effet, les libellules sont liées à l'eau, dans laquelle les larves vivent. Les adultes s'en éloignent pourtant parfois à grande distance, lors de leur période de maturation sexuelle ou pendant leurs heures de chasse. Certaines espèces effectuent même des migrations à très longue distance (certains Anax porte-selle sont partis de Côte d'Ivoire pour se retrouver en Islande, où ils sont morts de froid !). Mais dans l'ensemble, c'est au bord de l'eau que l'on a le plus de chances de rencontrer ces insectes.

Certaines espèces se développent en eau courante, bien oxygénée, d'autres dans les mares, les étangs et les lacs, d'autres encore dans les tourbières acides, en eau saumâtre, ou uniquement dans les sources suintantes. La majorité reste à basse altitude, alors qu'un petit cortège d'autres est propre aux massifs montagneux. Un petit nombre d'espèces est au contraire très ubiquiste et vit dans tous les types d'eau, de la plaine à la montagne.

En bien des points par contre, l'action de l'homme, comme le curage et le calibrage des cours d'eau et des étangs, la pollution, le drainage des marais, leur est néfaste et peut provoquer leur raréfaction ou leur disparition.

Cent quatre taxons (espèces et sous-espèces) de libellules (38 Zygoptères et 66 Anisoptères) ont été observés ou cités au moins une fois en France, Corse comprise. Sept d'entre eux ont très certainement disparu, se réfèrent à des espèces erratiques dont l'observation n'a pas été renouvelée, ou sont incertaines. La faune des libellules de Belgique compte quant à elle 70 espèces (24 Zygoptères et 46 Anisoptères) dont cinq ont disparu ou ne sont que des visiteurs occasionnels. La Suisse compte quant à elle 80 taxons (28 Zygoptères et 52 Anisoptères) dont sept ont disparu ou ne sont que des visiteurs occasionnels. Le Luxembourg compte 62 espèces (21 Zygoptères et 41 Anisoptères) dont dix ont vraisemblablement disparu ou ne sont que des visiteurs occasionnels.

Coenagrion caerulescens. © L. Rouschmeyer.

LISTE DES LIBELLULES DE FRANCE, BELGIQUE, LUXEMBOURG ET SUISSE

Dans la liste qui suit, les cinq régions considérées dans cet ouvrage sont indiquées par les lettres suivantes : F = France continentale ; Co = Corse ; Be = Belgique ; L = Luxembourg ; S = Suisse. Un signe dièse (#) indique que l'espèce n'est plus considérée comme reproductrice dans le pays concerné, même si des individus erratiques isolés y sont encore observés de temps à autre. Un point d'interrogation indique que la citation concernant l'espèce pour ce pays est douteuse, les crochets que les observations concernent essentiellement des individus jugés erratiques ou migrateurs, même lorsqu'ils sont occasionnellement reproducteurs. Néanmoins, lorsque l'une de ces espèces parvient à effectuer un cycle reproductif annuel complet au cours duquel les larves survivent à l'hiver, elle sera considérée comme autochtone. Lorsqu'aucune sous-espèce n'est mentionnée, c'est toujours de la forme nominale dont il s'agit. La nomenclature vernaculaire est celle de la Liste Rouge des espèces menacées de France établie par le comité français de l'UICN, qui s'appuie sur celle de la Société française d'Odonatologie.

ODONATA FABRICIUS, 1793

ZYGOPTERA SELYS, 1854

Calopterygidae Selys, 1850

Calopteryx Leach in Brewster, 1815

1. *Calopteryx splendens splendens* (Harris, 1780) (Caloptéryx éclatant) .... F Be L S
2. *Calopteryx splendens caprai* Conci, 1956 (Caloptéryx de Capra) .... Co S
3. *Calopteryx xanthostoma* (Charpentier, 1825) (Caloptéryx occitan) .... F
4. *Calopteryx virgo virgo* (Linnaeus, 1758) (Caloptéryx vierge) .... F Be L S
5. *Calopteryx virgo meridionalis* Selys, 1873 (Caloptéryx méridional) .... F Co S
6. *Calopteryx haemorrhoidalis* (Vander Linden, 1825) (Caloptéryx hémorroïdal) .... F Co

Lestidae Calvert, 1901

Lestes Leach in Brewster, 1815

7. *Lestes barbarus* (Fabricius, 1798) (Leste sauvage) .... F Co Be L [S]
8. *Lestes virens virens* (Charpentier, 1825) (Leste verdoyant méridional) .... F Co
9. *Lestes virens vestalis* Rambur, 1842 (Leste verdoyant septentrional) .... F Be L S
10. *Lestes sponsa* (Hansemann, 1823) (Leste fiancé) .... F Be L S
11. *Lestes dryas* Kirby, 1890 (Leste des bois) .... F Be L S
12. *Lestes macrostigma* (Eversmann, 1836) (Leste à grands ptérostigmas) .... F Co

Chalcolestes Kennedy, 1920

13. *Chalcolestes viridis* (Vander Linden, 1825) (Leste vert occidental) .... F Co Be L S
14. *Chalcolestes parvidens* (Artobolevskij, 1929) (Leste vert oriental) .... Co

Sympecma Burmeister, 1839

15. *Sympecma fusca* (Vander Linden, 1820) (Leste brun) .... F Co Be L S
16. *Sympecma paedisca* (Brauer, 1877) (Leste enfant) .... F# S

Platycnemididae Jacobson et Bianchi, 1905

Platycnemis Burmeister, 1839

17. *Platycnemis pennipes* (Pallas, 1771) (Agrion à larges pattes) .... F Co? Be L S
18. *Platycnemis latipes* Rambur, 1842 (Agrion blanchâtre) .... F
19. *Platycnemis acutipennis* Selys, 1841 (Agrion orangé) .... F

Coenagrionidae Kirby, 1890

Coenagrion Kirby, 1890

20. *Coenagrion puella* (Linnaeus, 1758) (Agrion jouvencelle) .... F Co Be L S
21. *Coenagrion pulchellum* (Vander Linden, 1825) (Agrion joli) .... F Co Be L# S
22. *Coenagrion hastulatum* (Charpentier, 1825) (Agrion hasté) .... F Be S
23. *Coenagrion lunulatum* (Charpentier, 1840) (Agrion à lunules) .... F Be S#
24. *Coenagrion ornatum* (Selys, 1850) (Agrion orné) .... F S#
25. *Coenagrion mercuriale* (Charpentier, 1840) (Agrion de Mercure) .... F Be L S
26. *Coenagrion scitulum* (Rambur, 1842) (Agrion mignon) .... F Co Be L S
27. *Coenagrion caerulescens* (Fonscolombe, 1838) (Agrion bleuissant) .... F Co

Enallagma Charpentier, 1840

28. *Enallagma cyathigerum* (Charpentier, 1840) (Agrion porte-coupe) .... F Co Be L S

Ischnura Charpentier, 1840

29. *Ischnura elegans* (Vander Linden, 1820) (Agrion élégant) .... F Be L S
30. *Ischnura genei* (Rambur, 1842) (Agrion de Gené) .... Co
31. *Ischnura graellsii* (Rambur, 1842) (Agrion de Graells) .... F
32. *Ischnura pumilio* (Charpentier, 1825) (Agrion nain) .... F Be L S

Erythromma Charpentier, 1840

33. *Erythromma lindenii* (Selys, 1840) (Agrion de Vander Linden) .... F Co Be L S
34. *Erythromma najas* (Hansemann, 1823) (Naïade aux yeux rouges) .... F Be L S
35. *Erythromma viridulum* (Charpentier, 1840) (Naïade au corps vert) .... F Co Be L S

Pyrrhosoma Charpentier, 1840

36. *Pyrrhosoma nymphula* (Sulzer, 1776) (Petite nymphe au corps de feu) .... F Co? Be L S

Ceriagrion Selys, 1876

37. *Ceriagrion tenellum* (Villers, 1789) (Agrion délicat) .... F Co Be S

Nehalennia Selys, 1850

38. *Nehalennia speciosa* (Charpentier, 1840) (Déesse précieuse) .... F# Be# L# S

ANISOPTERA SELYS, 1854

Aeshnidae Leach in Brewster, 1815

Aeshna Fabricius, 1775

39. *Aeshna affinis* Vander Linden, 1820 (Aeschne affine) .... F Co Be L S
40. *Aeshna caerulea* (Ström, 1783) (Aeschne azurée) .... F S
41. *Aeshna mixta* Latreille, 1805 (Aeschne mixte) .... F Co Be L S
42. *Aeshna juncea* (Linnaeus, 1758) (Aeschne des joncs) .... F Be L# S
43. *Aeshna subarctica elisabethae* Djakonov, 1922 (Aeschne subarctique) .... F Be S
44. *Aeshna cyanea* (Müller, 1764) (Aeschne bleue) .... F Co Be L S
45. *Aeshna grandis* (Linnaeus, 1758) (Grande Aeschne) .... F Be L S

Isoaeschna Schneider *et al.*, 2023

46. *Isoaeschna isoceles* (Müller, 1767) (Aeschne isocèle) .... F Co Be L S

Brachytron Evans, 1845

47. *Brachytron pratense* (Müller, 1764) (Aeschne printanière) .... F Co Be L S

Boyeria McLachlan, 1896

48. *Boyeria irene* (Fonscolombe, 1838) (Aeschne paisible) .... F Co S

Anax Leach in Brewster, 1815

49. *Anax ephippiger* (Burmeister, 1839) (Anax porte-selle) .... F [Co] [Be] [S]
50. *Anax imperator* Leach in Brewster, 1815 (Anax empereur) .... F Co Be L S
51. *Anax junius* (Drury, 1773) (Anax américain) .... [F]
52. *Anax parthenope* Selys, 1839 (Anax napolitain) .... F Co Be L S

Gomphidae Rambur, 1842

Gomphus Leach in Brewster, 1815

53. *Gomphus vulgatissimus* (Linnaeus, 1758) (Gomphe vulgaire) ... F Be L S
54. *Gomphus pulchellus* Selys, 1840 (Gomphe joli) ... F Be L S
55. *Gomphus simillimus* Selys, 1840 (Gomphe semblable) ... F Be S
56. *Gomphus graslinii* Rambur, 1842 (Gomphe de Graslin) ... F

Stylurus Needham, 1897

57. *Stylurus flavipes* (Charpentier, 1825) (Gomphe à pattes jaunes) ... F Be L# S

Ophiogomphus Selys, 1854

58. *Ophiogomphus cecilia* (Geoffroy *in* Fourcroy, 1785) (Gomphe serpentin) ... F L S

Onychogomphus Selys, 1854

59. *Onychogomphus forcipatus forcipatus* (Linnaeus, 1758) (Gomphe à forceps septentrional) ... F Be L S
60. *Onychogomphus forcipatus unguiculatus* (Vander Linden, 1820) (Gomphe à forceps méridional) ... F S
61. *Onychogomphus uncatus* (Charpentier, 1840) (Gomphe à crochets) ... F [Be] S#

Paragomphus Cowley, 1934

62. *Paragomphus genei* (Selys, 1841) (Gomphe de Gené) ... Co

Lindenia de Haan, 1826

63. *Lindenia tetraphylla* (Vander Linden, 1825) (Lindénie à quatre feuilles) ... [Co]

Cordulegastridae Hagen, 1875

Cordulegaster Leach in Brewster, 1815

64. *Cordulegaster boltonii* (Donovan, 1807) (Cordulégastre annelé) ... F [Co] Be L S
65. *Cordulegaster bidentata* Selys, 1843 (Cordulégastre bidenté) ... F Be L S

Macromiidae Needham, 1903

Macromia Rambur, 1842

66. *Macromia splendens* (Pictet, 1843) (Cordulie splendide) ... F

Corduliidae Kirby, 1890

Cordulia Leach in Brewster, 1815

67. *Cordulia aenea* (Linnaeus, 1758) (Cordulie bronzée) ... F Be L S

Somatochlora Selys, 1871

68. *Somatochlora metallica* (Vander Linden, 1825) (Cordulie métallique) ... F Be L S
69. *Somatochlora meridionalis* Nielsen, 1935 (Cordulie méridionale) ... F Co
70. *Somatochlora flavomaculata* (Vander Linden, 1825) (Cordulie à taches jaunes) ... F Co Be L# S
71. *Somatochlora alpestris* (Selys, 1840) (Cordulie alpestre) ... F S
72. *Somatochlora arctica* (Zetterstedt, 1840) (Cordulie arctique) ... F Be S

Epitheca Burmeister, 1839

73. *Epitheca bimaculata* (Charpentier, 1825) (Cordulie à deux taches) ... F Be L S

Incertae sedis

Oxygastra Selys, 1870

74. *Oxygastra curtisii* (Dale, 1834) (Cordulie à corps fin) ... F Be L# S

Libellulidae Leach in Brewster, 1815

Libellula Linnaeus, 1758

75. *Libellula quadrimaculata* Linnaeus, 1758 (Libellule à quatre taches) ... F Co Be L S
76. *Libellula depressa* Linnaeus, 1758 (Libellule déprimée) ... F Co Be L S
77. *Libellula fulva* Müller, 1764 (Libellule fauve) ... F Co Be L S

Orthetrum Newman, 1833

78. *Orthetrum cancellatum* (Linnaeus, 1758) (Orthétrum réticulé) ... F Co Be L S
79. *Orthetrum albistylum* (Selys, 1848) (Orthétrum à stylets blancs) ... F Be S
80. *Orthetrum brunneum* (Fonscolombe, 1837) (Orthétrum brun) ... F Co Be L S
81. *Orthetrum coerulescens coerulescens* (Fabricius, 1798) (Orthétrum bleuissant) ... F Co Be L S
82. *Orthetrum coerulescens anceps* (Schneider, 1845) (Orthétrum de Rambur) ... [Co]
83. *Orthetrum trinacria* (Selys, 1841) (Orthétrum de Sicile) ... Co

Crocothemis Brauer, 1868
84. *Crocothemis erythraea* (Brullé, 1832) (Crocothémis écarlate)........ F Co Be L S
Sympetrum Newman, 1833
85. *Sympetrum danae* (Sulzer, 1776) (Sympétrum noir)........ F Be L S
86. *Sympetrum sanguineum* (Müller, 1764) (Sympétrum rouge sang)........ F Co Be L S
87. *Sympetrum depressiusculum* (Selys, 1841) (Sympétrum déprimé)........ F Co? Be L# S
88. *Sympetrum vulgatum vulgatum* (Linnaeus, 1758) (Sympétrum vulgaire)........ F Be L S
89. *Sympetrum vulgatum ibericum* Ocharan, 1985 (Sympétrum ibérique)........ F
90. *Sympetrum striolatum* (Charpentier, 1840) (Sympétrum fascié)........ F Co Be L S
91. *Sympetrum meridionale* (Selys, 1841) (Sympétrum méridional)........ F Co Be L S
92. *Sympetrum flaveolum* (Linnaeus, 1758) (Sympétrum jaune d'or)........ F Be L S
93. *Sympetrum fonscolombii* (Selys, 1840) (Sympétrum de Fonscolombe)........ F Co Be L [S]
94. *Sympetrum pedemontanum* (Müller *in* Allioni, 1766) (Sympétrum du Piémont)........ F Be L# S
Leucorrhinia Brittinger, 1850
95. *Leucorrhinia dubia* (Vander Linden, 1825) (Leucorrhine douteuse)........ F Be [L] S
96. *Leucorrhinia rubicunda* (Linnaeus, 1758) (Leucorrhine rubiconde)........ F# Be [L] [S]
97. *Leucorrhinia pectoralis* (Charpentier, 1825) (Leucorrhine à gros thorax)........ F Be L# S
98. *Leucorrhinia caudalis* (Charpentier, 1840) (Leucorrhine à large queue)........ F Be L S
99. *Leucorrhinia albifrons* (Burmeister, 1839) (Leucorrhine à front blanc)........ F S
Trithemis Brauer, 1868
100. *Trithemis annulata* (Palisot de Beauvois, 1807) (Trithémis annelé)........ F Co
101. *Trithemis kirbyi* (Selys, 1891) (Trithémis de Kirby)........ F [Be]
Brachythemis Brauer, 1868
102. *Brachythemis impartita* (Karsch, 1890) (Brachythémis à bandes brunes)........ [Co]
Selysiothemis Ris, 1897
103. *Selysiothemis nigra* (Vander Linden, 1825) (Sélysiothémis noir)........ F Co
Pantala Hagen, 1861
104. *Pantala flavescens* (Fabricius, 1798) (Libellule globe-trotter)........ [F] [S]

Les libellules dans le règne animal et dans le monde

Chapitre 1

Perithemis lais. Guyane française. © V. Rufray.

La position des libellules parmi les animaux invertébrés

Avec actuellement près de 6400 espèces décrites, les Odonates forment une minuscule entité taxonomique au sein de l'immense groupe des insectes, eux-mêmes inclus dans les Hexapodes. Les Hexapodes sont rattachés aux Pancrustacés et se situent à proximité des crustacés supérieurs ou Malacostracés. Les Pancrustacés font partie des Arthropodes, ces derniers se réduisant actuellement aux Euarthropodes, les autres formes étant fossiles.

La classification des Euarthropodes n'est pas une chose simple et aucun consensus ne règne actuellement. Elle est fondée pour l'essentiel sur la description morphologique des organismes et, classiquement, correspond à la systématique initiée par Linné. La systématique linnéenne a comme inconvénient principal d'affilier des espèces parfois éloignées en se fondant sur leur ressemblance, qui parfois n'est due qu'à un phénomène de convergence. Avec le progrès des connaissances réalisées en biologie durant le dernier demi-siècle, de nouvelles disciplines plus performantes ont émergé. Peu à peu, elles complètent les seules techniques descriptives, et parfois même s'y substituent. La systématique phylogénétique, qui se fonde plutôt sur les affinités génétiques entre organismes, est ainsi en plein essor depuis le développement récent de nouvelles techniques en morphologie et en biologie moléculaire, comme l'analyse de l'ADN.

Lecointre et Le Guyader (2001) ont ainsi présenté une nouvelle classification du vivant, en utilisant à la fois les informations tirées de l'analyse du génome et celles provenant de l'examen morphologique des taxons. La figure 1 synthétise les propositions de ces auteurs en ce qui concerne les Euarthropodes, ce terme désignant les animaux possédant un exosquelette et des appendices (pattes, antennes) composés de pièces articulées. Il est vraisemblable que cette classification évoluera encore à l'avenir.

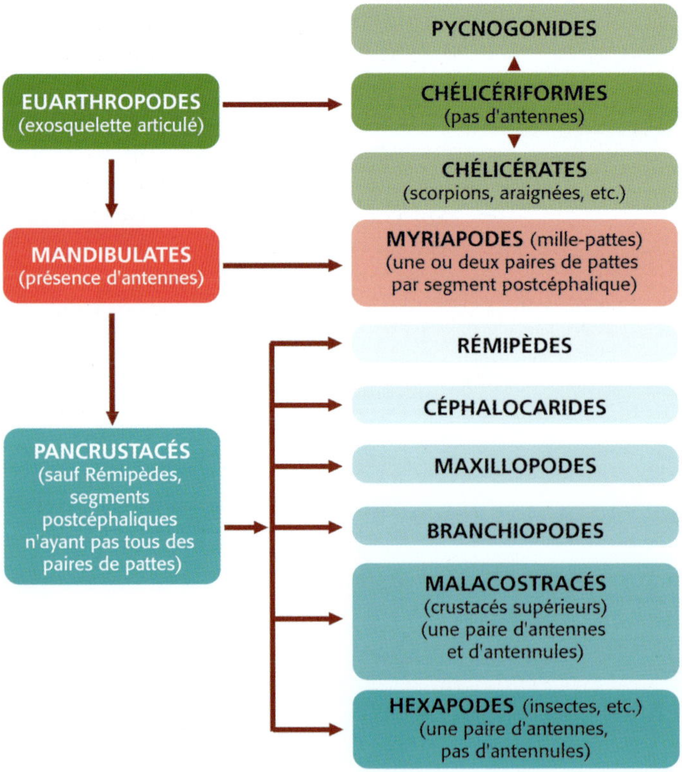

Fig. 1. Classification schématique des Euarthropodes (adaptée de Lecointre & Le Guyader, 2001).

Les Odonates, tout comme les Éphémères, présentent certains caractères considérés comme primitifs. Ce sont des insectes hétérométaboles, ce qui signifie que leur cycle est dépourvu de stade nymphal immobile comme le serait la chrysalide chez les papillons. Ce stade immobile de métamorphose complète, durant lequel l'ensemble de l'insecte se réorganise vers une structure conduisant à l'adulte, est présent chez les insectes holométaboles et prend place entre la larve et l'adulte. Les Odonates sont aussi qualifiés d'insectes hémimétaboles, car leurs larves, aquatiques, évoluent dans

Epallage fatime (Charpentier, 1840) : Epallagidae du Bassin méditerranéen oriental. © D. Grand.

Diplacodes luminans (Karsch, 1893) : Libellulidae afrotropical photographié à Mayotte. © D. Grand.

un milieu différent de celui des adultes, aériens. Parmi les insectes, les libellules se singularisent par deux caractères structuraux particuliers et des modalités copulatoires originales. Tout d'abord, le masque (ou labium) des larves, remarquablement étudié par Réaumur sous le nom de « bras mentonnier », est un organe spécifique aux Odonates, utilisé pour la capture des proies. Ensuite, et contrairement aux autres insectes, chez lesquels les genitalia des mâles sont en totalité situés au 9e segment abdominal, les mâles de libellules possèdent un organe copulateur secondaire situé sous le second segment abdominal, à proximité du thorax et donc séparé du pore génital et excréteur, situé sous le 9e segment. Cette localisation inhabituelle entraîne un mode d'accouplement original en forme de cœur (cœur copulatoire). Toutes ces particularités, complétées par quelques autres plus discrètes, ont conduit les systématiciens à distinguer les libellules des autres insectes ailés (Coléoptères, Hyménoptères, Diptères, Lépidoptères, etc.). La position systématique des Libellules au sein des insectes a beaucoup varié au cours du temps. La figure 2 présente un schéma d'affiliation possible concernant les ordres et taxons supérieurs des insectes, tel qu'il semble actuellement être largement accepté.

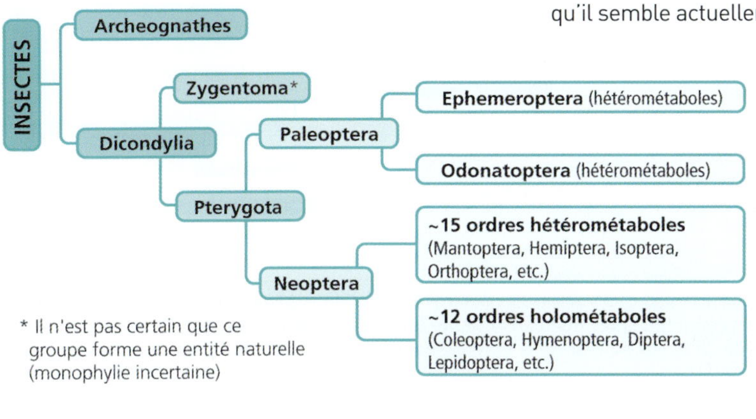

Fig. 2. Essai de classification des insectes (adapté de Klass & Kristensen, 2001).

Les libellules à travers les âges

Avec les Éphéméroptères, les Odonatoptères sont considérés par les paléontologues comme étant les insectes les plus anciennement apparus sur terre. Ceci est attesté par la découverte de nombreux fossiles, dont certains, comme *Namurotypus sippelli*, un Méganisoptère Méganeuride, ont vécu il y a plus de 300 millions d'années, au Carbonifère.

Une assez bonne connaissance de l'apparition des différents groupes d'Odonatoptères au cours des temps géologiques antéquaternaires nous est donnée par l'étude des fossiles. Ces informations sont synthétisées de manière simplifiée dans la figure 3. Les Odonates vrais apparaissent dès le milieu du Permien avec nos Zygoptères actuels (**Zygoptera**). La lignée Anisoptères + « Anisozygoptères » (**Epiproctophora**) est connue depuis le début du Jurassique. Parmi eux, les formes « Anisozygoptères » ont été très répandues jusqu'au milieu du Crétacé, puis ont presque entièrement disparu. Elles ne nous sont parvenues que par trois espèces asiatiques, véritables fossiles vivants, *Epiophlebia superstes* au Japon, *E. sinensis* de Chine et Corée et *E. laidlawi* de l'arc Himalayen. Les Anisoptères actuels (**Anisoptera**) soit partagent un ancêtre commun avec les Anisozygoptera, soit dérivent de ces derniers. Leur apparition ne semble pas du tout être synchrone de celle des Zygoptères actuels, puisque 57 millions d'années environ les séparent si l'on en croit les fossiles actuellement connus.

Si nos libellules les plus primitives viennent du fond des âges, certaines étaient alors des insectes gigantesques. Par leur envergure, certains **Meganisoptera** étaient parmi les plus grands insectes ayant jamais existé. Découvert dans des couches géologiques du Carbonifère à Commentry, en France, dans le département de l'Allier, *Meganeura monyi* approchait 70 cm d'envergure. Un peu plus tard au Permien, *Meganeuropsis permiana*, un autre Méganeuride, atteignait 72 cm d'envergure, ce qui est comparable à l'envergure d'un petit rapace comme le faucon crécerelle. Les larves de ces insectes devaient être de véritables monstres, mais en fait aucune larve d'Odonatoptère n'est connue de l'ère primaire. La présence chez toutes les larves connues de libellules actuelles et fossiles d'un masque articulé pouvant être déployé pour la capture des proies est la preuve que les **Odonata** et certains au moins de leurs ancêtres

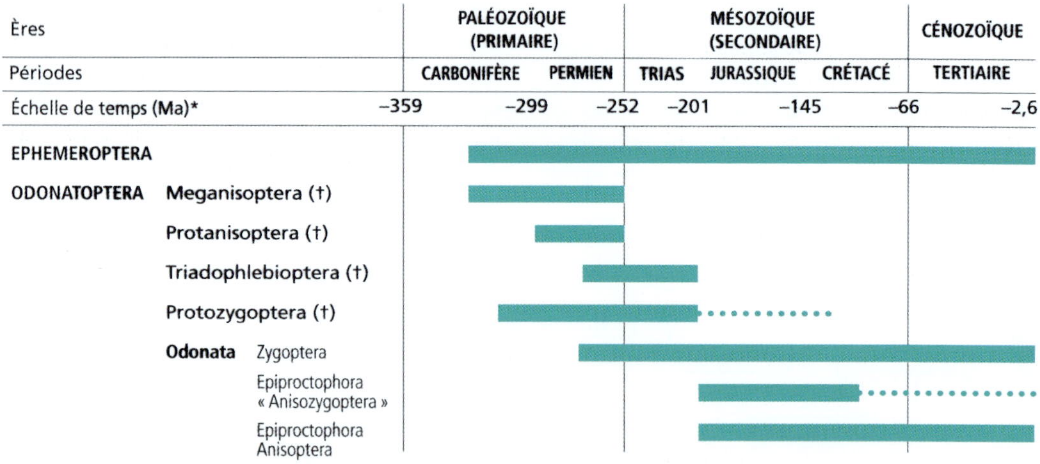

Fig. 3. Périodes géologiques antéquaternaires au cours desquelles des fossiles d'Éphéméroptères (Ephemeroptera) et d'Odonatoptères (Odonatoptera) sont connus [d'après Trueman *in* Silsby (2001), Nel *et al.* (1993 a, b) et Bechly (1995-2002)] († = groupes disparus). L'échelle de temps est celle de la Commission internationale de stratigraphie de l'IUGS (2022). * **Ma** = million d'années.

Coenagrionidae fossile du Crétacé inférieur, Brésil. © A. Nel.

Fossile de *Lleidoaeschnidium valloryi* (Aeschnidiidae) du Barrémien près de Lleida en Catalogne (Espagne). © X. Delclos.

Isophlebia sp., Isophlebiidae fossile du Jurassique supérieur, de Solhonfen en Bavière (Allemagne). © X. Delclos.

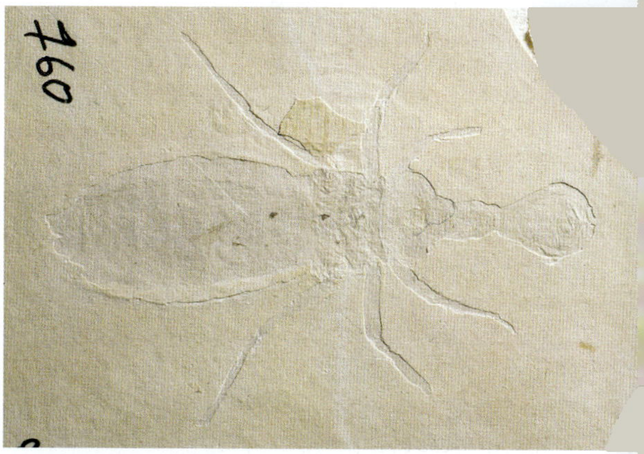

Larve fossilisée de Libellulidae de l'Oligocène d'Aix-en-Provence (Bouches-du-Rhône). © A. Nel.

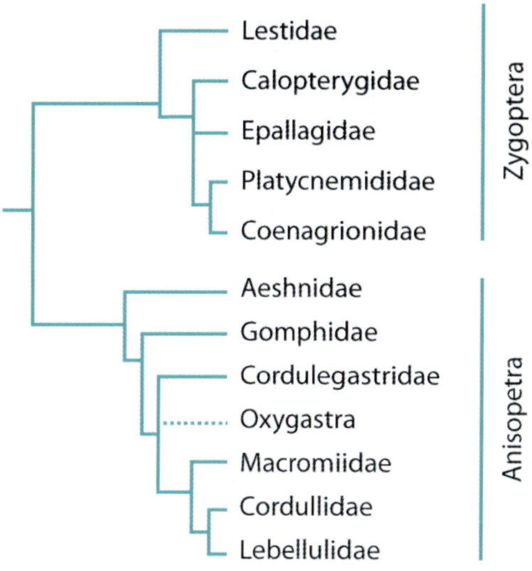

Fig. 4. Arbre phylogénétique simplifié des différents groupes d'odonates traités dans cet ouvrage (simplifié d'après Bybee *et al.*, 2021).

descendent tous d'un ancêtre commun, situation que l'on qualifie de monophylétique. Les tentatives de classification et de filiation de ces insectes sont en continuelle évolution, en raison de la découverte de nouveaux fossiles et de l'amélioration des connaissances sur les affinités liant les groupes entre eux. La figure 4 donne une représentation possible simplifiée de ces relations.

La taxonomie des libellules actuelles

Epiophlebia superstes (Selys, 1889) : Anisozygoptère, Epiophlebiidae endémique du Japon. © D. Grand.

Les libellules actuelles comptent près de 6400 espèces à travers le monde (6392 en décembre 2022 sans compter les sous-espèces). Ce nombre est infime si nous le comparons aux innombrables bataillons que constituent les 120000 espèces de Lépidoptères (papillons), les 125000 espèces d'Hyménoptères (abeilles, guêpes, fourmis, etc.), les 150000 espèces de diptères (mouches, moustiques, etc.) et les 300000 espèces de Coléoptères connues, sans parler des multitudes d'autres qui restent à découvrir. Certainement mieux estimées que ces grands ordres, les libellules ne sont néanmoins pas encore toutes répertoriées puisqu'en moyenne une quarantaine d'espèces nouvelles pour la science sont décrites chaque année depuis six à dix ans, pour l'essentiel dans les régions tropicales et équatoriales, mais parfois également en Europe et au Maghreb.

Au sein de l'ordre des Odonates, les systématiciens distinguaient jusqu'à présent 3 sous-ordres (les Zygoptères – les petites libellules qui ressemblent à des allumettes –, les Anisoptères – les grandes libellules qui « font l'hélicoptère », et les « Anisozygoptères » – qui combinent les caractères des deux sous-ordres précédents), 9 superfamilles et autour de 48 familles. Ces dernières se subdivisent alors en quelques sous-familles (concept en voie d'abandon), autour de 688 genres et environ 6400 espèces. Pour des raisons phylogénétiques, les Anisoptères sont actuellement déclassés en infra sous-ordre, les «Anisozygoptères» ou **Epiophlebioptera** prennent également le rang d'infra sous-ordre et ces deux ensembles sont regroupés dans le sous-ordre des **Epiproctophora**. La figure 5 présente un exemple de classement, par affinité des familles les plus consensuelles, qui tient compte des avancées récentes de la systématique phylogénétique. Bien entendu, il est inévitable que la généralisation actuelle des études génétiques vienne rapidement modifier cette vision des choses, comme en attestent de toutes récentes études.

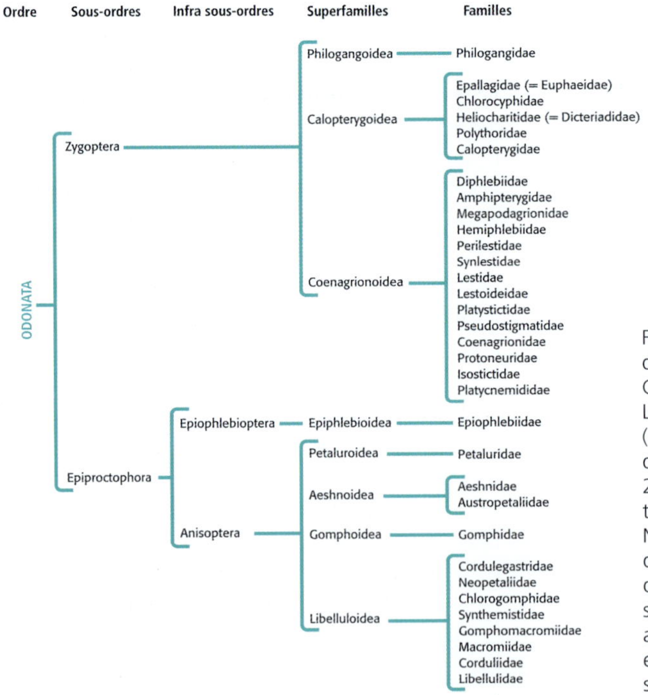

Fig. 5. Niveaux taxonomiques supérieurs des Odonates [d'après Bechly (2002), Carle (1986-1996), Carle & Louton (1994), Lohmann (1996), Carle & Kjer (2002) et Rehn (2003)]. Des reclassements importants ont depuis été proposés par Dijkstra *et al.* (2013, 2014). C'est ainsi que les Pseudostigmatidae traditionnels et les *Protoneuridae* du Nouveau Monde sont maintenant inclus dans la famille des *Coenagrionidae*, tandis que les *Protoneuridae* de l'Ancien Monde sont inclus dans les *Platycnemididae*. Par ailleurs les *Cordulegastridae*, *Neopetaliidae* et *Chlorogomphidae* sont reroupés dans la superfamille des *Cordulegastridea*.

La distribution spatiale des libellules à travers le monde

Les Odonates ont colonisé tous les continents à l'exclusion de l'Antarctique. Outre la présence au moins temporaire d'eau douce ou saumâtre, la composition des cortèges de libellules est largement influencée par la température, qui dépend essentiellement de la latitude et de l'altitude. Globalement, les régions du globe où l'on trouve le plus d'espèces sont les régions équatoriales et ce nombre diminue à mesure que l'on s'en éloigne.

En Europe, *Somatochlora sahlbergi* Trybom, 1889, l'une des espèces les plus septentrionales du monde ne se reproduit qu'au nord du cercle polaire arctique, dans les tourbières de la zone de transition entre la ceinture de bouleau bordant la Taïga au nord et la toundra, entre 67,5 et 70° de latitude nord. En Sibérie orientale, cette espèce atteint la côte de l'océan glacial Arctique à 72,35° de latitude nord puis au sud est connue des montagnes de l'Altaï jusqu'à 2 000 m d'altitude. On la retrouve ensuite en Alaska et au nord-ouest du Canada. © J.-P. Boudot.

Individu attribué à *Lestoidea conjuncta* Tillyard, 1913 : Lestoideidae endémique du Queensland australien. © D. Grand.

Ainsi, si plus de 1 000 espèces colonisent l'Amazonie et les régions voisines, moins de 40 autres vivent au-delà du cercle polaire arctique. Pour mieux comprendre ces changements, comparons les faunes odonatologiques de trois pays américains aux dimensions voisines. Selon les derniers décomptes effectués en 2019-2020, plus de 749 espèces sont actuellement connues du Brésil, dont 324 le sont d'Amazonie sur un total d'environ 1 700 pour la totalité du domaine néotropical. Plus au nord, les États-Unis en comptent encore 464, et, à l'approche des régions boréales, le Canada n'en compte que 214.

À l'échelle planétaire, le globe terrestre comprend plusieurs zones biogéographiques, généralement appelées « empires biogéographiques », parfois également « écozones ». Actuellement, huit grands empires continentaux sont reconnus :

L'empire néarctique couvre l'Amérique du Nord, le Groenland et une partie, variable selon les auteurs, de l'Amérique centrale.

L'empire paléarctique comprend l'ensemble du continent eurasiatique à l'exclusion des contrées indopakistanaises et malaises, les régions du nord de l'Afrique jusqu'au sud du Sahara, tout ou partie de la péninsule Arabique, ainsi que l'ensemble des îles de l'archipel russo-japonais. Cet immense territoire se subdivise en deux régions, le paléarctique occidental et le paléarctique oriental, la césure se situant au niveau de l'Oural, de la mer Caspienne et de la mer Rouge selon les définitions prévalant dans l'Ouest européen, au niveau du fleuve Iénisseï à l'est de la Sibérie occidentale selon la définition russe.

L'empire néotropical couvre l'ensemble de l'Amérique du Sud, une partie de l'Amérique Centrale, le sud de la Floride, les îles Galápagos et les Antilles.

L'empire afrotropical (ou **éthiopien**) couvre la totalité de l'Afrique située au sud du Sahara, ainsi que Madagascar et les archipels des Mascareignes, des Comores, et tout ou partie des Seychelles.

Caledopteryx maculata (Winstanley & Davies, 1982) : Argiolestidae. Endémique de Nouvelle-Calédonie. © E. Nielsen.

Synthemis serendipita (Winstanley, 1984) : Synthemistidae. Endémique de Nouvelle-Calédonie. © D. Grand.

Neurothemis fluctuans (Fabricius, 1793) : Libellulidae. Malaisie. © X. Rufray.

Elattoneura josemorai (Compte Sart, 1964) : Platycnemididae et *Chlorocypha glauca* (Selys, 1879) : Chlorocyphidae. Gabon, foret des Abeilles. © X. Rufray.

L'empire indomalais (ou **Oriental**) regroupe le sous-continent indien, la péninsule indochinoise, une partie variable du sud de la Chine et Taiwan, ainsi que les Philippines et le nord de l'archipel indonésien.

L'empire australasien (ou **notogéen**) englobe l'Australie, la Tasmanie, la Nouvelle-Zélande et l'agglomérat formé par la Nouvelle-Calédonie, la Nouvelle-Guinée et les îles voisines.

L'empire océanien rassemble le reste des îles du Pacifique.

Enfin, **l'empire antarctique** est souvent réduit au continent antarctique.

Chacun de ces empires est subdivisé en plusieurs provinces biogéographiques. Au total, on compte 203 de ces provinces. Chaque empire et chacune de ses subdivisions présentent une certaine cohérence et homogénéité dans leur composition biologique. D'un empire ou d'une région à l'autre, ce n'est pas seulement le nombre des espèces qui change, c'est aussi leur identité. Certaines familles, sous-familles ou genres de libellules sont caractéristiques de telle ou telle zone ou regroupement de zones biogéographiques.

La répartition géographique fragmentée de certaines familles, sous-familles ou genres de libellules s'explique assez bien si l'on se réfère à l'histoire géologique de la terre. La configuration des terres émergées, qui représentent actuellement 30 % de la surface du globe, n'a pas toujours été celle que nous connaissons actuellement. Il y a 252 millions d'années, à la fin de l'ère primaire, presque toutes les terres émergées étaient regroupées pour former pour la sixième fois depuis la naissance de la terre un ensemble presque unique de taille gigantesque, la Pangée, dont la partie située dans l'hémisphère sud était le Gondwana et la partie nord la Laurasia. Seules à l'est, de rares îles restaient isolées ; elles refermaient presque un gigantesque océan intérieur, la Paléo-Thétys. Sous l'effet de la tectonique des plaques, due aux mouvements du magma profond, ce supercontinent a commencé à se disloquer il y a 200 millions d'années, à la fin du Trias, et ses différents fragments ont continué à dériver pour donner les continents actuels. Cette fragmentation et cette dérive des continents ont beaucoup influencé la distribution des êtres vivants. Ainsi, en ce qui concerne les Odonates, la très archaïque famille des **Petaluridae**, connue par ses fossiles depuis le Jurassique et maintenant considérée comme constituant une superfamille à elle seule, présente actuellement

Zenithoptera fasciata (Linnaeus, 1758): Libellulidae, de la forme *Z. f. viola*. La forme nominale a les ailes unies mais il s'agit d'une simple variabilité intraspécifique. Guyane française. © V. Rufray.

une distribution à la fois très fragmentée et essentiellement circumpacifique. *Phenes raptor* est endémique du Chili et d'Argentine, *Tanypteryx hageni* vit sur la côte ouest de l'Amérique du Nord et *T. pryeri* est confiné à deux grandes îles de l'archipel japonais, de l'autre côté du Pacifique. Enfin, les grandes îles du Pacifique sud hébergent *Uropetala carovei* en Nouvelle-Zélande et 4 espèces de *Petalura* sur les côtes orientales de l'Australie. Seul *Tachopteryx thoreyi* est confiné à l'est du continent nord-américain. Ce morcellement est assez caractéristique des vieilles familles d'Odonates, qui habitaient l'ensemble de la Pangée ou du Gondwana. Seule une vaste distribution de cette famille au Trias, puis la fragmentation progressive de la Pangée au cours du Jurassique, sont susceptibles d'expliquer une telle distribution. Cette interprétation s'applique également à d'autres groupes. Les **Austropetaliidae**, dont deux genres (renfermant 7 espèces) sont connus du Chili et d'Argentine et deux autres (3 espèces) de l'empire australien, constituent un autre cas exemplaire. La première scission du Gondwana, qui débuta il y a 160 millions d'années et sépara un ensemble américano-africain d'un ensemble indo-australien et antarctique, est considérée comme étant à l'origine d'une telle répartition fragmentée.

L'histoire géologique de la terre n'explique cependant pas tout. La distribution actuelle des Odonates a également été influencée par des phénomènes récents d'une tout autre nature et, en particulier, par les divers changements climatiques de grande ampleur qui se sont succédé au cours du Quaternaire (glaciations, périodes de désertification, etc.). Nous reviendrons sur ces aspects au chapitre 3, consacré à la biogéographie du Paléarctique occidental.

À l'échelle régionale, l'altitude joue un grand rôle dans la distribution des libellules. Certaines espèces sont spécifiques des régions montagnardes et n'apparaissent qu'au-dessus d'une certaine altitude. Tel est le cas de *Somatochlora alpestris* qui, dans les Alpes et les Vosges, ne se reproduit qu'entre 800 et 2400 m d'altitude, et d'*Aeshna caerulea* qui ne s'y reproduit qu'entre 1400 et 2250 m. On assiste par ailleurs très généralement à une diminution progressive du nombre d'espèces lorsque l'on s'élève en altitude.

La présence d'habitats convenables et le régime hydrologique local sont déterminants dans la colonisation du territoire par les libellules. Malgré, la rareté de l'eau, elles ne sont néanmoins pas absentes des déserts et profitent pour s'établir de la présence d'oasis et d'oueds plus ou moins durables. Les larves de certaines espèces comme *Orthetrum chrysostigma*, *Trithemis arteriosa* et *Pantala flavescens* sont capables de s'enfouir en profondeur dans le sable humide des oueds ou dans la vase des mares asséchées pour tenter de survivre. Dans ces régions chaudes, les adultes recherchent l'ombre ou adoptent une position redressée plus ou moins verticale, dite en obélisque, lorsque le soleil est trop brûlant (photo ci-dessus). Pour diminuer leur température et éviter un coup de chaleur qui leur serait fatal, ils «touchent» périodiquement l'eau puis regagnent une position abritée.

Trithemis arteriosa mâle en position d'obélisque par forte chaleur (50°C). Maroc, Anti-Atlas, 18 juillet 2013. © J.-P. Boudot.

Tholymis tillarga (Fabricius, 1798): Libellulidae, chez cette espèce tropicale (Afrique, péninsule Arabique (Oman), Iran, péninsule Indienne, sud-est asiatique) le mâle arbore les taches bleu clair aux ailes postérieures. © E. Nielsen.

La variabilité morphologique des libellules à travers le monde

Protoneura ailsa Donnelly, 1961 : Coenagrionidae endémique des Petites Antilles. La Martinique. © D. Grand.

La variabilité des libellules est importante à l'échelle du globe et s'observe aussi bien chez les adultes que chez les larves. Elle concerne aussi bien leurs dimensions que leur morphologie ou leur coloration. De nombreuses libellules de la ceinture intertropicale sont remarquables par leur taille. Malgré ses 13 cm d'envergure et une lon-

Heteragrion ictericum Williamson, 1919 : Heteragrionidae. Guyane française. © V. Rufray.

gueur de 11,5 cm, l'africain *Anax tristis* doit rester pourtant bien modeste comparé aux 16 cm d'envergure de *Petalura ingentissima*, espèce endémique d'Australie dont la longueur totale peut atteindre 13 cm. Certains Zygoptères, pourtant souvent de dimensions plus modestes, peuvent atteindre une taille surprenante. Les *Mecistogaster*, espèces néotropicales, peuvent approcher 20 cm d'envergure pour certaines et 12,5 cm de longueur totale pour d'autres. À l'inverse, les minuscules *Agriocnemis pygmaea*, *A. exilis* et *A. femina* ne dépassent guère 20 mm d'envergure... Le très élégant et fluet *Protoneura ailsa* de la Martinique, avec son abdomen démesurément fin et étiré, contraste avec la compacité râblée des femelles de *Libellula depressa*. Dans nos régions ouest-européennes, les différences concernant la taille des libellules sont également importantes, bien que l'on demeure loin les extrêmes notés dans la zone intertropicale.

Nombre de **Libellulidae** néarctiques affichent des ailes bariolées très visibles et/ou des reflets métalliques intenses d'une très grande beauté. Rien de tel dans nos régions européennes, où les espèces qui tendent à adopter ces particularités, comme les *Calopteryx* et deux ou trois **Libellulidae**, restent nettement en retrait et ne produisent qu'un effet modéré.

À côté de ces espèces très voyantes pour l'homme existent au contraire des espèces nettement mimétiques. Du fait de leur « tenue léopard », nos *Boyeria* paléarctiques sont indiscernables lorsqu'elles sont posées dans la végétation ou sur un rocher. Les libellules des régions méditerranéennes ou désertiques restent parfois couleur sable toute leur vie, ce qui les rend invisibles lorsqu'elles se posent au sol. C'est par exemple le cas d'*Onychogomphus costae*, d'*Anormogomphus kititshenkoi* ou des femelles de *Selysiothemis nigra*.

Mecistogaster linearis (Fabricius, 1777) : Coenagrionidae est une demoiselle géante d'Amérique Centrale et du Sud. Guyane française. × 1. © D. Marsille.

Agriocnemis exilis Selys, 1872 : ce Coenagrionidae est l'une des plus petites libellules au monde. Île Maurice, Mascareignes. × 1. © D. Grand.

La diversité biologique des libellules à travers le monde

Libellula luctuosa Burmeister, 1839 : Libellulidae néarctique. Californie, États-Unis. © D. Grand.

Les libellules pondent le plus souvent dans les eaux douces permanentes et leurs larves s'y développent et s'y maintiennent jusqu'à l'émergence. Plusieurs espèces ont néanmoins développé des aptitudes surprenantes et disposent d'adaptations physiologiques, écologiques et éthologiques très particulières leur permettant de coloniser des habitats originaux, parfois très spécialisés et inattendus.

Les larves d'*Aeshna cyanea* sont capables de survivre à l'absence d'eau en restant à l'air libre dans des recoins où l'atmosphère reste humide. *Libellula depressa* est capable de se développer dans des flaques boueuses ou vaseuses temporaires, en survivant à la saison sèche enfouie très en profondeur dans des couches humides. Les Cordulidés de

Palpopleura vestita (Rambur, 1842) : Libellulidae endémique de Madagascar. © E. Nielsen.

Isosticta robustior Ris, 1915 : Isostictidae endémique de Nouvelle-Calédonie. © D. Grand.

nos tourbières, *Somatochlora arctica* et *S. alpestris* vivent à l'état larvaire dans des gouilles temporaires qui s'assèchent en surface en été et gèlent parfois en hiver.

Certaines espèces supportent une salinité significative, sans pour autant rechercher les milieux saumâtres. *Libellula depressa* peut se développer dans des eaux à 14 g/l de salinité. *Ischnura elegans* et *I. pumilio* sont connues pour se développer en Camargue dans des milieux où les teneurs en NaCl oscillent entre 2 et 20 g/l. En Scandinavie, *Aeshna serrata* accomplit souvent son cycle reproductif dans les roselières de la mer Baltique, dont la salinité avoisine 20 g/l. Au Maghreb, *Orthetrum sabina* règne en maître dans des eaux à 22 g/l de salinité. *Ischnura fountaineae* supporte au moins 17 g/l de salinité. Il en est de même de plusieurs espèces à comportement erratique marqué, comme *Anax ephippiger* ou *Pantala flavescens*. En fait, de nombreux Odonates des régions arides sont adaptés à une forte salinité, et ceci peut être considéré comme étant une adaptation leur permettant de se maintenir dans des zones géographiques où les eaux douces font souvent défaut. D'autres espèces montrent une véritable préférence pour les biotopes saumâtres ou franchement salés. Si de rares populations de *Lestes macrostigma* se développent en eau douce, notamment en Sibérie, cette espèce est en Europe occidentale un véritable spécialiste des marais saumâtres côtiers et continentaux, ses habitats en eau douce restant exceptionnels. Plus frappant encore est le cas de la « Libellule marine », *Erythrodiplax berenice*, qui recherche les eaux saumâtres ou franchement salées des côtes américaines et dont les densités larvaires augmentent avec la salinité. Enfin, au Japon, des larves actives d'*Orthetrum albistylum* ont été trouvées dans la mer.

Certains Zygoptères géants des forêts tropicales humides d'Amérique du Sud et Centrale, se sont fait une spécialité de pondre à la base des feuilles de Broméliacées épiphytes ou terrestres, là où l'eau s'accumule à chaque pluie, ou dans les cavités remplies d'eau existant par endroits sur les troncs et les branches d'arbres, ainsi que dans des coquilles de noix tropicales inondées. Au Brésil existent également des espèces pondant à la base des feuilles d'Ombellifères terrestres, qui servent de réceptacle à l'eau de pluie. Certains genres ne pondent que dans ces microcosmes, où se déroule la totalité de leur phase aquatique. En ces lieux

Ischnura capreolus (Hagen, 1861) : Coenagrionidae, femelle immature. Guyane française. © V. Rufray.

Eoargiolestes ochraceus (Montrousier in Perroud & Montrousier, 1864) : Argiolestidae endémique de Nouvelle-Calédonie. © D. Grand.

Coenagriocnemis reuniensis (Fraser, 1957) : Coenagrionidae endémique de l'île de la Réunion. © D. Grand.

Libellago asclepiades. (Ris, 1916) : Chlorocyphidae. Sulawesi, Indonesie. © E. Nielsen.

confinés, leurs larves s'entre-dévorent fréquemment, ce qui permet de limiter la concurrence alimentaire, de favoriser une croissance rapide et de parvenir au stade adulte avant la saison sèche.

Dans la ceinture intertropicale, plusieurs espèces pondent en collant leurs œufs sur les feuilles de roseaux, sous les feuilles ou sur les mousses recouvrant les branches d'arbres surplombant l'eau (ponte épiphyte). Les prolarves n'auront plus qu'à se laisser tomber pour rejoindre l'élément liquide et s'y développer.

Certaines espèces africaines et asiatiques de *Zygonyx* ou de *Calicnemia* pondent dans les mousses et la végétation ruisselante qui croissent au voisinage des cascades. Leurs larves se satisfont de ce milieu déjà presque terrestre pour se développer, et se déplacent à la surface des falaises.

Plus surprenant, certaines libellules ont des larves encore plus franchement terrestres. La Nouvelle-Calédonie héberge plusieurs espèces, qui pondent dans les milieux aquatiques de la forêt ombrophile. Les larves de certaines d'entre elles, après avoir vécu leurs premières mues dans l'eau, la quittent pour aller vagabonder, sans doute à la recherche de proies, sur la litière du sous-bois pour de longues périodes. Elles sont alors devenues terrestres. En Nouvelle-Zélande, la larve d'*Uropetala chiltoni*, une grande espèce de la famille des **Petaluridae**, sort également de l'eau après quelques mues pour creuser un terrier, où elle mènera une vie tranquille à l'abri des prédateurs jusqu'à sa dernière mue.

La plupart des libellules sont actives de jour. Pourtant, certaines espèces manifestent un pic d'activité au crépuscule et au début de la nuit, moments privilégiés où apparaît une multitude d'insectes leur servant de proies. Dans nos régions, *Boyeria irene* est certes visible dans les zones d'ombre durant la journée, mais plus encore et en plus grand nombre à l'approche et au début de la nuit. Certains **Aeshnidae** ne sont visibles à découvert que la nuit et regagnent la forêt dès que le jour se lève. *Tholymis tillarga*, un **Libellulidae** très répandu dans la zone paléotropicale, commence à s'activer sur ses zones de reproduction un peu avant le coucher du soleil. Les mâles parcourent leur territoire à vive allure dans l'attente d'une femelle, jusqu'à la nuit tombante et au-delà.

Pour en savoir plus

Bechly, 1995-2002 ; Boudot J.-P. & Kalkman V. J., 2015 ; Bourque, 2005 ; Cannings, 2019 ; Carle, 1986-1996 ; Carle & Kjer, 2002 ; Carle & Louton, 1994 ; Chopard, 1949 ; Davies, 1981 ; D'Aguilar & Dommanget, 1998 ; Dijkstra *et al.*, 2013, 2014 ; Dumont, 1982, 1991 ; Dumont *et al.*, 2005 ; Fraser, 1957 ; IUGS, 2022 ; Kalkman V. J. & Theischinger G., 2013 ; Klass & Kristensen, 2001 ; Koroiva *et al.*, 2020 ; Lecointre & Le Guyader, 2001 ; Lohmann, 1996a-c ; Matile *et al.*, 1987 ; Nel *et al.*, 1993a-b ; Olaya, 2019 ; Perrier, 1923 ; Paulson *et al.*, 2023 ; Piélou, 1979 ; Rehn, 2003 ; Scotese, 2004 ; Silsby, 2001 ; Udvardy, 1975, 1982 ; Van Damme & Dumont, 1999 ; Vennin *et al.*, 2000 ; WWF, 2005a, 2005b.

Morphologie et biologie des libellules

Chapitre 2

Libellula depressa. © C. Gosset.

Morphologie et structure des libellules adultes

Le corps des libellules adultes comprend trois parties bien individualisées, la tête, le thorax et l'abdomen (fig. 6). La tête porte deux gros yeux, jointifs ou séparés, dont l'importance révèle la prédominance de la fonction visuelle dans la vie de ces insectes. Ils sont parfois si énormes qu'ils en viennent à masquer en grande partie le reste de la tête. Ce sont des yeux composés, formés d'innombrables ommatidies hexagonales régulièrement rangées les unes à côté des autres (autour de 30000 chez certains grands Aeshnidae), dont chacune est un œil élémentaire individuellement connecté au cerveau. En haut du front partent deux antennes. Elles paraissent être garnies de récepteurs chimiques et tactiles et participent à la détection des vibrations, au contrôle du vol, et peut-être à l'appréciation de la température de l'eau lors de la ponte chez certaines espèces.

Très mobile, la tête est rattachée au prothorax, partie antérieure bien différenciée du thorax. La partie postérieure du thorax, la plus volumineuse, s'appelle le synthorax. Le prothorax porte les pattes antérieures, le synthorax les pattes médianes et postérieures et les deux paires d'ailes. Les pattes servent peu aux libellules adultes pour se déplacer mais leur permettent, non seulement de se maintenir à un support lors des phases de repos ou d'accouplement, mais également de capturer et de maintenir leurs proies lors de la chasse, ou de saisir une femelle en vue de l'accouplement. Elles porteraient également des récepteurs chimiques et tactiles et compléteraient en cela le rôle des antennes. Outre les pattes médianes, les pattes postérieures et les deux paires d'ailes, le synthorax est muni de deux paires d'orifices dénommés stigmates méso- et métathoraciques, situés au-dessus de l'attache des pattes médianes et postérieures. D'autres existent à la face inférieure de l'abdomen, mais ils sont très petits et très peu visibles. Nécessaires à la respiration des adultes, les stigmates, qui apparaissent progressivement au cours du développement larvaire, deviennent fonctionnels lors des derniers stades, particulièrement un peu avant la mue imaginale. Une fois les stigmates franchis, l'air transite dans de grosses trachées puis dans un réseau de plus en plus ramifié de fines trachéoles, qui distribuent l'air aux organes vitaux, en particulier aux muscles. Les plus développés sont les muscles alaires, qui remplissent le thorax en presque totalité. Enfin, tout comme l'abdomen, le thorax contient des sacs aériens plus ou moins développés selon les espèces.

Les ailes sont semblables chez les Zygoptères, dissemblables chez les Anisoptères, les postérieures étant alors beaucoup plus larges à la base que les antérieures. L'étude de leur nervation est importante chez les libellules, car elle a contribué par le passé, à définir les familles bien plus que n'importe quels autres caractères. La nervation présente en outre une signification phylogénétique indéniable, certaines familles présentant une nervation jugée archaïque (par exemple les **Calopterygidae**, avec leur réseau dense de nervures et de cellules peu différenciées), d'autres ayant un système de nervation jugé plus évolué (par exemple les **Libellulidae**, avec leur champ anal bien individualisé). Actuellement le développement des méthodes modernes de la biologie moléculaire permet de compléter utilement et parfois de modifier les anciens concepts taxonomiques issus des études morphologiques et a par exemple conduit à la suppression de plusieurs sous-familles chez les Libellulidae. Contrairement aux autres insectes, chez qui le mouvement des ailes est déterminé par les déformations de l'exosquelette engendrées par les muscles thoraciques, le battement des ailes des libellules est contrôlé par une musculature directement insérée à la base des ailes. L'aisance au vol des libellules est légendaire, notamment chez les Anisoptères. Ils peuvent planer, virer sur l'aile ou rester au point fixe en vol stationnaire, puis accélérer brutalement, monter ou descendre à la verticale et voler en arrière. Le vol des Zygoptères est souvent plus incertain, mais ils peuvent à l'occasion faire preuve d'une agilité surprenante. Ces prouesses leur sont en grande partie conférées par l'indépendance de leurs ailes antérieures et postérieures, dont les mouvements peuvent être synchrones et simultanés (**Calopterygidae**, sauf lors

Le vol chez *Zygonyx torridus* (Kirbyi, 1899). Maroc.
© J.-P. Boudot.

Le vol chez *Aeshna juncea* (Linnaeus, 1758). France, Vosges.
© J.-P. Boudot.

de la parade nuptiale, Anisoptères en accélération brutale), synchronisés inverses (autres Zygoptères, Anisoptères au point fixe) ou déphasés d'un quart de battement (Anisoptères en déplacement normal).

Après le thorax vient un abdomen constitué de 10 segments. Il se termine par les appendices abdominaux, constitués de deux cercoïdes (appendices supérieurs) chez toutes les espèces et chez les deux sexes, et de deux cerques (Zygoptères mâles) ou d'une lame supra-anale (Anisoptères mâles) (appendices inférieurs) selon la tradition nomenclaturale française instaurée par Aguesse en 1968. Il convient néanmoins de noter que selon la nomenclature anglo-saxone et canadienne actuelle, adoptée dans certains pays européens, les appendices supérieurs sont nommés cerci (pluriel de cercus) et les appendices inférieurs sont nommés paraproctes (Zygoptères) ou épiprocte (Anisoptères). Cela ne va pas sans créer une certaine confusion car le terme de cerci peut se traduire aussi bien par cerques que par cercoïdes. Nous suivrons ici la tradition française définie par Aguesse et explicitée plus haut ou parfois parlerons d'appendices (abdominaux) supérieurs et d'appendices (abdominaux) inférieurs, tant que cela n'alourdira pas le texte. Les femelles n'ont pas d'appendices abdominaux inférieurs mais ont au niveau des segments 8 et 9 un ovipositeur leur permettant d'injecter leurs œufs dans le sable des ruisseaux (Cordulegastridae), un oviscape (espèces à ponte endophyte tels les Zygoptères et les Aeschnidés) ou une simple écaille vulvaire (espèces à ponte exophyte tels les **Libellulidae**, **Corduliidae** et **Gomphidae**). Le second segment abdominal des mâles porte, sur sa face ventrale, l'appareil copulateur, constitué d'un pénis articulé de 3 articles et de hamulis (ou hameçons). Lors de l'accouplement, la connexion s'effectue par le pore génital (et excréteur), intégré aux structures génitales des femelles.

Les appendices abdominaux des mâles revêtent une importance particulière, car ils leur permettent de saisir les femelles par le prothorax (Zygoptères) ou par la tête (Anisoptères) lors de l'accouplement. La conformation de ces appendices est propre à chaque espèce et, globalement, ne correspond qu'à la tête ou au thorax des femelles de la même espèce. D'autres systèmes d'ancrage sélectifs existent au niveau des pièces copulatrices du second segment abdominal des mâles, qui, normalement, s'adaptent sélectivement aux structures intimes des femelles (présentes sous les segments 8 et 9). En raison de ces fortes complémentarités, les accouplements interspécifiques ou intergénériques, et donc les hybrides, restent rares chez les libellules dans la plupart des familles, hormis peut-être chez certains genres de **Calopterygidae, Coenagrionidae et Cordulegastridae**.

Morphologie et structure des libellules adultes

Morphologie générale d'un *Sympetrum striolatum*

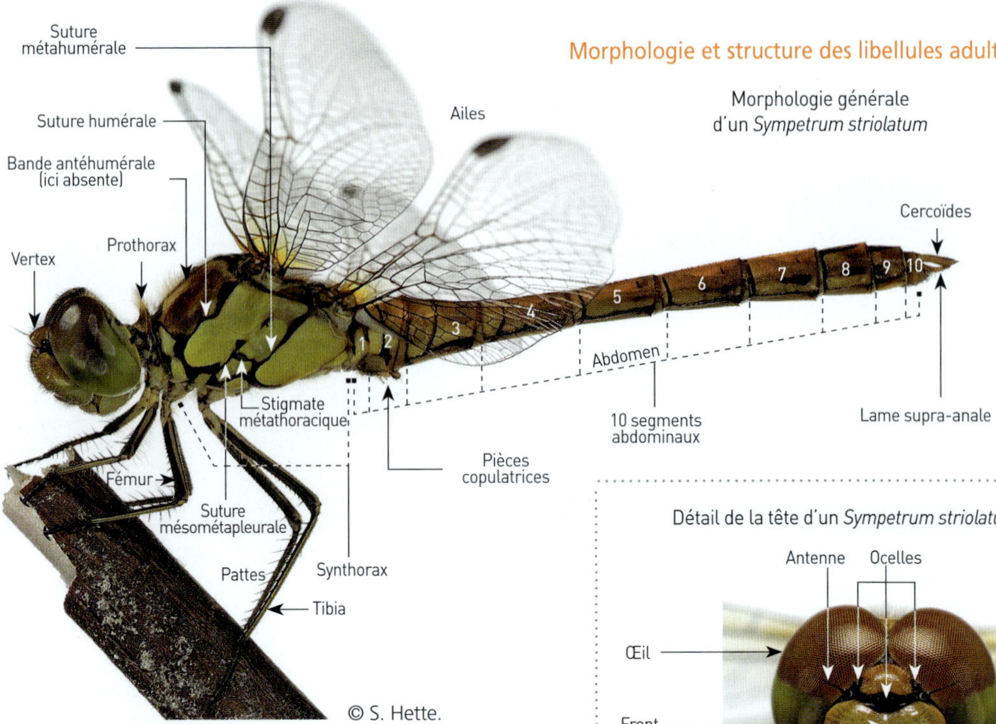

© S. Hette.

Détail de la tête d'un *Sympetrum striolatum*

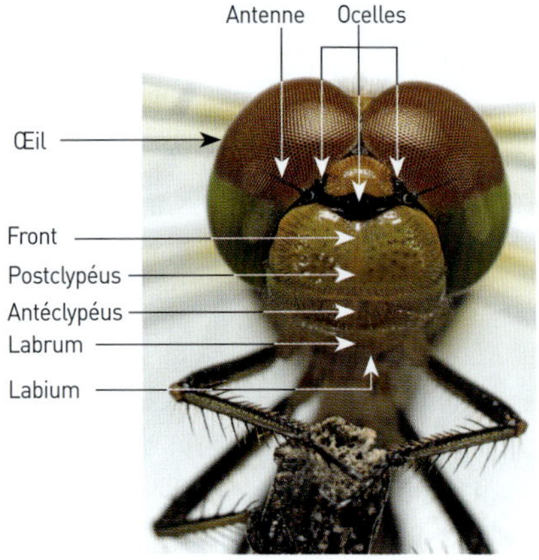

© S. Hette.

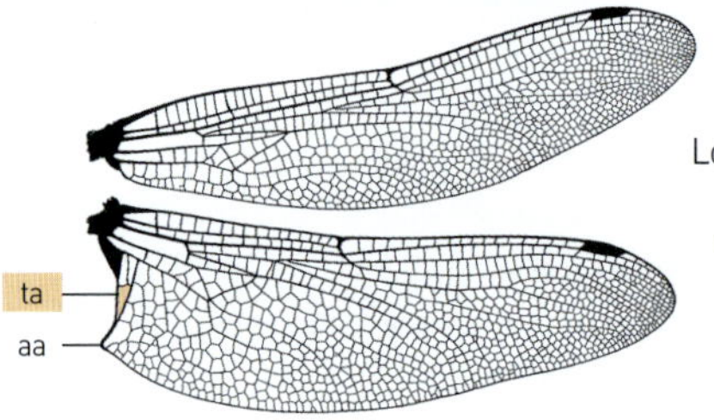

Localisation du triangle et de l'angle anal d'un *Aeshna cyanea.*

- ta = triangle anal
- aa = angle anal

Terminologie de la nervation alaire d'une *Epitheca bimaculata*.

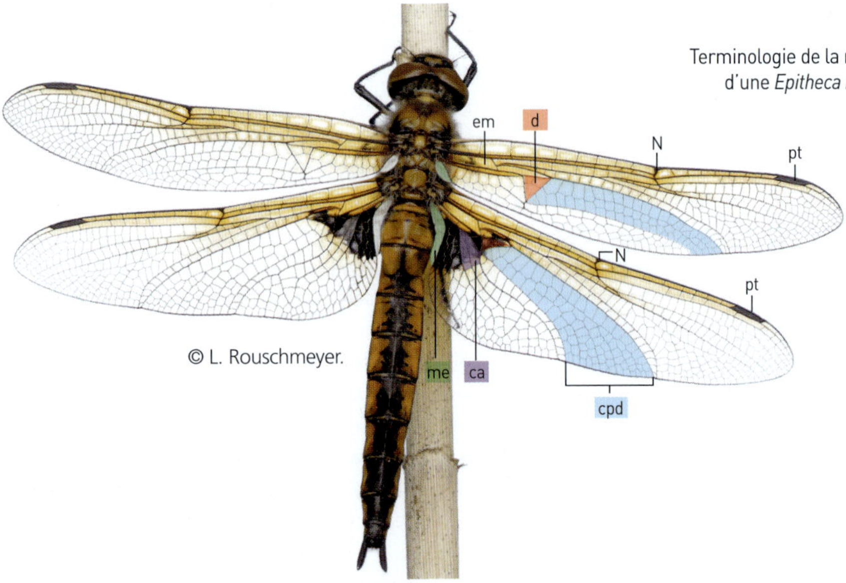

© L. Rouschmeyer.

Cellules et champs remarquables
- pt = ptérostigma
- d = cellule discoïdale (entière ou divisée par des nervures secondaires)
- cpd = champ postdiscoïdal
- em = espace médian
- ca = champ anal
- me = membranule

Nervures
- N = nodus

Fig. 6. Présentation des principaux termes utilisés dans l'ouvrage pour décrire la morphologie des libellules.

La variabilité intraspécifique chez les libellules adultes

Changements de coloration avec l'âge chez le mâle d'*Orthetrum cancellatum* :

Jeune mâle âgé d'un jour. © D. Grand.

Mâle en cours de maturation. © D. Grand.

Mâle en début de maturité. © D. Grand.

Mâle âgé. © D. Grand.

Au sein d'une même espèce, les variations de taille peuvent couramment dépasser 20 %. Elles peuvent être d'origine génétique, être causées par des désordres hormonaux, des déficiences alimentaires ou des différences d'habitat lors des stades larvaires, ou encore être liées à la période d'émergence des adultes lorsque celle-ci est dépendante de la date de la ponte qui leur a donné vie.

Par ailleurs et au-delà des différences structurelles concernant les organes reproducteurs et les appendices abdominaux des mâles et des femelles, les libellules présentent souvent un certain dimorphisme sexuel. Chez de nombreuses espèces, les mâles sont parés de couleurs beaucoup plus vives que les femelles. Les mâles de *Libellula depressa* ont l'abdomen d'un magnifique bleu vif lorsqu'ils sont au summum de leur éclat, alors que les femelles restent d'un jaune qui évoluera vers le brun jaune puis le brun noirâtre avec l'âge. Les couleurs des mâles évoluent également avec l'âge et c'est ce que

Quelques exemples de polymorphisme chez les femelles d'*Ischnura elegans*:

Femelle hétéromorphe, forme rufescens-obsoleta, stade immature rufescens, rose. © D. Grand.

Femelle hétéromorphe, forme rufescens-obsoleta, stade adulte jeune, orangé. © D. Grand.

Femelle hétéromorphe, forme infuscans, stade adulte. © D. Grand.

Stade immature violet, commun aux femelles andromorphes et hétéromorphes de la forme infuscans. © D. Grand.

l'on constate chez les *Orthetrum* et bien d'autres espèces. Les mâles de *Crocothemis erythraea* ont une livrée entièrement rouge écarlate, tandis que les femelles conservent généralement une robe brun jaune, seule une faible proportion d'entre elles adoptant la coloration des mâles. Ceci n'est cependant pas général et chez certaines espèces, mâles et femelles conservent leurs couleurs toute leur vie. Les mâles et les femelles d'*Epitheca bimaculata* et de *Libellula quadrimaculata* ont ainsi tous deux une coloration jaune plus ou moins verdâtre à brunâtre en fonction de l'âge.

Des variations de coloration importantes peuvent affecter les femelles de nombreuses libellules. Chez les *Ischnura*, dont les adultes changent continuellement de couleur au cours de leur maturation, on connaît des formes transitoires dont les parties claires sont roses, orangées, violettes et/ou bleues, et il existe souvent plusieurs formes de femelles génétiquement distinctes. Les unes ont une coloration constamment différente de celle des mâles (femelles hétéromorphes ou gynochromes), les autres ont une coloration proche de celle des mâles ou même identique (femelles andromorphes ou androchromes). De telles femelles andromorphes sont fréquentes chez certains *Calopteryx* et plusieurs genres de **Coenagrionidae** (*Ceriagrion*, *Coenagrion*, *Enallagma*, *Ischnura*) ; elles deviennent nettement plus rares chez les **Aeshnidae** et les **Libellulidae** (*Crocothemis*, *Libellula depressa*, *Sympetrum sanguineum*, *Trithemis annulata*, *Leucorrhinia dubia*).

Variation de la coloration chez le mâle de *Coenagrion pulchellum* :

Forme claire. © D. Grand.

Coloration moyenne, la plus fréquente. © D. Grand.

Forme sombre. © D. Grand.

Il peut également exister chez certaines espèces une grande variabilité dans l'extension des surfaces noires et des surfaces claires. Les générations printanières d'*Ischnura graellsii* sont ainsi plus mélaniques que les générations estivales, notamment sur le thorax où les bandes claires antéhumérales peuvent disparaître. Ces variations sont importantes et fréquentes chez des espèces comme *Coenagrion pulchellum*, *C. puella* et certaines espèces de *Cordulegaster*.

Enfin, le polymorphisme structurel est exceptionnel chez les Odonates. Le seul cas connu en Europe se rapporte aux femelles de *Boyeria irene*, qui présentent deux types morphologiques distincts. Certaines, dénommées *brachycerca*, ont des cercoïdes courts (environ 2 mm), alors que les autres, dénommées *typica*, ont des cercoïdes d'environ 6 mm de long. Même si, globalement, les premières sont les plus nombreuses, la proportion des deux types est extrêmement variable et la forme à cercoïdes courts représente de 40 à 100 % des femelles. Ces différences structurelles sont bien visibles dès les stades larvaires (cerci des exuvies et des larves à leur dernier stade inférieurs ou supérieurs à 1,5 mm).

Au-delà de la simple variabilité observable à l'intérieur d'une même espèce, on peut rapporter l'existence rarissime de spécimens gynandromorphes, à moitié mâle et à moitié femelle. Mais nous sommes là déjà dans des cas de tératologie (monstruosités), probablement liés à des dérèglements hormonaux.

Les différentes étapes du cycle biologique des libellules

Toutes les libellules pondent et ont un cycle biologique comparable, qui va de l'œuf à la ponte et s'accompagne de la mort de l'adulte vieillissant en cours d'année. La vie d'une libellule se scinde en trois grandes périodes entrecoupées d'événements fondamentaux, dont l'ensemble constitue une génération.

Une fois pondu, l'œuf doit subir une période de maturation avant d'éclore, durant laquelle l'embryon se développe. Ce développement embryonnaire s'effectue généralement dans l'eau, sauf chez certains **Lestidae**, chez qui il peut se dérouler dans les parties aériennes des végétaux. L'éclosion de l'œuf produit ensuite une prolarve ou larve primaire.

La phase larvaire est toujours aquatique dans nos régions et comprend plusieurs stades. Chaque stade larvaire se termine par une mue, encore nommée exuviation ou *ecdysis*. Cette période se termine par la sortie graduelle et progressive de la dernière larve hors de l'eau. Dans cette courte période, la larve, qui a commencé sa métamorphose interne, cherche à adapter sa physiologie respiratoire à la future vie aérienne de l'adulte. Enfin, à sa sortie définitive de l'eau, se produit la mue imaginale ou émergence, durant laquelle l'adulte se libère de sa dépouille larvaire.

Entièrement vouée à la perpétuation de l'espèce, la phase adulte comprend une période de maturation, une période de reproduction et une période de vieillissement qui se termine par la mort de l'imago.

Le nombre de générations prenant place dans une année, ou **voltinisme**, varie d'une espèce à l'autre et, chez une même espèce, d'une zone climatique à une autre. Les espèces n'ayant qu'une génération annuelle sont dites **univoltines**, celles qui en ont davantage **multivoltines**. Ces dernières peuvent compter deux générations annuelles (espèces **bivoltines**), trois générations annuelles (espèces **trivoltines**) ou quatre générations annuelles (espèces **quadrivoltines**). Les espèces ayant une phase larvaire plus longue et couvrant deux ans ou davantage, sont dites **semivoltines** (une génération tous les deux ans) ou **partivoltines** (une génération tous les 3 à 6 ou même 10 ans).

L'œuf

La forme des œufs pondus par les libellules est variable et est plus ou moins en relation avec le type de ponte dont ils sont issus. Ils sont très allongés et cylindriques chez les espèces à ponte endophyte (se reporter à la définition des différents types de ponte p. 67) (Zygoptères, Aeshnidae) – ce qui permet une insertion aisée dans les tissus végétaux –, ovales chez une espèce à ponte épiphyte comme *Epitheca bimaculata*, ovoïdes ou sphériques chez nos espèces à ponte exophyte (**Gomphidae**, **Cordulegastridae**, **Corduliidae**, **Libellulidae**). Les dimensions des œufs issus d'une ponte endophyte varient de moins d'un millimètre chez *Erythromma najas* (0,9 × 0,17 mm) à près de 2 mm chez *Anax imperator* (1,8 × 0,4 mm). Les dimensions de ceux qui proviennent d'une ponte exophyte dépendent en partie de la taille des femelles, mais ce n'est pas une règle absolue. Ainsi, *Sympetrum sanguineum* a des œufs plus gros (0,67 × 0,61 mm) qu'*Orthetrum cancellatum* (0,5 × 0,35 mm), alors qu'il est nettement plus petit. Lors de la ponte, les œufs de la majorité des espèces ont une coloration crème à brun clair. Chez certaines espèces à ponte exophyte, ces œufs s'assombrissent et finissent par se confondre avec leur environnement, ce qui leur permet de mieux échapper à leurs prédateurs.

Les œufs de certaines espèces à ponte exophyte sont individuellement entourés d'un mucus protecteur. Cette couche visqueuse gonfle au contact de l'eau et permet à l'œuf d'adhérer à la végétation immergée lorsque celui-ci entre à son contact. Chez d'autres espèces comme *Epitheca bimaculata*, les œufs d'une même ponte sont inclus dans un cordon gélatineux de 15 à 20 cm de long, enroulé en boule et maintenu sous l'abdomen de la pondeuse. Ce cordon se dépliera et gonflera rapidement au contact de l'eau, tout en s'entremêlant à la végétation submergée.

Fig. 7. Le cycle biologique d'une libellule. ***Anax imperator.***

La durée d'un cycle de développement est variable selon les espèces. Pour *Anax imperator* présenté ici, l'ensemble du cycle s'étend sur un an en climat tempéré, sur environ 6 mois en zone méditerranéenne. Crédits : 1. © A.-J. Cann, 2. © J.-P. Boudot, 3. © E. Nielsen, 4. D. Grand, 5. F. Melki, 6. © J.-P. Boudot.

La durée du développement embryonnaire est très variable en fonction des espèces et des conditions environnementales. Chez certaines espèces, le développement de l'embryon commence aussitôt après la ponte et se poursuit sans interruption, si bien que l'éclosion de la prolarve a la possibilité de survenir avant l'hiver. Chez d'autres, l'embryogenèse est interrompue peu après la ponte et ne reprend qu'après l'hiver (phénomène de diapause). L'éclosion de la prolarve est alors différée au printemps suivant. Une telle diapause peut permettre à l'espèce de passer une saison défavorable (hiver dans les régions froides, été dans les régions sèches) dans un état de résistance optimal, et, dans nos régions, concerne surtout les genres *Lestes*, *Aeshna* et *Sympetrum*, ainsi que quelques **Gomphidae** et **Corduliidae**.

Durant leur développement embryonnaire, les œufs sont capables de résister à des conditions environnementales *a priori* défavorables, comme l'acidité (tourbières, ruisseaux acides) ou la salinité de l'eau (rivières et marais côtiers ou continentaux saumâtres ou salés, mangroves tropicales, etc.), ou encore la température élevée de certains milieux particuliers comme les geysers nord-américains, dans lesquels quelques espèces parviennent à se reproduire tant que la température de l'eau ne dépasse pas 35 °C. Des températures pouvant dépasser 30 °C apparaissent également par temps ensoleillé dans les dépressions inondées des marais et des tourbières, sans que cela ne nuise au développement de certaines espèces. À l'opposé, les œufs des espèces à éclosion différée peuvent être soumis en hiver, et parfois durant de longues périodes, à de grands froids sans que cela ne s'oppose à leur éclosion au printemps, la phase de diapause constituant par elle-même une forme de résistance aux conditions hivernales. Enfin, les femelles de certains *Sympetrum* ont la curieuse habitude de lâcher leurs œufs au-dessus des parties exondées des rives (*S. sanguineum*), ou même encore au-dessus de mares asséchées (*S. flaveolum*, *S. meridionale*), pressentant instinctivement qu'elles seront submergées en automne et en hiver. Les œufs de ces espèces subissent en fait une diapause précoce et l'embryogenèse ne reprendra qu'après l'hiver. Ce mécanisme de dormance, qui se retrouve chez les genres *Lestes* et *Aeshna*, permet à ces espèces de coloniser soit des milieux temporaires qui ne sont en eau qu'en hiver et au printemps, soit des milieux très froids, dans lesquels la survie des jeunes larves serait périlleuse. Enfin, dans notre monde tellement générateur de déchets, les œufs de certaines espèces parviennent à supporter une pollution modérée et réussissent à éclore dans des eaux dont la qualité est déjà passablement dégradée (quantités limitées d'hydrocarbures, teneurs en oxygène abaissées, etc.).

La forme des œufs chez les libellules :

Ponte exophyte chez *Libellula depressa* produisant des œufs de forme ovoïde… © D. Grand.

… la même ponte, mais avec des œufs devenus brun clair, prêts à éclore. © D. Grand.

Ponte endophyte chez *Anax imperator* et chez un Coenagrionidae donnant des œufs de forme très allongée.

La larve

Développement et morphologie

Lors de l'éclosion, l'œuf libère une prolarve, stade éphémère ne durant que de quelques secondes à quelques heures. Cette prolarve ressemble à une sorte de petit ver allongé, car les pattes, les antennes et le masque, non fonctionnels, sont plaqués contre le reste du corps. Elle ne se nourrit pas et ne marche pas. Si elle est issue d'un œuf pondu dans un arbuste sur la rive (*Chalcolestes viridis*) et qu'elle tombe sur le sol au lieu de tomber directement dans l'eau, elle rejoindra celle-ci par une série de contorsions sur la berge humide. Ensuite, la prolarve se transforme en vraie larve. Puis celle-ci se développe, augmente de taille et complexifie sa structure, tout en passant par une succession de mues, durant lesquelles elle rejette son ancienne enveloppe chitineuse, trop rigide pour grandir, pour une nouvelle, adaptée à sa nouvelle taille. On compte de 8 à 18 mues selon les espèces, mais la majorité d'entre elles en effectue entre 11 et 13, aussi bien chez les Zygoptères que chez les Anisoptères.

Libellula depressa : larves de stade 2, issues de la prolarve. © D. Grand.

Dans nos régions, cette phase larvaire est toujours aquatique, même si certaines espèces ont des larves qui résistent à un assèchement momentané de leur milieu de vie. Elle est souvent plus longue que la phase adulte et peut durer de 6 à 10 semaines (*Lestes dryas*, *Sympetrum danae*, etc.) à plusieurs années (par exemple 5 à 6 ans pour les *Cordulegaster* en altitude). Les extrêmes connus au niveau mondial sont de 20 jours à une dizaine d'années.

Larve de *Calopteryx virgo*. © F. Melki.

Larve d'Aeshnidae. © F. Melki.

Différents stades larvaires chez *Gomphus vulgatissimus*. © D. Grand.

Lors des différents stades larvaires, les pattes, initialement réduites à un article, se développent, les tarses s'individualisent, les antennes acquièrent leur nombre définitif d'articles, les fourreaux alaires, tout d'abord absents, apparaissent vers la cinquième mue puis se développent, les structures génitales se constituent, les yeux grandissent et des lamelles caudales apparaissent chez les Zygoptères. En cas d'amputation, certains de ces organes peuvent se régénérer partiellement. À leur dernier stade, les larves comportent une tête peu mobile reliée au thorax par un cou épais. La tête porte deux yeux plus ou moins globuleux, deux antennes de 4 à 7 articles et un ensemble buccal formé du *labrum*, de deux mandibules et de deux maxilles. Un masque préhensile occupe le dessous de la tête et se compose, pour ses principales pièces, du *submentum*, du *mentum* et de deux palpes labiaux munis chacun d'un crochet mobile. Le *mentum* et les palpes labiaux peuvent être garnis de soies. Le thorax, constitué du prothorax et du synthorax, porte trois paires de pattes et les fourreaux alaires. De chaque côté du synthorax, formé du méso- et du métathorax, débouchent deux paires de stigmates respiratoires (dits méso- et métathoraciques). Ces orifices et leurs extensions internes (trachées et trachéoles) se développent au fil des mues, et sont le signe de l'apparition progressive d'une respiration aérienne qui prendra toute son importance dans la période précédant l'émergence, puis chez l'adulte. Enfin, le thorax se prolonge par un long abdomen composé de dix segments, disposant parfois d'excroissances épineuses. Certains Zygoptères portent en outre des branchies abdominales externes sur les côtés de l'abdomen (cas d'*Epallage fatime* dans le Bassin méditerranéen oriental). Sous chacun des 8 premiers segments existe une paire de stigmates respiratoires, très petits et peu visibles mais contribuant peut-être déjà à l'oxygénation de l'organisme. Sous les segments 8 et 9 figurent généralement les valves (mâles) ou les gonapophyses (femelles), excroissances qui reflètent l'existence sous-jacente des orifices génitaux et des parties génitales correspondantes des adultes à venir. L'extrémité de l'abdomen se termine par un orifice excréteur surmonté d'appendices qui diffèrent entre les Zygoptères et les Anisoptères. Formés de trois lamelles caudales très développées chez les premiers, ils se réduisent à de petites excroissances pointues rassemblées en une pyramide anale chez les seconds. Cette pyramide est une structure complexe qui comprend, pour ses principaux éléments, deux cerques, deux paraproctes et un épiprocte dont la base se transforme en une expansion plus ou moins développée.

Chez les larves d'Anisoptères, la respiration s'effectue par les branchies rectales, excroissances très ramifiées situées dans la chambre rectale. Celle-ci, encore nommée ampoule ou corbeille rectale, est une simple dilatation de l'intestin, dont elle est isolée par un sphincter. Les larves respirent en absorbant puis en évacuant alternativement l'eau par leur orifice anal, ce qui se vérifie en aquarium à la légère dilatation de l'abdomen qui se produit périodiquement. Des échanges gazeux significatifs sont en outre connus au niveau des fourreaux alaires et d'autres parties du corps. Chez les Zygoptères, la chambre rectale ne renferme que des branchies réduites à des plissements, et la respiration se fait pour l'essentiel par les lamelles caudales. La respiration cutanée reste importante et la perte des lamelles caudales n'empêche pas la survie de la larve.

Larve affamée d'*Anax imperator* ayant en partie dévoré une grenouille (*Pelophylax perezi*) (les deux protagonistes ont été rassemblés pour les besoins de la photo). © A. Torralba Burrial.

Comportement

Les larves de Zygoptères, plutôt grêles et agiles, se meuvent par ondulation de leur corps. Celles des Anisoptères, plus trapues, rechignent à se déplacer ou parfois s'enfouissent durablement. Lorsqu'elles marchent, elles le font le plus souvent sans empressement, sauf en cas de danger. Pour échapper à un prédateur, elles évacuent vigoureusement l'eau emmagasinée dans leur ampoule rectale, ce qui a pour effet de les propulser en avant par saccades. Toutes sont capables d'immobilisation réflexe en cas de danger trop pressant, lorsque la fuite est inutile ou dangereuse.

Tout comme les imagos, les larves de libellules sont de redoutables carnivores qui capturent et dévorent d'autres organismes aquatiques : rotifères, crustacés, petits mollusques aquatiques, larves de libellules plus petites, larves de moustiques et d'autres insectes à phase larvaire aquatique, têtards de batraciens, petites grenouilles, petits alevins de poissons, etc. La chasse se fait à l'affût (la larve est alors partiellement enfouie dans les sédiments ou dissimulée dans la végétation aquatique) ou à l'approche, en fonction des espèces, des stades larvaires et de l'abondance des proies. La capture est rapide et se fait grâce au déploiement du masque, pièces buccales inférieures modifiées en organe de préhension, terminé par deux crochets acérés mobiles (palpes labiaux) permettant d'accrocher les proies et de les ramener vers les mandibules, où elles seront déchiquetées. Les larves de libellules ne sont pas les seuls carnivores dans les milieux aquatiques, et elles ont donc tout à la fois besoin de se nourrir et d'échapper aux autres prédateurs. Elles adoptent pour cela différents types de postures. Certaines d'entre elles, notamment celles des **Libellulidae**, vivent plaquées au fond de l'eau sur un support quelconque, sédiments ou pierres, pattes largement étalées. D'autres se fondent dans leur environnement en s'habillant des fragments minéraux et organiques qui les entourent. D'autres enfin s'enfouissent carrément dans les sédiments en ne laissant affleurer que leur tête et le haut du thorax d'une part, leur pyramide anale, afin de pouvoir respirer, d'autre part. C'est le cas en particulier de nombreux **Gomphidae** et des **Cordulegastridae**. Mais il en existe également qui ne vont pas au contact du substrat minéral et qui vivent agrippées, pattes repliées, à la végétation aquatique, à diverses profondeurs. Plusieurs Zygoptères et de nombreux **Aeshnidae** adoptent ce comportement.

Résistance aux conditions extrêmes

Les larves de certaines espèces sont capables d'une étonnante adaptabilité à des conditions de vie extrêmes, soit en région froide, soit en région chaude.

Dans les régions montagneuses et septentrionales de l'hémisphère nord, et sans doute également dans les régions australes de l'hémisphère sud, elles sont capables de passer l'hiver prises dans la tourbe et les sédiments gelés des lacs, des marais et des tourbières. C'est le cas par exemple d'*Aeshna juncea*, d'*A. subarctica*, de *Somatochlora alpestris*, de *S. arctica* et de *Sympetrum danae*, pour ne citer que quelques-unes de ces espèces qui vivent dans nos montagnes européennes. Pour certaines des espèces capables d'un tel prodige, le taux de survie est inversement proportionnel à la durée du gel. Pour d'autres, ce paramètre n'a aucune influence. C'est alors plutôt la température minimale atteinte par la glace qui est importante, une température de –5 ou –6 °C ne permettant plus aucune survie. On comprendra dès lors le rôle important exercé par la couverture neigeuse, qui isole le sol et le sous-sol de gelées trop importantes.

Dans les tourbières, il est fréquent que les gouilles, bien en eau au moment des émergences, s'assèchent en surface en été. La tourbe est alors durcie sur plusieurs dizaines de centimètres et les larves sont obligées de se réfugier en profondeur, au sein d'une boue organique dans laquelle il doit être bien difficile de s'alimenter... Nous avons nous-mêmes observé des émergences de *Somatochlora arctica* dans des gouilles inondées en juin mais par ailleurs sèches et dures en août. Dans ces cas, la larve elle-même ne se dessèche pas, elle ne pourrait y survivre, mais elle réduit fortement sa transpiration, son alimentation et une grande partie de son métabolisme pour limiter ses pertes en eau. Des larves d'*Aeshna cyanea* ont été observées s'accommoder temporairement de l'absence d'eau libre en restant immobile au contact de la vase humide, en atmosphère confinée mais à l'air libre, sous des bûches de bois. Les larves de *Cordulegaster boltonii* dans le bassin méditerranéen et de *C. bidentata* sont capables d'estiver dans les sédiments humides de ruisselets et suintements asséchés. Nous avons nous-mêmes observé, au début mai, de nombreuses émergences et exuvies de *Libellula depressa* dans un secteur boueux d'une carrière en Lorraine qui s'assécha par la suite entièrement et deviendra dure comme du béton jusqu'à l'automne. L'année suivante, de nouvelles émergences de cette espèce avaient lieu au même endroit... Au vu de la période de vol de cette espèce dans la région et de la durée de sa phase larvaire, supérieure à un an, il est évident qu'une population larvaire avait pu subsister en profondeur, très probablement dans une zone d'argile boueuse restée humide.

La métamorphose et l'émergence

La libération de l'insecte adulte hors de son exuvie lors de la dernière mue est appelée émergence. Le passage de la vie aquatique à la vie aérienne se fait avec hésitation. Au cours des huit à dix jours qui précèdent sa sortie définitive de l'eau, la larve cesse de s'alimenter et, sous l'influence d'une hormone spécialisée, l'ecdysone, commence à subir une métamorphose interne partielle, sans pour autant passer par un stade immobile comme le serait une chrysalide. Les prémices de la métamorphose débutent quelques jours avant l'émergence, avec la résorption des ramifications branchiales et l'histolyse des muscles du masque qui perd alors toute fonctionnalité. La larve quitte temporairement l'eau pendant des périodes de plus en plus longues mais y retourne à plusieurs reprises. Lors de ces sorties, elle apprend à respirer à l'air libre avec ses stigmates thoraciques et abdominaux, ce à quoi elle est obligée du fait de la régression de son système branchial. Finalement, elle quitte, en principe définitivement, l'eau et grimpe sur un support fixe qui peut border la rive ou être à plusieurs mètres de celle-ci (jusqu'à 45 m pour certaines espèces, mais ceci reste exceptionnel). Mais même à ce stade, elle peut encore repousser l'émergence et retourner dans l'eau pendant 1 ou 2 jours si le temps est vraiment trop froid.

Début de l'émergence chez les Zygoptères : *Lestes barbarus*. © D. Grand.

En vue de l'exuviation finale, les larves de Zygoptères s'immobilisent en position subverticale, parfois légèrement inclinée en arrière, celles des Gomphidés dans une position horizontale à presque verticale. Le plus souvent, l'insecte adulte émergera en position ascendante. Chez les autres Anisoptères, la larve s'accroche à la verticale ou dans une position légèrement inclinée en arrière, ou se suspend à l'horizontale sous une feuille ou un rocher.

Suite de l'émergence chez les Zygoptères : *Lestes barbarus*. © D. Grand.

L'émergence chez les Corduliidae : *Epitheca bimaculata,* femelle, ci-dessous et page suivante. © J.-P. Boudot.

Les imagos sortent de l'enveloppe larvaire en se renversant en arrière. Après une longue période d'immobilité, durant laquelle les pattes sèchent et durcissent, ils effectuent un rapide rétablissement et se suspendent à leur exuvie ou à la végétation.

Dans tous les cas, on voit d'abord l'enveloppe chitineuse de la larve se fendre derrière la tête, entre les deux fourreaux alaires, la fente s'agrandir, le thorax, la tête puis les pattes en sortir. Après sa sortie totale de la dépouille larvaire, l'insecte se déploie très progressivement. L'abdomen, encore très compressé et les ailes comprimées en accordéon se détendent et se déplient lentement. L'animal se laisse ensuite sécher et durcir et peut enfin prendre son premier envol, ou vol imaginal. La métamorphose se poursuit et s'achève un peu après l'envol de l'imago juvénile.

Quelques autres exemples d'émergence :

Platycnemis sp. © N. Helitas.

Anax imperator. © D. Grand.

Cordulegaster boltonii. © J.-P. Boudot.

Ce déploiement de l'insecte au cours de l'émergence, qui se retrouve être finalement beaucoup plus grand que son exuvie originelle, est rendu possible par l'action d'un liquide interne qui se met sous pression et fait se dilater toutes les parties compressées et molles du corps. La durée des émergences, qui ont surtout lieu le matin, est très variable en fonction des conditions météorologiques et des espèces (couramment de 1 à 3 heures). Une météo froide et pluvieuse peut faire différer l'envol de plusieurs jours et il arrive alors que la libellule meure sur place de faim et de froid, ou soit dévorée par les fourmis, les araignées ou les oiseaux en quête de nourriture.

De fréquents problèmes surviennent par ailleurs lors de l'émergence (voir photos p. 55). Il peut tout d'abord se produire des malformations létales et l'insecte meurt avant la fin de l'émergence ou reste en partie prisonnier de son exuvie. Parfois l'abdomen peut être coudé ou anormalement court. Si par ailleurs les nervures des ailes sont percées par la végétation, ou s'il se produit une simple rupture de paroi, des fuites du liquide interne se produiront et les ailes ne pourront pas se déployer normalement. Parfois encore elles restent collées. L'envol sera dans tous les cas impossible.

Les accidents d'émergence :

Malformation héritée d'un accident d'émergence chez *Pyrrhosoma nymphula*. © N. Helitas.

Gomphus graslinii (adulte incomplètement dégagé de son exuvie). © D. Grand.

Somatochlora arctica (l'individu est resté prisonnier de son exuvie par la tête). © J.-P. Boudot.

Anax ephippiger (ailes et extrémité de l'abdomen déformées). © D. Grand.

Durant cette phase ou l'insecte est sans défense, la prédation est très importante. Les passereaux en phase de nourrissage font des ravages. Sur les bords d'une rivière de Turquie, nous avons pu voir des centaines d'ailes de Gomphidés soigneusement découpées luire au soleil sur le sable humide, tandis que le reste des corps avait disparu. Les traces de pattes dans le sable humide identifiaient les auteurs de ces forfaits. Ailleurs, au lac d'Aude dans les Pyrénées-Orientales, à chaque fois qu'un *Sympetrum flaveolum* prenait son envol et scintillait au soleil, un passereau en vol stationnaire et en attente de ce moment se précipitait dessus pour le capturer et le rapporter à sa progéniture.

Au total, le taux de mortalité survenant à l'émergence paraît être compris entre 3 et 30 % du total annuel des émergences suivant les espèces et les situations. Parfois, il peut atteindre 50 % d'un effectif journalier.

Maturation : mâle d'*Aeshna mixta* immature en phase d'estivation. Montagne Noire, France. © J.-P. Boudot.

La vie de l'adulte

La maturation sexuelle

Après l'émergence, l'insecte juvénile s'éloigne parfois loin de l'eau et entame une phase de maturation sexuelle, au cours de laquelle il va acquérir ses couleurs définitives. Il est ainsi possible de voir des nuages lâches de plusieurs milliers d'*Aeshna mixta* encore décolorés se laisser porter par les courants thermiques et dériver sur les contreforts des collines. Durant cette période, la plupart des espèces recherchent des endroits abrités du vent qui s'échauffent rapidement au soleil : clairières et lisières forestières, fourrés ensoleillés, chemins creux ou entourés de haies, etc. Pendant cette période, mâles et femelles vivent côte à côte, passant leur temps à chasser et à se reposer. Leur constitution se renforce et leur appareil reproducteur se développe. Arrivés à maturité, les mâles dans leur grande majorité regagnent les milieux aquatiques pour attendre la venue des femelles. Certaines espèces semblent revenir en masse sur les lieux mêmes de leur naissance, tandis que d'autres paraissent facilement adopter un autre site lorsqu'ils en découvrent un qui leur convient.

Dans nos régions, cette phase dure de 2 à 35 ou 50 jours selon les espèces. Toutefois, dans l'extrême sud de la région méditerranéenne, elle peut être très longue et atteindre de 2 à 5 mois pour *Aeshna mixta*, *Sympetrum striolatum*, *S. meridionale* et *S. sinaiticum*. Ce dernier émerge en mai-juin mais ne revient dans ses sites de reproduction qu'en septembre-octobre. Dans ce cas, et du fait de la chaleur estivale et de la sécheresse, une phase d'estivation, durant laquelle les imagos quittent leurs sites de reproduction pour se regrouper dans des zones collinaires boisées ou se disperser individuellement, se cumule à la phase de maturation sexuelle, et la reproduction n'a lieu qu'en automne, à la saison des pluies et lorsque les températures baissent.

La chasse des libellules

Sitôt leur premier envol et tout au long de leur vie d'imagos, tout comme auparavant durant leur vie larvaire, les libellules doivent s'alimenter. Ces insectes sont des carnivores voraces et sont les

Rare cas de cannibalisme chez *Orthetrum cancellatum*. © D. Grand.

Mâle d'*Orthetrum trinacria*, un spécialiste de la prédation des Lépidoptères. © J.-P. Boudot.

Prédation par *Calopteryx haemorrhoidalis* sur un insecte Strepsiptère. © D. Grand.

prédateurs frénétiques de nombreux insectes comme les mouches, les moustiques, les moucherons, plus rarement les guêpes et les abeilles. Tous les insectes de petite taille entrent dans leur régime alimentaire. Ils peuvent également attraper de petites araignées posées sur l'herbe, et même s'en prendre à d'autres libellules. La bataille d'un *Anax imperator* capturant pour le dévorer un mâle de *Libellula depressa* est à cet égard saisissante. Il existe même des cas de cannibalisme, durant lesquels des imagos d'*Ischnura elegans* ou d'*I. graellsii*, par exemple, dévorent d'autres adultes de leur propre espèce. Le cannibalisme est également connu chez les imagos d'*Anax parthenope*, d'*Orthetrum cancellatum et d'O. sabina*. Dans 80 % des cas, il est le fait d'individus reproducteurs qui s'en prennent à des individus juvéniles ou immatures.

Certaines espèces se réservent un territoire de chasse, d'où elles excluent leurs congénères et parfois même d'autres espèces. La chasse se fait soit à l'affût à partir d'un support préférentiel, soit en vol. Les proies sont capturées à l'aide des pattes puis déchiquetées à l'aide des mandibules. Il suffit de se faire pincer un doigt imprudemment approché de la bouche d'un *Cordulegaster* ou d'un *Boyeria irene* capturé et tenu en main pour se rendre compte à quel point leurs mandibules sont puissantes et acérées.

Étant donné leur aisance au vol, les actions de chasse des libellules adultes sont souvent fructueuses. Cette aisance leur est conférée par leur très vaste champ visuel (elles voient dans toutes les directions) et par l'indépendance de leurs ailes antérieures et postérieures. Elles peuvent planer, virer sur l'aile ou rester au point fixe en vol stationnaire, puis accélérer brutalement, monter ou descendre à la verticale et voler en arrière.

Dans nos régions, elles volent surtout le jour, dès que le soleil réchauffe suffisamment l'atmosphère, mais des périodes de chasse frénétique peuvent être observées le soir à l'approche du crépuscule et une fois la nuit tombée chez certains **Aeshnidae**.

L'aptitude à la dispersion

Les Anisoptères sont souvent de très bons voiliers et peuvent explorer des contrées fort distantes pour y tenter une implantation, qui réussira ou non suivant les paramètres écologiques.

Les migrations en masse d'*Anax ephippiger* (par exemple nuage de plusieurs millions d'individus sur 200 km de long et 50 km de large le long de la côte turque de la mer Noire, le 11 août 1995), d'*Anax junius*, de *Libellula quadrimaculata* et de nombreux *Sympetrum* sont bien connues et sont à cet égard révélatrices. *Anax ephippiger* a en effet été observé en Islande en provenance d'Afrique noire, et *Anax junius* est récemment parvenu en Grande-Bretagne et en France, après avoir traversé l'Atlantique nord à la faveur de tempêtes océaniques !

Des vitesses de pointe en vol de 36 à 56 km/h ont été rapportées chez des **Aeshnidae** comme *Anax julius*, dont la vitesse de croisière avoisine 16 km/h, ce qui montre bien leur faculté à se déplacer dans les airs. De son côté, *Anax ephippiger* semble pouvoir migrer à une vitesse moyenne de 55 km/h sur 4000 km lors de ses migrations de l'Afrique à l'Islande, et en Chine des suivis radar nocturnes de nuages de *Pantala flavescens* en migration ont montré que ceux-cis se déplaçaient à une vitesse de 18 à 40 km/h sur 150 à 400 km pendant une dizaine d'heures en profitant des courants aériens. D'autres données indiquent des vitesses de 16 km/h pendant 90 h pour cette même espèce. Par contre, de l'avis général, la vitesse de pointe de 97 km/h rapportée pour *Austrophlebia costalis* en Australie par Tillyard (1917) semble nettement surestimée et cette espèce ne semble pas pouvoir excéder 56 km/h. Les Zygoptères sont de nettement moins bons voiliers et leur vitesse maximale mesurée est d'environ 2 km/h. Certains d'entre eux peuvent à l'évidence largement dépasser cette vitesse lorsqu'ils sont aidés en cela par des courants aériens. Tout comme les Anisoptères, ils peuvent en effet se laisser emporter passivement par les vents et coloniser des régions très éloignées de leur localité d'origine. La présence d'un Zygoptère américain, *Ischnura hastata* (Say, 1839), aux Açores, archipel volcanique n'ayant jamais été rattaché à aucun continent et situé à environ 3000 km du continent américain, est à l'évidence à mettre au compte de telles migrations passives, d'autant plus hasardeuses et aléatoires que seules des femelles s'y sont implantées. Elles s'y perpétuent par parthénogenèse, ce qui est un cas unique chez les libellules. À une moindre échelle, l'implantation aux Canaries et sans doute à Madère d'*Ischnura saharensis*, espèce propre à l'Afrique saharienne et à ses bordures, ou encore d'*I. pumilio*, doit être attribuée au même phénomène. Il en est de même de l'implantation d'*I. senegalensis* aux Canaries, découverte récemment en ces lieux.

Cette aptitude à la dispersion, à la divagation et à la colonisation concerne en fait de nombreuses espèces auxquelles on ne penserait pas de prime abord. *Ischnura pumilio* et *I. elegans* sont des espèces pionnières bien connues qui apparaissent rapidement sur les pièces d'eau récentes, même fort éloignées de tout autre point d'eau. Malgré sa frêle stature, *Nehalennia speciosa* est capable de coloniser des localités situées à une douzaine de kilomètres de son lieu de naissance, comme l'a démontré sa récente implantation temporaire dans le Jura français. En revanche, si l'on comprend aisément les aptitudes pionnières de *Libellula depressa*, de nombreux **Gomphidae**, **Cordulegastridae**, **Macromiidae** et **Corduliidae**, dont certains sont de puissants voiliers, ne s'éloignent guère de leurs habitats et de leur environnement proche. Ainsi en Corse, les seuls Anisoptères assez bien diversifiés et se reproduisant en plaine sont les **Aeshnidae** et les **Libellulidae**. Les autres familles y sont très peu représentées, certaines n'y étant que sporadiques (*Cordulegaster boltonii*) ou y restant très localisées (*Lindenia tetraphylla, Paragomphus genei*, *Somatochlora flavomaculata*, *S. meridionalis*). Ceci est très surprenant au regard de la présence de plusieurs espèces de Zygoptères sur cette île, pourtant moins bons voiliers que les Anisoptères. Mais là nous touchons à l'histoire des faunes en fonction des changements climatiques et de l'histoire géologique d'une région, qui à l'échelle géologique, n'a pas toujours été isolée du continent, et pas seulement aux potentialités de dispersion des espèces.

Aeschne des joncs. © L. Rouschmeyer.

Les stratégies de recherche des femelles : attente, recherche active, territorialité

La vie d'une libellule adulte est toute entière tournée vers la reproduction. Différentes stratégies ont été adoptées par les mâles en vue d'augmenter leur chance de trouver une femelle reproductrice.

Les mâles de certaines espèces préfèrent attendre les femelles à proximité d'un site de ponte potentiellement favorable en se posant ou en se perchant durablement dans un site attrayant. À ces endroits, certains d'entre eux cherchent à s'attribuer un territoire, dont ils excluront tout ce qui pourra ressembler à un concurrent (mâles de la même espèce ou d'espèces physionomiquement proches). C'est le cas en Europe de plusieurs espèces appartenant aux genres *Calopteryx*, *Libellula*, *Orthetrum* et *Leucorrhinia* à densité faible ou modérée. D'autres ne cherchent pas à se réserver de territoire et se contentent de manifester une certaine agressivité à l'encontre de leurs concurrents potentiels (*Gomphus* et *Onychogomphus*).

Les mâles d'autres espèces ont pour habitude de voler continuellement à proximité des berges des étangs ou des rivières. Ces vols peuvent être des vols de recherche à longue distance, non territoriaux, ou vols de patrouille. Dans ce cas, les mâles prospectent longuement les rives dans les deux sens, sur une centaine de mètres ou plus, ou passent d'une mare à une autre, en inspectant très soigneusement tous les endroits où pourrait pondre une femelle, plus particulièrement les recoins cachés et sombres. Leur parcours change fréquemment et il n'y a pas de délimitation de territoire. Lorsque deux mâles se rencontrent, leur conflit éventuel ne se traduit pas par l'éviction de l'un des deux protagonistes. Après une brève interaction ils reprennent par contre leur vol itinérant comme s'ils ne s'étaient pas rencontrés. De bons exemples de ces vols de patrouille non territoriaux nous sont offerts, au niveau des cours d'eau par les *Cordulegaster* dans leurs comportements les plus ordinaires, et au niveau des étangs par *Brachytron pratense*.

Ces vols peuvent être également des vols territoriaux, au cours desquels les mâles survolent inlassablement une surface plus réduite, bien délimitée et fixe, supposée constituer un site de ponte favorable d'où ils chercheront à exclure tout rival potentiel. De bons exemples de territorialité chez les espèces passant la majeure partie de leur temps en vol nous sont offerts par les *Anax* et plusieurs **Corduliidae**.

Un comportement territorial peut être défini par l'ensemble des attitudes présidant à l'instauration et à la défense d'une aire bien délimitée, destinée à être utilisée en exclusivité par un seul individu d'une même espèce. Cet individu est dominant dans cet espace et en exclut généralement tous ses rivaux, mais est dominé quand il en sort et pénètre dans un territoire voisin. Lorsque le parcours itinérant d'un mâle change continuellement de longueur et d'emplacement, on a affaire à un simple vol de patrouille, non territorial. De même, lorsqu'il n'y a pas exclusion de l'un des deux mâles lors d'un conflit et que les deux protagonistes finissent par reprendre leur patrouille initiale, ou, au contraire, quittent tous deux le site, on ne peut parler de territorialité. Dans l'ensemble, le vol de patrouille itinérant à longue distance d'un mâle constitue un comportement de recherche active des femelles, tandis que l'établissement d'un territoire bien délimité constitue un comportement d'attente et non de recherche.

Les mâles de certaines espèces sont fidèles à leur territoire pendant plusieurs jours de suite et n'en bougent guère de la journée. Chez d'autres espèces au contraire, ils changent de territoire à plusieurs reprises au cours d'une même journée, quitte à revenir ultérieurement, le même jour ou quelques jours après, dans un lieu précédemment occupé. Chez de nombreuses espèces, la taille des territoires diminue lorsque la densité des mâles présents sur le site augmente. Ils sont de ce fait plus grands le matin qu'en début d'après-midi. Il est très délicat de classer les différentes espèces en «espèces territoriales» ou en «espèces non territoriales», car l'apparition d'un comportement territorial est très nettement dépendante de la densité des mâles présents sur un site donné. La difficulté s'accroît encore lorsque l'on constate que l'augmentation de la densité des mâles a des effets inverses en fonction des espèces. D'autres, comme *Boyeria irene*, alternent même vols de prospection à longue distance et vol territorial, sans que l'on en connaisse véritablement le déterminisme. Davantage d'informations sur ces questions seront données dans les monographies d'espèces.

Certaines espèces semblent préférer rechercher les femelles dans leurs sites de repos, mais ceci reste encore mal connu. C'est ainsi que les accouplements de *Macromia splendens* paraissent se former à l'écart de l'eau, même si les mâles sont plus faciles à observer lorsqu'ils patrouillent le long des rives.

Enfin, certaines espèces mettent également à profit leur phase de vol de chasse crépusculaire pour trouver et s'emparer d'une femelle (cas de *Boyeria irene*).

L'accouplement des libellules

Dès qu'un mâle repère une femelle, il n'a de cesse que de s'accoupler avec elle. L'accouplement des libellules peut être précédé de préludes de présentation et d'identification. C'est le cas des *Calopteryx*, chez qui les mâles volent sur place devant les femelles en recourbant l'abdomen vers le haut. Mais parfois l'acte sexuel est nettement moins civilisé et s'apparente davantage à un véritable rapt.

L'immobilisation réflexe des femelles :

Cette femelle de *Somatochlora metallica* s'est immédiatement posée à l'approche d'un mâle. © D. Grand.

Cette femelle de *Somatochlora alpestris* s'est soudainement laissée tomber dans l'herbe à l'approche d'un mâle. © D. Grand.

Le prélude à l'accouplement est souvent brutal chez les Anisoptères :

Chez *Onychogomphus f. forcipatus*. © D. Grand.

Chez les **Aeshnidae**, les **Cordulegastridae**, certains **Corduliidae** et **Libellulidae**, les femelles occupées à pondre sont obnubilées par le souci de ne pas être vues par les mâles. Que l'un d'entre eux soit repéré à proximité, la femelle arrête net sa ponte, s'immobilise en espérant passer inaperçue si elle est posée sur un support, ou même se laisse tomber dans l'herbe et s'immobilise si elle pond au vol dans un marais ou une tourbière (immobilisation réflexe ou état de thanatose).

Sitôt le mâle éloigné, elle reprendra sa ponte avec vigilance. Mais que le mâle vienne à la repérer, il se précipite sur elle, se pose brutalement sur son thorax, la saisit par ses appendices abdominaux et enfin l'arrache de force de son support.

Chez *Aeshna subarctica* elisabethae. © J.-P. Boudot.

La saisie de la femelle par le mâle se fait différemment selon les espèces auxquelles on a affaire. Chez les Zygoptères, les appendices du mâle trouvent leur ancrage sur le dessus du prothorax des femelles, et il y a complémentarité des structures à ce niveau. Chez les Anisoptères, les trois appendices du mâle viennent saisir la tête de la femelle entre et derrière les yeux. Une fois saisie et emmenée en tandem, la femelle pourra soit accepter l'accouplement, soit le refuser en émettant des signaux spécifiques (repliement de l'abdomen sous le thorax, exécution de loopings, chute du tandem dans l'herbe ou dans l'eau, ce qui peut conduire à leur noyade). Si elle l'accepte, elle recourbe son abdomen vers le bas et le mâle la ramène sous lui, en vue de l'ancrage des organes copulateurs de la femelle (situés sous les segments abdominaux 8 et 9) à l'appareil copulateur du mâle (localisé sous le deuxième segment abdominal). Préalablement à l'ancrage des appareils copulateurs des deux sexes, le mâle aura rechargé sa vésicule séminale de sperme en amenant rapidement son pore génital (situé sous son 9e segment abdominal) au contact de son appareil copulateur. Chez les Zygoptères, ce transfert est

Chez *Somatochlora meridionalis* (la femelle a réussi à se libérer). © D. Grand.

Le transfert du sperme chez les mâles de libellules :

Chez *Lestes dryas*. © E. Nielsen.

presque toujours effectué posé, après la formation du tandem, parfois après une brève phase de contacts génitaux préliminaires, très rarement en solitaire avant toute tentative d'accouplement (photos pages suivantes). Chez les Anisoptères, il s'effectue en vol ou posé, après la formation du tandem dans environ deux tiers des cas, en solitaire dans le tiers restant, quelle que soit la famille. Chez de rares espèces d'Anisoptères, il s'effectue toujours en solitaire, avant la constitution du tandem. L'accouplement dessine en fin de compte une figure en forme de cœur, le cœur copulatoire, qui dure de quelques secondes chez certains **Libellulidae**, qui s'accouplent au vol sans se poser, à une heure et plus chez les espèces qui se posent. Le sperme du mâle est stocké dans un réservoir séminal présent dans les voies génitales de la femelle, la fécondation n'ayant lieu qu'au moment de la ponte. Chez les Zygoptères et les **Libellulidae**, parfois également chez les **Aeshnidae** et les **Gomphidae**, le mâle élimine tout d'abord, au début de l'accouplement, le sperme antérieur conservé dans ce réservoir séminal, ce qui est un moyen pour lui d'assurer sa descendance propre. Lorsque l'accouplement est très bref et se déroule intégralement durant le vol, par exemple chez certains *Libellula* et *Crocothemis*, le mâle se contente de tasser le sperme préexistant au fond du réservoir séminal de la femelle.

Quelques aberrations concernant l'accouplement peuvent être occasionnellement observées. Sous l'influence de la pression sexuelle, on assiste parfois à une triple connexion incriminant deux mâles et une femelle et formant soit un cœur normal, un mâle supplémentaire étant alors ancré au prothorax du mâle copulateur, soit un grand cœur à trois, la femelle présentant son orifice génital au mâle en surnombre (photos page suivante). Ces figures se rencontrent de temps à autre chez les Zygoptères, un peu plus rarement chez les Anisoptères. On peut également rencontrer des accouplements interspécifiques et même des accouplements intergénériques. Dans ce dernier cas, il est rare que l'action parvienne jusqu'au stade du cœur copulatoire et le tandem mâle-femelle se désunit généralement après quelques minutes d'un vol agité. Des hybrides probables ou avérés isolés ont été décrits à travers le monde dans les genres *Coenagrion*, *Enallagma*, *Ischnura*, *Anax*, *Ophiogomphus*, *Sympetrum*, *Orthetrum*, *Leucorrhinia* et *Libellula*, et ceci n'a guère de conséquences sur la stabilité des espèces concernées. Toutefois, ces phénomènes d'hybridation ne sont pas aussi anodins qu'il y paraît, car lorsque les barrières génétiques ne sont pas suffisamment étanches, ils donnent une descendance fertile (taxa hybrides stabilisés) et peuvent conduire à la disparition de l'une ou de l'autre des espèces parentales. De tels cas sont connus dans les genres *Calopteryx*, *Coenagrion* et *Ischnura* en Europe et en plusieurs points du Bassin méditerranéen. Notons que, selon le code international de nomenclature zoologique actuel, lorsqu'ils sont reconnus comme hybrides dès leur description, ces hybrides ne peuvent recevoir de dénomination scientifique binominale linéenne. Par contre lorsqu'ils sont reconnus hybrides après leur description ils conservent leur dénomination scientifique binominale linéenne mais n'ayant plus qu'un statut d'hybrides, ils perdent leur rang d'espèce ou de sous-espèce.

Leucorrhinia rubicunda.

Transfert du sperme en solitaire chez *Leucorrhinia rubicunda*. © E. Nielsen.

L'accouplement chez les libellules :

Calopteryx s. splendens. © J.-P. Boudot.

Ceriagrion tenellum.
© D. Grand.

Anax imperator.
© J.-P. Boudot.

Accouplement en vol d'*Orthetrum cancellatum*. © P. Papon.

Somatochlora arctica. © J.-P. Boudot.

Libellula fulva. © D. Grand.

Oxygastra curtisii. © D. Grand.

Rares cas d'accouplements aberrants :

Entre un mâle de *Lestes sponsa* et une femelle de *Chalcolestes viridis* dans le Jura. © D. Grand.

Chez *Ischnura genei*, le mâle du bas s'accouple avec la femelle (au centre) que le mâle du haut maintient par le pronotum (Corse). © D. Grand.

Entre un mâle de *Cordulia aenea* et une femelle d'*Epitheca bimaculata* en Sibérie. © O. Kosterin.

Chez *Lestes sponsa* : trio imparfait, le premier mâle ayant saisi le second mâle qui maintient la femelle en vue de l'accouplement (Jura). © D. Grand.

La ponte

Après l'accouplement, la femelle peut soit se reposer, soit commencer aussitôt à pondre. Les modes de ponte dépendent à la fois de la conformation des organes de ponte et des comportements propres des différentes espèces. Certaines insèrent leurs œufs dans la végétation herbacée, dans l'écorce des arbres à bois tendre, dans des débris végétaux flottants, dans les fissures du bois mort immergé dans l'eau ou dans la tourbe, grâce à un oviscapte (ponte endophyte) (Zygoptères et **Aeshnidae**). D'autres espèces fixent soigneusement leurs œufs à la surface de la végétation immergée ou émergée qui leur sert de simple support, et à laquelle ils adhèrent (ponte épiphyte) (certains Anisoptères, notamment dans la zone intertropicale). D'autres encore les lâchent à la volée au contact ou au-dessus de l'eau, ou au-dessus des prés humides. Enfin, certaines espèces les enfoncent dans les sédiments du fond des ruisseaux à l'aide d'un ovipositeur en volant verticalement sur place et en s'abaissant dans l'eau rythmiquement (ponte exophyte des **Cordulegastridae**).

Dans tous les cas, la femelle peut pondre seule ou rester en tandem avec le mâle, ce dernier la tenant toujours par le prothorax ou par l'arrière des yeux. Lors d'une telle ponte en tandem, les deux partenaires peuvent se tenir à la végétation (**Lestidae**, certains **Coenagrionidae**, rares **Aeshnidae**). Dans d'autres cas, le mâle reste dressé au garde-à-vous en position verticale au-dessus de sa partenaire, sans se tenir à aucun support, comme une sentinelle (**Platycnemididae** et certains **Coenagrionidae**, etc.). Parfois enfin le tandem formé par le mâle et la femelle pond en volant au point fixe sans se tenir à aucun support (certains *Sympetrum*, etc.). Cette position en sentinelle survient plus fréquemment lorsqu'il existe un risque important de prédation, comme la présence de grenouilles à proximité. Elle peut être interprétée comme un moyen d'atténuer le danger, en offrant au mâle une meilleure vue sur son environnement immédiat et au couple une position leur permettant de s'échapper plus rapidement. Parfois également, le mâle vole sur

Prélude à la ponte chez certains Anisoptères

Gomphus simillimus. © J.-P. Boudot.

Epitheca bimaculata préparant sa ponte. © G. Vincent.

place à proximité de sa partenaire pour la surveiller et empêcher qu'elle ne quitte son territoire ou ne s'accouple avec un autre prétendant. Très exceptionnellement, on peut observer des pontes interspécifiques, composées d'une femelle qui est accompagnée d'un mâle d'une autre espèce.

Chez certaines espèces, les œufs s'agglomèrent et s'accumulent en masse à l'extrémité de l'abdomen, maintenus entre ce dernier et la lame vul-

Les diverses formes de pontes chez les Odonates :

Ponte endophyte et subaquatique chez *Lestes sponsa*. © D. Grand.

Ponte endophyte chez *Erythromma lindenii*. © G. Doucet.

Ponte endophyte chez *Aeshna subarctica elisabethae*. © J.-P. Boudot.

Sympetrum danae. Image composite. © E. Nielsen.

Ponte exophyte des femelles de *Cordulegaster boltonii*. © D. Grand.

Cordulegaster boltonii. Image composite. © E. Nielsen.

Ponte exophyte chez *Libellula quadrimaculata*. Le mâle en vol protège la femelle de tout dérangement durant la ponte. © E. Nielsen.

Ponte exophyte chez *Libellula depressa* : la femelle commence par inspecter brièvement et en vol stationnaire un emplacement de ponte où figure déjà une ponte antérieure (phase 1), puis vient rapidement déposer quelques œufs au contact de l'eau (phase 2). © D. Grand.

vaire. Ils seront lâchés en une seule fois au-dessus de l'eau, dans laquelle ils se disperseront. Parfois également, ils seront projetés sur le sable ou les mousses humides des rives. Chez plusieurs espèces de Zygoptères, la femelle, ainsi que le mâle lorsqu'il l'accompagne, descend progressivement le long des tiges, si bien que parfois la pondeuse peut se retrouver complètement immergée jusqu'à 1 m sous l'eau, continuant à respirer en profitant de la pellicule d'air qui l'enveloppe. Un record de durée de 72 minutes pour une telle ponte submergée a été rapporté pour *Coenagrion mercuriale*. Lorsque la ponte débute en tandem, le mâle la lâchera bien souvent avant d'être à son tour complètement immergé, mais restera parfois à proximité pour l'aider à reprendre son envol à la fin de la ponte, et éventuellement tenter un deuxième accouplement.

Le nombre d'œufs pondus par une libellule femelle au cours de sa vie dépend du nombre d'œufs déposés lors de chaque séance de ponte, de l'intervalle de temps séparant chaque séance de ponte, de sa durée de vie et des conditions météorologiques. C'est dire s'il est très variable et difficile à évaluer. Il doit néanmoins atteindre un maximum de quelques milliers.

La longévité des libellules

La longévité des libellules est très variable en fonction des espèces, des facteurs météorologiques et de la prédation.

La période de vol des différentes espèces est, dans nos régions, inférieure à un an. Un seul genre (le genre *Sympecma* avec 3 espèces en Eurasie, dont deux actuellement dans notre région) est capable d'hiberner à l'état adulte. Les émergences ont alors lieu de juin à août, la ponte de mars à mai, puis les imagos meurent et sont remplacés par une nouvelle génération. Les autres espèces émergent habituellement entre la fin mars ou avril et août, puis disparaissent progressivement au cours de l'année. Globalement, la fin de la période de reproduction intensive d'une espèce coïncide avec son déclin. On peut alors rencontrer des individus défraîchis et vieillissants, usés par les intempéries, les déplacements en tous sens dans les fourrés et les roselières, les combats avec d'éventuels rivaux, l'effort de la ponte, etc. D'autres n'ont même pas survécu et ont été victimes de maladies, de parasites, de prédateurs, de noyades lors de tentatives d'accouplement infructueuses ou lors de la ponte, ou sont morts de faim lors de périodes de mauvais temps prolongées. Les survivants en sortent abîmés, avec des ailes parfois rongées et réduites à leur moitié antérieure, des couleurs ternies et défraîchies, ou des mutilations. En fin de saison, les individus les plus âgés voient leurs proies se raréfier et finissent par mourir avec les premiers gels automnaux. Les derniers spécimens s'observent jusqu'en décembre dans la moitié sud de la France, aux environs de la Toussaint plus au nord. La longévité moyenne des adultes ayant survécu à leur phase de maturation est comprise entre 3 et 24 jours chez les Zygoptères (médiane : 8 jours), entre 6 et 38 jours chez les Anisoptères (médiane : 11 jours) du fait de la prédation et des intempéries. La longévité maximale est de 15 à 77 jours chez les Zygoptères (médiane : 30 jours), de 17 à 64 chez les Anisoptères (médiane : 39 jours). Le taux de survie journalier est parfois beaucoup plus élevé pendant la période de maturation, durant laquelle les imagos restent relativement cachés, que pendant la période de reproduction, mais ceci n'est pas général. *Hemiphlebia mirabilis*, espèce endémique de Tasmanie et du sud de l'Australie semble présenter la longévité la plus courte de toutes les espèces connues, avec une espérance de vie de 4 jours pour les femelles, de 7 jours pour les mâles. L'espèce compense cela par un turn-over très rapide et des effectifs énormes dans les localités favorables.

Nous avons vu que la prédation exercée par divers animaux pouvait avoir une très grande importance sur les effectifs d'Odonates dans un lieu donné. Au moment de l'émergence, les oiseaux, les fourmis et les araignées ont le temps de festoyer et de prendre une part importante à la limitation des naissances. Une fois l'envol effectué, l'insecte n'est pas pour autant tiré d'affaire. Les araignées, encore elles, prennent souvent des

Les libellules victimes de prédateurs divers :

Un diptère Asilidae dévorant un mâle de *Platycnemis acutipennis*. © D. Grand.

Cordulegaster b. boltonii (femelle) empêtré et tué dans une toile d'araignée. © J.-P. Boudot.

Lestes macrostigma mâle ayant capturé un *Sympecma fusca* ténéral. © G. Doucet.

Après avoir capturé un *Sympetrum* fraîchement émergé, ces minuscules fourmis l'ont transporté jusqu'à leur nid, situé à près de 3 m. © D. Grand.

libellules dans leur toile. Les guêpes et les asiles, grosses mouches prédatrices munies d'une longue trompe en forme de dard, s'attaquent assez souvent aux libellules. Les grosses libellules s'attaquent aux plus petites, tant à l'état larvaire qu'à l'état adulte. Les larves d'Anisoptères peuvent entraîner sous l'eau des femelles adultes d'espèces moyennes ou petites en train de pondre, pour les dévorer. Certains oiseaux se sont fait une spécialité dans la capture des libellules. Le cas des guêpiers, le bec rempli d'*Anax*, dans le sud de la France, illustre bien des livres de photographie naturaliste. Cet oiseau consomme en quantité des **Aeshnidae**, **Gomphidae** et **Libellulidae**. Plusieurs espèces de rapaces et plus particulièrement de faucons capturent également volontiers des libellules adultes, au vol ou posées, et certains s'en sont même fait une spécialité (le faucon hobereau notamment). Les Corvidés consomment de nombreux *Sympetrum* et *Aeshna mixta* durant les frais matins d'automne. Les hirondelles peuvent occasionnellement attraper des libellules.

Divers cas de mortalité chez les libellules :

Cas de prédation sur *Leucorrhinia dubia* par une plante carnivore, *Drosera rotundifolia*. © J.-P. Boudot.

Une curiosité : Un couple de *Calopteryx s. splendens* piégé par les barbillons d'une graminée, *Setaria verticillata*. © P. Jourde.

Ces *Lestes dryas* accouplés sont morts d'insolation durant la canicule de l'été 2003. © D. Grand.

Coenagrion caerulescens femelle noyée. © L. Rouschmeyer.

Couple de *Pyrrhosoma nymphula* capturé par une araignée. © G. Doucet.

Les aigrettes capturent volontiers les larves dans l'eau, tout comme certains coléoptères et hémiptères aquatiques carnivores (dytiques, nèpes, notonectes) et les poissons. Ces derniers, les grenouilles, les hérons et les aigrettes capturent également des adultes, notamment pendant la ponte et le soir au dortoir. Dans le delta du Danube, on a même rapporté le cas d'un petit héron, le blongios nain, qui appâtait les poissons le soir à l'aide de libellules déjà posées pour la nuit, qu'il attrapait, posait sur l'eau à l'amont devant lui, les remettait à l'amont dès qu'elles avaient dérivé vers l'aval, et les remplaçaient dès qu'elles étaient mortes. Qu'un poisson vienne à s'en approcher, il devenait la proie du héron. Il peut également arriver que les chauves-souris capturent des libellules, mais ceci ne paraît pas très fréquent.

Un dernier cas de prédation est plus surprenant. Dans les tourbières, des plantes carnivores, les Droséras, notamment la Droséra intermédiaire (*Drosera intermedia*) et la Droséra à feuilles rondes (*Drosera rotundifolia*), ont des feuilles suffisamment adhésives pour garder prisonnières les libellules qui s'y posent. Elles finissent par les digérer grâce aux sucs digestifs sécrétés par leurs tentacules. Il ne restera finalement qu'une enveloppe chitineuse vidée de toute substance. Les Zygoptères et les Anisoptères de petite taille, comme *Leucorrhinia dubia*, se font souvent prendre à ce piège.

Parasitisme et commensalisme

Comme beaucoup d'êtres vivants, les libellules peuvent être parasitées à divers stades de leur existence. Le parasitisme des insectes qui pondent ou s'introduisent dans les œufs de libellules est toujours létal et contribue à la régulation des populations. Les œufs des libellules à ponte endophyte sont recherchés par de minuscules hyménoptères parasitoïdes appartenant aux familles des **Chalcididae**, **Mymaridae** et **Trichogrammatidae**. Ainsi, les femelles d'*Anagrus incarnatus*, d'une taille voisine d'un millimètre, parasitent-elles les pontes de *Chalcolestes viridis*. Après avoir dévoré l'embryon de l'hôte pour réaliser son développement larvaire, l'insecte parasite devenu adulte perfore la paroi de l'œuf pour s'en échapper, et un nouveau cycle recommence. Les libellules à ponte épiphyte des régions intertropicales libèrent des amas d'oeufs noyés dans un mucus gélatineux en les collant à la partie inférieure des feuilles surplombant les habitats aquatiques. Ces pontes peuvent être parasitées par des diptères **Drosophilidae** et **Cecidomyidae**. Ainsi la femelle de *Drosophila libellulosa*, dont la taille atteint tout juste 3,7 mm de long, dépose ses œufs sur la ponte d'un Libellulidé gabonais, *Malgassophlebia aequatoris*, ou à proximité immédiate. La larve, qui mesure tout au plus 5 mm de long avant nymphose, se développe au sein du mucus gélatineux entourant les œufs et les dévore. Dans ce cas particulier, le terme de parasitisme est un peu ambigu et peut porter à confusion, car c'est la ponte qui est parasitée et non directement les œufs. Ces derniers ne sont que des proies.

Tout comme leurs œufs, les larves de libellules sont la cible de parasites. Il peut s'agir d'endoparasites qui accomplissent leur développement partiel ou complet à l'intérieur des larves, ou d'exoparasites qui se fixent à l'extérieur, sur leur enveloppe chitineuse. Ces formes de parasitisme ne sont pas toutes létales.

Les endoparasites les plus fréquents sont des Sporozoaires de la classe des Grégarines. Parasites exclusifs de divers invertébrés, les Grégarines peuvent infester et obstruer le tube digestif des larves et adultes de libellules, jusqu'à gêner

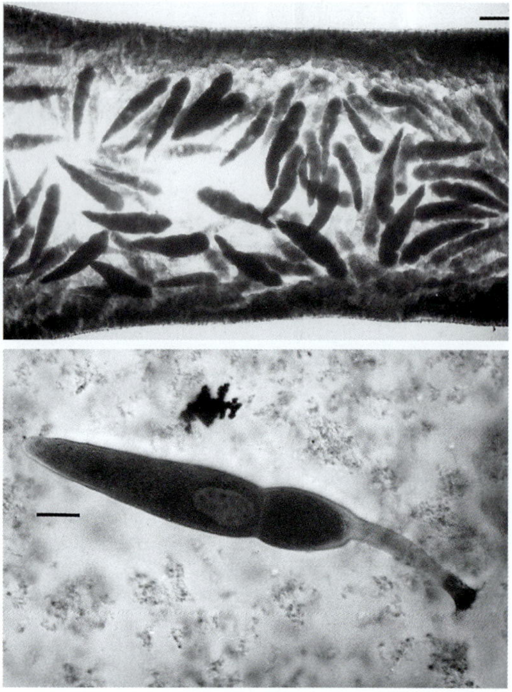

Les Grégarines, micro-organismes parasites du tube digestif des Odonates : Trophozoites (en haut) ; *Hoplorhynchus* (en bas). © A. Abro.

leur croissance. Elles ne sont pas connues pour exister chez les adultes fraîchement émergés et ne semblent donc pas pouvoir passer directement des larves aux adultes, dont la contamination est indépendante. Les hôtes sont contaminés lors de l'ingestion des oocystes (œuf encapsulé des Protozoaires Sporozoaires) transmis par leurs proies et en buvant de l'eau infectée d'oocystes. Les grégarines se développent et se reproduisent en utilisant les nutriments de leur hôte, ce qui leur est néfaste s'ils n'arrivent pas à compenser ces pertes. Elles peuvent également provoquer des lésions intestinales qui affaiblissent considérablement leur hôte dans les cas extrèmes. Moins connus, les Cestodes (Ténias) et les Trématodes (Douves) sont des vers plats appartenant à l'embranchement des Platelminthes. Avant de devenir adultes, ces vers possèdent une phase larvaire compliquée qui peut nécessiter plusieurs hôtes intermédiaires.

Sympetrum meridionale dont les ailes sont parasitées par *Arrenurus papillator* (Hydracariens) à l'état de nymphochrysalides. © L. Rouschmeyer.

Par exemple, le Trématode *Gorgodera amplicava* donne des sporocystes qui se développent en partie dans un mollusque pour produire des métacercaires. Ces dernières changent d'hôte en allant s'enkyster dans les larves d'Odonates qui les ont absorbées avec leur nourriture. Puis, lorsque ces larves sont dévorées par un Amphibien, les métacercaires passent dans ce dernier et se transforment en vers adultes. Un nouveau cycle à trois hôtes peut recommencer. Les vers Nématodes

Larve d'*Onychogomphus sp.* parasitée par une colonie d'organismes unicellulaires (*Urnatella gracilis* : Entoprocte Barentsiidae). Aude. © D. Grand et A. Morgillo.

(embranchement des Helminthes) peuvent également infester le tube digestif des larves de libellules, mais cela est moins fréquent.

Si les larves d'Anisoptères peuvent être revêtues d'amas blanchâtres formés par des colonies d'*Urnatella gracilis*, un Entoprocte d'eau douce, les exoparasites les plus répandus sont des Hydracariens. Ces Arthropodes de la classe des Arachnides ont l'habitude de se fixer sous les fourreaux alaires des larves de libellules. Ils passent ensuite sur les adultes qu'ils continuent de parasiter avant de les quitter lorsque ces derniers retourneront au bord de l'eau pour entamer leur phase de reproduction. Ils peuvent également contaminer directement les adultes lorsque ceux-ci se posent sur la végétation. Une même espèce d'Hydracariens peut contaminer plusieurs espèces d'Odonates, même si des préférences sont évidentes et concernent principalement les genres *Coenagrions* et *Sympetrum* dans nos régions. Inversement, une même espèce d'odonates peut être porteuse de plusieurs espèces différentes d'Hydracariens, dont les plus fréquents dans nos régions appartiennent au genre *Arrenurus*. Ces parasites pompent l'hémolymphe de leur hôte après avoir percé leur cuticule à l'aide de leurs pièces bucales au niveau du thorax, de l'abdomen ou des nervures alaires des adultes. Ce type d'ectoparasitisme par des Hydracariens a pour conséquence de réduire la fertilité des femelles de 10 à 20 %, et plus généralement de diminuer la vitalité et la compétitivité de leur hôte. Ils entravent leurs mouvements, allant même jusqu'à empêcher tout accouplement. Lorsqu'ils sont en nombre élevé sur le thorax ou sur l'abdomen, ces hydracariens peuvent même provoquer la mort des libellules qui les portent. Certaines espèces d'Hydracariens comme *Arrenurus papillator*, qui vit dans les mares temporaires s'asséchant en été, profitent en fait

Ailes de *Cordulegaster princeps* parasitées par un essaim de minuscules moucherons, *Forcipomyia* (*Pterobosca*) paludis (Diptères Ceratopogonidae). Maroc, Moyen Atlas. © J.-P. Boudot.

de leur hôte pour survivre à l'assèchement de leur habitat en formant des nymphochrysalides, petites boules rouges très fréquentes sur les nervures des ailes de certains *Sympetrum*. Ces chrysalides constituent une phase de vie ralentie et une forme de résistance permettant à l'espèce de passer la saison estivale avant de pouvoir retrouver de l'eau en automne dans leur mare d'origine.

Les Trématodes parasitent également les Odonates. Les vers du genre *Prosthogonimus* ont la particularité de s'enkyster dans le corps des libellules adultes. Par la suite, si ces libellules se font dévorer par des canards ou des poules, elles leur transmettent la prosthogonimose ou « maladie des libellules ».

Les ailes des libellules attirent d'autres groupes d'insectes, comme les diptères de la famille des **Ceratopogonidae**. Lors de l'émergence, ces minuscules moucherons se posent parfois sur les nervures encore molles des ailes de l'insecte naissant et aspirent le liquide résiduel qui a permis leur déploiement.

D'autres diptères du genre *Desmometopa* sont observés de temps à autre, posés à proximité de la bouche de certains Anisoptères adultes et cherchant à se nourrir des reliefs de repas encombrant leurs mandibules. Cette activité relève du commensalisme et non du parasitisme.

Enfin, les stades aquatiques de certains invertébrés se fixent sur la cuticule des grosses larves d'odonates pour se déplacer, muer ou se nymphoser. L'examen minutieux des larves et des exuvies d'Anisoptères permet parfois de trouver des pupes d'insectes Diptères (**Simuliidae** et **Chironomidae**)

Gastéropode aquatique *Succinea putris* (Succineidae) sur un *Crocothemis erythraea* finissant d'émerger début juin (Ardennes). © V. Koch.

Minuscule moule marine *Mytilaster c. cylindraceus*, collée à une exuvie d'*Orthetrum cancellatum* (étang de Biguglia en Corse). © D. Grand.

et Trichoptères, incrustées à la surface de la cuticule. Ces pupes sont des larves du dernier stade qui ont trouvé un support convenable pour se nymphoser et ne constituent pas des cas de parasitisme. De même, il est de plus en plus fréquent de trouver des moules zébrées (*Dreissena polymorpha*) collées à des exuvies de Gomphidés, Cordulidés et Libellulidés. Ce serait là un moyen, pour la moule zébrée, de se disperser facilement en profitant d'organismes plus mobiles. Si de prime abord ce mode de transport paraît bien innocent, ce n'est malheureusement pas toujours vrai. En effet, ces organismes commensaux s'installent parfois sur la ligne de rupture dorsale de la cuticule, par où devrait sortir la libellule adulte lors de son émergence. Il s'agit donc d'une situation inconfortable qui, au mieux, gênera l'émergence et, au pire, la fera échouer.

Pour en savoir plus

Åbro, 1971, 1990 ; Aguesse, 1961, 1968 ; Anderson, 2009 ; Askew, 2004 ; Athias-Binche, 1994 ; Azuma & Watanabe, 1988 ; Bilek, 1964 ; Boon von Ochssée, 1979 ; Boudot *et al.* 2019 ; Burbach & Schiel, 2004 ; Burton, 1991 ; Cassagne-Méjean, 1963 ; Clastrier *et al.*, 1994 ; Coppa, 1991 ; Corbet & Proess, 1998 ; Corbet, 1999 ; Cordero-Rivera, 2015 ; Cordero Rivera *et al.*, 1999, 2005 ; D'Aguilar & Dommanget, 1998 ; Dawes, 1968 ; Degrange, 1972, 1974 ; D'Hondt *et al.*, 2002 ; Dijkstra *et al.*, 2001, 2013 ; Dumont *et al.*, 1997 ; Dumont, 1974, 1991 ; Feng *et al.*, 2016 ; Fraser, 1944 ; Freeland & Conrad, 2002 ; Gerken & Sternberg, 1999 ; Giard, 1889 ; Grand, 1985c, 2000 ; Grassé, 1932 ; Hasik *et al.*, 2023 ; Heidari & Dumont, 2002 ; Heidemann & Seidenbusch, 2002 ; Heymer, 1966-1997 ; Hobson, 2012 ; Jacquemin, 1985 ; Jarry, 1960 ; Jourde, 2000 ; Jurzitza, 1967 ; Kaiser, 1982 ; Kelts, 1979 ; Kérihuel, 1997 ; Kiauta, 1964, 1971 ; Koch, 2006 ; Kosterin, 2000 ; Legrand, 1979a-b ; Leipelt *et al.*, 2001 ; Lempert, 1992 ; Louboutin, 2022 ; May, 1988, 1991, 2013 ; Mikolajewski *et al.*, 2000 ; Miller & Miller, 1985 ; Needham *et al.*, 2000 ; Nunes *et al.*, 2022 ; Ott, 1988 ; Owen, 1958 ; Pajunen, 1962-1966 ; Papazian, 1986 ; Parr, 1999, 2000 ; Paulson, 2009, 2011 ; Peels, 2014 ; Poethke, 1988 ; Pritchard *et al.*, 2000 ; Ranjan *et al.*, 2022 ; Reinhardt & Gerighausen, 2001 ; Reinhardt, 1998 ; Reygrobellet & Castella, 1987 ; Robert, 1958 ; Rostand, 1954 ; Samraoui *et al.*, 1998 ; Samraoui & Corbet, 2000 ; Silsby, 2001 ; Siva-Jothy, 1987 ; Sternberg, 1993 ; Testard, 1975 ; Tillyard, 1917 ; Utzeri & Ottolenghi, 1992 ; Utzeri & Ottolenghi, 1992 ; Utzeri, 1985 ; Utzeri *et al.*, 1998 ; Vick, 1984 ; Waage, 1986a, 1986b ; Ware *et al.*, 2007 ; Weekers *et al.*, 2001 ; Weihrauch & Borcherding, 2002 ; White & Fox, 1979a, 1979b ; Wildermuth, 1992, 2000 ; Wildermuth *et al.* 2019 ; Westfall & May, 1996 ; Wischhof, 1997.

Biogéographie et écologie

Chapitre 3

La Lagune Longue (Cabanac-et-Villagrains, 33).
De tels habitats, issus de la fonte d'anciennes lentilles de glace à la fin de la dernière période glaciaire sont caractéristiques de la côte atlantique landaise et hébergent des espèces patrimoniales protégées à l'échelle européenne comme *Leucorrhinia albifrons* et *L. caudalis*. © G. Bailleux.

Biogéographie

Nous avons vu au chapitre I comment les grands phénomènes géologiques du passé, et notamment la dérive des plaques continentales depuis 200 millions d'années, pouvaient rendre compte de la distribution de nombreuses familles d'Odonates, et notamment des plus anciennes, à l'échelle planétaire. Nous ne reviendrons pas sur ces faits ici, et, dans ce qui suit, nous nous situerons délibérément à une échelle plus régionale, celle du Paléarctique occidental.

Les Odonates du Paléarctique occidental comptent entre 227 et 256 taxons, suivant l'acceptation que l'on a des différentes sous-espèces décrites et les limites que l'on donne au domaine ouest-paléarctique (se reporter au chapitre I). Cette faune est assez pauvre si on la compare aux 513 taxons de l'empire néarctique. Il faut très certainement y voir là le résultat des glaciations quaternaires, qui ont davantage décimé les anciennes communautés d'Odonates en Europe que dans le continent nord-américain, du fait d'un plus faible nombre de zones refuges méridionales disponibles, mais aussi de barrières difficiles à franchir telles la Méditerranée et le Sahara au cours d'une reconquête éventuelle par les Odonates de la zone intertropicale.

Les glaciations quaternaires ont bouleversé les anciennes communautés végétales et animales du Tertiaire et ont eu une profonde influence sur la répartition des espèces dans l'hémisphère nord. Elles ont en effet à plusieurs reprises conduit les communautés originelles les plus septentrionales à se déplacer vers des zones refuges situées plus au sud. Lors des stades interglaciaires, une reconquête pouvait avoir lieu, avec des vitesses variables selon les régions, les climats locaux, la topographie, le morcellement des habitats et la nature des espèces. Certaines espèces se sont à nouveau répandues alors que d'autres sont restées localisées au sud, conduisant parfois à un microendémisme étonnant. Les régions balkaniques, le sud de l'Italie, les îles méditerranéennes, la péninsule Ibérique, les montagnes maghrébines ont ainsi conservé une composition odonatologique assez particulière et comportent de nombreux taxons à très faible répartition, qui, soit préexistaient avant les glaciations avec une distribution qui nous est inconnue, soit résultent de phénomènes de spéciation récents. *Cordulegaster princeps*, *Calopteryx exul* et *Onychogomphus boudoti* au Maroc et son espèce sœur *Onychogomphus cazuma* en Espagne, qui n'est autre que la dernière espèce nouvelle

Deux endémiques remarquables :

Cordulegaster princeps (Morton, 1916), confiné au Haut Atlas marocain. © J.-P. Boudot.

Somatochlora borisi (Marinov, 2001), endémique de Thrace. © J.-P. Boudot.

Onychogomphus cazuma Barona, Cardo & Díaz, 2020, endémique ibérique, dernière espèce nouvelle pour la science à avoir été découverte en Europe. Région de Valencia, Espagne, juin 2021. © J.-P. Boudot.

pour la science découverte en Europe, *Ischnura genei* en Corse, Sardaigne et Sicile, *Somatochlora borisi*, récemment découvert en Thrace, en sont des exemples frappants.

La division traditionnelle du Quaternaire en quatre à six périodes glaciaires est maintenant dépassée. En fait, ce sont 40 à 50 oscillations climatiques de rang glaciaire-interglaciaire, dont 15 à 17 correspondant à des avancées glaciaires majeures, qui se sont produites au Quaternaire en Europe moyenne à partir de l'arctique et de l'arc alpin. La dernière glaciation, dite würmienne (~115000 à ~11700 BP*) est la mieux connue. Elle apparaît en moins de 400 ans, couvre le Paléolithique moyen et supérieur et est caractérisée par l'existence de deux maximums glaciaires ~75000 à ~50000 BP [Würm inférieur] et ~30000 à ~11700 BP [Würm supérieur culminant à -21000 BP et s'achevant par les oscillations thermiques du Tardiglaciaire (~18000 à ~11700 BP)] entourant une phase moins rigoureuse mais à forte variabilité thermique [Würm moyen].

Onychogomphus boudoti Ferreira, 2014, espèce récemment décrite, endémique du Maroc. Khénifra, juillet 2013. © J.-P. Boudot.

Il ne semble plus que le Würm moyen ait été suffisamment humide pour permettre des échanges d'espèces importants entre les zones équatoriales ou sud-arabiques et méditerranéennes. Des espèces afrotropicales et orientales peu migratrices étaient déjà présentes au Würm au Maghreb, puisqu'elles ont pu gagner les îles méditerranéennes et l'Italie à la faveur de l'abaissement maximal du niveau des mers au second maximum würmien (~ -115 à -120 m). Elles proviennent donc certainement d'une vague d'immigration antérieure, correspondant aux conditions pluviales très prononcées du début du Würm. L'absence de différenciation génétique de ces populations septentrionales isolées rend peu vraisemblable une immigration plus ancienne. Une rapide succession d'oscillations climatiques au Tardiglaciaire, entre ~18000 et ~11700 BP, caractérisées par des phases de régressions et d'avancées des glaces (Dryas ancien, Dryas moyen et Dryas récent), a marqué la fin de la période würmienne. À partir de là, le climat, plus chaud en Europe du nord, plus frais et humide en Europe méridionale, est devenu moins rigoureux et a permis l'émergence des civilisations néolithiques de l'Holocène (= Postglaciaire). La première moitié de l'Holocène a été marquée par une période chaude et humide majeure qui a eu raison des dernières calottes de glace canadiennes, avec un optimum thermique très marqué en Europe de ~9000 à ~5000 BP. Plus au sud, les moussons équatoriales se sont tout d'abord intensifiées, sont remontées jusqu'au tropique du Cancer et

*BP : Before Present, âge calendaire avant 1950.

ont conflué avec les systèmes dépressionnaires pluviaux méditerranéens (~10000 à ~8200 BP), rétablissant un réseau hydrographique important et réactivant de grands lacs. Ceci a permis l'installation d'une végétation permanente – forêts-galeries le long des oueds, savane herbacée et steppe semi-désertique en mosaïque ailleurs – dans la plus grande partie du Sahara et certaines régions de la péninsule Arabique. Cette phase climatique, dite du Sahara vert, qui a favorisé l'apparition puis la généralisation de l'agriculture et de l'élevage au Proche-Orient, a permis à la faune tropicale de remonter bien au nord du tropique du Cancer. Concernant les Odonates, c'est très certainement à cette période que des vagues migratoires afrotropicales et orientales importantes ont pu atteindre les côtes méditerranéennes, permettant à de nombreuses espèces de s'implanter dans tout ou partie du Sahara, du Maghreb et du Proche-Orient, parfois même dans la péninsule Ibérique. Cette phase humide a persisté dans le nord de l'Afrique de manière atténuée jusqu'au milieu de l'Holocène. En Europe, la seconde moitié de l'Holocène a été en moyenne plus fraîche et humide que la première et a été marquée par l'installation de la hêtraie sapinière dans plusieurs régions il y a environ 4000 ans. En Afrique au contraire, les moussons équatoriales ne remontaient plus autant vers le nord, et depuis ~4500 BP le climat des régions sahéliennes, sud-sahariennes et arabiques était redevenu très sec. Les principales sources se tarissent et de nombreux lacs s'assèchent vers ~3000 BP. Le Sahara et la majeure partie de l'Arabie se désertifient et redeviennent défavorables à la vie, provoquant la fragmentation en plusieurs îlots résiduels des populations animales afrotropicales et orientales qui s'y étaient implantées. Depuis lors, une bande hyperaride a toujours isolé le nord de l'Afrique de la zone équatoriale.

Lors des périodes les plus froides du Würm (~75000 à ~50000 et 30000 à ~18000 BP), les parties basses de l'Europe moyenne étaient couvertes de déserts polaires, de steppes, de toundras et de tourbières plus ou moins arborées selon les périodes. L'abaissement des températures moyennes annuelles par rapport à celles que nous connaissons actuellement était de 12 ± 3 °C dans le nord-est de la France, de 10 ± 5 °C plus au sud, de l'Espagne au Proche-Orient. Les hivers étaient particulièrement glaciaux puisque les températures du mois le plus froid étaient inférieures aux nôtres de 20 à 40 degrés dans le nord-est de la France, de 10 à 20 degrés plus au sud. Les températures estivales pouvaient montrer un déficit de 8 à 10 °C par rapport à aujourd'hui. La sécheresse était marquée et le déficit en eau disponible par rapport à l'époque actuelle atteignait 40 à 80 % en France et dans le nord de l'Espagne, 10 à 40 % en Italie et en Grèce. Les forêts feuillues et résineuses ne subsistaient que dans les régions méridionales. Quelques foyers d'une végétation méditerranéenne résistaient çà et là sur les rives septentrionales de la Méditerranée, plus extensivement sur les contreforts des Atlas maghrébins et sur les reliefs côtiers du Proche-Orient. Le Sahara et le reste du Proche-Orient étaient désertiques. Les communautés animales ont également été perturbées et les glaciations ont provoqué soit l'extinction directe, soit le reflux de nombreuses espèces vers le sud et l'est. Les barrières montagneuses pouvaient entraver ces reflux et provoquer l'extinction des espèces à faible pouvoir de déplacement. Mais inversement, l'abaissement du niveau des mers de 115 m à 120 m qui s'est produit dans l'hémisphère nord au cours de la période la plus froide du second maximum würmien (~30000 à ~18000 BP) a rapproché l'Europe du Maghreb. La Corse, réunie à la Sardaigne, était très proche de l'Italie continentale, et la Sicile, réunie au continent et à Malte, n'était plus séparée de la Tunisie que par une cinquantaine de kilomètres. Ce rapprochement des côtes a permis l'installation d'espèces ouest-européennes dans le nord de l'Afrique. Certaines s'y sont maintenues en l'état, d'autres ont peut-être disparu, d'autres enfin ont donné lieu à des phénomènes de spéciation ou de subspéciation. À la fin du Würm, le réchauffement a permis une recolonisation du terrain perdu par les espèces ayant pu survivre dans des zones refuges. Mais là encore l'existence de barrières géographiques comme les déserts, la Méditerranée et les chaînes de montagnes du Maghreb et du sud de l'Europe entravaient certainement cette recolonisation et limitaient l'immigration d'espèces afrotropicales. La relative pauvreté de la flore et des faunes du Paléarctique occidental par rapport au Néarctique s'explique en très grande partie par l'existence de ces barrières.

Plusieurs auteurs ont cherché à identifier les zones dans lesquelles nos Odonates auraient pu trouver refuge durant les épisodes glaciaires les plus récents, et d'où ils auraient pu regagner le terrain perdu. Devai (1976) admet l'existence de 16 grands refuges, distribués du Bassin méditerranéen au golfe Persique et à la bordure pacifique de l'Asie. Pour Dumont (1991), les zones refuges disponibles étaient rares et les principales s'étendaient de la péninsule Ibérique au nord du Maghreb, puis de l'Anatolie à l'ouest du Proche-Orient. Toutes ces contrées ont certainement contribué à repeupler nos régions nord-européennes à l'Holocène (à partir de ~11 700 BP), peut-être avec le concours de refuges plus orientaux (refuges iranien, sibérien et mongol). Il est plus que vraisemblable que des taxons comme *Calopteryx virgo meridionalis*, *Gomphus graslinii*, *G. simillimus*, *Macromia splendens* et *Oxygastra curtisii* aient trouvé refuge dans la zone ibéro-maghrébine. Mais il est tout aussi raisonnable de penser que de nombreuses espèces eurosibériennes, boréales ou circumboréales actuelles, considérées par certains comme constituant des faunes d'invasion provenant d'une immigration d'origine sibérienne, préexistaient en réalité pour bon nombre d'entre elles au Würm dans les zones de toundra tourbeuses et les zones arborées humides de l'Ouest européen. Elles ont ensuite suivi le retrait des glaces, s'isolant parfois en populations relictuelles en altitude en Europe moyenne ou s'installant à basse altitude plus au nord. Malgré la sécheresse ambiante, il est clair que la présence d'un sol gelé en profondeur en hiver limitait le drainage et favorisait le développement de zones engorgées et tourbeuses lorsque les températures redevenaient positives au meilleur de l'été. Nos étangs, lacs, tourbières et toundras würmiennes n'étaient certainement pas plus vides d'insectes que ne le sont les tourbières, les marais et les lacs actuels de Laponie ou de Sibérie, comme en attestent les restes de coléoptères piégés en abondance dans les dépôts stratigraphiques de l'époque, qui complètent maintenant les données polliniques et malacologiques dans la reconstitution des paléoclimats.

Leucorrhinia albifrons. © L. Rouschmeyer.

Les phénomènes climatiques du passé ne sont pas les seuls à avoir eu une influence sur la distribution actuelle des Odonates. Le climat et les habitats sont en perpétuelle évolution et leur combinaison agit en synergie pour remodeler sans cesse la distribution des espèces. Actuellement, on assiste à un réchauffement global de la planète, dont la température était plus élevée de 0,41 °C durant la décennie 2000-2010 qu'au cours de la période 1950-1960 et cette tendance s'amplifie depuis selon les cinquième et sixième rapports de l'IPCC (GIEC) (2013, 2021). En même temps de nouveaux habitats sont créés par l'homme et la qualité chimique des eaux tend actuellement à s'améliorer après des phases de pollution sans retenue. Au cours des dernières décennies, plusieurs espèces de libellules ont considérablement étendu leur aire de répartition vers le nord. Parmi les Zygoptères thermophiles, *Erythromma viridulum*, qui restait encore rare dans la partie moyenne de l'Europe en 1988, est maintenant commun jusque dans le nord des Pays-Bas et s'est installé depuis 1999 dans le sud-est des îles Britanniques. *Erythromma lindenii* a également atteint les côtes de la mer du Nord durant cette même période. *Lestes barbarus* est plus fréquent aux Pays-Bas depuis 1970 et sur la côte balte depuis une vingtaine d'années et s'est également établi dans le sud-est des îles Britanniques depuis 2002. *Calopteryx haemorrhoidalis* progresse lentement vers le nord et est apparu dans le sud des départements de l'Ain et du Jura en France. En ce qui concerne les Anisoptères méridionaux, *Aeshna affinis*, qui n'était auparavant connu du nord de l'Europe que par des individus erratiques isolés, est devenu fréquent et même parfois abondant depuis 1994-1995 aux Pays-Bas, dans une grande partie de l'Allemagne et en Pologne, où, à présent, il se reproduit. *Boyeria irene* commence à faire des incursions dans le sud du massif vosgien (2000) et dans le sud de l'Allemagne (2002 et 2004) et une forte population pérenne a même été découverte dans le nord de l'Allemagne en 2008. *Anax parthenope* s'est installé dans les îles Britanniques en 1996, s'y reproduit depuis 1999 et est observé sur la côte est de l'Irlande depuis 2000. Il devient plus fréquent dans le nord de l'Allemagne et de la Pologne, ainsi que dans les Pays Baltes. Il apparaît également plus souvent dans le sud de la Sibérie et de l'Extrême-Orient russe. *Sympetrum meridionale* est de plus en plus régulièrement observé dans la moitié nord de la France et connaît parfois des émergences en masse de plusieurs millions d'individus qui étaient impensables il y a un demi-siècle. *Crocothemis erythraea* est un migrateur bien connu. Initialement de distribution essentiellement afrotropicale, ses localités européennes de reproduction étaient cantonnées à la marge méditerranéenne. Actuellement, il se reproduit régulièrement jusqu'aux Pays-Bas, ainsi qu'en Allemagne et Pologne centrales et est apparu tant dans le sud de la Suède que dans l'ensemble du Danemark et tout au long de la côte balte de la Pologne et des Pays Baltes. Dans les îles Britanniques, la limite septentrionale de 12 espèces d'Odonates non migrateurs s'est déplacée d'au moins 100 km vers le nord en 25 ans. Enfin, l'extension de l'aire de répartition de *Trithemis annulata* est encore mieux documentée. Il s'agit d'une espèce afrotropicale bien caractérisée, connue depuis très longtemps de Sicile (1840), de Sardaigne (1905) et du sud de l'Italie (1939). Capable d'un erratisme prononcé, elle est en expansion régulière vers le nord et le réchauffement actuel du climat lui permet de se reproduire dans des localités de plus en plus septentrionales. Considérée comme rare au Maroc dans les années 1970, elle a été découverte dans le sud de l'Espagne en 1978, dans les régions de Grenade et de Cordoue, et au Portugal en 1981. Après que l'espèce ait progressivement envahi toute la péninsule Ibérique, elle a atteint le nord-est de la Grèce (1984), la Corse (1988), la Toscane (1991) et la Lombardie (2018). Elle est enfin découverte dans le sud de la France en 1994 (région de Perpignan). Elle est maintenant présente des Pyrénées-Atlantiques (juillet 2000) au sud-ouest du département du Gard (septembre 2005) et au sud de la Charente-Maritime (septembre 2005). Elle a également colonisé l'ensemble de la marge méditerranéenne jusqu'aux Alpes-Maritimes (2010-2012) et la totalité de l'Aquitaine et a même été

Nehalennia speciosa. © E. Nielsen.

observée beaucoup plus au nord en Touraine en 2018 et 2019. Elle a récemment été observée en Hongrie (2016), Slovénie (2021) et Croatie (2022). Son congénère *Trithemis kirbyi* a également considérablement progressé vers le nord au cours des dernières décennies. Après s'être implanté dans le sud de l'Andalousie dès 2007, il ne lui aura pas fallu dix ans pour qu'il apparaisse en Navarre espagnole (2016), puis en France (2017), où il est maintenant reproductif dans les Pyrénées-Atlantiques (2020) et sporadique du Roussillon au sud du Massif central et à la basse vallée du Rhône, aidé en cela par l'augmentation de la fréquence des vagues de chaleur atteignant l'Europe occidentale à partir de l'Afrique, ainsi que par son caractère opportuniste lui permettant de se reproduire dans n'importe quelle pièce d'eau, aussi bien dans les innombrables bassins d'irrigation créés en Espagne que dans les piscines privées et les fontaines en ciment des grandes villes. Ces deux catégories de paramètres agissent en synergie. L'observation, attestée par photographies, de deux mâles en deux localités distinctes du sud de la Belgique en 2022 par deux personnes indépendantes semble pouvoir s'inscrire dans cette même dynamique, bien qu'il soit difficile d'éliminer l'importation involontaire d'oeufs ou de larves via le commerce de plantes aquatiques. Parallèlement à ces implantations, l'augmentation des observations concernant certaines espèces intertropicales en Eurasie tempérée ou froide semble bien être en liaison avec l'augmentation générale des températures et des flux d'air tropicaux atteignant l'Europe et l'Asie. C'est ainsi qu'après avoir été capturé au Monténégro (1972), *Pantala flavescens* a été observé en Thrace turque (1998) et grecque (2005), Croatie (2010), Bulgarie (2012), Sicile et îles du détroit de Sicile (2012 à 2017), Chypre (2013 à 2019), Pologne (2016, 2020), Allemagne, Biélorussie, France continentale, Italie du nord, Lituanie et Suisse (2019), et Russie d'Europe (Kaliningrad : 2019 ; oblast de Moscou : 2020). Des preuves de reproduction sporadique réussie ont été recueillies en Allemagne et Suisse (2019), ainsi qu'en Pologne (2020) et dans la vallée moyenne de l'Amour en Sibérie orientale (1989, 1991). Autre migrateur obligé, *Anax ephippiger* montre une propension accrue à migrer avec de forts effectifs vers le nord de l'Europe (1989, 1990, 1995, 2011, 2019, 2023) et à s'éloigner considérablement de ses longitudes d'origine, atteignant ainsi le Brésil, les Caraïbes, la Guyane, la Thailande et le Japon). Tout comme pour *P. flavescens* Des migrations retour sur deux générations des régions septentrionales vers le cœur de son aire de distribution sont documentées en Asie Centrale et dans une moindre mesure dans les Balkans. Le réchauffement actuel du climat peut également avoir des conséquences inverses sur la répartition des Odonates. Les espèces eurosibériennes qui connaissaient dans nos régions leur limite occidentale de répartition, et les espèces boréo-alpines, localisées en altitude dans les massifs montagneux, semblent pour certaines régresser ou disparaître de ces contrées. *Nehalennia speciosa* est en forte régression en Allemagne et se raréfie dans certaines régions de Pologne. Les populations de *Coenagrion lunulatum* se sont effondrées en Bavière. *Sympecma paedisca* s'est considérablement raréfié en Allemagne depuis la sécheresse de 2003 et n'a plus été revu en France depuis fort longtemps. Certes, la dégradation des milieux en est en partie responsable, mais il est des cas où les sécheresses estivales répétitives de la fin du XXe siècle et du début du XXIe siècle ont clairement provoqué leur extinction dans certaines localités.

Classification biogéographique des Odonates de France, Belgique, Luxembourg et Suisse

Dans la classification biogéographique des Odonates de France, Belgique, Luxembourg et Suisse qui suit, nous ne chercherons pas à identifier les zones dans lesquelles ces espèces auraient éventuellement trouvé refuge durant la dernière glaciation, mais nous nous appuierons très clairement sur leur distribution actuelle. La distribution des espèces à un moment donné est une chose, l'histoire des faunes au cours des âges en est une autre, beaucoup plus difficile à appréhender avec rigueur. Le résultat obtenu n'est au final pas radicalement différent, car en fait chacun part des distributions actuelles, quitte à imaginer une correspondance avec d'anciens refuges. Dans cette classification, les espèces collectives seront traitées autant que possible au niveau de la sous-espèce. Sinon nous indiquerons que la classification retenue s'applique à l'espèce collective *sensu lato*, en ce qui concerne les cas où la validité ou la répartition des différentes sous-espèces décrites n'est pas clairement établie. Lorsqu'aucune précision n'est donnée, c'est de la sous-espèce nominale dont il s'agira. Par ailleurs, les espèces douteuses, erratiques ou migratrices ne seront pas prises en compte.

1. Taxons holarctiques (ou circumboréaux)

Espèces et sous-espèces distribuées en Europe, en Asie et dans le continent nord-américain.

Lestes dryas
Aeshna juncea
Libellula quadrimaculata
Sympetrum danae

2. Taxons paléarctiques

Espèces et sous-espèces eurasiatiques se raréfiant ou disparaissant à l'approche de la zone intertropicale.

2.1. Taxons eurosibériens

Espèces et sous-espèces largement répandues de l'Europe moyenne à tout ou partie de la Sibérie et ne présentant pas un centre de gravité préférentiellement méditerranéen, est-, ouest- ou sud-ouest-paléarctique.

Calopteryx splendens splendens
Calopteryx virgo virgo
Lestes virens vestalis
Lestes sponsa
Enallagma cyathigerum
Sympecma paedisca
Platycnemis pennipes
Coenagrion puella
Coenagrion pulchellum
Coenagrion hastulatum
Coenagrion lunulatum
Erythromma najas
Nehalennia speciosa
Aeshna mixta
Aeshna grandis
Aeshna subarctica elisabethae
Aeshna caerulea
Ophiogomphus cecilia
Stylurus flavipes
Cordulia aenea
Somatochlora metallica
Somatochlora flavomaculata
Somatochlora arctica
Somatochlora alpestris
Epitheca bimaculata
Sympetrum sanguineum
Sympetrum depressiusculum
Sympetrum vulgatum
Sympetrum flaveolum
Sympetrum pedemontanum
Leucorrhinia dubia
Leucorrhinia pectoralis
Leucorrhinia caudalis
Leucorrhinia rubicunda
Leucorrhinia albifrons

2.2. Taxons ouest-paléarctiques

Espèces et sous-espèces ayant leur centre de gravité positionné dans la partie occidentale du domaine paléarctique (de l'Atlantique à l'Oural et au golfe Persique).

2.2.1. Taxons pan ouest-paléarctiques

Espèces et sous-espèces occupant la plus grande partie du paléarctique occidental.

Chalcolestes viridis
Sympecma fusca
Coenagrion ornatum
Ischnura elegans
Pyrrhosoma nymphula
Aeshna cyanea
Brachytron pratense
Gomphus vulgatissimus
Onychogomphus forcipatus forcipatus
Cordulegaster boltonii
Cordulegaster bidentata
Libellula depressa
Libellula fulva
Orthetrum cancellatum
Orthetrum albistylum
Orthetrum coerulescens coerulescens
Sympetrum striolatum

2.2.2. Taxons ibéro-atlantiques

Espèces et sous-espèces essentiellement confinées au sud-ouest du Paléarctique.

Calopteryx virgo meridionalis
Calopteryx xanthostoma
Platycnemis latipes
Platycnemis acutipennis
Ceriagrion tenellum
Gomphus pulchellus
Gomphus simillimus
Gomphus graslinii
Macromia splendens
Oxygastra curtisii

2.2.3. Taxons subméditerranéens

Espèces à affinité méditerranéenne très nette et faisant transition avec les espèces plus strictement méditerranéennes ; parfois considérées comme méditerranéennes, elles s'étendent en réalité assez considérablement vers le nord au niveau de l'Europe moyenne, et pas seulement atlantique, notamment à la faveur de phases climatiques actuelles plus chaudes.

Lestes macrostigma
Ischnura pumilio
Erythromma viridulum
Aeshna isoceles
Orthetrum brunneum

2.2.4. Taxons méditerranéens

Espèces et sous-espèces ayant leur centre de gravité dans le Bassin méditerranéen. Cette dénomination est un peu ambiguë, car elle recouvre souvent des réalités différentes, la Méditerranée étant au carrefour de l'Europe (domaine paléarctique), de l'Afrique (domaine afrotropical) et de l'Asie du sud-ouest (provinces irano-turaniennes ou sud-mésasiatiques). Il existe également une province saharienne (incluant tout ou partie de la péninsule Arabique) qui s'intercale entre le domaine méditerranéen et le domaine afrotropical, et qui, présentant certaines affinités avec les provinces irano-turaniennes, les prolonge quelque peu vers l'ouest.

2.2.4.1. Taxons holoméditerranéens

Espèces méditerranéennes répandues dans l'ensemble du Bassin méditerranéen.

2.2.4.1.1. Taxons holoméditerranéens à expansion atlantique

Espèces essentiellement cantonnées à la zone méditerranéenne mais montrant une extension atlantique de leur distribution.

Coenagrion mercuriale
Coenagrion scitulum
Erythromma lindenii

2.2.4.1.2. Taxons holoméditerranéens à expansion orientale

Espèces essentiellement cantonnées à la zone méditerranéenne mais débordant largement vers l'est.

Lestes barbarus
Aeshna affinis
Anax parthenope
Selysiothemis nigra
Sympetrum meridionale

2.2.4.2. Taxons ouest-méditerranéens

Espèces et sous-espèces ayant leur centre de gravité positionné dans le Bassin méditerranéen occidental (sud de la France, Italie, péninsule Ibérique, Maghreb, îles méditerranéennes occidentales), bien qu'elles puissent également s'étendre à la façade atlantique de l'Europe.

2.2.4.2.1. Taxons pan ouest-méditerranéens

Espèces et sous-espèces distribuées dans l'ensemble ou presque du Bassin méditerranéen occidental.

Calopteryx haemorrhoidalis
Lestes virens virens
Coenagrion caerulescens
Boyeria irene
Onychogomphus forcipatus unguiculatus
Onychogomphus uncatus

2.2.4.2.2. Taxons adriatico-méditerranéens

Calopteryx splendens caprai

2.2.4.2.3. Taxons tyrrhéniens

Espèces endémiques des îles du Bassin méditerranéen occidental.

Ischnura genei

2.2.4.2.4. Taxons franco-ibériques

Espèces et sous-espèces cantonnées au sud de la France et à la péninsule Ibérique.

Sympetrum vulgatum ibericum

2.2.4.2.5. Taxons ibéro-maghrébins

Espèces essentiellement cantonnées au nord-ouest de l'Afrique et à la péninsule Ibérique.

Ischnura graellsii

2.2.4.2.6. Taxons maghrébins

Espèces et sous-espèces essentiellement cantonnées au Maghreb. Aucune espèce dans la région considérée.

2.2.4.3. Taxons est-méditerranéens

Espèces et sous-espèces ayant leur centre de gravité strictement positionné sur le Bassin méditerranéen oriental, bien qu'elles puissent également se rencontrer dans la partie est du Bassin méditerranéen occidental, Corse et moitié orientale de la Provence incluses.

Chalcolestes parvidens
Somatochlora meridionalis

2.2.5. Taxons sahariens

Espèces et sous-espèces paléarctiques dont la distribution est centrée sur le Sahara et sa périphérie, même si elles peuvent déborder dans d'autres secteurs.

Aucune espèce dans la région considérée.

2.3. Taxons est-paléarctiques

Espèces et sous-espèces ayant leur centre de gravité positionné dans la partie orientale du domaine paléarctique, même si elles peuvent être bien représentées dans l'extrême nord de l'ouest-paléarctique.

Aucune espèce dans la région considérée.

3. Taxons orientaux

Espèces et sous-espèces dont la distribution est centrée sur le domaine irano-turanien et espèces franchement asiatiques dont le centre de gravité est situé au sud du 35e parallèle, et qui parviennent localement en Europe occidentale et/ou dans le nord de l'Afrique.

Orthetrum coerulescens anceps

4. Taxons afro-européens

Espèces dont la répartition est très vaste et englobe au moins l'Afrique et une grande partie de l'Europe, parfois même l'Asie.

Anax imperator
Crocothemis erythraea
Sympetrum fonscolombii

5. Taxons afrotropicaux

Espèces essentiellement africaines et devenant abondantes surtout au sud du Sahara, même si parfois elles atteignent le sud de l'Europe, le Proche-Orient ou l'Asie.

Paragomphus genei

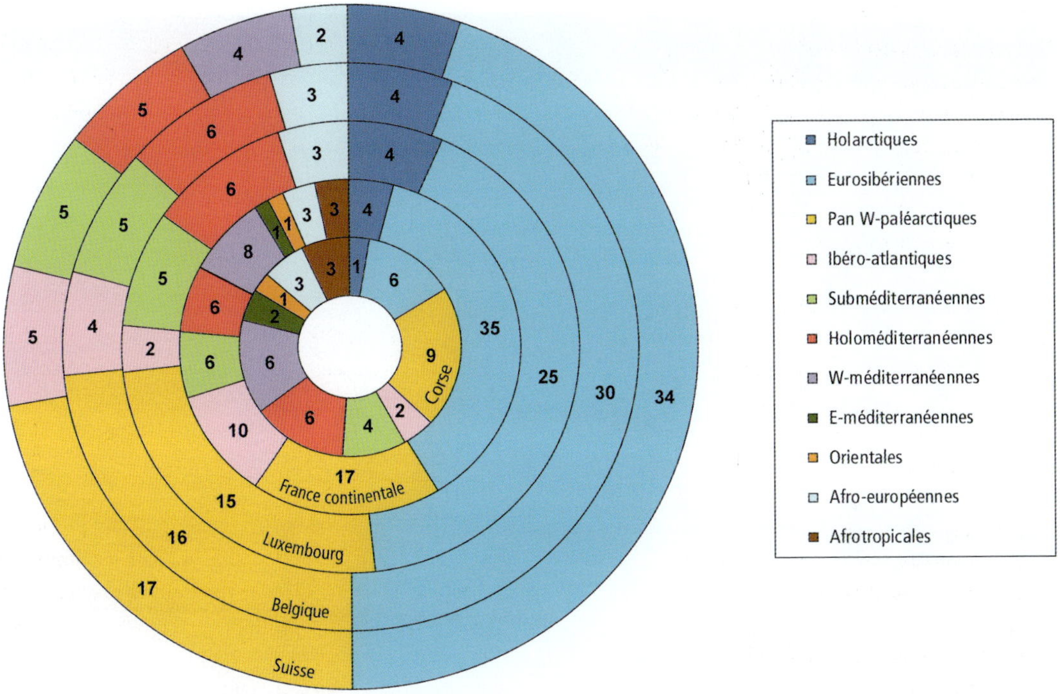

Fig. 8. Biogéographie comparée de la France continentale, de la Corse, de la Belgique, du Luxembourg et de la Suisse pour leur faune odonatologique (les espèces douteuses, erratiques ou migratrices ne sont pas prises en compte).

Anax ephippiger
Trithemis annulata
Trithemis kirbyi

La pénétration de ces espèces en Europe méridionale est faible et variable, mais semble parfois s'accroître à l'heure actuelle (*T. annulata*).

6. Taxons circumtropicaux, subcosmopolites

Espèces répandues tout autour du globe dans la zone intertropicale. *Pantala flavescens* a été très récemment observé en France méditerranéenne, en Suisse et dans plusieurs pays ouest et nord européens en 2019 et 2020, puis en Andalousie en 2021. Des preuves de reproduction réussie (découverte d'exuvies) ont été acquises en Suisse et en Allemagne. Aucune observation réelle de cette espèce n'avait encore été documentée en France.

Analyse biogéographique des Odonates de France, Belgique, Luxembourg et Suisse

Si l'on compare l'appartenance biogéographique des libellules de France continentale, de Corse, de Belgique et du Luxembourg (fig. 8), on constate une certaine hétérogénéité. La France continentale, la Belgique, le Luxembourg et la Suisse comprennent de 29 à 39 espèces holarctiques et eurosibériennes, ce qui représente de 41 à 50 % du total de leur faune odonatologique. Ce nombre tombe à 7 espèces (16 %) en Corse, du fait de la position méridionale et de l'isolement géographique de cette île. Les espèces ouest-paléarctiques à large répartition sont également en plus faible nombre en Corse (9)

Ponte collective de *Platycnemis latipes* dans les hydrophytres. © E. Nielsen.

que sur le continent (15 à 17), mais représentent partout sensiblement 20 % (18 à 25 %) de la faune de ces différentes entités.

À l'inverse, la pénétration africaine reste partout assez faible, avec 3 espèces afrotropicales reproductrices établies en Corse, 3 en France continentale et aucune en Suisse, Belgique et au Luxembourg. Les espèces véritablement méditerranéennes connaissent leur richesse spécifique maximale en France continentale (15 espèces) et en Corse (14 espèces), contre 6 en Belgique et au Luxembourg et 9 en Suisse.

En conclusion, on retiendra que la France continentale, la Belgique, Luxembourg et la Suisse sont caractérisés par la prédominance des espèces holarctiques, eurosibériennes et ouest-paléarctiques à large répartition, qui représentent de 60 à 74 % de leur faune odonatologique. En Corse, cette proportion n'est que de 37 %. À l'inverse, les espèces strictement méditerranéennes et afrotropicales représentent 40 % de la faune corse des libellules, mais seulement 9 à 19 % de la faune continentale.

Les limites entre ces différentes catégories biogéographiques ne sont bien entendu pas évidentes et il existe des cas intermédiaires difficiles à classer, dont l'appartenance à tel ou tel groupe restera toujours sujette à discussion. Mais des changements concernant quelques cas limites ne modifieraient pas la vision globale que l'on peut avoir du peuplement odonatologique de la région.

Écologie

Les libellules et leurs habitats

Quelques grands types d'habitats

Dans nos régions comme presque partout ailleurs, les libellules sont dépendantes de la présence d'eau. Néanmoins, les milieux aquatiques sont divers et, si certaines espèces sont ubiquistes (cas d'*Aeshna cyanea*, qui se reproduit dans presque tous les types d'eau, de la plaine à la limite supérieure de la forêt dans les massifs montagneux), d'autres sont plus spécialisées et dépendent plus ou moins fortement d'un type de biotope particulier. *Leucorrhinia caudalis* affectionne les étangs de plaine à nymphéas. *Coenagrion scitulum* est caractéristique des mares et des queues d'étang herbeuses ou riches en hydrophytes immergées (myriophylles, élodées, prêles, characées, etc.) dans le nord de notre territoire, mais caractérise bien les lavognes (mares artificielles destinées aux troupeaux ovins) dans le Sud. *Ischnura pumilio* est un pionnier qui colonise parfois en abondance les mares d'eau récentes, puis régresse et disparaît lorsque la végétation s'installe trop densément. *Aeshna mixta* occupe tous les lacs et étangs de plaine mais ne s'aventure pas en montagne, où elle est remplacée par *A. juncea*, dans les marais et les tourbières. *Lestes dryas*, *L. barbarus* et *Sympetrum flaveolum* sont des «spécialistes» des marais temporaires, mais se rencontrent également ailleurs en plus faible densité. Les anciennes gravières et carrières inondées constituent dans notre région des «postes avancés» vers le nord pour des espèces thermophiles d'affinité méditerranéenne comme *Orthetrum brunneum*. Dans nos marais salés continentaux, la concurrence est réduite et l'on y observe régulièrement des espèces peu communes comme *Ischnura pumilio*, *Coenagrion mercuriale* et *Lestes dryas*. *Lestes macrostigma* est quant à lui essentiellement inféodé à ces milieux saumâtres tempérés ou chauds, qu'ils soient maritimes ou continentaux, et ne se reproduit que très rarement ailleurs. Les quelques espèces qui vivent dans ces lieux sont à l'évidence capables de résister à des salinités non négligeables, mais il resterait à étudier en détail les valeurs extrêmes de salinité au niveau des gîtes larvaires. Même si *Gomphus pulchellus* se reproduit aussi bien en eau stagnante que courante, la plupart des Gomphidae sont liés aux eaux courantes, bien mieux oxygénées. Il en est de même des Cordulegastridae et des *Calopteryx*. D'autres espèces comme *Aeshna subarctica elisabethae*, *Somatochlora alpestris*, *S. arctica*, *Leucorrhinia dubia* et *Sympetrum danae*, sont, dans notre région, inféodées aux tourbières, notamment en altitude au sein des massifs montagneux, parfois également en plaine à leur périphérie immédiate. Inversement, *Leucorrhinia pectoralis* n'a généralement de populations significatives qu'à basse altitude (bien qu'il puisse se rencontrer en montagne dans le sud de son aire).

Certaines espèces se développent surtout dans les eaux acides – parfois du seul fait d'une plus faible densité de prédateurs –, d'autres se reproduisent indifféremment en eau acide, neutre ou alcaline. En règle générale, *Calopteryx v. virgo*, *Pyrrhosoma nymphula*, *Coenagrion puella*, *Enallagma cyathigerum*, *Aeshna cyanea*, *Libellula quadrimaculata*, *L. depressa*, *Orthetrum cancellatum* et *O. c. coerulescens* sont assez souples dans le choix de leurs habitats et leurs stades aquatiques s'adaptent à des eaux aussi bien alcalines qu'acides. Inversement, les Leucorrhines sont réputées préférer les eaux acides, oligotrophes ou mésotrophes (tourbières, étangs tourbeux). La réalité est cependant plus complexe, comme le montre la diversité des milieux où se rencontre par exemple *Leucorrhinia pectoralis*. La Dombes, au nord-est de Lyon, avec ses étangs peu profonds aux eaux alcalines, eutrophes et surchauffées, est certainement l'une des régions de l'Ouest européen où cette espèce est la plus largement distribuée. Cette dernière y a été rencontrée sur plus d'une centaine d'étangs, sous forme de petites populations qui parfois explosent pour donner à chaque fois plusieurs centaines d'individus. Même si elle connaît dans d'autres régions de très importantes populations dans des tourbières acides bien caractérisées, les habitats acides ne sont donc pas une néces-

Cet étang à nymphéas en Lorraine est propice à *Leucorrhinia caudalis*. © T. Roussel.

sité absolue pour elle et il faut trouver d'autres explications au choix de ses habitats. De par leur activité préférentiellement diurne, les larves de Leucorrhine sont très sensibles à la présence de poissons, qui sont, avec les larves d'*Aeshna cyanea* et sans doute celles d'autres grands Anisoptères, leurs principaux prédateurs. Les eaux acides sont généralement pauvres en Salmonidés et peuvent de ce fait héberger d'importantes populations de Leucorrhines. C'est ainsi que, sous l'influence de la pollution atmosphérique acide, l'acidification des eaux en Scandinavie à conduit à une augmentation des populations de certaines Leucorrhines. La morphologie des étangs dombistes est très particulière. Bien qu'ayant une vocation piscicole, ils sont peu profonds et leurs rives, toujours en pente très douce, sont envahies de roselières denses que les poissons ne peuvent coloniser mais au sein desquelles subsistent de petites trouées en eau libre. C'est ici que s'observent les émergences et les adultes de *L. pectoralis*, dont les larves peuvent dès lors échapper à certains de leurs prédateurs.

Toutes les libellules ne sont pas aussi spécialisées qu'on le croit parfois. Beaucoup d'espèces sont capables d'une certaine flexibilité. *Leucorrhinia albifrons* peut se reproduire aussi bien dans des eaux alcalines que dans des eaux acides, même modérément polluées. En Gironde, nous avons trouvé une dizaine de ses exuvies sur les berges d'un bassin aménagé pour la décantation des eaux pluviales provenant d'une autoroute, dont les résidus sont généralement très chargés en hydrocarbures polyaromatiques et en métaux lourds.

Les libellules sont certainement sensibles à la trame paysagère de leur environnement. Le cas est très net pour *Somatochlora flavomaculata*, qui établit ses territoires aussi bien sur l'eau qu'à l'écart, le long des haies et des lisières forestières, ainsi que le long des layons forestiers. Elles peuvent également avoir une liaison assez forte avec une formation végétale donnée, et certaines espèces dépendent en grande partie d'un végétal particulier, dans lequel elles pondent préférentiellement. En Eurasie, tel est le cas d'*Aeshna viridis*, dont l'aire de distribution s'étend des Pays-Bas à la Sibérie. Dans l'ouest de l'Europe, les femelles de cette Aeschne ne pondent que dans *Stratiotes aloides*, une plante aquatique qui colonise les fossés et les canaux quadrillant les prairies humides à nappe d'eau subaffleurante, paysage caractéristique des Pays-Bas et du nord de l'Allemagne. La liaison insecte - plante n'est cependant pas totale, puisque dans l'est de son territoire l'espèce pond dans d'autres végétaux aquatiques.

L'étagement altitudinal des libellules : déterminisme climatique ou modification des habitats ?

Nous avons évoqué au chapitre I l'influence de l'altitude et de la latitude sur la répartition de certaines espèces de libellules à travers le monde. Ceci reste vrai à une échelle plus régionale. En effet, ces insectes sont sensibles à la température, et, dans nos régions tempérées, on ne les voit guère voler que lorsque le temps est ensoleillé et le vent de préférence faible. Que le ciel se couvre, qu'il se mette à pleuvoir, ou qu'un vent froid se lève, elles disparaissent promptement, comme avalées par la végétation dans laquelle elles cherchent refuge. Mais toutes les espèces ne sont pas sensibles au froid de la même manière. Globalement, on note partout une diminution graduelle et non pas brutale du nombre d'espèces indigènes avec la latitude et l'altitude.

Dans le cas de notre région, la figure 9a illustre bien cette loi globale dans le cas de 126 tourbières et étangs tourbeux des Vosges, s'étageant de 200 à 1300 m d'altitude, tous en eau acide. On note 3,3 fois moins d'espèces entre 1200 et 1300 m d'altitude qu'entre 200 et 300 m, et l'augmentation de l'altitude explique 93 % de cette diminution. Néanmoins, si l'on ne tient pas compte des localités possédant un lac ou un étang, l'augmentation de l'altitude ne provoque plus qu'une chute du nombre d'espèces présentes que d'un facteur 1,6, et ne rend compte que de 32 % de cette diminution (figure 9b). À l'évidence, des facteurs autres que purement climatiques interviennent dans cette tendance. Étangs et lacs tourbeux se raréfiant graduellement avec l'altitude au profit de tourbières plus fermées, dans lesquelles ne subsistent que quelques gouilles inondées, le simple fait de les prendre en compte rajoute un certain nombre d'espèces lacustres dans les seules basses tranches altitudinales. Cela crée ou renforce la relation apparente qu'il y a entre l'altitude et le nombre d'espèces présentes par tranche d'altitude.

Par ailleurs, la tendance générale de la diminution du nombre d'espèces avec l'altitude masque des réalités fort différentes, et en particulier des remplacements d'espèces. En effet, si certains taxons comme *Leucorrhinia pectoralis* sont réellement propres aux régions basses et disparaissent au-delà d'une certaine altitude à habitat constant, d'autres, moins nombreuses (*Aeshna subarctica* et *Somatochlora alpestris*), se cantonnent aux régions élevées et n'apparaissent qu'au-delà de 700-800 m d'altitude.

Ainsi, si certaines espèces présentes en plaine disparaissent alors que d'autres apparaissent avec l'altitude, il est clair que l'influence directe du climat n'intervient pas seule et que la modification des habitats entre également en jeu pour une part très importante.

Disparition et protection des libellules

Une régression importante des libellules a été notée dans beaucoup de pays, suite à la disparition de nombreuses zones humides, à un remodelage trop drastique des étangs, à l'utilisation touristique des lacs, au calibrage des cours d'eau et à la pollution. La capture à des fins de collection pourrait également menacer certaines espèces rares ou localisées. La protection des libellules passe donc par une série de mesures d'ordre environnemental.

Les principales concernent la protection des zones humides, l'arrêt du drainage et de la destruction des marais et des tourbières, des opérations de calibrage trop dures des étangs, du curage et de la rectification des cours d'eau, ainsi que la diminution de la pollution, tant agricole qu'industrielle ou domestique. L'aménagement des zones boisées est parfois également responsable de la régression de certaines espèces. La plantation de résineux jusqu'aux rives des cours d'eau provoque une diminution trop forte de l'ensoleillement et la disparition d'espèces sensibles comme *Cordulegaster bidentata*.

Par ailleurs, l'interdiction ou le contrôle des captures est une mesure complémentaire nécessaire

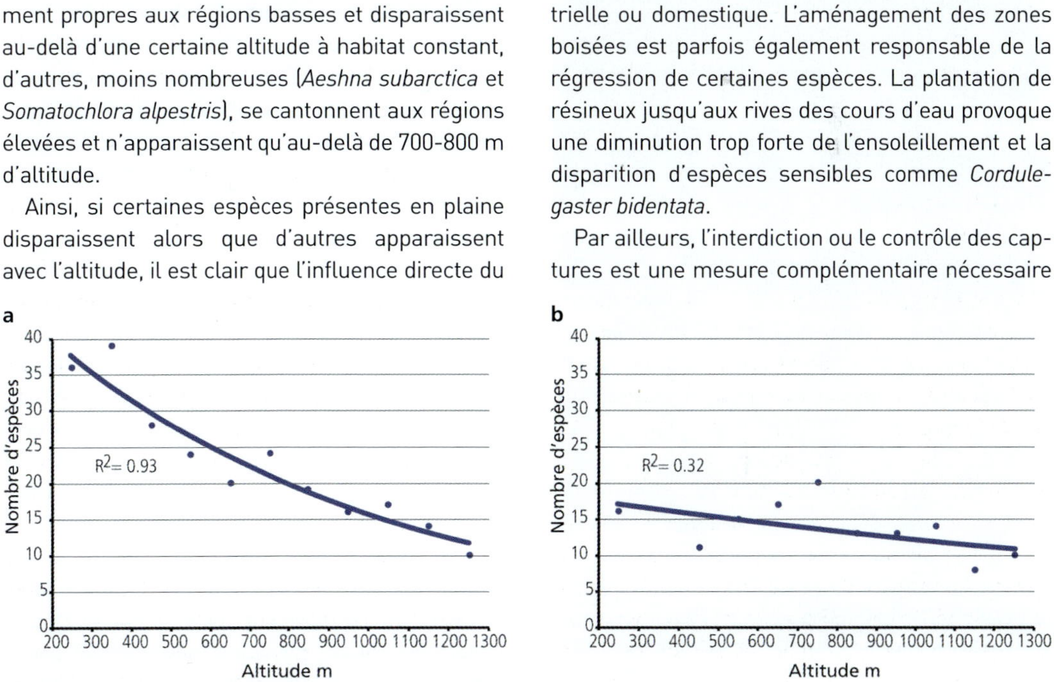

Fig. 9. Nombre d'espèces de libellules en fonction de l'altitude dans le massif vosgien.
a = 126 tourbières et lacs tourbeux ; b = 58 tourbières sans lac ni étang.

pour les espèces les plus rares ou les plus localisées. Ceci ne doit cependant pas paralyser les travaux d'inventaires, nécessaires au progrès de la connaissance et à la protection de la nature. Une bonne connaissance du statut des espèces est en effet indispensable à leur conservation et à celle des biotopes les hébergeant. Les législations nationales permettent un certain nombre d'actions de protection (voir p. 132).

Exemples de la destruction d'un biotope propice aux libellules : le drainage de la tourbière de la Ferrière à des fins d'enrésinement. © G. Doucet.

Les successions écologiques et la dynamique des populations

Il existe assez peu d'études sur la dynamique des populations d'Odonates, car celles-ci nécessitent un suivi durable et régulier sur de nombreuses années, ce qui est rarement compatible avec les contraintes de financement.

La colonisation rapide des pièces d'eau récentes par les libellules est un fait bien connu. On assiste généralement à de telles colonisations dès la première année par un petit nombre d'espèces : par exemple *Orthetrum cancellatum* et *Enallagma cyathigerum* dans des gravières, *Ischnura elegans* et *Sympetrum striolatum* dans des mares, en Grande-Bretagne, ou encore *Libellula depressa*, *O. cancellatum* et *S. striolatum* en Allemagne. Le comportement pionnier de *L. depressa* et d'*Ischnura pumilio* est par ailleurs bien établi dans toute l'Europe occidentale.

On peut individualiser par la suite une période évolutive d'un peu plus d'une dizaine d'années par exemple, durant laquelle la végétation se développe et au cours de laquelle de nouvelles espèces d'Odonates s'installent se reproduisent durablement (*Lestes sponsa*, *Coenagrion puella*, *Pyrrhosoma nymphula*, *Aeshna grandis*, *A. cyanea*, *Brachytron pratense*, *Libellula quadrimaculata*, *Sympetrum sanguineum*), tandis que les pionnières régressent ou même disparaissent.

Vient ensuite une période d'équilibre relatif durant laquelle la végétation, la physionomie des pièces d'eau et la nature et la densité des Odonates demeurent sensiblement constantes, malgré quelques variations liées à des facteurs climatiques par exemple. Moore (1991) observe bien cette période en Grande-Bretagne sur 15 ans et plus pour des mares. Une étude américaine (Johnson & Crowley, 1989) la met en évidence sur 10 ans dans le cas d'un étang peu profond d'une quinzaine d'hectares. Dans le cas d'étangs plus profonds ou de lacs, il est probable que cette période soit beaucoup plus longue, car leur envahissement par la végétation s'étend sur une bien plus longue durée.

Il existe néanmoins des cas d'habitats stables où les fluctuations d'effectifs de certaines espèces sont trop importantes pour que l'on puisse parler de phase d'équilibre. Ainsi, en Suisse, on note des fluctuations interannuelles du nombre d'émergences chez *Leucorrhinia pectoralis* allant de 1 à 10 ou de 1 à 100. Ces fluctuations sont inverses de celles d'*Aeshna cyanea* sur le même site, et il est probable que les larves de cette dernière soient des prédateurs importants de celles de *L. pectoralis*. Des conditions météorologiques défavorables (pluvieuses et froides) interviennent également en interrompant les émergences et en provoquant une réduction très importante des effectifs adultes les mauvaises années.

Après cette phase de stabilité éventuelle peut intervenir une phase de sénescence, au cours de laquelle une végétation émergée (prêles, roseaux, herbes, buissons) finit par envahir la totalité de la mare, de l'étang ou du lac, entraînant la régression puis la disparition des Odonates. Dans le cas d'un lac-tourbière, c'est d'abord le lac qui disparaît. La tourbière se bombe tout d'abord progressivement en son centre mais conserve encore quelques gouilles, puis les gouilles elles-mêmes se ferment et les dernières espèces de libellules disparaissent, tandis que s'installe la forêt.

Les mécanismes de régulation responsables de ces situations de stabilité ou d'évolution cyclique dans des milieux apparemment stables résident dans les interactions multiples interspécifiques (prédation, concurrence alimentaire ou spatiale) et intraspécifiques (concurrence, cannibalisme, comportements antagonistes), qui opèrent en fonction de la densité des individus et influent sur leur croissance, leur taille, leur fécondité ou leur survie. Chez certaines espèces, la phase larvaire est raccourcie d'un an et les chances de survie des larves sont augmentées jusqu'à 10 % lorsque la densité des larves est faible. Chez d'autres, la taille et la fécondité des imagos sont plus faibles dans les sites où la densité de leurs larves est élevée.

Il n'en va pas de même dans les milieux perturbés ou évoluant rapidement. Dans ces cas, il est évident que les effectifs se réajustent rapidement en réponse aux nouvelles contraintes du milieu. Ainsi, selon Macan (1977), la raréfaction des hydrophytes provoque une chute importante des effectifs de *Pyrrhosoma nymphula* et d'*Enallagma cyathigerum*, alors que l'introduction d'un poisson carnivore comme la truite n'a que des répercussions plus faibles. Inversement, la prédation exercée par ce même poisson provoque une chute très importante des effectifs de *Lestes sponsa*.

Les cortèges de libellules

Qu'appelle-t-on cortège ?

Tout observateur attentif peut s'apercevoir que les libellules ne se distribuent pas au hasard. Certaines espèces recherchent les eaux courantes, d'autres les eaux stagnantes. Les tourbières, les étangs et les lacs d'altitude hébergent des espèces absentes des plaines. Cette affinité d'un groupe d'espèces pour un type de milieu donné conduit à la formation de cortèges, ou ensemble d'espèces se retrouvant de manière assez constante dans un même grand type de milieu. Une espèce donnée peut être présente dans plusieurs cortèges, et dans un site donné toutes les espèces d'un cortège ne sont pas nécessairement présentes.

D'une manière générale, les eaux courantes ont les faveurs de nombreuses espèces appartenant aux **Calopterygidae**, **Platycnemididae**, **Gomphidae**, **Cordulegastridae** et **Macromiidae**, ou à certaines espèces de **Coenagrionidae**, **Aeshnidae** et **Corduliidae**. Les eaux dormantes attirent quant à elles une majorité de **Lestidae**, **Coenagrionidae**, **Aeshnidae**, **Corduliidae** et **Libellulidae**. Certaines espèces possèdent néanmoins une bonne plasticité écologique et se reproduisent dans presque tous les milieux. Quelques-unes sont cantonnées aux eaux stagnantes dans le nord de leur aire de distribution et se retrouvent plus au sud sur les vasques des ruisseaux méditerranéens en étiage ou sur les secteurs calmes des grands cours d'eau.

La notion de cortège repose néanmoins sur une base intuitive qui fait bien plus appel à la sagacité de l'observateur qu'à une démarche scientifique rigoureuse. Elle intègre l'existence

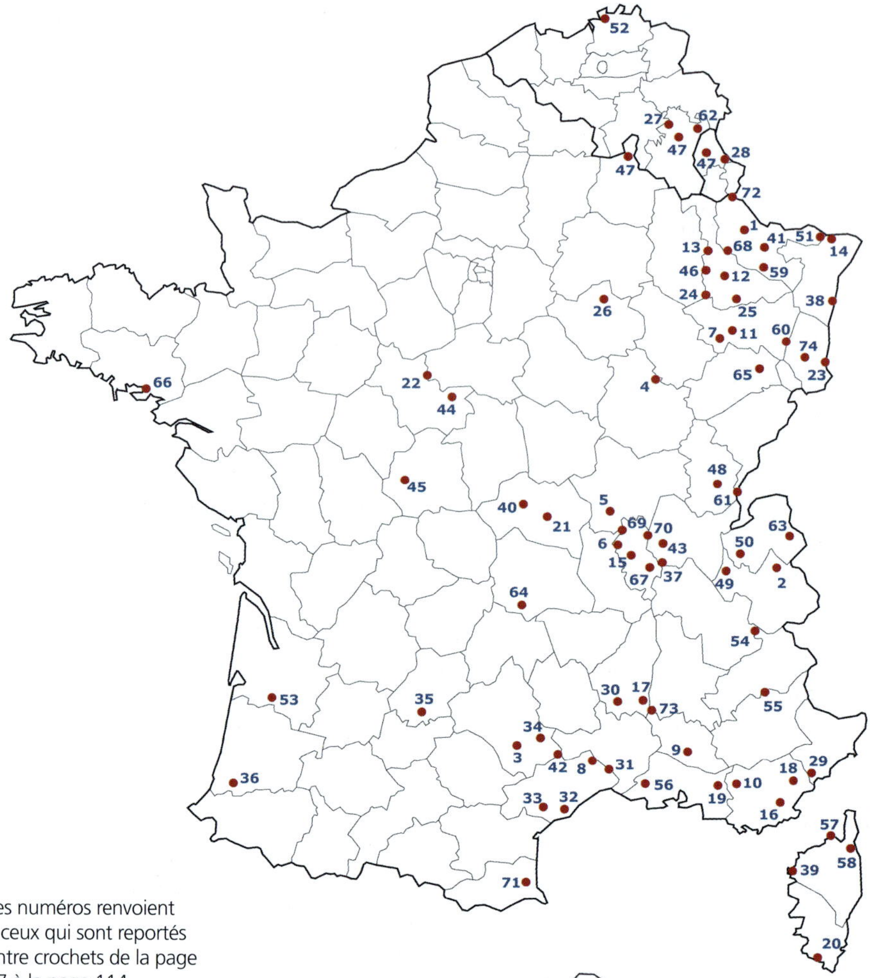

Les numéros renvoient à ceux qui sont reportés entre crochets de la page 97 à la page 114.

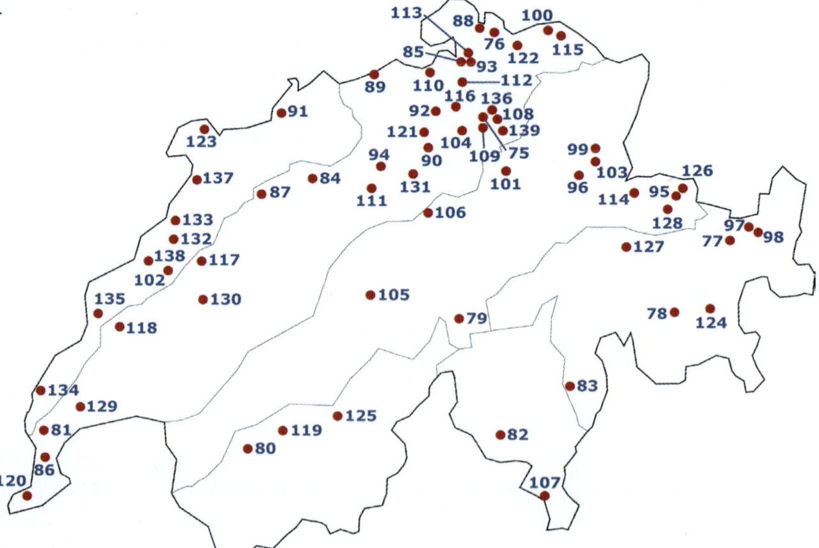

Fig.10. Carte de situation des localités citées dans les paragraphes traitant des cortèges de libellules; France, Belgique et Luxembourg en haut et Suisse en bas.

d'une multitude de facteurs qui se combinent entre eux dans des proportions continuellement changeantes, et qui provoquent en fin de compte d'innombrables variantes donnant aux cortèges des contours assez flous. C'est bien pour cela qu'il faut se garder de définir des « associations d'Odonates » caractérisant étroitement certains types de milieux, comme cela a parfois été tenté. Ainsi, lorsque l'on analyse la composition des cortèges de plaine, on s'aperçoit qu'ils se modifient graduellement du nord au sud sous l'influence de la température, de la luminosité, de la végétation, etc. La notion de cortège intégrant aussi bien les stades larvaires que les stades adultes, la physionomie d'un cortège change par ailleurs au cours des saisons, en fonction de la période de vol des adultes. Les cortèges des milieux à forte naturalité (eaux courantes et stagnantes d'aspect naturel, tourbières, etc.) doivent être complétés par des cortèges pionniers et anthropiques. Ces derniers ne sont pas stables au fil des années et représentent des stades transitoires correspondant à des milieux en évolution.

Dans les textes qui suivent, les espèces citées en gras sont celles qui sont les plus caractéristiques pour les habitats concernés. Celles qui ont un large spectre écologique et qui se rencontrent sur une multitude d'habitats, comme *Ischnura elegans*, *Chalcolestes viridis*, *Platycnemis pennipes*, *Pyrrhosoma nymphula*, *Coenagrion puella*, *Enallagma cyathigerum*, *Aeshna cyanea*, *Anax imperator*, *Cordulia aenea*, *Libellula depressa*, *Orthetrum cancellatum* et *Sympetrum striolatum*, ne sont citées que là où elles sont les plus abondantes. Le numéro accolé aux localités renvoie à leur localisation géographique sur la carte ci-contre (fig. 10) ; un numéro en gras signale que le site est illustré.

Les cortèges des eaux courantes

Les eaux courantes forment des écosystèmes ouverts dont la composition faunistique et floristique évolue de l'amont vers l'aval. Dans leurs parties amont, elles se caractérisent généralement par des eaux claires, fraîches, vives et bien oxygénées. Vers l'aval, elles se chargent de sédiments, se réchauffent et, lorsqu'elles sont polluées par des matières organiques ou se réchauffent, peuvent perdre une grande partie de leur oxygène.

Les cortèges des eaux courantes sont plus faciles à cerner que ceux des eaux stagnantes, car ils sont moins riches en taxons. Ils hébergent des espèces plutôt exigeantes, qui trouvent là des niches écologiques adaptées à leurs besoins. Il existe plusieurs grands types de cortèges d'eau courante, chacun d'eux présentant de multiples variantes selon les paramètres environnementaux locaux.

Les cortèges des zones de source et des têtes de bassin

Les zones de source et leurs émissaires comptaient parmi les milieux humides les plus fréquents. Elles sont malheureusement devenues rares ou ont été très dégradées suite à de trop nombreuses opérations de captage. Elles donnent lieu à la reproduction d'un petit nombre d'espèces parfois très spécialisées.

Disséminés sur les reliefs collinaires et montagnards, les suintements de pente sont la plupart du temps de petite taille et par conséquent discrets. En Suisse, ils sont très rares sur le Plateau (Werrikerried près d'Uster [75], Etzwilerried [76]), un peu plus fréquents dans les Alpes (par exemple

Suintement de pente au col de l'Oberalp en Suisse [79], habitat de *Somatochlora alpestris*. © H. Wildermuth.

La résurgence du Lamalou (Hérault) [8] est un site très favorable à *Coenagrion mercuriale*. © B. Adam.

à Chantsura près du col de la Flüela [77], à l'Alp Flix [78], au col de l'Oberalp [**79**], au marais de Ninda à Savièse en Valais [80]), ainsi que dans le Jura (La Tropaz à Chéserex [81]). En France les plus intéressants se trouvent dans Montagne Châtillonnaise [4]. Dans certaines régions ils sont bien souvent caractérisés par ***Cordulegaster bidentata***, espèce discrète passant souvent inaperçue (forêt de Villers en Moselle [**1**], Beaufort en Savoie [2], Saint-Victor-et-Melvieu en Aveyron [3], plateau de Langres et Montagne Châtillonnaise [4]), auquel s'ajoutent parfois ou se substituent *Cordulegaster boltonii* en provenance des secteurs situés plus en aval, ***Coenagrion mercuriale***, *Ischnura pumilio*, *Ceriagrion tenellum* [75, 76] et *Orthetrum c. coerulescens* [75]. Plus en altitude, toutes ces espèces finissent par disparaître et *Somatochlora alpestris* devient l'espèce la plus caractéristique de ces milieux [79], qui tendent à devenir tourbeux du fait du ralentissement de la dégradation des matières organiques.

Les suintements prairiaux des régions bocagères permettent le développement de belles populations de ***Coenagrion mercuriale***, *Ischnura pumilio*, ***Orthetrum brunneum*** et *O. c. coerulescens*, auxquels s'ajoutent souvent *Cordulegaster boltonii*, et parfois, en Bourgogne, le rarissime *Coenagrion ornatum* (bocage charolais [**5**]). Dans de rares cas, par exemple dans l'Oberaargau [84], quelques fossés prairiaux étroits abritent eux aussi des populations significatives de *Coenagrion mercuriale*.

Partout, les reliefs collinaires favorisent la formation de sources au creux des vallons. ***Calopteryx v. virgo*** et ***Cordulegaster boltonii*** sont ainsi omniprésents sur les nombreux ruisselets boisés du haut Beaujolais [6] ou des basses Vosges occidentales [7].

Dans les régions méridionales, les résurgences karstiques sont colonisées par de fortes populations de ***Calopteryx haemorrhoidalis***, ***C. virgo meridionalis***, *Chalcolestes viridis*, *Platycnemis acutipennis*, *P. latipes*, ***Coenagrion mercuriale***, *Pyrrhosoma nymphula*, *Ceriagrion tenellum*, ***Boyeria irene***, ***Onychogomphus uncatus***, ***Cordulegaster boltonii*** et *Orthetrum c. coerulescens* (résurgence du Lamalou en Languedoc [**8**], source vauclusienne de Fontaine-de-Vaucluse [9], source de l'Argens en Provence [10]).

Les cortèges des ruisseaux et des petites rivières

Les petits cours d'eau larges de trois à quinze mètres abondent dans nos quatre pays. Si beaucoup ont subi des altérations importantes liées aux interventions humaines (curage, rectification, endiguement partiel, pollution, etc.), d'autres ont conservé ou retrouvé un faciès naturel et une qualité chimique acceptable. Ils hébergent des cortèges variés qui se modifient en fonction de leur

Le ruisseau du Verdancon en Dordogne est favorable à *Coenagrion mercuriale*. © G. Doucet.

Les gorges de Trévans à Estoublon (Alpes de haute-Provence) hébergent une forte population de *Cordulegaster boltonii* de la variété immaculifrons. © J.-P. Boudot.

largeur ou de leur profondeur et qui changent d'une région à l'autre. Même rectifiés, les ruisseaux partiellement végétalisés et les ruisseaux entretenus aux berges proches de l'état naturel comme le Seltenbach dans le Weinland zurichois (Humlikon [85]) ou le Creuson (Chavannes-des-Bois, Tannay [86]), peuvent être colonisés par des espèces exigeantes comme *Coenagrion mercuriale*. En climat tempéré, les espèces les plus caractéristiques sont ***Calopteryx v. virgo***, ***C. splendens***, *Chalcolestes viridis*, *Platycnemis pennipes*, *Coenagrion mercuriale*, ***Gomphus vulgatissimus***, ***Onychogomphus f. forcipatus***, ainsi que *Cordulegaster boltonii* dans les parties amont (le Madon [11], ruisseau de Bellefontaine [12], Rupt de Mad [13] en Lorraine), ou encore ***Ophiogomphus cecilia*** (Vosges du Nord [14]). Plus au sud s'y ajoutent ou s'y substituent ***Calopteryx virgo meridionalis***, ***Boyeria irene*** et *Oxygastra curtisii* (l'Azergues dans le bas Beaujolais [15]). *Calopteryx virgo meridionalis* atteint la Suisse où il forme de petites populations isolées dans les petits ruisseaux du centre du Tessin [82] et du sud des Grisons [83]. Il reste néanmoins très rare dans ce pays. Les ruisseaux à courant lent et les fossés des milieux ouverts bien ensoleillés abritent ***Orthetrum c. coerulescens*** (particulièrement dans les bas-marais) et *Orthetrum brunneum* lorsque des parties de rives nues sont disponibles.

Dans la zone méditerranéenne continentale, les ruisseaux ont un cortège principalement centré sur ***Calopteryx haemorrhoidalis***, ***C. virgo meridionalis***, ***Chalcolestes viridis***, ***Platycnemis latipes***, ***P. acutipennis***, *Coenagrion mercuriale*, *Ceriagrion tenellum*, ***Boyeria irene***, *Gomphus simillimus*, *Onychogomphus uncatus*, ***O. forcipatus unguiculatus***, *Oxygastra curtisii*, *Orthetrum brunneum* et ***O. c. coerulescens***. ***Cordulegaster boltonii immaculifrons*** est omniprésent et forme des populations pures à l'est du Rhône (l'Aille au Cannet-des-Maures [16]) mais se mélange à la sous-espèce nominale, avec laquelle il

Le Doubs non loin de sa source à Sarrageois dans le département du Doubs [61]. © S. Lamy.

s'hybride, plus à l'ouest (la Nègue en Ardèche [**17**]). *Somatochlora meridionalis* (ruisseaux du Var [18]) et *Coenagrion caerulescens* (Aix-en-Provence [19]) restent toujours rares à très rares.

Les torrents des montagnes corses dévalent les pentes sur des radiers rocheux et sous un couvert de forêt et de maquis sombre et peu pénétrable, puis achèvent leur parcours dans les plaines côtières, où ils se calment et se transforment en petites rivières côtières (torrent de Monacia-d'Aullène [**20**]). Au-dessus de 600 mètres d'altitude, on trouve *Boyeria irene* et parfois *Calopteryx virgo meridionalis*. Plus bas s'y joignent ***C. haemorrhoidalis***, ***Chalcolestes viridis*** et, très localement, *Somatochlora meridionalis*. Finalement, à la faveur d'une végétation riveraine bien développée apparaissent *Calopteryx splendens caprai*, ***Ischnura genei***, ***Erythromma lindenii***, *E. viridulum*, *Anax parthenope*, *Libellula fulva*, ***Orthetrum c. coerulescens*** et, localement, *Trithemis annulata*.

Ce ruisseau méditerranéen en Ardèche méridionale [17] est colonisé par quatre espèces de Calopteryx, trois espèces de *Platycnemis*, et occasionnellement par le rarissime *Coenagrion caerulescens*. © D. Grand.

Ce ruisselet forestier intermittent en Corse du Sud [20] héberge le rare *Somatochlora meridionalis*. © D. Grand.

L'Allier [21] favorise un remarquable cortège de six espèces de Gomphidae. © G. Doucet.

La Meuse à Pagny-la-Blanche-Côte [24], un paysage caractéristique de Lorraine. © J.-P. Boudot.

Le cours moyen de l'Ourthe à Noiseux, en Belgique [27]. © J.-L. Gathoye.

Les cortèges des grands cours d'eau tempérés

Les grands fleuves ont beaucoup souffert des activités humaines. Ils ont subi depuis plus de deux siècles des travaux d'endiguement et de chenalisation, des interventions de dragage ainsi que la construction de nombreux barrages qui interrompent leur écoulement naturel à intervalles trop rapprochés. Quelques-uns d'entre eux, comme l'Allier [**21**] et une partie de la Loire [**22**], ont échappé à des aménagements trop drastiques et constituent les deux derniers « fleuves sauvages » de France. Leur vaste lit majeur où de multiples bras secondaires divaguent au gré des crues et des circonstances, a conservé la plus grande partie de leur flore et de leur faune, ce qui leur confère une naturalité exemplaire. Cette situation favorise le développement d'un exceptionnel cortège de Gomphidés caractérisé par *Gomphus simillimus*, ***G. vulgatissimus***, ***Onychogomphus f. forcipatus***, ***Ophiogomphus cecilia*** et, plus localement, *Stylurus flavipes* et *Gomphus pulchellus*. *G. simillimus* se retrouve sur le Rhin de l'aval du lac de Constance [88] au sud de l'Alsace. Sur quelques affluents occidentaux de la Loire apparaît également *Gomphus graslinii*, endémique sud-ouest-européen strict. Les espèces habituelles des eaux courantes complètent ces communautés de Gomphidés. Ailleurs, seuls le Vieux Rhin [23] et le Vieux Rhône, anciens cours toujours actifs de ces fleuves avant leur canalisation, ont pu conserver un cortège de Gomphidés presque aussi riche, au sein duquel *Stylurus flavipes* est sans conteste l'une des espèces les plus emblématiques. En Suisse, les rivières les plus importantes pour les libellules sont le Rhin entre le lac de Constance et Bâle [89], l'Aar du lac de Bienne à sa confluence avec le Rhin [87], la section de la Reuss argovienne [90], ainsi que quelques affluents comme la Birse [91], la Limmat [92], la Thur [93] et la Suhre [94].

Dans le nord-est de la France et au Benelux, plusieurs rivières de calibre plus modeste ont conservé des berges partiellement boisées. Certaines d'entre elles comme la Meuse [**24**], le Madon [**25**] ou l'Aube [26] en France, l'Ourthe en Belgique [**27**]

Le Vidourle [31], fleuve côtier du Gard, accueille de belles populations de *Macromia splendens*. © M. Geniez.

La confluence de l'Adour et du Luy dans les Landes [36] abrite un riche cortège d'Odonates comprenant *Stylurus flavipes, G. graslinii* et *Oxygastra curtisii*. © D. Grand.

et l'Our à la marge orientale du Luxembourg [28] permettent l'épanouissement d'un cortège caractérisé par ***Calopteryx s. splendens***, ***Platycnemis pennipes***, ***Gomphus vulgatissimus***, ***G. pulchellus***, ***Onychogomphus f. forcipatus*** et ***Oxygastra curtisii*** (ce dernier actuellement donné comme disparu de l'Our), auxquels se joignent assez régulièrement *Calopteryx v. virgo*, *Erythromma lindenii*, *Aeshna grandis*, *Somatochlora metallica* et les espèces ubiquistes des eaux courantes. *Ischnura elegans* et *Enallagma cyathigerum* viennent s'y ajouter dans les secteurs les plus lents, comme sur l'Aar en Suisse au pied du Jura [87].

Les cortèges des grands cours d'eau méridionaux

Les grands cours d'eau soumis au régime méditerranéen sont caractérisés par l'existence de crues automnales et hivernales alternant avec des périodes d'étiage estivales. Les grandes rivières du sud du Massif central, les affluents du cours inférieur du Rhône et les fleuves côtiers du Languedoc-Roussillon illustrent bien ces particularités. Leur lit, souvent bordé de lisières arborées, comporte des secteurs rapides et des secteurs élargis plus calmes et plus profonds, dus à l'existence de petits seuils ou de barrages. Ces rivières ont en commun une faune odonatologique très marquée par les éléments méridionaux. À côté d'espèces à large répartition européenne ou africaine comme ***Erythromma lindenii***, *E. viridulum*, *Anax parthenope*, *Gomphus pulchellus*, *G. vulgatissimus*, *Orthetrum brunneum*, *O. c. coerulescens*, *Crocothemis erythraea* et parfois *Stylurus flavipes* et *Trithemis annulata*, s'observent des espèces plus strictement sud-ouest-européennes comme ***Calopteryx xanthostoma***, *C. haemorrhoidalis*, ***Platycnemis acutipennis***, ***P. latipes***, ***Boyeria irene***, *Gomphus simillimus*, *Onychogomphus forcipatus unguiculatus*, ***Oxygastra curtisii*** et, à l'ouest du Rhône, ***Gomphus graslinii*** et ***Macromia splendens*** (la Siagne [**29**], l'Ardèche [30], le Vidourle [**31**], l'Hérault [32], l'Orb, le Tarn [34], le Lot [35] et l'Adour [**36**]).

Le cortège des annexes hydrauliques des cours d'eau

Tous les grands fleuves ont un lit mineur, dans lequel ils coulent durant la plus grande partie de l'année, et un lit majeur, dans lequel ils divaguent en période de crue et y laissent ensuite des méandres recoupés, des mares, des chenaux anastomosés reliés au cours principal, des reculées et des bras morts. Autrefois nombreuses, ces annexes hydrauliques ont souvent disparu du fait des travaux de chenalisation et

Le bras mort du Fango [39] est la seule localité de *Somatochlora flavomaculata* en Corse. © D. Grand.

d'endiguement effectués au cours des siècles passés. Quelques-unes nous sont toutefois parvenues sans trop de dommages. Elles donnent lieu au développement d'un cortège d'Odonates combinant des espèces d'eau courante, dites lotiques, comme ***Calopteryx splendens***, ***Coenagrion mercuriale***, *Erythromma lindenii*, *Gomphus vulgatissimus*, ***G. pulchellus***, *Onychogomphus f. forcipatus*, et des espèces d'eau stagnante, dites lentiques, comme *Sympecma fusca*, ***Coenagrion pulchellum***, ***Erythromma viridulum***, ***E. najas***, ***Platycnemis pennipes***, *Ceriagrion tenellum*, *Aeshna mixta*, *A. isoceles*, *A. cyanea*, *Brachytron pratense*, ***Anax imperator***, ***Cordulia aenea***, ***Somatochlora flavomaculata***, *Libellula fulva*, ***Orthetrum c. coerulescens***, ***Crocothemis erythraea***, ***Sympetrum sanguineum*** et bien d'autres espèces ubiquistes (lône du Grand Gravier en bordure du Rhône [37]). Parfois, certaines de ces espèces sont remplacées par *Aeshna grandis* et *Cordulegaster b. boltonii* (bras morts du Rhin [38]). En Suisse, dans ceux de ces milieux qui ont évolué vers des étangs mésotrophes ou oligotrophes, se développe ***Leucorrhinia albifrons***, maintenant si rare et qui ne subsiste plus que dans la Vallée du Rhône en Valais central (Bois de Finges [119]) et dans le bassin genevois (Moulin de Vert à Cartigny [120]). ***Leucorrhinia caudalis*** est une autre espèce caractéristique de ces annexes hydrauliques. Bien qu'elle accepte des eaux plus eutrophes, ses populations suisses se restreignent actuellement à quelques sites de la vallée de la Reuss (Reusstal) (méandre recoupé de la Stille Reuss, Rottenschwil [121]) et du Plateau oriental, où, après avoir été rarissime durant des décennies, elle semble actuellement regagner du terrain (Pfyn [122]). Elle est également devenue plus abondante dans certaines régions de France et d'Allemagne depuis une vingtaine d'années. En Corse, l'unique représentant de ce type de système se rencontre à proximité de l'embouchure du Fango, à Galéria [**39**]. Les eaux douces, fraîches et profondes, quasi stagnantes, de ce bras mort ont permis l'installation d'un peuplement d'Odonates d'une vingtaine d'espèces parmi lesquelles on remarquera plus particulièrement *Chalcolestes viridis*, *Coenagrion pulchellum*, ***Ischnura genei***, *Erythromma viridulum*, ***Ceriagrion tenellum***, *Aeshna affinis*, *A. cyanea*, ***A. isoceles***, *Anax imperator*, *A. parthenope*, *Somatochlora flavomaculata*, *Libellula depressa*, *L. fulva*, *Sympetrum sanguineum*, *S. meridionale*, *S. fonscolombii* et le dernier arrivé sur l'île, *Trithemis annulata*. On notera que *S. flavomaculata*, dont la distribution est eurosibérienne, possède ici sa seule station connue dans l'ensemble des îles méditerranéennes.

Les cortèges des eaux stagnantes naturelles

Les eaux stagnantes englobent les mares, les étangs, les grands lacs, les marais et les tourbières acides ou alcalines. Certains de ces milieux sont permanents, d'autres temporaires. La plupart sont en eau douce, quelques-uns sont saumâtres. Les cortèges des eaux stagnantes rassemblent 80 % de nos espèces d'Odonates. Certaines sont adaptées à de nombreux types d'habitats, d'autres sont nettement spécialisées et se reproduisent plus particulièrement dans les milieux saumâtres (*Lestes macrostigma*) ou les eaux acides ou tourbeuses (*Coenagrion hastulatum*, *Somatochlora arctica*, *S. alpestris*, *Sympetrum danae*, *Leucorrhinia dubia*, etc.). Elles forment rarement des populations importantes et durables ailleurs.

Mare prairiale à Puylagarde dans le Tarn-et-Garonne. © S. Albinet.

Les cortèges des mares d'eau douce

Les mares prairiales ont certainement constitué par le passé les milieux aquatiques les plus nombreux et les mieux répartis sur notre territoire, en particulier dans les régions bocagères vouées à l'élevage. Elles ont actuellement perdu de leur intérêt et tendent un peu partout à disparaître. Malgré tout, certaines régions en conservent un réseau appréciable, même si leur entretien se dégrade au fil du temps. Les espèces les plus représentatives de ces milieux dans la zone tempérée de notre territoire sont *Sympecma fusca*, ***Coenagrion puella***, ***Ischnura elegans***, ***Pyrrhosoma nymphula***, ***Aeshna cyanea***, ***Libellula depressa*** et ***Sympetrum striolatum*** (Bourbonnais [40]), parfois également *Coenagrion scitulum*, *Erythromma lindenii*, *Ceriagrion tenellum*, *Anax imperator*, *Orthetrum albistylum* et *Crocothemis erythraea*. Si certaines de ces mares s'assèchent en été, le relais est assuré par des espèces adaptées aux milieux temporaires comme ***Lestes barbarus***, ***L. dryas***, *L. sponsa*, ***L. virens vestalis***, *Aeshna affinis* et ***Sympetrum flaveolum*** (mares du Bischwald en Moselle [41]). *Anax ephippiger* peut également s'y reproduire au cours de ses migrations. Dans ces types de milieux, ***Ischnura pumilio***, *Sympetrum fonscolombii*, ***S. sanguineum***, ***S. meridionale*** et ***Aeshna affinis*** restent confinés aux basses altitudes (Lavigny [129], Montagny [130]). Il en est de même pour ***Sympetrum depressiusculum***, qui se développe en masse dans les dépressions d'épanchement de crue aménagées dans la vallée alluviale de la Reuss argovienne [90] pour favoriser la biodiversité. De tels milieux régulés sont également favorables à ***Orthetrum albistylum*** (Ronfeld au Baldeggersee [131]). Par contre *Lestes dryas* se rencontre jusqu'à l'étage subalpin dans les Alpes (Obri Hellela et Moosalp entre Bürchen et Törbel en Suisse [125]) et dans les Pyrénées. Dans les pâturages jurassiens, les dolines périodiquement inondées constituent des biotopes aussi particuliers que rares où s'établissent *Lestes sponsa*, *Coenagrion hastulatum*, *Aeshna juncea*, *A. cyanea*, *Cordulia aenea*, *Leucorrhinia dubia* et quelques autres espèces (La Chaux d'Amin, Cernier [132], Mont Soleil, Saint-Imier [133]).

Une lavogne sur un plateau calcaire de l'Hérault à Assignan [33]. © J.-P. Boudot.

Dans le sud de la France, les lavognes sont de petites mares naturelles ou construites par l'homme sur les Causses calcaires, destinées à l'abreuvage des ovins. Leur niveau est très variable et certaines s'assèchent au cours de l'été. Les principales espèces s'y reproduisant sont ***Lestes barbarus***, ***L. v. virens***, ***Erythromma viridulum***, *Ischnura pumilio*, ***Anax parthenope***, ***Crocothemis erythraea*** et *Sympetrum sanguineum* (région du Minervois [**33**] Causse du Larzac [42]). *Coenagrion scitulum* et *Orthetrum brunneum* ne se reproduisent que dans les lavognes permanentes.

Les cortèges des étangs et des lacs

Notre territoire renferme de nombreuses régions lacustres. Les plus importantes sont certainement celles où les étangs sont rassemblés en agglomérats, comme ceux de la Dombes, de Sologne, de Brenne, de Lorraine-Champagne-Ardenne et de la Campine belge. Comprenant entre 30 et 50 espèces suivant les régions, le cortège d'Odonates des étangs s'élabore autour d'un ensemble peu spécialisé et donc assez régulièrement présent comprenant ***Sympecma fusca***, ***Lestes virens vestalis***, ***L. sponsa***, ***Chalcolestes viridis, Platycnemis pennipes***, ***Coenagrion puella***, ***C. pulchellum***, ***Ischnura elegans***, ***Enallagma cyathigerum***, ***Erythromma najas***, depuis peu ***E. viridulum***, qui s'étend actuellement vers le nord, ***Pyrrhosoma nymphula***, ***Aeshna mixta***, ***A. cyanea***, ***A. isoceles***, ***Brachytron pratense***, ***Anax imperator***, ***Cordulia aenea***, ***Libellula depressa***, ***L. fulva***, ***L. quadrimaculata***, ***Orthetrum cancellatum***, ***Sympetrum sanguineum*** et ***S. striolatum***. De multiples variations régionales sont évidentes.

En Dombes [**43**] s'ajoute aux espèces précédentes un remarquable ensemble de libellules méridionales comprenant *Lestes barbarus*, ***Aeshna affinis***, *Anax parthenope*, ***Crocothemis erythraea***, *Sympetrum fonscolombii* et ***S. meridionale***, auquel se joignent des espèces plus continentales comme ***Orthetrum albistylum*** et *Leucorrhinia pectoralis*. En région Centre, les peuplements d'Odonates comprennent également *Aeshna affinis*, ***O. albistylum*** et *C. erythraea*, mais on y trouve également le rare *Epitheca bimaculata*. *Somatochlora metallica* est ici propre aux étangs boisés de Sologne [44] alors que la Brenne [**45**] héberge *Coenagrion scitulum*, *Sympetrum vulgatum* et *Leucorrhinia caudalis*. En Lorraine [46] et Champagne-Ardenne [47], régions plus froides englobant le nord-est de la France, le sud de la Belgique et le Luxembourg, ***Aeshna grandis***, *Gomphus pulchellus*, ***Somatochlora metallica***, ***Epitheca bimaculata***, ***Sympetrum vulgatum*** et *Leucorrhinia caudalis* se joignent aux espèces habituelles. ***Crocothemis erythraea*** y est devenu fréquent depuis une quarantaine d'années. Plusieurs espèces présentes du côté français, tels *Sympecma fusca*, *Lestes virens vestalis*, *Coenagrion pulchellum*, *Aeshna isoceles*, *Brachytron pratense*, *Libellula fulva* et *Leucorrhinia caudalis*, se raréfient ou disparaissent néanmoins au niveau des étangs ardennais et lorrains belges. Les lacs des plateaux jurassiens ont un peuplement comparable à celui des étangs lorrains, avec ***Aeshna grandis***, ***Somatochlora flavomaculata*** et *S. metallica*, parfois aussi *Gomphus vulgatissimus*, qui s'ajoutent aux espèces habituelles (lac du Val à Doucier [48]). En Suisse, on rencontre le plus souvent un cortège associant ***Pyrrhosoma nymphula***, ***Coenagrion puella***, ***Ischnura elegans***, ***Aeshna cyanea***, ***Anax imperator***, ***A. parthenope***, ***Cordulia aenea***, ***Libellula quadrimaculata***, ***Orthetrum cancellatum***, ***Sympetrum striolatum*** et ***S. vulgatum*** comme espèces dominantes aux étages collinéen et montagnard, particulièrement sur les nombreux étangs du Plateau comme dans la région du Husemersee (Ossingen [**113**]), au Pfäffikersee [108], aux réserves naturelles de Siechenstuden (Maienfeld [114]) et des Lengwiler Weiher (Kreuzlingen [115]), tout comme dans de nombreux centres nature destinés à la sensibilisation du public (Naturstation Silberweide, Greifensee [109]), centre nature BirdLife du Marais de Neerach [116], centre nature BirdLife de La Sauge [117], centre Pro Natura de Champ Pittet [118]). *Epitheca bimaculata* y reste toujours très rare (Bonfol [123]). *Gomphus pulchellus* peut localement être abondant. Le nombre d'espèces diminue progressivement avec l'altitude, et celles qui apparaissent sont très peu nombreuses.

Les grands lacs du pied des versants nord et sud des Alpes et du pied du Jura sont le plus souvent profonds, présentent des rives souvent abruptes, et leurs berges rocheuses ou caillouteuses sont par endroits consolidées par des enrochements ou des murs. Localement, ils côtoient la forêt ou des terrains urbanisés (par exemple sur la rive nord du lac de Neuchâtel [102]). Les vents forts de ces régions causent parfois un ressac important. La végétation aquatique est absente ou se compose de massifs lâches de roseaux. La communauté de libellules hébergées ne comprend que peu d'espèces et presque toutes sont très étonnamment des espèces de rivière. On citera comme exemple ***Gomphus vulgatissimus*** et ***Onychogomphus forcipatus***. ***Somatochlora metallica*** y est également bien présent, et cette espèce est souvent la seule libellule que l'on peut voir au niveau des berges nues (lacs de Walenstadt [103], de Zurich [104], de Brienz [105]). Les larves de ces espèces vivent au fond de l'eau entre les pierres ; les exuvies se trouvent sur les falaises, les murs ou les hangars à bateaux, par endroits en grand nombre au lac des Quatre-Cantons [**106**]. Dans ce dernier ainsi qu'aux lacs du Bourget [**49**] et d'Annecy [50] existent de belles populations de ***Boyeria irene*** qui, dans la majorité de son aire, se cantonne aux cours d'eau. Au bord du lac de Lugano [107] et là encore aux lacs du Bour-

Les étangs de la Dombes (Ain) [43] sont favorables à *Lestes barbarus, Aeshna affinis, Sympetrum meridionale* et *Leucorrhinia pectoralis*. © D. Grand.

Sur les étangs de Brenne (Indre) [45] s'épanouissent des cortèges diversifiés de libellules. © J.-L. Dommanget.

get [49] et d'Annecy [50], on rencontre une autre particularité, ***Oxygastra curtisii***, qui vit avant tout là où de vieux arbres s'élèvent à même la berge. Dans les anses calmes où subsistent quelques roseaux et autres plantes aquatiques volent aussi *Anax imperator*, *A. parthenope* et *Aeshna mixta*.

Au bord des lacs, les rivages plats périodiquement submergés, autrefois relativement fréquents, se sont raréfiés. Ils bordent encore ceux qui sont restés peu ou pas régulés, dont le niveau d'eau varie annuellement et les submergent lors des crues, souvent à la fonte des neiges. Ces rives sont souvent colonisées par des bas-marais parsemés de bancs de limon nus. De tels milieux, qui bordent par exemple les lacs de Sarnen, de Constance et le Sihlsee, permettent le développement d'espèces de libellules particulières qui, dans certaines régions, leur sont plus ou moins inféodées. Ces habitats sont importants pour des espèces devenues très rares comme ***Sympecma paedisca*** (Gottlieber Ried, lac de Constance [100]), ***Sympetrum pedemontanum*** (Sihlsee, Einsiedeln [101]) et *S. flaveolum*, mais aussi comme *Sympetrum depressiusculum* et *S. danae*, ces deux dernières moins rares.

Les régions sableuses portent généralement des eaux acides. Dans les basses régions gréseuses des Vosges du Nord (Pays de Bitche [51]) dominent des étangs tourbeux acides à niveau variable. Le cortège des libellules reflète ce changement de milieu et des espèces transgressives des tourbières comme *Aeshna juncea*, *Orthetrum c. coerulescens*, *Leucorrhinia dubia* et *Sympetrum danae* remplacent *Lestes virens vestalis*, *Erythromma viridulum*, *Aeshna isoceles*, *Libellula fulva* et *Crocothemis erythraea*. En Campine, autre région

Le Husemersee [113] à Ossingen (Suisse, canton de Zurich), abrite un contingent d'une vingtaine d'espèces de libellules. © H. Wildermuth.

sableuse aux eaux acides et tourbeuses, située dans le nord-est de la Belgique [**52**], des espèces d'affinité boréale comme ***Coenagrion lunulatum*** et ***Leucorrhinia rubicunda*** apparaissent et sont rejointes par des taxons plus continentaux comme ***Ceriagrion tenellum***, *Somatochlora flavomaculata*, *Sympetrum depressiusculum*, *S. pedemontanum* et *Leucorrhinia pectoralis*. Dans l'immense forêt des Landes de Gascogne, les cicatrices de palses minérales (maintenant dénommées lithalses et improprement appelées lagunes au plan local), se sont formées à la fin de la dernière période glaciaire. La formation puis la fusion de grandes lentilles de glace de ségrégation ont laissé des dépressions inondées plus ou moins circulaires et entourées d'un bourrelet proéminent, qui ont depuis évolué en cuvettes tourbeuses acides. Elles sont progressivement envahies sur leur marge par des sphaignes et tout le cortège habituel de la flore et de la faune des étangs tourbeux acides, dont les plus caractéristiques sont, en ce qui concerne les Odonates, ***Leucorrhinia albifrons***, régionalement bien distribué malgré sa rareté au plan national, *L. pectoralis* et *L. caudalis*, tous deux rares à très rares, *Lestes dryas*, *L. v. virens*, *Sympecma fusca*, *Coenagrion pulchellum*, *Erythromma najas*, ***Ceriagrion tenellum***, ***Somatochlora flavomaculata***, *Libellula quadrimaculata*, *Orthetrum c. coerulescens*, *Crocothemis erythraea* et ***Sympetrum sanguineum*** (mares de Saint-Magne [53]).

En altitude, les organismes vivants sont soumis à des conditions de vie beaucoup plus sévères qu'en plaine. Ils doivent être adaptés à une période d'activité courte, à des températures basses et à de sévères intempéries. Les rives des étangs

Le lac du Bourget (Savoie) [49] héberge *Boyeria irene* et *Oxygastra curtisii.* © D. Grand.

Le lac des Quatre-Cantons (Suisse) [106] abrite de belles populations de *Boyeria irene* et de *Gomphus vulgatissimus* dans le canton de Lucerne. © H. Wildermuth.

Étang oligotrophe de Campine, à Kalmthout, province d'Anvers en Belgique [52]. © P. Goffart.

restent bordées de carex et de joncs et hébergent quelques hydrophytes flottantes comme les rubaniers (surtout *Sparganium angustifolium*) jusqu'à une altitude voisine de 2500-2700 mètres. *Aeshna juncea* atteint ces altitudes extrêmes et reste généralement exclusive dans les lacs alpins au-dessus de 2200 m (plateau d'Emparis en Oisans [54]). Un peu plus bas, à l'approche de la forêt, une végétalisation plus importante des rives permet l'implantation de plus nombreuses espèces parmi lesquelles on peut citer *Coenagrion puella*, *C. hastulatum*, *Enallagma cyathigerum*, *Pyrrhosoma nymphula*, *Aeshna cyanea*, *Cordulia aenea*, *Somatochlora metallica*, *Libellula quadrimaculata*, *Sympetrum flaveolum* et *S. vulgatum*. Dans les zones forestières ensoleillées viennent ensuite des espèces de plaine et de moyenne montagne comme *Lestes dryas*, *Aeshna grandis*, *Anax imperator*, *Libellula depressa*, *Sympetrum danae* et *S. striolatum*. Finalement, un cortège d'une bonne vingtaine d'espèces s'observe en dessous de 1500 m d'altitude, des taxons comme *Lestes sponsa*, *Coenagrion pulchellum*, *Ischnura elegans*, *Gomphus pulchellus*, *Orthetrum brunneum*, *O. c. coerulescens* et *Sympetrum sanguineum* rejoignant les précédents (lac de Saint-Léger dans les Alpes-de-Haute-Provence [55]). En Suisse,

Le lac de Tarasp (Suisse, canton des Grisons) [97] héberge *Somatochlora metallica* et *Aeshna grandis* entre autres. © H. Wildermuth.

L'étang des Calois dans les Basses-Vosges héberge une espèce patrimoniale rare, *Leucorrhinia pectoralis*. © G. Jacquemin.

le Stelsersee à Schiers [95], les Seewenalp-Seen à Flumserberg [96], le lac de Tarasp [**97**] et le lac Nair à Tarasp [98], le Stazersee [124] près de Saint-Moritz dans les Grisons et les Schwendiseen à Wildhaus [99] constituent de bons exemples de ces lacs de moyenne montagne abritant *Cordulia aenea*, *Somatochlora metallica*, *Aeshna grandis*, *A. juncea* ou *Coenagrion hastulatum*.

Les Lagunes des Landes (cicatrices d'anciennes lentilles de glace fondues à la fin de la dernière période glaciaire) (ici la lagune de Linxe) hébergent de belles populations de *Leucorrhinia albifrons* et *L. caudalis*. © G. Bailleux.

Les cortèges des mares et lagunes saumâtres

Les lagunes côtières sont des étangs littoraux saumâtres ou salés communiquant avec la mer par une passe étroite ou à travers un cordon dunaire fermé. En Europe occidentale, certaines libellules parviennent à s'y reproduire tant que la salinité n'excède pas 16 g/l. Les sansouïres à salicorne de Camargue ou de Corse sont émaillées de dépressions durablement ou temporairement inondées. La salinité et le régime hydrologique y varient beaucoup au cours de l'année et d'une année à l'autre. Une salinité trop importante interdit toute reproduction d'Odonate, mais les années où les eaux sont suffisamment diluées par les pluies, une petite communauté adaptée aux milieux saumâtres réussit à y prospérer. Dans les lagunes temporaires, le peuplement reproductif local est marqué par ***Lestes barbarus***, ***L. macrostigma***, *L. sponsa*, *L. v. virens*, *Sympecma fusca*, ***Ischnura elegans***, ***I. pumilio***, ***Aeshna mixta***, ***Crocothemis erythraea***, ***Sympetrum fonscolombii***, ***S. sanguineum***, ***S. meridionale*** et ***S. striolatum*** (baisses de Camargue [56], étang de Loto en Corse, où *Ischnura genei* remplace *I. elegans* [**57**]). Lorsqu'elles sont permanentes, ce qui va souvent de pair avec une salinité plus faible et acceptable par un plus grand nombre d'espèces, ces lagunes hébergent en plus *Coenagrion pulchellum*, *Erythromma viridulum*, ***Aeshna isoceles***, *Brachytron pratense*, *Libellula quadrimaculata*, *L. fulva*, ***Orthetrum cancellatum*** (baisses et roubines saumâtres de Camargue [56]), mais également *Coenagrion scitulum*, *Erythromma lindenii*, *Ceriagrion tenellum*, *Aeshna affinis*, ***Anax parthenope***, *A. ephippiger*, ***Libellula fulva***, ***Orthetrum c. coerulescens*** et *Trithemis annulata* (étang de Biguglia en Corse [58]).

Marais saumâtre dans la vallée de la Seille en Lorraine [59]. © G. Jacquemin.

Des milieux saumâtres analogues existent à l'intérieur des terres à la faveur des dépôts géologiques du Keuper, riches en sels et en gypse. Là aussi les salicornes impriment au paysage une note flamboyante à l'automne. En climat tempéré,

Cette lagune saumâtre du désert des Agriates en Corse [57] héberge le rare *Lestes macrostigma*. © D. Grand.

le cortège d'Odonates implanté dans ces paysages plus ou moins drainés par des fossés et ruisselets à écoulement lent est pour l'essentiel constitué de *Lestes dryas*, ***Coenagrion mercuriale***, *C. puella*, ***Ischnura elegans***, ***I. pumilio***, *Pyrrhosoma nymphula*, *Libellula depressa* et *Orthetrum cancellatum* (mares de la vallée de la Seille en Moselle [**59**]). La présence régulière et durable de *C. mercuriale*, espèce protégée dans nos quatre pays, dans de tels milieux saumâtres est tout à fait remarquable et est un fait très peu rapporté dans la littérature.

Les cortèges des tourbières à sphaignes

Les tourbières acides sont des milieux azonaux qui se développent au sein de multiples étages altitudinaux et zones climatiques pourvu que l'eau y soit en quantité suffisante. Certaines résultent du lent comblement d'anciens étangs ou d'anciens lacs, parfois d'origine glaciaire ou dus à des éboulements ou à des laves torrentielles, par une végétation à base de sphaignes, qui a commencé à se développer à partir des rives pour finalement se propager vers l'intérieur (la Burtignière au Chenit [134], la Mouille de la Vraconnaz à Sainte-Croix [135], le Bonigersee [125] à Törbel, le Bärenseewen [126] à Luzein, l'Alp Flix [78] à Sur pour la Suisse). Ces milieux sont importants pour les espèces caractéristiques des zones d'altitude, même si dans les Alpes un nombre trop élevé d'entre eux a été très dégradé par le pâturage, le bétail ayant tendance à se concentrer à leurs abords en provoquant un piétinement excessif et une eutrophisation notable des eaux (l'Alp Malix [**127**] à Malix ou le Furner Berg [128] à Furna par exemple). D'autres tourbières se développent sur des sommets ou sur des pentes et résultent de la conjonction d'une forte pluviométrie et de la présence d'un sous-sol imperméable à faible profondeur (tourbières ombrogènes). Le noyau principal du cortège des libellules des tourbières est globalement à peu près constant. Dans notre territoire, les espèces les plus constamment présentes dans ces milieux entre 200 et 2500 m d'altitude sont ***Lestes sponsa***, ***Coenagrion puella***, ***C. hastulatum***, ***Enallagma cya-***

Les zones tourbeuses hébergent tout un cortège d'espèces caractéristiques, parmi lesquelles figurent *Aeshna juncea*, *Leucorrhinia dubia*, *Somatochlora arctica*, *S. alpestris* en altitude, *Lestes sponsa*, *L. dryas*, *Enallagma cyathigerum* et *Pyrrhosoma nymphula*. Après colonisation par la forêt ce cortège se désagrège si bien que souvent seuls *Enallagma cyathigerum*, *Pyrrhosoma nymphula* et *Leucorrhinia dubia* sont les seuls à subsister avant fermeture totale des points d'eau. © S. Lamy.

Les tourbières et lacs tourbeux des Petites Rousses (2050 m), dans le Dauphiné, sont favorables à *Aeshna juncea* et *Somatochlora alpestris*. © J.-P. Boudot.

Ce secteur du Lac de Bellefontaine (1 090 m, Jura) constitue l'un des rares sites de reproduction d'*Aeshna subarctica* dans la partie française du massif jurassien. © R. Krieg-Jacquier.

thigerum*, *Pyrrhosoma nymphula*, *Aeshna juncea*, *A. cyanea*, *A. grandis*, *Cordulia aenea*, *Somatochlora metallica*, *S. arctica*, *Libellula quadrimaculata*, *Sympetrum danae et ***Leucorrhinia dubia***. Plus irrégulièrement on trouvera aussi *Lestes dryas*, *L. v. vestalis*, *Coenagrion pulchellum*, *Somatochlora flavomaculata* (tourbières de Haute-Saône [65], Oberhöflerriet à Hinwil [139]), *Orthetrum c. coerulescens*, *Sympetrum flaveolum* et *Leucorrhinia albifrons*. *Aeshna subarctica elisabethae* (tourbières des Vosges [**60**], du Jura [**61**], de l'Ardenne belge [62] et de Haute-Engadine [124]), *A. caerulea* (hautes vallées du Giffre et de l'Arve [63], Haute-Engadine [124]), ***Somatochlora alpestris*** ([60], [63], [124]) et *Leucorrhinia rubicunda* ([62]) sont encore plus localisés et ne se rencontrent que çà et là en altitude dans une zone allant des Ardennes aux Alpes. Avec *Coenagrion lunulatum*, présent en Belgique et dans le Massif central [**64**], elles doivent être considérées comme étant des reliques glaciaires, largement répandues dans nos contrées lors de la dernière glaciation mais ayant disparu des régions basses ou méridionales lors du réchauffement holocène. À basse altitude on trouvera encore *Ischnura pumilio* et *Ceriagrion tenellum* (tourbières de Haute-Saône [65]). *Leucorrhinia pectoralis* est plus fréquemment présent en populations importantes à basse altitude (tourbières de Haute-Saône [65]), mais est actuellement distribué entre 450 et 1 100 m en Suisse (Torfriet à Pfäffikon [136], Plain de Saigne à Montfaucon [137], Marais de Brot à Brot-Plamboz [138]). La pérennité à moyen et long terme des localités citées entre 1 000 et 2 000 m dans le Massif central et les Pyrénées n'est pas établie. Certaines de ces espèces sont, dans nos pays, strictement inféodées aux tourbières (***Aeshna subarctica elisabethae*, *Somatochlora arctica*, *S. alpestris*** et ***Leucorrhinia dubia***), tandis que les autres colonisent également les marais à carex ou de simples étangs, mais sont très tolérantes aux tourbières.

La tourbière de la Demoiselle dans les Vosges constitue l'un des rares sites de reproduction permanents de *Leucorrhinia pectoralis* dans ce département, et de ce fait est un site protégé géré par le CEN-Lorraine. © T. Roussel.

Les cortèges pionniers

À des degrés divers, toutes les libellules possèdent une aptitude naturelle à la dispersion, en particulier durant leur phase de maturation. En regard de cela, une libellule pionnière peut se définir comme étant une espèce ayant conservé, après maturation, une bonne aptitude au vagabondage et une attirance particulière pour des biotopes temporaires, instables ou nouvellement créés, dans lesquels elle se reproduit. Les espèces pionnières apparaissent dans les habitats récents ou rajeunis, ou même agricoles à régime hydrologique variable, puis régressent ou disparaissent lorsque la végétation se développe. De tels habitats se rencontrent un peu partout au gré des événements et vont d'une simple prairie ou d'un simple champ inondés à la faveur d'un épisode pluvieux trop long (Morbihan [**66**], Saint-Priest [67]) à des sondages archéologiques laissés à l'abandon (Lyon [67], Bouxières-sous-Froidmont [68]) et au creusement ou à la réhabilitation de mares (Chénelette dans le Rhône [69]). Les principales espèces pionnières sont, dans notre territoire, *Sympecma fusca*, *Ischnura elegans*, ***I. pumilio***, *Enallagma cyathigerum*, *Erythromma lindenii*, ***Anax imperator***, ***Libellula depressa***, *Orthetrum cancellatum*, *O. brunneum*, ***Crocothemis erythraea***, ***Sympetrum striolatum*** et *S. fonscolombii*.

Mare prairiale temporaire permettant une reproduction sporadique de *Sympetrum fonscolombii* dans l'est de la france © T. Roussel.

Les cortèges des milieux humides techniques et industriels

De multiples carrières, gravières, bassins techniques (autoroute A46 à Lyon [**67**]), friches industrielles (fosse maçonnée à Rillieux-la-Pape [67]), bassins d'agrément (parc de la Tête d'Or à Lyon [67]), carreaux ou terrils miniers et canaux d'irrigation, ont été créés dans nos pays depuis le début de l'ère industrielle. Ces habitats deviennent fréquemment partie prenante de nos zones humides et constituent des milieux de substitution utiles à la survie d'espèces régionalement en danger du fait d'une uniformisation outrancière du paysage. Certains de ces sites ont été convertis en réserves

Ancienne gravière des Vosges hébergeant des populations reproductrices de *Leucorrhinia albifrons* & *L. caudalis*, seul site de Lorraine où cohabitent actuellement ces deux espèces. © J.-P. Boudot.

naturelles régulièrement entretenues, comme les anciennes gravières de Weiach [110] et d'Ettiswil [111] ou la glaisière de Dättnau à Winterthur [**112**] sur le Plateau suisse. Tant qu'ils restent proches de leur stade initial, on retrouve en ces sites les espèces pionnières habituelles citées plus haut, auxquelles se joignent rapidement *Chalcolestes viridis*, ***Erythromma lindenii***, *E. viridulum*, ***Aeshna cyanea***, *Gomphus pulchellus*, *Orthetrum albistylum* et parfois *Gomphus vulgatissimus* (bassin balnéaire à Belleville [70]), *Anax parthenope*, *Coenagrion scitulum* (bassin de rétention de l'Est lyonnais [67]), *Aeshna affinis* (gravière à Meyzieu [67]), *Anax ephippiger* (bassin d'irrigation à Florensac [32]), *Sympetrum meridionale*, *S. fonscolombii* et *Trithemis annulata* (bassin de Villeneuve-de-la-Raho [71]). Lorsque le milieu se végétalise, le peuplement s'étoffe, gagne en richesse et devient comparable aux communautés lacustres usuelles, auxquelles se joignent parfois *Epitheca bimaculata* et *Leucorrhinia caudalis* (gravières de Remerschen-Wintrange [72]), *Sympetrum pedemontanum* (canal d'irrigation à Pierrelatte [73]) et *S. depressiusculum* (bassins de décantation autoroutiers, autrefois, rizières de Camargue [56]), *S. meridionale* et *S. flaveolum* (mines de potasse d'Alsace [**74**]). Après atterrissement et colonisation par la végétation, ce cortège évolue vers celui des étangs et petits lacs. Au niveau des suintements, *Orthetrum* c. *coerulescens* et *O. brunneum* peuvent s'établir.

Les zones saumâtres entourant les terrils des mines de potasses d'Alsace [74] hébergent un contingent d'une vingtaine d'espèces résistant à la salinité. © G. Jacquemin.

La glaisière de Dättnau à winterthur (Suisse, canton de Zurich) [112] a été convertie e réserve naturelle et abrite une belle population de *Leucorrhinia caudalis.* © H. Wildermuth.

Dans ce marécage temporaire du Morbihan [66] se sont développés *Sympecma fusca, Ischnura pumilio* et *Sympetrum fonscolombii*. © D. Grand.

Ce bassin d'orages de l'autoroute A46 (Rhône) [67] héberge un cortège de plus de quinze espèces de libellules, dont *Ischnura pumilio* et *Orthetrum albistylum*. © D. Grand.

Pour en savoir plus

Abell & Hoelzmann, 2000 ; Adams, 2003 ; Adams & Faure, 1997 ; Aguesse, 1961 ; Anhuf *et al.*, 2004 ; Arz *et al.*, 2003 ; Aurenche *et al.*, 2001 ; Bernal Sanchez & Conesa Garcia, 2021 ; Borisov, 2012a, b, c, 2015 ; Borisov & Borisov, 2019 ; Borisov & Malikova, 2019 ; Borisov *et al.*, 2020 ; Boudot & Kalkman, 2015 ; Boudot *et al.*, 1990 ; Brooks, 2004a, 2004 b ; Burkhard, 2002 ; Causse *et al.*, 1988, 1989 ; Cheddadi *et al.*, 1998 ; Clark & Fontes, 1990 ; Clausnitzer *et al.*, 2010 ; Coppa, 1990 ; De Knijf, 2015, 2018, 2022 ; Devai, 1976 ; Dictionnaire historique de la Suisse, 2005 ; Dommanget, 1982, 1993 ; Doniol-Valcroze *et al.*, 2021 ; Dumont, 1977a, 1978, 1982, 1988, 1991 ; Eigenheer, 2002 ; Fagan & Michaels, 1997 ; Farkas, 2018 ; Ferreira *et al.*, 2014 ; Fliedner-Kalies & Fliedner, 2011 ; Francez, 1985 ; Francez & Brunhes, 1983 ; Gaven *et al.*, 1981 ; Koren *et al.*, 2022 ; Grand, 1994, 2003 ; Guiot *et al.*, 1993 ; Guiot & Cheddadi, 2004 ; Guiter *et al.*, 2003 ; Günther, 2005, 2019 ; Henseler, 2019 ; Hickling *et al.*, 2005 ; Inizan *et al.*, 1998 ; IPCC (GIEC), 2013, 2021 ; IUGS, 2022 ; Jacquemin & Boudot, 1999, 2002 ; Johnson & Crowley, 1989 ; Jolly *et al.*, 1998 ; Jusys, 2019 ; Jourdain, 2005 ; Klein & Berch- told, 1998 ; Koch *et al.*, 2009 ; Lambret & Boudot, 2013 ; Lambret & Deschamps, 2013 ; Leconte *et al.*, 2002 ; Leroy, 2001, 2005 ; Lesparre, 2017 ; Lett *et al.*, 2001 ; Leuthold, 2009 ; Lewandowska *et al.*, 2020 ; Lézine *et al.*, 1998 ; Linstädter & Kröpelin, 2004 ; Lopez Estrada *et al.*, 2020 ; Maley, 2000 ; Martin, 1886 ; Miller *et al.*, 1984 ; Milne, 1984 ; Monnerat, 2016 ; Moore, 1991 ; Muller & Eggers, 2018 ; Nilsson, 1983 ; Ozono *et al.*, 2012 ; Papazian, 1995 ; Peltier, 1994 ; Peyron *et al.*, 1998 ; Piretta & Assandri, 2019 ; Pissart, 1999 ; Ponel, 1995 ; Polette *et al.*, 2019 ; Prell & Kutzbach, 1987 ; Price & Gebauer, 1995 ; Ramade, 2003 ; Reille *et al.*, 1998 ; Riser, 1999 ; Schorr, 2004 ; Shapoval *et al.*, 2022 ; Siegert & Marsiat, 2001 ; Sirocko *et al.*, 1993 ; Soustelle, 2019 ; St. Quentin, 1960 ; Sternberg, 1998 ; Suhling *et al.*, 2000 ; Szabo *et al.*, 1995 ; Van Andel & Tzedakis, 1996 ; Vinko & Salamun, 2021 ; Vonwil & Osterwalder, 2006 ; Vos & Van Werven, 1999 ; Wildermuth, 1986, 1998, 2008b, 2013, 2016 ; Wildermuth & Knapp 1998.

Les Libellules et l'homme

Chapitre 4

Ce frontispice d'Aka-Tombo est une composition
de Jiro Tkihiro (d'après un original de Kiri-e).

Les libellules dans l'histoire de l'humanité

Avec ces filles de l'air que sont les libellules, nous avons une longue histoire commune, dont les premiers témoignages remontent à plus de deux millénaires avant notre ère, au Proche-Orient égyptien. Bien que ces insectes n'aient pas d'impact sur nos modes de vie, nos relations avec eux restent compliquées en Occident. Nous avons encore parfois une attitude méfiante à leur égard, et cela était souvent bien pire dans le passé. Mais nos réticences s'estompent bien vite lorsque nous tombons sous le charme de leur beauté naturelle et de leur virtuosité dans les airs, autant de qualités qui nous poussent à l'admiration. Ces sentiments ambigus sont loin d'être universels, comme nous le verrons plus loin en Extrême-Orient. Commençons tout d'abord par donner quelques explications sur l'origine de leurs noms ; nous examinerons ensuite d'autres aspects de leur vie en relation avec l'homme.

Étymologie des noms « Odonate » et « libellule »

C'est en raison d'une particularité anatomique induite par la forme des mandibules des adultes que le naturaliste Fabricius donna aux libellules le nom d'Odonata en 1792, qui s'est francisé en Odonate. Ce nom est la contraction des mots grecs odonto (dent) et gnathos (mâchoire), et signifie « mâchoire dentée ».

En revanche, l'origine du nom « libellule » est incertaine. C'est Linné lui-même qui a introduit le nom de *Libellula* dans son célèbre ouvrage *Systema naturæ*, dont la publication de la dixième édition en 1758 correspond à la mise en application effective de son système de nomenclature binomiale et constitue le début offficiel de la nomenclature scientifique zoologique. Selon les éditions actuelles des dictionnaires « Le Robert », « Le Larousse » et « Le Trésor de la Langue Française », *Libellula* dérive du latin *libella*, qui signifie « niveau », par allusion au vol plané horizontal de ces insectes. En réalité, le terme de *Libella* était déjà utilisé bien avant Linné pour les larves de ces insectes et faisait explicitement allusion au « niveau en dessous » des architectes. Dès le milieu du XVIe siècle, Rondelet (1558) désignait en effet par ***Libella fluviatilis*** les larves de Zygoptères, en rapport avec leurs yeux très écartés et par analogie avec un poisson marin appelé poisson marteau, ***Zigaena*** ou ***Libella***, lui-même ainsi nommé en raison de sa ressemblance supposée avec un niveau d'architecte en forme de **T**. Le supplément au Littré (1876) reprend cette étymologie. Mais pour d'autres auteurs, *libella* doit être pris dans le sens de « balance » et *Libellula* ferait allusion aux mouvements d'oscillation qu'effectuent certains **Libellulidae** au repos. L'édition de 1872 du dictionnaire « Le Littré » fait quant à elle dériver *Libellula* du Latin *libellus*, petit livre, en raison de l'habitude qu'ont ces insectes de se poser les ailes étendues comme les feuillets d'un livre ouvert. L'édition originale du « Grand Larousse » considère enfin en 1873 que *Libellula* vient du latin *libellulus*, petit livre, car certains de ces insectes gardent au repos les ailes jointives sur le dos, comme les feuilles d'un livre fermé ; cette étymologie est toutefois jugée incertaine. Dans ces trois dernières acceptions *libella*, *libellus* et *libellulus* désignent alors le stade adulte et non plus la larve. Cette acception, due en premier lieu à Th. Moufet en 1634 dans son ouvrage *Insectorium sive minimorum animalium theatrum*, a été reprise ensuite par Ray (1710) et Frisch (1730), tandis que Réaumur (1742) n'utilise guère que le vocable de « demoiselles ». La forme définitive *Libellula* revient en fin de compte à Linné, initiateur de la systématique moderne, qui l'applique en 1758 à toutes les espèces d'Odonates.

Puisque nous en sommes aux notions d'étymologie, prenons le temps de développer une explication sur l'origine de la dénomination du genre *Coenagrion* et de ses dérivés taxonomiques. Jusqu'au milieu du XXe siècle et selon leurs affinités culturelles, les scientifiques désignaient par

Description de « Libella fluviatilis » (en bas) par Rondelet (1558). Le petit dessin représente une larve de zygoptère. G. Rondelet, Histoire entière des poissons, 1558. © Université de Strasbourg, Service Commun de la Documentation (Collection BNU en dépôt à l'Unistra)

trois pieds de chaque costé, La queüe finist en deux petis filets lõgs é menus. Ell'est de la longueur d'vn doi. Ell'ha la teste longue é plate comme vne Lentille, é quatre cornes.

De la Cigale d'eau douce.

Chap. XXXIIII.

ON voit aux ruisseaux de petites bestes semblables aux Cigales, pource ie les appelle Cigales d'eau douce. Elles nagent de la largeur du ventre, é des pieds qui sont trois de chaque, costé. Les deux derniers, vn de chaque costé, sont les plus longs. Elles sont differentes des Cigales de terre, de ce qu'elles ont la teste plus auãcée, é vn peu de col.

Du Marteau ou Niueau d'eau douce.

Chap. XXXV.

CE petit insecte se peut appeller *Libella fluuiatilis*, pour la similitude de corps qu'il ha auec le poisson marin nommé *Zigæna* ou *Libella*, pour la figure faite comme vn Niueau, duquel vsent les Architectes, lequel aussi en Italie s'appelle poisson Marteau. Ceste beste est fort petite, de la figure d'vn T, ou d'vn Niueau, aiant trois pieds de chaque costé. La queüe finist en trois pointes vertes desquelles, é des pieds elle nage.

Agrion nos actuels *Calopteryx* pour les uns, ou les modernes *Coenagrion* pour les autres. Pour clarifier cette nomenclature, il a été décidé lors d'un congrès international d'entomologie d'abandonner le nom d'*Agrion* et de le remplacer par les termes actuellement en vigueur de *Calopteryx* et de *Coenagrion*. Introduit pour la première fois par Fabricius dans la nomenclature zoologique, le terme d'*Agrion* proviendrait du grec « Agrios », qui signifie « sauvage » ou « des champs ». Deux personnages de la littérature grecque portent le nom d'Agrios. Le premier est cité par Homère dans l'Iliade parmi les Achéens tandis que le second est donné par Hésiode au fils d'Ulysse et de Circée, dans la Théogonie. Les auteurs et les écrits ne fournissent pas plus de détails sur ces personnages ne figurant que par de simples citations dans leurs œuvres.

Des noms vernaculaires en relation avec notre imaginaire collectif

La diversité des noms populaires donnés aux libellules est à rechercher dans les profondeurs de notre subconscient, et reflète l'influence de croyances et de mythes apparus avec force au Moyen Âge au sein des populations mystiques occidentales. L'apparition tardive et réduite d'une nomenclature scientifique concernant les libellules, insectes par ailleurs inconnus des anciens ouvrages grecs et latins, contraste avec la richesse des noms communs dont on les affublait chez nous dans le passé. Les noms les plus courants reprennent les dérivés de « mademoiselle », appellation liée à l'élégance, à la délicatesse et au charme. Dame, belle dame, damoiselle, démézélo, mamizèle, amazèle, moumazèle sont quelques-uns des noms recensés par Eugène Rolland à la fin du XIXe siècle. En divers endroits, on désigne par « monsieur » les grosses libellules et on réserve « demoiselle » aux petites espèces, remarquables par la longueur de leur corps et leur taille étroite. Ces caractéristiques morphologiques leur ont également fait donner l'appellation d'« aiguilles », à laquelle était associé un sentiment d'inquiétude comme l'attestent de nombreux surnoms populaires: aiguille du diable, esplinghé, ciseaux, kouké (couteau), cisette, crève-œil, tire-zyeux, tire-sang, pique-serpent, aiguille-serpent, etc. La couleur de leur robe ou encore leurs ailes jointes en forme de ciseaux chez les Zygoptères leur ont enfin fait donner les noms de « couturière » et de « coudrèle ».

L'implication des libellules dans la symbolique moyenâgeuse

Parmi la liste très importante des insectes porteurs de prophéties, les libellules sont annonciatrices de la mort, de la guerre ou de l'amour, thèmes récurrents et universels enfouis dans notre inconscient collectif. Elles ont eu de fortes implications culturelles.

Les libellules, des compagnons du diable

Associées dans la mythologie germanique à Freyja, déesse de la jeunesse et de l'amour charnel, les libellules furent diabolisées par les missionnaires chrétiens qui luttaient contre le paganisme. On les affubla donc de qualificatifs liés au diable et aux reptiles (serpent, dragon), qui jouaient un rôle similaire dans la symbolique moyenâgeuse. Ce caractère antipathique a été renforcé par les superstitions de l'époque qui voyaient dans les « mouches » le symbole des esprits diaboliques. Les libellules furent également nommées diable, marteau du diable, cheval du diable, pou de serpent, serviteur du serpent dragon, etc., appellations que l'on peut rapprocher sans difficulté de leur équivalent anglais « Dragonfly » (dragon ailé ou dragon volant). Ce qualificatif de dragon est aujourd'hui associé à leur rôle de prédateur vis-à-vis des autres insectes plutôt qu'à des superstitions anciennes, celles-ci ayant été gommées en Occident par l'émergence d'une civilisation plus rationnelle à partir du XIXe siècle. Eugène Rolland explique les nombreuses allusions « aux chevaux du diable » par le fait que « la libellule, au moment où elle arrive à l'état parfait,

Bréviaire de Grimani, vers 1515-1520, Venise, Biblioteca nazionale Marciana, Ms. Lat. I. 99, fol. 781. © Reproduit avec l'autorisation du Ministero dei Beni e delle Attività Culturali e del Turismo - Biblioteca Nazionale Marciana. Divieto di riproduzione.

inter a tumulari

In fest. s. luce euan
gelistę. Oratio

I nter
ueni
at pro
nobis
qs do
mine
sanct'
tuus lucas euangelista
qui crucis mortificatio
nem iugiter i suo corpe
pro tui nominis hono
re portauit. Jheronim'
in libro illustrium uiro
rum. Lectio prima.

L ucas medicus a
ntiochensis ut ei'
scripta indicant grec' s
monis non ignarus fu
it sectator apli pauli : et o
mis eius peregrinatio
nis comes ; scripsit euā
gelium de q idē paulus
misimus cum illo iqt.
fratrem cuius ē laus i
euangelio per oēs ecclias.
Et ad colossenses : Sa
lutat uos lucas medi
cus charissimus : Et
ad timotheu : Lucas ē
mecum solus : Aliud qz
edidit uolumen egre
gium qđ titulo aposto
licarum actionum pre
notatur : cuius hysto
ria usqz ad biennium
rome commorante pau
lo peruenit : id ē usqz ad
quartum neronis annū
Ex quo intelligimus
in eadē urbe librum cō
positum. L. ii.

I gitur de laudi
bus pauli et tecle et totam
baptizati leonis fabu
lam inter scripturas a
pocriphas cōputemus.
Quale enim ē ut idiui
du' comes apli inter ce

porte sur son dos, pendant quelques heures, la dépouille de sa chrysalide qui est noire et d'une forme étrange ». Il est probable que l'auteur ne donne qu'une interprétation personnelle de cette association de mots, qui n'a jamais été confirmée. Le même auteur rapporte que pour les paysans du département de la Vienne « la libellule est l'amante lesbienne de la femme du diable ».

Les libellules, des insectes dangereux

Les Lyonnais attribuaient aux libellules la faculté de lancer un liquide dans les yeux de ses poursuivants. Issue de la métamorphose d'un lézard ou d'une salamandre pour les Liégeois, la libellule était souvent assimilée à ces vertébrés en ces époques dominées par un obscurantisme profond. Il était dit en Normandie que sa morsure était tout aussi dangereuse que celle de la salamandre ! En Bretagne, les lavandières craignaient sa « piqûre » et récitaient des incantations pour éloigner cet « agent du diable ». En Wallonie, si une personne était « agressée » par une libellule, il fallait amputer la partie qu'elle avait atteinte si l'on voulait éviter la mort. À Liège, les habitants prétendaient que ses ailes étaient tranchantes comme la lame d'un couteau. Les parents allaient même jusqu'à raconter à leurs bambins, lorsqu'ils s'approchaient trop près de l'eau, que « la libellule tire les enfants dans l'eau ».

Les libellules, des insectes annonciateurs de mauvais présages

Proches du diable dans la symbolique du Moyen Âge, les libellules ont laissé quelques dictons de mauvais augure. « Voir des libellules est un mauvais présage », tout comme l'est la libellule que l'on rapporte chez soi et qui meurt avant d'y arriver. Elles peuvent également indiquer un contexte défavorable à une entreprise amoureuse. Dans le même esprit, si une libellule frappe l'homme au front, la mort arrive avant la fin de l'année. En Prusse, on disait que si « une libellule vole, ton père va à la guerre ».

Les libellules, des insectes annonciateurs de bons présages

À l'opposé de ce qui précède, dans certaines contrées « mettre des ailes de libellules bleues dans un livre de messe porte-bonheur ». Leur présence est en outre perçue comme étant de bon augure par les pêcheurs : la libellule, en venant planer au-dessus de la ligne d'un pêcheur honnête, lui indique la présence d'eaux poissonneuses qui l'aideront à remplir sa bourriche. Elles peuvent également aider à prévoir le temps, et « Libellules rasant l'eau, pluie pour bientôt ». À titre d'anecdote, les enfants de Bologne en Italie avaient assimilé leurs mouvements faciaux à une prière : « Si la libellule remue la bouche, on dit qu'elle célèbre la messe ».

Les libellules dans l'histoire

La présence des libellules dans notre quotidien remonte aux sources de l'histoire, puisqu'en Égypte pharaonique une libellule était déjà dessinée sur une amulette de la XIIe dynastie (1991-1784 avant J.-C.). Dans le bestiaire religieux de l'Égypte pharaonique, la libellule ne figure pas au panthéon des insectes sacrés comme l'abeille et le scarabée. Elle n'est donc qu'exceptionnellement représentée durant les 3000 ans d'histoire de cette civilisation. Outre l'amulette précitée, notre insecte est connu de la tombe de Nakht, un haut dignitaire vivant sous Thoutmosis IV, un pharaon de la XVIIIe dynastie ayant régné de 1425 à 1401 avant notre ère. La magnifique décoration murale de cette tombe civile proche de la vallée des rois relate, dans un style empreint d'une grande liberté artistique pour l'époque, une scène de chasse au boomerang sur les berges du Nil. Les principales victimes du chasseur sont des oiseaux aquatiques nichant dans la roselière. Il est possible de distinguer quatre libellules en vol plané dans le secteur central de la fresque, qui pourraient être de grands Aeshnidae. En Crète, les archéologues ont découvert un sceau en pierre décorée d'une libellule, datant de l'âge du bronze tardif (vers 1500 ans avant notre ère). En Extrême-Orient, les libellules sont connues de la culture primitive du Yayoi au Japon dès le IIIe ou IIe siècle avant notre ère, et sans doute un peu avant si nous en croyons la légende de Jinmu-Tennô, descendant du dieu soleil et fondateur de l'empire nippon vers 600 ans avant J.-C. Les Chinois s'y réfèrent quant à eux un siècle avant J.-C.

Dans l'Occident moyenâgeux, les insectes en général, dont parfois les libellules, étaient choisis pour décorer certains ouvrages religieux, comme celui de Villard de Honnecourt, vers 1230-1240. Au siècle suivant, vers 1325, le bréviaire de Belleville était enluminé par Jean Pucelle. La qualité figurative de cet artiste est suffisante pour que l'on puisse y reconnaître un *Calopteryx* (peut-être *C. xanthostoma*). Puis se succéderont avec plus de régularité d'autres représentations de ces insectes, de la fin du Moyen Âge à la Renaissance, avec le missel de Saint Denis (vers 1350), la Bible de Gutenberg (en 1453), ou encore le bréviaire de Grimani (vers 1500).

Après ces premiers balbutiements de l'iconographie odonatologique, l'étude des libellules devient un thème scientifique avec les travaux sommaires et imprécis de Rondelet et de Moufet dont nous avons déjà parlé. Dès le milieu du XVIIe siècle, ces études prennent un caractère véritablement scientifique, avec les contributions des hollandais Swammerdam (1669) et Leeuwenhoek (1695), ce dernier inventant le microscope. L'étude de la nature au XVIIIe siècle est dominée par l'œuvre fondatrice du suédois Linné, qui met en place la nomenclature binomiale servant à nommer les organismes vivants. Il donne à chacun un nom de genre (par exemple *Libellula*) et un nom d'espèce (par exemple *depressa*, pour *Libellula depressa*, la libellule déprimée). Son œuvre maîtresse, *Systema Naturæ*, est parachevée en 1758 avec la parution de la 10e édition. Un peu avant Linné, Réaumur (1683-1757) rédige à partir de 1742 ses monumentaux « Mémoires pour servir l'histoire des insectes ». Le 11e mémoire du 6e tome s'intitule « Des mouches à quatre ailes nommées Demoiselles ». Il y décrit la morphologie, la biologie et les mœurs des libellules avec une précision exceptionnelle. Observateur et expérimentateur hors pair, Réaumur produisit des illustrations d'une exactitude remarquable pour une époque où les sciences naturelles étaient balbutiantes.

Il semble difficile de terminer ce chapitre sans aborder l'histoire des grands odonatologues de langue française qui se sont engagés sur le chemin tracé par Réaumur. Les premiers spécialistes, au nombre d'une demi-douzaine, sont essentiellement des descripteurs, depuis Geoffroy (1785) jusqu'à Rambur (1842). Toutefois, le véritable fondateur de la science odonatologique est le baron belge Edmond de Selys-Longchamps (1813-1900) qui s'attelle à partir de 1837, aux échelons européen et mondial, à la description des Odonates et à leur classification. Il propose également des rudiments de biogéographie. Au XXe siècle, Rémy Perrier met à la disposition des naturalistes de terrain, dès 1923, le premier manuel permettant une détermination aisée des libellules adultes, tandis que René Martin publie en 1931, dans la série « *Histoire naturelle de la France* », un volume sur les « *Pseudonévroptères et Névroptères* » dont le thème principal traite des Odonates. Dans la même décennie, Jean Rostand écrit en 1935 « *La vie des Libellules* », ouvrage dans lequel il développe les principaux aspects de leur biologie, tandis qu'en 1948 Lucien Chopard propose un petit atlas de terrain sur « *Les libellules de France, Belgique et Suisse* ». Avec le Suisse romand Paul-André Robert et son remarquable ouvrage « *Les Libellules* » publié en 1958, nous approchons de l'époque contemporaine, atteinte avec Pierre Aguesse et sa monographie fondatrice de 1968, « *Les Odonates de l'Europe occidentale, du nord de l'Afrique et des îles atlantiques* ». Adoptant pour modèle l'ouvrage italien de Conci & Nielsen, « *Fauna d'Italia, Odonata* » (1956), elle est restée pendant plus de deux décennies le document de référence en langue française pour la détermination des libellules de l'Europe et des régions voisines.

Les libellules dans notre vie quotidienne

La perception que l'on a des insectes en général et plus particulièrement des Odonates dans notre

Cette carte postale japonaise (1976) représente le « Jeu de la libellule ». Les enfants essayent de capturer une libellule en l'étourdissant avec une baguette de bois. © Archives Societas Internationalis Odonatologica, Sawkiewicz, I. (1989) Notulae Odonatologica.

Comme bien d'autres animaux, les Odonates entrent dans la pharmacopée de plusieurs pays d'Extrême-Orient. En Chine par exemple, les prescriptions médicales consignées dans le *Pen-Tshao*, dont l'usage est attesté dès le premier siècle avant notre ère, utilisent des libellules dans leurs préparations. Toujours dans ce pays, les potions à base d'extrait de libellules étaient supposées posséder d'autres vertus et pouvoir agir par exemple comme de puissants aphrodisiaques. Ce qui reste à démontrer ! Convaincus des bienfaits de ces traitements, les Chinois les exportèrent au Japon dès le VIIIe siècle de notre ère. Dans les années 1960, il était encore possible de trouver commercialisées à Tokyo des mixtures supposées médicinales dans la composition desquelles on trouvait des *Sympetrum frequens* et *S. darwinianum*.

civilisation occidentale est souvent ambiguë et biaisée par une incompréhension profonde de leur rôle dans la nature. Bien que dépourvues de tout intérêt économique, les libellules n'en constituent pas moins l'un des maillons de la chaîne alimentaire qui relie tous les êtres vivants les uns aux autres. À ce titre elles ont une certaine utilité en dévorant mouches et moustiques, insectes désagréables dont les pouvoirs de nuisance sont bien connus. Pour leur malheur, elles sont souvent assimilées, à tort, à des insectes piqueurs et déclenchent un réflexe de peur dans notre monde occidental. Ces craintes n'ont pas cours dans d'autres cultures, bien au contraire. Ainsi, le Japon a fait des libellules le symbole de la force et de la bravoure. Tout au début de son histoire, ce pays n'était-il pas désigné sous le nom de Akitsu Shima, c'est-à-dire l'« île aux libellules », une dénomination en relation avec la forme générale de Honshû, l'île principale de l'archipel nippon. Leurs silhouettes, symbole de bonheur et de victoire, furent également utilisées au XVIIe siècle comme emblème sur les casques, les bottes ou les carquois des samouraïs.

Le jeu japonais traditionnel du « Buri » consiste à capturer des libellules avec un minuscule lasso à boules. © Y. Hatto dans la revue Odonatologica.

Les libellules entrent par ailleurs comme complément alimentaire dans les repas de certaines peuplades d'Indonésie, en particulier sur les îles de Bali, Java, Lombok et Sumatra. Cette pratique est également signalée en Birmanie, aux Philippines, en Thaïlande et au Vietnam, mais aussi dans certaines contrées d'Afrique et d'Amérique du Sud. En Inde, dans les années 1970, des assortiments de 8 à 12 libellules étaient vendus sous forme de brochettes pour une roupie, sur le grand marché de la capitale provinciale du Nagaland, où ces préparations culinaires pouvaient être offertes comme friandises au moment du dessert.

En Colombie, les Amérindiens Kofan confectionnent des parures nasales avec les ailes de certains grands Zygoptères néotropicaux de la famille des **Pseudostigmatidae**. D'autres libellules sont les victimes d'un jeu d'adresse populaire chez les enfants chinois et japonais, qui consiste à les capturer en les frappant en vol avec un long bâtonnet flexible. Heureusement que les enfants peuvent avoir des jeux moins destructifs, comme créer des *Origami* restituant aussi fidèlement que possible l'image d'une libellule à partir d'une simple feuille de papier pliée de manière appropriée.

Toujours selon les schémas culturels qui leur sont propres, les Odonates occupent une place d'importance inégale dans les arts et la littérature des différentes nations. Si les artistes des pharaons ne représentaient presque jamais ces insectes, même dans les scènes naturalistes des tombes civiles, ce thème avait un peu plus de succès en Europe dans les ouvrages religieux enluminés du Moyen Âge tardif et de la Renaissance. En revanche, les peintres japonais tels que Takihiro et quelques autres intégrèrent naturellement les libellules dans le bestiaire artistique de leur pays. Dans ce pays, les premières figurations de ces insectes apparaissent dès la culture du *Yayoi*. Au XVIIe siècle, soit beaucoup plus tard, un cavalier samouraï de la période *Tokugawa* avait sa selle de cheval illustrée d'une libellule. Plus près de nous, en Europe du nord, quelques statues monumentales ont été commandées par les institutions de certains pays. L'une d'elles agrémente l'entrée principale de l'université de Bergen en Norvège, tandis qu'un gigantesque ensemble métallique de trois grandes libellules décore l'Université de Lahti en Finlande. Mais ce sont avec les arts décoratifs que le thème des libellules a pris son véritable essor, surtout dans le domaine de la philatélie où les timbres de nombreux pays sont décorés de leurs plus belles ou plus rares espèces. Dans un

Cette aile de la Demoiselle géante Microstigma rotundatum exustum Selys, 1860 (Pseudostigmatidae) sert de parure aux jeunes indiennes Kofan d'Équateur et de Colombie. © D.C. Geisjkes (1975) Odonatologica.

Carreau de céramique de Delft comportant un motif en forme de libellule. © J.-P. Boudot.

domaine plus strictement artistique, les faïenceries de Delft aux Pays-Bas produisirent au XVIIe siècle des céramiques comportant des libellules. Dans ce même domaine, le verrier et céramiste nancéen Émile Gallé (1846-1904), fondateur de l'École de Nancy en 1901 et maître de l'Art Nouveau, est mondialement connu pour ses décorations naturalistes et ses incrustations de libellules dans ses œuvres.

La littérature de langue française n'aborde qu'en de trop rares occasions les mœurs des libellules. Même le célèbre Jean-Henri Fabre, dont les « *Souvenirs entomologiques* » sont à l'origine de nombreuses vocations de naturalistes, ne dit mot sur elles. Le comportement reproducteur très élaboré de certaines espèces, tels les *Calopteryx*, aurait pourtant dû attiser sa curiosité. Avec leur élégance naturelle, les particularités de leur accouplement et notamment la formation du cœur copulatoire leur ont pourtant valu d'être devenues les symboles de l'amour. Le biologiste Jean Rostand ne leur a-t-il pas consacré de savantes et poétiques descriptions et Paul Reboux ne place-t-il pas au-dessus de toutes les amours animales, celles des libellules, qui lui apparaissent comme étant les plus nobles, les plus pures et les plus belles... Pour Jean-Louis Henning dans son bestiaire érotique, il s'agit du plus éblouissant de tous les baisers, car l'accouplement en cœur simule la forme d'un baiser renversé tout en assurant le verrouillage intime des deux partenaires. Nous mettrons ici un voile pudique sur les différentes postures adoptées et sur cette union presque immatérielle, en renvoyant le lecteur au chapitre consacré à la biologie des Odonates. Le prince des poètes, notre grand Victor Hugo, dans « *Les rayons et les ombres* », nous dit que « La frissonnante libellule / Mire les globes de ses yeux / Dans l'étang splendide, où pullule / Tout un monde mystérieux ». Avec son « *Histoire naturelle* », Jules Renard nous apprend dans un style non dénué de lyrisme et d'humour, qu'« elle soigne son ophtalmie. D'un bord à l'autre de la rivière, elle ne fait que tremper dans l'eau fraîche ses yeux gonflés. Et elle grésille, comme si elle volait à l'électricité ». Notre littérature contemporaine n'est pas plus prolixe. Tout au plus est-il possible de signaler le roman au titre évocateur de Martin Page (2003), *La libellule de ses huit ans*, qui effleure le sujet dans son récit. Lorsque son héroïne se trouve inopinément en présence d'une libellule, le narrateur commente « Une libellule était apparue. Elle ne suivait pas la piste des autres animaux terrorisés. Elle se posa sur la main de Fio (plus tard, elle apprit dans un guide des insectes que la libellule rencontrée ce jour-là était une *Libellula depressa*, et que l'ordre d'insectes ailés auquel elle appartenait, les Odonates, était le plus ancien et le plus primitif: il existait déjà à l'époque des dinosaures.) ». Les Japonais ont, quant à eux, intégré depuis longtemps, avec bonheur et naturel, le monde des libellules dans leur vie quotidienne. Cela se traduit par des allusions fréquentes à ces insectes dans leur littérature. Il leur arrive même de transposer ce thème dans les bandes dessinées pour enfants, voire également dans les *Akatombo*, chants japonais populaires. Enfin, les arts culinaires et la publicité peuvent également emprunter à nos chers insectes.

Menaces, régression et réglementation

Tout comme les amphibiens, animaux eux aussi très dépendants des zones humides et dont au moins le tiers des espèces est menacé en Europe, les Odonates souffrent des atteintes portées au milieu ambiant. Cette crise est toutefois moins accentuée que chez les amphibiens, car leur aptitude au vol et leur facilité à se déplacer parfois très loin de leur lieu de naissance leur permettent souvent de trouver des localités équivalentes ou des biotopes de substitution. Concernant les Odonates, 8 % des espèces à l'échelle de l'Europe et 11 % à l'échelle de la planète sont considérées comme menacées selon l'IUCN (2022). La disparition avérée d'espèces d'Odonates à l'échelle de la planète reste néanmoins exceptionnelle. Seule une espèce est actuellement considérée comme éteinte (*Sympetrum dilatatum* (Calvert, 1892), endémique de l'île de Sainte-Hélène où il n'a jamais été retrouvé depuis 1963 malgré des recherches effectives de longue durée). 96 espèces dont 19 sont peut-être déjà disparues sont classifiées comme « en danger critique d'extinction ». 311 espèces sont considérées « en danger d'extinction ». Aucune de ces espèces n'appartient à notre territoire. 301 espèces sont jugées « Vulnérables ». Parmi elles et les 237 s'approchant d'un statut de menace (espèces quasi menacées), plusieurs vivent dans notre région. Ces chiffres sont bien entendu appelés à être révisés.

Les Odonates ayant été trop peu étudiés par le passé, il existe une réelle difficulté à disposer d'informations fiables et objectives sur l'évolution de cette faune dans nos contrées. Il n'est guère possible que d'exprimer des tendances générales : régression, *statu quo* ou expansion. Dans la plupart des pays du monde, un travail considérable a été entrepris sur ce groupe d'insectes au cours de la seconde moitié du XXe siècle, comme en atteste la multiplication des publications le concernant. Nous avons actuellement dans bon nombre de pays un état des lieux des populations d'Odonates tout à fait correct, grâce à des inventaires régionaux, nationaux et continentaux qui visent à dénombrer les espèces, à cerner leur distribution et à évaluer la taille de leurs populations. Pour la France, la Belgique et le Luxembourg, plusieurs atlas de répartition ont été publiés et actualisés, ce qui permet d'apprécier le statut et l'évolution générale des populations et l'estimation des menaces les concernant. Ainsi, pour la seule France continentale, 94 espèces et sous-espèces valides autochtones ont été citées jusqu'ici, mais seules 92 d'entre elles ont été vues ou revues depuis 1982 en tant que reproductrices. *Sympecma paedisca* et *Leucorrhinia rubicunda*, taxons ayant toujours été en limite de distribution en France, n'y présentent plus de sites de reproduction avérés connus. Deux espèces (*Anax junius* et *Pantala flavescens*) ne sont connues en France que par des individus erratiques ou migrateurs sporadiques et ne présentent aucun site d'implantation réel. Un taxon (*Orthetrum coerulescens anceps*) reste à confirmer en Corse, où seuls des individus probablement nomades ont été sporadiquement rapportés dans le passé. De même, 1 espèce autochtone sur 68, et 9 sur 60 et 3 sur 76 ont disparu respectivement de Belgique, du Luxembourg et de Suisse. Ces pourcentages de disparition, somme toute relativement modérés (de 1,5 à 15 %), traduisent mal les menaces qui pèsent sur nos populations d'Odonates. Tous les observateurs s'accordent en effet à reconnaître la raréfaction significative de certaines espèces et plus encore la diminution des populations de beaucoup d'autres, résultant de la dégradation de leurs habitats.

Les causes du déclin et les menaces à terme

Même si, sous l'influence du réchauffement actuel du climat, les observations récentes réalisées partout en Europe confirment l'expansion vers le nord d'espèces thermophiles comme *Lestes barbarus*, *Coenagrion scitulum*, *Erythromma lindenii*, *E. viridulum*, *Aeshna affinis*, *Anax parthenope*, *Orthetrum brunneum*, *O. albistylum*, *Crocothemis erythraea*, *Sympetrum meridionale*, *S. fonscolombii*, *Trithemis annulata* et *T. kirbyi*, il n'en est pas moins vrai que la raréfaction des libellules est un fait avéré.

Le déboisement de l'une des berges du Vidourle (Gard) a été préjudiciable à *Macromia splendens*. © D. Grand.

Les mares de l'Alp Malix (Suisse, canton des Grisons) [127], habitat d'*Aeshna caerulea*, sont menacées par la présence de bétail. © H. Wildermuth.

Ayant vraisemblablement commencé depuis longtemps dans certaines régions du fait de l'assainissement des régions marécageuses et de l'endiguement des grands fleuves depuis le XVIIe siècle, elle est devenue plus perceptible depuis le milieu du XXe siècle et s'est accélérée avec le développement économique et industriel de l'Europe occidentale. La raréfaction des Odonates, comme celle de nombreux autres organismes aquatiques, a pour origine des causes multiples, dont les principales sont l'altération et la disparition des habitats, la pollution des eaux par l'industrie, l'agriculture et les rejets domestiques, l'élimination des ripisylves naturelles et les changements climatiques.

La modification et la destruction des habitats

Les pays européens, et en particulier ceux d'Europe occidentale, ont vu disparaître au cours des deux derniers siècles une grande partie de leurs zones humides et des annexes aquatiques de leurs principaux cours d'eau. Les régions marécageuses, considérées comme insalubres – le paludisme y sévissait parfois –, ont largement été drainées ou comblées. Les tourbières ont souvent été boisées après drainage. L'enrésinement des zones de sources a fait disparaître des espèces spécialisées comme *Cordulegaster bidentata*. Le drainage des prairies a permis leur mise en culture. Les mares et les petits étangs devenus inutiles ont disparu d'eux-mêmes ou ont été comblés. Les cours d'eau ont été pour la plupart aménagés, rectifiés, dragués et endigués pour lutter contre les inondations et parfois permettre la navigation. Leurs berges enrochées n'offrent plus que des potentialités biologiques très amoindries. Leurs secteurs d'expansion naturels et la presque totalité de leurs annexes hydrauliques (bras morts, reculées, mares temporaires, etc.) ont souvent disparu. Leur cours a été régulé par des barrages hydroélectriques ou par des seuils destinés à ralentir le courant. Les extractions de granulats ont accentué la chenalisation de leur lit, modifié l'écoulement de leurs eaux et détruit les bancs d'alluvions qui s'y étaient déposés. Leurs berges et leurs abords immédiats ont vu leurs forêts naturelles éliminées au profit de prairies ou de peupleraies de production. Les nappes phréatiques se sont abaissées suite à l'endiguement ou à la canalisation des cours d'eau. Trop sollicitées pour la production d'eau potable, les besoins de l'industrie et l'irrigation des terres agricoles, elles s'épuisent et leur disparition provoque l'assèchement des rivières en été. Des espèces étrangères ont parfois été introduites et se mettent à proliférer, comme l'Élodée du Canada, la Tortue de Floride, certaines Écrevisses américaines, le Silure glane et d'autres poissons non indigènes, et la Grenouille-taureau dans certaines régions.

La pollution des eaux

La dégradation de la qualité des eaux de surface et de la structure du lit des cours d'eau sont les facteurs essentiels de la régression des populations d'Odonates. Les rejets domestiques urbains et ruraux, organiques, phosphatés et azotés, cou-

Pollution de la Saône au nord de Lyon par des détergents et des huiles. © D. Grand.

plés aux entrées de phosphates et de nitrates d'origine agricole, conduisent à l'eutrophisation et à la désoxygénation des eaux. Les pollutions les plus graves proviennent des élevages intensifs de volailles, de porcs et de bovins, dont la production en lisier dépasse de très loin la capacité d'épuration du milieu naturel. Les pesticides agricoles ont également une action importante. Les effluents industriels et routiers peuvent contaminer très gravement les eaux en métaux lourds et en composés organiques toxiques (hydrocarbures, etc.) lorsque les bassins de décantation correspondants ne sont pas adaptés. Les activités minières conduisent parfois à une acidification et à une contamination en métaux lourds importante des eaux de surface (formation d'acide sulfurique et mise en solution des métaux). D'autres pollutions résultent des campagnes de démoustication non sélectives effectuées en région méditerranéenne.

À côté de ces pollutions aiguës existent des pollutions diffuses. Les pollutions atmosphériques induites par les activités humaines (industries, circulation automobile, centrales thermiques, etc.) ont été à l'origine de retombées acides qui dégradaient les sols et contaminaient les eaux de surface. L'acidification des ruisseaux et des lacs n'a pourtant qu'un effet direct très limité sur les Odonates, plutôt résistants à ce type d'agression. Lorsque le pH descend en dessous de 5,5, les populations de plusieurs espèces de libellules ont tendance à augmenter du fait de la raréfaction de leurs prédateurs (poissons, amphibiens, etc.), plus importante que celle de leurs proies. Ceci est très net dans le cas des espèces les plus sensibles à la prédation par les poissons comme les *Lestes*, les *Sympetrum* et surtout les *Leucorrhinia*. Même si certaines espèces sont sensibles à l'acidité et disparaissent en dessous de pH 5,8, l'acidification des lacs dans l'intervalle 4,7-5,5 provoque une augmentation de la diversité spécifique en Odonates et s'oppose à la banalisation des peuplements. Une diminution de la diversité spécifique a néanmoins été relevée dans des cas d'acidification extrême. Toutefois, des espèces assez spécialisées comme les *Cordulegaster* survivent sans difficulté apparente dans des ruisseaux dont le pH est compris entre 4,3 et 8,4. Au-delà de ces valeurs, on constate une diminution notable des populations, due surtout à la raréfaction de leurs proies.

Enfin, le réchauffement des eaux des grands fleuves (Rhône, Loire, Rhin, etc.) par les centrales nucléaires conduit à leur appauvrissement en oxygène et représente un danger mal évalué et mal maîtrisé en période de canicule pour toute la faune et la flore aquatiques.

La fragmentation des habitats

La fragmentation des habitats par les voies de communication est moins pénalisante pour les Odonates, dont l'aptitude à voler leur permet de franchir des distances parfois considérables, que pour les animaux purement terrestres. Le reboisement des landes tourbeuses et des friches agricoles est néanmoins susceptible de rompre la connectivité des habitats propices aux Odonates des tourbières et des étangs, et de conduire à l'enclavement et au confinement des populations, notamment en ce qui concerne les Zygoptères. Ces reboisements peuvent également faire disparaître les sites de chasse, de maturation et d'estivation éventuelle, dont la conservation est aussi importante que celle des sites de reproduction.

Par ailleurs la raréfaction de microhabitats peut être fatale à des espèces relativement spécialisées comme *Coenagrion scitulum*, qui dans certaines

Lindenia tetraphylla (femelle en Macédoine du Nord). © E. Nielsen.

régions ne se maintient que grâce à un réseau suffisamment dense de mares et de mardelles à différents stades d'évolution. Bien qu'il puisse se reproduire et perdurer dans des mares méditerranéennes encore peu végétalisées, cet Agrion connaît ses plus belles populations dans les mares envahies d'hydrophytes affleurant à la surface de l'eau, dans lesquelles les femelles pondent. Un réseau conséquent de mares assure des sites de remplacement lorsque des épisodes critiques rendent certaines mares impropres à la reproduction.

Le réchauffement climatique

Le réchauffement du climat, commencé au milieu du XXe siècle et dont les premiers signes directement perceptibles par l'homme sont apparus au cours de l'été 1976, commence à produire des effets destructeurs sur les espèces eurosibériennes et ouest-paléarctiques qui étaient en limite de distribution dans l'ouest de l'Europe. *Nehalennia speciosa* était jusqu'en 2008 considérée comme éteinte en Suisse après un long déclin qui débuta en 1976, la sécheresse ayant gravement altéré ses habitats. Cette espèce a fort heureusement été retrouvée depuis dans le pays, d'où elle a pu récemment s'implanter en France dans une unique localité du Jura. Après 10 ans d'une relative stabilité, cette population française semble malheureusement s'être éteinte sous l'influence des sécheresses récentes répétées et l'espèce n'a plus été revue en France depuis 2018. La régression de cette même espèce dans le sud de l'Allemagne s'est accélérée depuis 2003 du fait d'un été durablement caniculaire et déficitaire sur le plan des précipitations. Plusieurs populations de *Coenagrion ornatum* ont disparu du Palatinat allemand au cours des deux dernières décennies par suite de l'assèchement des petits ruisseaux vaseux dans lesquels elles vivaient. *Sympecma paedisca* se raréfie notablement en Allemagne et les populations du lac de Constance se sont effondrées

Lindenia tetraphylla (exuvie en Sardaigne) ci-contre, puis de haut en bas *Trithemis kirbyi* (mâle en Tunisie) et *Selysiothemis nigra* (mâle en crète) , trois espèces dont la distribution s'est récemment modifiée du fait de l'action conjuguée du changement climatique et de la création de nouveaux habitats aquatiques par l'homme. © J.-P. Boudot.

Trithemis kirbyi. © J.-P. Boudot.

Selysiothemis nigra. © J.-P. Boudot.

depuis 2003. Il en est de même de celles de *Coenagrion lunulatum* en Bavière. Les espèces les plus menacées à l'avenir dans tout l'ouest-européen sont celles qui sont inféodées à de petits habitats marginaux comme les suintements de pente, les sourcins et les têtes de bassins (cas de *Cordulegaster bidentata*), celles qui sont fortement liées aux eaux courantes calmes (nombreux Gomphidae, *Oxygastra curtisii*, etc.) et aux eaux stagnantes de préférence bien végétalisées de faible dimension (*Coenagrion scitulum*, etc.), de plus en plus souvent en assec ou polluées, et enfin les espèces boréo-alpines, dont la survie dépend aussi bien du maintien de conditions montagnardes froides que de milieux tourbeux et lacustres en eau en altitude (principalement *Aeshna caerulea*, *A. subarctica elisabethae* et *Somatochlora alpestris*). Selon Vitasse *et al.* (2021), dans les Alpes européennes les températures moyennes annuelles en effet ont augmenté de 0,36° par décennie depuis 1970 tandis que les lignes d'isothermes se sont élevées de 62 à 71 m par décennie. Si le changement climatique exerce incontestablement des effets délétères sur certaines espèces, il favorise inversement l'expansion vers le nord des d'espèces africaines. La lente colonisation de la péninsule Ibérique par *Trithemis annulata* en une quinzaine d'années puis l'expansion de cette espèce à la quasi-totalité des régions françaises situées au sud de la Garonne, du Massif central et des Alpes sans qu'il y ait eu au préalable de modifications drastiques des habitats aquatiques en est certainement l'exemple le plus spectaculaire. La causalité purement climatique, qui est avancée pour la plupart des espèces dont l'aire de distribution se modifie depuis le XXe siècle doit cependant être utilisée avec plus de discernement que ce qui est souvent fait. Par exemple, depuis que les modélisateurs ont prédit que les Leucorrhines allaient régresser vers le nord de l'Europe, *Leucorrhinia caudalis* regagne très nettement du terrain vers l'ouest de la France et de (vraies) migrations de *L. pectoralis*, accompagnée de quelques individus de *L. rubicunda* et *L. albifrons* se sont produites vers l'ouest et le sud de l'Europe. Toutes ces prédictions sont purement fondées sur le climat et ignorent les modifications des habitats par l'homme. Ainsi, si l'implantation de *Trithemis kirbyi* en Espagne et son apparition dans le sud de la France puis de la Belgique ont incontestablement été favorisées par la répétition de plus en plus fréquente d'épisodes caniculaires inhabituels dans ces régions, la fulgurance de la colonisation de la quasi-totalité de l'Espagne en seulement dix ans ne peut guère s'expliquer que par la création relativement récente de milliers de bassins d'irrigation par l'homme, qui ont favorisé la prolifération de cette espèce opportuniste, capable de se reproduire jusque dans les piscines privées et les fontaines urbaines. Dans ce cas, les facteurs climatiques et anthropiques agissent en synergie et ceci est certainement vrai pour de nombreuses autres espèces en expansion et celles, comme *Selysiothemis nigra* et *Lindenia tetraphylla*, dont le nombre de localités augmente dans une aire sensiblement constante.

Les collectionneurs ont-ils un impact néfaste sur les Odonates ?

L'activité des entomologistes, et en particulier la collecte d'espèces en vue de l'élaboration de collections privées ou publiques, est parfois présentée comme étant une activité néfaste à la protection de la nature. S'il existe effectivement des risques de dégradation par piétinement excessif de biotopes fragiles tels les tourbières, les marais ou les sourcins, il est clair que dans la plupart des cas cette activité n'est pas à l'origine de l'extinction des espèces. La régression des insectes résulte pour l'essentiel de la destruction des habitats, de l'« aménagement » des cours d'eau, de la pollution des eaux et de l'emploi généralisé de pesticides. La capture temporaire ou la mise en collection de quelques spécimens est en réalité un préalable à la connaissance et à l'étude des espèces. L'identification « à vue » n'est fiable qu'après une longue expérience au cours de laquelle la capture aura été indispensable et n'est pas possible pour toutes les espèces. Il est toutefois indispensable que de rares espèces ou formes géographiques de haute endémicité, confinées à quelques localités, soient intégralement protégées et que leur collecte soit interdite en dehors d'autorisations particulières correspondant à des travaux scientifiques indispensables. Ces cas sont exceptionnels dans la plupart des régions, et, en Europe, seuls *Coenagrion hylas* et *Onychogomphus cazuma* correspond véritablement à ce cas de figure.

À l'occasion d'une vérification des collections conservées dans les réserves du muséum d'histoire naturelle de Lyon, nous n'avons trouvé au mieux que 250 spécimens de libellules, tous originaires de Rhône-Alpes ou des régions voisines. Ces spécimens correspondant à des collectes s'étalant sur près de deux siècles, il est facile de constater qu'il n'a été capturé en moyenne qu'une libellule par an, ce qui représente une pression de chasse totalement négligeable. Le premier passereau, le premier guêpier ou le premier faucon venu en capture beaucoup plus. Selon Chambon (1993), la circulation automobile de jour est quant à elle responsable de 66 420 milliards d'insectes tués chaque année sur les routes de France ! Et ceci ne concerne pas la circulation automobile nocturne, période où pourtant de très nombreux insectes restent ou deviennent actifs.

À l'évidence, les entomologistes n'ont aucune responsabilité dans la raréfaction des Odonates. Ce sont au contraire eux qui ont établi la liste des espèces à protéger.

Mesures de protection et dispositifs réglementaires

Comme beaucoup d'autres pays, la France, la Belgique, le Grand-Duché de Luxembourg et la Suisse ont participé à l'élaboration de textes réglementaires européens et internationaux dont les objectifs visent à préserver les richesses naturelles de la planète. Un certain nombre d'outils réglementaires visant à la protection de l'environnement ont été instaurés plus particulièrement par la Communauté européenne, qui crée périodiquement des « directives » devant être ensuite transposées et appliquées au plan national par les différents États membres. Leur transposition et leur application effective sont contrôlées *a posteriori* par la Communauté européenne, qui peut prendre des sanctions en cas de déficience. Il existe en outre dans la plupart des États membres une étroite coopération

Espèces concernées par les recommandations ou les directives des différents organismes européens et statut de conservation mondial selon l'IUCN (2022) correspondant.

	Convention de Berne, 1979	Directive Habitats 2003 annexe II	Directive Habitats 2003, annexe IV	IUCN 2022
*Calopteryx syriaca**	•			EN
Sympecma paedisca	•		•	LC
Coenagrion hylas	•	•		LC
Coenagrion mercuriale	•	•		NT
Coenagrion ornatum		•		LC
Nehalennia speciosa				VU
Aeshna viridis			•	LC
Stylurus flavipes	•		•	LC
Gomphus graslinii	•	•	•	NT
Ophiogomphus cecilia	•	•	•	LC
Lindenia tetraphylla	•	•	•	LC
Cordulegaster trinacriae	•	•	•	VU
Cordulegaster heros		•	•	NT
Macromia splendens	•	•	•	VU
Oxygastra curtisii	•	•	•	LC
Brachythemis fuscopalliata	•			VU
Leucorrhinia albifrons	•		•	LC
Leucorrhinia caudalis	•		•	LC
Leucorrhinia pectoralis	•	•	•	LC

Les espèces figurant en gras sont autochtones en France, en Belgique, en Suisse et/ou au Luxembourg (LC = espèce non menacée à l'échelle mondiale ; NT = espèce quasi menacée ; EN = espèce en danger ; VU = espèce vulnérable).

* Cette espèce est endémique du Moyen-Orient et c'est par erreur que l'on a cru qu'elle avait pénétré en Turquie, signataire de la Convention de Berne. Seuls des hybrides existent en réalité dans ce pays.

entre la mouvance associative, qui réalise le plus souvent bénévolement la très grande majorité des travaux d'inventaires sur le terrain, et les pouvoirs publics. L'administration a vocation à organiser et à coordonner un certain nombre d'actions, puis à analyser et à tirer les conséquences des connaissances acquises.

Les missions d'inventaire

Si l'on veut porter à la connaissance des institutions et des décideurs les informations naturalistes les plus importantes pour une région donnée, il est au préalable nécessaire d'entreprendre des campagnes d'inventaires destinées à identifier et à hiérarchiser les sites naturels, les habitats et les espèces vivantes. En France, les réseaux institutionnels que constituent les conseils départementaux, les conseils régionaux, les DREAL (directions régionales de l'environnement, de l'aménagement et du logement), les parcs nationaux, les parcs naturels régionaux, les Conservatoires du littoral et des rivages lacustres et les conservatoires régionaux des espaces naturels, permettent d'effectuer de tels inventaires dans des espaces déjà réglementés ou susceptibles de l'être à court terme. Ailleurs, la proposition puis la création de ZNIEFF (zones naturelles d'intérêt écologique, floristique et faunistique) permettent d'attirer l'attention des pouvoirs publics sur un site remarquable et de proposer des alternatives en cas de menace à son intégrité. Ces ZNIEFF sont périodiquement réactualisées par les conservatoires des espaces naturels avec la participation des associations naturalistes locales, à la demande des DREAL.

En France, l'inventaire et la cartographie des Odonates ont été effectués par la Société française d'Odonatologie, dorénavant intégrée à L'OPIE (Office pour les insectes et leur environnement) en tant que groupe de travail (Opie-Odonates). Un atlas préliminaire des Odonates de France, comportant 50000 données de terrain encore inégalement réparties, a été publié dès 1994 et est en voie de réactualisation en ligne : Atlas dynamique des Odonates de France (*https://atlas-odonates.insectes.org*). En Belgique, une structuration de même type a été créée. Un premier atlas, qui concerne également le Grand-Duché de Luxembourg, a été publié en 1986. Sa réactualisation a paru en 2006. Un atlas de répartition des libellules du Luxembourg a également été publié en 2006 par le Musée national d'histoire naturelle de ce pays. Enfin le Centre Suisse de Cartographie de la Faune (info fauna – CSCF) basé à Neuchâtel assure le maintien en ligne d'atlas faunistiques couvrant l'ensemble de la Suisse et librement consultables. À plus large échelle, l'*Atlas des Libellules d'Europe* (Boudot & Kalkman, 2015. Atlas of the European Dragonflies and Damselflies) montre une cartographie par maille UTM de 50 km des Odonates connus à cette date des Açores à l'Oural.

Les structures internationales de protection de la nature

Chacun, par l'intermédiaire d'un organisme indépendant des États, l'Union Internationale pour la Conservation de la Nature (UICN) / International Union for Conservation of Nature (IUCN), peut disposer d'informations sur le statut des espèces animales et végétales de la planète pour lesquelles existe une menace. Ces espèces à risque sont inscrites sur une Liste Rouge des espèces menacées (The IUCN Red List of Threatened Species, accessible en permanence à l'adresse suivante : https://www.iucnredlist.org/), mise à jour à intervalles réguliers par des groupes d'experts. La version en ligne, est datée de 2022. Le statut de chacune de ces espèces y est apprécié à l'échelle planétaire, indépendamment de leur distribution et de leur situation dans tel ou tel pays ou continent. Des recommandations concernant leur transposition à l'échelle régionale ont été également proposées.

Ces listes sont d'un grand intérêt en raison de leur objectivité, permettent d'alerter la communauté internationale, mais n'entraînent aucune contrainte. Parmi les 946 libellules menacées ou potentiellement menacées de par le monde en 2022, plusieurs sont ou ont été présentes dans notre territoire.

Les règlements européens

La Convention relative à la conservation de la vie sauvage et du milieu naturel de l'Europe, ouverte à la signature à Berne le 19 septembre 1979, dite **convention de Berne**, a été ratifiée par 19 États du Conseil de l'Europe. Elle a été transposée dans la législation nationale en 1982 au Luxembourg et en 1990 en France et en Belgique. En apposant leur signature sur ce texte important pour la préservation des habitats et la protection des espèces remarquables, les États se sont engagés, pour les 16 espèces d'Odonates figurant en annexe II (Espèces de faune strictement protégées), à mettre en œuvre des dispositions conservatoires adaptées et suffisantes.

La « *Directive 92/43/CEE du Conseil du 21 mai 1992 concernant la conservation des habitats naturels ainsi que de la faune et de la flore sauvages* », dite **directive Habitats**, modifiée par la directive 97/62/CE du 27 octobre 1997 et par l'acte d'adhésion des 10 nouveaux États membres du 23 septembre 2003, a pour objectif la protection des habitats naturels les plus importants et des espèces les plus menacées. Comme mesure particulière, il y a obligation pour les États de la Communauté européenne à transposer cette directive dans leur législation nationale dans un délai de deux ans suivant sa notification. Au titre de cette directive et de ses révisions successives, 11 espèces d'Odonates figurent actuellement en Annexe II. Chaque État doit en outre contribuer à l'émergence d'un réseau écologique européen cohérent de Zones Spéciales de Conservation, dénommé **Natura 2000**.

Le tableau ci-dessus résume ces réglementations et précise leur statut selon l'UICN (2006).

Les législations nationales

La législation française

En France, le décret 90-756 du 22 août 1990, modifié par les décrets 96-728 du 8 août 1996, 97-551 du 28 mai 1997 et 99-616 du 7 juillet 1999, constitue l'application de la convention de Berne pour la France. L'arrêté du 23 avril 2007 fixant la liste des insectes protégés sur le territoire national constitue l'application actuelle pour la France de la directive Habitats

« I. - Sont interdits, sur tout le territoire métropolitain et en tout temps, la destruction ou l'enlèvement des œufs, des larves et des nymphes, la destruction, la mutilation, la capture ou l'enlèvement, la perturbation intentionnelle des animaux dans le milieu naturel. » [articles 1 et 3].

« II. - Sont interdites, sur les parties du territoire métropolitain où l'espèce est présente ainsi que dans l'aire de déplacement naturel des noyaux de populations existants la destruction, l'altération ou la dégradation des sites de reproduction et des aires de repos des animaux. Ces interdictions s'appliquent aux éléments physiques ou biologiques réputés nécessaires à la reproduction ou au repos de l'espèce considérée, aussi longtemps qu'ils sont effectivement utilisés ou utilisables au cours des cycles successifs de reproduction ou de repos de cette espèce et pour autant que la destruction, l'altération ou la dégradation remette en cause le bon accomplissement de ces cycles biologiques. » [article 1].

« III. - Sont interdits, sur tout le territoire national et en tout temps, la détention, le transport, la naturalisation, le colportage, la mise en vente, la vente ou l'achat, l'utilisation commerciale ou non, des spécimens prélevés : - dans le milieu naturel du territoire métropolitain de la France, après le 24 septembre 1993 ; - dans le milieu naturel du territoire européen des autres États membres de l'Union européenne, après la date d'entrée en vigueur de la directive du 21 mai 1992 susvisée. » [articles 1 et 3].

[suit l'énumération des espèces figurant aux annexes II et IV de la directive Habitats]. On notera que *Coenagrion mercuriale*, relégué à l'article 3, est délibérément exclu du point II ci-dessus, ce qui constitue une infraction à la convention de Berne et à la directive Habitats européenne.

En région Île-de-France, cette législation est renforcée par l'arrêté du 22 juillet 1993, modifié par l'arrêté du 24 juillet 2006, qui ajoute *Lestes dryas*, *Ischnura pumilio*, *Coenagrion hastulatum*, *C. scitulum*, *Boyeria irene*, *Aeshna grandis*, *Cordulegaster boltonii*, *Epitheca bimaculata*, *Sympetrum danae*, *S. flaveolum* et *Leucorrhinia rubicunda* à la liste des espèces déjà protégées à l'échelon national.

Cette protection serait illusoire si la qualité des habitats continuait à se dégrader. C'est pourquoi la loi sur l'eau du 3 janvier 1992 énonce dès son premier article que l'eau fait partie du patrimoine commun, ce qui signifie que son utilisation doit respecter les équilibres naturels. Son deuxième article recommande une gestion parcimonieuse de la ressource afin d'assurer la préservation des écosystèmes aquatiques, des sites et des zones humides ainsi que de leur protection contre toute pollution.

La législation belge

La législation belge diffère entre les trois régions que sont la Wallonie, la Flandre et Bruxelles-Capitale. En Wallonie, le décret 06/12/01 relatif à la conservation des sites Natura 2000 ainsi que de la faune et de la flore sauvages énumère dans ses annexes IIa et IIb l'ensemble des 16 espèces citées à l'annexe II de la convention de Berne et y ajoute 21 espèces considérées comme menacées en région wallonne. Ces dernières (*Lestes dryas*, *L. virens*, *Sympecma fusca*, *Coenagrion hastulatum*, *C. lunulatum*, *C. pulchellum*, *Ceriagrion tenellum*, *Aeshna juncea*, *A. subarctica*, *Anaciaeshna isoceles*, *Brachytron pratense*, *Cordulegaster bidentata*, *Gomphus vulgatissimus*, *Somatochlora arctica*, *S. flavomaculata*, *Epitheca bimaculata*, *Libellula fulva*, *Orthetrum coerulescens*, *Leucorrhinia dubia*, *L. rubicunda*, *Sym-*

petrum pedemontanum), sont, comme les précédentes, strictement protégées. Il est interdit, sauf dérogation, de les détruire, de les capturer ou de détruire leurs habitats.

En Flandre, toutes les libellules et leurs habitats sont protégés par l'« *Arrêté royal relatif aux mesures de protection, applicables dans la région flamande, en faveur de certaines espèces animales indigènes vivant à l'état sauvage, et ne tombant pas sous l'application des lois et arrêtés sur la chasse, la pêche et la protection des oiseaux* », du 22 septembre 1980. Cet arrêté a été renforcé par le décret du 19 juillet 2002, qui transpose la directive Habitats à la région flamande.

Il en est de même dans la région Bruxelles-Capitale, où l'arrêté du 28 novembre 2002 modifie l'arrêté du Gouvernement de la Région de Bruxelles-Capitale relatif à la conservation des habitats naturels ainsi que de la faune et de la flore sauvages du 26 octobre 2000.

La législation luxembourgeoise

Au Grand-Duché de Luxembourg, toutes les libellules sont intégralement protégées par le « Règlement grand-ducal du 8 avril 1986 concernant la protection intégrale et partielle de certaines espèces animales de la faune sauvage ». L'article 20 de la « Loi du 19 janvier 2004 concernant la protection de la nature et des ressources naturelles », assure la protection de toutes les espèces intégralement protégées et de leurs habitats.

La législation suisse

À l'échelle nationale, 22 espèces de libellules sont protégées par la loi fédérale sur la protection de la nature et du paysage (LPN) du 1er juillet 1966 et par l'ordonnance sur la protection de la nature et du paysage (OPN) du 16 janvier 1991. Les imagos et les larves des espèces concernées, à savoir *Aeshna caerulea*, *A. subarctica*, *Boyeria irene*, *Calopteryx virgo meridionalis*, *Ceriagrion tenellum*, *Coenagrion lunulatum*, *C. mercuriale*, *Epitheca bimaculata*, *Gomphus simillimus*, *G. vulgatissimus*, *Lestes dryas*, *Leucorrhinia albifrons*, *L. caudalis*, *L. pectoralis*, *Nehalennia speciosa*, *Onychogomphus forcipatus*, *O. uncatus*, *Ophiogomphus cecilia*, *Oxygastra curtisii*, *Sympecma braueri* [= *S. paedisca*], *Sympetrum depressiusculum* et *S. flaveolum*, ne peuvent être ni capturées ni a fortiori récoltées sans autorisation. Ces articles ont pour but de protéger tant les habitats que les individus des espèces mentionnés.

La liste des espèces peut varier au sein des 26 cantons responsables de l'application de la législation sur leur territoire. Certains ont retenu la liste nationale, alors que dans d'autres, comme les cantons de Genève, de Vaud ou de Schaffhouse, toutes les espèces de libellules sont protégées. Des dérogations peuvent être demandées auprès des services cantonaux concernés, par exemple à des fins de recherche.

LES PLANS NATIONAUX D'ACTIONS EN FAVEUR DES ODONATES

Les Plans nationaux d'actions (PNA) sont des outils stratégiques opérationnels de l'État qui visent à assurer la conservation ou le rétablissement dans un état de conservation favorable d'espèces de faune et de flore sauvages menacées ou faisant l'objet d'un intérêt particulier. Cet outil est mobilisé lorsque les autres politiques publiques environnementales et sectorielles, incluant les outils réglementaires de protection de la nature, sont jugées insuffisantes pour aboutir à cet objectif. Depuis la mise en œuvre de cette démarche en 1996, ce sont aujourd'hui plus de 72 PNA (plus de 200 espèces concernées) qui ont été initiés par le Ministère en charge de la Transition Écologique.

Ainsi, un PNA en faveur d'une/des espèce(s) menacée(s) définit une stratégie de moyen ou long terme (5 à 10 ans), par le biais de trois axes principaux : l'amélioration des connaissances, la gestion et la conservation et enfin, la formation et la sensibilisation. Fondés sur la mobilisation collective des acteurs locaux, ces axes permettent d'activer les leviers pour agir en faveur des espèces menacées. Un premier PNA en faveur des Odonates a été mis en œuvre de 2010 à 2015. Ce plan ciblait 18 espèces. Il a globalement permis de faire progresser la connaissance odonatologique et de fédérer un réseau d'acteurs pour conduire des actions de conservation et de restauration des habitats favorables aux odonates. Compte tenu des succès obtenus par ce dispositif, un second plan a été validé pour la période 2020-2030. Axé d'avantage sur le développement d'initiatives de restauration et de gestion conservatoire associées à la valorisation de retours d'expérience en la matière, ce nouveau PNA cible désormais 33 espèces de libellules « menacées » et « quasi menacées » de la Liste rouge nationale.

Aeschne azurée	*Aeshna caerulea*	2
Aeschne des joncs	*Aeshna juncea*	3
Aeschne subarctique	*Aeshna subarctica*	3
Agrion bleuissant	*Coenagrion caerulescens*	2
Agrion hasté	*Coenagrion hastulatum*	3
Agrion joli	*Coenagrion pulchellum*	3
Agrion à lunules	*Coenagrion lunulatum*	2
Agrion de Mercure	*Coenagrion mercuriale*	1
Agrion orné	*Coenagrion ornatum*	1
Gomphe de Graslin	*Gomphus graslinii*	1
Leste à grands stigmas	*Lestes macrostigma*	2
Lestes fiancé	*Lestes sponsa*	3
Leucorrhine à front blanc	*Leucorrhinia albifrons*	1
Leucorrhine à large queue	*Leucorrhinia caudalis*	1
Leucorrhine douteuse	*Leucorrhinia dubia*	3
Leucorrhine à gros thorax	*Leucorrhinia pectoralis*	1
Leucorrhine rubiconde	*Leucorrhinia rubicunda*	2
Lindénie à quatre feuilles	*Lindenia tetraphylla*	1
Macromie splendide	*Macromia splendens*	1
Déesse précieuse	*Nehalennia speciosa*	2
Gomphe serpentin	*Ophiogomphus cecilia*	1
Cordulie à corps fin	*Oxygastra curtisii*	1
Gomphe de Géné	*Paragomphus genei*	3
Cordulie alpestre	*Somatochlora alpestris*	3
Cordulie arctique	*Somatochlora arctica*	3
Cordulie méridionale	*Somatochlora meridionalis*	3
Gomphe à pattes jaunes	*Stylurus flavipes*	1
Leste enfant	*Sympecma paedisca*	1
Sympétrum noir	*Sympetrum danae*	3
Sympétrum déprimé	*Sympetrum depressiusculum*	2
Sympétrum jaune d'or	*Sympetrum flaveolum*	3
Sympétrum du Piémont	*Sympetrum pedemontanum*	3
Sympétrum vulgaire	*Sympetrum vulgatum*	3

Les 33 espèces d'odonates concernées par le Plan national d'actions 2020-2030.

1, espèces protégées en France ou inscrites aux annexes de la directive « Habitats-Faune-Flore » ;

2, espèces « en danger », « en danger critique » ou « régionalement éteintes » (= éteintes en France) en tant que reproductrices ;

3, espèces « vulnérables », « quasi-menacées » ou « non évaluées » selon la Liste rouge des odonates de France métropolitaine.

En termes de conservation des odonates cependant, et bien que les objectifs soient partagés, les initiatives étaient plus disparates et localisées. Par une approche structurée autour de grands axes opérationnels, que sont l'amélioration des connaissances, la consolidation de l'état de conservation des espèces menacées et la formation et la sensibilisation, le PNA Odonates 2010-2015 a favorisé le développement d'actions cohérentes à l'échelle des territoires. Une dynamique de déclinaison au niveau de chaque région a alors été enclenchée grâce aux structures locales, appuyées par les pouvoirs publics, afin de coordonner la mise en œuvre des actions favorables au maintien ou à la restauration des 18 espèces ciblées par ce plan et de leurs habitats. Ces déclinaisons régionales ont aussi permis à plus de 40 autres libellules, menacées à des échelles plus locales ou jugées d'intérêt patrimonial au niveau régional, de bénéficier directement des actions entreprises dans le cadre du PNA.
En 2016, le PNA est passé en phase d'évaluation afin d'établir un bilan objectif de l'ensemble des actions menées. Cependant, les pressions exercées sur les Odonates et leurs habitats n'ont cessé de s'accentuer. Pour être efficaces et pérennes, les efforts déployés tout au long du premier PNA se devaient d'être mis à jour et de se poursuivre.

Les apports du PNA Odonates 2010-2015

Le premier PNA Odonates a suscité un regain d'engouement auprès des observateurs qui s'est traduit par une augmentation sensible des données inventoriées annuellement sur les 18 espèces cibles (1 670 données annuelles durant le PNA contre 480 données annuelles sur les quarante années précédentes). Ces données d'inventaire capitalisées dans des bases de données ont permis une actualisation des connaissances de répartition et de statut de ces espèces rares, pour lesquelles l'État français est engagé au niveau européen.
Le Plan 2010-2015 a ainsi permis de faire progresser la connaissance sur certaines espèces. C'est le cas par exemple de la Macromie splendide (*Macromia splendens*) dans le domaine atlantique, où les informations récoltées ont permis aux spécialistes d'affirmer que les populations sont dans un état « défavorable mauvais ». Celles de l'Agrion de Mercure (*Coenagrion mercuriale*), largement réparties sur le territoire, sont aujourd'hui majoritairement considérées comme en état « défavorable inadéquat » (c'est-à-dire légèrement mauvais) alors qu'elles étaient notées en mauvais état six ans auparavant. Enfin, la redécouverte de populations du Gomphe à pattes jaunes (*Stylurus flavipes*) dans le domaine méditerranéen a conduit à intégrer ce domaine dans son évaluation. Durant le déroulement du premier PNA et au cours des années suivantes, certaines espèces se sont en effet révélées être en expansion ou avoir recolonisé les régions qu'elles avaient antérieurement perdues (*Coenagrion caerulescens, Paragomphus genei, Stylurus flavipes, Leucorrhinia caudalis*...), soit du fait de l'amélioration de la qualité des eaux de surface liée à la directive-cadre européenne sur l'eau publiée en 2000, soit grâce à une meilleure prospection des régions concernées.
Ce PNA a aussi permis une meilleure prise en compte des odonates dans les politiques de préservation de la biodiversité et dans les études préalables aux projets d'aménagement. Il a aussi eu un impact sur la prise en compte globale de la fonctionnalité des zones humides, bénéficiant par là même à l'ensemble de la biodiversité d'espèces associées à ces habitats.
Le Plan a notamment permis d'aboutir à la liste rouge des Odonates de France métropolitaine et a débouché sur la parution, en octobre 2016, d'un guide technique sur la gestion conservatoire en faveur des Odonates.

De nouveaux enjeux pour la période 2020-2030

Le PNA Libellules 2020-2030 a été rédigé de manière collégiale et collaborative avec les acteurs qui œuvrent en région à la préservation de ces espèces au travers de diverses actions (inventaires, liste rouge, atlas de répartition, enseignements et recherche universitaires, actions de gestion...) et prenant en compte les résultats obtenus lors de la première mise en œuvre.
L'objectif global de cette nouvelle phase est d'agir pour la sauvegarde des libellules et de leurs habitats à travers des mesures spécifiques visant à enrayer les causes directes de leur disparition (destructions de leurs habitats, drainage, assèchement, modification du régime hydraulique, atteintes à leur capacité de reproduction et/ou de dispersion, pollution...) en commençant par les problématiques touchant les espèces jugées comme les plus menacées.
Ce nouveau plan requiert la mobilisation de tous, aussi bien des pouvoirs publics (services de l'État, ÉPIC, collectivités territoriales, EPCI...) notamment ceux intervenant dans le nouveau cadre réglementaire des compétences territoriales de « Gestion des milieux aquatiques et périmètres d'inondation » (GEMAPI) que les acteurs du monde rural (éleveurs, cultivateurs, forestiers, pisciculteurs...), les gestionnaires d'espaces et/ou de ressources naturelles, les exploitants de carrières, les propriétaires riverains, en les incitant à privilégier une gestion des milieux aquatiques et des zones humides appropriée à la conservation des espèces visées.
Puis enfin, considérant en premier lieu le caractère « bioindicateur » des libellules, ce plan s'adresse également à toutes les personnes naturalistes désireuses de contribuer à une meilleure collecte d'informations scientifiques et aux scientifiques s'intéressant à un suivi optimal des populations et à une évaluation plus fine des pratiques liées à la préservation des Odonates et de leurs habitats : les zones humides.

Valérie-Anne Lafont - Opie

Enjeux de conservation des odonates de France métropolitaine
Espèces prioritaires ciblées par le PNA 2020-2030

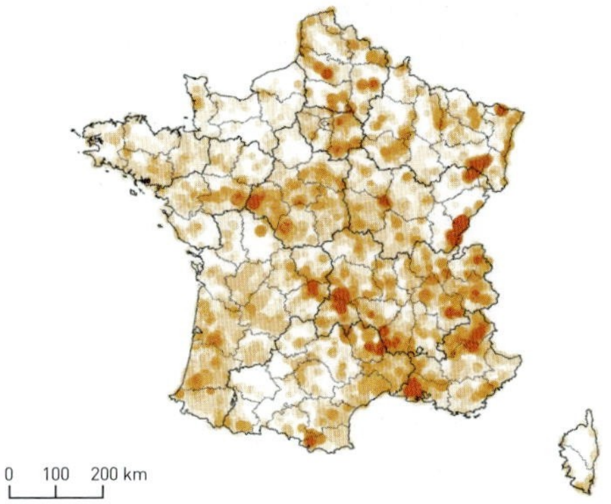

Niveau de l'enjeu de conservation porté par l'observation cumulée de :

1 espèce | 6 espèces | 3 espèces | 10 espèces

Cartographie réalisée en février 2020 par A. M. et X. H., Opie.

MINISTÈRE DE LA TRANSITION ÉCOLOGIQUE ET DE LA COHÉSION DES TERRITOIRES
Liberté Égalité Fraternité

PRÉFET DE LA RÉGION HAUTS-DE-FRANCE
Liberté Égalité Fraternité

Plan national d'actions en faveur des Libellules 2020 - 2030

OPIE

OPIE ODONATES

INPN OpenObs

Données : Opie-Odonates (anciennement Société française d'Odonatologie, SfO) rassemblées dans le cadre de l'élaboration de la Liste Rouge nationale (2014), et données INPN (Inventaire National du Patrimoine Naturel), export janvier 2020 - Outil OpenObs.

Ce Plan se structure en 12 actions :

1- Décliner le Plan national d'actions en faveur des libellules menacées à l'échelle des régions ;

2- Établir les listes régionales d'espèces complémentaires à prendre en compte dans les déclinaisons ;

3- Concevoir des projets de recherche fondamentale visant à caractériser les traits biologiques et écologiques notamment des espèces de libellules prioritaires dites « à déficit de connaissance » ;

4- Soutenir et développer des études scientifiques concernant la gestion conservatoire des espèces de libellules prioritaires à la conservation ;

5- Mettre en place des dispositifs de suivis et d'inventaires des libellules prioritaires et de leurs habitats ;

6- Articuler le PNA libellules et ses déclinaisons régionales avec les dispositifs nationaux de collectes et de diffusion des données du Système d'Information sur la biodiversité ;

7- Élargir la plateforme de documentation numérique du précédent PNA Odonates aux autres espèces prioritaires ;

8- Mettre en place les réseaux d'acteurs suprarégionaux pour favoriser une approche biogéographique des enjeux du PNA, notamment à l'échelle des bassins hydrographiques ;

9- Articuler les différentes politiques de conservation de la SNB et des SRB pour mobiliser les actions concrètes de conservation en faveur des libellules prioritaires et de leurs habitats ;

10- Accéder à une gestion durable des stations d'espèces de libellules menacées à travers la compétence GEMAPI et le développement de la séquence « Éviter-Réduire-Compenser » ;

11- Diffuser l'information sur le PNA en faveur des libellules menacées à des publics variés et ciblés en fonction des enjeux ;

12- Former les professionnels à l'étude et à la prise en compte des libellules menacées dans la gestion des zones humides.

Références bibliographiques :

Houard X. (Coord.), 2020 ; Houard X., Itrac-Bruneau R. & Sueur A., 2018 ; Merlet, F. & Itrac-Bruneau, R., 2016.

Site officiel du PNA Libellules : *www.libellules.pnaopie.fr*

Gestion et aménagement

Pourquoi gérer les milieux aquatiques ?

Dans un contexte d'agressions et de dégradations multiples tel que nous l'avons évoqué plus haut, on peut souhaiter réagir et faire en sorte que la qualité de nos paysages se maintienne ou se rétablisse. Dans cet esprit, laisser le temps aux habitats de se régénérer par leurs propres moyens en profitant exclusivement des législations de protection actuelles n'est pas toujours réaliste. Si depuis trois ou quatre décennies déjà, certains de nos milieux les plus remarquables (parcs nationaux, réserves naturelles, etc.) ont pu effectivement être préservés par de simples mesures conservatoires, beaucoup de biotopes ne peuvent être laissés à eux-mêmes sans se détériorer ou disparaître. Certains d'entre eux sont dans un état tel que leur restauration spontanée à court ou moyen terme est illusoire. Plusieurs zones humides ont été créées par l'homme à une époque récente et ne pas les gérer dans un esprit d'équilibre écologique serait bien entendu une erreur. L'évolution naturelle d'une zone humide conduit le plus souvent à sa disparition à moyen ou à long terme, par atterrissement des étangs, fermeture des tourbières ou envahissement par la forêt. Suite à la cessation des activités d'extraction de la tourbe dans le Jura, les Vosges ou le Massif central, de nombreuses tourbières sont actuellement en voie de comblement, d'assèchement et de boisement. La diversité spécifique décroît, tant en ce qui concerne la flore que la faune. En laissant cette évolution spontanée se faire, les nations laissent s'appauvrir leur patrimoine biologique, déjà fortement entamé par la civilisation moderne. Laisser faire la nature est parfois aussi grave que de laisser agir la pollution. Il n'y a pas de correspondance précise et univoque entre l'état naturel et la richesse biologique, et cela est vrai également pour les milieux terrestres. C'est certainement là une question de philosophie et la réponse n'est ni simple, ni unique...

Comment gérer les milieux aquatiques ?

Une étape préalable d'inventaire et d'expertise doit permettre de connaître le milieu à gérer et de prendre les décisions les plus adaptées. L'existence d'espèces bénéficiant d'un statut de protection permettra le cas échéant de faire intervenir la législation correspondante. Dans le cas d'un intérêt naturaliste fort, il conviendra de mettre en place une surveillance régulière pour se préserver à terme d'une évolution néfaste imprévue. Les modalités de gestion des zones humides, des grands plans d'eau dont on souhaite favoriser une évolution équilibrée, et des cours d'eau et de leurs annexes, déterminent la recomposition des paysages et leur fonctionnement hydraulique futur. Ces modalités diffèrent selon qu'il s'agit de restaurer un milieu très dégradé du fait des activités humaines ou d'entretenir un milieu peu perturbé par l'homme, mais dont on souhaite entraver l'évolution naturelle vers l'assèchement ou le reboisement pour maintenir ou rétablir sa richesse biologique.

Les travaux de réhabilitation d'un habitat dégradé sont d'importance variable. Certains se réfèrent à des opérations courantes d'entretien, comme le fauchage et le débroussaillage, d'autres à des opérations ponctuelles comme le curage d'une mare atterrie, le creusement de gouilles dans une tourbière proche de la sénescence ou la fermeture de systèmes de drainage intempestifs, d'autres enfin à des opérations lourdes, telles la suppression des enrochements des berges d'un grand cours d'eau ou la création de zones d'expansion de crues dans le lit majeur des grands fleuves. Ces travaux vont dans tous les cas infléchir la structure des habitats et la richesse biologique future, comme nous allons le constater dans les exemples qui suivent.

Quelques exemples de gestion de milieux humides

La gestion de milieux humides naturels dégradés

Nous présentons ci-dessous quelques exemples d'entretien ou de réhabilitation de milieux humides, réalisés par différents organismes publics ou associations de protection de la nature.

Réhabilitation de la tourbière de la Ferrière (Corrèze)

La tourbière de la Ferrière est un site géré par le CEN Limousin en partenariat avec l'ONF et la commune de Davignac depuis 1998. Située au nord du département, sur les rebords du plateau de Millevaches, cette tourbière s'étend sur une centaine d'hectares à une altitude de 875 m aux sources de la Corrèze. Ce fond tourbeux abrite des espèces de faune et de flore du domaine montagnard comme l'andromède à feuilles de polium (*Andromeda polifolia*), la laîche pauciflore (*Carex pauciflora*), l'airelle à petits fruits (*Vaccinium microcarpum*), la vipère péliade (*Vipera berus*), la pie-grièche grise (*Lanius excubitor*) et plusieurs odonates dont l'aeschne des joncs (*Aeshna juncea*), la cordulie arctique (*Somatochlora artica*) et l'agrion hasté (*Coenagrion hastulatum*) étaient connues du site.

La présence de ces espèces révélait le grand intérêt du site. Malheureusement, dans le passé, un secteur d'environ huit hectares avait fait l'objet d'un drainage sévère et d'une tentative de plantation de pins sylvestres. Le maintien de ce drainage et de ces plantations aurait provoqué l'assèchement de la zone et par la suite de l'ensemble du système tourbeux, faisant disparaître tout son intérêt biologique.

Exemple de drain obstrué suite aux travaux dans la tourbière de la Ferrière. © CEN Limousin.

De gros travaux de restauration ont donc été menés en 1999 et 2000 avec élimination des pins et mise en place de bouchons de tourbe et de seuils en bois sur le drain. Des zones d'eau libre propices à l'installation de la végétation et de la faune aquatique ont ainsi été créées entre les bouchons et la tourbière a été réactivée. Le ruisseau auparavant détourné a retrouvé son lit initial.

Afin d'évaluer l'impact des travaux, un échantillon de drains obstrués a été sélectionné et un suivi de l'évolution des peuplements d'odonates par zone a été réalisé. Un premier bilan dressé en 2003 a montré l'intérêt de la démarche et l'importance de la poursuivre : 27 espèces ont été observées sur les cinq années de suivi, le cortège étant différent en fonction des caractéristiques végétales des échantillons.

Des suivis spécifiques ont permis d'observer la colonisation des points d'eau par les odonates et notamment par les espèces à enjeu : l'agrion hasté, l'aeschne des joncs, la cordulie arctique et la leucorrhine douteuse (*Leucorrhinia dubia*). Il en est de même pour le tronçon de cours d'eau restauré qui a rapidement accueilli le caloptéryx vierge (*Calopteryx virgo meridionalis*) et le cordulégastre annelé (*Cordulegaster boltonii*). En 2008, une importante population de leucorrhine douteuse a été découverte dans les secteurs restaurés. 96 exuvies ont été récoltées en juin 2015 lors d'une seule visite, prouvant que l'espèce était bien implantée suite aux opérations de restauration. Là encore, la richesse spécifique s'est progressivement mise à décroître à mesure que la végétation progressait, que les drains obsturés se ferment. Pour remédier à cette évolution défavorable aux Odonates, six gouilles ont été creusées en 2018 afin de renouveler les surfaces en eau libre favorables à certaines espèces et construire des habitats diversifiés.

Réactivation d'un ancien bras du Rhône au sud de Lyon (Rhône) :

a. vue générale du site. © J. Léone et Grand Lyon.

b. trois ans après le curage de l'ancien bras mort.
© D. Grand.

La réactivation du Vieux Rhône et de ses annexes hydrauliques

Localisé au sud de l'agglomération lyonnaise, le barrage hydroélectrique de Pierre-Bénite, construit dans les années 1960, captait la presque totalité des eaux du Rhône. Il ne restait guère que 10 % du débit d'étiage initial pour continuer à alimenter le Vieux Rhône, qui demeurait presque sans eau durant une grande partie de l'année et s'asséchait en été. Le chenal principal n'avait plus de fonctionnement hydraulique satisfaisant et la plupart de ses annexes hydrauliques, envasées et comblées, avaient été reprises par la forêt. Après plus de 20 années de discussion, les associations locales et les communes riveraines obtinrent des gestionnaires le quintuplement du débit réservé initial. Cette mesure essentielle, complétée par des opérations d'entretien de la forêt et de curage des anciens bras morts, a permis de redonner vie au Vieux Rhône dont le cortège de libellules est rapidement passé de moins de 20 espèces à plus de 30.

L'aménagement des mares au Grand-Duché de Luxembourg

Un autre exemple de gestion des milieux humides nous est offert par le programme de revalorisation des mares du Grand-Duché de Luxembourg. Initié en 1993, ce programme vise à collecter des informations quantitatives sur les eaux stagnantes, à les localiser et à en évaluer les potentialités biologiques. Les opérations de réhabilitation ou de création de mares se font avec l'autorisation des propriétaires, qui s'engagent à exclure toute utilisation piscicole de leur site. D'une superficie de 150 à 600 m^2, les mares sont aménagées de façon à maximiser leur richesse biologique, grâce à la création de berges irrégulières en pente douce et à l'aménagement de zones de faible profondeur, qui favorisent l'apparition de secteurs marécageux. Une centaine de mares ont ainsi été créées et plus de 80 autres ont été réhabilitées. Un suivi scientifique régulier a mis en évidence la colonisation de certaines d'entre elles par des espèces menacées sur le territoire du Grand-Duché, parmi lesquelles figurent *Lestes barbarus*, *L. dryas*, *Ischnura pumilio* et *Aeshna affinis*.

Aménagement de mares dans le Grand-Duché de Luxembourg :

a. pendant les travaux de creusement des mares. © R. Proess.

b. réalisation terminée, avec les mares en eau. © R. Proess.

Exemple de réhabilitation d'une mare dans la forêt de Belœil :

a. travaux après enlèvement des déchets et première coupe autour de la mare. © T. Paternoster.

b. aspect de la mare trois ans plus tard, avec des floraisons d'Hottonia palustris sur l'eau. © T. Paternoster.

La réhabilitation de mares forestières en « Campine hennuyère » en Belgique

Un programme de restauration de mares forestières a été entrepris en 2001 dans les massifs forestiers de la « Campine hennuyère », région située dans le Hainaut en Wallonie. La plupart des points d'eau de cette région étaient très ombragés du fait d'un couvert arboré trop dense, fortement atterris et parfois même encombrés de déchets. Les mares ont été curées ou complètement recreusées et profilées, les arbres ont été éliminés dans un périmètre d'une vingtaine de mètres et des clairières importantes ont été créées sur l'un de leurs côtés pour favoriser l'ensoleillement. Les sols sableux de cette région reposent sur une assise argileuse sujette à des phénomènes d'engorgement et impriment un caractère acide aux eaux de surface. L'implantation de sphaignes et l'apparition de milieux tourbeux devraient à terme permettre l'extension d'espèces régionalement menacées comme *Leucorrhinia dubia* et *Lestes dryas*. Les répercussions de ces opérations sur les peuplements de libellules peuvent être assez spectaculaires, comme en témoignent les relevés effectués sur la première des douze mares restaurées, située dans le Bois de Belœil. Une vingtaine d'espèces y sont maintenant recensées, contre deux auparavant. Dix-sept s'y reproduisent déjà à coup sûr.

La maintenance des libellules de tourbières en Suisse par entretien des fosses selon un modèle par rotation séquentielle

L'exploitation artisanale de la tourbe favorisait autrefois la juxtaposition de petites excavations inondées de taille variable à différents stades de recolonisation par la végétation. Cette coexistence de fosses récentes, habitées par des espèces pionnières, et de fosses plus anciennes, envahies à des degrés divers par la végétation, où les espèces pionnières étaient progressivement remplacées par des taxons propres aux milieux plus évolués, permettait le développement local d'une faune odonatologique variée caractéristique des eaux tourbeuses. L'abandon de l'utilisation de la tourbe

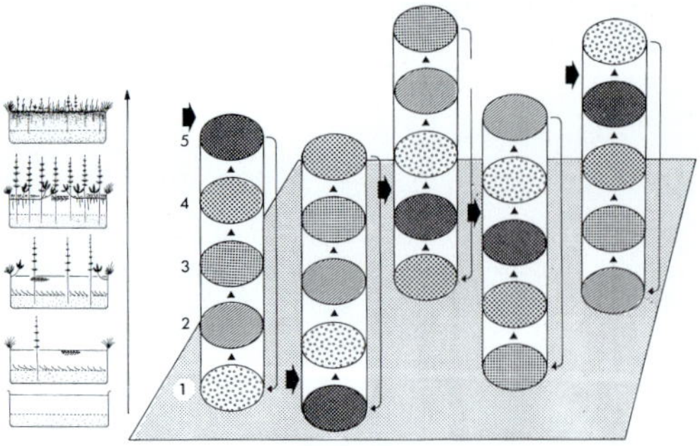

Fig. 11. Le modèle par rotation permet la coexistence sur une petite surface d'une mosaïque de petits plans d'eau à divers stades d'atterrissement (1-5). Il prévoit de laisser chacun d'eux poursuivre son évolution naturelle jusqu'à ce qu'il soit totalement envahi par la végétation. Il est ensuite curé et ramené au stade pionnier. Ainsi, à un moment donné, chaque plan d'eau se trouve à un stade d'évolution différent. Au début de l'application de ce type d'entretien, les interventions doivent être adaptées aux conditions locales et doivent être pratiquées en vue d'obtenir le plus rapidement possible différents stades d'atterrissement. Les flèches en gras désignent le moment auquel sera pratiquée l'intervention qui ramènera le plan d'eau au stade pionnier. Avec un tel système d'entretien, tous les stades de succession végétale sont présents simultanément. Ces derniers passent d'un étang à l'autre au cours du temps. De cette manière, la Leucorrhine à gros thorax (Leucorrhinia pectoralis), la Leucorrhine douteuse (L. dubia), la Cordulie arctique (Somatochlora arctica) et bien d'autres organismes trouveront en permanence les stades d'atterrissement précis qui leur convient et qui permettent leur survie et leur conservation à long terme. En ordonnée, la composante temporelle représente la succession végétale, c'est-à-dire les différents stades successifs de la colonisation du plan d'eau par la végétation. En abscisse, la composante spatiale représente la mosaïque des différents stades de succession à un moment donné.

a partout conduit à une uniformisation des méso- et microhabitats en faveur de fosses de plus en plus fermées, puis de dépressions en fin de comblement qui finirent souvent par totalement disparaître. Sur le Plateau suisse oriental, dans les collines morainiques de l'Oberland zurichois, l'utilisation en temps voulu d'un modèle de maintenance par création séquentielle et entretien par rotation de fosses et de mares aux rives de pente variée dans les tourbières mésotrophes a permis d'éviter la disparition de *Leucorrhinia pectoralis* et de *Lestes virens*, espèces particulièrement menacées. Après création échelonnée, les nouveaux points d'eau ont été laissés à leur évolution spontanée jusqu'à leur comblement total, puis curés et réactivés séquentiellement de façon à toujours conserver une mosaïque d'habitats à différents stades de succes-

Régénération d'une ancienne fosse totalement envahie par la végétation. © H.-R. Wildermuth.

Fosse fraîchement régénérée. © H.-R. Wildermuth.

Colonisation végétale d'une fosse régénérée : stade idéal pour le développement de *Leucorrhinia pectoralis*. © H.-R. Wildermuth.

sion végétale. Dans ces conditions, *Cordulia aenea*, *Leucorrhinia pectoralis*, *Libellula depressa*, *L. quadrimaculata* et *Sympetrum striolatum* sont favorisés par les stades pionniers et jeunes, où les surfaces d'eau libre restent importantes, tandis que *Lestes sponsa*, *L. virens*, *Aeshna cyanea*, *A. juncea*, *Anax*

Revitalisation mécanique d'un ancien fossé de drainage dans un pré à litière. © H.-R. Wildermuth.

L'obturation des drains à l'aide de petits barrages en bois permet d'obtenir des linéaires d'eau libre favorables à *Orthetrum coerulescens*. La bonde en plastique située dans la partie inférieure des barrages permet de vider les drains le temps de la fauche de la litière à l'automne. © H.-R. Wildermuth.

À ce stade, les drains obturés, ici par un petit barrage en métal, sont favorables à *Orthetrum coerulescens*, qui devient l'espèce dominante. © H.-R. Wildermuth.

Le fauchage des herbes hautes sur la rive la plus appropriée des drains permet de leur conserver un ensoleillement satisfaisant favorable aux libellules. © H.-R. Wildermuth.

imperator, *Somatochlora flavomaculata*, *Sympetrum sanguineum* et *S. vulgatum* profitent de la colonisation ultérieure par la végétation caractéristique des fosses tourbeuses inondées dans la localité concernée (*Nymphaea alba*, *Potamogeton natans*, *Sparganium natans*, *Equisetum limosum*, *Utricularia* sp., *Carex* sp. etc.). Le même type de gestion permet de conserver les populations menacées de *Leucorrhinia dubia* et de *Somatochlora arctica* dans le Jura et les Alpes suisses.

*La maintenance des populations d'*Orthetrum coerulescens *dans les fossés de drainage des marais en Suisse orientale*

Les bas-marais ont été souvent partiellement drainés par d'étroits fossés pour pouvoir être exploités en prés à litière, puis abandonnés à une époque plus récente. Des espèces spécialisées comme *Orthetrum coerulescens* ont de ce fait très largement régressé dans plusieurs pays d'Europe occidentale. La remise en état des prés à litière par élimination des buissons hygrophiles, fauche annuelle, revitalisation et obturation des drains à l'aide de petits barrages réglables réalisés par exemple dans le marais de l'Oberhöflerriet près d'Hinwil, dans les collines morainiques de l'Oberland zurichois, a permis d'offrir des surfaces linéaires d'eau stagnante ou faiblement courante entrecoupées de vasques et d'inonder les dépressions des prés avoisinants par remontée de la nappe. Tout cet ensemble a été favorable à *Orthetrum coerulescens*, actuellement dominant avec plus de 200 individus reproducteurs répartis sur 370 m de fossés sur une surface de 1,5 hectare les meilleures années, mais aussi à *Pyrrhosoma nymphula*, *Coenagrion puella*, *Aeshna cyanea*, *Somatochlora flavomaculata*, *Libellula quadrimaculata* et même *Cordulegaster boltonii*. Dans ces conditions, *O. coerulescens* se reproduit quasi exclusivement dans les drains obturés et non dans les anciennes fosses tourbeuses et les mares inondées du marais.

Dans de telles opérations, il est préférable que ces drains soient portés par un socle de vase organique, qui fournit un refuge restant humide en profondeur en cas de sécheresse superficielle, restent le plus longtemps possible couverts par une colonne d'eau dont la hauteur varie de l'amont vers l'aval, et soient relativement bien ensoleillés. Les barrages peuvent être ouverts temporairement pour mettre les prés hors d'eau et permettre leur fauche à l'automne. La plupart des fossés sont étroits et peuvent se retrouver trop ombragés du fait de la végétation herbacée des rives, très développée au cœur de l'été. Dans ce cas il convient d'effectuer une coupe rase des hautes herbes sur une rive appropriée de façon à retrouver un bon ensoleillement au niveau de la surface d'eau libre. Le cas échéant, un entretien par désherbage partiel, manuel et espacé dans le temps et l'espace, des drains eux-mêmes par rotation permet de conserver une succession de méso- et microhabitats variés, garants d'une diversité spécifique élevée.

La restauration de l'extrémité méridionale du lac du Bourget

Source d'inspiration du grand poète que fut Lamartine, le lac du Bourget eu à souffrir gravement des pollutions urbaines et industrielles pendant une grande partie du XXe siècle. L'eutrophisation qu'elles ont engendrée, l'abaissement du niveau du lac et le développement des activités nautiques et balnéaires ont provoqué l'effondrement des ressources piscicoles et la disparition presque totale des roselières. Face à cette situation, les pouvoirs publics ont dû entreprendre d'importants travaux d'assainissement au niveau des communes et permettre la réalisation d'un certain nombre d'actions de réhabilitation. Le conservatoire des espaces naturels de Savoie s'est vu confier la réhabilitation du secteur méridional du lac. La restauration d'anciens secteurs marécageux, la création de hauts-fonds, la construction d'îlots brise-houle reliés entre eux par des rangées de fascines végétales interdisant la navigation, et le creusement de grandes mares dans les friches humides ont permis la réimplantation de roselières. Les libellules ont largement profité de ces travaux puisque le peuplement initial a doublé et compte maintenant plus de 30 espèces dans le secteur restauré. Il est ainsi aujourd'hui possible d'y observer *Sympecma fusca*, *Ischnura pumilio*, *Erythromma viridulum*, *Aeshna affinis*, *A. isoceles*, *Anax parthenope*, *Brachytron pratense*, *Gomphus vulgatissimus*, *Somatochlora flavomaculata*, *Libellula fulva*, *Orthetrum brunneum* et *Sympetrum meridionale*. Provenant d'autres secteurs du lac, des individus erratiques de *Boyeria irene* et d'*Oxygastra curtisii* y font à l'occasion de brèves apparitions.

Secteur méridional du lac du Bourget (Savoie) quelques années après sa remise en valeur :

a. vue générale du sud du lac ; © D. Grand.

b. gros plan sur la zone réhabilitée. © D. Grand.

Remise en eau partielle de l'étang Saint-Louis (Drôme) :

a. vue générale de l'étang lors de la première tranche de travaux. © R. Lamberet et CREN Rhône-ALpes.

b. vue actuelle de l'étang au niveau d'une mare. © R. Lamberet et CREN Rhône-ALpes.

La restauration de l'étang Saint-Louis dans la Drôme provençale

Installé sur la commune de Suze-la-Rousse, l'étang Saint-Louis borde la plaine alluviale orientale du Rhône sur près de 40 hectares. Encore en eau au début du XXe siècle, cet étang naturel s'était progressivement asséché et avait été remplacé par une roselière buissonnante impénétrable en raison de l'abaissement de la nappe phréatique. Avec la volonté affichée de revaloriser l'intérêt biologique du site, ses propriétaires ont chargé le Conservatoire régional des espaces naturels de Rhône-Alpes de remettre en eau certains secteurs de la roselière. Plusieurs grandes mares ont donc été créées, la roselière a été éclaircie et la saulaie buissonnante éliminée. En quelques années, le peuplement initial de libellules a plus que triplé et présentait en 2008 plus de 40 espèces, parmi lesquelles figurent *Lestes barbarus*, *Ischnura pumilio*, *Aeshna affinis*, *A. isoceles*, *Anax ephippiger* et *Sympetrum depressiusculum*. Ces deux derniers sont plus particulièrement intéressants du fait de leurs mœurs migratoires ou de leur rareté globale en France.

Mares créées dans une tourbière dégradée dans les Hautes-Fagnes en Belgique, quatre ans après leur creusement. © P. Goffart.

La réhabilitation des tourbières dégradées

Les tourbières, milieux souvent considérés de nos jours comme improductifs et peu valorisables depuis l'abandon du chauffage à la tourbe, ont parfois été drainées et converties en forêt. Leurs richesses floristiques et faunistiques s'en sont trouvées altérées ou ont disparu. La réhabilitation de tels milieux a été tentée avec succès dans de nombreuses régions.

Dans le Limousin par exemple, la simple obstruction des drains sillonnant plusieurs tourbières par des bouchons de tourbe et le creusement de gouilles à l'aide de pelles mécaniques ont permis la réactivation de tourbières sénescentes ou dégradées et l'installation, le retour ou la densification des espèces les plus caractéristiques de ces types de milieu, comme *Coenagrion hastulatum*, *Aeshna juncea*, *Somatochlora arctica*, *Sympetrum danae*, *S flaveolum* et *Leucorrhinia dubia*.

Une opération analogue a été menée dans les Vosges sous l'égide de l'Office national des Forêts. La tourbière de la Morte Femme au Beillard, à proximité de Gérardmer, avait été extrêmement dégradée par une ancienne exploitation en front de taille. La fermeture de drains, le creusement de mares artisanales et la transformation en mare d'une ancienne zone de détourbage ont permis l'implantation ou l'extension d'une petite quinzaine d'espèces dont les plus caractéristiques sont *Coenagrion hastulatum*, *Aeshna juncea*, *Somatochlora metallica*, *S. arctica*, *Sympetrum danae* et *Leucorrhinia dubia*.

La création de fosses de détourbage dans les tourbières en fin de cycle

Les tourbières en fin de cycle évoluent naturellement vers l'assèchement et l'envahissement par la forêt. Dans le passé, leur utilisation par l'homme limitait l'emprise de la forêt. L'exploitation artisanale de la tourbe créait des fosses inondées dans lesquelles des radeaux de sphaignes et de carex se développaient et où les libellules pouvaient se reproduire. L'abandon de toutes ces activités mène à la disparition des tourbières, si bien que la création de fosses s'avère indispensable si l'on veut conserver les espèces les plus caractéristiques de ces milieux. De telles opérations ont été mises en œuvre à petite échelle dans les tourbières du Limousin et des Ardennes françaises. De nombreuses fosses et mares ont été créées, certaines en barrant simplement des drains ou des ruisselets à l'aide de palplanches ou de rondins de bois et de tourbe. D'autres ont été directement creusées dans la tourbe ou dans l'assise argileuse sous-jacente, notamment dans les parties dégradées ou anciennement exploitées, en vue de relancer l'activité turfigène et de fournir de nouveaux habitats de reproduction à la faune aquatique. Les résultats pour les libellules ne se sont pas fait attendre, en particulier au niveau des fosses et des mares présentant un fond tourbeux, dans lesquelles la colonisation par les sphaignes et la végétation associée a été rapide. Après quelques années seulement, une quinzaine d'espèces parmi lesquelles *Aeshna juncea*, *Sympetrum danae*, *Leucorrhinia dubia* et parfois *Somatochlora arctica* s'y reproduisaient régulièrement.

La restauration des tourbières de l'Ardenne belge

Un programme de restauration des tourbières à grande échelle a été mené sur l'ensemble des hauts plateaux de l'Ardenne belge, comme dans les Hautes-Fagnes, au cours des 15 dernières années, par le biais d'une série de projets « Life » (financés par la Communauté européenne). Ces travaux ont inclus des bassins de décapage de grande dimension ainsi que le colmatage des brèches dans les remparts de certains lithalses (anciennes lentilles

Création de bassins de décapage et d'andains sur le plateau des Hautes-Fagnes. © A. Drèze.

Mare de lithalse restaurée par le colmatage de son exutoire ayant entraîné le relèvement du niveau d'eau, dans les Hautes-Fagnes. © P. Goffart.

de glace formées en milieu minéral en conditions périglaciaires lors de la dernière glaciation et ayant laissé après fusion des cuvettes inondées de quelques dizaines de mètres de diamètre et de deux à cinq mètres de profondeur). Analogues des mares de palses d'Aquitaine et de Scandinavie formées en milieu tourbeux, ces mares de lithalses avaient été asséchées par l'homme par le creusement d'exutoires dans leurs remparts minéraux naturels. Les nombreux travaux ont généré une multitude de plans d'eau de profondeurs et physionomies très diverses.

Le suivi des populations de libellules a déjà montré des résultats assez spectaculaires dans toutes les « fagnes » concernées, aussi bien au niveau quantitatif (abondances) que qualitatif (richesse spécifique), avec l'apparition d'espèces généralistes et l'extension d'espèces spécialistes des tourbières, parmi lesquelles *Coenagrion hastulatum*, *Orthetrum coerulescens*, *Leucorrhinia dubia*, *Aeshna juncea* et dans

Remise en eau de l'étang Page en Dombes (Ain):

a. Pendant les travaux de reprofilage de l'étang. © D. Grand et Fondation Pierre Vérots.

b. Quelques mois plus tard. © D. Grand et Fondation Pierre Vérots.

une moindre mesure *Somatochlora arctica* et *Aeshna subarctica elisabethae*. Deux espèces de leucorrhines supplémentaires, *L. pectoralis* et *L. rubicunda*, ont même profité d'une «vague migratoire» en provenance probable du nord-est de l'Europe, en 2012, pour (re)coloniser plusieurs hauts-plateaux où elles se reproduisent régulièrement depuis.

L'aménagement de rizières inondables dans les terres agricoles humides de Suisse

Les rizières humides ont fait leur apparition dans la Confédération Helvétique depuis 2017, principalement sur le Plateau suisse. Le suivi de dix champs distribués de l'Argovie au Bas-Valais et incluant les cantons de Berne, de Fribourg et de Vaud en 2019 et 2020 a permis de noter 42 espèces et de documenter la reproduction de 14 d'entre elles. Les périodes d'inondation des rizières sont favorables surtout à des espèces bivoltines comme *Anax ephippiger, Ischnura pumilio* et *Orthetrum albistylum* et à quatre espèces univoltines. Parmi ces dernières, *Sympetrum depressiusculum* est menacé et inscrit dans la catégorie « vulnérable » sur la liste rouge nationale suisse, alors que ses populations ont connu un fort déclin en Europe au cours des dernières décennies. Les rizières humides pourraient constituer un habitat secondaire favorable au renforcement des populations de cette espèce. En outre, des émergences massives de *Sympetrum fonscolombii* et d'*A. ephippiger* ont été mises en évidence et concernent des dizaines de milliers d'individus. Ce type de culture pourra être pratiqué dans les terres agricoles humides et est considéré depuis 2023 comme une surface de promotion de la biodiversité soutenue par l'Office fédéral de l'agriculture.

La requalification écologique de biotopes anthropiques abandonnés

Si les activités humaines modifient, altèrent ou détruisent les espaces naturels, elles façonnent également de nouveaux paysages et créent de nouveaux milieux aquatiques. Certains d'entre eux peuvent devenir des réservoirs de biodiversité intéressants. Les anciens terrils des régions minières, les carrières abandonnées, les ballastières et sablières désaffectées peuvent utilement être aménagés en vue d'optimiser leurs potentialités biologiques.

La remise en eau d'un étang abandonné en Dombes

Avec ses nombreux étangs, la Dombes est l'une des zones humides les plus vastes de France, très connue des ornithologues. Autrefois, le fonctionnement hydraulique des étangs reposait sur un cycle triennal comprenant deux années de mise en eau, ou période d'évolage, et une année de mise en assec, durant laquelle ils étaient cultivés. La moitié des étangs a disparu en 150 ans et il n'en reste actuellement qu'un peu moins de 1000. Les périodes d'évolage et de mise en assec ont par ailleurs tendance à s'allonger. Dans ces conditions, il convient de saluer la remise en eau de certains d'entre eux, comme ce fut le cas de l'étang Page, propriété de la fondation Pierre Vérots, à l'automne 2004. Les travaux ont consisté à décaper le radier de l'étang, à débroussailler les berges, à réparer la digue et à installer un système de vidange. La remise en eau, commencée fin octobre 2004, s'est poursuivie pendant toute la mauvaise saison et le plan d'eau a atteint son niveau maximum début mai 2005. L'occupation du site par les Odonates adultes a été particulièrement rapide

Mise en valeur écologique et paysagère de terrils miniers dans le nord de la France :

a. Travaux de réhabilitation du terril de Rieulay-Pecquencourt (Nord). © G. Lemoine/Conseil départemental du Nord.

b. Zone humide aménagée au pied du terril de Chambaud-Latour à Condé-sur-l'Escaut (Nord). G. © Lemoine/Conseil départemental du Nord.

puisque fin juillet, 29 espèces avaient déjà été vues, la majorité d'entre elles en effectifs importants. Quelques espèces avaient réussi à pondre dès la remise en eau et ont permis l'émergence de *Lestes barbarus*, *L. virens vestalis*, *Ischnura elegans*, *Sympetrum meridionale*, *S. sanguineum*, *S. striolatum* et peut-être d'*Aeshna mixta*, en juin 2005. Les pontes de fin avril de *Sympecma fusca* ont donné de nombreuses émergences de la mi-juin à fin juillet. Parmi les autres espèces remarquables pour la Dombes, citons plus particulièrement *Coenagrion scitulum*, *Ischnura pumilio*, *Aeshna isoceles*, *Brachytron pratense*, *Anax parthenope* et surtout *Leucorrhinia pectoralis*. Il est probable que d'ici peu le peuplement odonatologique se sera stabilisé autour de 35 espèces, ce qui serait remarquable pour un étang de moins de deux hectares de superficie.

Les gravières réhabilitées de l'Écopôle du Forez

Comme tous les grands fleuves de l'ouest européen, la Loire, déjà endiguée sur une grande partie de son cours, a subi pendant tout le XXe siècle l'impact d'activités humaines agressives comme l'extraction de granulats, le dragage de son lit ou la construction de barrages. Ces perturbations ont altéré en profondeur le fonctionnement du fleuve et de ses annexes hydrauliques. Son lit mineur s'est par endroits enfoncé de deux mètres. Devant l'ampleur du problème, la Fédération Rhône-Alpes de protection de la nature a réussi à convaincre les exploitants de granulats et les acteurs publics locaux, régionaux et européens, à s'engager dans un processus de réhabilitation lourde du fleuve et de ses abords en aval de la ville de Saint-Étienne. Un consensus a été obtenu pour créer à terme un espace de divagation et de liberté pour le fleuve, en limitant les extractions de matériaux et en éloignant toutes les autres activités industrielles de son chenal principal. Les gravières abandonnées ont été remodelées en étangs d'apparence naturelle et reliées entre elles par des chenaux, imitant ainsi les méandres abandonnés et les annexes fluviales disparues du fleuve. Ce remarquable ensemble a constitué, dix ans après le début des travaux, l'Écopôle du Forez, structure entièrement vouée à la protection des bords de Loire et à l'initiation du public. Le peuplement de libellules a doublé et présente actuellement une quarantaine d'espèces.

L'aménagement des zones humides en bordure des terrils miniers

Dans les régions minières, l'épandage des refus miniers génère parfois des zones humides favorisant l'implantation de libellules pionnières, qui, avec le vieillissement des points d'eau, céderont peu à peu la place à des espèces de milieux plus évolués. Il est important de maintenir ces zones humides et de les gérer en vue d'optimiser leurs potentialités. Pour mieux intégrer les terrils aux paysages et les valoriser auprès de la population locale, le département du Nord s'est ainsi investi dans une politique volontariste de mise en valeur ludique et écologique de ses anciennes zones minières. Il soutient toutes les initiatives visant à la création ou à la restauration d'habitats favorables à la flore et à la faune régionale. À Condé-sur-Escaut et à Pecquencourt, des dépressions humides ont été créées pour faciliter la reproduction des amphibiens. Ces mares, progressivement colonisées par la végétation, ont également permis l'implantation de petites populations de libellules comme *Coenagrion puella*, *Ischnura elegans*, *I. pumilio*, *Pyrrhosoma nymphula*, *Anax imperator*, *Libellula depressa* et *Orthetrum cancellatum*.

La régénération des tourbières du Jura suisse

Le canton de Neuchâtel dans l'arc jurassien suisse a perdu près de 90 % de ses zones de marais du fait de l'exploitation de la tourbe et du drainage des zones humides. Depuis une quinzaine d'années, des travaux de grande ampleur ont été entrepris pour la régénération des dernières tourbières dégradées qui subsistaient encore dans les vallées de la Brévine et des Ponts-de-Martel, autour de 1 000-1 050 mètres d'altitude.

Ces travaux ont cherché à faire diminuer les taux de boisement des anciennes tourbières, à restaurer leur équilibre hydrique originel en refermant les anciens fossés de drainage par des mélanges de tourbe, de sciure de bois et d'écorces finement broyées, et à créer des surfaces en eau libre. Ces revitalisations ont été menées dans le but de conserver les dernières espèces caractéristiques de ces milieux qui étaient encore présentes tout en créant les conditions favorables au retour des espèces disparues.

Le suivi de l'effet des mesures de gestion prises montre des résultats très encourageants, comme l'augmentation de la couverture de sphaignes dans les secteurs nouvellement inondés, la stabilisation ou l'augmentation du niveau de saturation en eau des masses de tourbe et la stabilisation ou l'augmentation des populations de plusieurs espèces végétales ou animales inféodées aux tourbières.

Ces types de travaux ont été réalisés à ce jour dans 21 des 34 sites tourbeux du canton, dont certains sont de très petite taille (< 1 ha). Ils ont ainsi permis la (re)création d'environ 200 plans d'eau. Parmi eux, 45 étangs présentent une surface supérieure à 200 m^2 et près de 150 fosses de tourbage régénérées ou nouvellement creusées ont une taille inférieure à 200 m^2. Bon nombre des fosses recreusées étaient trop comblées par la végétation pour pouvoir être restées favorables au développement des libellules.

Les succès n'ont pas tardé à se faire sentir, et parmi les plus réjouissants il convient de citer la réapparition de *Leucorrhinia pectoralis* dès 2008,

Ancienne exploitation industrielle de tourbe sur une tourbière bombée du Jura suisse. Après fermeture des anciens drains, l'élévation du niveau de la nappe a permis la formation d'un étang tourbeux dont la dynamique vers une tourbière vraie est prévisible. L'installation de dispositifs d'étude simples permet de suivre la colonisation du milieu par la flore et la faune. © H.-R. Wildermuth.

Tourbière bombée partiellement exploitée après restauration dans le Jura suisse (canton de Neuchâtel). De nouvelles étendues d'eau libre ont été créées en rehaussant le niveau de la nappe, tandis que certains arbres et arbustes ont été submergés. © H.-R. Wildermuth.

pas moins de 37 ans après sa dernière observation. Cette espèce a recolonisé plusieurs sites et forme aujourd'hui des populations importantes, fortes de plusieurs centaines d'individus. L'autre surprise, de taille, concerne *Aeshna subarctica elisabethae*, nouvellement observé dans le canton en 2013 alors que seule une unique localité était connue jusque-là dans le Jura suisse. Plusieurs espèces liées aux tourbières et aux plans d'eau tourbeux ont ainsi pu renforcer leurs populations, et pour d'autres recoloniser certains sites d'où elles avaient disparu, à l'image de *Coenagrion hastulatum*, *Leucorrhinia dubia* et *Somatochlora arctica*.

Un contre-exemple à ne pas suivre : la « réaffectation écologique » de la réserve nationale de chasse et de la faune sauvage d'Arjuzanx

Dans les Landes, l'extraction, de 1959 à 1991, des dépôts de lignite d'Arjuzanx avait conduit à la formation de plus d'une centaine de lacs très acides (pH = 3,5 à 4), la plupart du temps inférieurs à 5 ha chacun. Au vu de leur acidité, due à l'oxydation de sulfures en sulfates, des opérations d'amélioration de la qualité des eaux ont été entreprises dès 1981 par déversement direct de craie dans les lacs. Certains d'entre eux n'ont pas été traités et ont servi de témoins afin de pouvoir juger des effets positifs et négatifs de ce type de traitement. Les résultats doivent faire réfléchir. En effet, les processus spontanés de neutralisation ont été suffisants pour neutraliser d'eux-mêmes l'acidité initiale. Le pH des lacs témoins a rejoint celui des lacs traités (7,6-8,6) en une quinzaine d'années, et les paramètres chimiques de ces deux ensembles ne diffèrent plus significativement que par une conductivité et surtout une turbidité des eaux, plus importante dans les lacs traités. Ceci limite notablement la pénétration de la lumière et modifie sans doute la polarisation de la lumière réfléchie. De ce fait, le peuplement en Odonates des lacs traités s'est considérablement dégradé et la densité des exuvies récoltées y est trois fois plus faible que dans les lacs témoins. La faune s'est banalisée et une espèce généraliste comme *Ischnura elegans* a pris le dessus en supplantant une espèce plus spécialisée comme *Ceriagrion tenellum*, taxon dominant dans les lacs témoins. Des espèces patrimoniales protégées comme *Leucorrhinia albifrons* ont totalement déserté les lacs traités, même à l'état adulte, du fait de leur faible attractivité. Une trop grande turbidité et l'altération de la végétation sphagnicole constituent visiblement un signal leur indiquant que le milieu ne leur est plus favorable. De telles opérations de « réhabilitation » de lacs acides sont totalement à proscrire lorsqu'ils hébergent des espèces légalement protégées ou à forte valeur patrimoniale, car elles provoquent leur régression ou leur disparition et conduisent à la banalisation des peuplements. Rappelons que *Leucorrhinia pectoralis* et *L. albifrons*, présentes toutes deux dans ces lacs, comptent parmi les espèces les plus menacées d'Europe et que l'altération de leurs habitats est maintenant prohibée (ce qui n'était pas le cas en 1981).

L'intégration paysagère des bassins de régulation des eaux de ruissellement

De multiples bassins de rétention et de régulation ont été construits à la périphérie des villes pour collecter et traiter les eaux de ruissellement provenant des zones urbanisées et des grandes voies de communication. D'autres permettent de réguler les débits de crue des ruisseaux. L'intégration paysagère de tels ouvrages est maintenant une obligation légale et il est avantageux de les garder en eau en tout temps. Ils sont alors aptes à devenir d'utiles biotopes de substitution pour la faune et la flore, même s'ils ne peuvent prétendre remplacer les habitats naturels détruits.

Les lacs du parc technologique de la Porte des Alpes

D'une superficie cumulée de trois hectares, les lacs du parc technologique de la Porte des Alpes, à proximité de Lyon, sont en réalité trois bassins de rétention, de décantation et de restitution au milieu naturel des eaux de ruissellement du parc technologique. Ils ont été conçus sur le modèle des étangs de la Dombes, avec des plans d'eau envahis d'hydrophytes et ceinturés de roselières favorisant l'épuration des effluents. Une installation de pompage permet de les réalimenter en eau phréatique en cas d'étiage, afin d'éviter des processus de désoxygénation néfastes. En cas de pluies exceptionnelles, les ruissellements excédentaires sont absorbés par des drains enterrés. Par leur conception soignée, ces bassins ont créé les conditions nécessaires à l'apparition d'une diversité biologique importante dans un secteur précédemment sinistré. Les lacs sont habités par une multitude de libellules et près de 30 espèces ont visité les lieux. La plupart d'entre elles s'y reproduisent depuis plusieurs années. *Sympecma fusca*, *Coenagrion scitulum*, *Ischnura pumilio*, *Enallagma cyathigerum*, *Erythromma lindenii*, *Anax parthenope*, *Orthetrum albistylum*, *Crocothemis erythraea*, *Sympetrum fonscolombii* et *S. meridionale* y prospèrent abondamment.

Intégration paysagère d'un bassin de rétention-décantation-infiltration :

a. Vue générale du site actuel. © J. Léone et Grand Lyon.

b. L'un des bassins techniques aménagé comme un étang de la Dombes. © D. Grand.

Un bassin d'écrêtage de crues dans les collines du Lyonnais

Le ruisseau de la Liasse, dans les collines de l'ouest lyonnais, pose, comme de nombreux ruisseaux périurbains, d'importants problèmes de sécurité du fait de ses débordements fréquents. Afin de réduire ces nuisances tout en préservant le caractère champêtre du site, deux bassins de rétention ont été construits dans une dépression naturelle humide du vallon. Par beau temps, le ruisselet les traverse directement sans modifier son cours habituel. En revanche, par forte pluie, ils se remplissent et peuvent stocker jusqu'à 2000 m^3 d'eau, leur vidange se faisant ensuite à débit limité. Ces bassins régulateurs, maintenant envahis d'hydrophytes et ceinturés d'hélophytes, se moulent parfaitement dans la trame bocagère locale. Ils hébergent un intéressant peuplement de 25 espèces de libellules parmi lesquelles se remarquent *Ischnura pumilio*, *Coenagrion scitulum*, *Aeshna affinis*, *Anax parthenope*, *Orthetrum brunneum*, *Sympetrum sanguineum* et *S. meridionale*.

Vue actuelle du bassin régulateur de crues sur le ruisseau de la Liasse à Dardilly (Rhône). © D. Grand.

CONCILIER GESTION PISCICOLE ET CONSERVATION DES ODONATES

L'étang piscicole : un habitat particulier pour les odonates

Les étangs piscicoles offrent aux odonates des habitats propices à une échelle rarement atteinte dans les autres catégories de zones humides d'Europe. En Grande-Bretagne, les étangs constituent l'habitat principal de 35 % des espèces d'odonates, et un habitat complémentaire pour 38 %. Plus d'une trentaine d'espèces sont communément répertoriées dans chacune des grandes régions piscicoles françaises : 36 espèces en Brenne (recensées sur 24 étangs), 34 en Dombes (sur 79 étangs), 33 en Bresse (sur 24 étangs), 44 en Sologne (sur 61 étangs). Deux espèces considérées comme « quasi-menacées » dans la Liste Rouge nationale peuvent être rencontrées sur les étangs piscicoles : la Leucorrhine à gros thorax (***Leucorrhinia pectoralis***) et le Leste fiancé (***Lestes sponsa***). Une région d'étangs, la Dombes, semble porter une responsabilité particulière pour la conservation de cette leucorrhine et de ***Lestes barbarus***, ***L. virens*** et ***L. sponsa***.

En milieu lacustre, les odonates doivent s'adapter à des conditions assez particulières, compte tenu notamment des densités importantes de poissons potentiellement prédateurs de leurs larves. Les peuplements d'odonates diffèrent en effet nettement entre plans d'eau avec ou sans poissons. Des études expérimentales d'introduction ou de retrait de poissons ont montré que les communautés d'odonates sont clairement affectées par cette variable. Le comportement spécifique des larves peut cependant atténuer leur vulnérabilité vis-à-vis de la prédation, par une activité locomotrice plus ou moins réduite par exemple. La composition du peuplement piscicole est aussi un facteur essentiel : la présence de la perche ***Perca fluviatilis*** affecte davantage la diversité spécifique en odonates que celle du gardon ***Rutilus rutilus***.

Dans certaines régions comme la Dombes, la gestion des étangs piscicoles intègre des périodes d'assèchement temporaire, parfois assorties d'une mise en culture de céréales. Cette pratique peut être fatale aux larves de certaines espèces, en particulier celles dont la phase larvaire couvre deux années comme ***Aeshna cyanea***. Ce mode de gestion entraîne une instabilité permanente de la distribution des peuplements dans l'espace et le temps. En raison de ces assecs, mais aussi parce que certains étangs n'offrent pas toutes les conditions nécessaires à l'accomplissement du cycle reproducteur complet, il est préférable de prendre en compte les populations à l'échelle d'un complexe d'étangs. La recherche des exuvies montre en effet qu'il n'y a pas nécessairement de corrélation entre la présence d'adultes et leur reproduction. Certains plans d'eau, attractifs pour les adultes mais incompatibles avec leur reproduction effective, fonctionnent comme des pièges écologiques et l'équilibre des populations repose alors sur l'existence de sources démographiques dans les étangs voisins qui réunissent des caractéristiques favorables.

Par contre, une certaine instabilité de la mise en eau des étangs piscicoles est connue pour favoriser certaines espèces particulières comme ***Sympetrum depressiusculum***, si bien que l'abandon des pratiques traditionnelles de l'élevage des carpes (***Cyprinus carpio***) (jeunes carpes élevées dans des étangs temporairement mis en eau) dans le nord-ouest de l'Europe est considéré comme étant responsable du déclin de ce ***Sympetrum*** dans cette région et que le changement des pratiques agricoles est considéré comme étant la cause de la quasi-disparition de l'espèce dans les rizières de la plaine du Pô et de Camargue.

Les conditions favorables aux odonates des étangs piscicoles

En Europe, les étangs à vocation piscicole sont généralement artificiels et ont été créés au Moyen-Âge pour y élever des carpes, notamment. La liste des libellules présentes en Dombes recoupe 63 % de celle des milieux aquatiques lentiques des plaines de Rhône-Alpes. Certaines, comme ***Leucorrhinia pectoralis***, sont réputées intolérantes à la présence de poissons. Cette libellule a pourtant été trouvée sur des étangs dont le chargement piscicole atteint jusqu'à 800 kg/ha. En Sologne, le suivi des odonates sur des étangs ayant changé de vocation (arrêt des empoissonnements) n'a pas montré une augmentation de la fréquence de certaines espèces, même après plus de dix ans.

Ainsi certaines caractéristiques de milieu permettant aux larves d'échapper à la prédation (présence de grandes ceintures de végétation bien structurées faisant obstacle à la libre circulation du poisson par exemple) constituent un trait déterminant de l'habitat des odonates dans les étangs piscicoles.

L'habitat de ***Leucorrhinia pectoralis*** a été décrit en Dombes : les étangs qui accueillent cette espèce se caractérisent par un faciès végétal idéalement constitué d'une ceinture d'hélophytes de taille moyenne (jonc, glycérie, massettes, phalaris ou iris) de plus de 100 m de longueur sur une trentaine de mètres de largeur, bordée en grande partie de boisements riverains (entre 60 et 80 % du linéaire), dont la largeur et la hauteur ne paraissent pas être déterminantes.

Cette complémentarité entre hélophytes de taille moyenne (***Carex***, ***Typha***, ***Iris*** plutôt que ***Phragmites***) et végétation ligneuse semble correspondre aux préférences de nombreuses espèces. Il en est de même pour la végétation immergée ou flottante (herbiers de macrophytes), recherchée par les larves comme habitat et par les adultes lors de la ponte. En Brenne, certaines espèces (***Brachytron pratense***, ***Cordulia aenea***) sont plus nettement attirées que d'autres (***Sympetrum striolatum***, ***Orthetrum coerulescens***) par la présence de ces herbiers aquatiques. En conséquence, le développement de cette végétation tend à structurer nettement le peuplement d'odonates des étangs, et les deux peuvent être corrélés à la faible turbidité et à la qualité de l'eau.

Les ceintures de végétaux aquatiques moyennement élevés (environ 60 cm), connectées à des boisements riverains, percées de clairières d'eau libre, donnent à un étang piscicole les conditions optimales pour accueillir un riche peuplement d'odonates. © J. Broyer.

Les herbiers aquatiques immergés ou flottants sont recherchés par les larves comme habitat et par les adultes lors de la ponte. © J. Broyer.

Les odonates sont manifestement sensibles à l'environnement proche des plans d'eau, au paysage dans lequel s'insèrent les étangs. Avec des capacités de vol supérieures, les anisoptères le sont à une échelle plus importante (1 600 m) que les zygoptères (100 à 400 m). La présence d'un autre milieu aquatique dans cet environnement proche peut être une condition nécessaire à une richesse spécifique élevée en exuvies sur un étang lorsque l'habitat n'y est pas optimal.

Joël Broyer

Office Français de la Biodiversité

Observation, photographie, élevage et collection

L'inventaire et le contrôle régulier des espèces habitant les milieux humides sont un préalable à leur préservation. Lorsqu'ils s'avèrent remarquables, ces milieux peuvent être ensuite classés en zones protégées ou être acquis par diverses associations de protection de la nature. La mise en place de structures d'inventaire et de surveillance exige des moyens humains considérables qui dépassent de beaucoup les possibilités des pouvoirs publics et des scientifiques professionnels. Cette activité reste donc du ressort des naturalistes amateurs, qu'ils agissent à titre individuel ou dans le cadre d'associations. Être en relation avec une association est toutefois toujours préférable car cela facilite la transmission de l'information et son utilisation à des fins de protection.

Où, quand et comment observer les libellules ?

Les rencontres avec les libellules sont possibles dans les zones humides pendant les deux tiers ou les trois quarts de l'année suivant les régions en plaine, surtout en été dans les massifs montagneux. Une visite à un ruisselet prairial aux rives bien végétalisées ou à un petit étang ensoleillé abrité du vent à la fin du printemps permet d'approcher un maximum d'espèces, dont les individus se concentrent aux abords des rives. La saison la plus favorable à l'observation des libellules va de début mai à début octobre dans les régions de plaine mais se restreint au plein été aux altitudes élevées. En plaine, les semaines les plus chaudes de juillet-août donnent généralement lieu à une diminution des effectifs, avant que les espèces automnales n'apparaissent et n'entament leur phase de reproduction. À peu près tous les milieux humides peuvent servir de site de ponte pour les libellules, même les plus exigus, les plus salés et parfois même les plus pollués ! Il serait pourtant faux de croire que la qualité des eaux n'a pas d'effet sur les peuplements d'Odonates, car une ponte n'implique pas le succès de la reproduction. L'*Anax imperator* que nous avons vu pondre dans une amarre de bateau sur la côte Adriatique, les cordulégastres que l'on voit parfois pondre sur les routes humides, perdent visiblement leur temps et leur énergie ! Une espèce donnée ne vit pas n'importe où, et si l'on recherche une espèce particulière, il faudra la rechercher dans ses habitats de prédilection. Certaines espèces sont liées aux eaux courantes, d'autres aux suintements, d'autres aux étangs ou aux tourbières. Certaines ont une distribution méditerranéenne, d'autres ne fréquentent que la zone tempérée, d'autres enfin se cantonnent au-dessus d'une certaine altitude dans les massifs montagneux.

L'équipement de l'odonatologue en campagne et son utilisation

Lorsque l'on cherche à approcher des insectes aussi farouches que les libellules, il faut éviter les vêtements trop clairs ou ayant une tonalité trop tranchée par rapport au paysage, car ils rendent les mouvements trop perceptibles. Outre une tenue vestimentaire adaptée et des bottes si l'on veut éviter d'avoir les pieds mouillés, l'étude des Odonates requiert un minimum de matériel pour agir avec efficacité. Le paquetage de base comprend tout d'abord un filet à papillons de préférence démontable, pourvu d'un manche télescopique réglable d'un à deux mètres de long ou plus (certains modèles japonais atteignent cinq mètres !), ayant un arceau pliable de 40 cm de diamètre et un filet à mailles vert ou brun. On y adjoindra une loupe compte-fils de type « géologue » (× 10), un ouvrage de détermination de poche ou une clé simplifiée photocopiée, et, soit un indispensable carnet de notes, soit un dictaphone. Y seront consignées toutes les informations recueillies sur les sites d'observation, tels la localité, l'altitude, les conditions météorologiques, les caractéristiques du site, les espèces observées, leur abondance et leur comportement. Cet équipement de base pourra être complété d'une paire de jumelles ou d'un monoculaire, d'une carte topographique locale et d'un GPS pour déterminer les coordonnées géographiques.

Jeunes entomologistes s'exerçant à capturer une libellule au filet. © G. Doucet.

Le meilleur moyen de sortir du filet un individu capturé est de le saisir en douceur par le thorax ou par les ailes. Hormis dans les cas difficiles qui requièrent un examen sous loupe binoculaire ou microscope, la détermination pourra avoir lieu *in situ*, l'insecte étant relâché ensuite sur place. Les individus juvéniles ne doivent jamais être capturés sous peine de détériorations irréversibles, car leurs tissus, incomplètement sclérifiés, ne supportent aucun contact. Les clés d'identification doivent être utilisées avec rigueur, en déterminant d'abord la famille, puis le genre et enfin l'espèce ou la sous-espèce. Les débutants garderont à l'esprit que les femelles sont souvent plus difficiles à identifier que les mâles, surtout chez certains genres comme les *Coenagrion*. Concernant ces groupes difficiles, ils auront donc avantage, durant les premières années, à n'établir leurs inventaires qu'à partir des seuls mâles.

Pourquoi et comment photographier les libellules ?

La pratique de la macrophotographie des insectes est une activité largement répandue dans le monde des naturalistes. Elle demande un peu de technique et beaucoup de patience, mais, fait important, permet d'étayer ses observations sans pour autant devoir accumuler des boîtes de collection. Ainsi, dès lors que l'on voudra effectuer une détermination sur photographie, on cherchera à mettre les caractères d'identification en évidence. Il sera également possible de transmettre un cliché à une personne confirmée pour vérification ou validation pour un inventaire régional. La photographie permet également d'accumuler des documents concernant les comportements (accouplement, ponte, capture de proies, etc.), ce qu'une collection ne permet pas. Elle reste en outre le seul

Le photographe adopte une attitude compacte et stable, propice à limiter le dérangement de l'insecte et les photos floues. © G. Doucet.

moyen disponible pour homologuer la présence d'espèces protégées lorsque l'on ne possède pas d'autorisation légale de capture. La photographie des espèces pourra par ailleurs être complétée par celle des habitats. Tous ces documents seront de préférence géoréférencés à l'aide d'un GPS connecté à l'appareil photo et indexés par rapport aux carnets de terrain.

Les libellules étant d'un naturel méfiant, leur photographie est souvent un jeu de patience. Un appareil réflexe ou hybride muni d'un objectif « macro » de 100 ou 150 mm de focale, auxquels on adjoindra éventuellement un flash TTL en cas de lumière difficile, constitue l'équipement de base permettant d'opérer dans la plupart des situations. Une focale de 200 mm peut s'avérer utile pour les espèces les plus farouches, mais les risques de flou sont beaucoup plus importants si l'on opère à main levée. Si l'on recherche la qualité, l'utilisation d'un objectif à focale variable (zoom) est déconseillée car, hormis pour les plus onéreux, leur qualité optique est généralement insuffisante. Lors de l'utilisation d'appareils numériques, l'opérateur a la possibilité d'adapter la sensibilité à chaque cliché. Mais il faut garder à l'esprit qu'en augmentant trop celle-ci, on risque d'augmenter le bruit électronique de l'image, ce qui nuit à sa qualité.

Règles déontologiques

Dans toutes ces activités, il convient d'agir dans un cadre légal en gardant à l'esprit qu'espèces et localités peuvent être protégées. Les observations et leurs activités annexes doivent donc toujours se dérouler dans le strict respect des propriétés et des habitats visités, en évitant les dégradations et tout piétinement excessif, les milieux humides étant particulièrement fragiles sous cet aspect. On cherchera à laisser le milieu prospecté dans l'état où il a été trouvé. De nombreuses localités sont des sites privés et en cas de délimitation ou de signalisation évidente, une autorisation est nécessaire pour y accéder. L'expérience montre que les refus sont relativement rares et la difficulté réelle consiste à identifier et à localiser le propriétaire. D'autres localités sont classées en réserve et leur accès peut être réglementé ou interdit en dehors d'études scientifiques précises. Il convient là encore de prendre contact avec l'organisme gestionnaire. Les activités entomologiques offrent parfois l'occasion d'être au contact d'espèces protégées, dont il est interdit d'altérer les habitats, de collecter les œufs et de capturer les larves et les adultes sans autorisation préalable. En règle générale, ces autorisations ne sont accordées par les préfectures ou le ministère en charge de l'environnement que dans le cadre d'études scientifiques particulières. En présence d'espèces protégées et en l'absence d'autorisation de capture, il reste le plaisir d'observer ces insectes dans leur habitat et, lorsque cela s'avère possible, de les photographier ou de collecter leurs exuvies.

Collections et conservation

La constitution d'une petite collection de référence, dont seront exclues les espèces protégées, permet de disposer de spécimens caractéristiques et sans défaut (en général deux mâles et une femelle), qui serviront de points de comparaison pour des espèces ressemblantes, dont l'identification est délicate. Elle permet également de garder une preuve de la présence d'une espèce dans une localité située en dehors de son aire de répartition connue – ce que peut faire également une photographie géoréférencée à l'aide d'un GPS associé à l'appareil photo. Il est également utile de conserver en collection des spécimens présentant des malformations, des caractères tératologiques comme la gynandromorphie, ou encore des femelles andromorphes exceptionnelles.

Pour mettre une libellule en collection, plusieurs protocoles sont possibles. En l'absence de traitement à l'acétone ou à l'alcool absolu, il convient de conserver le spécimen en vie au moins une journée dans une papillote, pour lui laisser le temps de vider ses intestins. Puis, après l'avoir tué à l'acétate d'éthyle (lire les précautions d'emploi), on le pique entre les ailes avec une épingle de taille appropriée et on l'étale, le dos apposé à une plaque de polystyrène avec la pointe de l'épingle fichée dans cette dernière. Le spécimen est ainsi mis à sécher plusieurs jours à l'air, à l'abri de l'humidité et des parasites.

Au cours de ce traitement, la plupart des espèces perdent leurs couleurs. On pourra donc préférer laisser les spécimens immergés dans un bain d'acétone (lire les précautions d'emploi) durant une journée. La pulvérulence bleue de certains *Libellula*, *Orthetrum*, *Leucorrhinia* et *Trithemis* s'atténue lors d'un tel traitement. L'éthanol absolu peut être alors préféré mais ce produit est peu disponible en dehors des réseaux scientifiques. L'éthanol à 95 %, couramment disponible en pharmacie, convient également mais il contient soit un peu de méthanol (toxique), soit un peu d'acétone. Ces traitements durcissant les parois et les rendant extrêmement cassantes, il est nécessaire de bien étaler au préalable les spécimens dans leur position définitive dans une boîte métallique et de les y maintenir par de petits aimants. Les couleurs sont assez bien préservées par cette procédure, hormis celle des yeux qui disparaît presque toujours.

Certains naturalistes sont réticents à l'idée de constituer une collection de libellules adultes, qui implique la mort de quelques spécimens. Aucune retenue n'est par contre justifiée en ce qui concerne la constitution d'une collection d'exuvies, dépouilles mortes dont le ramassage n'influe en rien sur la vie des espèces. La présence d'une exuvie dans une localité est la preuve que l'espèce s'y est reproduite avec succès et permet de valider ses inventaires. Lorsqu'un nombre suffisant de dépouilles peut être collecté, il devient possible de déterminer le sex-ratio des espèces ou d'effectuer des mesures de biométrie. Que les spécimens soient conservés individuellement dans des boîtes de collection ou groupés par biotope dans des récipients adaptés, ils seront dans tous les cas étiquetés avec soin (localité, date, altitude, biotope, etc.). Enfin, toutes les collections (adultes et exuvies) seront stockées au sec et à l'abri de la lumière, régulièrement entretenues et préservées des parasites à l'aide de répulsifs adaptés.

Pour en savoir plus

Åbro, 1992 ; Pritchard, 1984 ; Aguesse, 1968 ; Aguiar & Faria, 1991 ; Asahina, 1974 ; Belle, 1994 ; Bernier, 2003 ; Boudot & Kalkman, 2015 ; Brunelle, 2005 ; Carvalho, 1999 ; Conci & Nielsen, 1956 ; Coppa, 1989a, 1998 ; Cordero, 1990a-b, 1992b ; Cordero Rivera, 2005 ; Cordero *et al.*, 1998, 2005 ; D'Aguilar, 1990 ; D'Amico *et al.*, 2004 ; Darblade & Avignon, 1999 ; Deffert, 1982 ; Deliry *et al.*, 2003 ; Dommanget, 1998 ; Eda, 1995 ; Favérot, 1999 ; Gärdenfors *et al.*, 2001 ; Geijskes, 1975 ; Ghaffar-Shedid & Seidel, 1991 ; Gonthier & Meunier, 2001 ; Guerbaa & Hennequin, 2003, 2005 ; Hämäläinen, 1978 ; Hatto, 1994 ; Hennequin, 2009 ; Hennequin & Cabaret, 2018 ; Inoué & Tani, 1999 ; Kern, 2005 ; Kozyreff, 2003 ; Le Quellec, 1990 ; Lemoine, 2005 ; Liu, 2001 ; Machado & Martinez, 1982 ; Maire, 2004 ; Mauden, 1994 ; Mauden

Boîte de collection contenant des exuvies de *Cordulegaster b. boltonii*. Les 60 spécimens de cette boîte ont été collectés dans 60 communes différentes du Rhône. © D. Grand.

& Rupprecht, 1996 ; Messlinger & Winterholler, 2003 ; Orent, 1998 ; Pilon & Lagacé, 1998 ; Polette *et al.*, 2017 ; Robert, 1958 ; Robert & Coquillard, 1998 ; Rudolph, 1991 ; Salowsky, 1989 ; Sánchez-Guillén *et al.*, 2005 ; Sawkiewicz, 1989 ; Snowman, 2003 ; Sternberg & Buchwald, 2000 ; Tennessen, 2005 ; Tyagi, 1981 ; UICN, 2006 ; Van Gossum *et al.*, 2003 ; Wermeille *et al.*, 2002 ; Wildermuth, 2001, 2004, 2008a, 2009 ; Wildermuth & Küry, 2009 ; Wildermuth *et al.*, 2005.

Monographies

Chapitre 5

Émergence de Leucorrhinia albifrons. © G. Doucet.

Introduction aux monographies

Toutes les espèces observées en France, Belgique, Luxembourg et Suisse sont présentées dans cette partie. Chaque monographie d'espèce est introduite par une présentation de la famille et des genres : nombre d'espèces, répartition dans le monde, en Europe et dans la zone couverte par cet ouvrage, caractéristiques des imagos. Cette présentation inclut également une synthèse de la bibliographie des espèces de la famille. Chaque monographie d'espèce pour laquelle il existe au moins deux sous-espèces ou deux morphotypes contient une clé ou un paragraphe permettant de les identifier. Chacune des monographies comprend les rubriques suivantes :

Critères de terrain

Nous donnons ici la description des adultes, mâles et femelles, immatures et matures, du fait des changements de coloration qui affectent les imagos au cours de leur vie aérienne, en insistant particulièrement sur les caractères diagnostiques, qui figurent en gras.

Dimensions

La taille des ailes et de l'abdomen (incluant les appendices abdominaux) est donnée pour chacun des sexes à 1 mm près. Les cas de nanisme avérés sont cependant éliminés.

Confusions à éviter

Nous indiquons ici les confusions possibles avec les espèces les plus ressemblantes, en soulignant les caractères qui permettent de les distinguer.

Répartition géographique, distribution et abondance

La répartition d'une espèce est définie par l'aire géographique à l'intérieur de laquelle elle peut se rencontrer. La distribution de cette espèce précise la manière selon laquelle elle occupe son aire de répartition : homogène, inégale, en populations disjointes ou isolées etc. L'abondance de cette espèce est le reflet de la fréquence spatiale et de la densité de ses populations. À titre d'exemples, une espèce répandue (= vaste aire de répartition) peut être partout assez rare à très rare dans l'ensemble de son aire, où encore être commune au nord mais rare au sud. Inversement, une espèce localisée (aire de répartition petite) peut être très commune dans son aire de répartition.

Pour l'ouest de l'Europe et le Bassin méditerranéen, une **carte** précise l'**aire de répartition** des différents taxons décrits (espèces, morphotypes et sous-espèces). La **distribution française, belge, luxembourgeoise** et **suisse** de ces espèces ou sous-espèces est ensuite indiquée sur une carte séparée où leur **statut** est représenté au niveau **départemental** ou **provincial** et, pour la Suisse, sur la base des **régions biogéographiques** (Gonseth *et al.* 2001), par une charte de couleur indiquant différents **niveaux d'abondance ou de rareté**. Pour la France, nous avons largement utilisé l'*Étude faunistique et bibliographique des Odonates de France* et le *Bilan provisoire de l'inventaire cartographique des Odonates de France (1982-2000)*, tous deux publiés par Jean-Louis Dommanget et la Société française d'Odonatologie, ainsi que différentes synthèses régionales récemment parues ou communiquées à titre individuel. Pour la Belgique, nous nous sommes appuyés sur l'*Atlas provisoire des Libellules de Belgique* publié en 1986 par Nico Michiels, Anny Anselin, Philippe Goffart et Mark Van Mierlo, sur l'*Atlas des Libellules de Belgique*, élaboré par Philippe Goffart, Geert De Knijf, Anny

Légende des cartes

Couleur	Signification
Rouge	Espèce ou sous-espèce actuellement très rare ou exceptionnellement observée, ou seulement migratrice
Orange	Espèce ou sous-espèce actuellement rare à peu commune ou localisée dans le département
Vert	Espèce ou sous-espèce actuellement assez commune à très commune
Gris	Espèce ou sous-espèce présente avant 1980 est désormais considérée comme disparue
Jaune	Citations douteuses ou à confirmer
Blanc	Taxon non cité ou citations avérées erronées

Anselin et Marc Tailly, paru en 2006, ainsi que sur diverses publications scientifiques et les données du groupe de travail Gomphus (http://biodiversite.wallonie.be/fr/libellules.html?IDC=801) pour la Wallonie et du Libellenvereniging Vlaanderen (www.odonata.be) pour la Flandre. La répartition et le statut des différentes espèces luxembourgeoises ont été tirés des mises au point synthétiques publiées par Roland Proess, Ralph Baden et Raoul Gerend entre 1996 et 2005, et s'appuient particulièrement sur le *Verbreitungsatlas der Libellen des Grossherzogtums Luxemburg* paru en 2006 sous l'égide de Roland Proess, ainsi que sur l'*Atlas des Libellules de la Grande Région,* c'est-à-dire la région transfrontalière Lorraine française, Wallonie Belge, Luxembourg, Sarre et Palatinat publié par Trockur *et al.* sous l'égide du Zentrum für Biodokumentation Landsweiler-Reden, Land de Sarre (Allemagne) en 2010. Les dernières mises à jour faunistiques ont été tirées des publications scientifiques standards les plus récentes, ainsi que sur les sources internet les plus fiables. La vérification et la mise à jour des données pour la Belgique et le Luxembourg ont été effectuées par Philippe Goffart, Geert De Knijf et Roland Proess. Pour la Suisse, Les données concernant la distribution des libellules sont disponibles dans les deux atlas de distribution publiés par Maibach & Meier en 1987 puis par Wildermuth *et al.* en 2005 ainsi que dans de nombreux atlas cantonaux. La distribution des espèces est régulièrement mise à jour en ligne sur le site d'info fauna - CSCF (http://www.cscf.ch).

En ce qui concerne la France, les cartes de distribution présentées dans cet ouvrage ont été réalisées à partir des données bibliographiques et de données scientifiques récentes réunies selon un protocole national établi par la Société française d'Odonatologie, en partenariat avec le Service du patrimoine naturel du Muséum national d'Histoire naturelle de Paris et le ministère chargé de l'Environnement. Les différents atlas régionaux disponibles sur Internet, particulièrement à partir du portail Visionature de la LPO, de même que l'Atlas dynamique des Odonates de France (https://atlas-odonates.insectes.org/), ont également été utilisés. Les récents compléments issus des dernières publications scientifiques standards ont été intégrées. La cohérence de l'ensemble des données cartographiques avec le récent *Atlas of the European Dragonflies and Damselflies* publié en 2015 a été contrôlée.

Écologie et biologie

Ces rubriques soulignent les préférences écologiques de l'espèce dans l'ouest de l'Europe : eaux courantes ou stagnantes, eaux douces ou saumâtres, types de milieu, amplitude altitudinale dans le territoire considéré, microhabitats de ponte, durée de la phase larvaire et nombre de stades larvaires (incluant le stade de la prolarve) lorsque cela est connu, rythmes d'activités quotidiens ou saisonniers (hivernage ou estivation éventuels), déplacement des imagos, migrations éventuelles, etc.

Comportement

Ce paragraphe mentionne les particularités les plus marquantes concernant le comportement de l'espèce traitée (attitudes, territorialité, ponte, etc.).

Période de vol

Les informations sur les dates d'apparition et de disparition des espèces se réfèrent aux données extrêmes disponibles. En effet, les premières émergences du printemps peuvent être décalées de plus de deux semaines d'une année à l'autre, en fonction des températures de la fin de l'hiver, et les dates de disparition des espèces varient en fonction des conditions météorologiques de l'année. En automne, plusieurs espèces sont encore présentes en octobre-novembre les années favorables. Ces dates correspondent au territoire pris en considération ici, France, Belgique, Luxembourg et Suisse. Il existe des différences notables dans les dates d'apparition et de disparition entre le nord et le sud de cette région, les premières étant avancées d'une quinzaine de jours et les secondes différées parfois d'un mois dans les régions méridionales. C'est pourquoi nous ferons figurer deux diagrammes, l'un se rapportant au sud de la région considérée, l'autre au nord (voir page suivante).

Les symboles ont la signification suivante :

Phénologie

○ Période où les émergences sont dominantes

⊖ Maturation

◒ Poursuite des émergences et début de la période de reproduction

● Période où la reproduction est nettement dominante

◓ Période de déclin des populations

Menaces et mesures de gestion

L'appréciation des menaces tient compte de l'importance des effectifs, de la densité des populations avec, le cas échéant, mention d'un déclin ou de facteurs de déclin constatés, ainsi que les particularités des biotopes lorsque ceux-ci sont très spécifiques. Des mesures de gestion particulières, visant à maintenir ou à créer des populations viables dans les zones où l'espèce est menacée ou a disparu, peuvent être indiquées, en vue de sauvegarder les espèces menacées ou de restaurer des espèces éteintes.

Mesures de classement et de protection

Les statuts de protection et de classement sont présentés pour chaque espèce dans un tableau en trois parties. Si nécessaire, des commentaires sont apportés sous le titre « Mesures de classement et de protection ».

Tableau des statuts de protection

Indique pour chaque pays l'absence de protection (O), une protection nationale (●), l'absence du taxon (–) ou des protections régionales.

Abréviations utilisées pour les pays et les protections régionales :

- France (**FR**) : **IdF**, Île-de-France ;
- Belgique (**BE**) : **Fl**, Flandre ; **Wa**, Wallonie ;
- Luxembourg (**LX**) ;
- Suisse (**CH**) : **C**, protection dans les cantons d'Argovie, de Berne, de Genève, de Glaris, d'Obwald, de Schaffhouse, de Thurgovie, de Vaud ; **GE**, **VD**, cantons de Genève et de Vaud.

Listes rouges

Catégories utilisées dans les listes rouges

RE	Espèce éteinte au niveau national
CR	En danger critique
EN	En danger
VU	Vulnérable
NT	Quasi menacée
LC	Préoccupation mineure
DD	Données insuffisantes
NA	Non applicable
NE	Non évaluée

Les listes rouges luxembourgeoise et flamande utilisent une catégorie **R** (« rare »).

Par « **Liste Rouge monde** », nous nous référerons à IUCN 2022.

Par « **Liste Rouge européenne** », nous nous référerons à la classification proposée par Kalkman *et al.* (2010) pour l'Europe géographique, qui s'appuie sur la classification de l'UICN appliquée au niveau régional (UICN 2003).

Par « **Liste Rouge française** », nous nous référerons à la Liste Rouge publiée par le comité français de l'IUCN en 2016 en collaboration avec les sociétés entomologiques du pays (UICN France *et al.*, 2016).

Par « **Liste Rouge wallonne** », nous nous référerons à la Liste Rouge des Libellules de Wallonie révisée par Philippe Goffart, parue dans l'*Atlas des Libellules de Belgique* (Goffart *et al.*, 2006). Cette liste utilise les catégories et critères de l'UICN, version de 2001.

Par « **Liste Rouge flamande** », nous nous référerons à la Liste Rouge des Libellules de Flandre révisée par Geert De Knijf, parue dans l'*Atlas des libellules de Belgique* (Goffart *et al.*, 2006). Cette liste reprend les catégories et critères de l'UICN, @version de 2001.

Par « **Liste Rouge luxembourgeoise** », nous nous référerons à la Liste Rouge des Libellules du Luxembourg publiée par Roland Proess (2006a) qui reprend également la classification de l'UICN.

Par « **Liste Rouge suisse** », nous nous référerons à la Liste Rouge des Libellules menacées en Suisse (Monnerat *et al.*, 2021).

Rappelons qu'une Liste Rouge est un inventaire qui fait le point sur la situation du patrimoine biolo-

Leucorrhinia caudalis. Vosges, juin 2023. © J.-P. Boudot.

gique dans le but d'attirer l'attention des spécialistes, scientifiques ou amateurs, et du grand public, sur la régression ou la vulnérabilité des espèces qui y figurent. Ces listes doivent susciter des études visant à mieux connaître les espèces qu'elles renferment pour mieux les protéger, mais les mesures à prendre ne doivent en aucun cas conduire à empêcher des études rigoureuses sur le long terme car cela aboutirait au résultat inverse de celui recherché.

Directive Habitats

Dans le cadre de cette directive, permettant la mise en application de la convention de Berne, chaque État membre est chargé d'identifier et de désigner des zones spéciales de conservation (ZSC) pour la sauvegarde des habitats et des espèces listées dans l'annexe II. Ces zones, complétées des zones de protection spéciale (ZPS), forment un réseau européen de sites protégés appelé réseau Natura 2000.

Les espèces de cette directive sont d'intérêt communautaire lorsqu'elles sont en danger, vulnérables, rares ou endémiques. La directive comporte deux annexes qui concernent les odonates :

- Annexe II (**II**) : espèces animales et végétales d'intérêt communautaire dont la conservation nécessite la désignation de zones spéciales de conservation.
- Annexe IV (**IV**) : espèces animales et végétales d'intérêt communautaire qui nécessitent une protection stricte.

Les Zygoptères sont nos petites libellules « en forme d'allumette » des rivières et des étangs, ainsi que les « Ailes fumées » (Calopteryx) des cours d'eau. Ils se reconnaissent à leurs yeux séparés par un grand espace, bien supérieur à leur propre diamètre. Les ailes ont sensiblement la même forme et presque la même taille (les postérieures sont généralement juste un peu plus courtes que les antérieures), et sont soit rassemblées sur le dos, soit entrouvertes à l'oblique vers l'arrière, au repos. L'abdomen est grêle et a la forme d'une allumette, sauf chez les Calopteryx, plus robustes. Les femelles sont toujours munies d'un ovipositeur, ce qui leur permet d'insérer leurs œufs dans les végétaux lors de la ponte. Au cours de l'émergence, les imagos sortent, sauf exception, verticalement de l'enveloppe larvaire, le corps dressé, jamais renversé en arrière.

Les Zygoptères

Selon la liste mondiale des Odonates, les Zygoptères comptent au 1er mai 2022 3 276 espèces à travers le monde, qui se regroupent en 324 genres et 37 familles, mais ces chiffres varient en fonction des auteurs et de leurs concepts propres, les classifications phylogénétiques modernes ne concordant pas toujours avec les classifications morphologiques plus anciennes. Dans la région couverte par cet ouvrage, les Zygoptères ne sont représentés que par quatre familles, les Caloptérygidés, les Lestidés, les Platycnémididés et les Coenagrionidés. Ils comptent 38 espèces et sous-espèces, contre 57 pour la totalité de l'Europe politique située à l'ouest de l'Oural, y compris les migrants exceptionnels.

Calopteryx splendens. © S. Lamy.

Mâle de *Calopteryx s. splendens*, protégeant la femelle en ponte sur son territoire. Rhône, juillet. © D. Grand.

La famille des Caloptérygidés

(Calopterygidae Selys, 1850)

Les Caloptérygidés se regroupent en 21 genres et 186 espèces répartis dans à peu près toutes les régions de la planète exceptées l'Australie et la Nouvelle-Zélande. On n'en compte qu'un seul dans notre région, le genre *Calopteryx* (noms vernaculaires : Caloptéryx, Ailes fumées, etc.), qui ne vit que dans l'hémisphère nord. En Europe, ces libellules se reconnaissent à leurs ailes ovales, non pédonculées, à nervation très serrée, colorées partiellement ou en totalité chez les mâles, et à leur corps bleu, vert ou brun rougeâtre métallique plus ou moins cuivré. On dénombre quatre espèces de *Calopteryx* dans notre région, de même qu'en Europe. Beaucoup sont des espèces collectives qui renferment diverses sous-espèces plus ou moins bien définies sur le plan morphologique et dont la systématique reste à affiner par des études génétiques.

Larve de Calopteryx. © F. Melki.

Écologie

Les quatre espèces de notre faune sont inféodées aux cours d'eau disposant de berges au moins en partie végétalisées, indispensables à leur reproduction. Les eaux doivent être de bonne qualité, bien que certaines espèces supportent de légères pollutions organiques. Les cours d'eau rectifiés aux berges abruptes et trop profondes leur sont défavorables.

Biologie

Les œufs des Caloptéryx éclosent, semble-t-il, deux semaines après la ponte, du moins pour *Calopteryx splendens* et *C. virgo* en climat tempéré. L'hiver est alors passé à l'état larvaire. Dans le nord de l'Europe, les œufs pondus tardivement n'éclosent qu'au printemps suivant. La phase larvaire dure ensuite de 7 mois à 2 ans suivant les régions et les espèces, et compte 12 ou 13 stades. Durant leur développement, les larves, qui chassent à l'affût, se tiennent dans les racines des arbres plongeant dans l'eau au niveau des berges en surplomb, sur les plantes aquatiques ou sur des débris organiques accumulés au fond de l'eau. La plupart d'entre elles arrivent à maturité dès le printemps suivant. L'émergence peut commencer tôt dans la matinée ou même en fin de nuit si la température est suffisamment élevée. Les larves prêtes à émerger grimpent sur une tige ou une paroi rocheuse et s'immobilisent en bordure de l'eau, généralement à faible hauteur. Des exuvies ont néanmoins été collectées à plus de quatre mètres au-dessus de l'eau. La position que prend la larve à ce moment va de la verticale à une complète rétroversion.

Comportement

Chez les Caloptéryx européens, de nombreux mâles sont territoriaux lorsque la densité des populations reste modérée. Le reste des mâles se tient à proximité dans les herbes et une partie d'entre eux reste aux aguets en attendant qu'un territoire se libère (mâles satellites). Lorsque leur densité augmente, leur territorialité disparaît et ils tendent à former des agrégats au sein desquels ils manifestent une grande tolérance les uns envers les autres. Les mâles pratiquent une cour assidue aux femelles pour obtenir leurs faveurs. Ils ont développé une parade précopulatoire très élaborée qui consiste à effectuer un vol très particulier, caractérisé par un battement des ailes à haute fréquence lors d'un vol au point fixe. Pendant ce ballet aérien, et parfois lorsqu'il est posé, le mâle redresse l'extrémité de son abdomen,

Groupe de femelles de *Calopteryx haemorrhoidalis*. Tunisie, juin 2002. © J.-P. Boudot.

pour montrer à la femelle la coloration vive de la face ventrale de ses trois derniers segments abdominaux, dont la couleur suffit à le faire reconnaître. Ils peuvent également se poser sur l'eau et se laisser dériver avec le courant, l'extrémité de l'abdomen recourbée vers le haut, indiquant par là même aux femelles la vitesse du courant et donc la qualité du site pour la ponte. Le taux d'éclosion des œufs et de survie des larves est en effet proportionnel à la vitesse du courant jusqu'à une certaine valeur. Dans les eaux trop lentes, les œufs s'entourent d'algues encroûtantes, ce qui les empêche d'éclore normalement. Les mâles qui se posent sur l'eau ont la préférence des femelles, et le succès de leur parade est également proportionnel à la vitesse du courant, jusqu'à certaines limites. L'accouplement se déroule sur le territoire du mâle, lui-même situé à proximité de son perchoir, et n'excède guère trois à cinq minutes. Après la séparation, la femelle se repose quelques instants et va pondre seule, sous la surveillance et la protection du mâle, qui reste à proximité pour repousser d'éventuels intrus. La ponte, qui dure parfois 3/4 d'heure, commence en surface, la femelle introduisant jusqu'à 300 œufs dans les plantes aquatiques flottantes à raison d'une dizaine par minute, et se poursuit plus en profondeur au fur et à mesure qu'elle descend le long des tiges immergées, pour parfois disparaître complètement pendant plusieurs minutes sous l'eau. Les Caloptéryx s'éloignent assez peu de leur site de reproduction. Leur rayon d'action moyen est compris entre 20 et 100 mètres, mais certains spécimens se rencontrent encore 300 mètres à l'écart de l'eau et parfois bien au-delà, sur des étangs ou dans des tourbières.

Bibliographie de la famille et des espèces

Corbet, 1999 ; Dumont, 1972 ; Dumont *et al.*, 2005 ; Gibbons & Pains, 1992 ; Heidemann & Seidenbusch, 2002 ; Heymer, 1972, 1973a ; Maibach, 1985, 1987 ; Martin & Maynou, 2023 ; Ocharan, 1983 ; Pajunen, 1966a ; Rüppell *et al.*, 2005 ; Sadeghi *et al.* 2009 and Sadeghi & Dumont (2014) ; Siva-Jothy *et al.*, 1995 ; Sternberg & Buchwald, 1999 ; Ward & Mill, 2005 ; Weekers *et al.*, 2001 ; Zahner, 1960.

Calopteryx splendens (Harris, 1780)

Le Caloptéryx éclatant

Libellula splendens Harris, 1780, *An Exposition of English Insects*: 99. Londres.

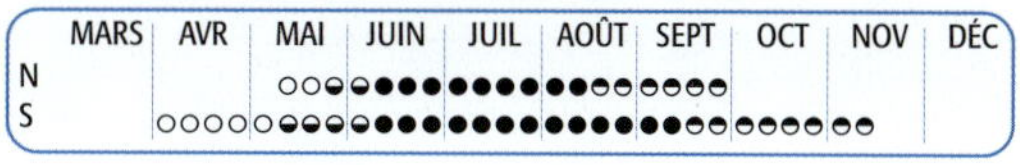

C. s. splendens mâle. © N. Helitas.

Critères de terrain

Corps bleu à vert métallique. **Ailes des mâles partiellement colorées de bleu, avec, au niveau de la nervure costale, la partie opaque commençant au nodus, l'apex restant hyalin sur une longueur variable. Ailes des femelles hétéromorphes hyalines à très faiblement enfumées. Dessous des trois derniers segments abdominaux des mâles jaune à blanc grisâtre** avec des marques noires. **Ptérostigmas des femelles proches de l'apex des ailes.**

Le problème des sous-espèces chez *C. splendens*: la systématique subspécifique de *C. splendens* reste très confuse du fait d'une variabilité très importante concernant l'extension de la coloration opaque des ailes des mâles. À l'échelle de l'Eurasie il apparaît en effet que la forme géométrique des ailes de ses différentes populations n'est que faiblement corrélée à leur taxonomie et à leur génétique et les innombrables morphes décrits dans cette espèce collective, certains paradoxalement similaires malgré leur considérable distanciation géographique, paraissent devoir être attribuées à la rencontre et à l'hybridation de plusieurs vagues de recolonisation ayant eu lieu à partir de différents refuges méridionaux vers le nord au postglaciaire (Holocène). Des analyses génétiques récentes suggèrent néanmoins que les populations italiennes, décrites sous le nom de *C. s. caprai* Conci, 1956, chez qui la marge hyaline apicale des ailes des mâles est étroite, se démarquent suffisamment bien des autres populations européennes pour que l'on puisse leur maintenir un rang de sous-espèce. Les populations corses (apparemment assez peu variables) et sardes (plus variables) paraissent, d'un point de vue morphologique, appartenir à *C. s. caprai*. Nous les considérerons ici comme telles, même si leur caractérisation génétique reste à faire.

Deux sous-espèces présentes en Europe occidentale, surtout reconnaissables chez les mâles :

- ***C. s. splendens*** (Harris, 1780).
  Le Caloptéryx éclatant: **zone hyaline de l'extrémité des ailes des mâles généralement assez large**, mais présence fréquente d'individus n'ayant qu'une étroite marge apicale transparente.

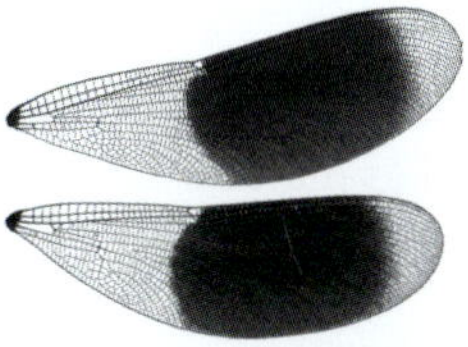

- ***C. s. caprai*** Conci, 1956.
  Le Caloptéryx de Capra: **marge hyaline de l'extrémité des ailes des mâles en principe toujours étroite (1-2 mm).**

Dimensions

Abdomen (mm) : ♂ 33 - 41 ; ♀ 33 - 40
Ailes postérieures (mm) : ♂ 27 - 32 ; ♀ 29 - 36

C. s. caprai mâle. Corse, juin 2005. © D. Grand.

Femelle de *C. s. splendens* en ponte subaquatique. Rhône, août 2005. © D. Grand.

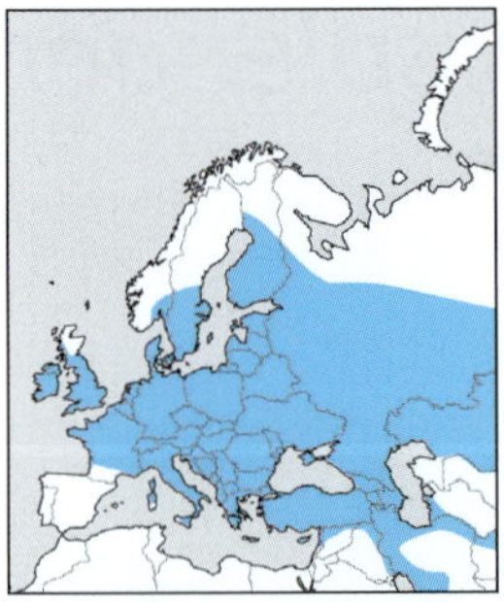

C. s. splendens

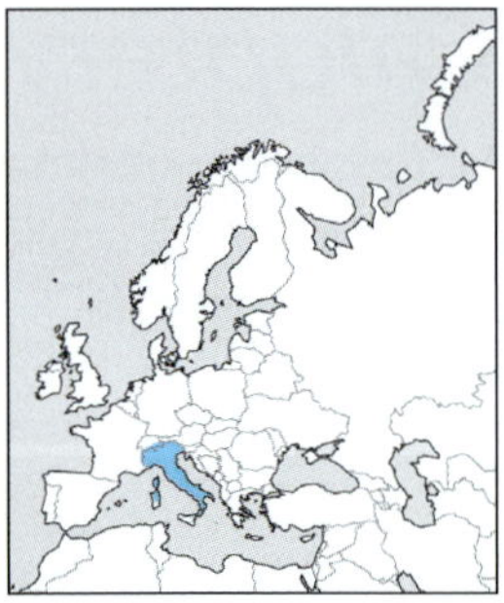

C. s. caprai

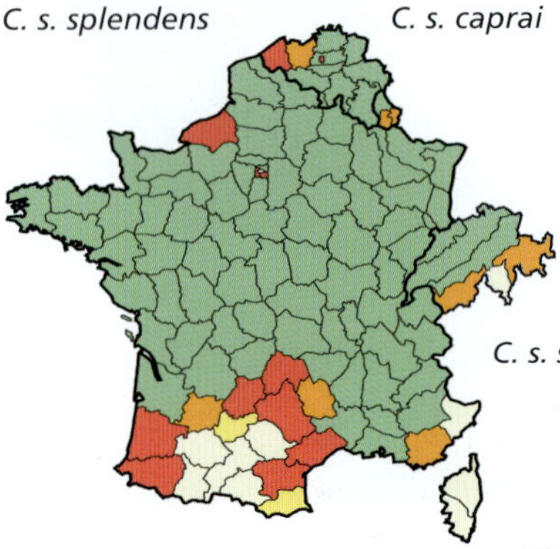

C. s. splendens

C. s. caprai

Confusions à éviter

Les mâles n'ayant qu'un fin liseré hyalin à l'apex des ailes peuvent être aisément confondus avec *C. xanthostoma*. Les femelles de *C. splendens*, *C. xanthostoma* et *C. virgo* peuvent être confondues entre elles. Des hybrides entre *C. splendens sensu lato* et *C. xanthostoma* sont connus de France et d'Italie et ont souvent été confondus avec *C. s. caprai*.

Répartition géographique, distribution et abondance

- *C. s. splendens* : de l'Europe occidentale, où elle est commune à basse et moyenne altitude à la Sibérie centrale, à l'Iran et à l'Asie Mineure.
- *C. s. caprai* : Italie, Suisse au Tessin, Sardaigne, Corse où elle reste assez rare.

C. splendens

PROTECTION				LISTES ROUGES							DIRECTIVE HABITATS
FR	BE	LX	CH	MONDE	EU	FR	WA	FL	LX	CH	
○	FL	●	C	LC	LC	LC	LC	LC	LC	LC NT	–

* Pour la Suisse : *C. s. splendens*, LC ; *C. s. caprai*, NT.

Accouplement de *C. s. splendens*. Rhône, juillet 2004.
© D. Grand.

Écologie et biologie

Eaux courantes ensoleillées de basse et moyenne altitude, parfois jusqu'à 1200 m, des grands fleuves aux petits ruisseaux et aux fossés permanents. Parfois également sur certains étangs et bras morts à alimentation phréatique. L'espèce se développe préférentiellement dans les rivières et les ruisseaux dont le courant a une vitesse inférieure à 60 cm/s, avec un optimum compris entre 3 et 30 cm/s, et dont les températures estivales sont comprises entre 18 et 24 °C. La hauteur de la végétation herbacée des rives au contact immédiat de l'eau, qui permet le contrôle du territoire par les mâles dominants tout en leur permettant de séjourner au soleil, est également un paramètre très important. Cette espèce supporte de légères pollutions organiques et chimiques. Les œufs éclosent 6 à 9 semaines après la ponte. La phase larvaire comprend 12 stades et dure 1 ou 2 ans.

Comportement

Les mâles territoriaux défendent un petit territoire proche d'une zone de ponte pendant 2 à 15 jours, exceptionnellement pendant près de 2 mois. Les autres se perchent simplement sur les herbes des rives. De temps à autre, ils font un bref battement d'ailes pour signaler leur présence, afin d'attirer une femelle ou de repousser un mâle. La majorité des femelles se tient généralement plus à l'écart et la plupart d'entre elles ne viennent à l'eau que pour s'accoupler et pondre.

Menaces et mesures de gestion

Cette espèce n'est pour le moment pas menacée dans la région considérée, mais la pollution, la rectification des cours d'eau et l'entretien des rives par fauchage, ainsi que l'apparition de boisements trop fermés au niveau des rives, provoquent localement son éradication. Elle est un peu partout en régression du fait de l'aménagement des cours d'eau, des pratiques agricoles et de la pollution. Le statut des populations corses est mal connu.

Femelle de *C. s. splendens* pondant sous la protection du mâle. Rhône, août 2005. © D. Grand.

Calopteryx xanthostoma (Charpentier, 1825)

Le Caloptéryx occitan

Agrion xanthostoma Charpentier, 1825, *Horae Entomologicae, Libellulinis Europaeis*: 5. Gosohorsky, Breslaw.

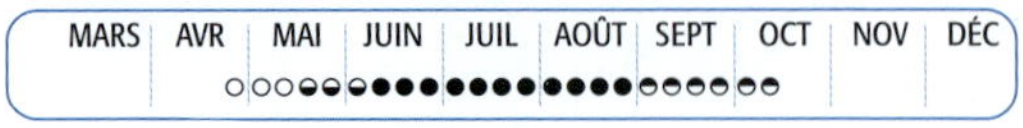

Mâle. Ardèche. © G. Doucet.

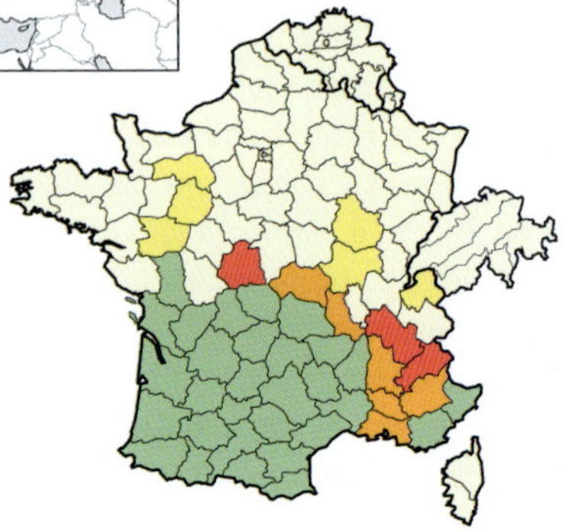

Critères de terrain

Corps bleu à vert métallique. **Au niveau de la nervure costale, zone colorée des ailes des mâles débutant juste au nodus, quitte à redescendre ensuite vers la base de l'aile, et apex toujours coloré, sans aucune marge hyaline. Dessous des trois derniers segments abdominaux des mâles jaune. Ptérostigmas des femelles encore plus en position apicale que chez *C. splendens*.**

Ce taxon est parfois considéré comme sous-espèce de *C. splendens* mais les études génétiques suggèrent qu'il en est suffisamment éloigné pour mériter un rang d'espèce à part entière. Il n'y a néanmoins actuellement pas de consensus sur la position taxonomique de ce taxon.

Dimensions

Abdomen (mm) : ♂ 33 - 39 ; ♀ 33 - 39
Ailes postérieures (mm) : ♂ 27 - 29 ; ♀ 30 - 36

Confusions à éviter

Chez les mâles, la confusion est possible avec *C. virgo meridionalis*, ainsi qu'avec les formes de *C. splendens* n'ayant qu'un fin liseré hyalin à l'apex des ailes. Les femelles de *C. splendens*, *C. xanthostoma* et *C. virgo* peuvent être confondues entre elles.

Répartition géographique, distribution et abondance

Endémique du sud-ouest de l'Europe. *C. xanthostoma* paraît être une espèce relictuelle ayant survécu à la dernière période glaciaire dans quelques zones refuges isolées du sud-ouest européen ; il semble être actuellement en voie d'introgression par *C. splendens*, avec lequel il forme des populations hybrides le remplaçant progressivement dans certaines localités de France et d'Italie. En France cette espèce est commune dans un grand tiers sud-ouest du pays. Les citations se rapportant à sa présence plus au nord paraissent douteuses.

Écologie et biologie

Cours d'eau méridionaux à courant modéré à vif (5 à 40 cm/s de préférence, jusqu'à 60 cm/s), bien ensoleillés et comportant des plantes aquatiques flottantes. L'espèce s'accommode de légères pollutions temporaires et peut atteindre 1 200 m d'altitude en montagne. L'espèce semble pouvoir être localement univoltine dans le nord-est de l'Espagne mai pourrait être semivoltine dans d'autres parties de son aire.

Femelle en ponte. Hérault. © J.-Y. Kernel.

Accouplement. Lot, juillet 1984. © J.-P. Boudot.

Comportement

Ce Caloptéryx a le même comportement que le Caloptéryx éclatant.

Menaces et mesures de gestion

Bien que certaines populations aient régressé du fait de l'altération de leur habitat, cette espèce n'est pas menacée en France dans l'immédiat. Sa régression est par contre très sensible dans la péninsule Ibérique et en Italie. Comme pour toutes les espèces de rivière, sa survie dépend du bon état des cours d'eau (absence de pollution, d'aménagement et de rectification, ensoleillement suffisant).

PROTECTION				LISTES ROUGES							DIRECTIVE HABITATS
FR	BE	LX	CH	MONDE	EU	FR	WA	FL	LX	CH	
O	–	–	–	LC	LC	LC	–	–	–	DD	–

Calopteryx virgo (*Linnaeus, 1758*)

Le Caloptéryx vierge

Libellula virgo Linnaeus, 1758, *Systema naturae*, 10e éd., 1 : 545. Laurentii Salvii, Stockholm.

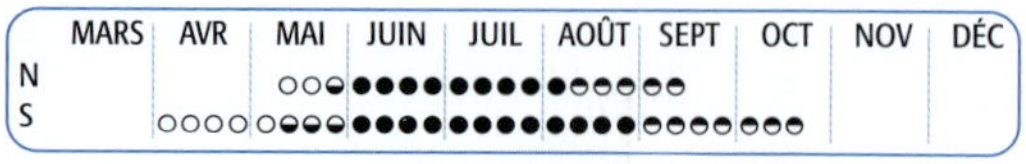

Calopteryx v. virgo. © L. Rouschmeyer.

C. v. virgo

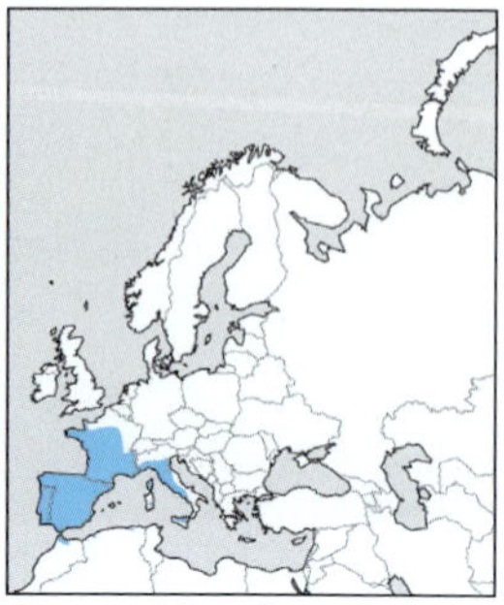

C. v. meridionalis

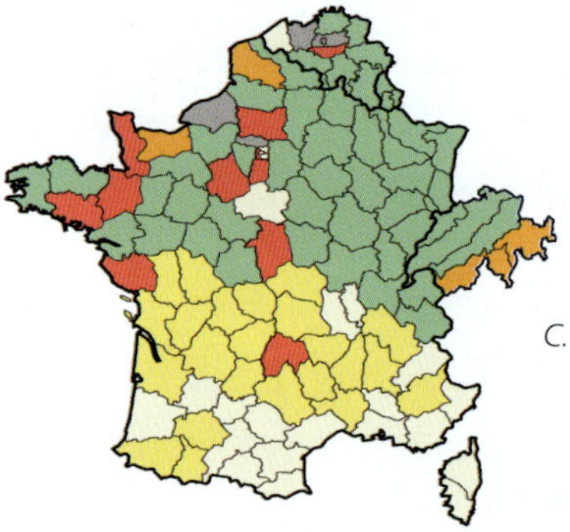

C. v. virgo

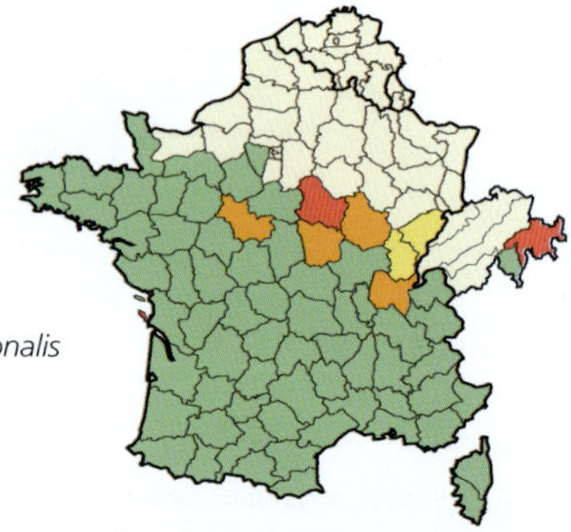

C. v. meridionalis

Critères de terrain

Corps vert métallique à maturité. **Ailes des mâles larges et colorées de bleu-vert dans leur totalité ou avec l'apex ou la base plus ou moins éclairci. Dessous des trois derniers segments abdominaux des mâles orangé à rougeâtre. Ailes des femelles** plus ou moins enfumées **avec le ptérostigma plus distant de l'apex** que chez les espèces précédentes.

Deux sous-espèces, surtout reconnaissables chez les mâles :

- ***C. v. virgo*** (Linnaeus, 1758). **Le Caloptéryx vierge : base des ailes des mâles éclaircie sur moins de 5 mm. Apex le plus souvent éclairci sur 1 à 4 mm,** notamment aux antérieures, parfois opaques. Femelles : face ventrale du synthorax noir avec de petits traits jaunes. Ailes des femelles souvent un peu enfumées.

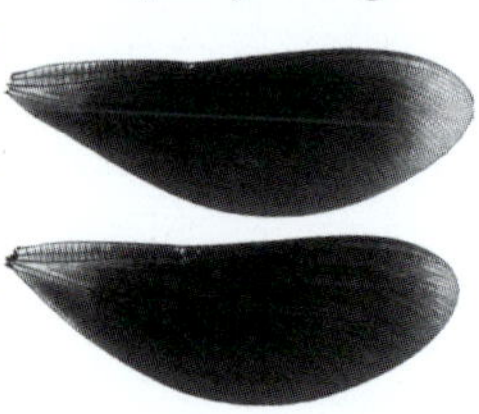

- ***C. v. meridionalis*** Selys, 1873. **Le Caloptéryx méridional : ailes des mâles hyalines de la base à la cellule discoïdale ou un peu au-delà sur plus de 5 mm. Apex des ailes toujours coloré.** Femelles : face ventrale du Synthorax avec les 2/3 antérieurs essentiellement jaunes. Ailes des femelles parfois très enfumées, avec quelquefois une tache ou une barre brune vers l'apex.

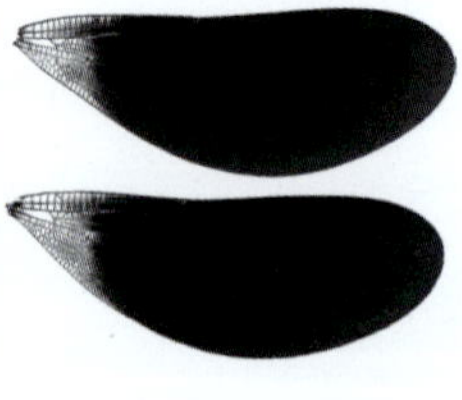

Dimensions

Abdomen (mm) : ♂ 33 - 42 ; ♀ 31 - 41
Ailes postérieures (mm) : ♂ 26 - 34 ; ♀ 24 - 36

Mâle de *C. v. meridionalis*. Alpes-Maritimes, août 1985. © J.-P. Boudot.

Femelle de *C. v. meridionalis*. © J.-P. Boudot

Confusions à éviter

Les mâles de *C. v. meridionalis* peuvent être confondus avec ceux de *C. xanthostoma*, mais la couleur de la face inférieure des derniers segments abdominaux permet une bonne distinction. L'identification des femelles au niveau subspécifique n'est pas toujours fiable. De rares femelles de *C. v. meridionalis* ont une tache ou une barre brune vers l'extrémité des ailes et peuvent être confondues avec celles de *C. haemorrhoidalis*.

Répartition géographique, distribution et abondance

- *C. v. virgo*: Europe occidentale de l'Atlantique à l'Oural.
- *C. v. meridionalis*: Bassin méditerranéen occidental et façade atlantique de l'Europe.

En France, la sous-espèce nominale se rencontre au nord d'une ligne Nantes-Lyon-Grenoble, *C. v. meridionalis* au sud d'une ligne allant de la Normandie au lac Léman, même en montagne. Les deux sous-espèces cohabitent et présentent des morphes intermédiaires entre ces deux lignes dont l'attribution taxonomique est malaisée.

Écologie et biologie

Eaux courantes partiellement ensoleillées, avec une prédilection pour les zones vallonnées ou montagneuses, jusqu'à 1 600 m d'altitude en Corse. Cette espèce se développe préférentiellement dans les cours d'eau dont le courant a une vitesse inférieure à 60 cm/s, avec un optimum compris entre 3 et 30 cm/s, et dont les températures estivales sont comprises entre 13 et 18 °C. Dans cet intervalle de température, l'activité respiratoire des larves est plus élevée que chez *C. splendens*, alors que le métabolisme des deux espèces est identique à 24 °C. Les adultes sont relativement tolérants à l'ombre et fréquentent volontiers les ruisseaux traversant des boisements éclaircis ou clairiérés, mais évitent les grands cours d'eau. Ce Caloptéryx disparaît très vite en cas de pollution organique. Les œufs éclosent 6 à 9 semaines après la ponte. La phase larvaire comprend 12 stades et dure 1 ou 2 ans selon les sous-espèces et les régions.

Comportement

Les adultes se perchent sur les arbres et les herbes des rives. Les mâles territoriaux défendent un territoire pendant 3 à 20 jours. De temps à autre, ils font un bref battement d'ailes pour signaler leur présence, attirer une femelle ou repousser un mâle concurrent.

Menaces et mesures de gestion

Les deux sous-espèces de *C. virgo* sont communes dans les régions de moyenne altitude, où elles ne semblent pas encore menacées. Elles ont par contre considérablement régressé dans les régions agricoles et industrielles, suite à la pollution et à l'aménagement des cours d'eau. La suppression des lisières arborées le long des rivières et le fauchage des berges sont absolument à proscrire.

C. v. virgo, tandem. Vienne, juin 2009. © V. Prié.

Femelle de *C. v. meridionalis*. Espagne, Albacete, juillet 1990. © J.-P. Boudot.

C. virgo

PROTECTION				LISTES ROUGES								DIRECTIVE HABITATS
FR	BE	LX	CH	MONDE	EU	FR	WA	FL	LX	CH**		
○	FL	●	●*	LC	LC	LC	LC	EN	LC	LC	VU	–

Pour la Suisse : * protection nationale pour C. v. meridionalis ; ** C. v. virgo, LC ; C. v. meridionalis, VU.

Calopteryx haemorrhoidalis (Vander Linden, 1825)

Le Caloptéryx hémorroïdal

Agrion haemorrhoidalis Vander Linden, 1825, *Monographiae Libellulinarum Europaearum Specimen*: 34. Frank, Bruxelles.

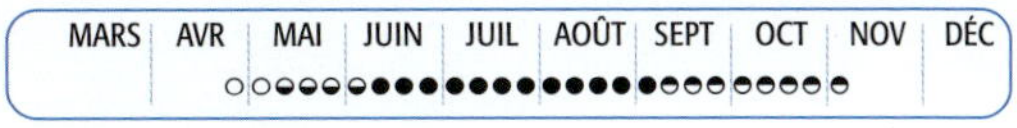

Mâle. Gorges de l'Hérault. © X. Rufray.

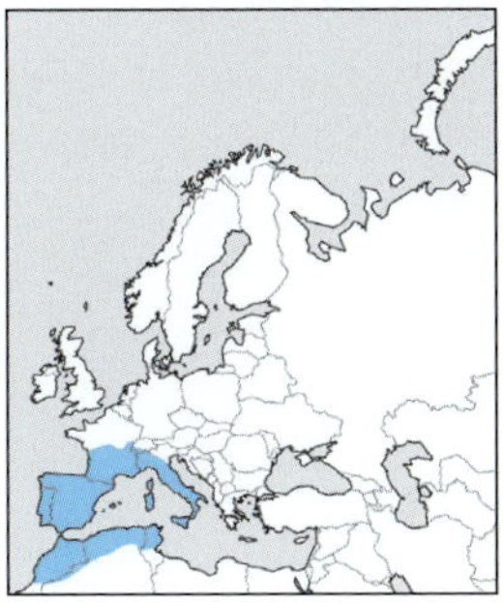

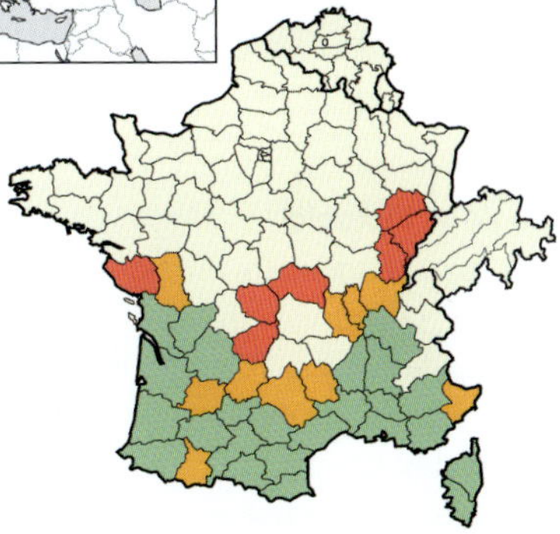

Critères de terrain

Corps brun rouge brillant à noirâtre chez les mâles, brun brillant à vert métallique plus ou moins cuivré chez les femelles, se ternissant avec l'âge. **Dessous des trois derniers segments abdominaux des mâles rouge carmin vif. Ailes** en grande partie d'un rouge noirâtre chez les mâles, plus ou moins enfumées et **marquées d'une tache ou d'une barre brune vers l'apex chez les femelles**.

Les trois sous-espèces classiquement décrites, ***C. h. haemorrhoidalis*** (ailes antérieures et postérieures des mâles colorées jusqu'à l'apex ou éclaircies à hyalines sur moins du 1/10e de leur longueur), ***C. h. occasi*** (ailes antérieures et postérieures des mâles nettement éclaircies ou hyalines à l'apex, les postérieures avec la marge arrière entièrement colorée et opaque), et ***C. h. asturica*** (ailes antérieures et postérieures des mâles nettement éclaircies ou hyalines à l'apex, les postérieures avec la marge arrière partiellement ou totalement hyaline), ne sont plus considérées comme valides.

Dimensions

Abdomen (mm) :	♂ 34 - 43 ; ♀ 31 - 43
Ailes postérieures (mm) :	♂ 23 - 32 ; ♀ 25 - 37

Confusions à éviter

La coloration rouge carmin vif du dessous des trois derniers segments abdominaux des mâles permet d'éviter les confusions avec les autres Caloptéryx. Certaines femelles de *C. virgo meridionalis* peuvent se confondre avec celles de *C. haemorrhoidalis*.

Répartition géographique, distribution et abondance

Bassin méditerranéen occidental. En France cette espèce est présente au sud d'une ligne Angoulême/Lyon, notamment au-dessous de 600 m d'altitude. Elle est généralement commune en climat méditerranéen puis se raréfie dans le nord de son aire de répartition. Elle tente actuellement de s'étendre vers le nord à la faveur d'épisodes de chaleur comme le suggèrent les quelques individus isolés observés sporadiquement au nord d'une ligne La Rochelle - Genève.

Calopteryx haemorrhoidalis femelle. Espagne, province de Valencia, juillet 2021. © J.-P. Boudot.

Écologie et biologie

Ruisseaux méridionaux limpides, propres et bien oxygénés, dépourvus de pollution et à courant assez rapide (de 9 à 70 cm/s, mais de préférence de 20 à 40 cm/s), en dessous de 1 100 mètres d'altitude. Sur les grands cours d'eau, surtout sur les secteurs où le courant est le plus vif. Les émergences ont habituellement lieu l'année suivant la ponte et la phase larvaire comprend 13 stades. Des émergences échelonnées de cette espèce peuvent être observées jusqu'à début septembre, mais l'espèce reste néanmoins essentiellement univoltine jusque dans le sud de l'Espagne. Des exuvies ont été collectées jusqu'à plus de quatre mètres de haut sur les rochers.

Comportement

Mâles et femelles s'observent aisément, posés sur la végétation qui borde les cours d'eau. Certains mâles défendent un territoire voisin de 5 m² pendant une vingtaine de jours, celui-ci étant généralement situé dans des secteurs partiellement ombragés.

Mâle en vol stationnaire faisant la cour à une femelle. Rhône, août 2005. © D. Grand.

Menaces et mesures de gestion

Cette espèce, localement en régression du fait de la pollution des rivières, ne paraît pas globalement menacée dans l'immédiat. Pour l'essentiel, il suffit de conserver un niveau de qualité convenable aux cours d'eau et d'éviter la disparition de la végétation de leurs berges.

PROTECTION				LISTES ROUGES							DIRECTIVE HABITATS
FR	BE	LX	CH	MONDE	EU	FR	WA	FL	LX	CH	
○	–	–	–	LC	LC	LC	–	–	–	–	–

Femelle en ponte. Ardèche, septembre 1981. © D. Grand.

Accouplement. Gard, juin 1983. © J.-P. Boudot.

Cœurs copulatoires et tandems, *Lestes macrostigma*. Bouches-du-Rhône, juin 2018.

La famille des Lestidés

(Lestidae Calvert, 1901)

Les Lestidés comptent 9 genres distribués dans toutes les régions de la planète et regroupant 151 espèces. Dans notre région on n'observe que trois genres et 10 espèces et sous-espèces, immédiatement reconnaissables à leur **corps vert métallique** (genres *Lestes* et *Chalcolestes*) **ou brun mat** ou cuivré selon l'âge (genre *Sympecma*). Certains *Lestes* peuvent en outre se couvrir partiellement d'une pulvérulence bleue bien visible. Les **ailes** des Lestidés sont **longuement pédonculées avec une nervation lâche et de nombreuses cellules pentagonales. La cellule discoïdale a la forme d'un losange**. Au repos, elles demeurent écartées à l'oblique vers l'arrière chez les vrais *Lestes*.

Écologie

La majorité des Lestidés affectionne les eaux stagnantes ensoleillées, même si certaines s'assèchent au cœur de l'été. De rares espèces se reproduisent également en eau courante. Les milieux qu'ils préfèrent comportent souvent des bordures peu profondes envahies de carex, de scirpes et de joncs, qui s'appuient parfois sur des roselières à phragmites et massettes.

Biologie

Les *Lestes* et *Chalcolestes*, qui rassemblent au total huit espèces et sous-espèces dans notre région et en Europe, pondent dans les tiges des plantes aquatiques vivantes, où les œufs passent l'hiver. Ces derniers n'éclosent normalement qu'au printemps suivant et les larves se développent habituellement en 4 à 12 semaines, en passant par 9 à 13 stades larvaires successifs. Dans le nord de l'Europe, les larves de certaines espèces n'ayant pas atteint leur maturité au début de l'été n'émergent qu'au printemps suivant (*Lestes sponsa* par exemple). Elles chassent leurs proies à l'approche, se tiennent à faible profondeur, ont un mode de vie très actif et sont extrêmement sensibles à la prédation par les poissons. En fonction des conditions climatiques, les émergences commencent dans la matinée et peuvent se poursuivre en début d'après-midi, sur un support proche de la verticale, en bordure de l'eau. Ensuite, les imagos juvéniles s'éloignent de leur lieu de naissance pour entamer une phase de maturation d'une à deux semaines. Les *Sympecma* ont quant à eux un cycle très particulier, qui ne se retrouve chez aucun autre genre en Europe. Leur émergence a lieu en été et en automne puis les imagos hibernent, cachés sous les litières en forêt, dans les creux des écorces ou sous les pierres. La période de reproduction prend place au printemps suivant et la ponte s'effectue dans les débris végétaux morts qui flottent sur l'eau ou qui restent sur pied au niveau des rives. Les œufs éclosent 2 à 6 semaines après la ponte. La phase larvaire dure ensuite 2 à 3 mois et comprend 10 ou 11 stades. Les imagos émergent ainsi durant l'été, l'année même de la ponte.

Comportement

Peu de Lestidés sont territoriaux et mâles et femelles cohabitent généralement sur les sites de reproduction en se tenant posés dans les herbes, dans les buissons, ou sur des branches ou des feuilles mortes. Dès leur arrivée sur les lieux de ponte, les femelles sont saisies par un mâle et l'accouplement débute si elles sont consentantes. Les couples se posent dans la végétation pour dix à vingt minutes. Lors de la ponte, qui s'effectue généralement en tandem, le mâle tient la femelle par le prothorax à l'aide de ses appendices abdominaux et cette dernière insère ses œufs dans les végétaux vivants des rives ou dans les débris végétaux flottant sur l'eau. Les Lestidés s'éloignent assez peu de leur site de reproduction. Leur rayon d'action moyen est compris entre 20 et 100 mètres mais certains spécimens s'observent encore 800 mètres à l'écart de l'eau.

Bibliographie de la famille et des espèces

Aguesse, 1968; Berquier & Andrei-Ruiz, 2019; Cham 2021; Corbet, 1999; Geraeds, 2019; Grand & Roché, 2003; Gyulavári *et al.*, 2011; Heidemann & Seidenbusch, 2002; Jacquemin, 1987, 1994; Jödicke, 1997; Jödicke & Mitamura, 1995; Johansson, 2000; Lambret *et al.*, 2009, 2023; Lambret, 2015a, b, Matushkina *et al.*, 2016; Landemaine, 1991; Lebioda, 1987; Machet, 1990; Olias, 2007; Picard & Meurgey, 2005; Robert, 1958; Rota & Carchini, 1988; Samraoui *et al.*, 2003; Simonsen *et al.*, 2023; Utzeri & Ercoli, 2004; Vanappelghem *et al.*, 2013; Weihrauch *et al.*, 2005; Wildermuth *et al.*, 2005.

Lestes barbarus *(Fabricius, 1798)*

Le Leste sauvage

Agrion barbara Fabricius, 1798, *Supplementum entomologiae systematicae* : 286. Proft et Storck, Copenhague.

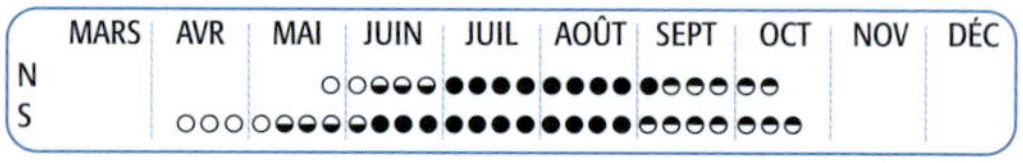

Mâle. Hérault, juillet 2020. © J.-P. Boudot.

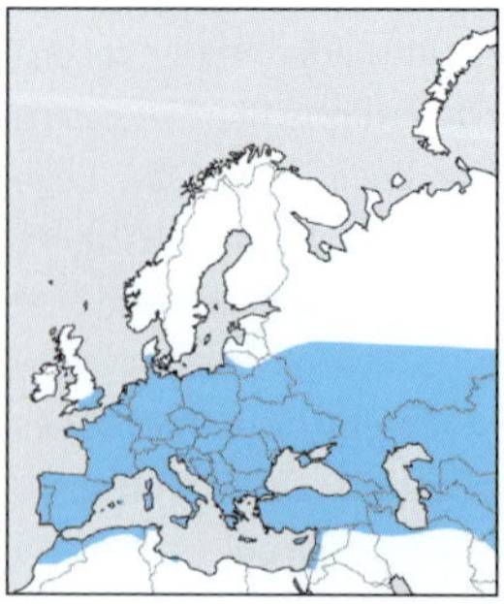

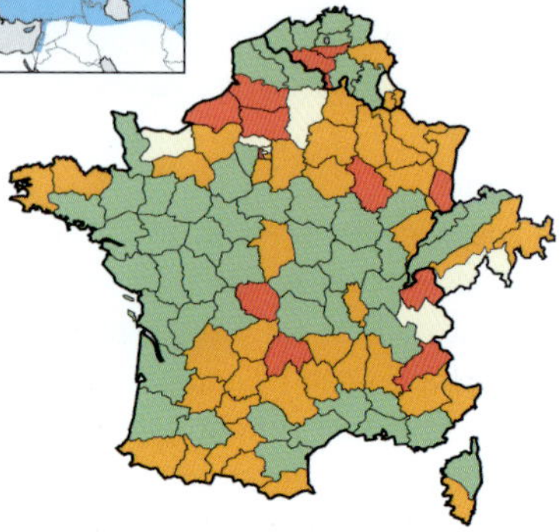

Critères de terrain

Corps vert métallique à brun cuivré brillant, sans pulvérulence bleue mais avec une faible pulvérulence blanchâtre à l'extrémité de l'abdomen chez les mâles âgés. **Occiput bicolore, vert sur le dessus et jaune clair dans sa partie postéro-inférieure. Ptérostigmas nettement bicolores, bruns puis blanchâtres sur presque la moitié de leur longueur à maturité. Cerques courts et aigus à l'extrémité, avec les pointes divergentes.**

Dimensions

Abdomen (mm) : ♂ 26 - 35 ; ♀ 26 - 33
Ailes postérieures (mm) : ♂ 19 - 25 ; ♀ 21 - 27

Confusions à éviter

Une confusion est possible avec les spécimens de *Lestes v. virens* dont l'extrémité des ptérostigmas est blanchâtre. Chez *L. barbarus*, le ptérostigma est habituellement blanchâtre sur 40 à 50 % de sa longueur et la limite entre les deux couleurs est nette. Chez *L. v. virens*, il n'est blanchâtre que sur un quart à un cinquième de sa longueur et la transition des deux couleurs est plus graduelle.

Répartition géographique, distribution et abondance

De l'ouest de l'Europe et du nord du Maghreb à l'Iran, au nord de la Chine et au sud de la Sibérie. Cette espèce, commune dans la zone méditerranéenne et sur la façade atlantique, est actuellement en extension vers le nord dans toute l'Europe, peut-être à la suite du réchauffement du climat. Elle est récemment arrivée ou revenue dans le nord et l'est de la France, en Belgique et dans les pays voisins. Longtemps sporadique et migratrice malgré des épisodes temporaires de reproduction en Suisse, l'espèce y est maintenant plus régulière bien que l'on ne soit pas certain que toutes les avancées helvétiques soient durables à long terme.

Écologie et biologie

Eaux stagnantes ensoleillées, peu profondes, non polluées, parfois saumâtres et temporaires. L'espèce affectionne les mares, les marais et les étangs bordés ou envahis d'hélophytes de faible hauteur, mais également les sansouïres littorales

Accouplement. © E. Nielsen.

Ponte en solo, moins fréquente. Corse, août 1984.
© D. Grand.

et les prés inondables. Essentiellement cantonné en plaine, ce *Lestes* peut vagabonder jusqu'à 1 200 mètres d'altitude dans le Massif central. Dans la région méditerranéenne il arrive que les œufs éclosent dès l'automne, lorsque la température reste douce. La phase larvaire dure le plus souvent entre 1 et 2 mois et compte 11 ou 12 stades. Les larves se tiennent à faible profondeur, dans des secteurs ensoleillés s'échauffant rapidement au soleil. Les émergences se produisent dès la seconde quinzaine de mai, parfois massivement, à faible hauteur, généralement dans des secteurs en voie d'exondation.

Comportement

Après l'accouplement, les femelles pondent seules ou en tandem avec le mâle. Elles insèrent leurs œufs dans les végétaux disponibles au niveau des points d'eau (carex, joncs, salicornes, etc.), mais peuvent également pondre dans les prés secs qui seront inondés au printemps suivant. La ponte se produit plus rarement dans des ronciers ou dans les rameaux tendres des aulnes et des saules. Les adultes ont un pouvoir colonisateur élevé et s'installent rapidement sur les mares temporaires, où ils peuvent accomplir leur cycle reproductif si elles sont en eau au printemps.

Menaces et mesures de gestion

Globalement, le Leste sauvage ne semble pas menacé dans notre territoire. Ses habitats sont encore nombreux, malgré la disparition massive des marais côtiers et continentaux qui a eu lieu au cours du XXe siècle. Au niveau des mares temporaires, cette espèce est néanmoins sensible aux sécheresses précoces, qui interdisent le développement des larves au printemps. Le comblement des mares en vue d'accroître les surfaces cultivées et le surpâturage des marais constituent d'autres menaces quant à sa pérennité dans de nombreuses régions. Afin d'enrayer son déclin, il faudrait créer des mares, surveiller les secteurs marécageux des étangs pour qu'ils conservent leurs formations herbacées inondables en début d'année et interdire le pâturage des mares temporaires.

PROTECTION				LISTES ROUGES							DIRECTIVE HABITATS
FR	BE	LX	CH	MONDE	EU	FR	WA	FL	LX	CH	
○	FI	●	C	LC	LC	LC	NE	LC	LC	NE	–

Lestes virens (Charpentier, 1825)

Le Leste verdoyant

Agrion virens Charpentier, 1825, *Horae Entomologicae, Libellulinis Europaeis* : 8. Gosohorsky, Breslaw.

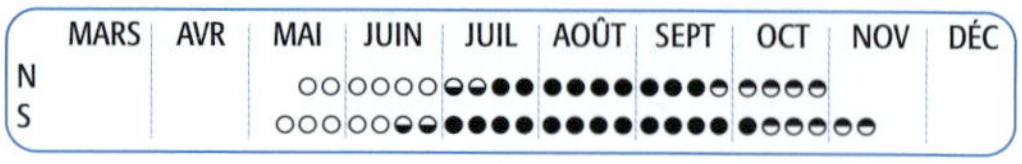

Mâle de *L. v. virens*. Corse du Sud, juillet 2020.
© J.-P. Boudot.

Critères de terrain

Corps vert métallique avec une pulvérulence bleue n'apparaissant que tardivement entre les ailes, sur les flancs du thorax et sur les segments abdominaux 9 et 10 chez les seuls mâles. **Occiput bicolore, vert sur le dessus et jaune clair dans sa partie inférieure. Ptérostigmas uniformément bruns ou s'éclaircissant dans leur tiers apical. Cerques courts et arrondis à l'extrémité.**

Deux sous-espèces, génétiquement différentiées, sont classiquement reconnues en Europe occidentale :

- ***L. v. virens*** (Charpentier, 1825). **Le Leste verdoyant méridional : le trait jaune dorso-latéral des sutures thoraciques humérales est large et atteint la base des ailes postérieures.** Ptérostigmas s'éclaircissant généralement vers l'extrémité sur 1/3 à 1/5 de leur longueur.

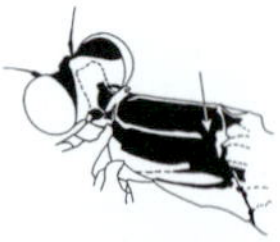

- ***L. v. vestalis*** Rambur, 1842. **Le Leste verdoyant septentrional : le trait jaune dorso-latéral des sutures thoraciques humérales est toujours interrompu avant la base de l'aile chez les mâles**, parfois moins nettement chez les femelles, parfois étroit ou oblitéré. Ptérostigmas uniformément bruns, entourés de nervures blanches. Une troisième lignée génétique a été mise en évidence en Sicile, sans conséauence taxonomique pour le moment.

Dimensions

Abdomen (mm) : ♂ 24 - 34 ; ♀ 24 - 30
Ailes postérieures (mm) : ♂ 16 - 24 ; ♀ 17 - 23

Confusions à éviter

Dans les stades jeunes, la confusion est possible avec *Chalcolestes viridis*, qui a également des cerques courts. Le caractère bicolore de l'occiput permet une distinction sûre. Certains spécimens de *Lestes v. virens* ont par ailleurs l'extrémité des ptérostigmas blanchâtres sur un tiers à un cinquième de leur longueur, ce qui peut conduire à une confusion avec *Lestes barbarus*. Chez *Lestes barbarus*, le ptérostigma est blanchâtre sur une plus grande longueur (presque la moitié) et la limite entre les deux parties est plus nette.

Mâle de *L. v. vestalis*. Meuse. © T. Roussel.

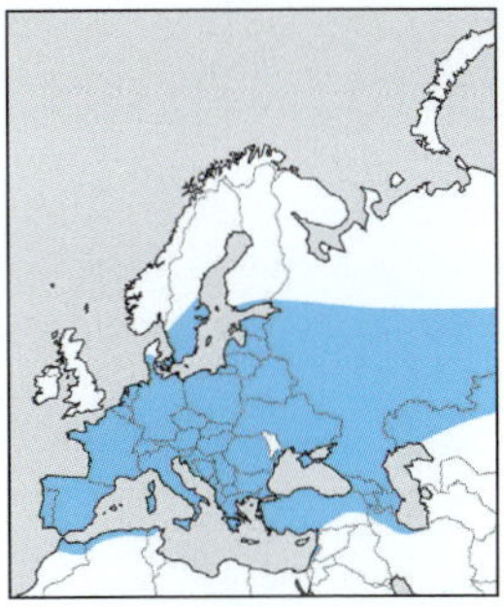

L. v. virens

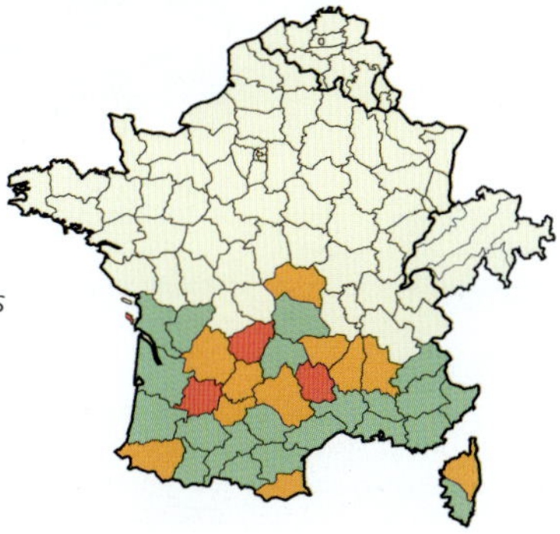

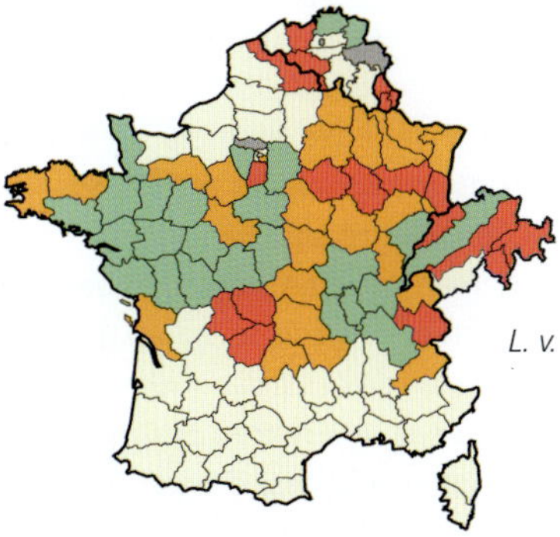

L. v. vestalis

Répartition géographique, distribution et abondance

De l'ouest de l'Europe et de l'Afrique du Nord à l'Asie.

- *L. v. virens*: Bassin méditerranéen occidental, à l'exception de l'Italie. Dispersé dans notre région, et globalement assez peu fréquent.
- *L. v. vestalis*: de l'ouest de la France et de l'Italie à l'Asie centrale et au sud de la Sibérie. Irrégulièrement commun en France, devenu rare en Wallonie et au Luxembourg. Ce taxon a connu une forte régression sur le Plateau suisse suite au drainage des marais.

L. v. virens, accouplement. © L. Rouschmeyer.

Écologie et biologie

Eaux stagnantes : marais, mares herbeuses même temporaires, lavognes méditerranéennes, lagunes saumâtres, étangs et lacs bordés de roselières ou de cariçaies, fosses de détourbage et étangs tourbeux. Ce *Lestes* se rencontre surtout en plaine, même si localement il peut encore s'observer jusqu'à 1400 m d'altitude. Les larves aiment la chaleur du soleil et se tiennent à faible profondeur sur des supports végétaux. Dans la région méditerranéenne il arrive que les œufs éclosent dès l'automne, lorsque la température reste douce. La phase larvaire dure 2 à 3 mois. Dans le Sud, les émergences sont un peu plus tardives que chez le Leste sauvage.

Ponte de *L. v. vestalis*. Dombes, Ain, juin 2005. © D. Grand.

Mâle de *L. v. vestalis*. Isère. © T. Menut.

Comportement

Le comportement de ce *Lestes* est assez semblable à celui des autres espèces de ce genre, bien qu'il ne semble pas pondre dans les végétaux ligneux. Après l'accouplement, la femelle pond seule ou en tandem avec le mâle. La durée du tandem post-copulatoire, qui va de quelques minutes à quatre heures environ, augmente proportionnellement à la densité des mâles célibataires et au harcèlement qu'ils exercent sur le couple.

Menaces et mesures de gestion

La sous-espèce nominale est menacée dans le sud de la France, où elle a payé un lourd tribut à l'assèchement et à la disparition des mares et des marais. Les années trop sèches constituent actuellement une menace sérieuse pour sa survie, car une mise en eau au printemps lui est nécessaire. *L. v. vestalis* n'est par contre pas menacé en France dans l'immédiat, bien qu'il ait considérablement régressé en Belgique, en Suisse et au Luxembourg. Pour le maintien de ces deux sous-espèces, il convient de conserver les mares prairiales, les marais et les étangs ensoleillés, d'éviter leur fauchage ou leur pâturage lorsqu'ils s'assèchent en été, de limiter l'envahissement de leurs rives par les buissons et les arbres, de supprimer les pollutions et de maintenir ou de les restaurer les zones tourbeuses en bon état. Les *Lestes* étant assez sensibles à la prédation par les poissons, l'alevinage est également à éviter.

Tentative infructueuse d'accouplement interfamilial entre *Lestes v. virens* (Lestiae) (en haut) et *Ischnura genei* (Coenagrionidae) (en bas). Corse du Sud, juillet 2020. © J.-P. Boudot.

L. virens

PROTECTION				LISTES ROUGES							DIRECTIVE HABITATS
FR	BE	LX	CH	MONDE	EU	FR	WA	FL	LX	CH	
○	Wa, Fl	●	C	LC	LC	LC	RE	R	EN	CR	–

Lestes sponsa (Hansemann, 1823)

Le Leste fiancé

Agrion sponsa Hansemann, 1823, *Wiedemann's zoologische Magazine*, 2 (1) : 159.

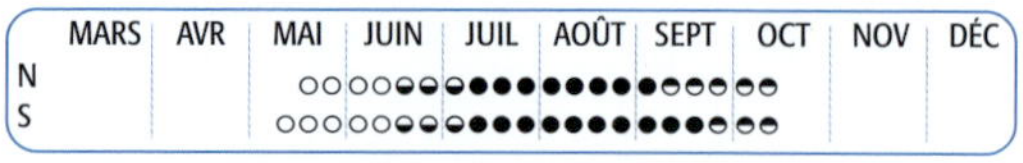

Mâle. © G. Doucet.

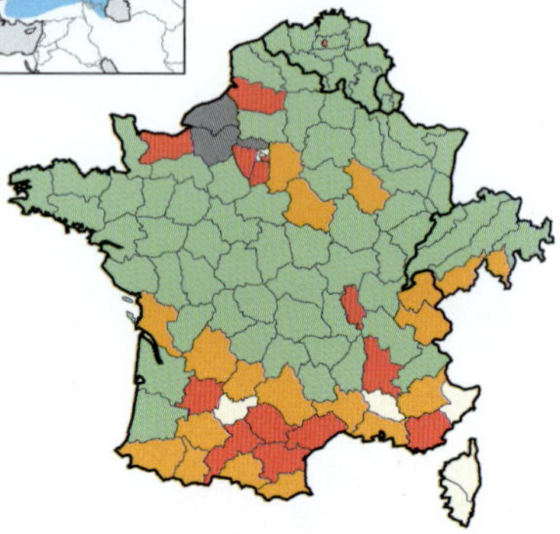

Critères de terrain

Corps vert métallique ou cuivré brillant avec une pulvérulence bleue sur les flancs du thorax et les segments abdominaux 1, 2 et 8 à 10 des mâles à maturité, le second étant alors généralement entièrement couvert de bleu. **Occiput uniformément vert métallique. Ptérostigmas entièrement noirs. Cerques des mâles longs et parallèles, non courbés, convergents à l'extrémité. Ovipositeur des femelles ne dépassant pas l'extrémité de l'abdomen.**

Dimensions

Abdomen (mm) : ♂ 25 - 33 ; ♀ 25 - 30
Ailes postérieures (mm) : ♂ 19 - 22 ; ♀ 20 - 24

Confusions à éviter

La confusion est possible avec *L. dryas*, notamment en ce qui concerne les femelles, dont la distinction est délicate. Les femelles immatures peuvent également être confondues avec celles de *Chalcolestes viridis* et *L. macrostigma*.

Répartition géographique, distribution et abondance

La plus grande partie de l'Europe et de l'Asie tempérée et froide jusqu'au Japon. Espèce généralement commune dans les régions tempérées.

Écologie et biologie

Eaux stagnantes, acides ou alcalines, douces ou saumâtres, permanentes ou temporaires, jusqu'à 2 500 m d'altitude dans les massifs montagneux méridionaux de notre territoire (mares herbeuses, étangs, bordures marécageuses des lacs, tourbières à sphaignes, sansouïres littorales, marais et fossés salés continentaux, etc.). La phase larvaire dure généralement entre 5 et 12 semaines et compte de 10 à 13 stades. Les larves se tiennent sur les plantes aquatiques, sur les sphaignes immergées ou dans la vase. Les émergences ont lieu en fin de printemps, dans la matinée, parfois en masse.

Comportement

Comme beaucoup de *Lestes*, le Leste fiancé vole peu et on le trouve généralement perché dans la végétation. Il peut y former des rassemblements importants. Lors de la ponte, mâles et femelles restent connectés en tandem. La femelle insère ses œufs dans les tiges des végétaux hygrophiles

Accouplement. Jura, 1 060 m, juillet 2004. © D. Grand.

(scirpes, iris, joncs, etc.), en partant du haut puis en descendant, pour terminer finalement entièrement sous l'eau, ce qui peut prendre plus d'une heure.

Menaces et mesures de gestion

Cette espèce ubiquiste n'est pas menacée dans notre territoire et aucune mesure spécifique de gestion n'est nécessaire. Les *Lestes* étant assez sensibles à la prédation par les poissons, l'alevinage des petits étangs est néanmoins à éviter. Une régression de l'espèce a néanmoins été signalée depuis une dizaine d'années dans certaines régions, dont l'origine, si cela était confirmé, pourrait résider dans la survenue de printemps trop secs pour permettre l'éclosion des œufs et la survie des jeunes larves.

Ponte en tandem. © C. Galliani.

PROTECTION				LISTES ROUGES							DIRECTIVE HABITATS
FR	BE	LX	CH	MONDE	EU	FR	WA	FL	LX	CH	
○	Fl	●	C	LC	LC	NT	LC	LC	LC	NT	–

Lestes dryas Kirby, 1890

Le Leste des bois

Lestes dryas Kirby, 1890, *A Synonymic Catalogue of the Neuroptera Odonata* : 160. Gurney et Jackson, Londres.

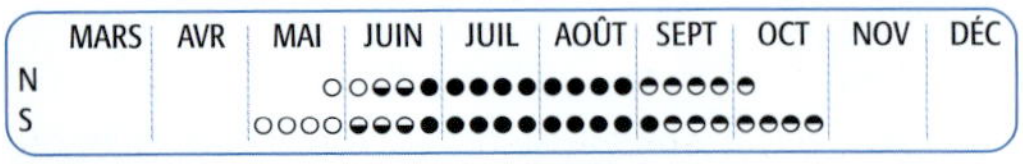

Mâle. © N. Helitas.

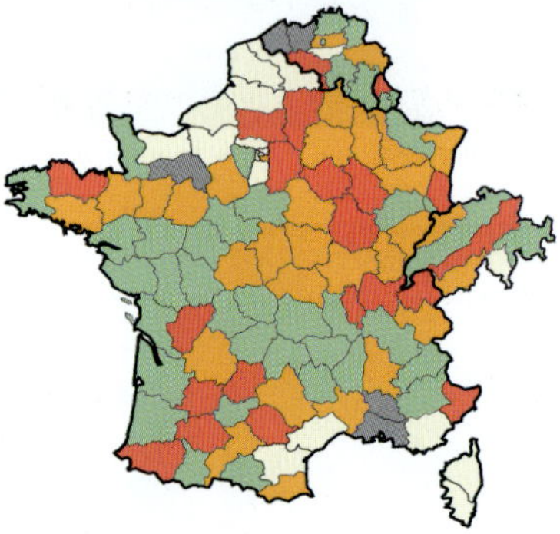

Critères de terrain

Cette espèce est le véritable sosie de *Lestes sponsa*, dont il ne diffère que par les **cerques des mâles, longs et courbés, convergents à l'extrémité, et l'ovipositeur des femelles, qui dépasse légèrement l'extrémité de l'abdomen.** À maturité, la pulvérulence bleue des mâles ne couvre généralement que les deux premiers tiers du second segment abdominal.

Dimensions

Abdomen (mm) : ♂ 26 - 36 ; ♀ 26 - 33
Ailes postérieures (mm) : ♂ 19 - 28 ; ♀ 21 - 27

Confusions à éviter

La confusion est possible avec *L. sponsa*, notamment en ce qui concerne les femelles, dont la distinction est délicate. Les femelles immatures peuvent également être confondues avec celles de *C. viridis* et *L. macrostigma*.

Répartition géographique, distribution et abondance

La plus grande partie de l'Europe et de l'Asie tempérée et froide, jusqu'au Japon. Amérique du Nord. Maroc. Dans notre région, cette espèce est plus rare que *L. sponsa*. Dans le sud de son aire de répartition, elle est principalement reléguée en montagne, notamment dans le Massif central et les Pyrénées. D'anciennes citations du littoral méditerranéen sont actuellement considérées comme résultant d'erreurs d'identification.

Écologie et biologie

Eaux stagnantes de toute nature, parfois même en milieu forestier ouvert, depuis la plaine jusqu'à plus de 2000 mètres d'altitude dans les massifs montagneux du sud de notre territoire (mares, étangs et lacs marécageux, tourbières à sphaignes, marais à carex et marais saumâtres). C'est un véritable spécialiste des mares temporaires et, avec *Sympetrum flaveolum*, nous avons là l'une des rares espèces à coloniser préférentiellement les mares à carex qui s'assèchent au cœur de l'été. Il possède un bon pouvoir de dissémination. La phase larvaire dure entre 6 et 10 semaines et compte de 10 à 12 stades. Les larves se tiennent à faible profondeur, habituellement dans moins de 30 cm d'eau. Le Leste des bois émerge souvent dès la fin mai en plaine, fin juin en altitude, et les émergences se terminent vers la mi-juillet.

Comportement

Lors de la ponte, mâles et femelles restent habituellement associés en tandem. Les œufs sont insérés dans les tiges des herbes hygrophiles (scirpes, iris, joncs, etc.), même en l'absence d'eau libre, dans des endroits qui seront inondés au printemps.

Menaces et mesures de gestion

Étant donné qu'il affectionne les milieux temporaires, le Leste des bois est très sensible aux sécheresses précoces, qui interdisent le développement des larves au printemps, ainsi qu'aux opérations de drainage. Il est menacé en plaine par le réchauffement actuel du climat et par l'intensification de l'agriculture. Il est en régression au Luxembourg bien qu'il ne semble pas y être menacé à brève échéance, mais est au bord de l'extinction en Belgique. Il y a tout intérêt à contrôler ses principales populations de plaine et à interdire la fauche ou la mise en pâture des mares temporaires qui l'hébergent encore. La création de mares en milieu forestier ouvert pourrait compenser la diminution de ses habitats en milieu agricole.

Tandem de ponte. © G. Doucet.

Femelle. © L. Rouschmeyer.

PROTECTION				LISTES ROUGES							DIRECTIVE HABITATS
FR	BE	LX	CH	MONDE	EU	FR	WA	FL	LX	CH	
IdF	Wa, Fl	●	●	LC	LC	LC	EN	VU	LC	LC	–

Lestes macrostigma (Eversmann, 1836)

Le Leste à grands stigmas

Agrion macrostigma Eversmann, 1836, *Bulletin de la Société impériale des Sciences naturelles de Moscou*, 9 : 246 (en russe).

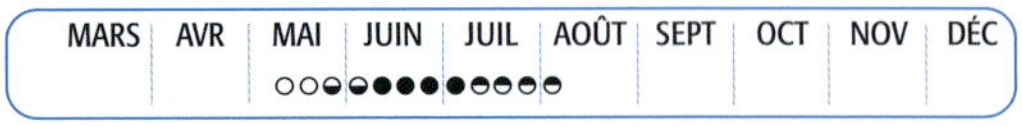

Mâle. Corse, juin 2019. © J.-P. Boudot.

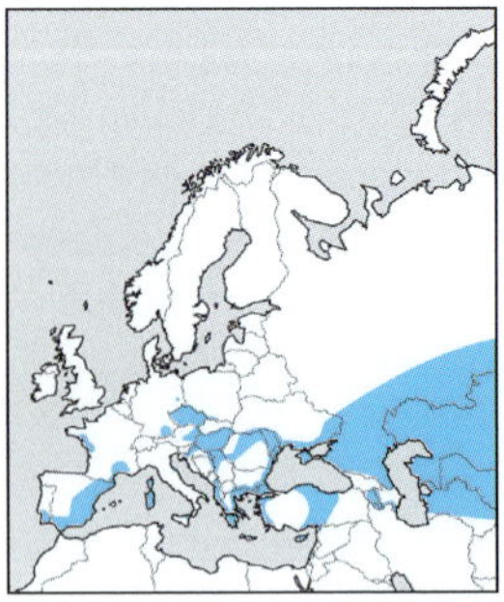

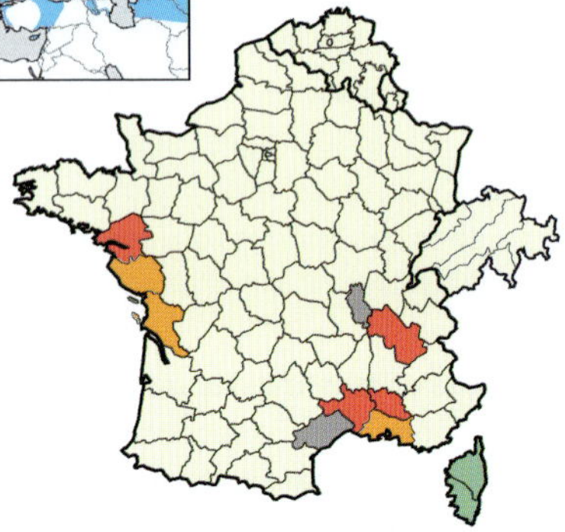

Critères de terrain

Corps robuste, vert métallique se couvrant d'une **forte pulvérulence bleue sur le dos et les flancs du thorax, ainsi que sur l'extrémité de l'abdomen** chez les deux sexes. **Ptérostigmas longs et surmontant généralement 3 à 4 cellules. Cerques des mâles courts et arrondis à l'extrémité**. Occiput d'une seule couleur.

Dimensions :

Abdomen (mm) :	♂ 31 - 38 ; ♀ 31 - 36
Ailes postérieures (mm) :	♂ 24 - 26 ; ♀ 25 - 27

Confusions à éviter

La confusion est possible avec *L. sponsa* et *L. dryas*, dont *L. macrostigma* se distingue par ses ptérostigmas plus longs et ses cerques n'atteignant pas la moitié des cercoïdes. Les femelles de ces trois espèces peuvent être confondues entre elles et avec celles de *Chalcolestes viridis*, notamment lorsqu'elles sont immatures.

Répartition géographique, distribution et abondance

De l'Europe occidentale au sud de la Sibérie occidentale et à l'ouest de la Mongolie. Assez rare à très rare en Europe occidentale, plus fréquent dans le Bassin méditerranéen oriental. En France cette espèce est connue des littoraux atlantiques et méditerranéens. La Corse constitue le principal réservoir français de cette espèce. Un spécimen de collection attribué au Tessin suisse reste de provenance incertaine, aucune population de cette espèce n'ayant jamais pu être identifiée dans ce pays.

Écologie et biologie

Eaux saumâtres titrant jusqu'à 16 ou 20-23 g de sel par litre selon les auteurs (mares, marais, fossés et lagunes côtières envahis de scirpes, de joncs et de carex et bordés de sansouïres à salicornes). Très rarement en eau douce en Europe bien que des populations stables soient connues en eau douce dans le sud de la Sibérie. Dans nos régions les meilleurs habitats sont les zones à Scirpe maritime (*Bolboschoenus maritimus*) et parfois à Scirpe

Femelle. Corse, juin 2019. © J.-P. Boudot.

lacustre (*Schoenoplectus lacustris*) ou Jonc maritime (*Juncus maritimus*) à inondation tardive, la ponte ayant principalement lieu dans les tissus vivants ou morts de ces espèces du fait de la bonne adéquation existant entre leur structure interne et les caractéristiques fonctionnelles de l'ovipositeur des femelles de *L. macrostigma*. Il s'agit là d'une espèce très localisée et sporadique dans notre région, qui peut connaître de fortes populations une année puis passer totalement inaperçue les années suivantes en fonction des variations du régime hydrique local, de la pluviométrie et de salinité (espèce à éclipse). Les émergences se produisent à partir de début mai en France (jusqu'à cinq semaines plus tôt dans le Bassin méditerranéen oriental) sur la végétation émergée.

Comportement

Après un accouplement d'une quinzaine de minutes, la ponte se déroule en tandem dans les secteurs protégés du vent. Le Leste à grands stigmas est souvent accompagné du Leste sauvage. Lorsque ses populations sont importantes, il peut réaliser de petites poussées migratoires, mais celles-ci restent généralement sans lendemain.

Menaces et mesures de gestion

Localisé et disséminé le long des bordures maritimes, *Lestes macrostigma* est très menacé sur le continent du fait de l'industrialisation et du développement viticole, touristique et urbain du littoral. Il est moins rare en Corse, sans y être toutefois abondant. La mise en réserve de ses principaux sites de reproduction, associée à une gestion raisonnée incluant le contrôle de la salinité, constituerait une mesure efficace de conservation. Le maintien de salines abandonnées, temporairement inondées, saumâtres et envahies d'une végétation hygrophile, devrait ainsi contribuer à la conservation de l'espèce.

PROTECTION				LISTES ROUGES							DIRECTIVE HABITATS
FR	BE	LX	CH	MONDE	EU	FR	WA	FL	LX	CH	
○	–	–	–	LC	VU	EN	–	–	–	DD	–

ÉTUDES ÉCOLOGIQUES ET RESTAURATION D'HABITATS

Un programme de restauration d'habitats favorables à *Lestes macrostigma* a été lancé en Camargue. Des études parallèles ont porté, entre autres, sur son comportement lors de la ponte, sur les effets du niveau de salinité durant le développement larvaire et sur la caractérisation de son habitat larvaire selon divers facteurs (durée d'inondation, salinité, pH, turbidité, abondance des plantes aquatiques dont celles utilisées lors de la ponte, ressources alimentaires, abondance des compétiteurs et prédateurs, etc.).

Les résultats des études confirment que le Leste à grands stigmas pond de préférence dans les tiges vivantes de Scirpe maritime (qui se développe dans les zones plus profondes des mares temporaires) ou dans les tiges mortes de Jonc maritime. Pondre dans ces substrats, qui sont les plus rapidement inondés lors de la remise en eau par les pluies d'automne, diminue le risque de mortalité des œufs par dessiccation[1]. Le degré de développement des plantes aquatiques, fournissant aux larves des zones de nourrissage et de refuge contre les prédateurs, est aussi à prendre en compte. Par ailleurs, les larves peuvent se développer dès l'éclosion dans une eau titrant de 0,5 à 8 g de sel par litre alors qu'une salinité de 16 g/L leur est à terme fatale. Pourtant, des adultes peuvent émerger d'une eau titrant jusqu'à 28 g/L, ce qui suggère que les salinités les plus élevées ne sont subies que durant une partie de leur développement. En outre, lorsque la salinité augmente, le taux de croissance des larves et la taille des adultes à l'émergence diminuent, et la durée de développement larvaire ainsi que la consommation d'énergie chez l'adulte augmentent[2]. Paradoxalement, la caractérisation de son habitat larvaire menée sur 33 sites temporaires saumâtres de différentes caractéristiques[3] a montré que ni la salinité ni la disponibilité des plantes préférées lors de la ponte n'influencent l'abondance des larves de cette espèce. En revanche, l'abondance larvaire est d'autant plus élevée au printemps que la remise en eau des mares a été tardive durant l'automne précédent, ce qui semble lié au fait que les larves d'*Aeshnidae* sont en plus faible nombre et de plus petite taille dans les mares remises tardivement en eau. Par ailleurs, les larves de *L. macrostigma* étaient plus abondantes dans les mares de faible surface que dans les autres, suggérant que celles-ci sont favorisées par les adultes lors de la ponte. Les individus étaient de plus grande taille lorsqu'ils émergeaient de mares profondes, où la température de l'eau augmente moins vite et où ils avaient donc grandi plus lentement, ce qui pourrait favoriser leur espérance de vie et leur fécondité. Par conséquent, dans les zones climatiques favorables à *L. macrostigma*, il importe d'éviter de remettre en eau les mares temporaires avant la fin de l'automne et de maintenir une hauteur d'eau d'au moins 30 cm au début de la phase d'émergence des adultes au printemps suivant. La promotion d'une gestion de l'eau ad hoc devrait également permettre le contrôle des niveaux de salinité.

Ces éléments ont permis de guider des opérations expérimentales de restauration d'habitat. Entre 2013 et 2015, neuf mares endoréiques de 250 à 5000 m² et de 60 à 80 cm de profondeur ont été recréées. Les caractéristiques de chacune ont été définies à partir d'un modèle numérique de terrain intégrant la topographie, l'hydropériode souhaitée et la climatologie locale. Chaque mare possède des berges en pente douce afin de favoriser le développement de ceintures de végétation variées. D'autres, en pente abrupte donnant sur la zone la plus profonde, permettent l'émergence des larves en cas de niveau d'eau très bas. L'étude de

Accouplement. Camargue, juin 2018. © P. Lambret.

Lagune de San Giovanni, commune de Pianottoli-Caldarello (Corse du Sud), 14 juin 2009. © G. Doucet.

la colonisation naturelle (restauration « passive ») de ces habitats par les plantes et les odonates a été entreprise six mois après creusement. Dix ans après ce creusement, le Scirpe maritime et le Jonc maritime sont toujours peu abondants. Parallèlement, plusieurs espèces de libellules se reproduisent avec succès : essentiellement *Ishnura elegans*, *Sympetrum fonscolombii* et *S. striolatum* mais aussi *Anax parthenope*. Le succès de reproduction de *L. macrostigma* est quant à lui faible mais régulier. Puis en 2020, ont été creusées neuf autres mares ressemblant aux précédentes en dehors du contrôle de leur hydropériode par pompage (trois mares mises en eau début août, trois début octobre et trois mi-novembre) et de la restauration « active » de la végétation par transfert de sol contenant des graines de plantes de mares temporaires. La vitesse de colonisation par les plantes préférées lors de la ponte reste modérée, ce qui illustre les nombreuses années nécessaires pour qu'une mare recréée présente les mêmes caractéristiques qu'une mare naturelle.
Parallèlement, *L. macrostigma* se reproduit dans les mares à mise en eau tardive, à l'inverse des mares à mise en eau estivales où *A. parthenope* est abondant[4]. La poursuite de ce programme de restauration de réseaux de mares temporaires profondes mais de surface variable apparaît nécessaire à la sauvegarde de *L. macrostigma*.

Philippe Lambret
Institut de recherche de la Tour du Valat

Références bibliographiques :
[1]Lambret, P., Rutter, I., Grillas, P. & Stoks, R., 2018 ; [2]Lambret, P., Janssens, L. & Stoks, R., 2021 ; [3]Lambret, P., Jeanmougin, M. & Stoks, R., 2023 ; [4]Gazaix A., Fontes H., Audo L. A., Rocarpin P., Ernoul L. & Lambret P., 2023.

Chalcolestes viridis (Vander Linden, 1825)

Le Leste vert occidental

Agrion viridis Vander Linden, 1825, *Monographiae Libellulinarum Europaearum Specimen* : 36. Frank, Bruxelles.
Synonymie : *Lestes viridis* (Vander Linden, 1825)

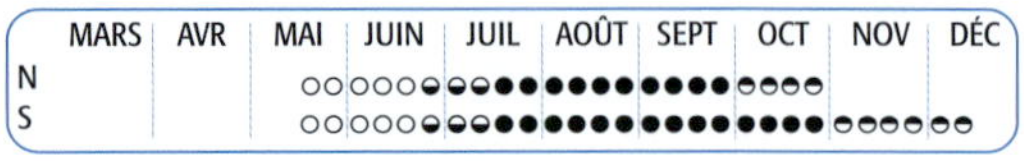

Mâle. Meuse, septembre 2020. © J.-P. Boudot.

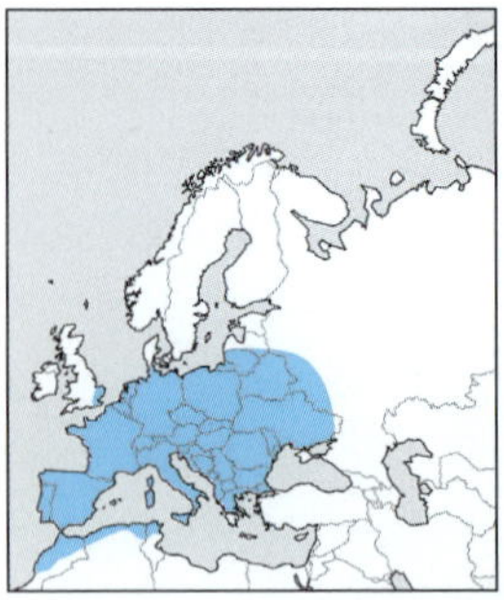

Critères de terrain

Corps vert métallique demeurant constamment sans pulvérulence bleue. **Occiput uniformément vert. Ptérostigmas uniformément jaunes à brun clair, entourés de nervures sombres. Apex des appendices inférieurs des mâles émoussé, ovipositeur des femelles avec 10-14 dents ventrales à l'extrémité.**

Avec *Chalcolestes parvidens*, cette espèce était autrefois incluse dans le genre *Lestes*. Les études génétiques récentes indiquent que ces deux taxons sont plus proches du genre *Sympecma* que des autres **Lestidae** paléarctiques. Bien qu'ils s'hybrident et donnent des individus intermédiaires, ces deux taxons sont actuellement considérés comme espèces à part entière de par leurs caractéristiques génétiques.

Dimensions

Abdomen (mm) : ♂ 33 - 40 ; ♀ 30 - 39
Ailes postérieures (mm) : ♂ 22 - 27 ; ♀ 21 - 28

Confusions à éviter

Dans les stades jeunes, la confusion est possible avec *Lestes virens*, mais ce dernier a l'occiput bicolore. La distinction avec *C. parvidens* nécessite un examen attentif et est impossible chez certaines femelles.

Répartition géographique, distribution et abondance

Europe occidentale, et centrale, nord du Maghreb. Généralement commun à très commun. Coexiste avec *C. parvidens* en Corse, en Italie et dans les Balkans mais ne dépasse pas l'Ukraine vers l'est, où il reste rare. Certaines des anciennes données d'Ukraine pourraient en fait se rapporter à *C. parvidens*, qui domine largement dans cette région.

Mâle de *C. viridis*. © N. Helitas.

Accouplement de *C. viridis*. Dombes, Ain, août 2004. © D. Grand.

Écologie et biologie

Eaux courantes et stagnantes à parts égales, bordées de ligneux à bois tendre surplombant l'eau (mares, étangs, lacs, canaux, cours d'eau, bras morts, etc.) et peu polluées. Cette espèce est généralement commune à basse altitude mais peut s'élever çà et là dans les massifs montagneux jusqu'à 1 500 m d'altitude. Les œufs éclosent 7 à 9 jours après la ponte et la prolarve se transforme en jeune larve 1 h 30 près sa naissance après avoir rampé sur le sol sur un maximum de 5 cm pour trouver l'eau libre. La phase larvaire dure au total 3 mois et compte entre 9 et 13 stades.

Comportement

Les adultes se tiennent généralement dans les secteurs ombragés, notamment par forte chaleur. Les mâles défendent un territoire voisin de 5 m^2, habituellement situé dans les buissons et les arbres qui bordent les rives un peu à l'écart de l'eau. Ils y attendent les femelles qui reviennent de l'eau. L'accouplement a généralement lieu dans les buissons, le couple se rapproche ensuite

Cicatrices de ponte sur une branche. Moselle. © T. Roussel.

Ponte en tandem de *C. viridis*. © E. Nielsen.

de l'eau et la ponte se déroule le plus souvent en tandem. Les femelles insèrent leurs œufs dans l'écorce des arbustes à bois tendre des rives dont les branches surplombent l'eau (surtout saules et aulnes), parfois également dans des herbacées. Ces pontes, régulièrement réparties sur les branches, laissent des marques boursouflées bien visibles dans l'écorce (galles), jusqu'à plus de trois mètres de haut. À l'éclosion des œufs, la prolarve se laisse tomber directement dans l'eau. Si elle tombe sur une partie exondée de la berge, elle parviendra à rejoindre l'eau par une série de contorsions si celle-ci est suffisamment proche.

Menaces et mesures de gestion

Cette espèce, abondante partout en plaine, n'est pour le moment pas menacée, même si la pollution des rivières constitue un danger potentiel évident pour certaines populations. Sa conservation ne nécessite aucune mesure de gestion particulière mais la pollution des cours d'eau demande à être mieux maîtrisée. Les Lestes étant assez sensibles à la prédation par les poissons, l'alevinage est par ailleurs à éviter.

PROTECTION				LISTES ROUGES							DIRECTIVE HABITATS
FR	BE	LX	CH	MONDE	EU	FR	WA	FL	LX	CH	
○	FI	●	GE, VD	LC	LC	LC	LC	LC	LC	LC	–

Chalcolestes parvidens (Artobolevskij, 1929)

Le Leste vert oriental

Lestes viridis parvidens Artobolevskij, 1929, *Les Odonates de la Crimée. Zapiski Krymskago obshchestva estestvoispytatelei liubitelei*, 11 : 139-150

Femelle. © L. Rouschmeyer.

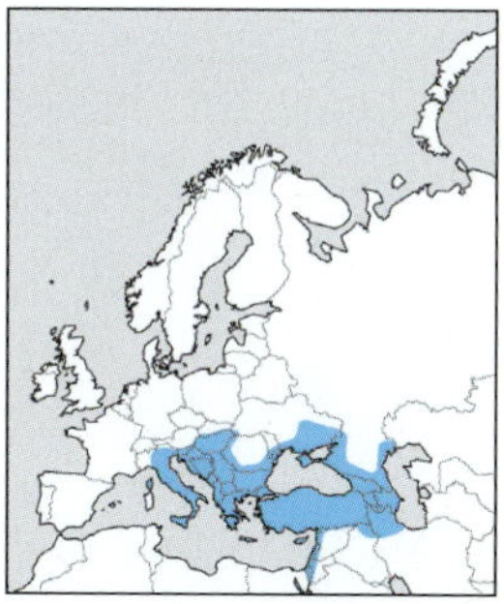

Critères de terrain

Corps vert métallique demeurant constamment sans pulvérulence bleue. **Occiput uniformément vert. Ptérostigmas uniformément jaunes à brun clair, entourés de nervures sombres. Apex des appendices inférieurs des mâles aigus, ovipositeur des femelles avec 6-8 dents ventrales à l'extrémité**.

Comme pour *Chalcolestes viridis*, cette espèce était autrefois incluse dans le genre *Lestes* mais les études génétiques récentes indiquent que ces deux taxons constituent un genre à part. Bien qu'ils s'hybrident et donnent des individus intermédiaires, ces deux taxons sont actuellement considérés comme espèces à part entière de par leurs caractéristiques génétiques.

Dimensions :

Abdomen (mm) : ♂ 33 - 40 ; ♀ 30 - 39
Ailes postérieures (mm) : ♂ 22 - 24 ; ♀ 23 - 26

Confusions à éviter

Dans les stades jeunes, la confusion est possible avec *Lestes virens*, mais ce dernier a l'occiput bicolore. La distinction avec *C. viridis* nécessite un examen attentif et est impossible chez certaines femelles.

Répartition géographique, distribution et abondance

De la Corse et de l'Italie à la Caspienne par les Balkans et le Caucase. Coexiste avec *C. viridis* en Corse, en Italie, en Ukraine et dans les Balkans.

Écologie et biologie

Eaux courantes et stagnantes à parts égales, bordées de ligneux à bois tendre surplombant l'eau (mares, étangs, lacs, canaux, cours d'eau, bras morts, etc.) et peu polluées. La biologie de cette espèce est semblable à celle de *C. viridis*.

Mâle. © E. Nielsen.

Comportement

Le comportement de cette espèce est très proche de celui de *C. viridis* même si un déphasage horaire a été noté en Italie là où les deux espèces coexistent.

Menaces et mesures de gestion

Cette espèce est bien distribuée dans le cœur de son aire de répartition et n'est pour le moment pas menacée, même si la pollution des rivières et le déficit hydrique marqué actuel du Bassin méditerranéen oriental constituent un danger évident pour certaines populations. Les Lestes étant assez sensibles à la prédation par les poissons, l'alevinage est partout à éviter.

Mesures de classement et de protection

Aucune mesure de conservation n'existe pour cette espèce, qui semble maintenant plus fréquente en Corse que lors des estimations initiales.

Période de vol

Les observations de Corse ont été faites de juin à août. La période de vol de l'espèce est plus longue et, dans les Balkans, s'étend de fin avril à fin novembre, avec une décroissance apparente de l'espèce à la mi-août dû à un déplacement des populations vers des sites d'estivation au plus chaud de l'été.

PROTECTION				LISTES ROUGES							DIRECTIVE HABITATS
FR	BE	LX	CH	MONDE	EU	FR	WA	FL	LX	CH	
O	–	–	–	LC	LC	DD	–	–	–	–	–

Sympecma fusca (*Vander Linden, 1820*)

Le Leste brun

Agrion fusca Vander Linden, 1820, *Agriones Bononienses descriptae* : 4. Tip. de Nobilibus, Bologne.

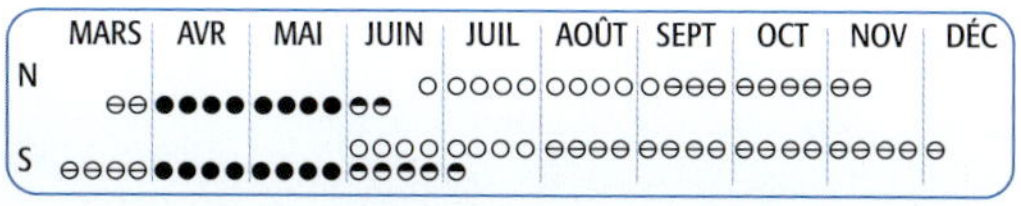

Mâle. © C. Gosset.

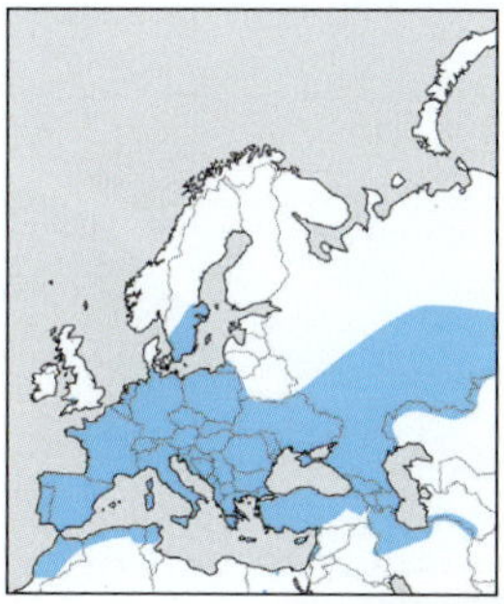

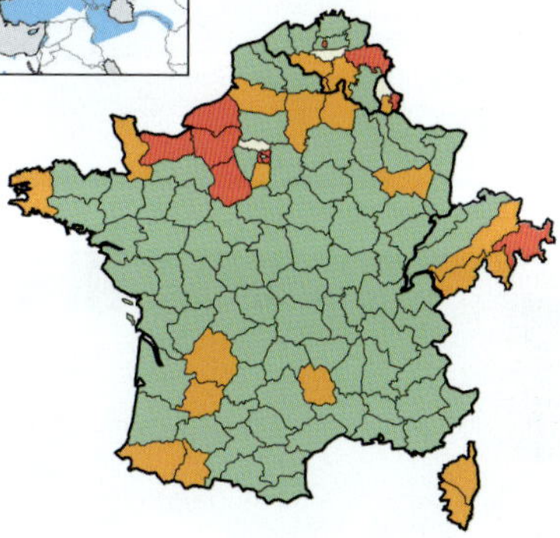

Critères de terrain

Corps brun clair et cuivré dans les stades juvéniles (été et automne), brun mat pendant la période de reproduction (printemps). **Bord inférieur de la bande brun foncé de l'épisterne mésothoracique rectiligne. Cerques dépassant nettement la dent basale des cercoïdes.** Ailes jointes sur le dos au repos.

Dimensions

Abdomen (mm) :	♂ 26 - 31 ; ♀ 26 - 31
Ailes postérieures (mm) :	♂ 19 - 22 ; ♀ 19 - 22

Confusions à éviter

Cette espèce ne peut guère être confondue qu'avec *S. paedisca*.

Répartition géographique, distribution et abondance

De l'ouest de l'Europe et du nord du Maghreb à l'Asie occidentale et centrale, dispersé du sud de l'Oural au lac Baikal en Sibérie centrale. Espèce généralement bien répandue en plaine, au moins en France, en plaine, sur le plateau et dans le Jura en Suisse. Plus rare en Belgique et au Luxembourg.

Écologie et biologie

Eaux stagnantes, même saumâtres, peu polluées (mares, étangs, lacs, marais, même temporaires, bras morts). Les larves se tiennent là où l'eau est peu profonde (moins de 50 cm), généralement dans les roselières entourant les étangs, et vivent sur le fond, sur les tiges dressées ou à la face inférieure des débris flottants. Comme tous les *Sympecma*, les adultes hibernent et se reproduisent au printemps. Leur capacité reproductrice est amé-

Ponte en solo. Isère, mai 2005. © D. Grand.

Ponte en tandem. Isère, mai 2005. © D. Grand.

liorée par des hivers rigoureux et les hivers trop doux correspondent à une reproduction plus faible. Le Leste brun est principalement une espèce de plaine qui peut dépasser 1100 m d'altitude dans les montagnes du Jura.

Comportement

Dans nos régions tempérées, le Leste brun devient actif aux premiers beaux jours de mars ou d'avril et les adultes se concentrent dans les clairières et sur les lisières forestières pour profiter du soleil. Ils se rapprochent ensuite de l'eau pour s'accoupler et pondre dans les débris végétaux morts flottant sur l'eau, plus rarement dans les tiges vivantes des plantes aquatiques. Ils meurent vers la fin du printemps et les larves issues de cette phase de reproduction donnent lieu à des émergences au cours de l'été. L'automne est une période d'erratisme et de divagation pendant laquelle ces insectes, à la recherche d'un lieu d'hibernation, se regroupent parfois en abondance dans les friches et les clairières ensoleillées. Ils se réfugient en solitaire ou en petits groupes sous les pierres, les herbes sèches, la litière ou les mousses, peut-être aussi dans les tiges des roseaux et dans les crevasses des écorces, et entrent en léthargie pour passer l'hiver. Ils redeviennent actifs au printemps. Sur la côte atlantique du Maroc, ce cycle est modifié. La ponte se déroule de décembre à mars et les adultes émergent en avril-mai. Ils passent la saison sèche loin de leurs sites de reproduction pour n'y revenir qu'à l'automne.

Menaces et mesures de gestion

Le Leste brun n'est pas menacé en France mais a considérablement régressé dans les territoires du Benelux. Les eaux lacustres doivent être préservées des pollutions agricoles et de toute surexploitation piscicole si l'on veut conserver ses populations septentrionales. La fauche hivernale des roselières, un boisement trop dense des rives et la destruction du sous-bois des forêts proches réduisent ses sites d'hibernation et lui sont défavorables.

Accouplement. Meuse, mars 1989. © J.-P. Boudot.

PROTECTION				LISTES ROUGES							DIRECTIVE HABITATS
FR	BE	LX	CH	MONDE	EU	FR	WA	FL	LX	CH	
○	Wa, Fl	●	GE, VD	LC	LC	LC	CR	LC	LC	LC	–

Sympecma paedisca (Brauer, 1877)

Le Leste enfant

Sympycna paedisca Brauer, 1877, *Bulletin de la Société impériale des Amateurs de Sciences naturelles, d'Anthropologie et d'Ethnographie*, Moscou, 26 (en russe).
Synonymie : *Sympecma paedisca annulata* (Selys, 1887), *Sympecma annulata braueri* (Bianchi *in* Jacobson & Bianchi, 1905).

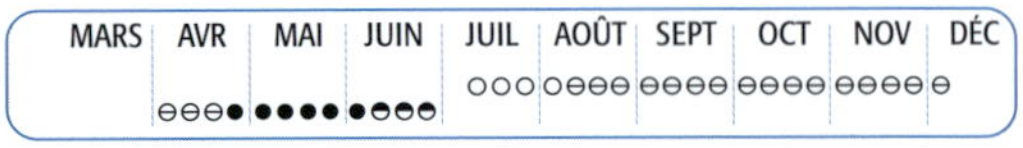

Mâle. Suisse, canton du Valais, mai 2004. © D. Grand.

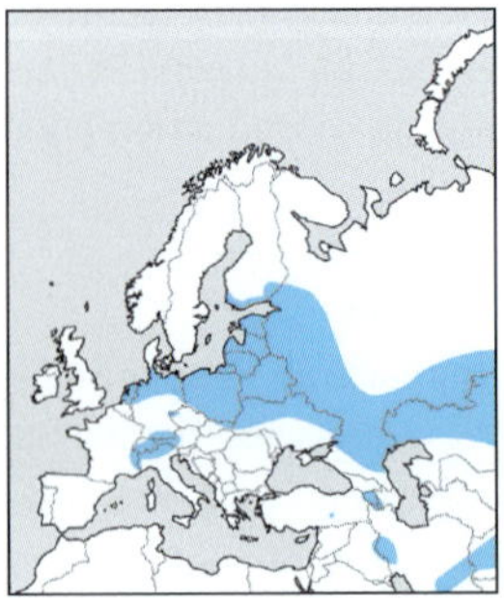

Critères de terrain

Comme pour *S. fusca*, mais cerques n'atteignant pas la dent basale interne des cercoïdes et bande brun foncé supérieure du thorax marquée d'un élargissement important sur son bord inférieur. L'extension des dessins brun foncé est très variable, si bien que les différentes sous-espèces décrites jusqu'ici dans la littérature scientifique ne semblent pas justifiées.

Dimensions

Abdomen (mm) : ♂ 25 - 31 ; ♀ 25 - 31
Ailes postérieures (mm) : ♂ 18 - 22 ; ♀ 20 - 23

Confusions à éviter

Cette espèce ne peut guère être confondue qu'avec *S. fusca*.

Répartition géographique, distribution et abondance

Du Japon aux Pays-Bas et à l'est de la France. Très rare, sporadique et en forte régression dans l'ouest de son aire de répartition. En France, une unique citation valide (vallée de l'Isère, 1963). Une autre citation des environs de Nice se rapporte en réalité aux reliefs de Ventimiglia (Vintimille) en Italie. En régression marquée en Suisse.

Écologie et biologie

Mares des tourbières à sphaignes et des marais oligotrophes et mésotrophes, même temporaires mais en eau de mai à août, étangs et lacs ceinturés de cariçaies ou de roselières, souvent en environnement forestier, anciennes gravières inondées, jusqu'à 600 m d'altitude. Les larves se tiennent dans des zones peu profondes (moins de 30 cm d'eau). La biologie de cette espèce est analogue à celle du Leste brun.

Comportement

Le Leste enfant possède des mœurs comparables à celles du Leste brun mais la ponte s'effectue aussi bien dans les débris végétaux flottants que dans les tiges des plantes aquatiques vivantes. Lors de l'hibernation, les adultes forment parfois des rassemblements très importants (jusqu'à 500 individus côte à côte). Ils sont très mimétiques lorsqu'ils évoluent dans des environnements d'herbes et de roseaux secs au printemps.

Femelle. Suisse, canton du Valais, mai 2004. © D. Grand.

Ponte en tandem. Suisse, canton du Valais, mai 2004. © D. Grand.

Accouplement. Suisse, canton du Valais, mai 2004. © D. Grand.

Menaces et mesures de gestion

En très forte régression sur la marge occidentale de son aire de distribution, le Leste enfant n'a pas été revu en France depuis ses deux seules citations (1961 et 1963). Les populations du lac de Constance en Allemagne et en Suisse se sont effondrées à la suite de la sécheresse caniculaire de 2003 et à une tentative de régulation du niveau du lac, mais subsistaient toujours 10 ans après.

Mesures de classement et de protection

Les populations helvètes du Bas-Valais et de la région du lac de Constance sont soit menacées de par leur isolement, soit périodiquement en situation de stress (inondations séculaires, sécheresses, abandon de l'entretien traditionnel de leur habitat). La création de nouveaux plans d'eau et le rétablissement des anciennes modalités de gestion des habitats lacustres et de leurs abords pourraient améliorer les effectifs suisses.

PROTECTION				LISTES ROUGES							DIRECTIVE HABITATS
FR	BE	LX	CH	MONDE	EU	FR	WA	FL	LX	CH	
●	○	○	●	LC	LC	RE	–	–	–	CR	IV

Platycnemis pennipes. Accouplement. Côte-d'Or.

La famille des Platycnémididés

(Platycnemididae Jacobson & Bianchi, 1904)

Cette famille comprend 42 genres répartis à travers l'Ancien Monde (Europe, Asie, Afrique, Nouvelle-Guinée), et regroupe 477 espèces. Seul le genre *Platycnemis* la représente en Europe. Les Platycnémis européens se reconnaissent aisément à leurs **tibias dilatés chez les mâles**. **Au repos**, ils gardent les **ailes jointes sur le dos**, et celles-ci ont des **cellules en majorité quadrangulaires**. **La cellule discoïdale est allongée et rectangulaire**. Le genre *Platycnemis* compte trois espèces dans notre région. Une quatrième espèce propre au Maghreb a été trouvée migrante aux îles Canaries et une sous-espèce particulière est endémique des Balkans. Les mâles adultes se différencient sans difficulté, mais la détermination des immatures et des femelles est délicate et conduit souvent à des confusions. Enfin, leurs larves et leurs exuvies ne peuvent pas être identifiées au niveau de l'espèce en l'état actuel des connaissances.

Écologie

Les Platycnémis fréquentent les eaux courantes et stagnantes à basse altitude (ruisseaux, rivières, fleuves, canaux, gravières, étangs et lacs au moins partiellement ensoleillés). Ils n'aiment pas les biotopes acides ou trop artificiels, mais certaines espèces s'observent encore sur des ruisselets très pollués en zone agricole.

Biologie

Les larves vivent dans la végétation aquatique, parfois loin des berges ou des rives. Les émergences se déroulent généralement à quelques cm au-dessus de l'eau, mais des exuvies ont été trouvées jusqu'à 2 m de haut sur des troncs d'arbres. La phase larvaire s'étend sur 1 ou 2 ans et compte de 11 à 13 stades chez l'espèce la plus répandue en Europe, *P. pennipes*. Il est probable qu'il en soit de même chez les deux autres espèces. Nos trois espèces apparaissent vers le milieu du printemps et disparaissent en automne.

Comportement

Les mâles de nos *Platycnemis* européens ne montrent pas de comportement territorial mais circulent périodiquement à proximité des rives à la recherche des femelles. Lorsqu'ils se croisent, ils adoptent une attitude d'intimidation qui consiste à se montrer la face interne blanche de leurs tibias élargis, en se faisant face et en volant sur place, tout en tournant l'un autour de l'autre et en recourbant l'extrémité de l'abdomen. Cela suffit généralement et chacun repart de son côté continuer ses prospections. Dès qu'ils aperçoivent une femelle, les mâles la poursuivent et la saisissent au vol. Si l'un d'eux approche une femelle posée non réceptive, celle-ci relève l'extrémité de son abdomen et le fait osciller jusqu'à ce que l'intrus s'en aille. Après l'accouplement, qui peut dépasser une demi-heure, la ponte s'effectue le plus souvent en tandem, le mâle restant dressé en sentinelle au-dessus de la femelle. De rares femelles pondent seules. Elles insèrent leurs œufs dans les plantes aquatiques affleurant à la surface de l'eau, en commençant sous leur thorax puis en continuant vers l'arrière. Les Platycnémis s'éloignent assez peu de leur site de reproduction. Leur rayon d'action moyen est compris entre 20 et 100 mètres, même si certains individus peuvent occasionnellement s'observer à 800 mètres de leur habitat.

Larve de Platycnemis. © F. Melki.

Bibliographie de la famille et des espèces

Brockhaus, 2004 ; Heidemann & Seidenbusch, 2002 ; Martens, 1996, 2002 ; Martin & Maynou, 2023.

Platycnemis pennipes (*Pallas, 1771*)

L'Agrion à larges pattes

Libellula pennipes Pallas, 1771, *Reise durch verschiedene Provinzen des Russischen Reiches in den Jahren 1768-1774*, 1 : 469. Akadem. Buchhandl., Petersburg.

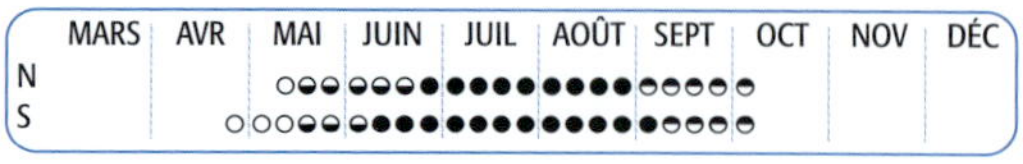

Mâle. © G. Doucet.

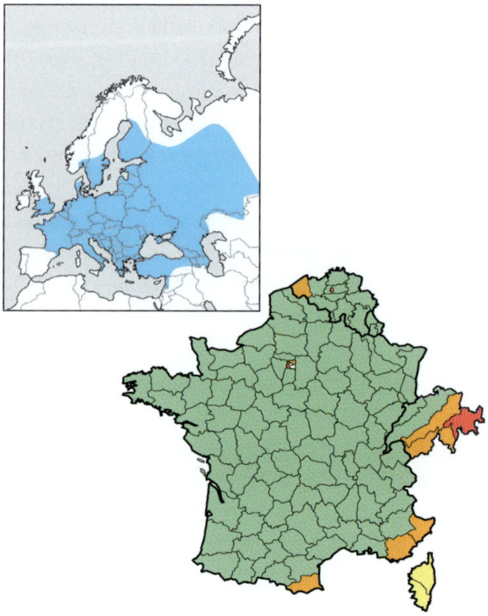

Critères de terrain

Tibias des pattes médianes et postérieures dilatés, ovales, surtout chez les mâles, parfois localement très peu dilatés chez les femelles, **avec une ligne noire longitudinale continue à maturité**. Abdomen bleu clair (mâles) à vert clair plus ou moins brunâtre (femelles) avec des dessins noirs à maturité, blanc chez les mâles immatures, brun clair à plus ou moins orangé chez les femelles immatures.

Dimensions :

Abdomen (mm) : ♂ 26 - 32 ; ♀ 27 - 33
Ailes postérieures (mm) : ♂ 18 - 24 ; ♀ 20 - 24

Confusions à éviter

Les mâles immatures de cette espèce sont souvent confondus avec *P. latipes*. Les femelles immatures sont parfois confondues avec celles de *P. acutipennis* ou *P. latipes*.

Répartition géographique, distribution et abondance

De l'ouest de l'Europe à l'Asie Mineure et à l'Altaï. Espèce très commune en climat tempéré, plus rare en région méditerranéenne.

Écologie et biologie

Eaux courantes et stagnantes ensoleillées, neutres ou alcalines, de plaine : lacs, étangs, gravières, ruisseaux, rivières, fleuves, bras morts et canaux. Cette espèce ubiquiste est l'une des dernières à disparaître des zones d'agriculture intensive. Elle évite toutefois les eaux acides des tourbières et ne s'élève que rarement dans les massifs montagneux, même si elle peut atteindre 1 800 m d'altitude dans les Alpes. Les œufs pondus au printemps et en été éclosent 2 à 4 semaines après la ponte et correspondent à un cycle univoltin. L'éclosion des pontes tardives est différée après l'hiver et correspond à un cycle semivoltin. Les larves s'accrochent aux plantes aquatiques et aux racines qui plongent dans l'eau,

Femelle. © C. Gosset.

ou se tiennent dans les débris végétaux tapissant le fond des étangs ou des cours d'eau. Les émergences se produisent souvent massivement, vers la mi-mai.

Comportement

Les adultes restent généralement à proximité de l'eau. Les mâles ne semblent pas développer de véritable parade sexuelle. L'accouplement, assez long, peut dépasser une demi-heure. Lors de la ponte, les œufs sont insérés suivant une ligne zigzagante dans les plantes aquatiques affleurant à la surface de l'eau.

Menaces et mesures de gestion

Disposant d'un large spectre écologique, l'Agrion à larges pattes n'est nulle part menacé.

Mâle. Lac de Saint-Sixte, Merlas (Isère), août 2010. © Ch. & P. Juliand.

PROTECTION				LISTES ROUGES							DIRECTIVE HABITATS
FR	BE	LX	CH	MONDE	EU	FR	WA	FL	LX	CH	
○	Fl	●	GE, VD	LC	LC	LC	LC	LC	LC	LC	–

Platycnemis latipes Rambur, 1842

L'Agrion blanchâtre

Platycnemis latipes Rambur, 1842, *Histoire naturelle des insectes. Névroptères* : 242. Roret, Paris.

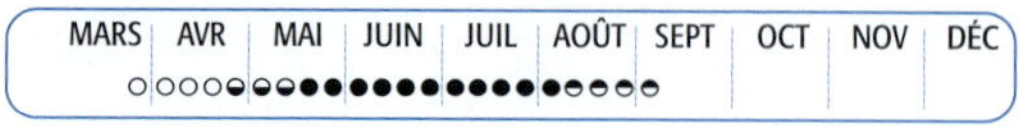

Mâle posé au bord de la rivière Ligne. Chauzon, Ardèche, juillet 2012. © Ch. & P. Juliand.

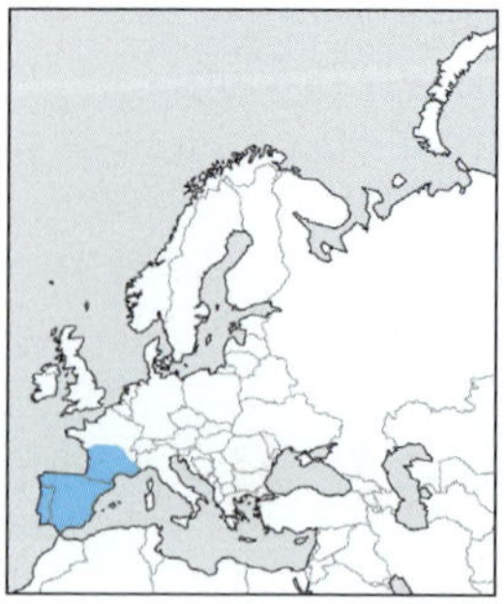

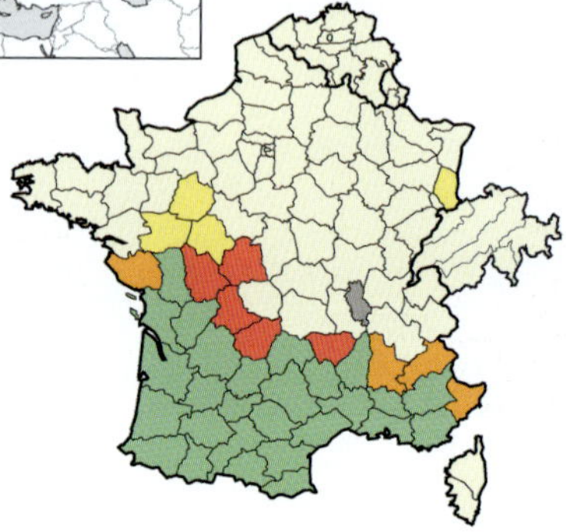

Critères de terrain

Tibias des pattes médianes et postérieures extrêmement dilatés chez les mâles, modérément dilatés chez les femelles, sans ligne noire médiane continue. Abdomen des mâles essentiellement blanc et restant toujours dépourvu de lignes noires longitudinales sur ses cinq premiers segments, celui des femelles brunâtre clair avec ou sans lignes noires.

Dimensions

Abdomen (mm) : ♂ 25 - 30 ; ♀ 26 - 30
Ailes postérieures (mm) : ♂ 18 - 20 ; ♀ 19 - 22

Confusions à éviter

Chez les mâles, des confusions fréquentes ont lieu avec les immatures de *P. pennipes*. Les femelles immatures de nos trois *Platycnemis* sont difficiles à distinguer les unes des autres.

Répartition géographique, distribution et abondance

Espèce endémique stricte du sud-ouest de l'Europe (France et péninsule Ibérique). En France, commune en région méditerranéenne et en Aquitaine.

Écologie et biologie

Eaux courantes en dessous de 900 mètres d'altitude (secteurs calmes des ruisseaux, des rivières et des fleuves). Rarement sur les bras morts, les étangs et les ballastières abandonnées. Une végétation aquatique bien développée lui est favorable. Les larves se tiennent dans la végétation aquatique ou dans les systèmes racinaires immergés le long des berges. L'espèce a été jugée univoltine dans le nord-est de l'Espagne. Les premières émergences commencent fin avril.

Comportement

Les mâles de cette espèce développent une parade nuptiale assez marquée durant laquelle ils volent au-dessus de l'eau en zigzaguant à la verticale. Les femelles non réceptives ont tendance à se dissimuler lorsqu'elles aperçoivent un tel manège. Lors de la ponte, les œufs sont insérés suivant une ligne zigzagante dans les plantes aquatiques. Si deux tandems de ponte se rapprochent trop, les mâles cherchent à s'intimider en se montrant leurs tibias, ce qui se termine parfois par une lutte réelle.

Couple prêt à pondre. Ardèche, juillet 2004. © D. Grand.

Ponte en tandem. Hérault. © J.-Y. Kernel.

Cœur copulatoire. Lot, juillet 1983. © J.-P. Boudot.

Menaces et mesures de gestion

Dans sa zone de prédilection, cette espèce n'est pas menacée à court terme. Elle est toutefois assez vulnérable car elle est sensible à la pollution et à l'aménagement des cours d'eau.

PROTECTION				LISTES ROUGES							DIRECTIVE HABITATS
FR	BE	LX	CH	MONDE	EU	FR	WA	FL	LX	CH	
O	–	–	–	LC	LC	LC	–	–	–	–	–

Platycnemis acutipennis Selys, 1841

L'Agrion orangé

Platycnemis acutipennis Selys, 1841, *Revue de zoologie Guérin-Méneville*, 4 : 246.

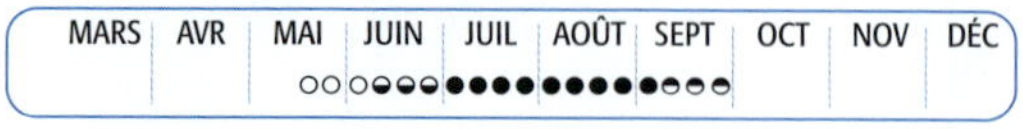

Mâle. © L. Rouschmeyer.

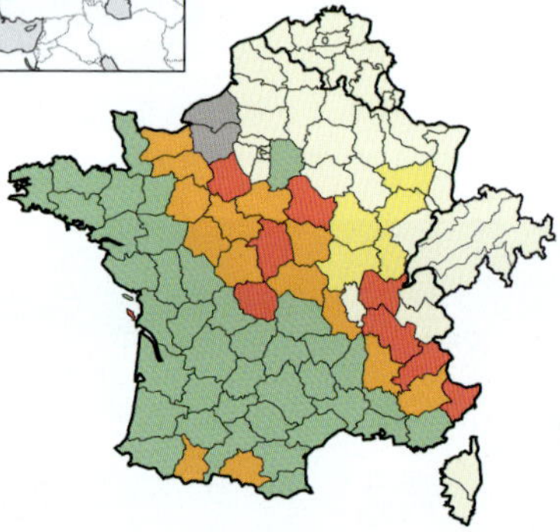

Critères de terrain

Tibias des pattes médianes et postérieures dilatés chez les mâles, non dilatés chez les femelles. Abdomen orange chez les mâles, brun orangé avec des lignes noires chez les femelles.

Dimensions

Abdomen (mm) : ♂ 25 - 30 ; ♀ 24 - 28
Ailes postérieures (mm) : ♂ 18 - 20 ; ♀ 18 - 21

Confusions à éviter

Les femelles immatures de nos trois *Platycnemis* sont difficiles à distinguer les unes des autres.

Répartition géographique, distribution et abondance

Espèce endémique stricte du sud-ouest de l'Europe (France et péninsule Ibérique). En France, présent dans une large moitié sud-ouest, commun en région méditerranéenne et dans le Centre, l'Ouest et le Sud-Ouest. Les citations de cette espèce dans l'est et le nord-est de la France ne sont pas étayées.

Écologie et biologie

Eaux courantes et stagnantes (secteurs ensoleillés des ruisseaux, des rivières et des fleuves disposant d'une abondante végétation aquatique, mares, étangs et gravières abandonnées). Plutôt inféodé aux plaines et aux collines, ce Platycnémis monte néanmoins jusqu'à 1 150 mètres d'altitude sur les contreforts méridionaux du Massif central. Ses larves se développent dans la végétation immergée proche des berges. Les adultes apparaissent dès la fin avril dans le midi de la France. L'espèce a été diagnostiquée univoltine dans le nord-est de l'Espagne.

Comportement

Lorsqu'ils sont à la recherche d'une femelle, les mâles parcourent la surface de l'eau d'un vol vibrant rectiligne, qui constitue une ébauche de parade nuptiale. Le reste du temps, leur vol est plus souple et en tout point analogue à celui des femelles. Lors de la ponte, les femelles insèrent leurs œufs en lignes parallèles dans les plantes aquatiques. Lorsqu'elles sont posées et se chauffent au soleil, elles ont parfois des attitudes de menace vis-à-vis d'autres femelles appartenant ou non à la même espèce. Elles relèvent alors leur abdomen à 45° et

Ponte habituelle en tandem. Gard. © T. Menut.

Ponte en solo, plus rare. Ardèche, juillet 2004. © D. Grand.

Cœur copulatoire. © C. Gosset.

en recourbent l'extrémité vers l'avant, ce qui a pour effet de maintenir la nouvelle arrivante à distance, ou de la faire repartir.

Menaces et mesures de gestion

Cette espèce ne semble pas menacée dans son aire géographique de prédilection. Sa sensibilité à la pollution et à l'aménagement des cours d'eau la rend néanmoins vulnérable.

PROTECTION				LISTES ROUGES							DIRECTIVE HABITATS
FR	BE	LX	CH	MONDE	EU	FR	WA	FL	LX	CH	
○	–	–	–	LC	LC	LC	–	–	–	–	–

Coenagrion puella (mâle).
© C. Gosset.

Larve de Coenagrionidae. © F. Melki.

La famille des Coenagrionidés

(Coenagrionidae Kirby, 1890)

Les Coenagrionidés constituent une très vaste famille qui comprend 127 genres répartis à travers toutes les régions du monde et comptabilise 1386 espèces. Dans notre région on en compte encore sept qui rassemblent au total 19 taxons, contre 33 pour la totalité de l'Europe. Ils ont tous des **ailes longuement pédonculées avec une nervation lâche et des cellules surtout quadrangulaires. La cellule discoïdale est en forme de losange. Les tibias sont en forme d'aiguille et ne sont pas dilatés. Au repos, les ailes sont rassemblées sur le dos.**

Écologie

Les espèces appartenant à cette famille se rencontrent dans la plupart des milieux humides, même acides ou saumâtres. Certaines espèces se rencontrent du niveau de la mer jusqu'aux pelouses alpines. D'autres sont confinées à une altitude donnée mais se reproduisent dans n'importe quel type d'eau, qu'elle soit permanente ou temporaire.

Biologie

Les œufs, insérés dans les hydrophytes ou les hélophytes, éclosent rapidement pour donner des larves qui effectueront au moins quelques mues avant l'hiver. Les pontes d'arrière-saison n'éclosent néanmoins qu'au printemps suivant. Les larves vivent généralement en eau peu profonde et se tiennent dans la végétation aquatique immergée. Elles chassent à l'affût ou à l'approche, en fonction de la densité des proies et des prédateurs. La durée de la phase larvaire et le nombre de stades larvaires sont très variables en fonction des espèces et des paramètres écologiques, mais certaines espèces ont un développement si rapide qu'elles peuvent avoir deux ou trois générations par an sous nos latitudes. Les émergences débutent le matin sur des supports plus ou moins verticaux et n'excèdent guère une heure par beau temps. La période de maturation dure de quelques jours à deux semaines suivant les espèces et les années, et a lieu généralement à proximité du site de reproduction.

Comportement

Les mâles ne développent pas de parade nuptiale. L'accouplement se déroule en bordure des lieux de ponte et dure entre un quart d'heure et presque 24 heures. La ponte s'effectue souvent en tandem, le mâle restant dressé en équilibre au-dessus de la femelle. Les femelles du genre *Ischnura* pondent néanmoins toujours seules. La plupart des espèces ne s'éloignent guère de l'eau et leur rayon d'action moyen n'atteint qu'une centaine de mètres, malgré quelques individus parfois observables à plus d'un kilomètre. Quelques espèces font néanmoins preuve d'un pouvoir colonisateur important, grâce à un comportement erratique affirmé. Elles colonisent alors rapidement les milieux aquatiques les plus récents, parfois très éloignés de leur lieu de naissance. Un petit nombre d'espèces montre un certain comportement territorial, mais celui-ci n'est jamais aussi prononcé que chez les *Calopteryx*.

Bibliographie de la famille et des espèces

Aguesse, 1961, 1968; Andrés & Cordero, 2000; Andrés *et al.*, 2002; Askew, 2004; Ben Azzouz & Aguesse, 1990; Berquier *et al.*, 2014; Boudot *et al.*, 1990; Burbach, 2000; Burmeister, 1989; Cassagne-Méjean, 1963; Corbet, 1999; Cordero, 1987, 1988, 1989, 1990b, 1992a, 1992b, 1995; Cordero *et al.*, 1998; Cordero Rivera & Egido Pérez, 1998; Dijkstra *et al.*, 2023; Dommanget, 1987; De Marmels & Schiess, 1977; Dutmer, 2016; Faton & Deliry, 2000; Ferreira *et al.*, 2015, 2016; Galimberti *et al.*, 2021; Grand, 1990a, 2002; Gribbin & Thompson 1991; Heidemann & Seidenbusch, 2002; Hickling *et al.*, 2005; Hunger, 2004; Jacquemin & Boudot, 1990, 1999; Kosterin, 2023; Leroy, 2001, 2003, 2005; Louboutin *et al.*, 2015; Machet & Legrand, 1986; Martin & Maynou, 2023; Monetti *et al.*, 2002; Ocharan, 1987; Parr, 1969, 1970, 1976, 1999; Petti & Grangaud, 1965; Purse & Thompson, 2002; Robert, 1958; Sánchez García *et al.*, 2009; Schiel, 2006; Schmidt, 1967; Schröter & Borisov, 2012; Selys, 1876; Sternberg, 1999; Sternberg & Buchwald, 1999; Samu, 1998; Swaegers *et al.*, 2014; Thompson, 1978; Utzeri *et al.*, 1983; Van Gossum *et al.*, 2001; Van Helsdingen *et al.*, 1996; Weekers & Dumont, 2004; Wildermuth, 2004; Wildermuth *et al.*, 2005.

Coenagrion puella (*Linnaeus, 1758*)

L'Agrion jouvencelle

Libellula puella Linnaeus, 1758, *Systema naturae*, 10e éd., 1 : 546. Laurentii Salvii, Stockholm.

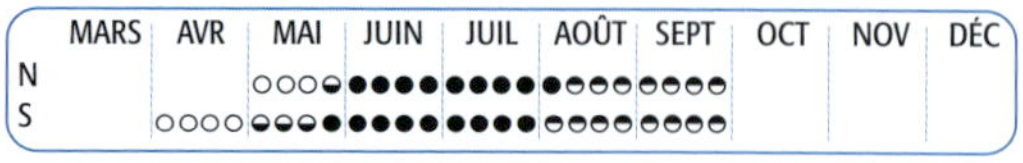

Mâle. Vosges. © J.-P. Boudot.

Critères de terrain

Corps bleu et noir chez les mâles, variable chez les femelles. Les femelles andromorphes sont habituellement beaucoup plus rares que les femelles hétéromorphes, mais dominent parfois dans certaines populations. **Dessin noir dorsal du second segment abdominal des mâles le plus souvent en forme de U bien séparé de l'extrémité du segment. Dessins noirs des segments 3 à 5 généralement très courts.**

Dimensions

Abdomen (mm) :	♂ 22 - 32 ; ♀ 23 - 30
Ailes postérieures (mm) :	♂ 15 - 22 ; ♀ 18 - 24

Confusions à éviter

Confusion possible avec *C. pulchellum* (mâles et femelles), *C. mercuriale* et *C. hastulatum* (femelles). Certains mâles de *C. puella* imitent ceux de *C. pulchellum*, et inversement. Les femelles andromorphes de *C. puella* peuvent être prises pour celles de *C. pulchellum* et *C. ornatum*.

Répartition géographique, distribution et abondance

De l'ouest de l'Europe et du nord du Maghreb à l'Asie centrale et à l'Altaï. Espèce très commune en Europe occidentale en plaine et en montagne. Dans les îles Britanniques, elle s'est étendue de 100 kilomètres vers le nord depuis les années 60, ce qui est attribué au réchauffement climatique. Elle est par contre en régression importante et très menacée au Maghreb, où les populations semblent montrer une certaine différentiation génétique.

Écologie et biologie

Eaux douces stagnantes permanentes et faiblement courantes, depuis le niveau de la mer jusqu'à plus de 2200 mètres d'altitude dans les massifs montagneux du sud de la France (mares, étangs, lacs, marais permanents, tourbières, fossés, chenaux, ruisseaux, rivières, fleuves, bras morts, etc.). Les milieux trop saumâtres, pollués ou trop artificiels lui sont défavorables. Les œufs éclosent 3 à 5 semaines après la ponte. La phase larvaire dure de 6 mois à 2 ans selon les zones climatiques (deux générations annuelles sont connues au Maghreb) et compte 10 ou 11 stades. Les adultes émergent généralement en masse sur une période limitée et forment ensuite des populations souvent denses.

Cœur copulatoire. Meurthe-et-Moselle. © T. Roussel.

Femelle. © L. Rouschmeyer.

Tandem de ponte. © L. Rouschmeyer.

Comportement

Les mâles ne s'éloignent guère de l'eau, mais par forte chaleur ils gagnent les zones ombragées. Par vent fort, ils se concentrent sur les lisières abritées et ensoleillées. Ils ne sont pas à proprement parler territoriaux et ne manifestent pas d'agressivité les uns envers les autres. La régulation des effectifs sur un site donné est spontanée et se fait à vue. Les femelles se tiennent souvent à l'écart et ne viennent à l'eau que pour s'accoupler et pondre. Lors de la ponte, la femelle peut s'immerger en totalité sous l'eau. Les œufs sont insérés dans la végétation affleurant à la surface de l'eau, ou en dessous.

Menaces et mesures de gestion

Cette espèce très ubiquiste n'est nulle part menacée.

PROTECTION				LISTES ROUGES							DIRECTIVE HABITATS
FR	BE	LX	CH	MONDE	EU	FR	WA	FL	LX	CH	
○	FI	●	GE, VD	LC	LC	LC	LC	LC	LC	LC	–

Coenagrion pulchellum (Vander Linden, 1825)

L'Agrion joli

Agrion pulchella Vander Linden, 1825, *Monographiae Libellulinarum Europaearum Specimen* : 38. Frank, Bruxelles.

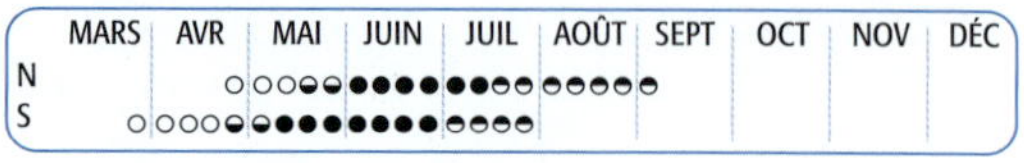

Mâle. Moselle. © T. Roussel.

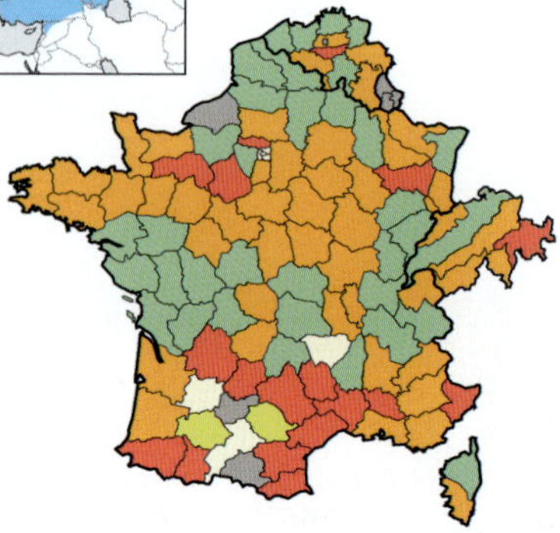

Critères de terrain

Corps bleu et noir chez les mâles, variable chez les femelles. **Dessin noir dorsal du second segment abdominal des mâles habituellement en forme de U, tridenté ou non vers l'avant, le plus souvent rattaché médiodorsalement à son extrémité** (mais pas toujours). Étendues relatives des surfaces bleues et noires très variables sur tous les segments abdominaux. Certains spécimens sont de véritables sosies de *C. puella* ; seule l'observation des cercoïdes, dépourvus de dent interne apicale, permet alors l'identification. D'autres sont presque entièrement noirs. Les femelles hétéromorphes ont l'abdomen dorsalement presque totalement noir et_ont la même physionomie que celles de *C. puella*, *C. mercuriale* et *C. hastulatum*. Les femelles andromorphes ont les segments abdominaux 3 à 7 (8) dorsalement bicolores, noirs et bleus, et les dessins noirs terminés en trident vers l'avant. Elles sont fréquentes chez cette espèce. Il existe des formes intermédiaires, qui ont le 8e segment abdominal bicolore.

Dimension

Abdomen (mm) :	♂ 24 - 32 ; ♀ 23 - 31
Ailes postérieures (mm) :	♂ 16 - 22 ; ♀ 18 - 23

Confusions à éviter

Confusion possible avec *C. puella* (mâles et femelles), *C. mercuriale* et *C. hastulatum* (femelles). Certains mâles de *C. pulchellum* singent ceux de *C. puella*, et inversement. Les femelles andromorphes de *C. pulchellum* peuvent être prises pour celles de *C. puella* et de *C. ornatum*.

Répartition géographique, distribution et abondance

De l'ouest de l'Europe à l'Asie centrale à l'Altaï. Irrégulièrement abondant en Europe occidentale. Espèce localement abondante en France, en Belgique et en Suisse, mais disparue du Luxembourg. Dans les îles Britanniques, elle s'est étendue d'une centaine de kilomètres vers le nord, depuis les années 60, ce qui est attribué au réchauffement climatique.

Écologie et biologie

Eaux douces stagnantes mésotrophes et eutrophes, ensoleillées et comportant une végétation aquatique bien développée : mares, étangs,

Coeur copulatoire. © L. Rouschmeyer.

Femelle hétéromorphe. Doubs, 800 m, juin 1984. © J.-P. Boudot.

Femelle andromorphe. Jura, juillet 1987. © D. Grand.

tourbeux ou non, souvent en partie forestiers, marais permanents, bras morts des rivières, fossés inondés, etc. Parfois également dans les eaux faiblement courantes. Les milieux pollués ou trop artificiels lui sont défavorables. Espèce de plaine et de moyenne montagne, l'Agrion joli atteint parfois 1 200 mètres d'altitude dans le sud de son aire. Les œufs éclosent 2 à 6 semaines après la ponte. La phase larvaire dure de 8 mois à 2 ans et compte entre 10 et 13 stades.

Menaces et mesures de gestion

Cette espèce a disparu du Luxembourg et a subi une forte régression en Belgique. Elle se maintient bien en France bien que sa distribution soit lacunaire. Le développement d'une pisciculture trop intensive lui est néfaste, notamment lorsqu'elle favorise les poissons herbivores comme les carpes. La pollution des étangs par l'agriculture constitue également une cause de régression. Il est nécessaire de préserver les bordures marécageuses des étangs et d'éviter une trop forte fermeture des berges par les arbustes.

Accouplement avec mâle mélanique. Brême, Allemagne, août 1998. © D. Grand.

Accouplement. Meuse, mai 1991. © J.-P. Boudot.

PROTECTION				LISTES ROUGES							DIRECTIVE HABITATS
FR	BE	LX	CH	MONDE	EU	FR	WA	FL	LX	CH	
○	Wa, Fl	●	GE, VD	LC	LC	VU	EN	EN	RE	NT	–

Coenagrion hastulatum (Charpentier, 1825)

L'Agrion hasté

Agrion hastulatum Charpentier, 1825, *Horae Entomologicae, Libellulinis Europaeis*: 20. Gosohorsky, Breslaw.

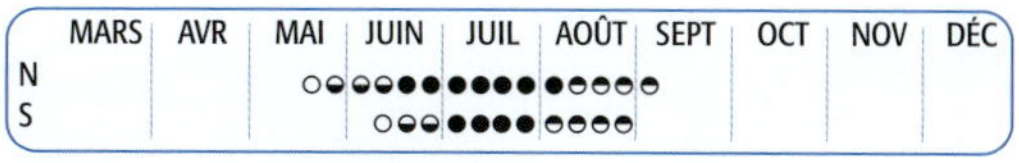

Mâle. Doubs. © T. Roussel.

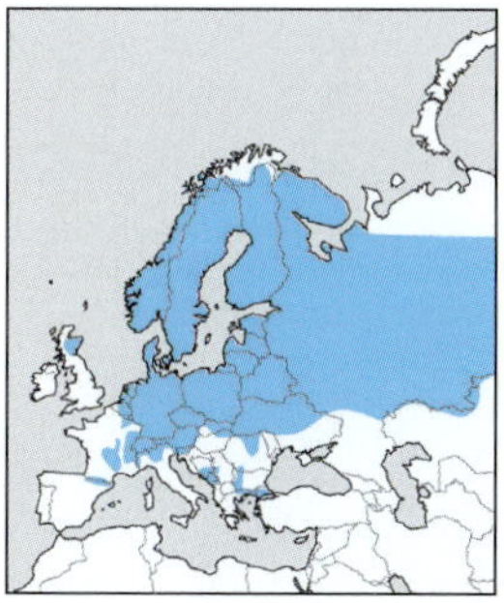

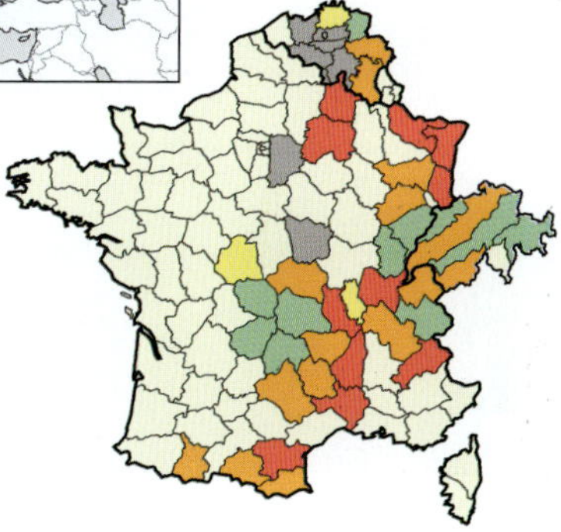

Critères de terrain

Corps bleu et noir chez les mâles, vert et noir chez les femelles. **Dessin noir dorsal du second segment abdominal des mâles généralement en forme de fer de hallebarde ou d'as de pique, prolongé latéralement par deux traits séparés. Ce motif est parfois dégradé en trois lunules isolées. Dessin noir du 3e segment abdominal en forme de fer de lance.**

Dimensions

Abdomen (mm) : ♂ 22 - 34 ; ♀ 24 - 32
Ailes postérieures (mm) : ♂ 16 - 20 ; ♀ 19 - 22

Confusions à éviter

Les variations du dessin du second segment abdominal des mâles peuvent conduire à des confusions avec *C. ornatum* (cas où les deux traits latéraux sont rattachés au motif central) et *C. lunulatum* (cas où la hampe du fer de hallebarde manque). Seul le dessin noir du 3e segment abdominal est en forme de fer de lance. Les femelles ont la même physionomie que celles de *C. puella*, *C. pulchellum* et *C. mercuriale*.

Répartition géographique, distribution et abondance

De l'ouest et du nord de l'Europe à l'Extrême-Orient russe et au Kamtchatka. En dehors des régions boréales et sibériennes, cette espèce est généralement bien présente dans les massifs montagneux et à leur périphérie. Elle s'est néanmoins considérablement raréfiée en Belgique.

Écologie et biologie

Eaux stagnantes acides : tourbières à sphaignes, étangs tourbeux, marais à carex et à trèfle d'eau. Cette espèce boréo-alpine est présente à basse altitude dans le nord de l'Europe puis se cantonne en altitude dans le sud de son aire. Elle atteint 2 500 m d'altitude dans le sud de la France. Les œufs éclosent 2 à 3 semaines après la ponte. La phase larvaire, qui compte de 10 à 13 stades, dure 1 ou 2 ans en Europe moyenne et aux altitudes modérées, 3 à 4 ans aux altitudes et latitudes élevées. Les larves vivent à faible profondeur, se tiennent dans la végétation aquatique immergée et ont un mode de vie peu actif.

Accouplement. Puy-de-Dôme. © G. Doucet.

Femelle sur le prothorax de laquelle est resté fixé l'abdomen d'un mâle en partie dévoré. Suède, mai 2002. © J.-P. Boudot.

Femelle. © E. Nielsen.

Comportement

Les mâles volent au ras de l'eau d'un vol faible et se posent souvent. Les tandems insèrent leurs œufs dans les sphaignes inondées ou bordant les mares et les gouilles, ainsi que dans les tiges et les feuilles flottantes des plantes aquatiques. Ils descendent parfois en totalité sous l'eau.

Menaces et mesures de gestion

L'Agrion hasté est en forte régression en Belgique mais se maintient relativement bien dans l'ensemble des massifs montagneux français, où les sécheresses répétées et prolongées pourraient à terme le menacer. L'aménagement des zones humides (drainage, boisements, transformation en bassins collinaires pour les sports d'hiver) est totalement à proscrire dans les régions où cette espèce boréale et montagnarde reste actuellement présente. La fermeture naturelle des surfaces en eau des tourbières les plus évoluées conduit inéluctablement à sa disparition. Le rajeunissement des tourbières en fin de cycle par creusement de petites fosses de détourbage doit être envisagé si l'on veut conserver cette espèce dans nos régions.

Couple attaqué par une araignée. Tourbière, Puy-de-Dôme, 1 220 m. © D. Grand.

Le drainage et le boisement des tourbières, ainsi que l'apport d'eaux polluées par l'agriculture ou les rejets domestiques, constituent des causes avérées de disparition dans certaines localités.

Mesures de classement et de protection

Le classement de cette espèce sur les différentes listes rouges traduit un statut de conservation très contrasté d'un pays à l'autre.

PROTECTION				LISTES ROUGES							DIRECTIVE HABITATS
FR	BE	LX	CH	MONDE	EU	FR	WA	FL	LX	CH	
IdF	Wa, Fl	–	C	LC	LC	VU	CR	CR	–	VU	–

Coenagrion lunulatum (Charpentier, 1840)

L'Agrion à lunules

Agrion lunulatum Charpentier, 1840, *Libellulinae Europaeae descriptae ac depictae* : 162. Voss, Leipzig.
Synonymie : *Coenagrion vernale* Hagen, 1839

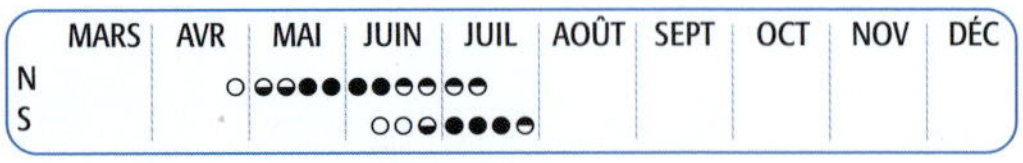

Mâle. © E. Nielsen.

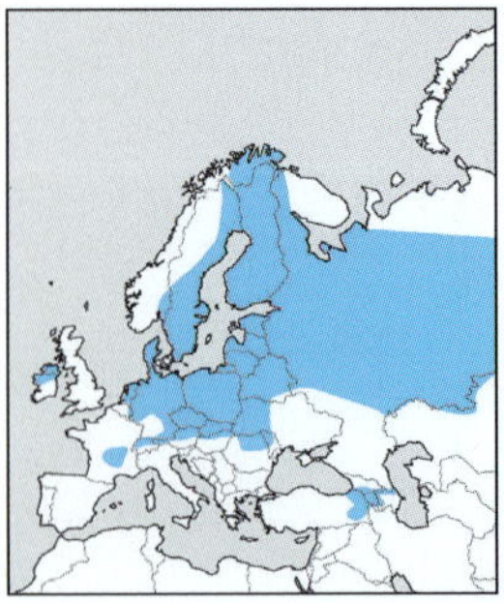

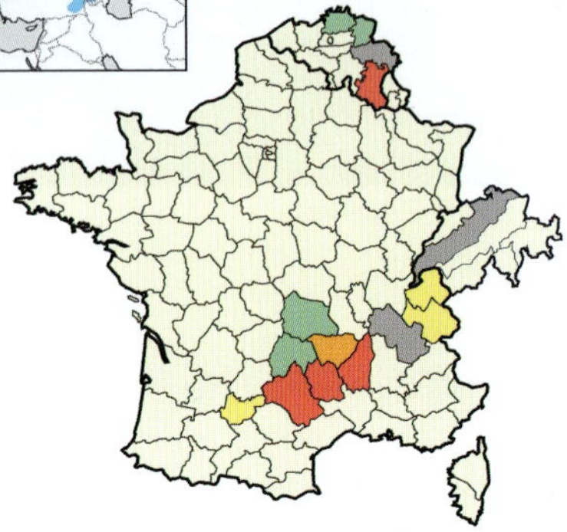

Critères de terrain

Corps bleu et noir chez les mâles, habituellement vert et noir, principalement bleu et noir ou vert, bleu et noir chez les femelles. **Dessin noir dorsal du second segment abdominal des mâles formé de 3 lunules séparées. Segments 3 à 6 dorsalement bicolores, noirs et bleus, la partie noire très étendue et en occupant plus de la moitié sur le 3e, plus des 2/3 sur les segments 4 à 6. Face dorsale de l'abdomen des femelles noire, avec habituellement le dessin dorsal du 8e segment en forme de triangle noir laissant apparaître des marges claires vers l'avant**.

Dimensions

Abdomen (mm) : ♂ 23 - 36 ; ♀ 22 - 26
Ailes postérieures (mm) : ♂ 16 - 21 ; ♀ 17 - 22

Confusions à éviter

Confusion possible avec certains mâles à lunules de *C. hastulatum*. Les femelles peuvent se confondre avec celles d'*Enallagma cyathigerum*.

Répartition géographique, distribution et abondance

De l'ouest et du nord de l'Europe à l'est de la Sibérie et au Kamtchatka. Est de l'Asie Mineure. Très rare dans l'ouest de l'Europe occidentale, où l'espèce a disparu de Suisse et régresse fortement en Bavière. En France, cet Agrion est connu avec certitude du Massif central et a également été cité des contreforts alpins, où il ne semble plus présent. Il se maintient çà et là en Belgique, où il reste rare.

Écologie et biologie

Eaux stagnantes mésotrophes et oligotrophes : lacs et étangs tourbeux, tourbières à sphaignes, marais à carex, scirpes, linaigrettes, prêles ou molinie. Cette espèce boréo-alpine est présente à basse altitude dans le nord de l'Europe puis se cantonne en montagne dans le sud de son aire. Dans notre territoire, elle reste toujours extrêmement rare et est localisée à quelques mares, étangs tourbeux et tourbières, situés vers 500 mètres d'altitude en Belgique, entre 550 et 1 250 mètres

Accouplement. © E. Nielsen.

Mâle (à gauche) empêtré dans une toile d'araignée. Puy-de-Dôme, 1 250 m, juillet 1985. © D. Grand.

dans le Massif central. Les œufs éclosent 3 à 4 semaines après la ponte. La phase larvaire dure 1 ou 2 ans, les émergences s'étendent sur environ 35 jours et sont peu synchorisées, la moitié de la population émergeant 11 à 12 jours environ. La et la durée de vie moyenne des adultes est courte et n'atteint pas 10 jours et les populations ne sont visibles que pendant à peine plus de trois semaines.

Comportement

Les mâles restent dans les herbes des rives, où ils recherchent les femelles. Ils ne paraissent pas être territoriaux. Les femelles se tiennent généralement un peu à l'écart et les accouplements se forment en retrait de l'eau. Lors de la ponte, mâles et femelles restent associés en tandem. La femelle insère ses œufs dans les feuilles flottantes des végétaux aquatiques et dans les tiges émergeant de l'eau. Elle peut s'immerger pendant un certain temps tout en descendant le long d'une tige pour continuer à pondre.

Menaces et mesures de gestion

L'Agrion à lunules est partout très vulnérable et gravement menacé dans notre région. Le réchauffement du climat et les sécheresses successives de ces dernières décennies sont susceptibles de conduire à sa disparition en France et en Belgique. L'eutrophisation des mares oligotrophes entourées de cultures ou de prairies soumises à un pâturage intensif constitue également un risque avéré. La surfréquentation de certains de ses habitats lui est néfaste. La création et le maintien d'un réseau de surveillance et une meilleure connaissance de sa biologie sont des préalables à l'instauration de mesures conservatoires indispensables à sa survie. Cette espèce étant éteinte en Suisse depuis 1990, elle est maintenant classée RE (Régionalement Éteinte) dans la liste rouge actuelle de ce pays (2021).

PROTECTION				LISTES ROUGES							DIRECTIVE HABITATS
FR	BE	LX	CH	MONDE	EU	FR	WA	FL	LX	CH	
○	Wa, Fl	–	●	–	LC	VU	CR	CR	–	RE	–

Coenagrion ornatum *(Selys, 1850)*

L'Agrion orné

Agrion ornatum Selys, 1850, *Revue des Odonates ou Libellules d'Europe. Mémoires de la Société Royale des Sciences de Liège*, 6 : 203.

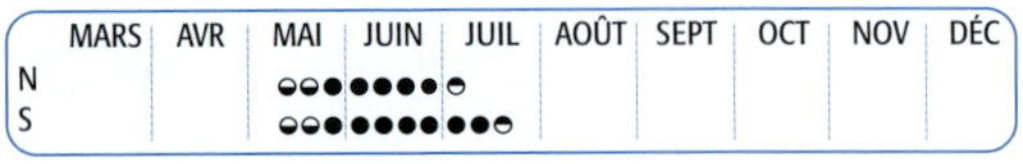

Mâle. Allemagne, Rhénanie-Palatinat, juin 1984.
© J.-P. Boudot.

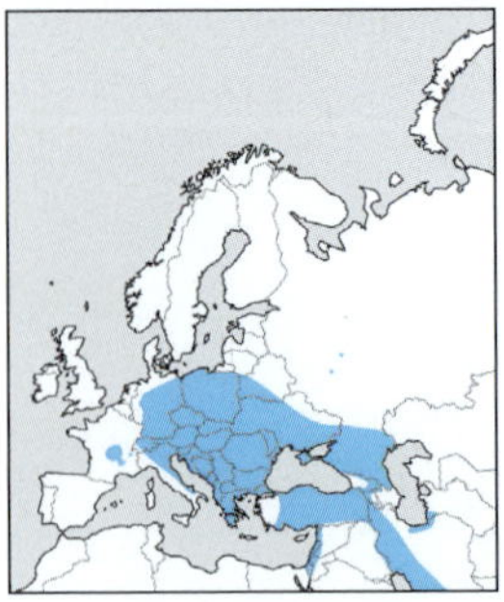

Critères de terrain

Corps bleu et noir. **Dessin noir dorsal du second segment abdominal des mâles en forme de fer de hallebarde, prolongé latéralement par deux traits habituellement reliés à lui** (mais pas toujours). **Dessins des segments 3 et 4 (5) effilés en fer de lance. Femelles avec les dessins noirs des segments 3 et 4 effilés en pointe, ceux des segments 5 à 8 se terminant en trident.**

Dimensions

Abdomen (mm) : ♂ 20 - 30 ; ♀ 23 - 29
Ailes postérieures (mm) : ♂ 17 - 22 ; ♀ 18 - 24

Confusions à éviter

Chez les mâles où les deux traits noirs latéraux du second segment abdominal ne sont pas reliés au dessin central, la confusion est possible avec *C. hastulatum*. Les femelles peuvent être confondues avec certaines formes andromorphes de *C. puella*.

Répartition géographique, distribution et abondance

De l'Europe centrale à l'Iran et au sud de la Russie européenne par les pays du Caucase. Très rare et en forte régression dans la partie occidentale de son aire, où les populations de Suisse sont éteintes. En France, actuellement connu de quelques départements du Centre-Est, disparu du nord de l'Alsace, où seuls des individus nomades provenant du Palatinat allemand ne sont plus que sporadiquement observés.

Écologie et biologie

Petits ruisseaux envasés, fossés et suintements de pente en milieu prairial ensoleillé. Les populations françaises de cette rare espèce se développent sur des suintements de pente dans des prés pâturés et dans les ruisselets qui les collectent. Ces habitats à faible courant, envahis de menthes sauvages, de rubaniers dressés, d'iris jaunes, de cresson et de scirpes, sont localisés sur les versants chauds de régions bocagères en dessous de 600 mètres d'altitude. La biologie de l'Agrion orné est très mal connue. Il est probable que les œufs puissent passer l'été dans la vase des ruisselets desséchés et n'éclosent qu'à l'automne. Les émergences commencent vers la mi-mai et se déroulent à quelques centimètres au-dessus de l'eau.

Accouplement. © G. Doucet.

Tandem. © L. Rouschmeyer.

Comportement

Les adultes volent de temps à autre à quelques centimètres au-dessus de l'eau et restent longuement posés dans les herbes. L'Agrion orné se rencontre souvent en compagnie de l'Agrion de Mercure, mais ses populations restent généralement plus modestes.

Ponte acrobatique en tandem. Bocage charolais, Saône-et-Loire, mai 2004. © D. Grand.

Menaces et mesures de gestion

L'Agrion orné possède en France des populations stables mais très dépendantes du maintien des pratiques agricoles actuelles (élevage bovin au pré). Il est très menacé du fait du morcellement des populations occidentales, de l'exiguïté de ses habitats et de ses exigences écologiques. Il est victime des sécheresses répétées qui tarissent les suintements prairiaux, des drainages intempestifs et du piétinement par les troupeaux. Des mesures de protections adaptées au contexte local devraient être engagées sans délai.

Mesures de classement et de protection

Cette espèce a été incluse à l'annexe II de la directive «Habitats» dès 2003. Cette disposition n'a pourtant pas été transposée au droit français et *C. ornatum* ne bénéficie toujours pas d'un quelconque statut national de protection en France.

PROTECTION				LISTES ROUGES							DIRECTIVE HABITATS
FR	BE	LX	CH	MONDE	EU	FR	WA	FL	LX	CH	
O	–	–	GE, VD	LC	NT	NT	–	–	–	RE	II

Coenagrion mercuriale *(Charpentier, 1840)*

L'Agrion de Mercure

Agrion mercuriale Charpentier, 1840, *Libellulinae Europaeae descriptae ac depictae* : 159. Voss, Leipzig.

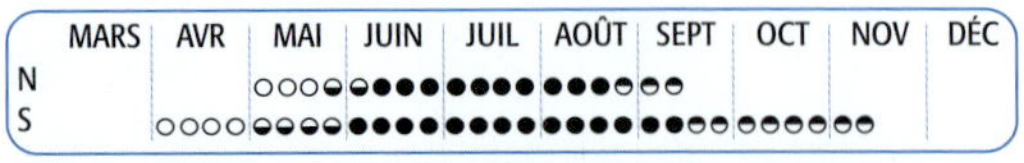

© L. Rouschmeyer.

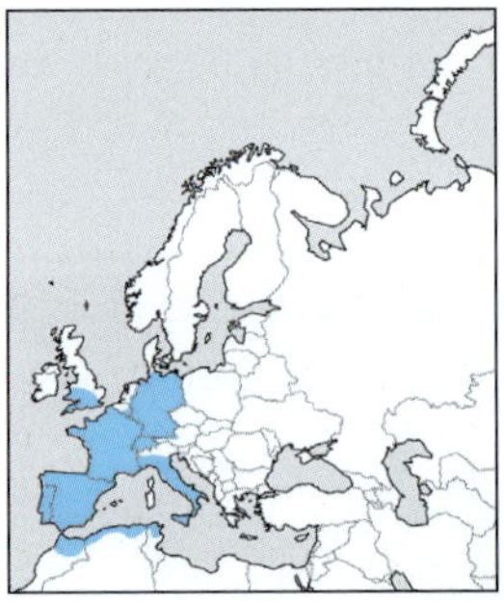

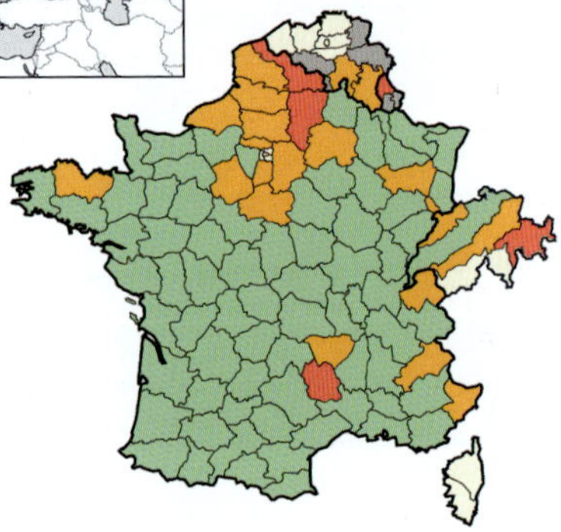

Critères de terrain

Corps bleu et noir chez les mâles, habituellement vert et noir chez les femelles. **Dessin noir dorsal du second segment abdominal des mâles en forme de tête de taureau ou de Gaulois casqué**, avec cependant une forte variation individuelle (confusion possible avec *C. scitulum* et *C. caerulescens*). **Sixième segment abdominal avec à peu près autant de bleu que de noir** (totalement noir ou presque chez *C. scitulum* et *C. caerulescens*). Femelles généralement verdâtres avec la face dorsale de l'abdomen entièrement noire ; formes andromorphes rares.

Dimensions

Abdomen (mm) : ♂ 19 - 27 ; ♀ 21 - 27
Ailes postérieures (mm) : ♂ 12 - 19 ; ♀ 17 - 21

Confusions à éviter

Les mâles peuvent être confondus avec ceux de *C. scitulum* et de *C. caerulescens*. La distinction des femelles de *C. mercuriale*, *C. puella*, *C. pulchellum* et *C. hastulatum* ne peut se faire que par l'examen du bord postérieur du prothorax.

Répartition géographique, distribution et abondance

Europe occidentale et nord du Maghreb. Anciennement cité par erreur de Slovaquie et de Slovénie. Actuellement en forte régression et très menacé à la marge de son aire. Disparu des Pays-Bas, cet Agrion ne se maintient bien qu'en France, en Espagne et dans le Moyen Atlas marocain. Au Maghreb, cette espèce est représentée par une lignée génétique distincte récemment rétablie au rang de sous-espèce *C. mercuriale hermeticum* (Selys, 1872). Par contre, les populations italiennes jusqu'ici rapportées à *C. mercuriale castellani* apparaissent maintenant suffisamment différentes des populations du reste de l'Europe et du Maghreb sur les plans génétiques (forte structuration de l'arbre phylogénétique et forte divergence génétique de l'ADN mitochondrial) et morphologiques (coloration de l'abdomen et structure des appendices abdominaux) pour devoir être considérées comme constituant une bonne espèce, dorénavant nommée *Coenagrion castellani* Roberts, 1948. La divergence entre *C. castellani* et *C. mercuriale* à partir d'un ancêtre commun est estimée à 1,8 ± 1 million d'années par la méthode du chronomètre moléculaire, ce qui correspond au début du quaternaire (Gélasien supérieur et Calabrien inférieur), époque à laquelle le genre *Homo* s'est développé et diversifié.

Écologie et biologie

Eaux courantes ensoleillées de bonne qualité, alcalines et de débit modéré, rarement acides ou saumâtres (sourcins, ruisselets et ruisseaux prairiaux, fossés et chenaux envahis de plantes aquatiques et hygrophiles), généralement au-dessous de 700 m d'altitude (malgré quelques citations entre 1 000 et 1 220 m dans le Massif central). Les œufs éclosent 3 à 6 semaines après la ponte. La phase larvaire dure 1 (régions chaudes) à 2 ans (régions froides). L'espèce est même bivoltine au Maghreb. Les larves vivent dans la vase et au sein de la végétation immergée. Les émergences s'étalent sur une durée assez longue en été.

Comportement

Les adultes ne s'écartent guère de leur site de reproduction. Ils volent à faible hauteur et se posent longuement. Les œufs sont insérés dans les tiges des végétaux tendres, notamment dans celles du Cresson de fontaine et d'une bonne vingtaine d'autres végétaux. Si le support lui convient, il arrive que le couple descende entièrement sous l'eau.

Menaces et mesures de gestion

Cette espèce est à la limite de l'extinction en Belgique, au Luxembourg et en Suisse. En France, elle est en régression mais est encore bien disséminée et ne paraît pas pour le moment être menacée. Les causes de sa régression résident surtout dans le curage, la rectification, la canalisation et la pollution des petits cours d'eau, dans les opérations de drainage ou de captage des sources et dans l'abaissement des nappes phréatiques provoqué

Femelle. Meuse. © T. Roussel.

Cœur copulatoire. Bas-Rhin. © T. Roussel.

par les pratiques agricoles actuelles et les phases de sécheresse prolongées. L'intensification de l'élevage bovin conduit à la banalisation, à l'eutrophisation, au piétinement et à la destruction de ses biotopes. Un boisement trop dense conduit à un ombrage trop important et à sa disparition en zone forestière. Là où cela est possible, il faut conserver et entretenir les paysages bocagers dans lesquels l'espèce est encore abondante, en évitant à la fois un embroussaillement trop important des berges et les destructions liées à l'agriculture. Le curage des ruisseaux doit se faire par rotation sur des tronçons successifs pendant plusieurs années. Dans les zones de culture intensive, il serait nécessaire de créer des secteurs tampons visant à préserver les cours d'eaux des ruissellements pollués.

PROTECTION				LISTES ROUGES							DIRECTIVE HABITATS
FR	BE	LX	CH	MONDE	EU	FR	WA	FL	LX	CH	
●	Wa, Fl	●	●	NT	NT	LC	CR	RE	CR	EN	II

Coenagrion scitulum (Rambur, 1842)

L'Agrion mignon

Agrion scitulum Rambur, 1842, *Histoire naturelle des Insectes. Névroptères* : 266. Roret, Paris.

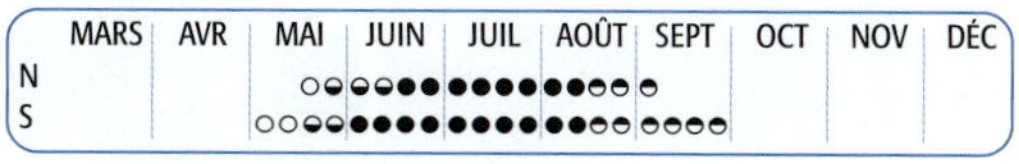

Mâle. © L. Rouschmeyer.

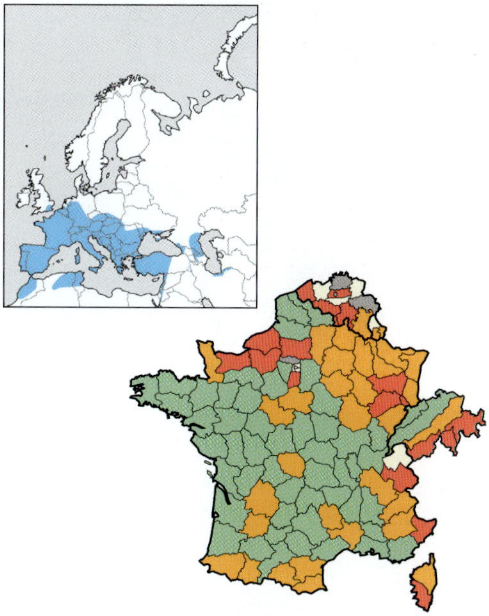

Critères de terrain

Corps bleu et noir chez les mâles, bleu ou vert et noir chez les femelles. **Dessin noir dorsal du second segment abdominal des mâles généralement en forme de U épais rattaché à l'extrémité du segment. Sixième segment abdominal presque entièrement noir**. **Lobe postérieur du prothorax des femelles entier.**

Dimensions

Abdomen (mm) : ♂ 20 - 27 ; ♀ 21 - 26
Ailes postérieures (mm) : ♂ 14 - 19 ; ♀ 15 - 20

Confusions à éviter

La distinction des mâles de cette espèce avec ceux de *C. caerulescens* sur le terrain est très délicate. Les femelles de ces deux espèces ont une allure comparable. Les seuls critères valables sont ceux qui ont trait aux appendices abdominaux et au prothorax.

Répartition géographique, distribution et abondance

De l'ouest de l'Europe et du Maghreb à l'Asie Mineure et à l'Iran, avec une aire secondaire disjointe en Asie centrale. Il est difficile de dire si les rares individus observés au nord-est de l'Iran se rattachent aux populations d'Asie centrale ou à celles du sud-Caucase. En France cette espèce est surtout commune dans les départements du Centre et de l'Ouest. Elle s'étend sporadiquement à la Belgique et au Luxembourg. Elle s'est implantée sur le Plateau Suisse à partir de 2002 puis a commencé à pénétrer dans les régions alpines du pays et au Tessin en 2020. Elle s'est réimplantée dans les îles Britanniques en 2010 après une longue éclipse.

Écologie et biologie

Eaux stagnantes non saumâtres, ensoleillées et colonisées par des hydrophytes affleurant à la surface, notamment des myriophylles : mares âgées, lavognes, queues d'étangs herbeuses, marais permanents et à l'occasion bassins artificiels aux bor-

Accouplement. Rhône, juillet 2004. © D. Grand.

Formation du cœur copulatoire. Rhône, juillet 2004. © D. Grand.

dures envahies d'hélophytes. Cette espèce atteint parfois près de 1100 mètres d'altitude dans le sud de son aire. Les œufs éclosent 6 à 7 semaines après la ponte et la phase larvaire dure de 6 mois à 1 an. Les larves se tiennent dans les hydrophytes immergées et sont très actives.

Comportement

Très discret, ce petit Agrion passe facilement inaperçu. Les mâles se posent souvent sur la végétation flottante ou affleurant juste à la surface de l'eau. Dans ses habitats les plus favorables, ses populations peuvent devenir extrêmement denses et comporter plusieurs centaines d'individus. Dans ces conditions, des dizaines de couples, connectés en tandem, pondent côte à côte dans les parties immergées des myriophylles, les mâles restant dressés au-dessus de leur partenaire.

Menaces et mesures de gestion

L'Agrion mignon est vulnérable dans le nord-est de notre territoire, en particulier au Luxembourg et en Belgique. La disparition, le comblement ou l'embroussaillement des mares prairiales conduit

Ponte caractéristique en tandem, le mâle dressé à l'oblique. Gard, juin 1985. © D. Grand.

à une réduction considérable du nombre de ses populations. Le faucardage des plans d'eau lui est néfaste, car il a un besoin impérieux d'une végétation affleurante. Un entretien des mares prairiales par rotation est indispensable au maintien de populations florissantes.

PROTECTION				LISTES ROUGES							DIRECTIVE HABITATS
FR	BE	LX	CH	MONDE	EU	FR	WA	FL	LX	CH	
IdF	FI	•	GE, VD	LC	LC	LC	NE	DD	LC	LC	–

Coenagrion caerulescens (Fonscolombe, 1838)

L'Agrion bleuissant

Agrion cærulescens Fonscolombe, 1838, *Annales de la Société entomologique de France*, 7 : 568.

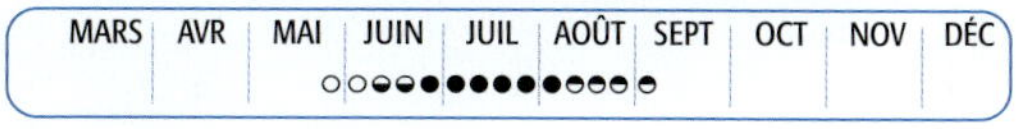

Mâle. © L. Rouschmeyer.

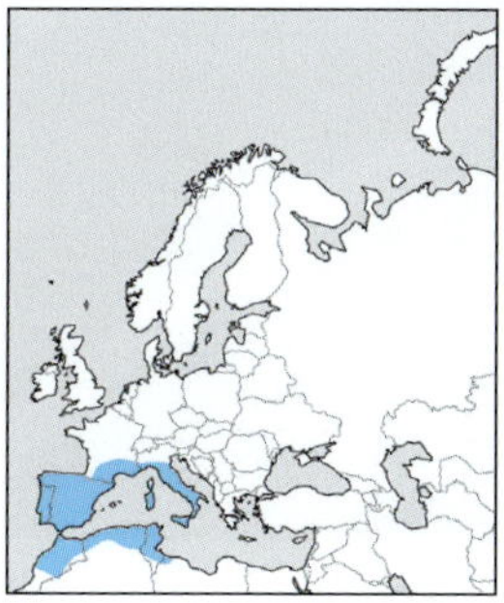

Critères de terrain

Corps bleu et noir chez les mâles, bleu, vert ou grisâtre et noir chez les femelles. **Lobe postérieur du prothorax des femelles profondément incisé en deux languettes très distinctes**. L'identification des mâles, dont les dessins noirs sont assez variables, est très aléatoire sur le terrain. Il est nécessaire d'examiner les appendices abdominaux sous binoculaire.

Dimensions

Abdomen (mm) : ♂ 18 - 26 ; ♀ 19 - 27
Ailes postérieures (mm) : ♂ 14 - 19 ; ♀ 15 - 21

Confusions à éviter

La distinction des mâles de cette espèce avec ceux de *C. scitulum* sur le terrain est très délicate. Les femelles de ces deux espèces ont une allure comparable. Les seuls critères valables sont ceux ayant trait aux appendices abdominaux et au prothorax.

Répartition géographique, distribution et abondance

Bassin méditerranéen occidental. En France, cette espèce n'habite guère que quelques départements du pourtour méditerranéen, où elle reste globalement très rare. Elle a également été citée des Pyrénées-Atlantiques, ce qui demande à être confirmé. Les citations de Savoie et du Rhône sont erronées.

Écologie et biologie

Eaux courantes peu profondes, ensoleillées et de bonne qualité, avec végétation de myriophylles (rivières, ruisseaux, ruisselets, suintements), essentiellement en dessous de 600 mètres d'altitude en France, localement jusqu'à 1100 m. La phase larvaire dure 7 mois et compte entre 11 et 14 stades. Le développement larvaire de cette espèce, réputée univoltine, est mal connu.

Comportement

Les adultes ne semblent pas s'éloigner beaucoup de leur site de reproduction. Ils volent à faible hauteur et se posent longuement. Les œufs sont insérés dans les tissus des hydrophytes immergées et affleurantes.

Accouplement. Bouches-du-Rhône, juillet 1990. © J.-P. Boudot.

Femelle. Bouches-du-Rhône, juillet 1991. © J.-P. Boudot.

Ponte. © G. Doucet.

Menaces et mesures de gestion

Cette espèce autrefois rarissime en France semble avoir montré une faible expansion dans le sud de la France depuis quelques décades, avec le réchauffement du climat. Elle reste néanmoins rare et sporadique avec des populations qui tendent à disparaître avec la fermeture des ripisylves et le manque d'ensoleillement. Ce Coenagrion reste très menacé à cause de la pollution, de l'assèchement estival toujours possible de ses habitats et de l'urbanisme. Ses populations apparaissent généralement très faibles. Il est indispensable de protéger les localités connues de toute pollution et de tout aménagement, tout en les préservant de l'envahissement par la forêt.

PROTECTION				LISTES ROUGES							DIRECTIVE HABITATS
FR	BE	LX	CH	MONDE	EU	FR	WA	FL	LX	CH	
O	–	–	–	LC	NT	EN	–	–	–	–	–

Enallagma cyathigerum (Charpentier, 1840)

L'Agrion porte-coupe

Agrion cyathigerum Charpentier, 1840, *Libellulinae Europaeae descriptae ac depictae* : 163. Voss, Leipzig.

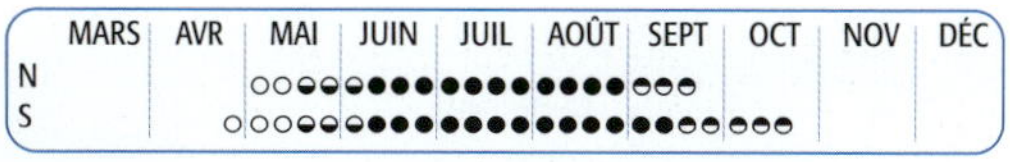

Mâle. © J.-P. Boudot.

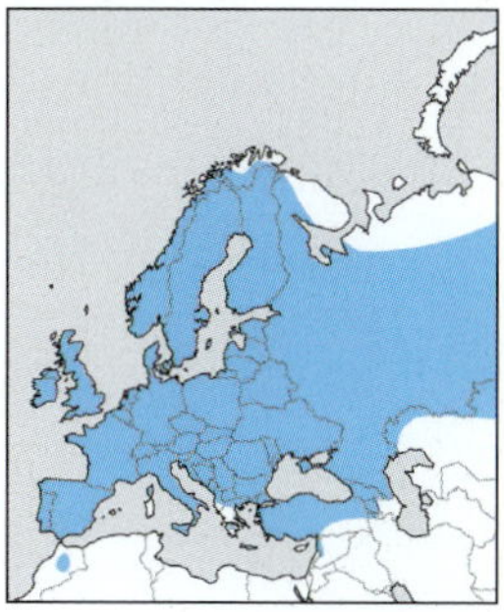

Critères de terrain

Corps bleu et noir chez les mâles, bleu, vert ou grisâtre et noir chez les femelles. **Dessin noir dorsal du second segment abdominal des mâles ayant la forme d'une petite coupe posée sur un socle. Suture du milieu des flancs du thorax dépourvue de trait noir. Face dorsale du 8e segment abdominal des femelles marquée d'un dessin noir en forme de triangle laissant apparaître latéralement des marges claires dans sa moitié antérieure**.

Dimensions

Abdomen (mm) : ♂ 22 - 30 ; ♀ 22 - 29
Ailes postérieures (mm) : ♂ 17 - 24 ; ♀ 17 - 23

Confusions à éviter

Les femelles peuvent être confondues avec celles de *C. lunulatum*.

Répartition géographique, distribution et abondance

Il s'agit là d'une espèce collective représentée dans le paléarctique par trois taxa récemment déclassés du rang d'espèces à celui de sous-espèces conformément à leurs caractéristiques structurales et génétiques. La sous-espèce nominotypicale (*E. cyathigerum cyathigerum*) s'étend de l'ouest de l'Europe au Kamtchatka et à l'Extrême-Orient russe aux latitudes moyennes. Plus au sud, *E. cythigerum rotundatum* Bartenev, 1929 (= ex *E. c. risi* Schmidt, 1961) s'étend de l'ouest du Nord Caucase aux steppes méridionales de la Russie européenne, au sud de l'Oural et à la ceinture de steppes et de la zone de transition forêt-steppe du sud de la Sibérie puis aux steppes et déserts d'Asie centrale et d'Iran. Au Moyen-Atlas marocain *E. c. cyathigerum* cohabite avec la troisième sous-espèce (*E. cyathigerum deserti*) (endémique du nord du Maghreb). Ces trois sous-espèces peuvent former des individus intermédiaires là où elles cohabitent (Oural moyen, Altaï russe, République russe de Tuva). *Enallagma c. cyathigerum* forme d'importantes populations en climat tempéré mais se raréfie dans la zone méditerranéenne. Les populations d'Enal-

Accouplement. © L. Rouschmeyer.

lagma du continent nord américain anciennement rapportées à *E. cyathigerum* sont maintenant considérées comme représentant une espèce distincte, *E. annexum* (Hagen, 1861), morphologiquement semblable mais génétiquement distincte.

Écologie et biologie

Eaux stagnantes de toute nature, depuis le niveau de la mer jusqu'à plus de 2500 m d'altitude dans les massifs montagneux du sud de la France (mares, fossés, étangs, lacs, retenues collinaires, bassins artificiels, tourbières, etc.). Cet Agrion est l'une des dernières espèces à se développer dans les tourbières en fin de cycle dans lesquelles ne subsistent plus que quelques trous d'eau résiduels. Les œufs éclosent 2 à 3 semaines après la ponte. La phase larvaire dure 3 mois en région méditerranéenne, 1 an ou moins en climat tempéré et 4 ans dans le nord de l'Europe et en altitude. Elle compte entre 11 et 13 stades, parfois 15. Les larves sont très actives et vivent au sein de la végétation immergée. Les émergences s'étalent sur une longue période. L'espèce connaît 2 générations annuelles dans la zone méditerranéenne lors des années chaudes, l'une apparaissant début mai, l'autre fin août.

Comportement

Les adultes ont un vol robuste pour des Zygoptères et s'éloignent de l'eau pour se chauffer au soleil. Au bord de l'eau, les mâles repoussent ceux de leurs congénères qui s'approchent de leur perchoir mais changent continuellement de localisation, donnant l'impression de défendre une succession de petits territoires éphémères. Les accouplements se forment généralement à l'écart de l'eau, et lors de la ponte la femelle insère tout d'abord ses œufs dans la végétation émergeant de l'eau, souvent loin des rives, tout en restant connectée en tandem avec le mâle. Celui-ci finit par l'abandonner lorsqu'elle s'immerge complètement. Les mâles patrouillent régulièrement au-dessus de l'eau libre à la recherche des femelles venant de pondre et qui tentent de reprendre leur envol, pour les aider et tenter un nouvel accouplement.

Menaces et mesures de gestion

Cette espèce, qui profite des plans d'eau créés par l'homme pour accroître son implantation, n'est nulle part menacée.

PROTECTION				LISTES ROUGES							DIRECTIVE HABITATS
FR	BE	LX	CH	MONDE	EU	FR	WA	FL	LX	CH	
○	FI	●	GE, VD	LC	LC	LC	LC	LC	LC	LC	–

Ischnura elegans *(Vander Linden, 1820)*

L'Agrion élégant

Agrion elegans Vander Linden, 1820, *Agriones Bononienses descriptae* : 6. Tip. de Nobilibus, Bologne.

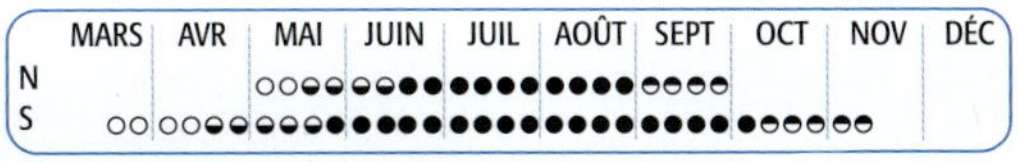

Mâle. © N. Helitas.

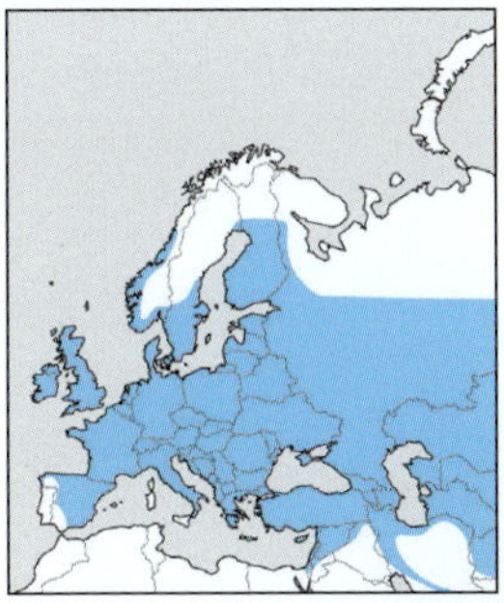

Critères de terrain

Corps bleu ou vert et noir chez les mâles. **Ptérostigmas bicolores, noirs et blancs**, chez les mâles, moins nettement chez les femelles. **Huitième segment abdominal des mâles bleu, les autres dorsalement entièrement noirs. Face dorsale du second segment abdominal subrectiligne en vue de profil. Prothorax avec une languette médiane plus ou moins rectangulaire ou carrée en vue de face**. Les femelles andromorphes (encore dites androchromes) (bandes humérales noires du thorax bien marquées, parties claires passant du violet au vert puis au bleu avec l'âge) se mêlent aux femelles hétéromorphes (ou gynochromes). Ces dernières sont de deux types. Les premières ont les mêmes dessins noirs que les formes andromorphes mais leurs parties claires passent du violet au vert, la face dorsale du 8e segment abdominal s'obscurcissant même parfois complètement (forme dite *infuscans*). Les secondes sont dépourvues de bandes noires humérales sur le thorax, les parties claires du thorax passent du rose ou du rougeâtre à l'orangé grisâtre plus ou moins verdâtre ou au brun gris avec l'âge, et la face dorsale du 8e segment abdominal vire du bleu vif au brun clair et au brun noirâtre (forme dite *rufescens-obsoleta*).

Les mâles s'hybrident avec les femelles d'*Ischnura graellsii* (mais l'inverse n'est pas possible), donnant lieu à de très nombreux intermédiaires dans les zones où les deux espèces cohabitent. Les hybrides femelles, fertiles, se croisent à leur tour avec les mâles d'*I. elegans*, ce qui conduit à un remplacement, actuellement assez rapide, d'*I. graellsii* par *I. elegans* dans plusieurs régions d'Espagne.

Dimensions

Abdomen (mm) :	♂ 22 - 29 ; ♀ 22 - 29
Ailes postérieures (mm) :	♂ 13 - 18 ; ♀ 15 - 21

Confusions à éviter

La distinction d'*I. elegans*, d'*I. graellsii* et d'*I. genei* est délicate et doit faire appel à l'examen du prothorax et des appendices abdominaux.

Couple en tandem. © C. Gosset.

Répartition géographique, distribution et abondance

De l'ouest de l'Europe au nord du Japon. Espèce partout extrêmement commune dans nos régions, avec des populations souvent très denses. Inconnue de Corse. De rares citations de Sardaigne sont à confirmer. Les citations de l'extrême sud de l'Espagne sont soit douteuses (confusions possibles avec *Ischnura graellsii*), soit dues à des individus erratiques isolés.

Écologie et biologie

Eaux ensoleillées stagnantes à faiblement courantes, même saumâtres, acides ou modérément polluées (plans d'eau divers, cours d'eau naturels, canaux, etc.), jusqu'à 1300 mètres d'altitude, localement jusqu'à 2000 m. Les œufs éclosent habituellement 10 à 20 jours après la ponte mais les pontes tardives n'éclosent vraisemblablement qu'après l'hiver. La phase larvaire dure de quelques semaines dans le sud de l'Europe à 2 ans dans le Nord et compte environ 11 stades. L'espèce passe graduellement de semi-voltine dans le nord de l'Europe et en altitude, à bivoltine et même trivoltine sur le littoral méditerranéen. Les larves sont territoriales et vivent dans la végétation immergée à proximité des rives, là où l'eau est peu profonde.

Comportement

Les mâles ne sont pas territoriaux et les imagos forment des populations denses au bord des étangs. Ils possèdent un pouvoir colonisateur important et apparaissent rapidement sur les pièces d'eau nouvellement créées. L'accouplement est très long et dure entre 3 et 8 heures. Les femelles pondent seules et insèrent leurs œufs dans la végétation flottante ou immergée, sans jamais descendre sous la surface de l'eau. Les femelles andromorphes et hétéromorphes ont la même espérance de vie et les mâles finissent par apprendre à reconnaître tous les types de femelles. En conditions naturelles, les femelles *infuscans* s'accouplent plus fréquemment que les formes andromorphes, globalement moins fréquentes. Ces dernières ne s'accouplent parfois pas du tout.

Menaces et mesures de gestion

Cette espèce très ubiquiste n'est menacée dans aucun de nos pays.

Jeune femelle hétéromorphe de la forme « rufescens-obsoleta ». Meurthe-et-Moselle, mai 1983. © J.-P. Boudot.

Accouplement entre un mâle et une femelle adulte de la forme « rufescens-obsoleta ». Meurthe-et-Moselle, juin 1980. © J.-P. Boudot.

Femelle immature violette. Isère, septembre 1983. © D. Grand.

Les femelles de cette espèce pondent toujours en solitaire. Isère, septembre 1983. © D. Grand.

PROTECTION				LISTES ROUGES							DIRECTIVE HABITATS
FR	BE	LX	CH	MONDE	EU	FR	WA	FL	LX	CH	
○	FI	●	GE, VD	LC	LC	LC	LC	LC	LC	LC	–

Ischnura genei *(Rambur, 1842)*

L'Agrion de Gené

Agrion genei Rambur, 1842, *Histoire naturelle des Insectes. Névroptères* : 276. Roret, Paris.

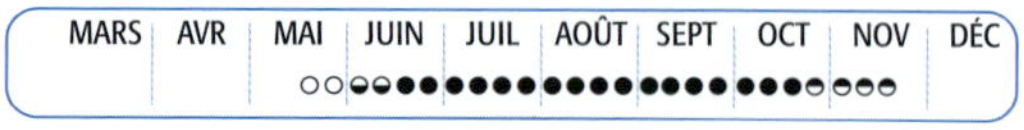

Jeune mâle. Corse, mai 2005. © D. Grand.

Critères de terrain

Cette espèce est très proche d'*I. elegans*. La distinction des deux taxons repose surtout sur la structure des appendices abdominaux des mâles et la conformation du bord postérieur du prothorax des femelles car les différences génétiques entre ces deux espèces, qui s'hybrident localement, sont négligeables. Il existe également ici des femelles andromorphes et hétéromorphes.

Dimensions

Abdomen (mm) : ♂ 18 - 26 ; ♀ 18 - 27
Ailes postérieures (mm) : ♂ 12 - 17 ; ♀ 13 - 19

Confusions à éviter

La distinction entre *I. elegans*, *I. graellsii* et *I. genei* est délicate et doit faire appel à l'examen du prothorax et des appendices abdominaux.

Répartition géographique, distribution et abondance

Corse, Sardaigne, Sicile, Malte, îles d'Elbe, de Capraia et de Giglio. Généralement commun.

Écologie et biologie

Endémique tyrrhénien remplaçant l'Agrion élégant dans des habitats équivalents, jusqu'à 1 000 m d'altitude. La biologie larvaire de ces deux espèces doit être assez proche. L'Agrion de Gené est vraisemblablement bivoltin.

Comportement

Cet Agrion a un comportement analogue à celui de l'Agrion élégant.

Menaces et mesures de gestion

Largement et abondamment répandu dans tous les biotopes disponibles à basse et moyenne altitude, l'Agrion de Gené n'est menacé dans aucune des grandes îles méditerranéennes où il est présent.

Mesures de classement et de protection

Cette espèce est omniprésente à basse altitude en Corse et dans toutes les îles Tyrrhéniennes majeures.

Accouplement. Corse du Sud, juillet 2020. © J.-P. Boudot.

Comme chez tous les Ischnura, la femelle pond en solo. Corse, mai 2005. © D. Grand.

Femelle. Corse du Sud, juin 2019. © J.-P. Boudot.

PROTECTION				LISTES ROUGES							DIRECTIVE HABITATS
FR	BE	LX	CH	MONDE	EU	FR	WA	FL	LX	CH	
○	–	–	–	LC	LC	LC	–	–	–	–	–

Ischnura graellsii (Rambur, 1842)

L'Agrion de Graells

Agrion graellsii Rambur, 1842, *Histoire naturelle des Insectes. Névroptères* : 275. Roret, Paris.

MARS	AVR	MAI	JUIN	JUIL	AOÛT	SEPT	OCT	NOV	DÉC
		○○○◒	◒◒●●	●●●●	●●●●	●●●●	●●●●	◒◒◒◒	

Mâle. © E. Nielsen.

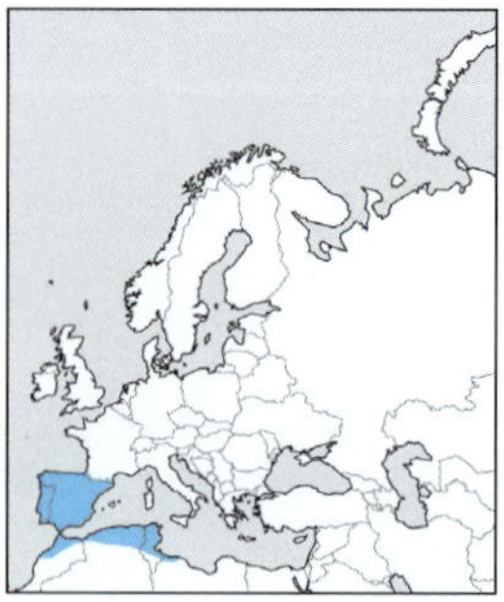

Critères de terrain

Cette espèce est un véritable sosie d'*I. elegans*, dont il se distingue par ses appendices et son prothorax. L'existence d'individus mélaniques, dépourvus de bandes antéhumérales et de taches postoculaires doit inciter à vérifier ces critères structuraux, mais il faut être conscient que ce mélanisme existe également de temps à autre chez *I. elegans*. En Europe, les femelles comprennent une forme andromorphe (colorée comme chez *I. elegans*) et deux formes hétéromorphes, l'une de type *infuscans* (parties claires du thorax passant du violet au vert puis au brunâtre, face dorsale du 8e segment abdominal avec des marques noires très variables), l'autre dite *aurantiaca* (parties claires passant de l'orange au brunâtre, face dorsale du 8e segment abdominal avec des marques noires très variables), qu'il est facile de confondre avec *I. pumilio*. Le polymorphisme de l'espèce est encore plus marqué au Maroc, où l'espèce compte d'avantage de générations annuelles.

Dimensions

Abdomen (mm) : ♂ 19 - 25 ; ♀ 20 - 27
Ailes postérieures (mm) : ♂ 12 - 17 ; ♀ 13 - 18

Confusions à éviter

La distinction entre *I. elegans*, *I. graellsii* et *I. genei* est délicate et doit faire appel à l'examen du prothorax et des appendices abdominaux.

Répartition géographique, distribution et abondance

Afrique du Nord et péninsule Ibérique. En France l'espèce a été citée la dans la région de Saint-Jean-de-Luz en 1913 et au cours des années précédentes et a très récemment été retrouvée dans les Pyrénées-Orientales (Cerdagne), en Ariège et dans les Pyrénées-Atlantiques. Dans le nord de l'Espagne, l'espèce régresse au profit d'*Ischnura elegans* du fait de l'hybridation unidirectionnelle mâle *elegans*/femelle *graellsii* et le statut futur des populations françaises devra être surveillé de près à l'avenir.

Écologie et biologie

Eaux stagnantes ou faiblement courantes, même saumâtres. La phase larvaire dure moins de 11 semaines et compte entre 9 et 13 stades selon les générations. L'espèce est bivoltine dans la moi-

© L. Rouschmeyer.

© E. Nielsen.

Accouplement. Province d'Alicante, Espagne, juin 2003.
© D. Grand.

tié nord de l'Espagne, trivoltine en Andalousie et parfois quadrivoltine au Maroc, où elle peut voler toute l'année.

Comportement

Le comportement de cette espèce est comparable à celui de l'Agrion élégant. L'accouplement est très long et dure d'une à plus de 4 heures, parfois le double. Les femelles andromorphes adoptent certains des comportements d'agressivité et de domination des mâles, et montrent même certains comportements d'appétence sexuelle vis-à-vis des autres femelles. De ce fait, elles sont moins facilement identifiées comme partenaires par les mâles et s'accouplent moins fréquemment que les formes hétéromorphes, notamment dans les populations de faible densité.

Menaces et mesures de gestion

L'Agrion de Graells était considéré comme éteint en France, où il était en limite de distribution dans les Pyrénées.

Mesures de classement et de protection

Cette espèce figure en VU sur la Liste Rouge française depuis que sa présence actuelle a été établie dans les Pyrénées.

PROTECTION				LISTES ROUGES							DIRECTIVE HABITATS
FR	BE	LX	CH	MONDE	EU	FR	WA	FL	LX	CH	
O	–	–	–	LC	LC	VU	–	–	–	–	–

Ischnura pumilio (Charpentier, 1825)

L'Agrion nain

Agrion pumilio Charpentier, 1825, *Horae Entomologicae, Libellulinis Europaeis* : 22. Gosohorsky, Breslaw.

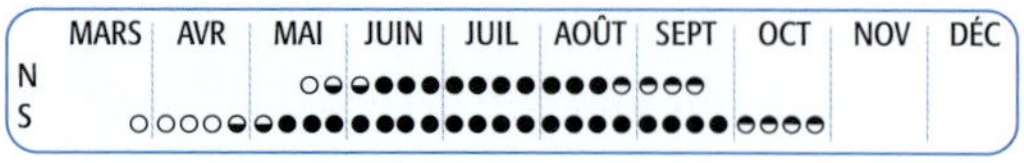

Mâle. © L. Rouschmeyer.

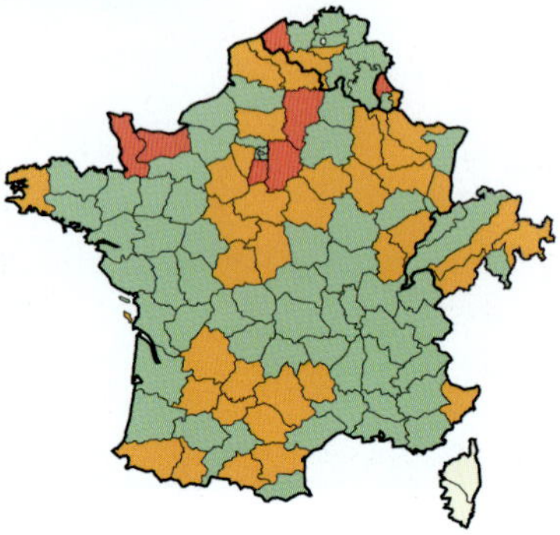

Critères de terrain

Corps bleu et noir chez les mâles, orange et noir (stade dit *aurantiaca*) puis vert et noir chez les femelles hétéromorphes. Les femelles andromorphes ont leurs parties orangées virant au vert puis rapidement au bleu. **Neuvième segment abdominal des mâles bleu, avec ou sans taches noires, les autres dorsalement entièrement noirs** (rares individus avec la face dorsale de l'abdomen entièrement noire). **Face dorsale des segments abdominaux 3 à 10 des femelles entièrement noire**, les deux premiers segments restant d'abord dorsalement clairs puis s'obscurcissant à maturité chez les formes hétéromorphes.

Dimensions

Abdomen (mm) : ♂ 19 - 26 ; ♀ 18 - 27
Ailes postérieures (mm) : ♂ 12 - 17 ; ♀ 13 - 19

Confusions à éviter

Les femelles peuvent être confondues avec celles des autres *Ischnura*. L'absence ou la présence de protubérance sur la face dorsale du second segment abdominal permet parfois de faire la distinction entre les stades orangés chez *Ischnura pumilio* et *I. graellsii*.

Répartition géographique, distribution et abondance

De l'ouest de l'Europe et du Maghreb au nord de la Chine. Dans notre région, cette espèce est irrégulièrement présente, en fonction des biotopes disponibles.

Écologie et biologie

Espèce pionnière apparaissant rapidement sur les pièces d'eau récentes (glaisières, carrières abandonnées, mares, surtout lorsque l'eau reste peu profonde). Elle peut alors former des populations importantes, qui diminueront avec la colonisation par la végétation. Elle se rencontre également en petit nombre sur les queues d'étangs herbeuses, les mares enherbées, les suintements prairiaux, les fossés, les tourbières, les marais saumâtres continentaux ou littoraux, et même sur des bassins créés par l'homme. Dans le sud de la France, l'Agrion nain atteint 1800 mètres d'altitude et se reproduit également dans de petits ruisseaux.

Rare femelle andromorphe, au thorax bleu. Île-Crémieu, Isère, avril 2005. © D. Grand.

Accouplement impliquant une femelle homeomorphe. © G. Doucet.

Les œufs éclosent 2 à 4 semaines après la ponte mais peuvent attendre la pluie si le milieu s'assèche. La phase larvaire dure moins d'un an dans le sud et parfois le centre de l'Europe, jusqu'à 2 ans dans le Nord. L'espèce est semi-voltine à univoltine dans le nord de son aire, univoltine à bivoltine aux latitudes moyennes et bivoltine à trivoltine dans la région méditerranéenne.

Comportement

Les adultes ont un pouvoir colonisateur élevé et profitent des courants thermiques atmosphériques pour se disperser. Les mâles sont assez agressifs vis-à-vis des autres Zygoptères, qu'ils soient de leur propre espèce ou non. L'accouplement peut durer une heure et demie. La femelle pond seule en insérant ses œufs dans les tissus des plantes à fleur d'eau. Le mâle reste parfois à proximité pour repousser ceux de ses semblables qui viendraient la déranger.

Ponte. Île-Crémieu, Isère, mai 2005. © D. Grand.

Menaces et mesures de gestion

Cette espèce ne paraît pas être menacée dans la région considérée, hormis en certains points de Belgique et du Luxembourg. Elle profite des sablières, des gravières, des carrières inondées et des bassins de rétention pour accroître son implantation.

PROTECTION				LISTES ROUGES							DIRECTIVE HABITATS
FR	BE	LX	CH	MONDE	EU	FR	WA	FL	LX	CH	
IdF	Fl	●	GE, VD	LC	LC	LC	VU	LC	LC	LC	–

Erythromma lindenii (*Selys, 1840*)

L'Agrion de Vander Linden

Agrion lindenii Selys, 1840, *Monographie des Libellulidées d'Europe* : 167. Roret, Paris.
Synonymie : *Coenagrion lindenii* (Selys, 1840), *Cercion lindenii* (Selys, 1840)

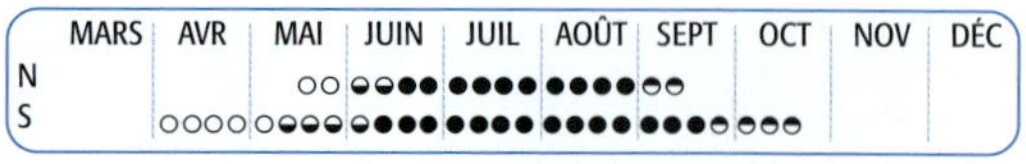

Mâle. Hérault. © J.-Y. Kernel.

Critères de terrain

Corps bleu et noir chez les mâles, généralement bleu, vert et noir chez les femelles. **Le dessin noir dorsal du second segment abdominal des mâles en occupe toute la longueur. Celui des segments 3 à 6 est en forme d'as de pique à pointe très étirée. Ptérostigmas longs et rectangulaires, jaune pâle** à blanchâtres chez les deux sexes. **Cercoïdes des mâles plus longs que le 10e segment abdominal, en forme de tenaille.**

Cette espèce était classée autrefois dans le genre *Cercion* Navás, 1907. Certains caractères morphologiques et une étude génétique récente montrent qu'elle appartient en réalité au genre *Erythromma*.

Dimensions

Abdomen (mm) : ♂ 21 - 30 ; ♀ 21 - 29
Ailes postérieures (mm) : ♂ 14 - 21 ; ♀ 17 - 21

Confusions à éviter

Les femelles ressemblent à celles de nombreux *Coenagrion*.

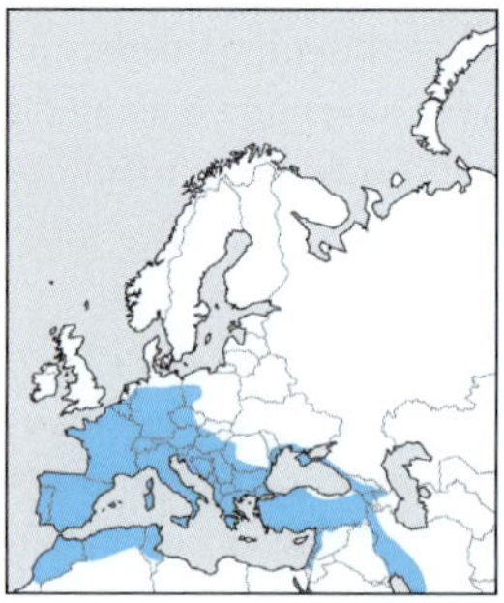

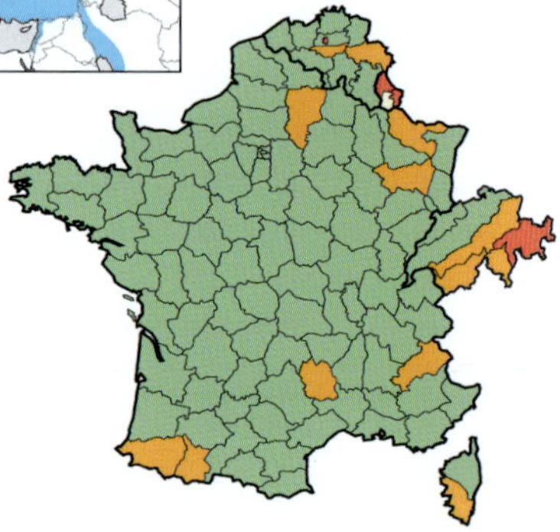

Répartition géographique, distribution et abondance

De l'ouest de l'Europe et du nord du Maghreb au sud-ouest de l'Iran et à la région caucasienne. En nette expansion vers le nord dans toutes nos régions, mais reste très rare au Luxembourg. Bien plus largement distribué qu'autrefois en Suisse.

Cœur copulatoire. Hérault. © V. Koch.

Écologie et biologie

Eaux courantes et stagnantes bien ensoleillées: fleuves, rivières, ruisseaux, grands canaux, marais, mares herbeuses, étangs, lacs et bassins artificiels, surtout à basse altitude, parfois jusqu'à 1100 m. La phase larvaire dure entre 6 et 11 mois et compte 14 stades. Les larves vivent au sein de la végétation aquatique immergée et flottante, et, en vieillissant, ont tendance à se rapprocher des rives. L'émergence se produit parfois au ras de l'eau, sur les parties émergées des plantes aquatiques. En région méditerranéenne, l'espèce peut avoir 2 générations par an.

Comportement

Les mâles ont un vol robuste, se déplacent au ras de l'eau et aiment à se poser sur les feuilles ou les inflorescences des potamots ou des renouées qui émergent, même loin des rives. Ils défendent un petit territoire éphémère d'un demi-mètre carré, d'où ils repoussent leurs congénères. Ils en changent continuellement. Lors de la ponte, la femelle peut s'immerger en totalité, tandis que le mâle tente de rester émergé.

Ponte en tandem. © G. Doucet.

Menaces et mesures de gestion

Cette espèce n'est pas menacée en France. Elle profite par ailleurs des plans d'eau artificiels (bassins de décantation, etc.) pour accroître son implantation. Elle s'étend en Belgique mais reste très menacée au Luxembourg.

PROTECTION				LISTES ROUGES							DIRECTIVE HABITATS
FR	BE	LX	CH	MONDE	EU	FR	WA	FL	LX	CH	
○	FI	●	C	LC	LC	LC	NT	LC	VU	NT	–

Erythromma najas (Hansemann, 1823)

La Naïade aux yeux rouges

Agrion najas Hansemann, 1823, *Wiedemann's zoologische Magazine*, 2 (1) : 158.

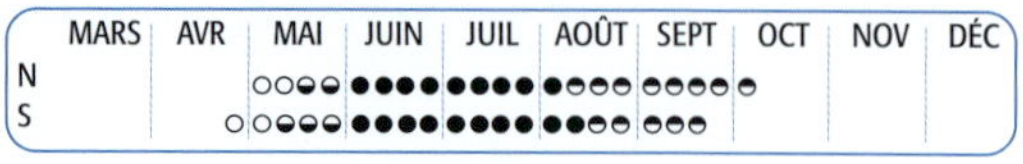

Mâle posé sur *potamogeton sp.* Étang de la plaine du Forez. Poncins, Loire, mai 2022. © L. Noally.

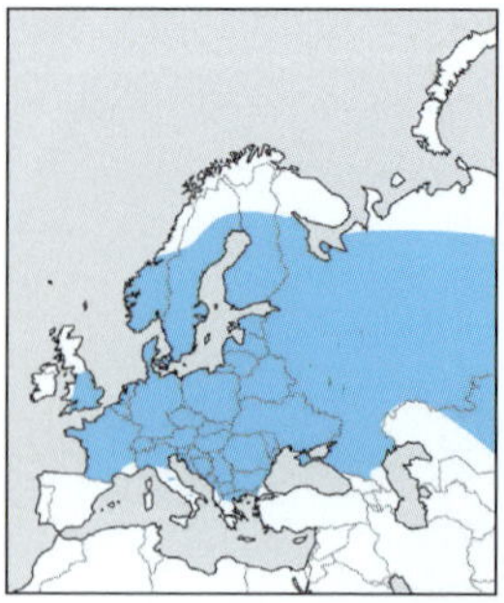

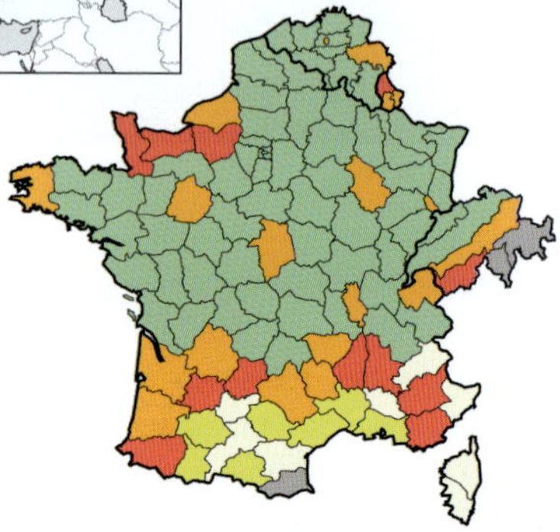

Critères de terrain

Corps noir et bleu chez les mâles, essentiellement noir et vert chez les femelles. **Yeux rouges chez les mâles. Pas de taches occipitales postoculaires. Mâles sans bandes claires antéhumérales sur le thorax et avec la face dorsale du 10ᵉ segment abdominal entièrement bleue. Segments 1 à 8 dorsalement noirs. Face dorsale des tarses des femelles entièrement noire.**

Dimensions

Abdomen (mm) : ♂ 25 - 31 ; ♀ 26 - 30
Ailes postérieures (mm) : ♂ 19 - 25 ; ♀ 21 - 25

Confusions à éviter

L'absence de bandes antéhumérales et l'absence de dessin noir sur la face dorsale du 10ᵉ segment abdominal chez les mâles, la couleur des tarses chez les femelles, permettent de distinguer cette espèce d'*E. viridulum*. Les femelles ressemblent beaucoup à celles de nombreux *Coenagrion*.

Répartition géographique, distribution et abondance

De l'ouest et du nord de l'Europe à la Sibérie orientale et à l'extrême-Orient russe. Les populations orientales, qui atteignent le nord du Japon à Hokkaido sont représentées par la sous-espèce *E. n. humerale* Selys, 1887, qui porte deux bandes antéhumérales brun jaune comme *E. viridulum* et est parfois considéré comme bonne espèce. Espèce commune à très commune en France, en Suisse et en Belgique dans la zone tempérée, devenant très rare en région méditerranéenne. Très raréfiée au Luxembourg.

Écologie et biologie

Eaux stagnantes, parfois faiblement courantes, ensoleillées et comportant des feuilles de végétaux flottants : marais inondés, étangs, même tourbeux, lacs, canaux, rivières lentes, bras morts et parfois fossés, jusqu'à 1 300 mètres d'altitude dans le Massif central. L'espèce évite les eaux saumâtres et supporte mal les pollutions, mêmes légères. Les œufs éclosent environ cinq semaines après la ponte. La phase larvaire dure de 8 mois à 2 ans, l'espèce pouvant être bivoltine dans le centre de l'Europe, et compte 14 stades. Les larves vivent dissimulées dans les végétaux aquatiques immergés.

Femelle. © P. Papon.

Comportement

Les mâles s'observent facilement car ils se posent longuement sur les feuilles flottant à la surface de l'eau : nénuphars, potamots, renouées, etc. De là, ils repoussent tous leurs congénères qui s'approchent à moins de 3 à 6 m. Ils partent fréquemment patrouiller d'un vol robuste au ras de l'eau, où ils restent agressifs vis-à-vis des autres Zygoptères et de certains Anisoptères. Lors de la ponte, la femelle insère ses œufs dans les tissus des végétaux immergés et flottants. Les tandems de ponte peuvent descendre sous l'eau et y demeurer près d'une demi-heure. Ensuite ils lâchent leur support et remontent spontanément pour reprendre leur vol, comme s'ils venaient de naître de l'eau (d'où leur nom de Naïade : né des eaux).

Menaces et mesures de gestion

Dans nos régions, cette espèce n'est menacée qu'au Luxembourg, où il convient d'éviter de dégrader ses rares habitats.

Cœur copulatoire, les deux individus sont parasités par des acariens. Besse-et-Saint-Anastaise, Puy-de-Dôme, juillet 2016. © Ch. & P. Juliand.

PROTECTION				LISTES ROUGES							DIRECTIVE HABITATS
FR	BE	LX	CH	MONDE	EU	FR	WA	FL	LX	CH	
○	FI	●	C	LC	LC	LC	NT	LC	NT	LC	–

Erythromma viridulum (Charpentier, 1840)

La Naïade au corps vert

Agrion viridulum Charpentier, 1840, *Libellulinae Europaeae descriptae ac depictae* : 149. Voss, Leipzig.

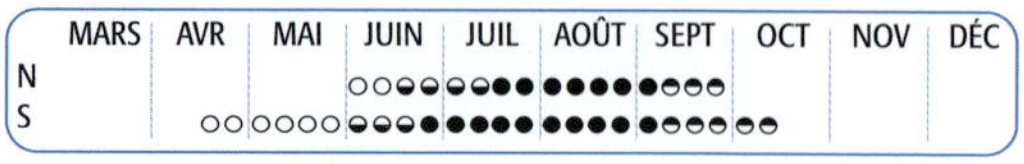

Femelle. © L. Rouschmeyer.

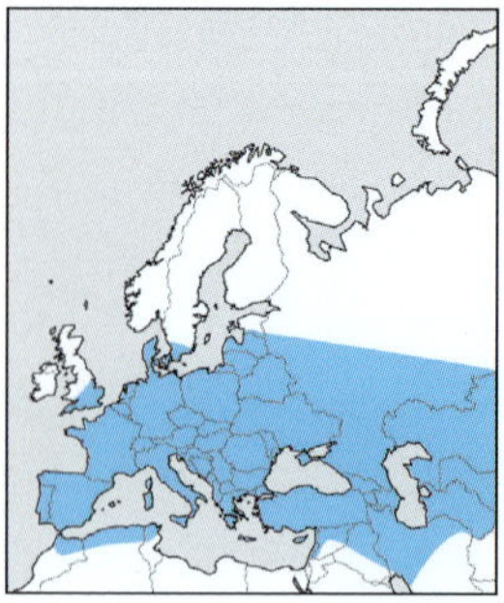

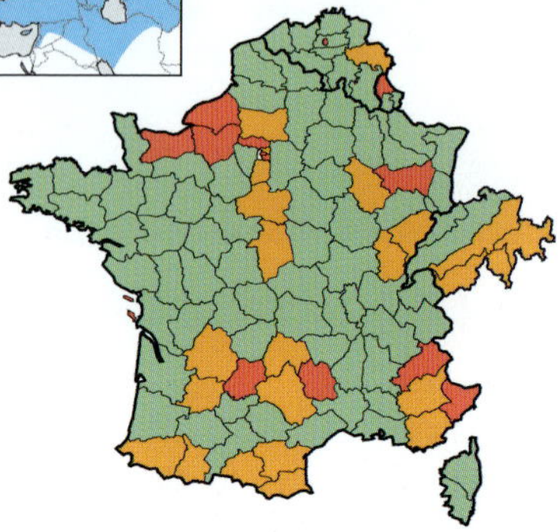

Critères de terrain

Cette espèce ressemble beaucoup à la précédente, dont elle se distingue par l'**existence chez les mâles de bandes antéhumérales jaunes ou ocre** (mais qui s'obscurcissent avec l'âge) **sur le thorax** et la **présence d'un dessin noir en forme de x sur le 10e segment abdominal, qui se prolonge sur les cercoïdes. La face dorsale des tarses des femelles est marquée d'une bande claire.**

Dimensions

Abdomen (mm) : ♂ 22 - 29 ; ♀ 22 - 28
Ailes postérieures (mm) : ♂ 15 - 20 ; ♀ 17 - 21

Confusions à éviter

Cette espèce peut être confondue avec *E. najas*, et même avec plusieurs espèces de *Coenagrion* et d'*Ischnura* en ce qui concerne les femelles.

Répartition géographique, distribution et abondance

De l'ouest de l'Europe au sud de la Russie européenne et à l'Asie centrale et du nord du Maghreb à l'Iran. Espèce en expansion dans la partie septentrionale de son aire, récemment implantée en Grande-Bretagne (1999).

Écologie et biologie

Eaux stagnantes ou faiblement courantes bien ensoleillées et disposant d'une abondante végétation de surface de type myriophylles, même saumâtres ou légèrement polluées (marais, grandes mares, étangs, lacs, gravières, bassins de décantation ou d'agrément, bras morts, canaux et parties calmes des cours d'eau), jusqu'à 800 m d'altitude dans le Massif central. Les populations sont souvent importantes. La phase larvaire peut durer jusqu'à 2 ans, mais l'espèce est univoltine à bivoltine en région méditerranéenne. Les larves vivent parmi la végétation aquatique immergée.

Comportement

Les mâles s'observent facilement, posés sur les feuilles des potamots et des renouées amphibies. Ils ont un vol faible et circulent au ras de l'eau. Ils se perchent également fréquemment dans les buissons de saules qui bordent les rives. La ponte présente les mêmes particularités que chez *E. najas*.

Mâle. © L. Rouschmeyer.

Ponte avec la femelle entièrement immergée. Doubs, juillet 1983. © J.-P. Boudot.

Menaces et mesures de gestion

Cette espèce en expansion est maintenant plus fréquente dans le nord de la France, en Suisse, en Belgique et au Luxembourg que par le passé. Sa conservation ne nécessite aucune gestion particulière.

Ponte en tandem. Hérault. © J.-Y. Kernel.

PROTECTION				LISTES ROUGES							DIRECTIVE HABITATS
FR	BE	LX	CH	MONDE	EU	FR	WA	FL	LX	CH	
○	Fl	●	C	LC	LC	LC	LC	LC	LC	LC	–

Pyrrhosoma nymphula (Sulzer, 1776)

La Petite nymphe au corps de feu

Libellula nymphula Sulzer, 1776, *Abgekürzte Geschichte der Insekten nach dem Linnaeischen System* : 169. Steiner & Co., Winterthur.

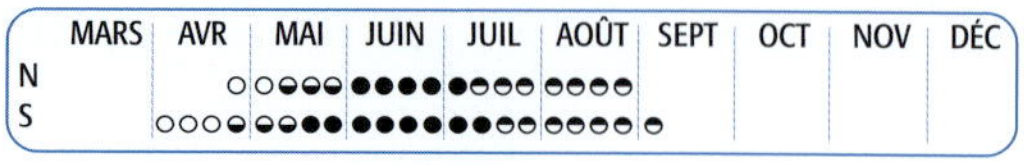

Femelle. © C. Gosset.

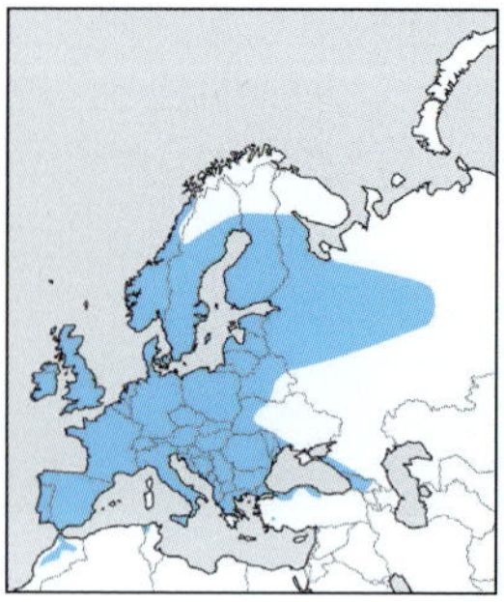

Critères de terrain

Couleur générale essentiellement rouge et noire chez les deux sexes. Thorax avec des bandes antéhumérales bien délimitées. Ptérostigmas et pattes noirs.

Dimensions

Abdomen (mm) : ♂ 24 - 31 ; ♀ 25 - 30
Ailes postérieures (mm) : ♂ 19 - 24 ; ♀ 20 - 26

Confusions à éviter

Confusion possible avec *Ceriagrion tenellum*, mais la présence de bandes antéhumérales et la couleur noire des pattes et des ptérostigmas permettent l'identification de cette espèce.

Répartition géographique, distribution et abondance

De l'ouest et du nord de l'Europe au nord-ouest de l'Iran et du nord du Maghreb à l'Asie mineure et aux régions du Caucase. Espèce très commune dans nos régions mais très locale au Maghreb (reliefs du Maroc, d'Algérie et de Tunisie). Les citations du nord de l'Iran sont jugées erronnées.

Écologie et biologie

Eaux stagnantes ou faiblement courantes, même saumâtres (mares, étangs, lacs, tourbières, fossés, lagunes littorales, rivières lentes), jusqu'à plus de 2000 m d'altitude dans les Pyrénées. Cette espèce est dans nos régions la première à émerger au printemps. Les œufs éclosent 2 à 6 semaines après la ponte. La phase larvaire dure 1 ou 2 ans en plaine selon les régions, 2 à 3 ans en altitude, et compte 12 stades. Les larves se divisent fréquemment en deux cohortes, l'une à développement rapide, l'autre à développement lent. Elles vivent au sein des végétaux immergés et des débris organiques s'accumulant au fond de l'eau et sont territoriales. En plaine, les émergences se concentrent sur 4 à 5 semaines en avril - mai, tandis qu'en montagne elles s'étalent sur 5 à 9 semaines.

Tandem. © L. Rouschmeyer.

Ponte en tandem. © E. Nielsen.

Mâle. Vosges, mai 2023. © J.-P. Boudot.

Comportement

Les mâles restent à proximité des sites de reproduction, où ils attendent les femelles à partir d'un petit territoire, constitué d'un perchoir et de l'espace qui l'entoure, qu'ils défendent vis-à-vis de leurs congénères. Ils changent de territoire plusieurs fois au cours de la journée mais y reviennent assez régulièrement après un déplacement ou un accouplement. Lors de la ponte, les femelles insèrent 300 à 400 œufs dans la végétation flottante ou immergée, ou dans les sphaignes inondées des tourbières, et les tandems peuvent descendre entièrement sous l'eau.

Menaces et mesures de gestion

Cette espèce n'est nulle part menacée dans nos régions.

PROTECTION				LISTES ROUGES							DIRECTIVE HABITATS
FR	BE	LX	CH	MONDE	EU	FR	WA	FL	LX	CH	
○	Fl	●	GE, VD	LC	LC	LC	LC	LC	LC	LC	–

Ceriagrion tenellum (Villers, 1789)

L'Agrion délicat

Libellula tenella de Villers, 1789, *Caroli Linnaei entomologia*, 3 : 15. Piestre et Delamolliere, Lyon

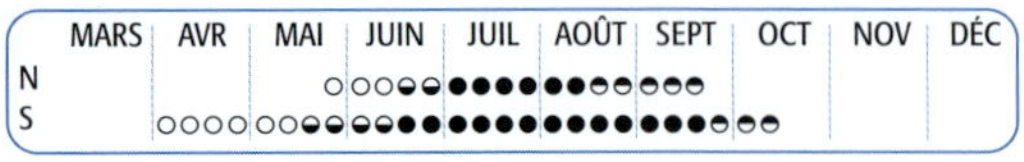

Mâle. © L. Rouschmeyer.

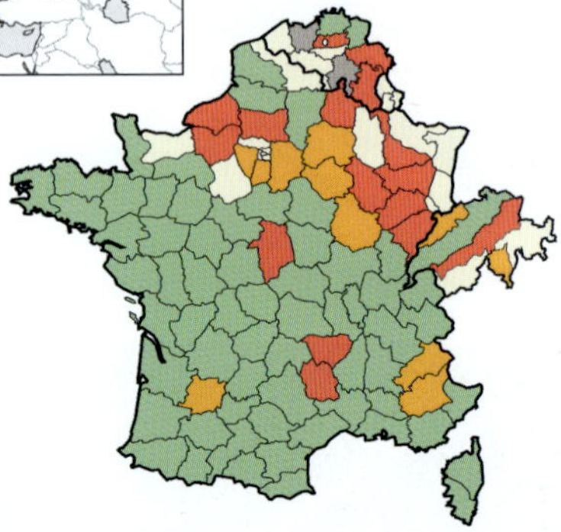

Critères de terrain

Corps rouge et noir chez les deux sexes, parfois rouge, vert et noir chez les femelles. Thorax sans bandes antéhumérales. Ptérostigmas rouges chez les mâles, d'un brun jaunâtre plus ou moins grisé chez les femelles, en losange court. Pattes rougeâtres. Les femelles andromorphes, dites *erythrogastrum*, minoritaires, ont l'abdomen entièrement rouge. Les femelles hétéromorphes ont la face dorsale de l'abdomen noire ou rouge et noire. Elles comprennent une forme dite *typica*, majoritaire, chez laquelle la face dorsale des segments 4 (ou 5) à 8 est noire, une forme dite *intermedium*, chez laquelle la face dorsale du 7e segment et la partie apicale des segments 3 à 6 sont marquées de noir, et une forme dite *melanogastrum*, dont la face dorsale de l'abdomen est entièrement noire.

Dimensions

Abdomen (mm) : ♂ 22 - 28 ; ♀ 23 - 29
Ailes postérieures (mm) : ♂ 15 - 19 ; ♀ 16 - 21

Confusions à éviter

Confusion possible avec *Pyrrhosoma nymphula*, mais l'absence de bandes antéhumérales, la couleur rouge ou brun jaunâtre des ptérostigmas et les pattes rousses, sans noir, permettent de reconnaître facilement cette espèce.

Répartition géographique, distribution et abondance

Europe occidentale jusqu'à l'ouest des Balkans et l'est de l'Allemagne et du nord du Maghreb à quelques îles égéennes. Les populations de Ceriagrion initialement rapportées à *C. tenellum* dans le sud des Balkans (Grèce continentale et certaines îles égéennes) et de Turquie appartiennent à *C. georgifreyi*. *Ceriagrion tenellum* est fréquent dans le sud et la moitié sud-ouest de la France, plus disséminé, rare ou absent ailleurs.

Écologie et biologie

Eaux stagnantes ou faiblement courantes, calciques, neutres ou très acides, même dans les tourbières à sphaignes. Les populations de cet Agrion sont à leur optimum dans les pièces d'eau pourvues d'une abondante végétation herbacée, constituée de scirpes, de carex, de joncs, de prêles ou de sphaignes (mares, étangs, lacs, tourbières, fossés, etc.). En région médi-

Tandem avec femelle de type intermedium. Corse, juin 2005. © D. Grand.

Ponte. Nord-est de l'Espagne, juillet 1981. © D. Grand.

terranéenne, cette espèce devient assez commune sur les ruisseaux. Elle peut atteindre 1 000 m d'altitude dans les montagnes du sud de la France. Les œufs éclosent 3 ou 4 semaines après la ponte. La phase larvaire dure ensuite entre 9 mois et 2 ans.

Cœur copulatoire. © N. Helitas.

Comportement

Les adultes, non territoriaux, ont un vol faible et ne s'éloignent que rarement de leur site de reproduction. L'accouplement est long et dure entre 30 mn et 3 heures Les mâles sont plus attirés par les femelles hétéromorphes que par les femelles andromorphes, mais la fréquence des accouplements reste équivalente chez les différentes formes de femelles. Lors de la ponte, la femelle, en tandem avec le mâle, insère ses œufs dans les végétaux immergés ou émergés.

Menaces et mesures de gestion

L'Agrion délicat a connu une notable régression en Belgique au cours du siècle dernier. Il n'est pas réellement menacé en France mais il conviendrait de surveiller ses populations et ses habitats. Cette espèce est en effet sensible aux changements de végétation et à la qualité de l'eau. Dans les tourbières en fin de cycle, le creusement de nouvelles fosses de détourbage devrait suffire à son maintien. Il convient également d'éviter tout captage et tout drainage à proximité ou en amont de ses habitats.

PROTECTION				LISTES ROUGES							DIRECTIVE HABITATS
FR	BE	LX	CH	MONDE	EU	FR	WA	FL	LX	CH	
○	Wa, Fl	●	●	–	LC	LC	CR	R	–	EN	–

Nehalennia speciosa *(Charpentier, 1840)*

La Déesse précieuse

Agrion speciosum Charpentier, 1840, *Libellulinae Europaeae descriptae ac depictae* : 151. Voss, Leipzig.

	MARS	AVR	MAI	JUIN	JUIL	AOÛT	SEPT	OCT	NOV	DÉC
N			○○	◒◒◒◒	●●●●●	◒				
S				○◒◒	●●●●◒	◒				

Mâle, nord-ouest de la Pologne, juillet 2004.
© J.-P. Boudot.

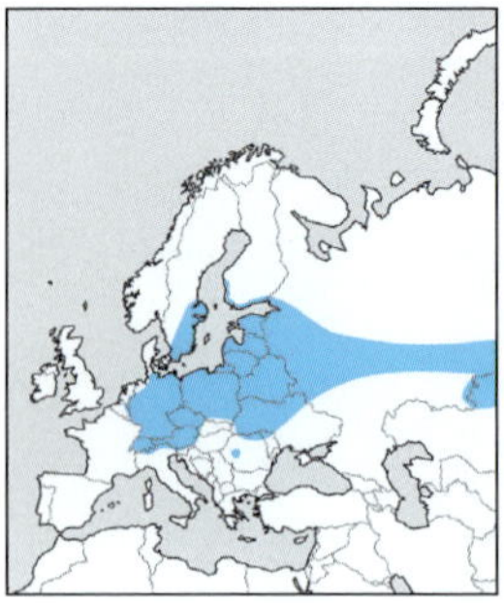

Critères de terrain

Taille très petite. Dessus de l'abdomen et du thorax vert métallique à cuivré. Pas de bandes claires antéhumérales sur le thorax. Ptérostigmas gris blanchâtre à bruns. Extrémité de l'abdomen et flancs du thorax bleus à maturité chez les mâles. Arrière de la tête avec une ligne claire. Parties claires des femelles vertes, bleu-vert, gris-vert puis brun orangé.

Dimensions

Abdomen (mm) : ♂ 19 - 23 ; ♀ 19 - 22
Ailes postérieures (mm) : ♂ 11 - 14 ; ♀ 13 - 16

Confusions à éviter

À maturité, cette espèce peut superficiellement être confondue avec *Ischnura pumilio*. Certains stades de coloration intermédiaire la font ressembler à un petit *Lestes*.

Répartition géographique, distribution et abondance

De l'Europe centrale et septentrionale à l'Extrême Orient russe et au Japon aux latitudes moyennes. Espèce très menacée dans la plupart des pays d'Europe occidentale, du fait de la disparition progressive de ses biotopes et du changement climatique. Elle a néanmoins été récemment retrouvée en France (2009-2018), aux Pays-Bas (2015), en Suède (1993-2019) et en Suisse (2007-2022) après y avoir été considérée comme éteinte. En France, elle a été citée des environs de Chambéry en 1876 puis retrouvée en 2009 dans le Jura. Les sécheresses répétées semblent malheureusement avoir eu raison de cette population après 10 ans d'une stabilité relative et l'espèce n'a plus été revue depuis 2018. Cette espèce reste par contre éteinte en Belgique et au Luxembourg et est très menacée en Allemagne. Elle a par contre été récemment trouvée en Pologne dans plusieurs nouvelles localités qui laissent présager une amélioration de son statut de conservation dans ce pays.

Cœur copulatoire. Jura. © T. Roussel.

Femelle. Jura. © T. Roussel.

Femelle, nord-ouest de la Pologne, juillet 2004.
© J.-P. Boudot.

Écologie et biologie

Eaux stagnantes oligotrophes et mésotrophes, où elle se concentre principalement sur les rives marécageuses des tourbières à sphaignes et des marais mésotrophes envahis de scirpes, carex, prêles, joncs, comarets, etc. Dans les pays où elle subsiste encore, elle ne dépasse que rarement 900 m d'altitude et peut être localement abondante. La plupart des larves se développent en un an, mais 10 à 20 % d'entre elles n'arrivent à terme qu'en deux ans.

Comportement

Les adultes volent assez peu et restent longuement posés sur les herbes les plus fines bordant les mares tourbeuses (surtout *Carex limosa* et *C. lasiocarpa*), de façon à voir de chaque côté. Ils sont capables d'une certaine dispersion et peuvent coloniser des pièces d'eau récentes distantes d'une dizaine de kilomètres.

Menaces et mesures de gestion

Cette espèce est en situation critique dans nos quatre pays, et y a toujours été d'une extrême rareté. Sa régression générale en Europe occidentale et centrale risque de se poursuivre à l'avenir du fait du réchauffement climatique, de l'assèchement de ses habitats et de leur altération (pollution, drainage, destruction des tourbières).

PROTECTION				LISTES ROUGES							DIRECTIVE HABITATS
FR	BE	LX	CH	MONDE	EU	FR	WA	FL	LX	CH	
○	Fl*	●	●	NT	NT	RE	–	RE	RE	CR	–

* absent de Wallonie

Les Anisoptères sont nos grosses libellules qui « font l'hélicoptère » auprès des étangs et des rivières. Ils se reconnaissent à leurs ailes habituellement étalées à l'horizontale ou partiellement rabattues vers l'avant lorsqu'ils sont posés (à l'exception de quelques rares espèces exotiques), ainsi qu'à leurs ailes postérieures plus larges que les antérieures. Les femelles de certaines espèces pondent dans le sable ou la végétation à l'aide d'un ovipositeur ou d'un oviscapte. D'autres lâchent leurs œufs en volant au-dessus de l'eau.
Lors de l'émergence, les imagos de la plupart des espèces sortent renversés en arrière, sauf chez les Gomphidae qui émergent dressés, un peu comme les Zygoptères.

Selon la liste mondiale des Odonates (Paulson D. et al.; 2022), les Anisoptères comptent au 1er mai 2023, 3 114 espèces à travers le monde, qui se regroupent en 367 genres et 11 familles, mais ces chiffres varient en fonction des auteurs. Dans la région couverte par cet ouvrage et en Europe, les Anisoptères ne sont représentés que par six familles, à savoir les Aeschnidés, les Gomphidés, les Cordulégastridés, les Macromidés, les Cordulidés et les Libellulidés. Ils comptent 66 espèces et sous-espèces dans notre région, contre 99 pour la totalité de l'Europe politique située à l'ouest de l'Oural y compris les migrants exceptionnels.

Les Anisoptères

Aeshna affinis. © L. Rouschmeyer.

Tandem interspécifique précopulatoire entre un mâle d'*Orthetrum albistylum* et une femelle d'*Orthetrum cancellatum*. Moselle, juillet 2018. © J.-P. Boudot.

La famille des Aeschnidés

(Aeshnidae Leach in Brewster, 1815)

Cette famille renferme 54 genres à travers le monde et est présente sur tous les continents avec au total 497 espèces. Cinq genres vivent en Europe, quatre dans notre région. Vingt espèces ont été répertoriées en Europe, 14, dont une n'est qu'accidentelle, dans notre région. Les Aeschnidés européens sont de grandes libellules dont les **yeux restent en contact** sur une certaine longueur tandis que les **cellules discoïdales sont longitudinales aux quatre ailes. Les femelles sont munies d'un oviscapte** leur permettant d'insérer leurs œufs dans les végétaux. Elles ont généralement un vol rapide et endurant et se déplacent parfois loin de l'eau. Certaines sont capables de traverser les océans.

Concernant la classification moderne des Aeshnidae, une récente révision phylogénétique montre que *Hemianax ephippiger* et *H. papuensis* ne constituent pas un cluster mais sont au contraire engagés dans une gradation ancestrale débutant au Crétacé moyen et conduisant à tous les autres *Anax*, l'ensemble étant monophylétique. Au vu de ces données, le genre *Hemianax*, tel qu'anciennement défini, est paraphylétique et il n'est plus possible de le considérer comme une entité taxonomique réelle. *Hemianax ephippiger* devient donc *Anax ephippiger*. En outre, les populations orientales d'*Anax parthenope*, décrites comme sous-espèce (*A. parthenope julius*), ne forment pas de clade monophylétique avec *A. parthenope* et doivent être considérées comme formant une espèce distincte, devenant dès lors *A. julius*.

Notons qu'en accord avec le *Code international de nomenclature zoologique*, on doit écrire *Aeshna* et non *Aeschna*, *Aeshnidae* et non *Aeschnidae*. Les noms correspondants français prennent néanmoins un «c», de même que les noms latins comportant le «c» lors de leur création (par ex.: *Anaciaeschna, Caliaeschna, Isoaeschna*...). Par ailleurs une récente révision phylogénétique des Aeshnidae vient juste de reclasser *Aeshna isoceles* dans un genre monospécifique nouveau, «*Isoaeschna*».

Larve d'Aeshnidae. © F. Melki.

Écologie

Dans nos régions, la plupart des Aeschnidés préfèrent les eaux stagnantes, une seule les eaux courantes. Certains d'entre eux s'adaptent à ces deux grandes catégories d'habitats. Une minorité tolère les eaux saumâtres. Quelques-uns sont adaptés aux mares temporaires et d'autres supportent des habitats modérément pollués. Quelques espèces s'élèvent jusqu'à près de 2500 m d'altitude.

Biologie

Chez la plupart des espèces du genre *Aeshna* (*A. isoceles* faisant exception), les œufs subissent une diapause après la ponte et n'éclosent qu'après l'hiver. Cette diapause peut durer presque un an chez des espèces comme *A. juncea*. Ce phénomène n'existe pas chez les autres genres de cette famille. La phase larvaire est courte (moins de cinq mois) chez les espèces adaptées aux milieux temporaires, nettement plus longue chez les autres (de 1 à 5 ans). Elle comprend entre 10 et 18 stades selon les espèces. Les larves vivent généralement au sein de la végétation aquatique ou entre les racines des roseaux et parmi les plantes submergées proches des rives, mais ne s'enfouissent pas dans les sédiments. Celles de certaines espèces vivent à

Accouplement d'*Anax parthenope*. © J.-Y. Kernel.

la surface de la tourbe dans les tourbières ou dans les mares tourbeuses, ou dans les lacis de racines immergées le long des berges des cours d'eau. Elles chassent généralement à l'affût, parfois également à l'approche. En fonction de leur taille, elles s'attaquent à des proies allant du minuscule zooplancton aux petits invertébrés, les grands Aeschnidés étant même capables de capturer des têtards de batraciens ou des alevins de poissons. Les émergences se déroulent le matin par temps frais, parfois la nuit par temps chaud (> 20 °C), généralement à moins d'un mètre au-dessus de l'eau et sur un support plus ou moins vertical ou en surplomb. Il est néanmoins parfois possible de trouver des exuvies à plus de cinq mètres de haut ou à plus de six mètres des berges. L'émergence dure de moins d'une heure et demie à cinq heures, selon les espèces, les localités et les conditions météorologiques. La plupart des espèces européennes sont univoltines, semivoltines ou partivoltines, mais *Anax ephippiger*, qui se reproduit en continu en Afrique, produit des vagues migratoires laissant une nouvelle génération en Europe.

Comportement

Les Aeschnidés sont d'excellents voiliers qui s'éloignent souvent fort loin de leur site de reproduction. Leur rayon d'action moyen est compris entre 1 et 10 kilomètres mais des migrateurs comme *Anax ephippiger* peuvent parcourir plusieurs milliers de kilomètres. Les adultes se posent rarement en pleine journée et chassent en vol, capturant surtout de petits insectes, parmi lesquels les Diptères occupent une large place. Parfois ils s'en prennent à d'autres libellules, voire à d'autres Aeschnidés. Certaines espèces peuvent être territoriales. Lors de la reproduction, les mâles ne s'encombrent guère de préliminaires et s'emparent d'autorité des femelles, si bien que celles-ci cherchent le plus souvent à passer inaperçues lors de la ponte, s'immobilisant instantanément dès qu'elles perçoivent l'approche d'un mâle. Après la prise de la femelle par le mâle, le tandem s'éloigne rapidement de l'eau et l'accouplement se poursuit à l'écart, dans des endroits abrités, parfois pendant plus d'une heure. Les femelles pondent généralement seules, sauf chez *Aeshna affinis*, *Anax ephip-*

Aeshna caerulea mâle. Italie, Dolomites, 2 160 m, août 1985. © J.-P. Boudot.

piger et *Anax parthenope* en Europe. Les œufs sont introduits dans les tiges des végétaux, dans les fissures du bois mort, dans la tourbe ou dans la terre humide des mares en voie d'assèchement.

Bibliographie de la famille et des espèces

Aguesse, 1968 ; Balança & Visscher, 1989 ; Bernard & Musial, 1995 ; Bernard & Samolag, 1997 ; Berquier *et al.*, 2014 ; Borisov, 2012, 2015 ; Borisov & Borisov, 2019 ; Boudot & Kalkman, 2015 ; Chelmick, 2020 ; Clausnitzer *et al.*, 2010 ; Clement *et al.*, 2021 ; Corbet, 1999 ; Corbet & Corbet, 1958 ; Dommanget, 1998, 2004 ; Dunkle, 2000 ; Faton, 2003 ; Gentilini & Peters, 1993 ; Günther, 2005 ; Froufe *et al.*, 2013 ; Grand, 1990c, 1995a ; Heidemann, 1991 ; Heidemann & Seidenbusch, 2002 ; Heymer, 1968a ; Hickling *et al.*, 2005 ; Iorio, 2013 ; Jacquemin, 1985b ; Johansson, 2000 ; Juliand & Juliand, 1989b ; Jurzitza, 1967a ; Kaiser, 1974b, 1984, 1987 ; Kuhn & Burbach, 1998 ; Martin & Maynou, 2023 ; Meurgey, 2004a, 2005a ; Mikolajewski *et al.*, 2000 ; Miller & Miller, 1985b ; Paulson, 2014 ; Peters, 1987, 2000 ; Poethke, 1988 ; Robert, 1958 ; Samraoui *et al.*, 1998 ; Samraoui & Corbet, 2000 ; Schneider *et al.* 2023 ; SFO, 2013 ; Sternberg & Buchwald, 2000 ; Vallat & Giriens, 2022 ; Von Ellenrieder, 2002 ; Werzinger & Werzinger, 2001 ; Wildermuth, 2000 ; Wildermuth *et al.*, 2005.

Aeshna affinis Vander Linden, 1820

L'Aeschne affine

Aeshna affinis Vander Linden, 1820, *Aeshnae Bononienes descriptae* : 7. Tip. de Nobilibus, Bologne.

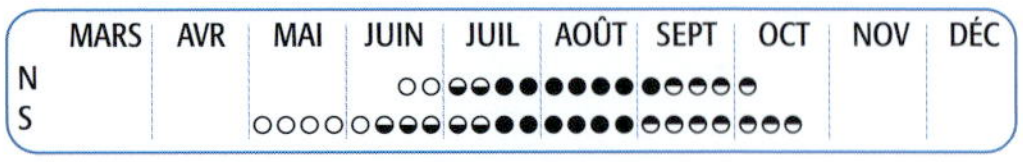

Mâle. © N. Helitas.

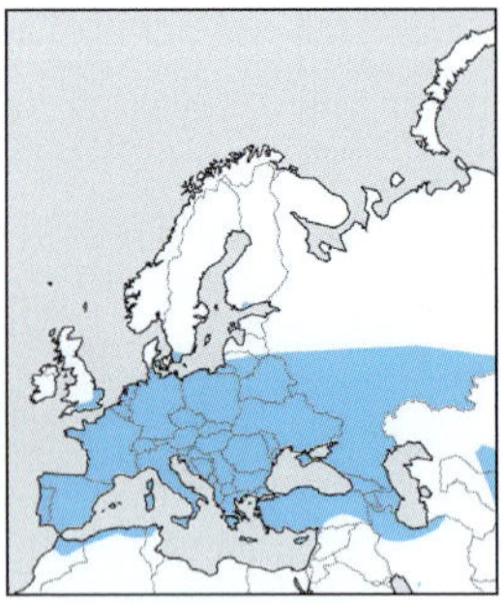

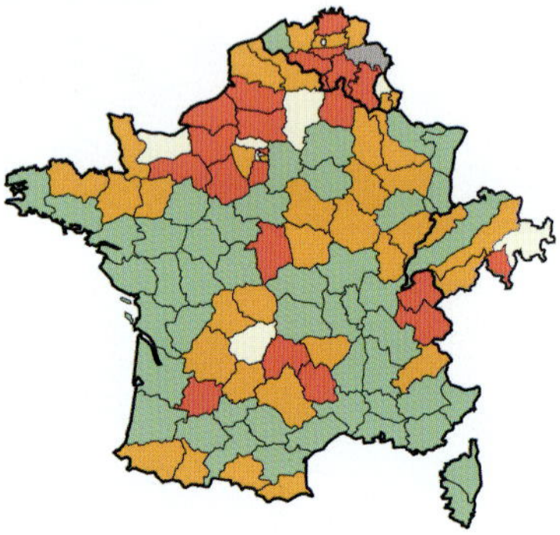

Critères de terrain

Côtés du thorax clairs avec juste les sutures finement surlignées de noir chez les deux sexes, jaune lavé de bleu chez les mâles, vert, bleuâtre ou jaune chez les femelles. **Abdomen des mâles avec les taches claires médianes de la plupart des segments presque aussi grandes et de même couleur que les postérieures.** Abdomen des femelles brun avec des taches claires, vertes, bleuâtres ou jaunes. **Cercoïdes des mâles avec une dent inférieure à la base, visible de profil à l'œil nu.**

Dimensions

Abdomen (mm) : ♂ 39 - 48 ; ♀ 42 - 49
Ailes postérieures (mm) : ♂ 37 - 41 ; ♀ 38 - 42

Confusions à éviter

Du fait des caractéristiques de l'abdomen, des confusions ont parfois lieu avec *A. caerulea*, surtout en ce qui concerne les mâles. L'examen du thorax et des cercoïdes est toujours nécessaire à une bonne identification.

Répartition géographique, distribution et abondance

De l'ouest de l'Europe à l'ouest de la Mongolie et du nord du Maghreb à l'Asie centrale. Actuellement en forte expansion vers le nord dans toute l'Europe du fait du réchauffement du climat. En France, cette espèce est localement abondante dans une large moitié sud-ouest mais est de plus en plus fréquente et abondante jusque dans le Nord-Est. Des individus erratiques sont également connus de Belgique et du Luxembourg. Autrefois essentiellement visiteuse en Suisse, cette espèce est maintenant mieux implantée dans ce pays avec des phases de reproduction plus durables, comme partout dans la zone tempérée.

Femelle. © L. Rouschmeyer.

Écologie et biologie

Eaux stagnantes, même temporaires ou légèrement saumâtres (étangs herbeux à roselières, mares et fossés permanents ou temporaires, mares littorales et continentales saumâtres, etc.). Parfois sur les parties calmes des grandes rivières ou dans les vasques permanentes des ruisseaux méditerranéens en étiage. Elle est irrégulièrement abondante et évite les secteurs montagneux, même si certains individus isolés ont été observés dans le Massif central et les Alpes jusqu'à 1 100 et 1 325 m d'altitude, respectivement. La biologie larvaire de cette espèce est mal connue. La plupart des auteurs considèrent que l'émergence des imagos survient 2 à 3 ans après la ponte, diapause hivernale comprise, en fonction des conditions écologiques. La permanence de l'espèce dans les milieux temporaires serait alors rendue possible par l'aptitude des larves à survivre, éventuellement en état de vie ralentie, dans la litière sèche des herbes exondées. D'autres considèrent que les œufs éclosent en mars-avril après une phase de diapause hivernale et que les adultes émergent en juin-juillet de la même année. La durée de la phase larvaire serait alors de 3 ou 4 mois et cette biologie lui permettrait alors de se reproduire sans difficulté dans les milieux asséchés en été. Dans nos régions, les émergences se déroulent entre mai et juin et les imagos se dispersent pendant près d'un mois avant d'entamer leur phase de reproduction.

Comportement

Le plus souvent, les mâles de l'Aeschne affine se tiennent dans les trouées des roselières qui s'échauffent le plus au soleil, où ils guettent les femelles en volant au point fixe. Lorsque leur densité est forte, ils établissent un territoire bien défini le long des rives, le survolent calmement en alternant vols planés et vols battus et le défendent contre leurs congénères. Ils se posent surtout en fin de journée. De temps à autre, les adultes se mettent à migrer, ce qui explique qu'ils atteignent le nord de l'Europe centrale à la faveur des années les plus chaudes et ont fini par s'y installer durablement.

Mâle. © L. Rouschmeyer.

Femelle andromorphe. © D. Grand.

Ponte en solo, rare, l'espèce pond plus généralement en tandem. Rhône, août 2004. © D. Grand.

Les œufs sont insérés dans les tiges des roseaux ou dans la terre humide des rives des mares ou des étangs en voie d'assèchement, parfois à plus de dix mètres de l'eau résiduelle, et même dans le fond de mares complètement asséchées.

Menaces et mesures de gestion

Cette espèce n'est pas menacée dans la moitié sud de la France, où existent de nombreuses populations florissantes. Plus au nord, où l'espèce n'est implantée que depuis peu, les populations pérennes paraissent encore rares et doivent être surveillées. Il convient de maintenir leur habitat en eau jusqu'à la fin du printemps pour leur assurer des conditions optimales de développement.

PROTECTION				LISTES ROUGES							DIRECTIVE HABITATS
FR	BE	LX	CH	MONDE	EU	FR	WA	FL	LX	CH	
○	Fl	●	GE, VD	LC	LC	LC	NE	DD	LC	LC	–

Aeshna caerulea (Ström, 1783)

L'Aeschne azurée

Libellula caerulea Ström, 1783, *Skrivier Kjöbenh. Selsk. Nye Saml.*, 2 : 90.

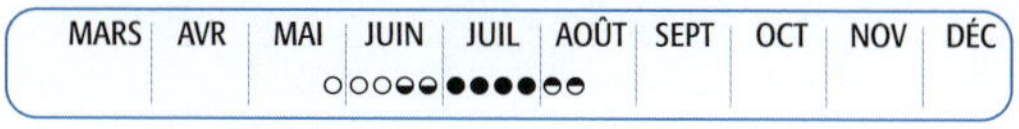

Mâle. © G. Doucet.

Critères de terrain

Corps bleu, noir et brun chez les mâles, brun et jaune ou bleu chez les femelles. **Côtés du thorax brun foncé avec deux fines lignes claires sinueuses chez les deux sexes. Abdomen des mâles avec les taches claires médianes de la plupart des segments presque aussi grandes et de même couleur que les postérieures. Taches claires dorsales de l'abdomen très petites chez les femelles, mais taches latérales très grandes, confluentes et formant une bande jaune presque continue**. Par temps froid, les mâles et femelles perdent leurs couleurs et les zones claires deviennent grises, ce qui leur permet de passer inaperçus et d'échapper à leurs prédateurs.

Dimensions

Abdomen (mm) : ♂ 43 - 48 ; ♀ 42 - 44
Ailes postérieures (mm) : ♂ 37 - 41 ; ♀ 38 - 41

Confusions à éviter

Du fait des caractéristiques de l'abdomen, des confusions ont parfois lieu avec *A. affinis*, surtout en ce qui concerne les mâles. L'examen du thorax est toujours nécessaire à une bonne identification de cette espèce.

Répartition géographique, distribution et abondance

Espèce paléarctique boréo-alpine : nord de l'Europe, toute la Sibérie, Kamtchatka, massifs montagneux du centre de l'Europe. Faible pénétration dans l'est du Kazakhstan et dans l'Extrême Orient russe. En France, cette Aeschne n'est présente avec certitude que dans les Alpes de Haute-Savoie, où elle reste rare (régions de Chamonix et de Samoëns).

Écologie et biologie

Marais à carex et tourbières à sphaignes, dès le niveau de la mer en Scandinavie, entre 1000 et

Accouplement. Italie, Dolomites, 2160 m, août 1985. © J.-P. Boudot.

Ponte dans la tourbe humide. Valais, Suisse, 1850 m, août 1995. © D. Grand.

2400 m d'altitude en Europe centrale et occidentale. En France, toutes les localités connues pour cette espèce sont situées entre 1700 et 2200 m d'altitude. Les larves vivent à la surface des sédiments tourbeux. Les imagos émergent 3 à 5 ans après la ponte, diapause hivernale incluse, et la phase larvaire compte entre 14 et 16 stades. Les émergences sont synchronisées sur une courte période dans un site donné, puis la période de maturation dure deux à trois semaines.

Comportement

Par temps ensoleillé, les mâles arrivent sur les sites de reproduction assez tôt en matinée et circulent à faible hauteur au-dessus des dépressions inondées à la recherche des femelles. Par temps froid ils se posent sur des buttes et attendent les femelles. Ils y défendent un territoire d'où ils repoussent tout nouvel arrivant. Les accouplements se forment et se posent à proximité pendant près d'une demi-heure, ou bien davantage si un nuage vient à cacher le soleil. Lors de la ponte, la femelle insère ses œufs dans la tourbe, les carex ou les sphaignes. Les adultes disparaissent progressivement vers le milieu de l'après-midi. Globalement, l'Aeschne azurée est peu compétitive vis-à-vis des autres Aeschnes présentes dans les mêmes localités, et est même attaquée par les Cordulies alpestre et arctique. Elle cède généralement la place. Bien que de distribution septentrionale, elle recherche la chaleur et se pose souvent sur les surfaces de terre nue, les pierres et les troncs d'arbre, qui conservent mieux la chaleur que l'herbe. Les adultes plaquent leurs ailes au sol et emprisonnent un volume d'air qui s'échauffe par effet de serre autour de leur thorax. Lorsqu'ils se refroidissent, les adultes changent de couleur et deviennent progressivement gris en dessous de 10 à 16 °C, pour reprendre leurs couleurs initiales au-dessus.

Menaces et mesures de gestion

Les sites où cette espèce est connue dans nos régions, tous situés en haute montagne, sont susceptibles d'aménagements touristiques intempestifs et sujets à dégradation par le bétail. Il est impératif de conserver intactes toutes les zones humides, même anodines, des hautes vallées du Giffre et de l'Arve situées au-dessus de 1700 m d'altitude, en les soustrayant au pâturage et en y interdisant tout drainage, tout aménagement agricole et toute installation touristique. L'Aeschne azurée est susceptible de régresser dans les décennies qui viennent du fait du réchauffement actuel du climat.

Le changement de couleur en fonction de la température est caractéristique d'*Aeshna caerulea*. En haut, une femelle bleue, bien exposée au soleil ; en bas, une autre femelle, à l'ombre, est devenue grise ! Finlande, juillet 2006. © J.-P. Boudot.

PROTECTION				LISTES ROUGES							DIRECTIVE HABITATS
FR	BE	LX	CH	MONDE	EU	FR	WA	FL	LX	CH	
○	–	–	●	LC	LC	VU	–	–	–	VU	–

Aeshna mixta Latreille, 1805

L'Aeschne mixte

Aeshna mixta Latreille, 1805, *Histoire naturelle, générale et particulière, des Crustacés et des Insectes*, 13 : 7. Dufart, Paris.

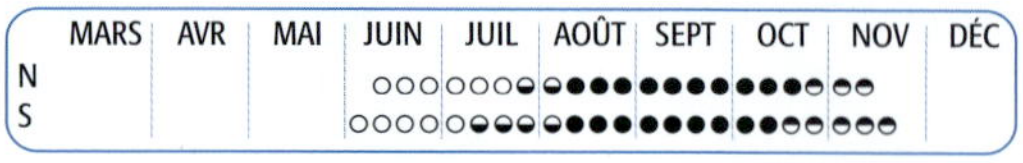

Mâle. © T. Roussel.

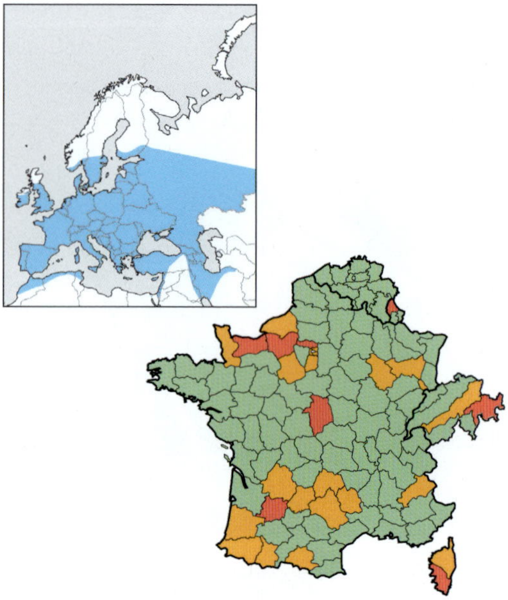

Critères de terrain

Couleur générale bleue, brune et jaune chez les mâles, jaune ou bleuâtre et brune chez les femelles. **Taches bleues médiodorsales des segments de l'abdomen jaunâtres et beaucoup plus petites que les postérodorsales, ces dernières bleues chez les mâles. Côtés du thorax avec deux bandes jaunes assez larges et subrectilignes. Triangle anal des mâles constitué de 3 cellules**.

Dimensions

Abdomen (mm) : ♂ 44 - 54 ; ♀ 43 - 51
Ailes postérieures (mm) : ♂ 37 - 42 ; ♀ 38 - 42

Confusions à éviter

Cette espèce est le véritable sosie d'*A. juncea*. Elle s'en distingue par une taille plus petite et un triangle anal de trois cellules chez les mâles, contre deux chez *A. juncea*. Les femelles peuvent également être confondues avec celles d'*A. affinis*.

Répartition géographique, distribution et abondance

De l'ouest de l'Europe à l'Altaï et à l'Asie centrale et du nord du Maghreb à l'Iran. Les anciennes citations de l'est de l'Eurasie se rapportent en fait pour la plupart à *A. soneharai*, précédemment considéré comme sous-espèce d'*Aeshna mixta* confinée au Japon mais dorénavant considérée comme bonne espèce et s'étendant en fait vers l'ouest jusqu'à coexister avec *A. mixta* de l'Asie centrale à la partie européenne de la Russie et à la Biélorussie. *Aeshna mixta* reste rare dans les régions septentrionales et en Fennoscandie n'occupe que le sud de la Norvège, de la Suède et de la Finlande. Ce taxon est généralement très commun en France à basse altitude en automne, assez fréquent en Belgique, plus fréquent qu'autrefois au Luxembourg.

Écologie et biologie

Eaux stagnantes mésotrophes ou eutrophes, même saumâtres (marais et étangs aux berges suffisamment ouvertes, tourbières alcalines, anciennes gravières, mares littorales), et petits ruisseaux méditerranéens. Généralement commune en plaine, elle est remplacée par l'Aeschne des joncs en montagne ; elle atteint néanmoins 1 100 m dans le Jura. Dans nos régions, le développement de la prolarve à l'adulte dure 4 à 5 mois et compte entre 9 et 11 stades. Un an de plus peut être nécessaire dans le nord de l'Europe. Les émergences durent jusqu'à deux mois mais l'essentiel se concentre sur 4 semaines. Par temps chaud, elles débutent la nuit. À la marge sud de l'Europe et en Afrique du Nord, l'Aeschne mixte connaît une période de diapause de 4 à 5 mois en été, durant laquelle les imagos estivent en masse sur les contreforts boisés des montagnes, et ne pond qu'à partir de la mi-octobre. De tels essaims en estivation s'observent également en France méditerranéenne

Femelle. © É. Hubert.

Cœur copulatoire. Meurthe-et-Moselle. © T. Roussel.

mais la durée de cette diapause préreproductive est certainement plus courte. En climat tempéré, la phase de maturation de l'espèce ne dure que de 2 à 4 semaines et l'espèce pond d'août à octobre, avec une intensité maximale en septembre.

Comportement

Par temps ensoleillé, les mâles recherchent les femelles dans les ceintures de végétation entourant les étangs et les lacs, ou entre les touffes de carex et de joncs des marais. Ils sont très tolérants et ne montrent que peu d'agressivité les uns envers les autres. Les comportements territoriaux sont exceptionnels. Lors de la ponte, les femelles insèrent leurs œufs dans les tiges des roseaux, des joncs ou des carex, parfois même dans la terre humide des rives. Les imagos s'éloignent volontiers à grande distance de l'eau et chassent parfois en nuages denses le long des lisières.

Menaces et mesures de gestion

Dans la région considérée, l'Aeschne mixte n'est vulnérable qu'au Luxembourg, où ses sites de reproduction doivent être préservés de toute dégradation. Les seules mesures à prendre sont celles visant à la conservation en bon état de ses habitats et à la restauration de ses anciens sites de reproduction lorsqu'ils ont été dégradés.

Ponte dans des tiges immergées. Dombes, Ain, août 1981. © D. Grand.

Ponte dans un tronc couché. Dombes, Ain, septembre 2006. © D. Grand.

PROTECTION				LISTES ROUGES							DIRECTIVE HABITATS
FR	BE	LX	CH	MONDE	EU	FR	WA	FL	LX	CH	
○	FI	●	GE, VD	LC	LC	LC	LC	LC	LC	LC	–

Aeshna juncea *(Linnaeus, 1758)*

L'Aeschne des joncs

Libellula juncea Linnaeus, 1758, *Systema naturae*, 10e éd., 1 : 544. Laurentii Salvii, Stockholm.

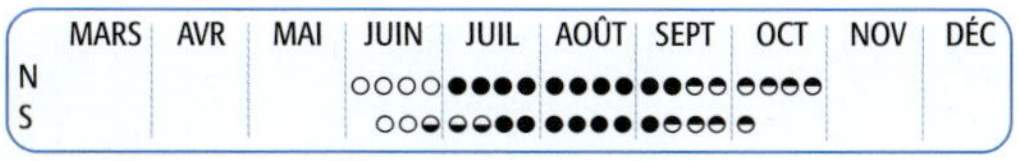

Mâle. © L. Rouschmeyer.

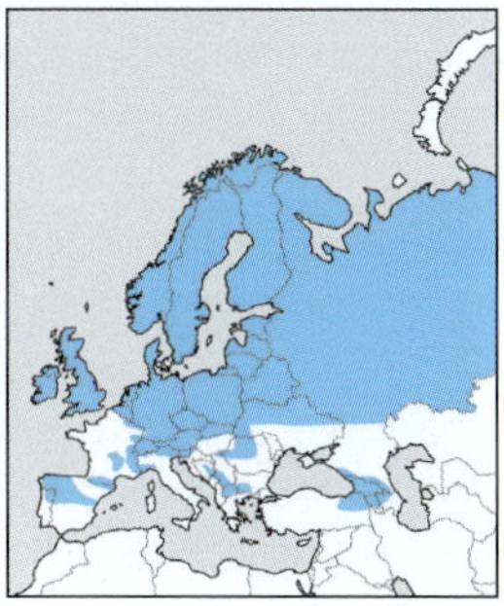

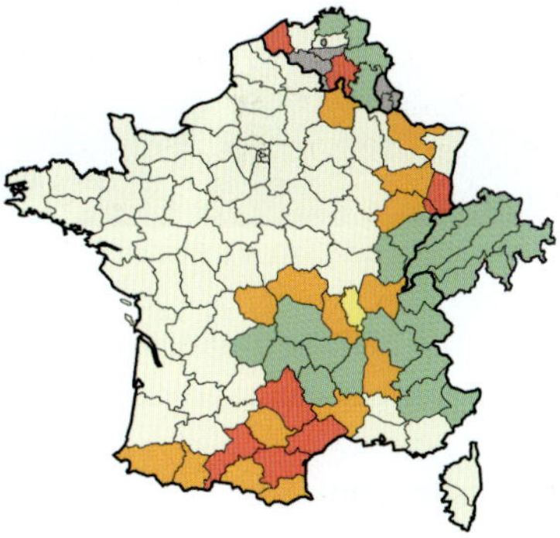

Critères de terrain

Même coloration qu'*Aeshna mixta*, mais **taille plus importante et triangle anal des mâles constitué de 2 cellules** et non de 3. **Cercoïdes des femelles avec le bord extérieur presque rectiligne et non situés dans un même plan.**

Dimensions

Abdomen (mm) : ♂ 51 - 59 ; ♀ : 50 - 57
Ailes postérieures (mm) : ♂ 40 - 48 ; ♀ : 40 - 48

Confusions à éviter

Cette espèce peut être facilement confondue avec *A. mixta* et *A. subarctica*.

Répartition géographique, distribution et abondance

De l'ouest à la Sibérie orientale, au Kamtchatka et à l'extrême Orient russe et au Japon ; Asie centrale, Caucase et nord-est de la Turquie. Dans le Sud, uniquement dans les massifs montagneux. Cette espèce, citée du Luxembourg en 1960 n'a plus été revue depuis dans ce pays.

Écologie et biologie

Eaux stagnantes oligotrophes et acides (marais à carex, tourbières à sphaignes, étangs tourbeux), de 250 m d'altitude dans le nord de notre région à 2500 m d'altitude dans les Alpes et les Pyrénées. Les larves ont un mode de vie très actif, vivent tout d'abord à proximité de la surface puis gagnent la profondeur lorsqu'elles sont plus âgées. La plupart des œufs subissent une diapause hivernale, mais jusqu'à 10 % d'entre eux éclosent directement. Les imagos émergent 2 à 4 ans après la ponte, ou même plus dans les habitats les plus élevés ou les plus septentrionaux, et la phase larvaire compte entre 16 et 17 stades. Les émergences, souvent massives, commencent tôt le matin et, en altitude, se poursuivent tard en matinée. Elles peuvent également débuter l'après-midi, et même de nuit par temps chaud. Elles se répartissent sur 3 à 4 semaines dans une localité donnée. Lorsque le temps est venteux et froid, ce qui est fréquent au-

Ponte. Savoie, 1 880 m, septembre 2004. © D. Grand.

dessus de 2000 m d'altitude, de nombreux individus tombent à l'eau et périssent noyés.

Comportement

Par temps ensoleillé, les mâles volent longuement au point fixe au-dessus des gouilles dans les tourbières et plongent dans les herbes à la recherche des femelles. L'accouplement peut durer plus d'une heure. Lors de la ponte, les femelles insèrent leurs œufs dans la tourbe ou la végétation. Elles cherchent à se cacher des mâles et on ne les localise bien souvent qu'au bruissement de leurs ailes qui continuent à vibrer pour éviter un trop grand refroidissement. Lorsqu'elles changent de site de ponte, elles gardent l'abdomen courbé vers le bas pour montrer qu'elles sont hostiles à tout nouvel accouplement, mais le premier mâle qui les repère les assaille tout de même. Les mâles sont très agressifs les uns envers les autres, se repoussent mutuellement et expulsent la plupart des autres Aeschnes de leur environnement immédiat. Ils conservent néanmoins une stratégie de patrouille et ne restent pas dans un territoire donné. Les adultes ne se posent que rarement, sauf par vent fort et par temps froid, s'éloignent loin de l'eau pour chasser et changent souvent de localité. Parfois, on n'observe qu'un assez petit nombre d'imagos là même où l'espèce émergeait en masse quelques semaines plus tôt. Ailleurs, les adultes restent concentrés en populations denses.

Menaces et mesures de gestion

En France, cette espèce est caractéristique des régions montagneuses, où elle n'est pas menacée bien qu'elle puisse localement avoir amorcé une certaine régression. Elle est nettement plus vulnérable dans les Ardennes françaises et en Belgique, où ses sites de reproduction doivent être préservés de toute dégradation. Elle est considérée comme éteinte au Luxembourg.

PROTECTION				LISTES ROUGES							DIRECTIVE HABITATS
FR	BE	LX	CH	MONDE	EU	FR	WA	FL	LX	CH	
○	Wa, Fl	●	GE, VD	LC	LC	NT	VU	EN	RE	LC	–

Accouplement. Hautes-Alpes, juillet 1985. © J.-P. Boudot.

Aeshna subarctica elisabethae Djakonov, 1922

L'Aeschne subarctique

Aeschna elisabethae Djakonov, 1922, *Izv. sev. oblast. Sta. Zashch. Rast. Vredit.*, 3 : 129.

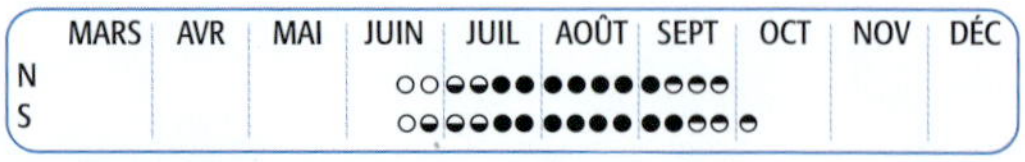

Mâle se chauffant sur un tronc au petit matin. © L. Rouschmeyer.

Critères de terrain

Comme pour *A. juncea*, mais taches claires médianes et postérieures des segments abdominaux 3 et 4 des mâles presque de même taille et de même couleur, vert glauque, bleues ou jaunâtres. Cercoïdes des femelles ovales avec les 2 bords convexes et situés dans un même plan.

Dimensions

Abdomen (mm) : ♂ 47 - 57 ; ♀ 49 - 55
Ailes postérieures (mm) : ♂ 39 - 45 ; ♀ 42 - 46

Confusions à éviter

Cette espèce est souvent confondue avec *A. juncea*.

Répartition géographique, distribution et abondance

Espèce boréo-alpine. Nord de l'Europe et massifs montagneux d'Europe centrale. Toute la Sibérie et Hokkaido. La sous-espèce nominale habite le nord du continent américain. En France, cette espèce est bien implantée dans les Vosges et possède quelques localités dans le Jura. En Belgique, elle est surtout cantonnée dans l'est et le nord-est du pays, où elle est actuellement très raréfiée.

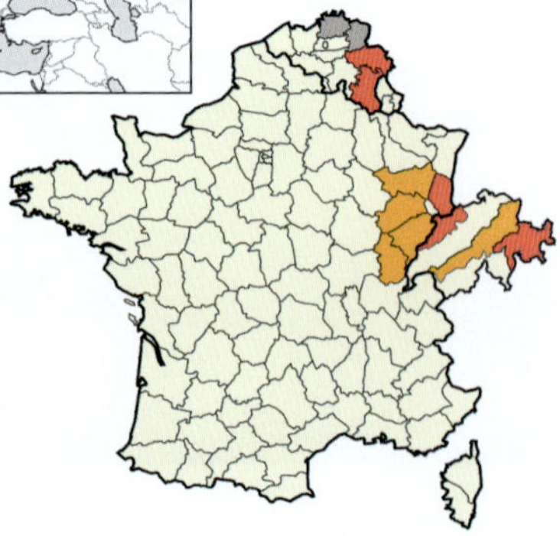

Écologie et biologie

Dans notre région, l'Aeschne subarctique est strictement inféodée aux tourbières à sphaignes situées au-dessus de 600 m (Wallonie), 700 m (Vosges) ou 840 m (Jura) d'altitude. Elle y côtoie l'Aeschne des joncs et les Cordulies alpestre et arctique, avec lesquelles elle constitue un cortège caractéristique dépassant 1200 m d'altitude. Les femelles ne pondent que dans les sphaignes et la tourbe. Dans le nord de l'Europe, cette dépendance est moins stricte et l'espèce se reproduit parfois dans des étangs non tourbeux, dès le niveau de la mer. Les imagos émergent 3 à 4 ans après la ponte et la phase larvaire compte entre 16 et 18 stades. Les larves vivent dans la tourbe ou à sa surface, ainsi que dans les sphaignes inondées. Les émergences ont lieu en cours de matinée et se répartissent régulièrement sur 6 à 7 semaines dans une localité donnée.

Comportement

L'Aeschne subarctique a un comportement semblable à celui de l'Aeschne des joncs. Le matin, les mâles visitent assidûment la face ensoleillée des arbres bordant les tourbières, à la recherche des femelles se réchauffant au soleil, et s'y posent de temps à autre. Ensuite ils prospectent les tourbières en passant d'une dépression à une autre, à la recherche des femelles en train de pondre. S'ils en trouvent une, ils la saisissent de force et l'entraînent pour s'y accoupler. Ils sont agressifs les uns envers les autres mais ne s'établissent pas dans un territoire particulier. Ils peuvent s'éloigner considérablement de leur site de reproduction et changent souvent de localité.

Femelle en ponte. © E. Nielsen.

Menaces et mesures de gestion

Cette Aeschne est dans nos régions à sa limite sud-occidentale de répartition et est fortement raréfiée. Plusieurs des localités où elle subsiste bénéficient actuellement d'un statut de protection, notamment en Belgique et dans les Vosges, ce qui *a priori* devrait assurer sa pérennité. En réalité, l'évolution naturelle des tourbières vers le comblement, associée au réchauffement du climat et aux vagues de sécheresse de ces dernières années, constitue des menaces graves pour son avenir depuis que l'exploitation artisanale de la tourbe a disparu. Il faut donc envisager de creuser de nouvelles fosses de détourbage dans ses localités les plus menacées, afin de recréer des habitats favorables. Durant ces opérations, on s'interdira de curer les mares résiduelles qui hébergent les dernières populations larvaires.

A. subarctica

PROTECTION				LISTES ROUGES							DIRECTIVE HABITATS
FR	BE	LX	CH	MONDE	EU	FR	WA	FL	LX	CH	
○	Wa, Fl	–	●	LC	LC	NT	CR	RE	–	VU	–

Aeshna cyanea (Müller, 1764)

L'Aeschne bleue

Libellula cyanea Müller, 1764, *Fauna Insectorum Fridrichsdalina* : 61. Gleditsch, Copenhague.

	MARS	AVR	MAI	JUIN	JUIL	AOÛT	SEPT	OCT	NOV	DÉC
N				○○○○	◒◒◒●	●●●●	●●●●	●◓◓◓	◓◓	
S			○○○	○○○○	◒◒◒●	●●●●	●●●●	●●◓◓	◓◓◓◓	◓

Mâle. Belle-Île-en-Mer, Morbihan. © N. Helitas.

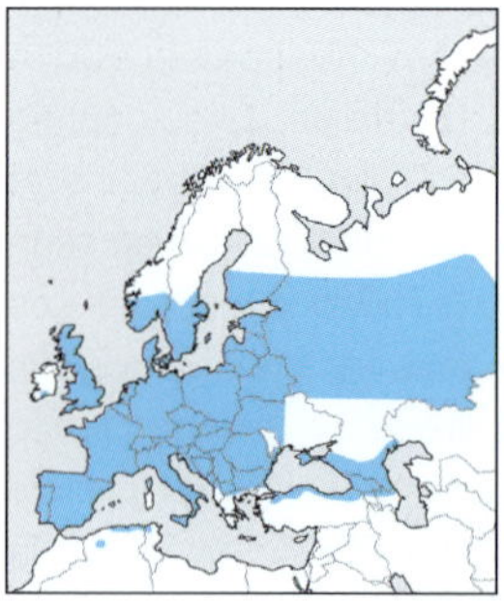

Critères de terrain

Thorax avec de larges bandes antéhumérales vertes très voyantes et côtés verts avec une bande ou des traits bruns bien marqués. Abdomen brun foncé avec des taches vertes chez les femelles, vertes et bleues chez les mâles. Cercoïdes des mâles terminés par une pointe ventrale.

Dimensions

Abdomen (mm) :	♂ 51 - 61 ; ♀ 52 - 59
Ailes postérieures (mm) :	♂ 44 - 52 ; ♀ 43 - 53

Confusions à éviter

On prendra garde à ne pas confondre les femelles de cette espèce avec *Ophiogomphus cecilia*, du fait de leur couleur vert vif commune.

Répartition géographique, distribution et abondance

De l'ouest de l'Europe à l'Oural avec une faible pénétration dans le sud de la Sibérie occidentale. Nord du Maghreb en Algérie et en Tunisie. Espèce partout très répandue en Europe occidentale, mais rarement visible en grand nombre sur un même site, sauf localement.

Écologie et biologie

Espèce très ubiquiste se rencontrant dans toutes les eaux stagnantes, des plaines aux montagnes, même dans les tourbières à sphaignes très acides, les étangs forestiers et des bassins maçonnés très pollués. Également dans les rivières lentes et les ruisseaux et torrents méditerranéens. Atteint près de 2200 m d'altitude dans les Alpes ; des individus erratiques s'observent encore vers 2350 m dans les Pyrénées. Les imagos émergent 1 à 2 ans après la ponte, probablement davantage en montagne, et la phase larvaire compte entre 10 et 15 stades. Cette Aeschne serait parfois bivoltine en région méditerranéenne. Les larves supportent de brèves périodes d'assèchement et se réfugient dans des endroits où l'atmosphère reste aussi humide que possible. Les émergences sont très régulièrement étalées sur plus de trois mois du printemps à l'été dans les localités où l'espèce est abondante. Elles sont suivies d'une longue période de maturation durant laquelle les imagos se dispersent et ne se colorent que très lentement. Seule une petite proportion d'entre eux reviendra sur son lieu de naissance, les autres allant s'installer ailleurs. Au-dessus de 20 °C, les émergences se produisent la nuit et les imagos prennent leur envol aux premiers rayons du soleil.

Femelle en ponte. © N. Helitas.

Comportement

Les adultes s'observent surtout en individus isolés, mais des populations importantes se rencontrent occasionnellement. Les mâles visitent les étangs, les mares, les fosses de détourbage et les flaques d'eau en forêt à la recherche des femelles. Lorsque la densité des mâles est faible ou modérée sur un site, ce qui constitue le cas le plus général, ils ne sont pas territoriaux et se contentent de patrouiller le long des rives, sans s'installer dans une zone précise. Ils se mettent volontiers à vagabonder pour trouver de nouveaux sites de reproduction. Lorsque deux mâles se rencontrent, ils entrent en conflit, se combattent et quittent généralement tous deux les lieux. Plus leur densité sur un site augmente, plus ces affrontements s'accroissent et plus leurs visites sont courtes. Ils ne deviennent territoriaux qu'à très forte densité, ce qui est assez rare, et se cantonnent alors à un secteur de moins de dix mètres le long d'une rive. Les femelles

Mâle. Hérault. © X. Rufray.

Accouplement à faible hauteur, par vent violent. Rhône, octobre 2001. © D. Grand.

pondent dans la végétation en décomposition qui borde les rives ou qui flotte sur l'eau, et même dans les fissures de troncs d'arbre couchés dans l'eau. Tout semble bon, puisque certaines d'entre elles ont tenté de pondre dans les bottes que nous portions ! Les adultes continuent de voler au crépuscule, sont attirés par la lumière et rentrent parfois dans les maisons.

Menaces et mesures de gestion

Cette espèce très ubiquiste et opportuniste n'est nulle part menacée.

Femelle en voie de maturation. Suède, juillet 2003. © J.-P. Boudot.

PROTECTION				LISTES ROUGES							DIRECTIVE HABITATS
FR	BE	LX	CH	MONDE	EU	FR	WA	FL	LX	CH	
○	FI	●	GE, VD	LC	LC	LC	LC	LC	LC	LC	–

Aeshna grandis (Linnaeus, 1758)

La Grande Aeschne

Libellula grandis Linnaeus, 1758, *Systema naturae*, 10e éd., 1 : 544. Laurentii Salvii, Stockholm.

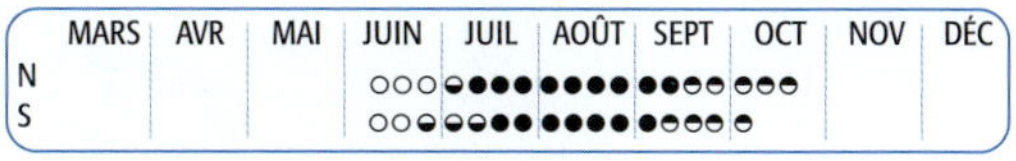

Mâle. © G. Doucet.

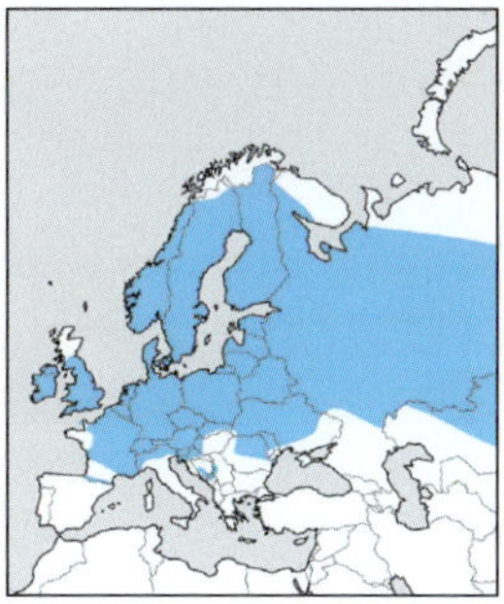

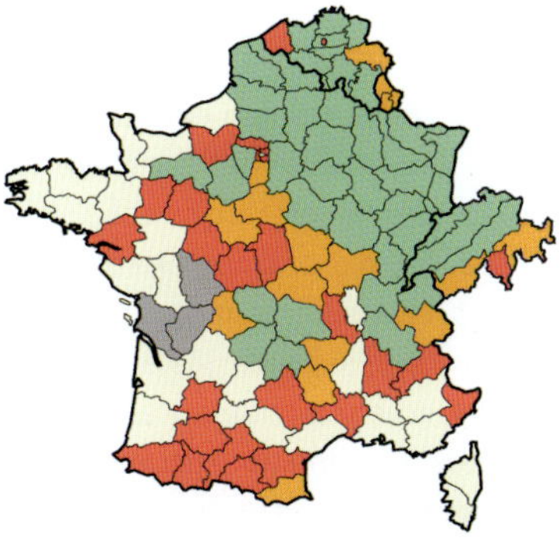

Critères de terrain

Couleur générale brune avec de petites taches bleues chez les mâles, jaunâtres chez les femelles. Ailes très enfumées avec les nervures rousses.

Dimensions

Abdomen (mm) : ♂ 50 - 60 ; ♀ 49 - 55
Ailes postérieures (mm) : ♂ 41 - 49 ; ♀ 41 - 49

Confusions à éviter

Confusion possible avec *A. isoceles*, mais celui-ci a les ailes hyalines et de beaux yeux verts à maturité.

Répartition géographique, distribution et abondance

De l'ouest et du nord de l'Europe à l'est de la Sibérie centrale. Espèce de plus en plus rejetée en altitude du nord au sud de notre région.

Écologie et biologie

Eaux stagnantes et faiblement courantes, neutres ou acides, en plaine comme en montagne dans le nord de son aire (mares, étangs, anciennes gravières, tourbières, lacs, parties calmes des rivières, en milieu ouvert ou forestier). Exclusivement montagnarde dans les régions chaudes et encore présente à plus de 2000 mètres d'altitude dans les Pyrénées. Les imagos émergent 2 à 5 ans après la ponte, suivant les régions, diapause hivernale incluse. Les émergences sont très régulièrement étalées sur plusieurs semaines dans une même localité, et par temps chaud, elles se déroulent la nuit. Elles sont suivies d'une longue période de maturation, durant laquelle les imagos ne se colorent que très lentement.

Comportement

Les adultes sont souvent vus planant isolément ou en groupe à bonne hauteur le long des lisières forestières ou au-dessus des marais et des étangs.

Atterrissage précipité en début de pluie. Jura, 800 m, septembre 1986. © D. Grand.

On les voit fréquemment chasser dans la journée et tard le soir. Ils se posent peu mais profitent pour cela de supports bien exposés lorsque la température est fraîche. Cette espèce fait preuve d'un comportement migratoire assez développé et peut apparaître en grand nombre dans des régions d'où elle est habituellement rare ou absente. Les mâles sont peu agressifs les uns envers les autres et leur comportement territorial reste peu développé. Les femelles sont moins fréquemment harcelées par les mâles que chez les autres Aeschnes et pondent sans chercher à se dissimuler, parfois en groupe, dans la végétation vivante ou en décomposition qui borde les rives ou flotte sur l'eau, dans la tourbe, et même dans les fissures des troncs d'arbre couchés dans l'eau. Lorsqu'elles changent de site de ponte, elles gardent l'abdomen courbé vers le bas, indiquant par là aux mâles qu'elles sont hostiles à tout nouvel accouplement.

Ponte dans une branche flottant sur l'eau.
© L. Rouschmeyer.

Menaces et mesures de gestion

Dans notre région, la Grande Aeschne n'est rare qu'au Luxemburg où ses populations restent stables. Ailleurs, ses populations sont florissantes dans tous les massifs montagneux, ainsi qu'en plaine dans le nord-est de la France et en Belgique. Elle est sensible aux atteintes portées aux berges lors des opérations de calibrage, qu'il convient de limiter au maximum. Le creusement de grandes mares et la création d'étangs semi-forestiers contribuent à renforcer ses populations.

PROTECTION				LISTES ROUGES							DIRECTIVE HABITATS
FR	BE	LX	CH	MONDE	EU	FR	WA	FL	LX	CH	
IdF	Fl	●	GE, VD	LC	LC	LC	LC	LC	LC	LC	–

Isoaeschna isoceles (*Müller, 1767*)

L'Aeschne isocèle

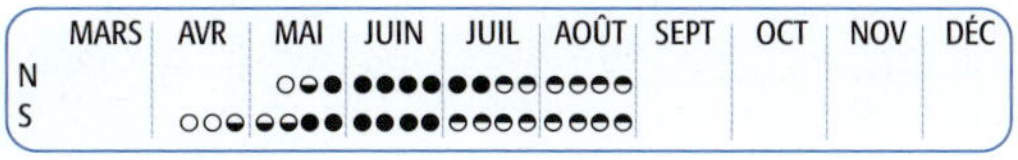

Libellula isoceles Müller, 1767, *Nova Acta Physico-Medica Academiae caesareae Leopoldino-Carolinae*, 3 : 125.
Synonymie : *Anaciaeschna isoceles* (Müller, 1767), *Aeshna isosceles* (Müller, 1767), *Aeshna isoceles* (Müller, 1767)

Mâle. Meuse. © J.-P. Boudot.

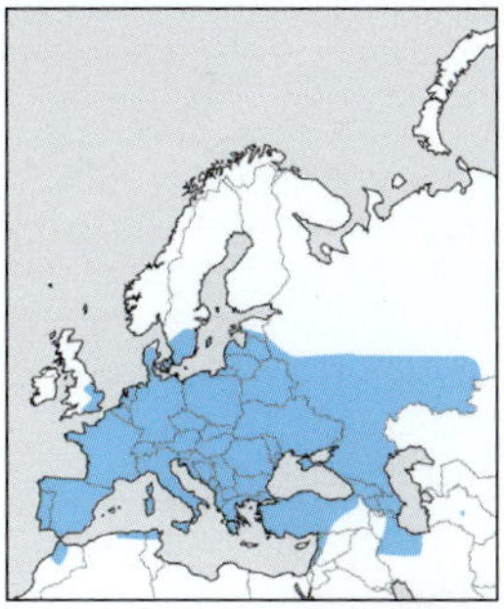

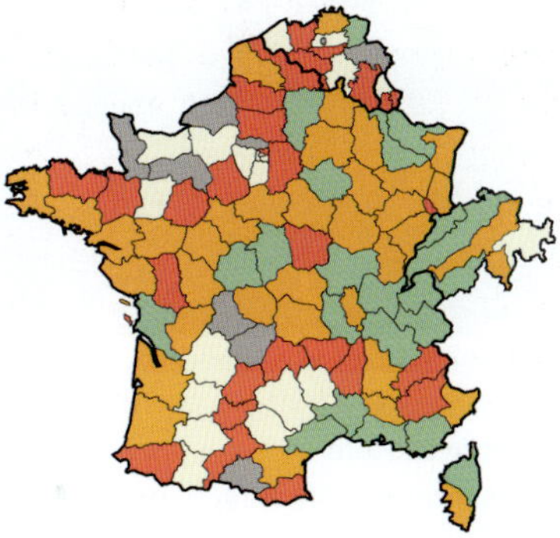

Critères de terrain

Couleur générale brun-roux. Grands yeux globuleux d'un beau vert émeraude très frappant à maturité, longuement contigus. Base des ailes postérieures jaune safran.

Dimensions

Abdomen (mm) : ♂ 47 - 50 ; ♀ 49 - 54
Ailes postérieures (mm) : ♂ 39 - 42 ; ♀ 41 - 45

Confusions à éviter

Confusion possible avec *A. grandis*, mais abdomen sans taches bleues et ailes non ou peu enfumées.

Répartition géographique, distribution et abondance

De l'ouest de l'Europe à l'Oural et du nord du Maghreb et à l'Asie centrale. En France, espèce surtout présente à basse altitude, mais atteint parfois 800 ou 1 000 m dans le Massif central ou le sud du Jura. Bien que thermophile, elle reste partout irrégulièrement abondante et s'est fortement raréfiée en Belgique. Elle a toujours été très rare au Luxembourg.

Écologie et biologie

Eaux stagnantes mésotrophes et eutrophes ceinturées de roselières clairiérées, où subsistent des surfaces d'eau libre envahies d'hydrophytes immergées ou flottantes. Tourbières alcalines, lacs, bras morts des rivières, anciennes gravières, secteurs calmes des cours d'eau méditerranéens. Ses populations d'altitude ne paraissent pas toutes durables. Contrairement aux autres Aeschnes de nos régions, les œufs éclosent 6 à 7 semaines après la ponte, sans subir de diapause hivernale, et la phase larvaire dure entre 1 et 2 ans, peut-être parfois 3. Les larves vivent entre les racines des roseaux et dans les hydrophytes submergées proches des rives. Les émergences surviennent en deux semaines en mai et juin et sont suivies d'une phase de maturation d'une dizaine de jours.

Femelle en début de ponte. Corse, mai 2005. © D. Grand.

Comportement

L'Aeschne isocèle affectionne les roselières et les zones de massettes clairiérées, dans lesquelles elle aime à voler au point fixe et à se poser par temps ensoleillé. Lorsque leur densité est forte, les mâles y défendent un territoire fixe pendant une dizaine de minutes. Ils changent ensuite de territoire mais reviennent plusieurs fois au même endroit dans la journée si la place est restée libre. Lorsque leur densité est faible, ils ont plutôt tendance à prospecter des secteurs variables en changeant continuellement d'emplacement et d'itinéraire. Ils sont très agressifs les uns envers les autres et envers les autres libellules et attaquent même l'Anax empereur. Les femelles pondent seules dans les plantes aquatiques ou dans les débris végétaux flottant sur l'eau.

Menaces et mesures de gestion

L'Aeschne isocèle n'est pas menacée en France. Les rares localités belges et luxembourgeoises doivent par contre être préservées de toute dégradation. On veillera en particulier à maintenir ou à restaurer la qualité de l'eau en limitant les intrants d'origine agricole, ainsi qu'à favoriser le développement des massettes. Le curage des étangs est à proscrire.

PROTECTION				LISTES ROUGES							DIRECTIVE HABITATS
FR	BE	LX	CH	MONDE	EU	FR	WA	FL	LX	CH	
○	Wa, Fl	●	C	LC	LC	LC	CR	CR	R	LC	–

En vol. © L. Rouschmeyer.

Cœur copulatoire.
© N. Helitas.

Brachytron pratense *(Müller, 1764)*

L'Aeschne printanière

Libellula pratensis Müller, 1764, *Fauna Insectorum Fridrichsdalina* : 64. Gleditsch, Copenhague.
Synonymie : *Brachytron hafniense* (Müller, 1764)

	MARS	AVR	MAI	JUIN	JUIL	AOÛT	SEPT	OCT	NOV	DÉC
N		○	○○◒●	●●⊖⊖	⊖⊖⊖					
S	○	○○○◒	◒◒●●	●●⊖⊖	⊖⊖⊖					

Mâle. © L. Rouschmeyer.

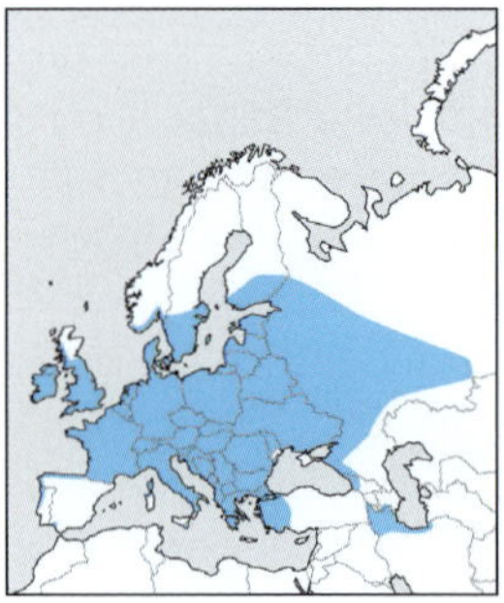

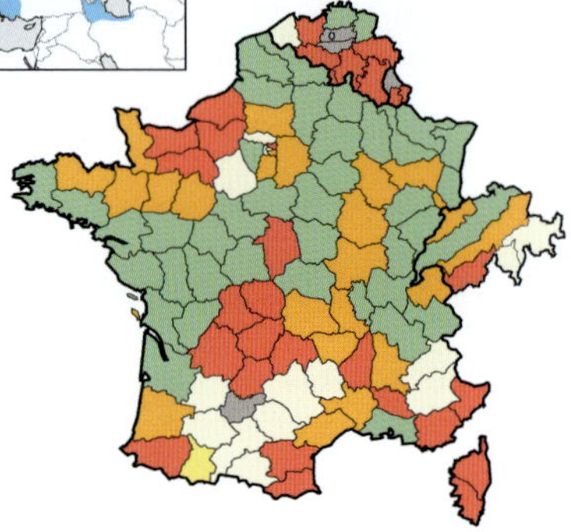

Critères de terrain

Petite Aeschne printanière à l'**abdomen massif non étranglé au niveau du troisième segment. Angle anal des ailes postérieures des mâles à peine marqué. Espèce volant souvent très bas au-dessus de l'eau en suivant les rives ou en zigzaguant entre les roseaux, d'un vol incertain.**

Dimensions

Abdomen (mm) : ♂41 - 46 ; ♀38 - 42
Ailes postérieures (mm) : ♂35 - 37 ; ♀34 - 36

Confusions à éviter

Cette espèce se reconnaît aisément grâce à sa physionomie et à ses caractères de nervation.

Répartition géographique, distribution et abondance

De l'ouest et du sud de l'Europe au sud de l'Oural et au nord de l'Iran. Espèce bien répandue dans une grande partie de la France, très raréfiée en Belgique et au Luxembourg. En Angleterre, la limite septentrionale de son aire de distribution s'est déplacée vers le nord de près de 200 km depuis les années 60, ce qui est attribué au réchauffement du climat.

Écologie et biologie

Eaux douces stagnantes permanentes bordées de ceintures de carex, de roseaux ou de massettes, alcalines, neutres ou acides, en milieu ouvert ou forestier (mares, étangs, lacs, anciennes gravières, bras morts des grandes rivières), essentiellement en plaine, rarement jusqu'à 900 m d'altitude. Les œufs éclosent 3 à 7 semaines après la ponte et la phase larvaire dure habituellement 2 ou 3 ans, rarement une année. Les larves vivent parmi les débris végétaux qui s'accumulent à la périphérie des eaux. Face au danger, elles font le mort (immobilisation réflexe). Elles entrent en diapause à leur dernier stade et les émergences se synchronisent sur quelques jours au sortir de l'hiver. La phase de maturation dure une dizaine de jours.

Comportement

Par temps ensoleillé, les mâles patrouillent à la périphérie des étangs en recherchant les femelles, d'un vol hésitant et en zigzaguant au ras de l'eau entre les tiges de roseaux et de massettes.

Ponte. Île-Crémieu, Isère, mai 2005. © D. Grand.

Accouplement. Meurthe-et-Moselle. © T. Roussel.

Ils restent très discrets, mais peuvent être localisés grâce au bruissement de leurs ailes au contact de la végétation. Non territoriaux, ils sont par contre très agressifs lorsqu'ils se croisent – mais restent généralement indifférents aux autres espèces de libellules. Les femelles se tiennent cachées et ne viennent sur les sites de reproduction que pour s'accoupler et pondre. Les accouplements se déroulent dans les fourrés ou dans les herbes à proximité des rives et durent jusqu'à 45 minutes. Lors de la ponte, la femelle insère ses œufs dans les tiges des potamots ou dans les débris végétaux qui flottent à la périphérie des étangs. Les mâles restent parfois à proximité pour les protéger, mais la ponte n'a jamais lieu en tandem.

Menaces et mesures de gestion

L'Aeschne printanière n'est pas menacée en France continentale. Ses sites de reproduction doivent être par contre protégés en Belgique et au Luxembourg, où l'espèce a connu un fort déclin suite à l'aménagement des étangs et à la pollution des eaux, ainsi qu'en Corse, où elle est très rare. Il convient de restaurer la qualité des eaux lacustres

Femelle. Meurthe-et-Moselle, mai 1985. © J.-P. Boudot.

en limitant les entrées d'engrais et de pesticides, d'éviter une gestion piscicole trop intensive des lacs et des étangs et de limiter l'envahissement des arbustes au niveau des rives, tout en conservant les ceintures de roseaux.

Émergence. Meurthe-et-Moselle. © T. Roussel.

PROTECTION				LISTES ROUGES							DIRECTIVE HABITATS
FR	BE	LX	CH	MONDE	EU	FR	WA	FL	LX	CH	
○	Wa, Fl	●	C	LC	LC	LC	CR	VU	R	LC	–

Boyeria irene (Fonscolombe, 1838)

L'Aeschne paisible

Aeshna irene Fonscolombe, 1838, *Annales de la Société entomologique de France*, 7 : 93

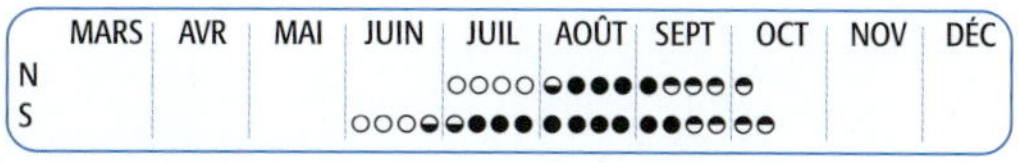

Mâle. Var, août 1985. © J.-P. Boudot.

Critères de terrain

Aeschne en « tenue de camouflage » très caractéristique, brune variée de vert grisé ou de brun verdâtre. Présence de nervures transverses dans l'espace médian, entre l'arculus et la base de l'aile. Certaines femelles ont des cercoïdes courts (forme dite *brachycerca*), d'autres ont des cercoïdes aussi longs que ceux des mâles. La proportion des deux formes est assez variable et celles à cercoïdes courts constituent de 40 à 100 % des femelles.

Dimensions

Abdomen (mm) : ♂ 53 - 56 ; ♀ 49 - 54
Ailes postérieures (mm) : ♂ 39 - 45 ; ♀ 44 - 48

Confusions à éviter

Cette espèce ne peut être confondue avec aucune autre si on l'a en main. Son style de vol ressemble néanmoins à celui du *Brachytron*, mais l'Aeschne paisible vit dans les cours d'eau et le *Brachytron* dans les étangs. De loin, on peut également confondre l'Aeschne paisible avec un *Cordulegaster* car les deux examinent soigneusement les berges à la recherche des femelles.

Répartition géographique, distribution et abondance

Sud-ouest de l'Europe et nord du Maghreb. Commune en région méditerranéenne et en Aquitaine, l'Aeschne paisible s'étend actuellement vers le nord et a été observée dans le sud de l'Allemagne en 2002 et 2004. Elle est connue depuis longtemps en Suisse centrale. La découverte en 2008 d'une importante population pérenne dans le nord de l'Allemagne en climat relativement froid reste mal expliquée.

Écologie et biologie

Eaux courantes de préférence ombragées, parfois également dans les lacs, jusqu'à 1000 m d'altitude

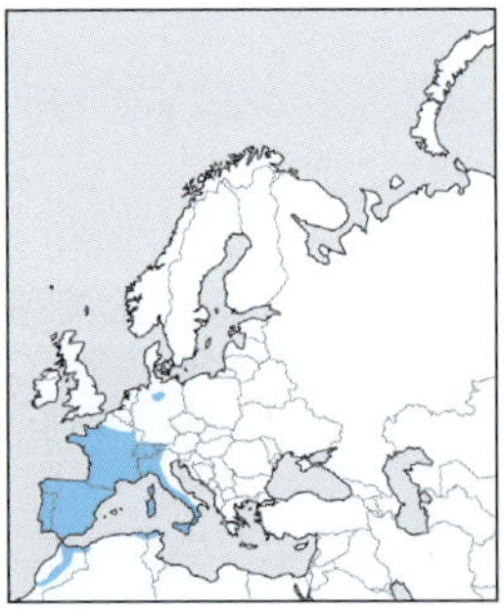

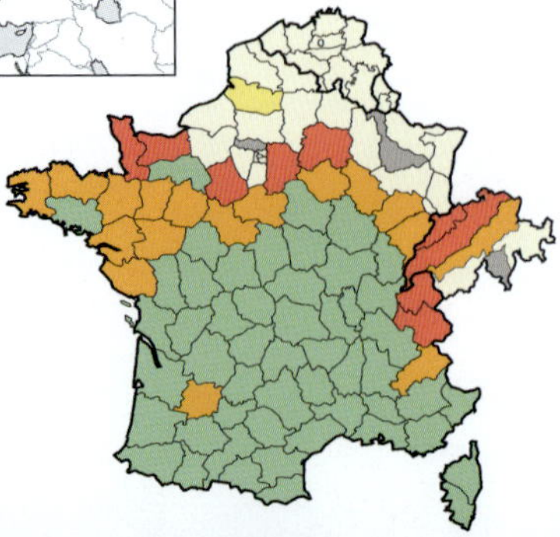

Ponte dans une anfractuosité sombre. Rhône, juillet 2003. © D. Grand.

Jeune femelle à longs cercoïdes. Hérault, juillet 1986. © D. Grand.

Femelle à cercoïdes courts, plaquée sur un tronc d'arbre de la berge d'une rivière. Rhône, juillet 2003. © D. Grand.

dans les Alpes du Sud et 1300 m en Corse. Les œufs éclosent rapidement et la phase larvaire dure 2 à 3 ans. Les larves vivent préférentiellement au sein des racines d'arbres plongeant dans l'eau au niveau des rives en surplomb, parfois également sur le fond des rivières ou au sein de la végétation aquatique immergée. Face au danger, elles s'enfuient ou font le mort. Les émergences surviennent sur une courte période et se déroulent généralement la nuit. Les imagos s'envolent en milieu de matinée et se dispersent pour une phase de maturation d'environ deux semaines.

Comportement

L'Aeschne paisible est réputée crépusculaire, mais ceci concerne surtout ses périodes de chasse, même si des accouplements se produisent encore à ces heures tardives. Elle peut alors pénétrer dans les habitations. Les vols de patrouille des

Mimétisme parfait d'un mâle sur son support. Hérault, juillet 1990. © D. Grand.

mâles s'observent couramment dans la journée, très généralement dans les zones ombragées des rivières, plus rarement au soleil. Les mâles recherchent les femelles en inspectant soigneusement tous les recoins cachés des rives, qu'ils longent sur de grandes distances et sur des trajets variables, en volant très bas au-dessus de l'eau. Lors de ces prospections, qui ressemblent à celles des *Cordulegaster*, plusieurs d'entre eux peuvent se suivre d'assez près, sans développer de comportement territorial. Lors d'un conflit, chacun reprend son inspection après une brève escarmouche, aussitôt oubliée. Parfois encore, ils restent cantonnés dans un territoire d'une vingtaine de mètres de long, situé près des rives ou au milieu d'un cours d'eau. Les intrus sont alors vigoureusement évincés du site. Les femelles pondent dans les cavités creusées sous les berges surplombantes et derrière les enchevêtrements de racines plongeant dans l'eau, à l'abri des regards. Elles insèrent leurs œufs dans les mousses, dans les racines tendres et dans la terre humide.

Menaces et mesures de gestion

L'Aeschne paisible n'est pas menacée dans notre territoire et est bien distribuée dans la moitié sud de la France, notamment sur les reliefs peu élevés. Sa réputation de rareté tient surtout à la discrétion des adultes. Le maintien des populations les plus septentrionales, plus dispersées et localisées, passe par la conservation de cours d'eau non pollués aux rives boisées et au lit naturel.

PROTECTION				LISTES ROUGES							DIRECTIVE HABITATS
FR	BE	LX	CH	MONDE	EU	FR	WA	FL	LX	CH	
IdF	–	–	●	LC	LC	LC	–	–	–	VU	–

Anax ephippiger (*Burmeister, 1839*)

L'Anax porte-selle

Aeschna ephippigera Burmeister, 1839, *Handbuch der Entomologie. Neuroptera*, 2 (2) : 840. Reimer, Berlin.
Synonymie : *Hemianax ephippiger* (Burmeister, 1839).

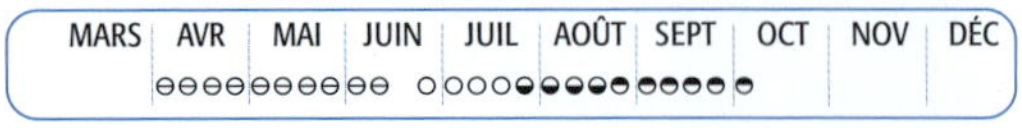

Mâle se protégeant du vent. Corse du Sud, juin 2005. © D. Grand.

Critères de terrain

Aeschnidé brunâtre avec la tête globuleuse et une **belle selle bleu vif chez les mâles, grisâtre ou absente chez les femelles, circonscrite à la face dorsale du second segment abdominal.**

Dimensions

Abdomen (mm) : ♂ 46 - 56 ; ♀ 44 - 50
Ailes postérieures (mm) : ♂ 43 - 45 ; ♀ 45 - 48

Confusions à éviter

La confusion est possible avec *Anax parthenope*, mais chez ce dernier la selle bleue du second segment abdominal diffuse sur le troisième.

Répartition géographique, distribution et abondance

De l'Afrique à l'Inde et à l'Europe méditerranéenne. Cet *Anax* est un migrateur obligé et tant des individus erratiques que des migrations de plusieurs millions d'individus s'observent de la zone intertropicale africaine, arabique et indienne à l'Europe du nord, où certains individus atteignent sporadiquement les îles Feroe et l'Islande. Cette espèce s'est récemment répandue au Brésil, aux Caraïbes et en Guyane française, où elle commence à se reproduire après avoir traversé l'Atlantique à la faveur des Alizés. En Orient, des individus migrants ont été observés au Japon et en Thaïlande. De très fortes migrations ont intéressé de nombreux pays européens en 1989, 1990, 1995, 2011, 2019 et 2023. En France, la reproduction de cette espèce, qui produit alors une seconde génétation estivale, a été constatée à plusieurs reprises dans les Bouches-du-Rhône et le Var. Des émergences sont constatées plus sporadiquement dans le centre du pays, en Belgique (2019), en Allemagne et en Suisse. Cet *Anax* parvient parfois à passer l'hiver à l'état larvaire sur le littoral méditerranéen français et en Espagne, où l'espèce est alors considérée comme autochtone sur au moins une année, mais cela semble rester exceptionnel.

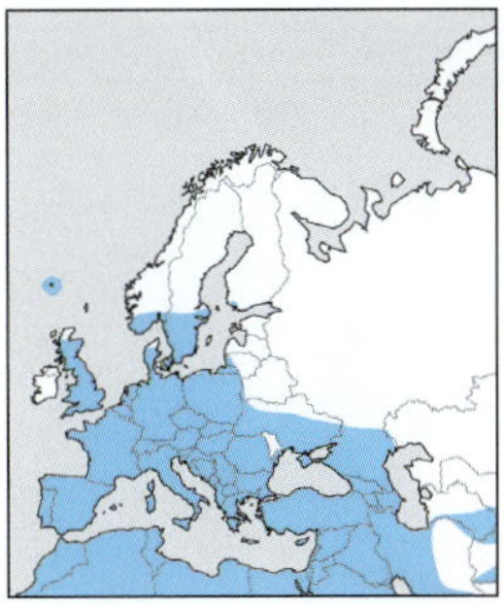

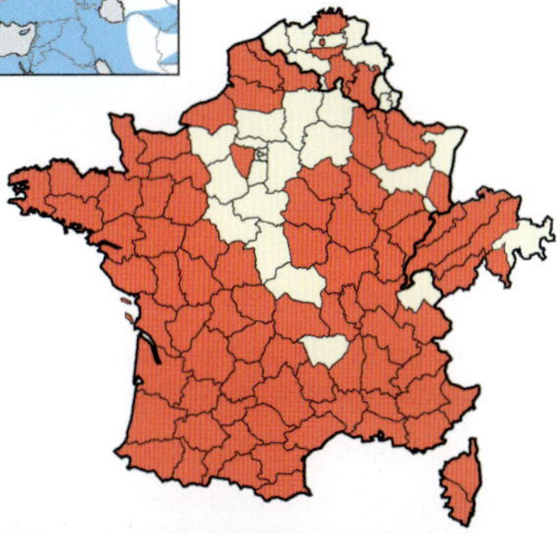

Femelle fraîchement émergée, avec l'aile postérieure gauche non fonctionnelle. Rhône, août 1989. © D. Grand.

Accouplement très près du sol, par vent violent. Rhône, mai 1989. © D. Grand.

Écologie et biologie

Eaux stagnantes, même temporaires ou saumâtres (marais littoraux, rizières, mares permanentes ou temporaires, étangs, lacs de barrage, gravières). Les œufs éclosent 10 à 12 jours après la ponte et la phase larvaire, très brève, ne dure que de 70 à 120 jours selon la température, parfois même moins en Afrique. Ce développement très rapide permet à l'espèce d'accomplir son cycle reproductif dans les mares éphémères des régions désertiques. Dans une localité donnée, les émergences sont souvent synchronisées car les larves sont issues de pontes groupées. Elles s'échelonnent de juin à octobre, suivant l'indigénat des populations ou les dates d'arrivée des immigrants. Les imagos issus de la reproduction des populations immigrées en Europe disparaissent pour une destination inconnue, sans laisser de descendance dans leurs sites d'émergence, sauf parfois sur le littoral méditerranéen, où des émergences ont été constatées fin avril. On ignore si les individus observés entre mars et mai en Europe dans la zone méditerranéenne proviennent d'une immigration ou d'une émergence locale. Des migrations réverses d'une génération locale estivale vers la zone intertropicale sont documentées en Asie centrale et fortement suspectées dans les Balkans.

Comportement

Cette espèce a un comportement migratoire très développé et l'on peut à l'occasion avoir la chance de croiser d'immenses nuages lâches de plus de 100 km de long dérivant lentement de jour en jour. Des migrations massives ont été observées dans

Mâle. Maroc, janvier 1985. © G. Jacquemin.

Ponte en tandem. Maroc. © X. Rufray.

le sud de la France et dans toute l'Europe centrale en 1989 et 1995, et des pontes ont été observées jusqu'à l'ouest de la Pologne. Des individus erratiques isolés ont été observés à près de 2200 mètres d'altitude dans les Alpes-Maritimes. Les adultes sont très actifs au crépuscule et peuvent être attirés par la lumière des maisons. Les mâles deviennent territoriaux lorsque leur densité est élevée sur les sites de reproduction. Les couples pondent généralement en tandem, ce qui est très rare chez les Aeschnidés européens. La femelle insère ses œufs dans les débris végétaux et les hydrophytes flottantes, dans les tiges de roseaux ou de joncs, ou dans la terre nue des rives humides. Par vent fort, l'Anax porte-selle se pose à même le sol.

Menaces et mesures de gestion

Le parc naturel régional de Camargue et ses annexes hébergent les seuls sites de reproduction de cette espèce susceptibles d'être permanents en France. Ces derniers semblent donc *a priori* relativement à l'abri d'atteintes graves.

Mesures de classement et de protection

Du fait de son caractère essentiellement migrateur, cette espèce figure en classe NA sur la Liste Rouge française et NE sur les Listes Rouges suisse et flamande.

PROTECTION				LISTES ROUGES							DIRECTIVE HABITATS
FR	BE	LX	CH	MONDE	EU	FR	WA	FL	LX	CH	
O	FI*	–	GE, VD	LC	LC	NA	–	NE	–	NA	–

* absent de Wallonie.

Anax imperator Leach in brewster, 1815

L'Anax empereur

Anax imperator Leach in Brewster, 1815, Edinburgh Encyclopaedia. Vol. 9., William Blackwood ed. pp. 57–172.

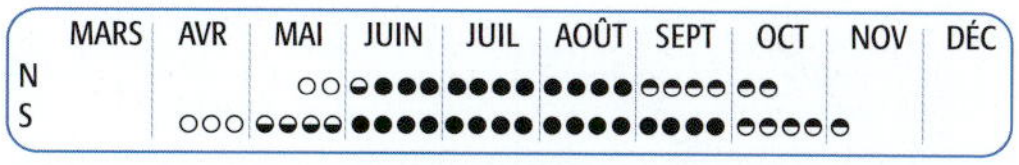

Mâle. Meurthe-et-Moselle. © T. Roussel.

Critères de terrain

Grand Aeschnidé robuste avec les côtés du thorax vert vif dans nos régions, parfois brun au voisinage des tropiques. Abdomen bleu et noir chez les mâles, vert et/ou bleu et noir chez les femelles, apparaissant courbé au vol. Pas d'angle anal aux ailes postérieures des mâles. Cercoïdes des mâles obtus à l'extrémité, sans dent apicale externe.

Dimensions

Abdomen (mm) : ♂ 53 - 64 ; ♀ 49 - 61
Ailes postérieures (mm) : ♂ 45 - 52 ; ♀ 46 - 52

Confusions à éviter

Dans la région qui nous intéresse, on ne peut guère confondre cette espèce qu'avec *A. parthenope*, plus petit, mais aussi avec *Anax junius*, espèce provenant d'Amérique, accidentelle en Europe. Les mâles d'*Aeshna cyanea* ont également le thorax vert et sont de forte taille, ce qui peut là aussi provoquer des confusions.

Répartition géographique, distribution et abondance

De l'ouest de l'Europe au sud de l'Afrique, à l'Oural, à l'Asie centrale et au nord-ouest de l'Inde. Très commun en Europe dans les zones tempérées et méditerranéennes. En Angleterre, la limite septentrionale de son aire de distribution s'est déplacée de plus de 80 km vers le nord depuis les années 1960, ce qui est attribué au réchauffement climatique. De même, l'espèce,

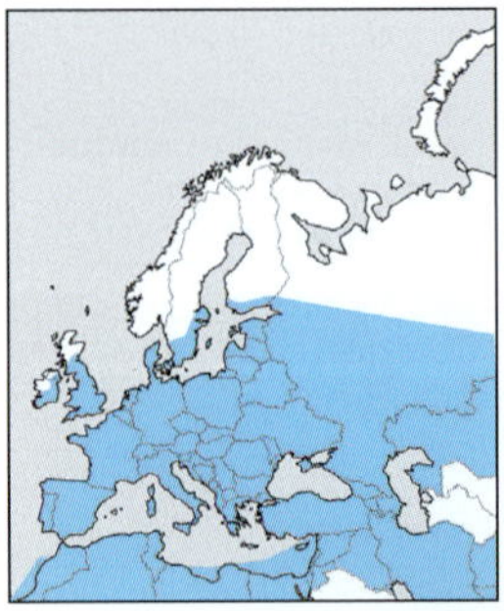

totalement absente de Fennoscandie à la fin du XIXe siècle, est maintenant bien installée dans le sud de la Suède et de la Finlande.

Accouplement. Meurthe-et-Moselle, juillet 1980.
© J.-P. Boudot.

Écologie et biologie

Eaux stagnantes et faiblement courantes ensoleillées de toute nature, même saumâtres, acides ou polluées (mares, étangs, lacs, tourbières, bras morts et parties calmes des rivières et des fleuves, gravières et bassins techniques), essentiellement en plaine, jusqu'à 1 600 m dans les Alpes. Les œufs éclosent 3 à 6 semaines après la ponte. La phase larvaire dure entre 3 ou 4 mois et 2 ans et comprend 12 à 15 stades. Dans la zone tempérée, une grande partie des larves ayant atteint leur stade terminal entrent en diapause à la fin de l'été et donnent lieu à des émergences groupées sur une courte période au printemps suivant. La moitié d'une population donnée émerge alors en trois jours environ. Une plus faible partie, dépendante de la température, donne lieu à des émergences estivales ou automnales avant l'hiver. L'espèce est généralement bivoltine dans la région méditerranéenne, univoltine en plaine dans la partie moyenne de l'Europe et semi-voltine en Europe du nord et en altitude. Les larves vivent dans la végétation aquatique immergée, au sein de laquelle elles se dissimulent et chassent à l'affût ou à l'approche, poursuivant parfois même leurs proies. Elles peuvent s'attaquer à de petites grenouilles et à des alevins de poissons. Lorsque la température est élevée, les émergences commencent le soir et s'achèvent avant l'aube, si bien que de nombreux adultes prennent leur envol de nuit. La maturation des imagos dure entre deux et trois semaines.

Comportement

Les mâles dominent de manière impériale un territoire allant d'une simple flaque à une zone atteignant 2 400 m², duquel ils repoussent leurs congénères. Ils patrouillent continuellement au-dessus de l'eau, parfois loin des rives. Lorsqu'ils chassent, ils s'en prennent parfois à des libellules de bonne stature comme les Libellules déprimée ou à quatre taches. L'accouplement dure généralement une dizaine de minutes, parfois près d'une heure. Les femelles pondent presque toujours seules et insèrent leurs œufs dans les plantes aquatiques affleurant à la surface de l'eau et dans

Femelle en ponte. © L. Rouschmeyer.

les débris végétaux flottants. Nous avons même vu une femelle pondre dans des cordages humides de bateaux dans le port de Bari, en mer Adriatique. Une observation de ponte en tandem a été rapportée de France. Lorsqu'elles changent de site de ponte, les femelles gardent l'abdomen courbé vers le bas, indiquant par là aux mâles qu'elles ne sont pas disponibles pour un nouvel accouplement.

Femelle. Rhône, septembre 1989. © D. Grand.

Menaces et mesures de gestion

L'Anax empereur n'est nulle part menacé et ne nécessite aucune mesure de gestion particulière. Il est même en expansion vers le nord du fait du réchauffement climatique.

PROTECTION				LISTES ROUGES							DIRECTIVE HABITATS
FR	BE	LX	CH	MONDE	EU	FR	WA	FL	LX	CH	
○	Fl	●	GE, VD	LC	LC	LC	LC	LC	LC	LC	–

Anax junius *(Drury, 1773)*

L'Anax américain

Libellula junia Drury, 1770-1782, *Illustration of Natural History.* White, London.

Critères de terrain

Cette espèce américaine ressemble beaucoup à l'Anax empereur, dont elle est le véritable sosie en un peu plus petit. **Les mâles s'en distinguent par la présence d'une forte dent épineuse externe à l'extrémité des cercoïdes, les femelles par la présence de deux tubercules bien visibles sur l'occiput, à l'arrière de la tête.**

Dimensions

Abdomen (mm) :	♂ 47 - 58 ; ♀ 45 - 55
Ailes postérieures (mm) :	♂ 45 - 56 ; ♀ 44 - 51

Répartition géographique, distribution et abondance

Amérique du Nord et Amérique centrale. Migrateur occasionnel ailleurs (îles du Pacifique, Chine, Russie et côtes européennes). En Europe, les observations concernent des individus déroutés par des tempêtes : dans le sud-ouest de la Grande-Bretagne en septembre 1998, un individu en Loire-Atlantique à la Pointe Saint-Gildas en septembre 2003, en octobre 2023 aux Îles Scilly au large de la Cornouaille anglaise, de même qu'en octobre 2023 sur l'Île d'Ouessant au large de la Bretagne.

Mâle. Texas, USA. © G. Lasley.

Écologie et biologie

Cette espèce ne se reproduit pas en Europe, mais dans sa zone de reproduction elle fréquente les eaux stagnantes, même saumâtres, et les rivières lentes. La phase larvaire dure un an dans le nord de son aire de distribution et comporte 13 stades.

Comportement

Cet anax a un comportement migratoire original. Certaines populations sont sédentaires, émergent de la fin du printemps au milieu de l'été, pondent sur place et donnent des larves qui entrent en diapause avant l'hiver pour éclore à la saison suivante. D'autres populations, surtout méridionales, sont migratrices, émergent très tôt dans la saison, migrent vers le nord où elles atteignent le sud du Canada au cours du printemps, et s'y reproduisent. La nouvelle génération émerge l'année suivante et migre alors vers le sud pour se reproduire. Très agressifs, les mâles défendent un territoire et se posent fréquemment. Ils ont même été vus et photographiés à plusieurs reprises s'en prenant à des Colibris et parvenant à les tuer. Pendant la ponte, la femelle, en tandem avec le mâle, peut s'immerger complètement.

Menaces et Mesures de protection

Aucune, l'espèce ne se reproduisant pas en Europe.

Période de vol

En Europe, toutes les observations ont été faites à la suite des tempêtes d'automne qui ont propulsé certains individus à travers l'Atlantique.

Anax parthenope (Selys, 1839)

L'Anax napolitain

Aeschna parthenope Selys, 1839, *Bulletin de l'Académie royale de Belgique*, 6 : 389.

	MARS	AVR	MAI	JUIN	JUIL	AOÛT	SEPT	OCT	NOV	DÉC
N				●●●	●●●●	●●●●	●●◓◓	◓◓		
S			○○◒◒	◒●●●	●●●●	●●●●	●●◓◓	◓		

Mâle. © L. Rouschmeyer.

Critères de terrain

Côtés du thorax bruns. Un anneau jaune bien net limitant le second segment abdominal vers l'avant. Une selle bleue bien visible sur le second segment abdominal et une partie du 3e chez les mâles et les jeunes femelles. Reste de l'abdomen brunâtre à brun vert ou bleu et noir, tournant au brun chez les vieilles femelles. Cercoïdes des mâles avec une petite dent apicale externe.

Dimensions

Abdomen (mm) : ♂ 46 - 53 ; ♀ 46 - 53
Ailes postérieures (mm) : ♂ 44 - 51 ; ♀ 47 - 51

Confusions à éviter

La confusion est possible avec *Anax ephippiger*, mais la selle claire de ce dernier ne diffuse pas sur le troisième segment. Les spécimens ayant l'abdomen entièrement bleu peuvent se confondre avec *A. imperator*. Les vieilles femelles d'*Anax parthenope* sont toutes brunes avec des yeux verts et des ailes largement enfumées. Elles peuvent être confondues avec *Aeshna isoceles* et *A. grandis*. Dans les régions tropicales un examen des structures occipitales à la loupe peut être nécessaire pour distinguer les femelles d'*A. parthenope* et d'*A. imperator* à thorax brun.

Répartition géographique, distribution et abondance

De l'Europe méridionale à toute la moitié nord de l'Afrique, à la péninsule Arabique, au sud de la Sibérie et à l'ouest de la Mongolie. Plus à l'est l'espèce est remplacée par *A. julius*, autrefois considéré comme sous-espèce d'*A. parthenope* mais maintenant généralement considéré comme bonne espèce sur des bases génétiques, de l'est de la Sibérie centrale, de la Mongolie et de la Chine à la Corée et au nord du Japon. *Anax parthenope* s'étend et se reproduit çà et là vers le

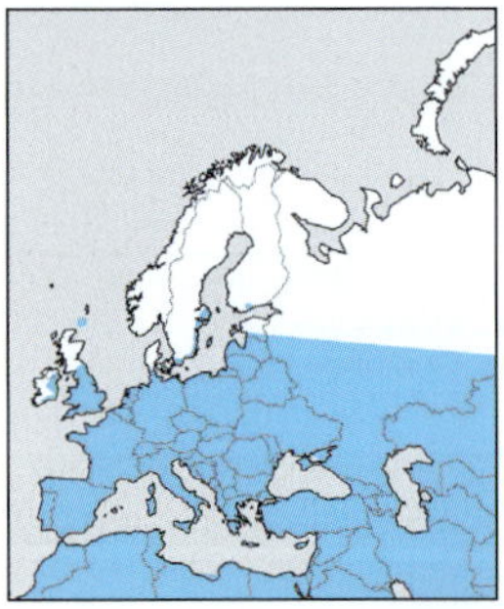

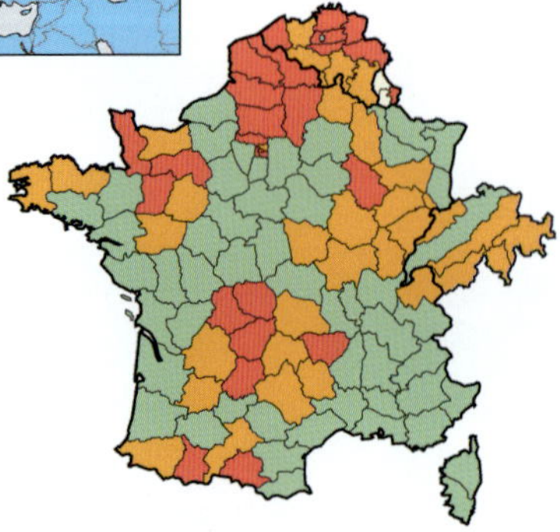

Mâle. © G. Doucet.

nord et l'est à la faveur de microclimats chauds. En France, souvent commune en région méditerranéenne, surtout en automne. Beaucoup plus rare plus au nord. Sporadique en Belgique et au Luxembourg. *Anax imperator* et *A. parthenope* présentent une divergence génétique très faible et s'hybrident.

Écologie et biologie

Eaux stagnantes ensoleillées, même saumâtres, surtout lorsqu'elles comportent une végétation aquatique immergée importante et une ceinture de roseaux (marais littoraux, étangs, lacs, gravières, grands bassins, bras morts, cours d'eau méditerranéens, etc.), à basse altitude. Des individus erratiques ont néanmoins été observés à plus de 1700 mètres en Corse. Cet Anax supporte mal l'eutrophisation des eaux. Les œufs éclosent 2 à 9 semaines après la ponte et la phase larvaire dure entre quelques mois et 2 ans. Les larves vivent dissimulées dans la végétation aquatique immergée, où elles chassent à l'affût et parfois à l'approche. L'espèce est bivoltine, univoltine ou semi-voltine selon les localités.

Comportement

Sur leur site de reproduction, les mâles patrouillent longuement le long des rives mais ne défendent que rarement un territoire. Ils sont par contre extrêmement agressifs envers leurs congénères et envers d'autres libellules. Lorsqu'ils entrent en conflit avec l'Anax empereur, ils cèdent souvent la place, du fait de leur plus faible taille, mais pas toujours. Les adultes se posent assez fréquemment. Cette espèce peut connaître de très forts effectifs à l'automne en Camargue. La ponte a généralement lieu en tandem, ce qui est très rare chez les Aeschnidés européens. La femelle insère ses œufs dans les tiges des plantes aquatiques, dans les débris végétaux flottants ou dans la terre humide des rives.

Menaces et mesures de gestion

Sur le littoral méditerranéen, l'Anax napolitain est menacé par les campagnes de démoustication et les populations de Camargue se sont effondrées par le passé semble-t-il à la suite de telles opérations. Il tend à s'étendre vers le nord, mais sa rareté dans le nord de la France et au Benelux est naturelle. La conservation des biotopes susceptibles de l'accueillir doit suffire à son maintien dans ces régions.

PROTECTION				LISTES ROUGES							DIRECTIVE HABITATS
FR	BE	LX	CH	MONDE	EU	FR	WA	FL	LX	CH	
○	FI	●	C	LC	LC	LC	NE	NE	R	LC	–

Ponte en tandem. Maroc. © J.-P. Boudot.

Femelle. Oman. © J.-P. Boudot.

Gomphus vulgatissimus.
Jeune mâle. © T. Roussel.

La famille des Gomphidés

(Gomphidae Rambur, 1842)

Cette famille comprend 107 genres à travers le monde selon les auteurs, répartis sur tous les continents et totalisant 1011 espèces. Six genres vivent en Europe et dans notre région. On compte 15 espèces et sous-espèces en Europe et 11 dans notre région. Toutefois une étude phylogénique vient de confirmer l'appartenance de *Gomphus flavipes* au genre *Stylurus* et reconnaît ce dernier comme genre à part entière. Les Gomphidés sont des Anisoptères de taille moyenne dont les yeux sont largement séparés. De ce fait, ils sont reconnaissables au premier coup d'œil. Certains genres comme les *Onychogomphus* s'identifient avec facilité grâce à leurs appendices abdominaux longs et vigoureusement coudés en crochets à angle droit.

Écologie

Dans notre territoire, les Gomphidés sont généralement inféodés aux eaux courantes, même si quelques espèces supportent les eaux stagnantes. Les larves, qui ont des pattes fouisseuses et dont l'abdomen est aplati, vivent enfouies dans les sédiments, au sein desquels elles se déplacent et chassent à l'affût de petites proies (crustacés, larves d'insectes, etc.). Elles ont un mode de vie peu actif et passent de longs moments immobiles, laissant juste affleurer leur tête et l'extrémité de leur abdomen. Ce sont surtout des espèces de plaine, mais certains Gomphidés atteignent localement 1500 m d'altitude.

Biologie

Les œufs de la plupart des espèces éclosent habituellement entre 10 et 60 jours après la ponte. S'ils ont été pondus trop tardivement, ce qui arrive chez les espèces de fin d'été comme *Stylurus flavipes* et *Ophiogomphus cecilia*, ils entrent en diapause et n'éclosent qu'au printemps suivant. La phase larvaire dure entre 2 et 5 ans chez la plupart de nos espèces, hormis chez *Paragomphus genei*, espèce d'origine africaine à développement rapide. Elle compte entre 11 et 15 stades. Lors de l'émergence, les larves s'immobilisent sur un support horizontal, oblique ou vertical, et les imagos émergent en position ascendante, comme chez les Zygoptères, parfois à une vingtaine de mètres des rives ou à 5 m de haut sur les arbres. Les larves de certaines espèces restent habituellement ou occasionnellement à demi immergées dans l'eau lors de l'émergence. L'émergence est souvent rapide, et, par temps ensoleillé et chaud, l'envol intervient 15 à 60 minutes après l'immobilisation définitive de la larve. La période de maturation des imagos s'étale sur une à quatre semaines, en fonction des espèces et des conditions climatiques. Ils restent alors cachés dans la végétation et sont très difficiles à trouver.

Comportement

Les Gomphidés ne s'éloignent généralement que modérément de leur site de reproduction et leur rayon d'action moyen est voisin de 500 mètres, malgré quelques individus erratiques observables à plus de 10 kilomètres de leur habitat. Leur vol est peu puissant et ils se posent fréquemment, à même le sol ou dans la végétation. Ils chassent à l'affût et, hormis *Lindenia tetraphylla*, aucune espèce de nos régions n'est territoriale. Les mâles de bon nombre d'espèces manifestent une grande tolérance les uns envers les autres, alors que d'autres sont très agressifs. De temps à autre, ils partent en patrouille en volant à faible hauteur au-dessus de l'eau, à la recherche d'une femelle. Ces dernières restent cachées et sont d'observation difficile. L'accouplement survient sans parade nuptiale et dure quinze à trente minutes, dans la végétation ou au sol, à faible distance de l'eau. Les femelles pondent seules et lâchent leurs œufs un par un ou en paquets, en touchant l'eau à plusieurs reprises de l'extrémité de l'abdomen, lors d'un vol désordonné très révélateur. Les œufs sont entourés d'un mucus gélatineux qui gonfle au contact de l'eau et leur permet de rester fixés aux supports rencontrés.

Bibliographie de la famille et des espèces

Boudot, 2015; Boudot *et al.*, 1990b, 2014; Buczynski *et al.* 2017; Carrère & Blanchon, 2012; Corbet, 1999; De Knijf *et al.*, 2014; Dommanget, 1987; Dumont, 1977b; Dumont *et al.* 2021; Galimberti *et al.*, 2021; Grand *et al.*, 2011; Heidemann & Seidenbusch, 2002; Hickling *et al.*, 2005; Jödicke, 2001; Kaiser, 1974a; Lebraud, 1987; Leipelt & Suhling, 2001; Louboutin *et al.*, 2018; Martin & Maynou, 2023; Meurgey, 2001a; Miller & Miller, 1985a; Müller *et al.*, 2000; Rehfeldt, 2004; Robert, 1958; Schütte, 1998; Schirrmacher *et al.*, 2007; Sternberg & Buchwald, 2000; Suhling & Muller, 1996; Tellez & Dommanget, 2009; Van Helsdingen *et al.*, 1996; Ware *et al.*, 2017; Wildermuth *et al.*, 2005.

Gomphus vulgatissimus (Linnaeus, 1758)

Le Gomphe vulgaire

Libellula vulgatissima Linnaeus, 1758, *Systema naturae*, 10e éd., 1 : 544. Laurentii Salvii, Stockholm.

	MARS	AVR	MAI	JUIN	JUIL	AOÛT	SEPT	OCT	NOV	DÉC
N			○○◒●	●●●●	●◒◒◒	◒◒				
S		○○○	◒◒◒●	●●●●	●◒◒◒	◒◒				

Mâle. © L. Rouschmeyer.

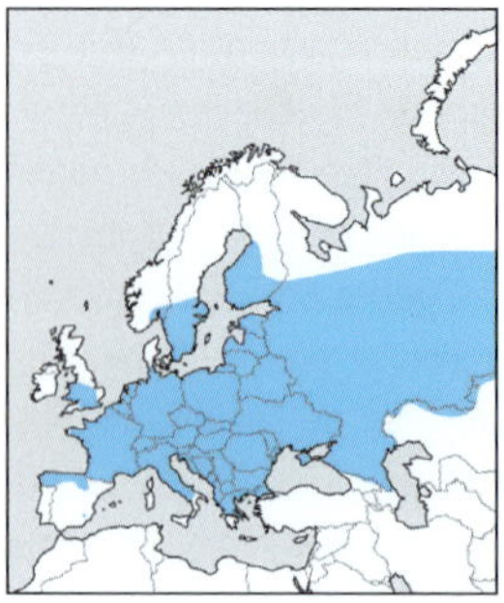

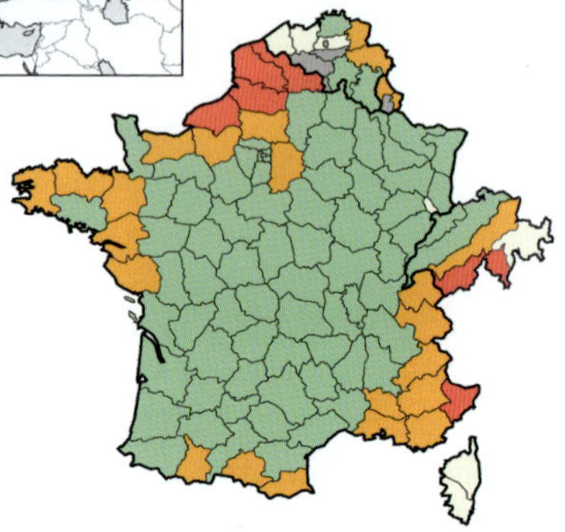

Critères de terrain

Corps noir et jaune ou verdâtre. **Abdomen des mâles très élargi au niveau des segments 6 à 10, avec un maximum de largeur au niveau du 8e. Face dorsale des 3 derniers segments entièrement noire. Bandes noires humérales et antéhumérales du thorax plus larges que la ligne claire qu'elles enserrent**, parfois même se touchant par endroits. **Pattes entièrement noires.**

Dimensions

Abdomen (mm) : ♂ 32 - 38 ; ♀ 31 - 39

Ailes postérieures (mm) : ♂ 27 - 33 ; ♀ 30 - 35

Confusions à éviter

Ce Gomphe ne peut guère être confondu avec un autre dans notre région.

Répartition géographique, distribution et abondance

De l'ouest et du nord de l'Europe à la Sibérie occidentale. En forte régression dans plusieurs pays suite à la pollution des eaux. Espèce commune dans de nombreuses régions en France, nettement plus rare en Belgique et au Luxembourg. Après avoir régressé au XXe siècle, ce Gomphe tend à regagner du terrain en Suisse grâce à l'amélioration de la qualité des eaux courantes. En Angleterre, la limite septentrionale de son aire de répartition s'est déplacée vers le nord d'une centaine de kilomètres depuis les années 60, ce qui est attribué au réchauffement du climat.

Écologie et biologie

Eaux courantes ensoleillées entourées d'arbres et de buissons (ruisseaux, rivières et fleuves), en dessous de 1 000 m d'altitude. Parfois au-dessus de 1 000 m dans le Jura. Parfois sur les grands lacs agités et les gravières en eau phréatique bien oxygénée. Les œufs éclosent 2 à 8 semaines après la ponte, suivant la température de l'eau. La phase larvaire dure entre 2 et 4 ans (sans doute 5 dans le nord de l'Europe) et comprend 15 stades. En eau courante, les larves préfèrent les secteurs calmes. La période d'émergence dure 12 à 45 jours au printemps. Les émergences sont synchronisées et plus de la moitié des imagos émergent parfois en 4 jours.

Femelle. © G. Doucet.

Émergence en position ascendante de l'imago, caractéristique des Gomphidés. Rhône, mai 1994. © D. Grand.

Comportement

Le Gomphe vulgaire est une espèce discrète qui peut s'écarter d'une dizaine de kilomètres de son lieu de naissance et être vue dans des clairières forestières très à l'écart de l'eau. On n'observe généralement qu'un tout petit nombre d'individus dans les localités où existent de fortes populations, si bien que la récolte des exuvies au printemps est le seul moyen d'apprécier leur importance. Les mâles se posent souvent sur les feuilles, les pierres et la terre, notamment dans les secteurs où alternent des zones rapides et des zones calmes, et s'envolent de temps à autre au-dessus de l'eau.

Menaces et mesures de gestion

Le Gomphe vulgaire n'est pas menacé dans l'immédiat en France. À l'instar de ce qui s'est produit dans d'autres pays européens, il pourrait cependant connaître un déclin rapide avec la pollution et l'aménagement « sécuritaire » des cours d'eau: rectification et creusement du lit, empierrement des berges, construction de barrages, suppression des bordures boisées, évacuation des embâcles, etc. La pollution des eaux est un autre danger important. Il est impératif de conserver le plus grand nombre possible de rivières dans un état naturel ou proche du naturel là où cela est encore possible. L'extraction directe de granulats dans leur lit mineur est à proscrire car elle détruit les populations larvaires. Il convient de limiter les apports polluants, qu'ils soient d'origine domestique ou agricole.

PROTECTION				LISTES ROUGES							DIRECTIVE HABITATS
FR	BE	LX	CH	MONDE	EU	FR	WA	FL	LX	CH	
○	Wa, Fl	●	●	LC	LC	LC	EN	VU	NT	LC	–

Gomphus pulchellus Selys, 1840

Le Gomphe joli

Gomphus pulchellus Selys, 1840, *Monographie des Libellulidées d'Europe* : 83. Roret, Paris.

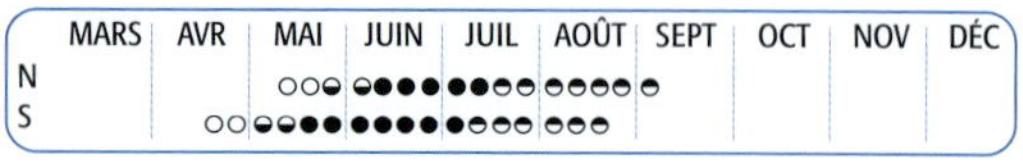

Mâle. Meurthe-et-Moselle, juin 1982. © J.-P. Boudot.

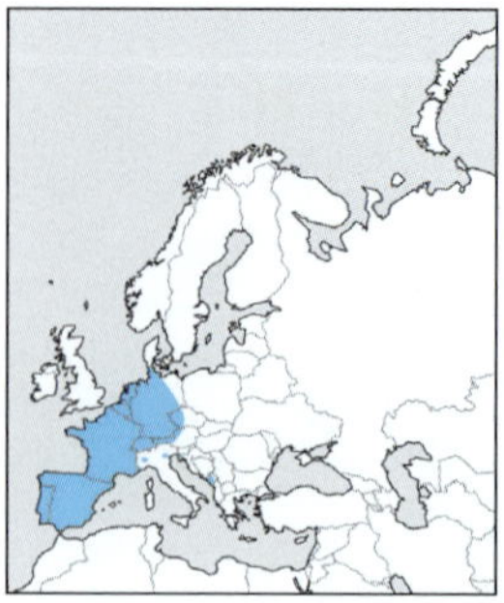

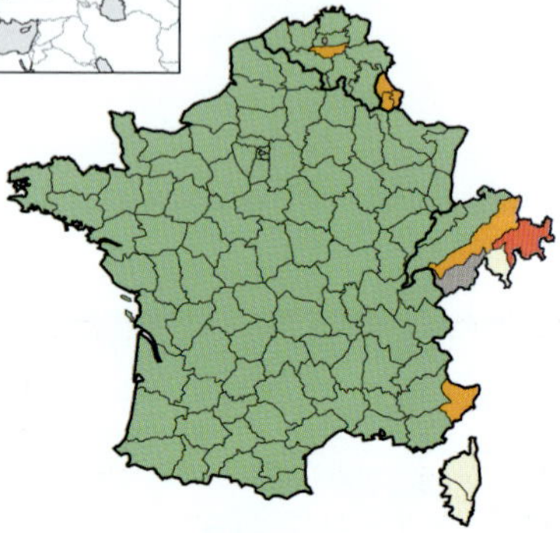

Critères de terrain

Corps jaune verdâtre et noir. **Abdomen non élargi à l'extrémité et marqué d'une bande jaune médio-dorsale sur toute sa longueur. Suture médiane des côtés du thorax surlignée de noir sur la totalité de sa longueur. Bandes noires humérales et antéhumérales du thorax plus étroites que la ligne claire qu'elles enserrent. Pattes rayées de jaune et de noir.**

Dimensions

Abdomen (mm) :	♂ 34 - 38 ; ♀ 34 - 38
Ailes postérieures (mm) :	♂ 27 - 31 ; ♀ 29 - 30

Confusions à éviter

Ce Gomphe peut être confondu avec le Gomphe semblable, mais la suture médiane des côtés du thorax est ici marquée de noir sur la totalité de sa longueur.

Répartition géographique, distribution et abondance

Ouest de l'Europe, s'étendant progressivement vers l'est avec des observations récentes dans l'est de l'Allemagne, la République tchèque et l'Autriche. Dans les Balkans, la reproduction de cette espèce est désormais avérée au Monténégro et au nord de l'Albanie. Les observations d'individus isolés dans le nord de l'Italie et en Croatie se réfèrent vraisemblablement à des individus erratiques, aucune population résidente n'ayant été identifiée dans ces régions. Espèce généralement commune en France et en Belgique, rare au Luxembourg et en Suisse.

Écologie et biologie

Eaux courantes et stagnantes diverses, de toute taille, acides ou alcalines, riches en végétation aquatique ou non, parfois même dans des tourbières à sphaignes, localement jusqu'à 1 100 m d'altitude dans le nord-est de la France, 1 500 m dans les Alpes. Les œufs éclosent 2 à 8 semaines après la ponte. La phase larvaire dure de 1 à 3 ans et comprend 15 à 16 stades. En eau courante, les larves préfèrent les secteurs calmes. La période d'émergence dure 20 à 40 jours au printemps. Les émergences sont synchronisées et plus de la moitié des imagos émergent en 5 à 10 jours.

Femelle. Meurthe-et-Moselle. © T. Roussel.

Par forte chaleur, les larves restent à demi immergées dans l'eau lors de la mue imaginale.

Comportement

Les mâles patrouillent le long des rives et se posent régulièrement sur la végétation riveraine ou à même le sol. On les trouve également à l'écart sur les chemins, notamment le matin et le soir. Ils sont très tolérants les uns envers les autres et se côtoient sans manifester d'agressivité.

Menaces et mesures de gestion

Cette espèce est menacée et constitue une espèce prioritaire en Suisse. Elle reste peu commune au Luxembourg. Ailleurs, elle est plutôt favorisée par la multiplication des gravières dans le lit majeur des rivières. L'extraction de granulats directement dans le lit mineur des cours d'eau est néanmoins à proscrire car elle détruit les populations larvaires.

Cœur copulatoire. Meuse. © T. Roussel.

PROTECTION				LISTES ROUGES							DIRECTIVE HABITATS
FR	BE	LX	CH	MONDE	EU	FR	WA	FL	LX	CH	
○	FI	●	GE, VD	LC	LC	LC	LC	NT	LC	VU	–

Gomphus simillimus Selys, 1840

Le Gomphe semblable

Gomphus simillimus Selys, 1840, *Monographie des Libellulidées d'Europe* : 85. Roret, Paris.

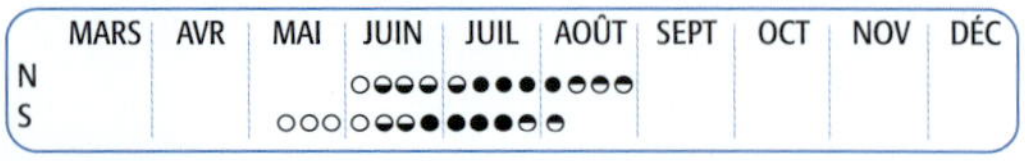

Mâle. © C. Galliani.

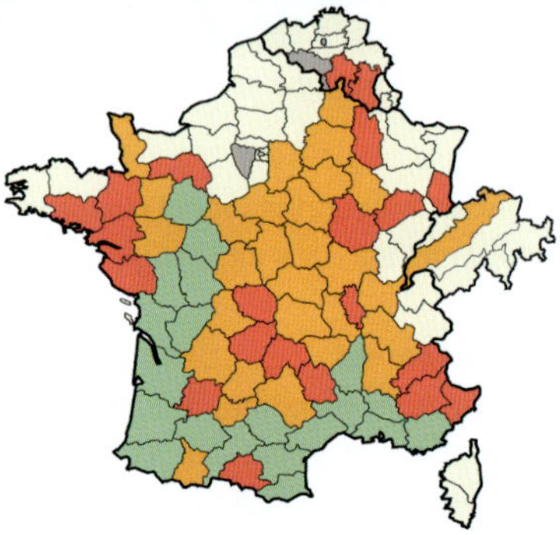

Critères de terrain

Corps jaune verdâtre et noir. **Abdomen peu élargi à l'extrémité et marqué d'une bande jaune médio-dorsale sur toute sa longueur. Suture médiane des côtés du thorax marquée de noir uniquement à la base. Bandes noires humérales et antéhumérales du thorax aussi larges ou plus larges que la ligne claire qu'elles enserrent. Pattes rayées de jaune et de noir.**

Dimensions

Abdomen (mm) : ♂ 33 - 36 ; ♀ 34 - 38
Ailes postérieures (mm) : ♂ 29 - 31 ; ♀ 32 - 33

Confusions à éviter

Ce Gomphe peut être confondu avec *G. pulchellus*, mais la suture médiane des côtés du thorax est chez ce dernier surlignée de noir sur la totalité de sa longueur.

Répartition géographique, distribution et abondance

Sud-ouest de l'Europe, malgré quelques citations isolées en Europe centrale, qui restent à vérifier. Le taxon initialement décrit sous *Gomphus simillimus maroccanus* (Maroc et extrême ouest de l'Algérie), est maintenant considéré comme représentant une bonne espèce (*G. maroccanus*) du fait de ses caractéristiques génétiques. Espèce bien présente en France dans le Sud, l'Ouest et le Centre, beaucoup plus rare et discontinue dans le tiers nord-est du pays, accidentelle en Belgique et essentiellement cantonnée au bassin du Rhin supérieur en Suisse où le nombre de données concernant cette espèce a considérablement diminué depuis une quinzaine d'années.

Écologie et biologie

Eaux courantes (ruisseaux et grandes rivières) et parfois phréatiques (bras morts des fleuves et anciennes gravières), jusqu'à 500 m d'altitude. Les œufs éclosent 11 à 13 jours après la ponte dans des eaux à 25 °C. La phase larvaire dure 3 ans, peut-être 4 ou 5 dans les populations orientales. Les larves vivent à proximité des rives dans les sédiments limoneux et sablonneux recouverts de

Femelle. Crau, Bouches-du-Rhône, juin 2005. © D. Grand.

Émergence. Crau, Bouches-du-Rhône, juin 2005.
© D. Grand.

débris végétaux. Les émergences durent un peu plus d'un mois.

Comportement

Les mâles patrouillent le long des rives et se posent régulièrement sur la végétation riveraine et sur les rochers ou les souches d'arbres dépassant de l'eau.

Mâle. Tarn, juillet 1984. © J.-P. Boudot.

On les trouve également sur les chemins, notamment le matin et le soir. Leur comportement d'ensemble n'est pas différent de celui de *G. pulchellus*.

Menaces et mesures de gestion

Le Gomphe semblable n'est pas actuellement menacé en France et n'est qu'un visiteur accidentel en Belgique. Il nécessite néanmoins les mêmes mesures de protection que celles s'appliquant à *G. vulgatissimus*. Il est par contre en régression et très menacé en Suisse.

PROTECTION				LISTES ROUGES							DIRECTIVE HABITATS
FR	BE	LX	CH	MONDE	EU	FR	WA	FL	LX	CH	
○	○*	–	●	LC	NT	LC	NE	–	–	CR	–

*absent de Flandre.

Gomphus graslinii Rambur, 1842

Le Gomphe de Graslin

Gomphus graslinii Rambur, 1842, *Histoire naturelle des Insectes. Névroptères* : 158. Roret, Paris.

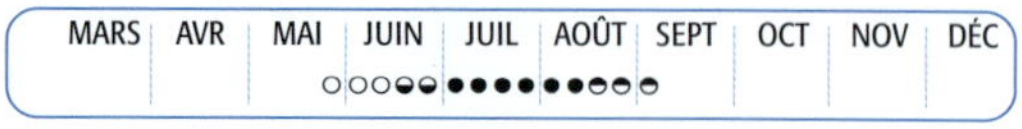

Mâle. Hérault. © J.-Y. Kernel.

Critères de terrain

Corps noir et jaune puis verdâtre. **Cercoïdes des mâles munis d'une très forte dent latérale externe très caractéristique. Abdomen marqué d'une bande jaune médiodorsale sur tous les segments. Bandes noires humérales et antéhumérales du thorax plus larges que la ligne claire qu'elles enserrent**, parfois même se touchant en plusieurs points. Tibias et tarses noirs.

Dimensions

Abdomen (mm) : ♂ 31 - 37 ; ♀ 31 - 38
Ailes postérieures (mm) : ♂ 27 - 30 ; ♀ 28 - 31

Confusions à éviter

On peut confondre cette espèce avec le Gomphe semblable, qui peut se rencontrer dans les mêmes localités, notamment chez les femelles.

Répartition géographique, distribution et abondance

Espèce endémique du sud-ouest de la France et de la péninsule Ibérique. Assez fréquente dans le sud-ouest de la France, parfois en populations importantes, rare dans la péninsule Ibérique malgré de récentes découvertes.

Écologie et biologie

Grandes rivières calmes et petits ruisseaux, jusqu'à 300 m d'altitude. Ses larves préfèrent les zones sableuses, si possible recouvertes de débris végétaux, mais de nombreux aspects de leur biologie restent inconnus.

Comportement

Les adultes s'observent facilement sur les chemins et les friches proches des cours d'eau. Aucune étude comportementale n'a été publiée sur cette espèce, qui semble avoir les mêmes habitudes que les autres *Gomphus*.

Menaces et mesures de gestion

Le Gomphe de Graslin n'est actuellement bien représenté que dans quelques départements français et s'est fortement raréfié ailleurs depuis un siècle. L'aménagement et la pollution des cours d'eau constituent les menaces les plus directes pour sa survie. Une régression notable a ainsi été notée dans les retenues hydroélectriques du Massif central, où l'espèce s'était initialement bien ins-

Accouplement. Hérault, juin 1998. © D. Grand.

Mâle capturé par une araignée-crabe (Thomisiidae). Gard, juin 1987. © D. Grand.

tallée mais où une sédimentation exagérée semble ensuite avoir provoqué sa disparition ou sa régression. L'extraction de granulats dans le lit mineur des cours d'eau détruit ses gîtes larvaires. Du fait de sa forte endémicité et de sa rareté globale, ses populations et la qualité de ses habitats doivent faire l'objet de suivis à long terme. Des études biologiques et éthologiques doivent être entreprises.

Femelle. Hérault, juillet 2000. © J.-P. Boudot.

PROTECTION				LISTES ROUGES							DIRECTIVE HABITATS
FR	BE	LX	CH	MONDE	EU	FR	WA	FL	LX	CH	
●	–	–	–	NT	NT	LC	–	–	–	–	II, IV

Stylurus flavipes (Charpentier, 1825)

Le Gomphe à pattes jaunes

Aeschna flavipes Charpentier, 1825, *Horae Entomologicae, Libellulinis Europaeis*: 24. Gosohorsky, Breslaw.
Synonymie: *Gomphus flavipes* (Charpentier, 1825)

	MARS	AVR	MAI	JUIN	JUIL	AOÛT	SEPT	OCT	NOV	DÉC
N					◒◒	●●●●	●●			
S				○○○	◒◒●●	●●●◒	◒◒◒			

Mâle. Indre-et-Loire, août 1987. © J.-P. Boudot.

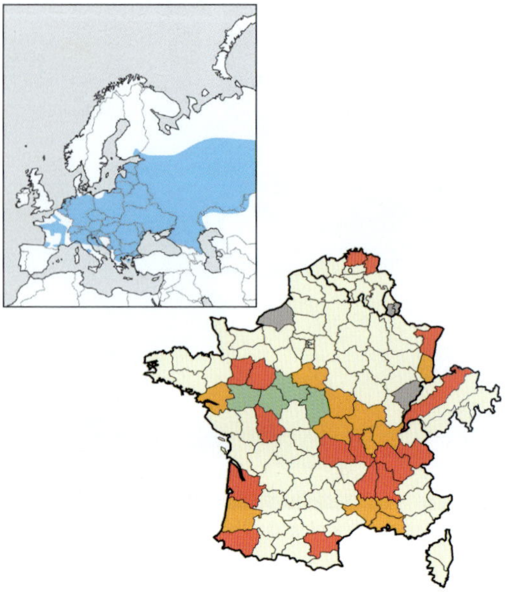

Critères de terrain

Cette espèce était auparavant rattachée au genre *Gomphus* mais les récentes études phylogénétiques montrent qu'elle appartient au genre *Stylurus* et que celui-ci doit être considéré comme étant un véritable genre à part entière.

Corps jaune verdâtre et noir. Abdomen peu élargi à l'extrémité, marqué d'une bande jaune médiodorsale sur toute sa longueur. Suture médiane des côtés du thorax surlignée de noir uniquement à la base. **Bandes noires antéhumérales du thorax situées à peu près à mi-distance entre les humérales et les médianes, courbées et formant avec ces dernières un dessin ovale normalement fermé (parfois seulement en Y).**

Dimensions

Abdomen (mm): ♂ 32 - 40 ; ♀ 35 - 42
Ailes postérieures (mm): ♂ 28 - 33 ; ♀ 30 - 35

Confusions à éviter

On peut confondre ce Gomphe avec *Gomphus graslinii* et *G. simillimus*.

Répartition géographique, distribution et abondance

De l'Europe occidentale à l'Extrême Orient russe. En France, cette espèce est actuellement assez bien implantée dans le bassin de la Loire et sur quelques-uns de ses affluents, mais a disparu de Haute-Normandie où Martin (1931) la signalait des environs de Rouen. Elle a également été récemment trouvée sur la Saône, le Rhône et l'Aude. Également présente dans le Sud-Ouest sur l'Adour et certains de ses affluents. Elle reste très localisée en Belgique et a disparu du Luxembourg. Elle n'a jamais pu s'installer dans les Îles Britanniques malgré une ancienne observation d'un individu erratique en 1818 aux environs de Hasting. Elle reconquiert par contre le terrain perdu en Allemagne et en Europe centrale depuis une vingtaine d'années après être passée près de l'extinction. En Suisse l'espèce se maintient sur le cours supérieur du Rhin en amont de Bâle et est récemment apparue sur le Rhône dans le bassin genevois (2022).

Accouplement. © L. Rouschmeyer.

Écologie et biologie

Grandes rivières non aménagées à fond sableux, limoneux ou vaseux, à basse altitude. Parfois également dans des canaux navigables très aménagés. Les populations régressent en cas de pollution. Les œufs éclosent immédiatement après la ponte dans les eaux suffisamment chaudes mais entrent en diapause lorsque la température est inférieure à 17 °C. Les pontes tardives n'éclosent qu'après l'hiver. La phase larvaire dure 2 à 4 ans et comprend 14 ou 15 stades. Les larves vivent dans les zones calmes des cours d'eau et ont une préférence pour les substrats sableux. Les émergences durent entre un et trois mois et ne sont pas synchronisées. Deux à cinq semaines sont nécessaires à l'émergence de la moitié des imagos.

Comportement

Les mâles se rencontrent généralement assez près de l'eau, posés sur les berges des secteurs où ils se reproduisent. Les femelles restent cachées et ne se rencontrent que rarement. Leur comportement d'ensemble est analogue à celui des autres *Gomphus*.

Émergence sur les berges de la Loire. Loire-Atlantique, juin 2005. © D. Grand.

Menaces et mesures de gestion

L'aménagement, la gestion et la pollution des cours d'eau avaient provoqué une très forte régression de cette espèce en Europe. En France, elle avait apparemment disparu de la Seine-Maritime, du Doubs, du Haut-et Bas-Rhin, du Rhône et des Bouches du Rhône mais a récemment été retrouvée dans ces quatre derniers départements. Ces facteurs, y compris la pollution thermique en aval des centrales nucléaires, les lâchers d'eau brutaux en aval des barrages hydroélectriques et les vagues générées par la circulation fluviale, qui noient les individus en émergence constituent les menaces les plus directes pour sa survie dans nos régions. L'exploitation de granulats dans le lit mineur des cours d'eau lui est néfaste. La maîtrise de ces dégradations peut permettre sa conservation et son rétablissement, comme le montre sa réapparition dans d'anciennes localités partout en Europe. En France, le récent consensus politique intervenu pour limiter à un niveau écologiquement acceptable les travaux de régulation de la Loire et de l'Allier devrait permettre sa conservation dans ses meilleures localités actuelles. De même l'espèce est maintenant bien présente dans les bassins de la Saône et du Rhône, d'où elle n'était plus connue, sans doute du fait de l'amélioration de la qualité des eaux.

PROTECTION				LISTES ROUGES							DIRECTIVE HABITATS
FR	BE	LX	CH	MONDE	EU	FR	WA	FL	LX	CH	
●	Wa, Fl	●	GE, VD	LC	LC	LC	–	DD	RE	DD	IV

Ophiogomphus cecilia (Geoffroy in Fourcroy, 1785)

Le Gomphe serpentin

Libellula cecilia Geoffroy *in* Fourcroy, 1785, *Entomologia parisiensis*, 2 : 348. Paris.
Synonymie : *Ophiogomphus serpentinus* (Charpentier, 1825).

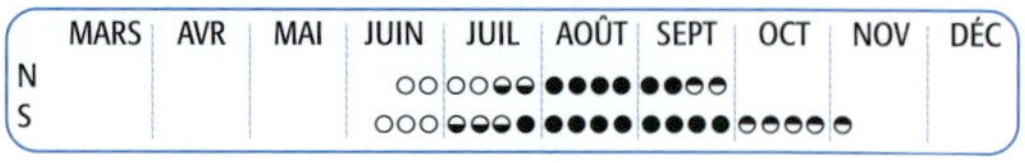

Mâle. Moselle. © T. Roussel.

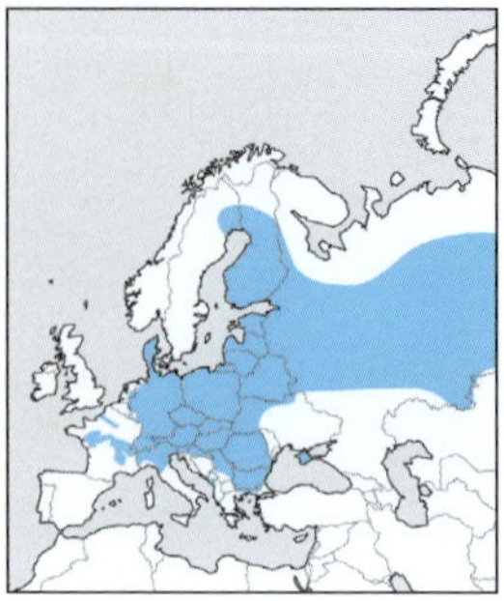

Critères de terrain

Thorax d'un vert lumineux très frappant, presque fluorescent, et yeux verts.

Dimensions

Abdomen (mm) : ♂ 37 - 40 ; ♀ 37 - 42
Ailes postérieures (mm) : ♂ 30 - 32 ; ♀ 33 - 36

Confusions à éviter

Seules les femelles d'*Aeshna cyanea* peuvent être confondues avec ce Gomphidé.

Répartition géographique, distribution et abondance

De l'ouest et du nord de l'Europe à la Sibérie occidentale et centrale. Espèce en forte régression dans la plupart des pays européens suite à la pollution et à l'aménagement des cours d'eau. En France, surtout présente dans le bassin de la Loire et le nord-est de la France malgré quelques observations isolées dans le Doubs, le Jura et la Haute-Savoie. L'espèce a disparu de Haute-Normandie où Martin (1931) la signalait des environs de Rouen. Extrêmement rare, sporadique et actuellement considérée comme éteinte au Luxembourg (dernière observation en 1993). En Suisse, essentiellement présent sur le Plateau. Les observations faites dans le Jura suisse et les préalpes suisses se réfèrent à des individus nomades isolés, aucune population stable n'étant connue dans ces régions.

Écologie et biologie

Eaux courantes à fond sableux de plaine, des grands fleuves aux petits ruisseaux. Exceptionnellement dans les gravières creusées dans les nappes phréatiques aux eaux bien oxygénées. Cette espèce se rencontre souvent en compagnie de *Stylurus flavipes*. Les œufs éclosent immédiatement après la ponte au-dessus de 20 °C. En dessous de 17 °C, ils éclosent progressivement tout au long de l'hiver. La phase larvaire dure de 2 à 4 ans. Les larves vivent dans les sédiments sableux les plus grossiers. Les émergences durent entre 3 et 7 semaines et ne sont pas synchronisées. Deux à trois semaines sont nécessaires à l'émergence de la moitié des imagos.

Femelle. Moselle. © T. Roussel.

Comportement

Les adultes du Gomphe serpentin passent une partie de leur vie à l'écart de l'eau et leur rayon d'action moyen avoisine 400 mètres. On peut encore observer certains d'entre eux à trois kilomètres de leur site de reproduction. Ils chassent le long des lisières et dans les zones clairiérées en forêt. Au bord de l'eau, les mâles passent de longs moments posés dans la végétation ou sur le sol, guettant le passage d'une femelle et survolant la rivière de temps à autre.

Menaces et mesures de gestion

L'aménagement, la gestion et la pollution des cours d'eau ont provoqué une très forte régression de cette espèce en Europe, comme pour *Stylurus flavipes*. La maîtrise de ces dégradations, notamment dans les bassins de la Loire et de l'Allier, devrait permettre de conserver des populations locales. Une renaturation des cours d'eau est partout souhaitable pour que l'espèce puisse retrouver sa distribution ancestrale.

PROTECTION				LISTES ROUGES							DIRECTIVE HABITATS
FR	BE	LX	CH	MONDE	EU	FR	WA	FL	LX	CH	
●	–	●	●	LC	LC	LC	–	–	RE	VU	II, IV

Onychogomphus forcipatus (Linnaeus, 1758)

Le Gomphe à forceps

Libellula forcipata Linnaeus, 1758, *Systema naturae*, 10e éd., 1 : 545. Laurentii Salvii, Stockholm.

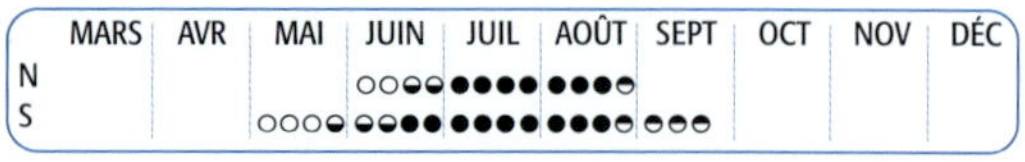

Onychogomphus forcipatus forcipatus. Mâle. Finlande, août 2015. © J.-P. Boudot.

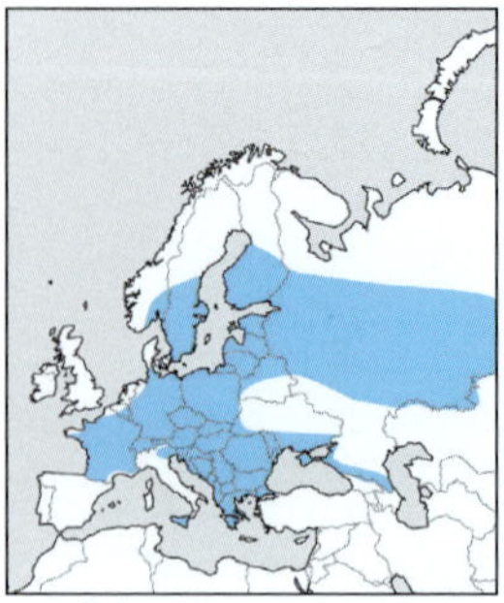

O. f. forcipatus

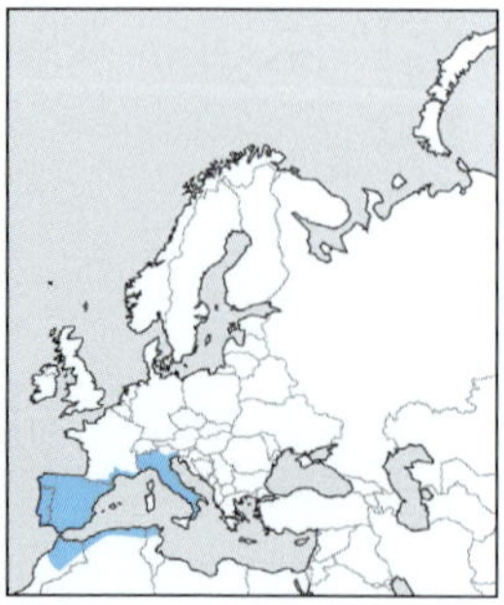

O. f. unguiculatus

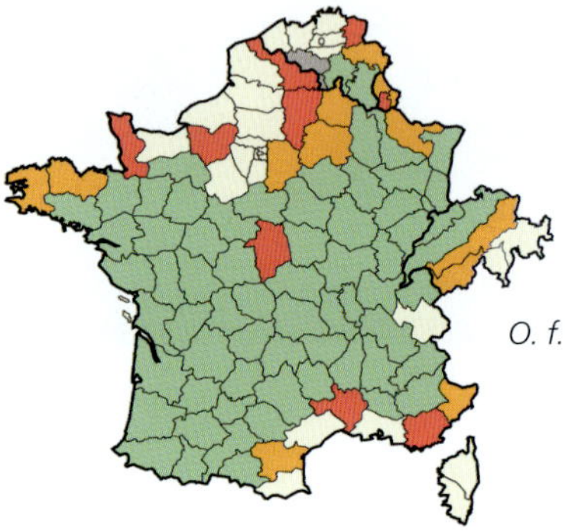

O. f. forcipatus

O. f. unguiculatus

Critères de terrain

Corps noir et jaune. **Appendices des mâles en forme de fortes griffes crochues. Lame supra-anale en arceau simple et différenciée à l'apex en une protubérance ventrale et une projection dorsale. Lame vulvaire des femelles formée d'une écaille bilobée n'atteignant pas le milieu du 9e segment abdominal.**

Deux sous-espèces, différant par la structure de la lame supra-anale des mâles. Leur coloration est extrêmement variable et ne permet pas de les différencier :

- ***O. f. forcipatus*** (Linnaeus, 1758) - **Le Gomphe à forceps septentrional** : **apex de la lame supra-anale prolongeant régulièrement sa courbure générale ou ne formant qu'un angle très obtus de 120° à 170° avec elle**, dirigé vers le haut ou vers l'arrière.

- ***O. f. unguiculatus*** (Vander Linden, 1820) - **Le Gomphe à forceps méridional** : **apex de la lame supra-anale nettement replié en crochet vers l'avant, formant un angle de 30° à 120° avec le reste de cet appendice**.

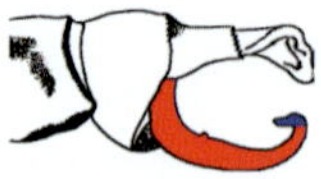

Dimensions

Abdomen (mm) : ♂ 31 - 40 ; ♀ 31 - 39
Ailes postérieures (mm) : ♂ 25 - 32 ; ♀ 27 - 35

Confusions à éviter

Cette espèce peut être confondue avec *O. uncatus*, qui s'en distingue par la structure des appendices abdominaux des mâles et l'écaille vulvaire des femelles.

Répartition géographique, distribution et abondance

- *O. f. forcipatus* : de l'ouest et du nord de l'Europe aux Balkans et à la Sibérie occidentale.
- *O. f. unguiculatus* : Bassin méditerranéen occidental à l'exclusion de la Sicile.

En France, *O. f. unguiculatus* habite tout le pourtour méditerranéen en dessous de 400 m d'altitude. La sous-espèce nominale occupe le reste du pays mais se raréfie dans le Nord, ainsi qu'en Belgique et au Luxembourg. Ces deux sous-espèces ne présentent pas de différences génétiques correspondant à leurs différences morphologiques, ce qui ne permet pas de les considérer comme espèces distinctes.

Onychogomphus forcipatus unguiculatus, mâle. Espagne, Province de Castille-La Mancha, juillet 2021. © J.-P. Boudot.

Écologie et biologie

Eaux courantes (ruisseaux assez vifs, rivières, fleuves, canaux) et parfois lacustres (grands lacs agités et bien oxygénés, bras morts et gravières en eau phréatique), jusqu'à 1 200 mètres d'altitude dans les Alpes du sud. Les œufs éclosent 3 à 4 semaines après la ponte et la phase larvaire dure de 1 à 3 ans dans la zone méditerranéenne, 2 à 3 ans dans la zone tempérée, 4 ou 5 ans dans le nord de l'Europe. Les larves vivent dans les sédiments limoneux ou sableux, avec une préférence pour les zones sableuses recouvertes de débris organiques. Elles résistent à la disparition de l'eau libre dans ces habitats, pourvu que les sédiments restent humides. Les émergences sont rapides (20 minutes à un peu plus d'une heure selon la température) et s'étendent sur une période de 4 à 8 semaines au printemps. Elles ne sont pas synchronisées et 3 à 4 semaines sont nécessaires à l'émergence de la moitié des imagos. Par forte chaleur, les larves restent partiellement immergées lors de la mue imaginale.

Onychogomphus forcipatus forcipatus. Mâle. Finlande, août 2015. © J.-P. Boudot.

Accouplement chez *O. f. forcipatus*. © T. Roussel.

Femelle claire d'*O. f. forcipatus*. Saône-et-Loire, juillet 1996. © D. Grand.

Comportement

Les mâles se posent généralement au sol, sur les galets ou sur les gros blocs émergeant au milieu des rivières, parfois également sur la végétation. Ils peuvent occasionnellement coexister à faible distance les uns des autres, mais plus généralement se pourchassent brièvement de manière à garder une certaine distance entre eux. Ils changent souvent d'emplacement et ne défendent pas de territoire délimité. Les femelles restent cachées à l'écart de l'eau et sont difficiles à observer. Lorsque l'une d'entre elles arrive à l'eau, plusieurs mâles se précipitent pour s'en emparer et rechercher l'accouplement.

Menaces et mesures de gestion

L'aménagement, l'exploitation et la pollution des cours d'eau constituent les menaces les plus directes pour la survie de ces Gomphidés, qui, bien qu'en régression, ne sont pour le moment pas menacés en France. Le maintien à long terme des populations actuelles est par contre plus incertain en Belgique et Suisse. Afin de préserver les populations existantes, il convient de contrôler la pollution de l'eau et de limiter les extractions de granulats dans le lit mineur des rivières, de conserver les rives dans un état aussi naturel que possible et de s'abstenir de toute opération de rectification, de calibrage et d'endiguement.

Femelle d'*O. f. unguiculatus*. Tunisie, juillet 2002. © J.-P. Boudot.

O. forcipatus

PROTECTION				LISTES ROUGES								DIRECTIVE HABITATS
FR	BE	LX	CH	MONDE	EU	FR	WA	FL	LX	CH*		
○	FL	●	●*	LC	LC	LC	VU	DD	LC	LC	VU	–

* Pour la Suisse : protection nationale pour O. f. unguiculatus ; ** pour la Suisse, O. f. forcipatus, LC ; O. f. unguiculatus, VU.

Onychogomphus uncatus (Charpentier, 1840)

Le Gomphe à crochets

Aeschna uncata Charpentier, 1840, *Libellulinae Europaeae descriptae ac depictae* : 123. Voss, Leipzig.

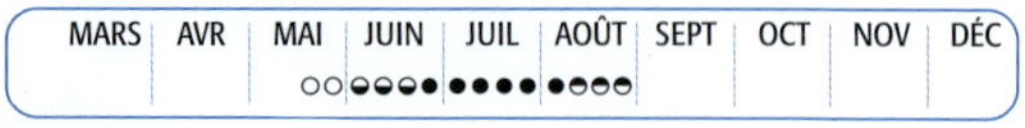

Mâle. Maroc, juillet 2013. © J.-P. Boudot.

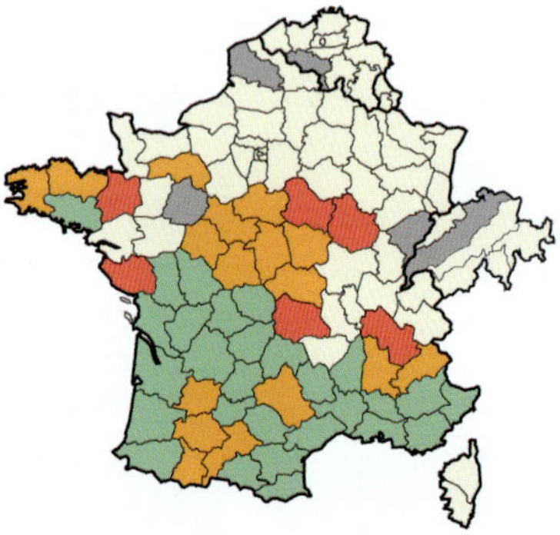

Critères de terrain

Corps noir et jaune. **Appendices des mâles en forme de fortes griffes crochues. Lame supra-anale en arceau simple et non différenciée à l'apex. Lame vulvaire des femelles formée de 2 fines languettes étroites et convergentes.**

Dimensions

Abdomen (mm) : ♂ 36 - 44 ; ♀ 34 - 39

Ailes postérieures (mm) : ♂ 29 - 35 ; ♀ 31 - 34

Confusions à éviter

Dans la région couverte par cet ouvrage, cette espèce ne peut être confondue qu'avec *O. forcipatus*, qui s'en distingue par la structure des appendices abdominaux des mâles et l'écaille vulvaire des femelles.

Répartition géographique, distribution et abondance

Sud-ouest de l'Europe et nord du Maghreb. En France, espèce généralement commune dans le sud et le sud-ouest du pays, devenant rare dans le centre. Individus erratiques autrefois observés sporadiquement dans le Pas-de-Calais, dans le Doubs et en Belgique. Anciennement présente sur le Rhin supérieur en Suisse et en Allemagne, mais l'espèce est maintenant éteinte dans ces deux pays depuis 1980.

Écologie et biologie

Eaux vives bien oxygénées, notamment dans les têtes de bassin au courant soutenu et aux eaux pures à moins de 800 m d'altitude. Généralement en plus faible densité dans les cours moyen et aval des rivières. Les œufs éclosent environ un mois après la ponte et la prolarve se transforme en larve avant même d'être complètement dégagée de l'œuf. La phase larvaire dure 2 à 4 ans selon les régions et comprend entre 13 et 15 stades. Les larves vivent préférentiellement dans les sédiments sableux grossiers. Les émergences s'étalent sur une période de 3 à 10 semaines au printemps et ne sont habituellement pas synchronisées, sauf dans les eaux froides.

Accouplement. Hérault, juillet 2004. © D. Grand.

Comportement

Les mâles du Gomphe à crochets se posent généralement au sol, sur les galets ou sur les gros blocs émergeant au milieu des rivières, parfois également sur la végétation. Ils sont bien visibles, attendent les femelles au bord de l'eau et s'envolent brièvement de temps à autre. Ils changent souvent d'emplacement et se chamaillent avec leurs voisins. Les femelles restent à l'écart de l'eau et sont plus discrètes que les mâles.

Femelle immature. Var, août 1985. © J.-P. Boudot.

Menaces et mesures de gestion

Cette espèce n'est pas menacée en France pour le moment, mais, comme pour tous les Gomphidés, son maintien passe par la conservation de cours d'eau de bonne qualité, tant en ce qui concerne leurs paramètres chimiques que physiques. Sa distribution limitée et ses exigences écologiques plus strictes que celles du Gomphe à pinces le rendent plus vulnérable à terme.

PROTECTION				LISTES ROUGES							DIRECTIVE HABITATS
FR	BE	LX	CH	MONDE	EU	FR	WA	FL	LX	CH	
○	○*	–	●	LC	LC	LC	NE	–	–	RE	–

* Absent de Flandre

Paragomphus genei *(Selys, 1841)*

Le Gomphe de Gené

Gomphus genei Selys, 1841, *Revue de zoologie Guérin-Méneville*, 4 : 245. Paris.
Synonymie : *Mesogomphus genei* (Selys, 1841).

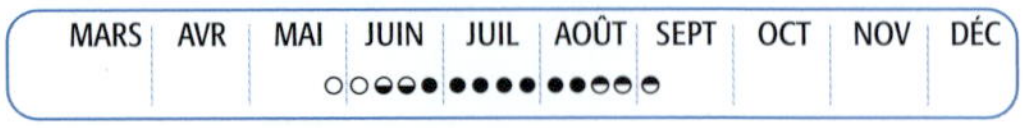

Mâle. Tunisie, juin 2002. © J.-P. Boudot.

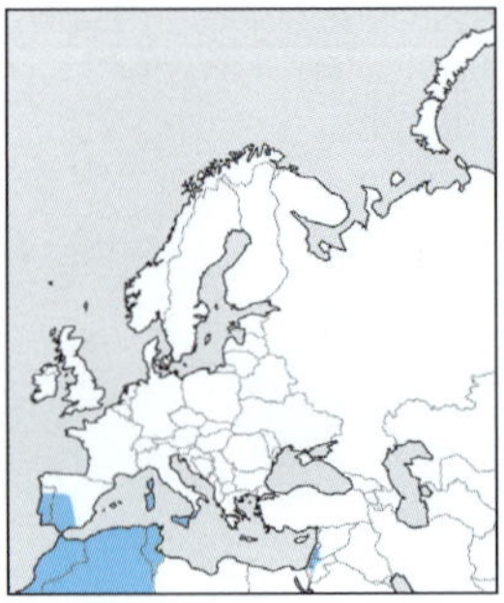

Critères de terrain

Coloration générale jaune et brun foncé avec le thorax vert vif à maturité. **Cercoïdes des mâles contigus et arqués vers le bas, environ 2 fois plus longs que le 10e segment abdominal. Lame supra-anale plus courte, avec une double courbure en S caractéristique. Grandes expansions foliacées chez les mâles au niveau des segments 8 et 9, simplement ébauchées chez les femelles.**

Dimensions

Abdomen (mm) : ♂ 30 - 36 ; ♀ 28 - 35
Ailes postérieures (mm) : ♂ 21 - 25 ; ♀ 22 - 26

Confusions à éviter

Il est possible de confondre cette espèce avec un *Onychogomphus* ou un *Gomphus*, notamment chez les femelles. Avec *Lindenia tetraphylla*, il s'agit de l'un des rares Gomphidae observés en Corse. Cette espèce reste par ailleurs inconnue en France continentale.

Répartition géographique, distribution et abondance

Afrique, Proche-Orient et sud de l'Europe. Localement reproducteur en Corse.

Écologie et biologie

Eaux courantes (ruisseaux collinéens et petites rivières côtières sableuses semi-arides, non polluées), à moins de 500 d'altitude. Les larves vivent dans les sédiments sableux. La phase larvaire dure sensiblement un an en Europe, où les émergences s'étendent de la mi-avril à juin, avec un maximum en juin. L'espèce connaît 1 ou 2 générations annuelles dans le nord du Maghreb mais les émergences surviennent toute l'année dans la zone saharienne. Dans les rivières sableuses à faible colonne d'eau, les émergences se déroulent au milieu même du lit de la rivière, les larves restant posées sur le sable au milieu du courant.

Comportement

Bien qu'il puisse former des populations importantes, ce petit Gomphidé passe facilement inaperçu car il reste souvent dissimulé dans la végétation, à l'écart de l'eau. Dans des localités où plusieurs centaines d'exuvies peuvent être trou-

Accouplement. Sardaigne, juillet 1993. © D. Grand.

Émergence au milieu du lit d'une rivière à faible colonne d'eau. Tunisie, juillet 2002. © J.-P. Boudot.

vées, seuls quelques rares adultes sont présents au bord de l'eau, ce qui contribue à sa réputation de rareté.

Menaces et mesures de gestion

La pollution et l'assèchement des cours d'eau, notamment du fait de l'irrigation et des incendies touchant les forêts méditerranéennes, constitue une menace importante pour cette espèce africaine, qui reste rare en Europe. Les rares observations de Corse s'étendent de 1972 à 2022, les mentions les plus récentes (2019–2022) incluant au moins une population reproductrice.

Mesures de classement et de protection

L'indigénat de cette espèce en Corse n'ayant été que très récemment démontré, aucune mesure de protection n'a encore été prise. De telles mesures s'avèrent néanmoins nécessaires (conservation de la structure des cours d'eau hébergeant l'espèce et protection contre toute pollution).

Femelle. Tunisie, juillet 2002. © J.-P. Boudot.

PROTECTION				LISTES ROUGES							DIRECTIVE HABITATS
FR	BE	LX	CH	MONDE	EU	FR	WA	FL	LX	CH	
O	–	–	–	LC	LC	NA	–	–	–	–	–

Lindenia tetraphylla (Vander Linden, 1825)

La Lindénie à quatre feuilles

Aeshna tetraphylla Vander Linden, 1825, *Monographiae Libellulinarum Europaearum Specimen*: 32-33. Frank, Bruxelles.

Mâle. Oman, avril 2015. © J.-P. Boudot.

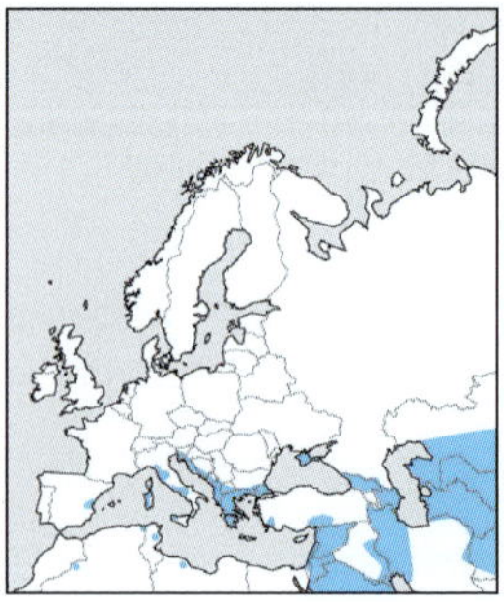

Critères de terrain

Grand Gomphidae jaune verdâtre et noir ou entièrement noir. **Présence de grandes expansions foliacées aux septième et huitième segments abdominaux des mâles et des femelles**. Base de l'abdomen roux chez les femelles.

Dimensions

Abdomen (mm) :	♂ 48 - 57 ; ♀ 47 - 55
Ailes postérieures (mm) :	♂ 35 - 39 ; ♀ 38 - 40

Confusions à éviter

Dans de mauvaises conditions d'observation, cette espèce peut être confondue avec *Paragomphus genei*, également présent dans le sud de la Corse mais beaucoup plus petit. Une confusion avec *P. sinaiticus* (Morton, 1929), qui présente les mêmes gammes de coloration, est possible au Levant et dans la péninsule Arabique, où les deux espèces cohabitent localement.

Répartition géographique, distribution et abondance

De l'Asie centrale au nord de l'Afrique (Algérie, Tunisie, Libye) par l'Iran, la péninsule Arabique et le Proche-Orient, sud de l'Europe. En France, une première observation d'un individu erratique en Corse du Sud datée de 2009 suivie de deux observations en Corse du Sud et en haute-Corse en 2023 (identifications à vue non documentées par photographies mais individus correctement décrits).

Écologie et biologie

Eaux stagnantes et faiblement courantes, douces ou saumâtres, bordées de ceintures de roseaux et de massettes. Également dans d'anciennes gravières abandonnées. L'espèce tolère les eaux saumâtres et est bien adaptée aux régions désertiques à forte évaporation. La durée de la phase larvaire est inconnue mais la distribution de l'espèce suggère que son développement larvaire soit rapide et que son cycle reproductif soit bouclé avant un éventuel assèchement du milieu.

Comportement

Cette espèce est le seul Gomphidé européen reconnu pour être territorial. À maturité, les mâles se perchent bien en vue près des sites de ponte, au sommet de tiges sèches d'où ils attendent les femelles et repoussent les autres mâles de la même espèce et parfois d'autres espèces. Les femelles pondent en touchant l'eau de l'extrémité de leur abdomen ou en volant au point fixe et en projetant leurs œufs au-dessus des hydrophytes. Les émergences paraissent avoir lieu la nuit et les individus fraîchement émergés s'éloignent considérablement

Embouchure d'un affluent du Lago Coghinas en Sardaigne, site de reproduction de *Lindenia tetraphylla*. Juin 2008. © J.-P. Boudot.

Ponte en vol semi stationnaire de la femelle. Crète, juillet 2014. © J.-P. Boudot.

de l'eau aux premières lueurs du jour. Ils n'y reviendront qu'à maturité pour s'y reproduire, en juillet en Europe. Les exuvies sont souvent trouvées sur les massettes bordant les rives, parfois sur des rochers ou des murs. Des migrations en masse à longue distance ont été constatées en Jordanie tandis que de petits nombres d'individus immatures ont été observés au sein d'essaims migratoires d'*Aeshna affinis* en Asie centrale. Ce comportement permet à l'espèce de coloniser rapidement tout nouvel habitat favorable, comme les bassins et lacs artificiels récemment créés dans les îles de la mer Égée comme la Crète et Göckçeada.

Menaces et mesures de gestion

Lindenia tetraphylla est classé quasi menacé sur la Liste Rouge des espèces du Bassin méditerranéen de l'UICN, et Vulnérable sur la Liste Rouge des espèces européennes, avec une tendance à la décroissance des populations du fait de l'assèchement au moins temporaire de plusieurs lacs dans les Balkans. Les observations la concernant dans le sud de l'Europe et le nord de l'Afrique sont néanmoins en augmentation depuis une quinzaine d'années. La densification des localités reproductrices, qui a eu lieu dans une aire constante, est à attribuer à de meilleures investigations de terrain, et plus encore à la multiplication des pièces d'eau artificielles créées par l'homme (lacs de barrage, bassins, mares, anciennes gravières abandonnées, etc.). La grande capacité de dispersion de cette espèce lui a permis de coloniser de nombreux habitats favorables même insulaires et a priori isolés. Le déficit pluviométrique hivernal qui s'installe périodiquement dans le Bassin méditerranéen constitue une menace pour l'espèce.

L'observation dans le sud de la Corse en 2009 d'une femelle isolée provenant très certainement de Sardaigne, suivie en 2023 de la découverte de trois adultes en Corse du Sud et en Haute-Corse, illustre bien ce nomadisme et prélude peut-être à une installation durable de l'espèce dans l'île. Les recherches futures devraient permettre d'apprécier son statut local sur le long terme, compte tenu du fait que les populations sardes constituent un réservoir significatif pouvant favoriser une colonisation durable des régions voisines.

Mesures de classement et de protection

Lindenia tetraphylla, est inscrit à la convention de Berne et aux annexes II et IV de la directive Habitat. En France, l'espèce, qui ne peut pour le moment être considérée que comme un visiteur occasionnel, ne figure pas sur la liste des insectes protégés sur le territoire national (arrêté du 23 avril 2007), bien qu'elle figure sur le décret nº 193 du 20 août 1996. La conservation en bon état de ses habitats potentiels est un préalable à son installation durable en Corse.

Période de vol

Les observations de Corse s'étendent de mi-juin à la première semaine de juillet. En Italie, les observations portant sur cette espèce s'étendent essentiellement de début juin à la troisième semaine d'août, le maximum d'observations intervenant de la mi-juin à début août. Il existe cependant une observation visuelle d'octobre 1973 en Sardaigne.

PROTECTION				LISTES ROUGES							DIRECTIVE HABITATS
FR	BE	LX	CH	MONDE	EU	FR	WA	FL	LX	CH	
O	–	–	–	LC	VU	NA	–	–	–	–	II, IV

C’est surtout par grand vent que les couples de *Cordulegaster boltonii* se posent ainsi à hauteur d’homme. Hérault, juin 1986. © D. Grand.

La famille des Cordulégastridés

(Cordulegastridae Hagen, 1875)

Cette famille comprend 3 genres tous cantonnés à l'hémisphère nord et comptabilisant 53 espèces. Un seul existe en Europe, le genre *Cordulegaster*. On compte 8 espèces de *Cordulegaster* en Europe, et même 10 si l'on inclut les hybrides stabilisés. Deux espèces sont présentes dans notre région. Ce sont de **grandes libellules noires et jaunes avec des yeux verts qui ne se touchent que par un point**, facilement reconnaissables au niveau du genre. **Les femelles ont un ovipositeur très développé en forme de dague, qui dépasse l'extrémité du 10e segment abdominal**, avec lequel elles introduisent leurs œufs dans le sable des cours d'eau.

Larve de Cordulegastridae à l'affût dans le sable.
© F. Melki.

Écologie

Les Cordulégastres ne se reproduisent qu'en eau courante et affectionnent plus particulièrement les parties moyennes et/ou amont des cours d'eau, parfois les sourcins de pente. Les larves vivent enfouies dans les sédiments sableux, laissant juste affleurer leur tête et l'extrémité de leur abdomen. Elles chassent à l'affût et c'est dans cette position qu'elles attendent leurs proies (vers, gammares, larves d'autres insectes). Elles peuvent survivre à l'absence d'eau libre pendant deux mois en été, en s'enfouissant en profondeur dans le sable humide.

Biologie

La phase larvaire dure entre 2 et 6 ans selon les localités et les espèces. Les émergences commencent tôt le matin, parfois la nuit par temps chaud. Lorsqu'elle en a la possibilité, la larve choisit un support proche de la verticale. Des exuvies ont été occasionnellement collectées jusqu'à 6 mètres de haut sur des arbres ou sous les ponts, mais la majorité d'entre elles se trouvent à moins de 50 cm de haut. La durée de l'émergence est longue et peut excéder trois heures. La période de maturation des adultes est de l'ordre de trois semaines.

Comportement

Les Cordulégastridés ne s'éloignent généralement que modérément de leurs sites de reproduction. Leur rayon d'action moyen est compris entre 500 et 1000 mètres, malgré quelques individus divagant occasionnellement à plus grande distance, notamment lorsque leur habitat s'assèche au cœur de l'été. Les mâles patrouillent longuement vers l'amont et vers l'aval des cours d'eau à la recherche des femelles, en longeant les rives au ras de l'eau d'un vol assez lourd. Ils se posent de temps à autre au soleil et ne sont pas territoriaux aux densités habituellement rencontrées. Les couples se perchent à grande hauteur dans les arbres, pour une durée pouvant dépasser une heure. Lors de la ponte, les femelles enfoncent rythmiquement leur ovipositeur dans les sédiments, en volant sur place à la verticale. Elles sont surtout actives à des moments où les mâles ne sont pas sur l'eau, tôt le matin ou tard le soir, ou encore par temps couvert ou médiocre. Elles recherchent généralement des emplacements dissimulés pour échapper à la convoitise des mâles.

Bibliographie de la famille et des espèces

Boudot, 2001; Boudot & Jacquemin, 1995; Buchwald, 1988; Coppa, 1990b; Fränzel, 1985; Froufe *et al.*, 2014; Grand, 1995b, 2004; Kaiser, 1982; Leipelt, 2005; Onishko & Kosterin, 2021; Ott, 1988; Poethke, 1988. Sternberg & Buchwald, 2000; Wildermuth *et al.*, 2005.

Cordulegaster boltonii (Donovan, 1807)

Le Cordulégastre annelé

Libellula boltonii Donovan, 1807, *The Natural History of British Insects*, 12: 97. Rivington, London.
Synonymie : *Cordulegaster annulatus* (Latreille, 1805).

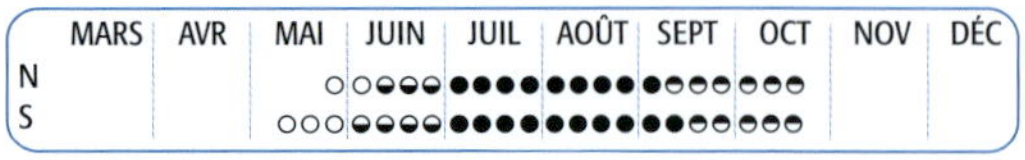

Mâle de phénotype *C. b. boltonii*. © T. Roussel.

Critères de terrain

Triangle occipital jaune, renflé et bien individualisé. Côtés du premier segment abdominal avec une tache jaune en forme de C dans leur partie inférieure. Cercoïdes des mâles rapprochés et larges à la base, puis triangulaires et aigus, avec une seule dent ventrale visible de profil. Lame supra-anale à peu près carrée et échancrée à l'extrémité. Ovipositeur des femelles avec 2 taches latérales jaunes à la base. Triangle anal des mâles constitué de 4 à 6 cellules.

Deux phénotypes autrefois considérés comme sous-espèces mais non génétiquement distincts peuvent coexister en populations mixtes et renferment des formes intermédiaires :

- ***C. b. boltonii*** (Donovan, 1807) - **anneaux jaunes de l'abdomen peu épais, égalant le 1/5e de la longueur des segments.** Taches jaunes médiodorsales de l'abdomen petites et séparées. **Front jaune portant un trait noir transversal très marqué le long de la carène supérieure,** qui manque parfois dans le sud-ouest de la France et le nord-ouest de l'Espagne.

- ***C. b. var immaculifrons*** Selys, 1850 - **anneaux jaunes des segments 3 à 8 épais, atteignant souvent 1/4 à 1/3 de la longueur des segments.** Taches jaunes médiodorsales de l'abdomen grandes et confluantes en anneaux continus. **Front entièrement jaune ou avec un petit trait noir réduit.**

Dimensions

Abdomen (mm) : ♂ 45 - 61 ; ♀ 65 - 69
Ailes postérieures (mm) : ♂ 40 - 48 ; ♀ 41 - 51

Confusions à éviter

Cette espèce peut être confondue avec *Cordulegaster bidentata* et *Macromia splendens*, qui ont une taille et un style de vol comparables.

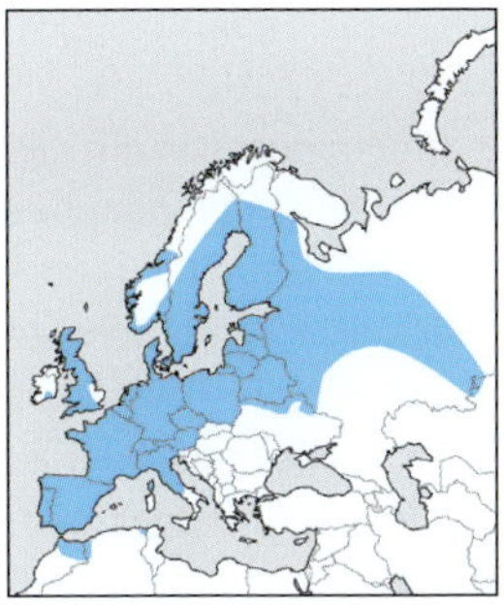

Mâle de phénotype C. b. boltonii. © J.-P. Boudot.

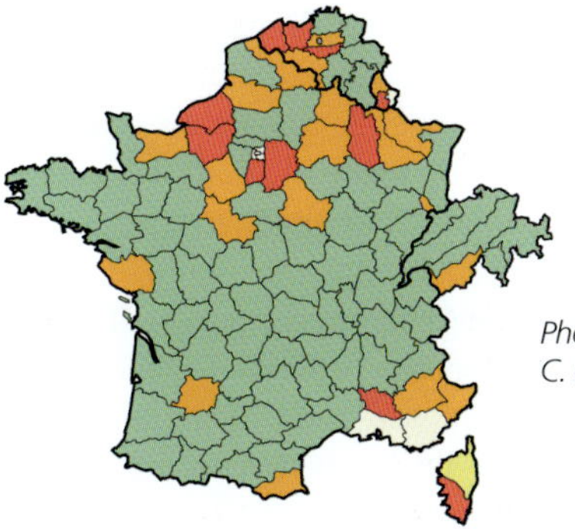

Phénotype C. b. boltonii

Phénotype C. b. immaculifrons

Mâle de phénotype *C. b. immaculifrons*. Drôme, juillet 1986. © J.-P. Boudot.

Répartition géographique, distribution et abondance

Il existe deux phénotypes ne semblant pas différer sur le plan génétique. Ils sont reliés par des formes intermédiaires.

- *C. b. boltonii* : ouest et nord de l'Europe, pénétrant la russie européenne jusqu'au sud de l'Oural. Renferme un certain nombre d'individus atypiques dans le sud-ouest de la France et le nord de l'Espagne et du Portugal (front sans trait noir transversal ou segments abdominaux 8 à 10 avec des taches jaunes dorsolatérales isolées).

Ce taxon est bien répandu en France mais est globalement assez peu commun en Belgique et rare au Luxembourg. En Corse du Sud, un individu mort a été trouvé sur un chemin, tandis qu'en Haute-Corse de rares mentions visuelles, non documentées, d'individus isolés soit proviennent de confusions avec *Boyeria irene*, soit se rapportent à des individus erratiques d'origine inconnue. Quoi qu'il en soit, aucune population résidente de cette espèce n'a été identifiée en Corse.

- *C. b. immaculifrons* : des Alpes liguriennes au sud de la France et au centre du Portugal. En France, ce phénotype, qui ne semble pas différer sur le plan génétique des formes septentrionales, coexiste avec celles-ci du Rhône au centre du Portugal.

Femelle en train de pondre. © E. Nielsen.

Femelle de phénotype *C. b. boltonii* venant d'émerger. © N. Helitas.

Écologie et biologie

Le Cordulégastre annelé affectionne surtout les ruisseaux à fond sableux des zones collinéennes et montagnardes, où il forme localement d'importantes populations. Il se rencontre également en petit nombre dans des zones plus plates, au niveau des grandes rivières. Ses larves résistent bien au courant et aux crues, ce qui lui permet de coloniser à peu près tous les tronçons des cours d'eau. Il supporte une certaine pollution. Il se reproduit au moins jusqu'à 1 600 m d'altitude mais des adultes isolés ont été rencontrés jusqu'à plus de 2 000 m dans les Alpes et les Pyrénées. Les œufs éclosent 3 à 6 semaines après la ponte et la phase larvaire dure 2 à 3 ans dans la zone méditerranéenne, 4 à 5 ans dans la partie moyenne de l'Europe, sans doute davantage dans le nord du continent et en altitude. Elle comprend entre 12 et 14 stades. Les émergences s'étalent sur deux mois, selon un rythme très variable en fonction de la latitude et de l'altitude.

Femelle de phénotype *C. b. immaculifrons* en train de pondre. Résurgence du Lamalou, Hérault, juillet 1990. © D. Grand.

Mâle de *C. b. immaculifrons*. Massif des Maures, Var, juillet 2004. © D. Grand.

Comportement

Lors de leurs patrouilles à longue distance, les mâles prospectent longuement les secteurs ombragés à la recherche des femelles pouvant y pondre. Lorsqu'ils rencontrent un autre mâle, ils rebroussent chemin ou entrent brièvement en conflit avec lui et continuent leur route. Ils changent souvent de secteur de patrouille et la population présente à un endroit donné est en continuel renouvellement. Ils ne deviennent territoriaux que dans certains cas de surpopulation exceptionnels et restent alors cantonnés à un secteur de 5 à 10 mètres de long, d'où ils excluent vigoureusement leurs congénères. Comme chez beaucoup de libellules, les femelles restent souvent cachées et sont rarement observées.

Menaces et mesures de gestion

Cette espèce est en déclin en Belgique et au Luxembourg suite à la pollution, à l'aménagement des rivières et à l'enrésinement des forêts. Une meilleure gestion de l'environnement permettrait d'enrayer cette tendance. Aucun des deux phénotypes n'est pour le moment menacé en France dans les régions de collines ou de montagne. Les périodes de sécheresse estivales pourraient à terme menacer les populations méridionales dans plusieurs localités.

Cordulegaster boltonii

PROTECTION				LISTES ROUGES							DIRECTIVE HABITATS
FR	BE	LX	CH	MONDE	EU	FR	WA	FL	LX	CH	
IdF	Fl	●	GE, VD	LC	LC	LC	NT	EN	LC	LC	–

Cordulegaster bidentata Selys, 1843

Le Cordulégastre bidenté

Cordulegaster bidentatus Selys, 1843, *Annales de la Société entomologique de France*, 1 : 109.
Synonymie : *Thecagaster bidentata* (Selys, 1843).

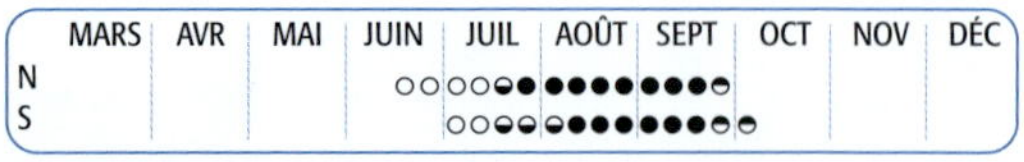

Mâle. Haute-Garonne. © J. Robin.

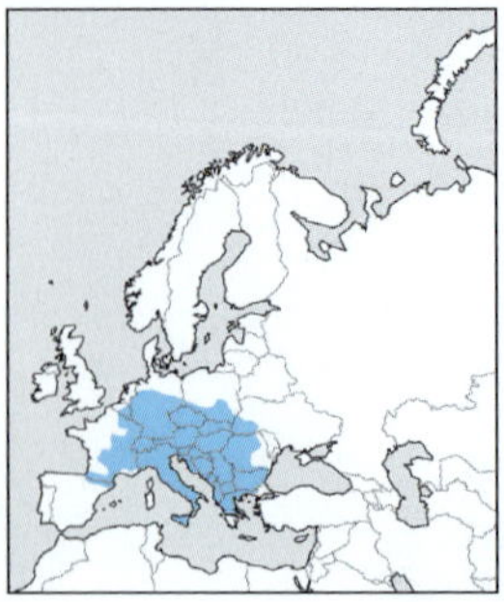

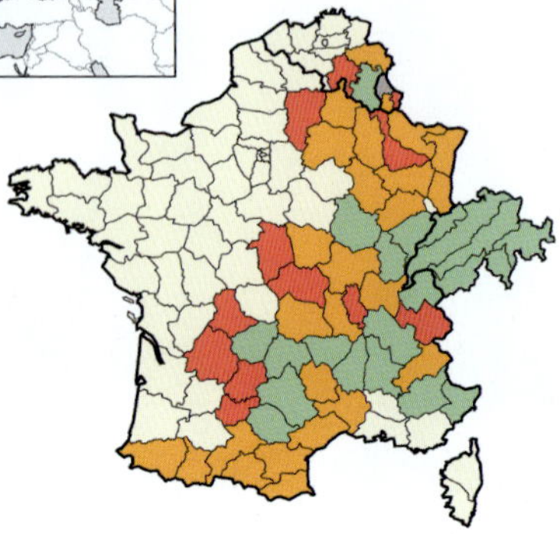

Critères de terrain

Triangle occipital noir, non renflé. Côtés du premier segment abdominal avec une tache jaune en massue dans leur partie supérieure. Cercoïdes des mâles rectilignes et écartés dès la base, avec 2 dents ventrales visibles de profil. Lame supra-anale plus longue que large et atteignant les 3/4 des cercoïdes. Ovipositeur des femelles entièrement noir, sans taches jaunes à la base. Triangle anal des mâles généralement constitué de 3 cellules.

Dimensions

Abdomen (mm) : ♂ 50 - 59 ; ♀ 56 - 65
Ailes postérieures (mm) : ♂ 41 - 46 ; ♀ 46 - 51

Confusions à éviter

Cette espèce peut être confondue avec *C. boltonii* et *Macromia splendens*, qui ont une taille comparable.

Répartition géographique, distribution et abondance

Europe occidentale, centrale et balkanique, souvent assez rare et confiné à des microhabitats particuliers difficiles à identifier et à atteindre. En France, cette espèce est disséminée des Pyrénées au Massif central et à toute la moitié sud-est du pays. Elle connaît de belles populations dans les marais tufeux de Haute-Marne. Très localisée et globalement rare en Belgique et au Luxembourg. Autrefois considérée comme étant en danger de disparition en Suisse, cette espèce est maintenant bien disséminée et beaucoup mieux connue à travers tout le pays où elle occupe des habitats retirés souvent exigus, dispersés et difficiles à localiser.

Écologie et biologie

Les larves du Cordulégastre bidenté résistent mal au courant et sont facilement entraînées lors des crues. Celui-ci reste donc cantonné aux suintements de pente, aux zones de source et aux petits ruisseaux sableux, même temporaires, où le flux d'eau reste faible. Les sources tufeuses incrustantes lui conviennent particulièrement bien. Il s'observe surtout dans les paysages boisés feuillus clairiérés des étages collinéens et montagnards, jusqu'à 1 400 m d'altitude. Les œufs éclosent 2 à 11 semaines après la ponte selon la température de l'eau. La phase larvaire dure entre 2 et 6 ans et comprend 15 stades. Les émergences s'étalent sur un mois et par temps chaud ont lieu la nuit.

Comportement

Le Cordulégastre bidenté est une espèce souvent très discrète, car il ne séjourne pas toujours durablement sur ses sites de reproduction. Ceux-ci sont souvent exigus et difficiles à localiser. Les mâles adultes recherchent les zones chaudes et ont une affinité marquée pour les lisières, les clairières et les chemins forestiers. Leur activité est conditionnée par la température de l'air, alors que l'activité de ponte des femelles ne dépend pas de ce paramètre. Sur leur site de reproduction, et bien qu'ils ne soient pas territoriaux, l'agressivité des mâles les uns envers les autres suffit à réguler leur densité.

Menaces et mesures de gestion

Dans bien des régions, cette espèce est menacée par l'aménagement des forêts, en particulier par l'enrésinement, le drainage des marais et le captage des sources. Elle disparaît très vite lors de la modification de son habitat. Il convient donc de créer ou de conserver des peuplements feuillus clairiérés dans les zones qu'elle fréquente, et de veiller à la conservation des sourcins et des sources tufeuses présentes notamment dans l'est de la France et en Wallonie.

Femelle en fin d'émergence. Mont Ossa, Grèce, mai 2004. © D. Grand.

Femelle. Aveyron, juin 1985. © J.-P. Boudot.

PROTECTION				LISTES ROUGES							DIRECTIVE HABITATS
FR	BE	LX	CH	MONDE	EU	FR	WA	FL	LX	CH	
○	Wa*	●	C	NT	NT	LC	EN	–	LC	LC	–

* Absent de Flandre.

Mâle *Macromia splendens* au repos au-dessus d'un chemin.
Labeaume, Ardèche, juin 2017. © Ch. et P. Juliand.

La famille des Macromidés

(Macromiidae Needham, 1903)

Cette famille ne compte que quatre genres à travers le monde et comptabilise 126 espèces. En Europe, elle n'est représentée que par un seul genre et deux espèces, de grande taille. Une seule intéresse notre région, *Macromia splendens*. Ses yeux se touchent presque en un point et sont d'un beau vert émeraude à maturité. **Les cellules discoïdales sont transverses aux ailes antérieures et longitudinales aux postérieures. Les ailes postérieures ont un angle anal très net chez les mâles.** Les Macromidés se distinguent des Cordulidés par la présence d'un **champ anal arrondi mais bien individualisé aux ailes postérieures**, par un nombre plus élevé de nervures transverses anténodales, et par des pattes extraordinairement longues, aussi bien chez les adultes chez les larves.

Émergence d'une femelle *Macromia splendens*. Banne, Ardèche, juin 2020 à 00h45. © Ch. et P. Juliand.

Bibliographie de la famille et des espèces

Aubin & Gaillard, 2014 ; Cordero *et al.*, 1999, 2000 ; Delpon *et al.* 2014 ; Dommanget, 2001a ; Evangelio Pinach, 2021 ; Grand, 2002a ; Jourdain, 2004 ; Leipelt *et al.*, 1999, 2001 ; Leipelt & Suhling, 2005 ; Lieftinck, 1965 ; Tiberghien, 1986 ; van Helsdingen *et al.*, 1996.

Mâle *Macromia splendens* en patrouille au-dessus de la rivière Beaume. Beaumont, Ardèche, juin 2023. © Ch. et P. Juliand.

Macromia splendens (*Pictet, 1843*)

La Cordulie splendide

Cordulia splendens Pictet, 1843, *Revue de zoologie Guérin-Méneville*, 6 : 131. Paris

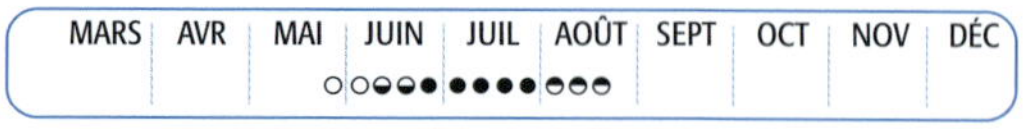

Mâle en chasse et qui s'est posé au bord de la route. Tauriers, Ardèche, juin 2022. © Ch. et P. Juliand.

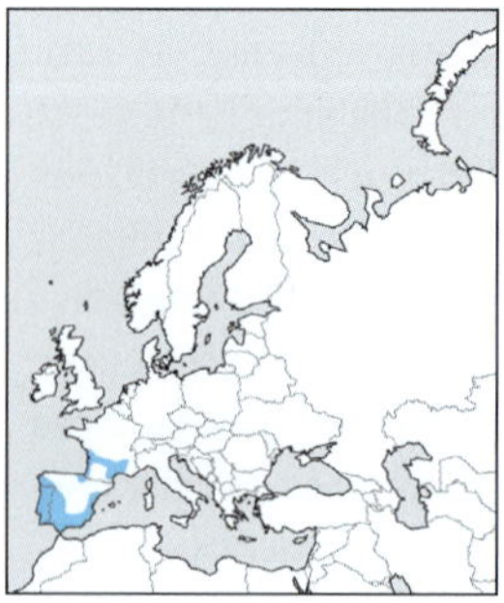

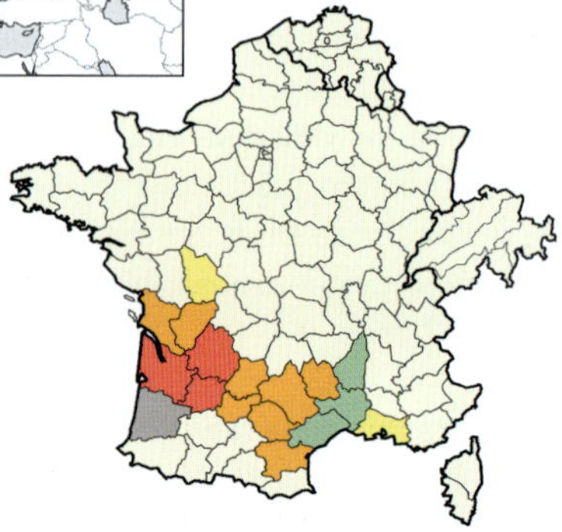

Critères de terrain

Grande libellule au **thorax vert métallique marqué de bandes antéhumérales et latérales jaunes**. Front avec 2 grandes taches jaunes symétriques sur le dessus. **Abdomen noirâtre avec des taches jaunes médiodorsales**.

Dimensions

Abdomen (mm) : ♂ 49 - 55 ; ♀ 48 - 54
Ailes postérieures (mm) : ♂ 43 - 46 ; ♀ 42 - 49

Confusions à éviter

Cette espèce ne peut être confondue qu'avec les *Cordulegaster*, qui ont une taille comparable. Les critères de nervation des ailes et de coloration du corps suffisent à distinguer ces deux genres.

Répartition géographique, distribution et abondance

Endémique du sud-ouest de la France et de la péninsule Ibérique. L'espèce reste, en moyenne, rare à assez rare.

Écologie et biologie

Secteurs calmes des grandes rivières, retenues hydroélectriques et petits ruisseaux comportant des vasques relativement profondes, à des altitudes inférieures à 500 m en France, à 700 m dans la péninsule Ibérique. L'espèce ne supporte qu'une pollution modérée. Les œufs éclosent une vingtaine de jours après la ponte et la phase larvaire dure 2 ans. Les larves, bien reconnaissables à leurs pattes immenses, se tiennent à proximité des rives entre 30 et 150 cm de profondeur, à des endroits calmes et à l'ombre d'arbres ou de parois plongeant dans l'eau. Elles s'enfouissent superficiellement dans la journée et chassent à l'affût dans les sédiments sablonneux ou organiques, et sont plus actives de nuit. L'émergence commence tôt le matin voire au cours de la nuit, sous un rocher ou un tronc d'arbre en surplomb, généralement en rétroversion complète. Les exuvies peuvent être trouvées jusqu'à trois ou quatre mètres de hauteur au-dessus de l'eau.

Comportement

En matinée, les adultes affectionnent les clairières et les lisières ensoleillées et abritées du vent, où ils planent calmement et longuement tout en se posant de temps à autre. Ils peuvent également s'éloigner à grande distance de leur habitat et divaguer au-dessus des collines à plusieurs kilomètres. Sur l'eau, les mâles patrouillent longuement le long des rives en parcourant de grandes distances en va-et-vient permanents. Ils sont agressifs, non seulement envers leurs semblables, mais également envers les autres espèces d'Odonates. Une attaque mortelle d'un *Macromia* sur un *Anax imperator* a même été relatée au Portugal. Après un conflit entre mâles, qui peut se terminer par l'expulsion de l'un d'eux, les deux protagonistes reprennent leur patrouille comme si de rien n'était, et, en l'état actuel des connaissances, ils ne paraissent pas être territoriaux, les longues distances de patrouille ne permettant pas une surveillance effective d'un éventuel territoire. D'autres espèces de *Macromia*, par exemple aux USA, sont par contre territoriales et défendent réellement un territoire dont la longueur n'excède pas la largeur du cours d'eau. La plupart des accouplements se produisent à bonne distance de l'eau, vraisemblablement dans les secteurs de chasse. Les femelles viennent brièvement à l'eau pour pondre, seules, en se déplaçant furtivement de place en place dans des secteurs abrités et calmes tout en touchant l'eau de manière répétée de l'extrémité de l'abdomen. Elles ne s'attardent pas plus de deux minutes et disparaissent rapidement dans les arbres. Elles sont généralement suffisamment discrètes pour ne pas être repérées par les mâles et très peu d'accouplements se forment à l'eau.

Menaces et mesures de gestion

La Cordulie splendide est une espèce emblématique de la faune odonatologique européenne.

Macromia splendens, femelle posée sous une branche sèche. Hérault, juillet 2000. © J.-P. Boudot.

Même si certaines populations sont denses, l'espèce est vulnérable et peut être anéantie par la pollution et l'aménagement des cours d'eau. Le déboisement et la rectification des berges, ainsi que l'exploitation de granulats à même le lit mineur des cours d'eau, sont totalement à proscrire dans les zones qu'elle fréquente. Si par ailleurs de fortes populations s'étaient autrefois installées au niveau des grands barrages hydroélectriques du Massif central, les prospections les plus récentes suggèrent une régression forte des populations de ces secteurs et parfois une disparition totale de l'espèce de ces habitats, vraisemblablement liées à une sédimentation exagérée en amont des barrages. Le déboisement, qui supprime ses zones de chasse, ou le remplacement toujours possible des forêts natives par des plantations d'Eucalyptus, comme cela se fait en Espagne et qui provoque une réduction générale de ses proies, constituent des menaces plus sérieuses pour une espèce qui paraît fortement dépendante de paysages forestiers subnaturels et équilibrés.

PROTECTION				LISTES ROUGES							DIRECTIVE HABITATS
FR	BE	LX	CH	MONDE	EU	FR	WA	FL	LX	CH	
●	–	–	–	VU	VU	VU	–	–	–	–	II, IV

Accouplement de *Cordulia aenea*. Pyrénées-Orientales, 2005 m, juillet 1999. © D. Grand.

La famille des Cordulidés

(Corduliidae Kirby, 1890)

Compte tenu de l'exclusion d'*Oxygastra curtisii* des Corduliidae, cette famille rassemble actuellement, 20 ou 21 genres et se rencontre dans toutes les contrées du globe avec au total 164 espèces. Trois de ces genres sont représentés en Europe par 10 espèces, dont sept sont autochtones dans notre région. Les Cordulidés européens sont le plus souvent des libellules vert métallique, au moins sur le thorax, l'abdomen allant du vert métallique au noir brillant avec ou sans taches jaunes. Seul *Epitheca bimaculata* est jaune et brun noirâtre. Les Cordulidés se distinguent des Libellulidés par le **bord postérieur de leurs yeux, marqué d'une forte sinuosité à mi-hauteur, et par la présence d'un angle anal aux ailes postérieures des mâles**. Ils diffèrent des Macromidés par la **forme allongée du champ anal aux ailes postérieures** et par leur **taille** plus **réduite**.

Écologie

Les espèces de cette famille fréquentent le plus souvent les eaux stagnantes douces peu polluées, même acides (grandes mares, étangs, lacs, tourbières à sphaignes, bras morts des rivières). Quelques taxons préfèrent les petits ruisseaux ou les parties calmes des grandes rivières.

Biologie

Les œufs, entourés d'un mucus gonflant au contact de l'eau et adhérant aux supports qu'ils rencontrent chez les genres *Cordulia* et *Somatochlora*, éclosent le plus souvent quelques semaines après la ponte. Chez *Epitheca,* ils sont rassemblés au sein d'un cordon gélatineux. Chez certaines espèces, les pontes tardives entrent néanmoins en diapause et n'éclosent qu'après l'hiver. La phase larvaire dure entre 2 et 5 ans selon les espèces et les localités, et compte entre 12 et 14 stades. Les larves vivent à la surface des sédiments, dans lesquels elles peuvent également s'enfouir, sous les débris végétaux s'accumulant au fond de l'eau, parmi les plantes aquatiques ou les racines d'arbres immergées, ou dans la tourbe, selon les espèces et les localités. Certaines d'entre elles sont capables de supporter des périodes d'assèchement ou de gel total de leur habitat. Les émergences commencent en début de matinée, généralement à proximité des rives et à moins d'un mètre au-dessus du sol, en rétroversion plus ou moins prononcée sur une tige ou un faisceau d'herbes inclinés, à la face inférieure d'une feuille de ronce ou d'ortie, ou sur des murets bordant l'eau. On trouve parfois des exuvies à une vingtaine de mètres des berges ou à plus de cinq mètres de haut dans les arbres, lorsqu'aucun support satisfaisant n'a été trouvé. Les émergences durent assez longtemps. La période de maturation des jeunes adultes est de l'ordre de deux à trois semaines.

Comportement

Les Cordulidés peuvent s'éloigner considérablement de leur habitat et leur rayon d'action moyen est compris entre un et 10 kilomètres. Sur l'eau, ils volent longuement et se posent rarement. Certaines espèces ne sont que très rarement observées. Les mâles de plusieurs Cordulidés peuvent être territoriaux mais changent souvent de territoire au cours de la journée. Une fois formés, les couples se posent dans la végétation, parfois à grande hauteur dans les arbres, pour une durée d'une demi-heure à deux heures et demie.

Bibliographie de la famille et des espèces

Boudot, 2010 ; Boudot & Kalkman, 2015 ; Brockhaus, 2012 ; Brooks, 1997 ; Coppa, 1989b ; Corbet, 1999 ; Dijkstra *et al.* 2013 ; Grand, 1996, 1997 ; Grand & Roché, 2003 ; Heymer, 1968a ; Hickling *et al.*, 2005 ; Johansson & Nilsson, 1991 ; Knaus, 2000 ; Knaus & Wildermuth, 2002 ; Kosterin, 2004 ; Kotarac, 1993 ; Krieg-Jacquier, 2010 ; Robert, 1958 ; Sternberg & Buchwald, 2000 ; Trockur, 1993, 2004 ; Utzeri *et al.*, 1998 ; Vincent *et al.*, 1987 ; Wildermuth, 1998, 1999, 2005, 2008a ; Wildermuth & Knaus, 2002 ; Wildermuth *et al.*, 2005.

Cordulia aenea (Linnaeus, 1758)

La Cordulie bronzée

Libellula aenea Linnaeus, 1758, *Systema naturae*, 10e éd., 1 : 544. Laurentii Salvii, Stockholm.

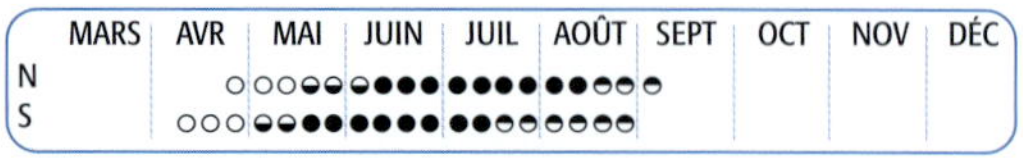

Mâle. © J.-P. Boudot.

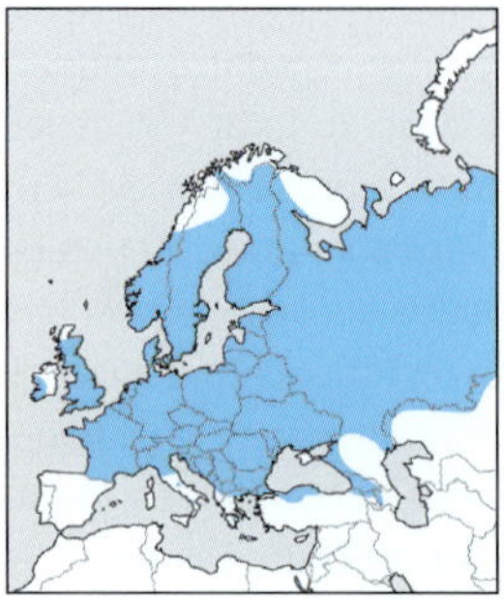

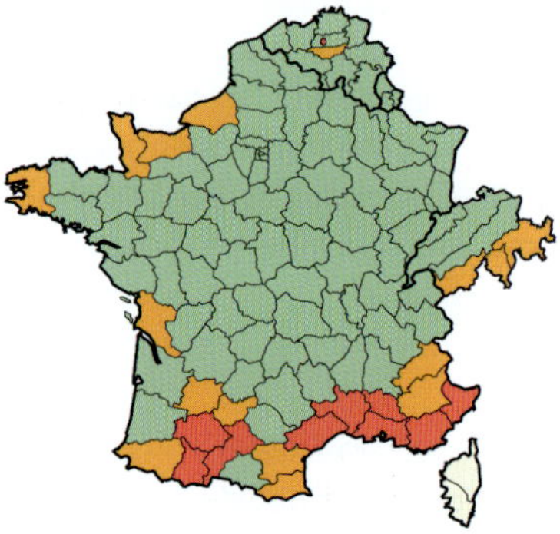

Critères de terrain

Corps vert bronzé métallique à noirâtre. **Abdomen dilaté en massue chez les mâles. Lame supra-anale des mâles deux fois divisée, très fortement incisée en deux parties distinctes, chaque lobe étant à son tour bifide. Lame vulvaire des femelles profondément divisée. Une seule nervure transverse cubito-anale aux quatre ailes**, entre la base de l'aile et la cellule discoïdale.

Dimensions

Abdomen (mm) : ♂ 32 - 39 ; ♀ 30 - 39
Ailes postérieures (mm) : ♂ 29 - 34 ; ♀ 31 - 35

Confusions à éviter

L'identification d'une Cordulie nécessite toujours de bonnes conditions d'observations sur un individu posé ou tenu en main.

Répartition géographique, distribution et abondance

De l'ouest et du nord de l'Europe à l'ensemble de la Sibérie, au Kamtchatka et à l'Extrême Orient russe. Nord de l'Asie Mineure. Espèce partout très commune en France, en Belgique, au Luxembourg et en Suisse. . Dans les îles Britanniques, la limite septentrionale de son aire de répartition s'est déplacée vers le nord de près de 150 kilomètres depuis les années 60, ce qui est attribué au réchauffement du climat.

Écologie et biologie

Eaux stagnantes de toutes sortes : grandes mares, étangs, lacs, anciennes gravières, bras morts, tourbières acides ou alcalines de montagne. Exceptionnelle sur les canaux et sur les parties calmes des rivières. La Cordulie bronzée est très commune en climat tempéré et montagnard, se raréfie considérablement dans les plaines méridionales, mais atteint 2 100 m d'altitude dans les Pyrénées. Les œufs éclosent 2 à 3 semaines après la ponte. La phase larvaire dure 2 ou 3 ans en plaine, 5 ans en montagne, et compte 12 stades. Les larves vivent au sein des plantes immergées, dans les débris végétaux qui couvrent le fond de l'eau, et dans les sédiments. Elles se déplacent et chassent activement la nuit mais se dissimulent et chassent à l'affût le jour. Les émergences sont synchronisées et, bien qu'elles s'étalent sur environ un mois, plus de la moitié d'entre elles surviennent durant les dix premiers jours.

Comportement

Lorsque leur densité est faible, les mâles, qui ne se posent que très peu, se comportent en simples patrouilleurs, sont très tolérants les uns envers les autres et ne semblent pas manifester de comportement territorial. À densité modérée, ils défendent un territoire d'une trentaine de mètres carrés, d'où ils repoussent leurs semblables lors d'affrontements vigoureux. La taille des territoires diminue et les comportements territoriaux s'intensifient lorsque la densité des mâles sur l'eau augmente. L'occupation du territoire dure entre une minute et une heure, puis les mâles disparaissent pour se nourrir ou s'installer ailleurs, quitte à revenir plus tard. Les femelles pondent furtivement, d'un vol rapide et désordonné, en touchant brièvement l'eau à plusieurs reprises de l'extrémité de l'abdomen, de sorte que les œufs s'en détachent. Elles viennent à l'eau préférentiellement le matin ou le soir afin d'être moins dérangées par les mâles.

Menaces et mesures de gestion

La Cordulie bronzée n'est nulle part menacée dans notre région. Elle ne demande aucune mesure de gestion particulière.

Femelle immature. © G. Doucet.

Cœur copulatoire. © T. Roussel.

PROTECTION				LISTES ROUGES							DIRECTIVE HABITATS
FR	BE	LX	CH	MONDE	EU	FR	WA	FL	LX	CH	
○	FI	●	GE, VD	LC	LC	LC	LC	LC	LC	LC	–

Somatochlora metallica (Vander Linden, 1825)

La Cordulie métallique

Libellula metallica Vander Linden, 1825, *Monographiae Libellulinarum Europaearum Specimen* : 18. Frank, Bruxelles.

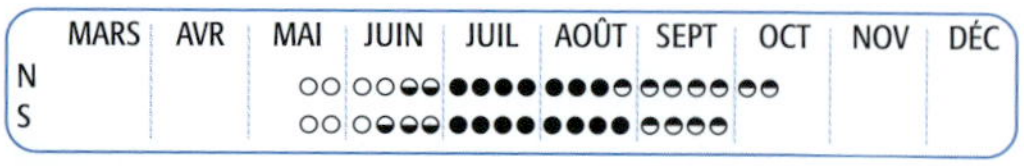

Mâle. © E. Nielsen.

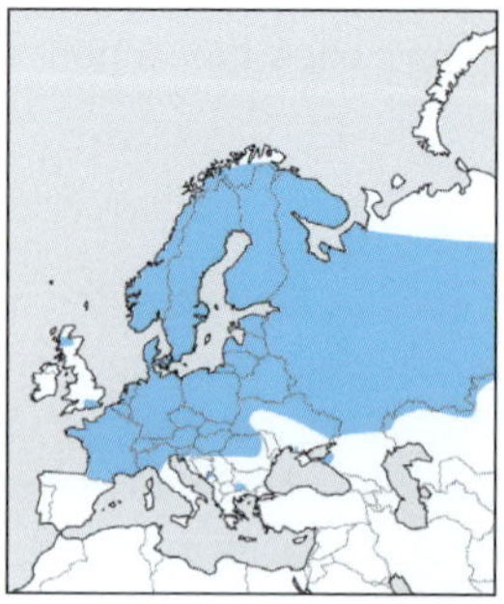

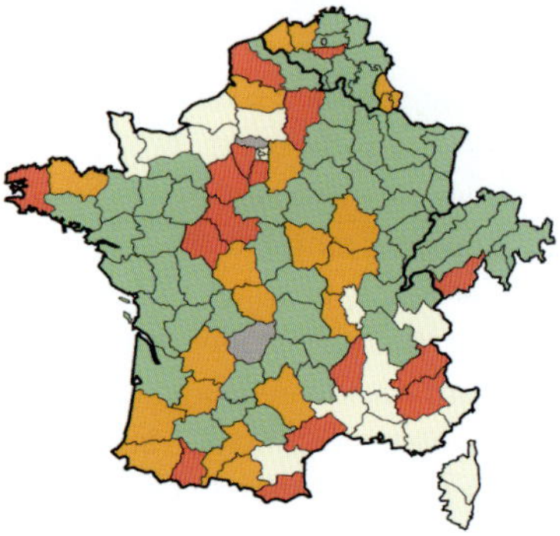

Critères de terrain

Coloration générale vert métallique. **Devant du front avec une bande jaune transversale. Deux nervures transverses cubito-anales aux ailes postérieures**, entre la base de l'aile et la cellule discoïdale, une seule aux antérieures. **Lame vulvaire des femelles longue et redressée à angle droit par rapport à l'abdomen. Côtés du thorax entièrement vert métallique, sans tache jaune. Ptérostigmas bruns**. Ailes postérieures avec une tache jaune à la base le long de la membranule. **Femelles avec ou sans taches jaunes latéro-dorsales sur les 2e et 3e segments.**

Dimensions

Abdomen (mm) : ♂ 37 - 40 ; ♀ 40 - 44
Ailes postérieures (mm) : ♂ 34 - 37 ; ♀ 34 - 38

Confusions à éviter

L'identification d'une Cordulie nécessite toujours de bonnes conditions d'observations sur un individu posé ou tenu en main.

Répartition géographique, distribution et abondance

De l'ouest et du nord de l'Europe au sud-ouest de la Sibérie centrale. Plus à l'est l'espèce est remplacée par *S. exuberata*.

Écologie et biologie

Somatochlora metallica se reproduit généralement dans les étangs, les étangs tourbeux, les lacs, les tourbières à sphaignes, parfois dans les rivières lentes et les ruisseaux assez rapides. Ce taxon est bien présent dans les plaines de Belgique et du nord-est de la France, devient très commun en Suisse et dans les régions de moyenne montagne dans la zone tempérée et dépasse 2000 m d'altitude dans les Alpes et les Pyrénées.

Les œufs éclosent habituellement entre 4 et 10 semaines après la ponte, mais une partie des pontes tardives entre vraisemblablement en diapause et n'éclôt qu'après l'hiver. La phase larvaire dure 2 ou 3 ans et compte 12 ou 13 stades.

Accouplement. Puy-de-Dôme, 1200 m, juillet 2004.
© D. Grand.

Femelle en fin d'émergence. Meurthe-et-Moselle.
© T. Roussel.

Les larves vivent au sein de la végétation aquatique, parmi les débris végétaux qui sédimentent au fond de l'eau, dans la vase ou dans la tourbe. Elles restent à couvert le jour, réagissent par immobilisation réflexe en cas de danger et s'enfouissent en hiver. Les émergences s'étalent sur environ un mois. En altitude elles sont synchronisées et la moitié d'une génération annuelle émerge durant les cinq premiers jours dans un site donné.

Comportement

Les mâles patrouillent longuement le long des rives à la recherche des femelles, marquant moins d'arrêts au point fixe que la Cordulie bronzée et tout en faisant de temps à autre des incursions prolongées loin au-dessus de l'eau libre. Ils se poursuivent très brièvement lorsqu'ils se croisent et ne se posent que rarement. Ils semblent se comporter en simples patrouilleurs au-dessus de l'eau. Les femelles pondent furtivement en se dissimulant dans des endroits abrités à proximité des rives, en touchant brièvement l'eau de l'extrémité de l'abdomen. Elles peuvent parfois pondre sur la terre humide des rives. Durant la ponte, leurs derniers segments abdominaux sont relevés à angle droit de manière très caractéristique et la lame vulvaire est très visible. Elles réagissent par immobilisation réflexe à l'approche d'un mâle.

Menaces et mesures de gestion

Cette espèce est rare au Luxembourg, où ses populations sont stables, ainsi que dans certaines provinces de Flandre.

PROTECTION				LISTES ROUGES							DIRECTIVE HABITATS
FR	BE	LX	CH	MONDE	EU	FR	WA	FL	LX	CH	
○	Fl	●	GE, VD	LC	LC	LC	LC	LC	LC	LC	–

Somatochlora meridionalis Nielsen, 1935

La Cordulie méridionale

Somatochlora metallica meridionalis Nielsen, 1935, Note Odonatologiche. *Bollettino Societa Entomologo Italiana*, Genova, 67 (4) : 59-62.

Femelle. Nord-est de la Grèce, mai 2003. © J.-P. Boudot.

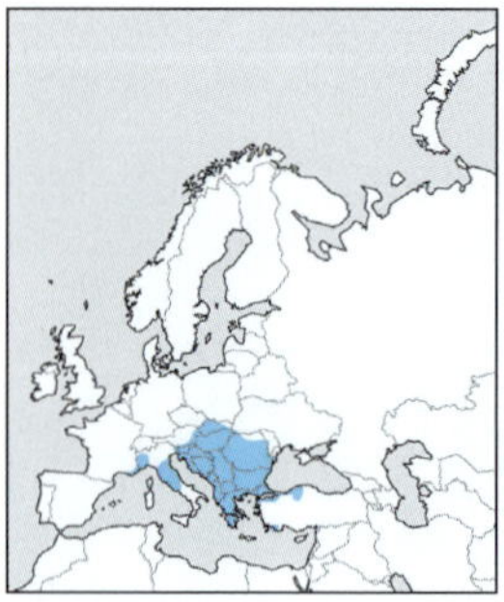

Critères de terrain

Coloration générale vert métallique. **Devant du front avec une bande jaune transversale. Deux nervures transverses cubito-anales aux ailes postérieures**, entre la base de l'aile et la cellule discoïdale, une seule aux antérieures. **Lame vulvaire des femelles longue et redressée à angle droit par rapport à l'abdomen. Côtés du thorax marqués d'une ou deux taches jaunes chez les deux sexes. Ptérostigmas noirs**. Base des ailes hyaline, le long de la membranule. Femelles **avec des taches jaunes dorsolatérales bien visibles sur les 2e et 3e segments**.

Cette espèce était autrefois considérée comme sous-espèce de *S. metallica* avec qui il ne présente que des différences génétiques négligeables et s'hybride.

Dimensions

Abdomen (mm) : ♂ 38 - 39 ; ♀ 40 - 44
Ailes postérieures (mm) : ♂ 33 - 39 ; ♀ 33 - 39

Confusions à éviter

L'identification d'une Cordulie nécessite toujours de bonnes conditions d'observations sur un individu posé ou tenu en main.

Répartition géographique, distribution et abondance

Du sud-est de la France aux Balkans et à l'Asie Mineure.

Écologie et biologie

Somatochlora meridionalis se reproduit en France essentiellement dans de petits ruisseaux forestiers méditerranéens de basse altitude (massif de l'Estérel dans le Var et Corse), même intermittents si quelques vasques y subsistent en été. Dans les Balkans et dans le nord de l'Italie, il colonise également les parties calmes des grandes rivières et certains habitats lacustres. Sa biologie est très peu connue.

Ponte. Massif de l'Estérel, Var, juin 1996. © D. Grand.

Mâle. © E. Nielsen.

Comportement

Somatochlora meridionalis montre une préférence particulière pour les endroits ombragés et ne s'attarde que rarement au soleil. Les mâles patrouillent le long des rives des cours d'eau et le long des lisières ombragées. Ils semblent se comporter en simples patrouilleurs au-dessus de l'eau, mais paraissent être territoriaux à l'écart, le long des lisières. Les femelles pondent furtivement en se dissimulant dans des endroits abrités à proximité des rives, en touchant brièvement l'eau de l'extrémité de l'abdomen. Elles pondent également fréquemment sur la terre humide des rives. Durant la ponte, leurs derniers segments abdominaux sont relevés à angle droit de manière très caractéristique et la lame vulvaire est très visible.

Menaces et mesures de gestion

Cette espèce est très menacée en France, où elle n'habite que de rares ruisseaux méditerranéens intermittents susceptibles de s'assécher définitivement en fonction d'opérations de captage ou d'irrigation intempestives, ou encore d'incendie de forêt. Sa protection intégrale et une gestion spécifique de ses habitats sont indispensables à sa survie.

Mâle en fin d'émergence. Massif de l'Estérel, Var, juin 1996. © D. Grand.

Période de vol

Les observations de cette espèce en France ont été faites de mi-juin à mi-août. La période de vol de cette Cordulie est néanmoins plus longue et, dans le Bassin méditerranéen oriental, s'étend de mi-mai à début septembre

PROTECTION				LISTES ROUGES							DIRECTIVE HABITATS
FR	BE	LX	CH	MONDE	EU	FR	WA	FL	LX	CH	
O	–	–	–	LC	LC	NT	–	–	–	–	–

Somatochlora flavomaculata (Vander Linden, 1825)

La Cordulie à taches jaunes

Libellula flavomaculata Vander Linden, 1825, *Monographiae Libellulinarum Europaearum Specimen* : 19. Frank, Bruxelles.

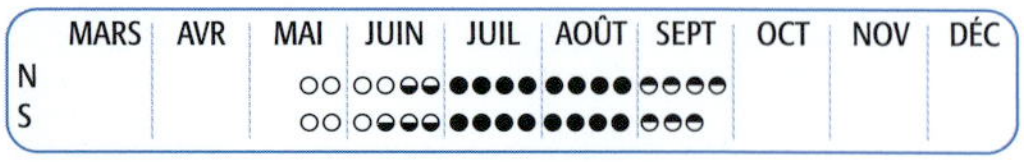

Mâle. © L. Rouschmeyer.

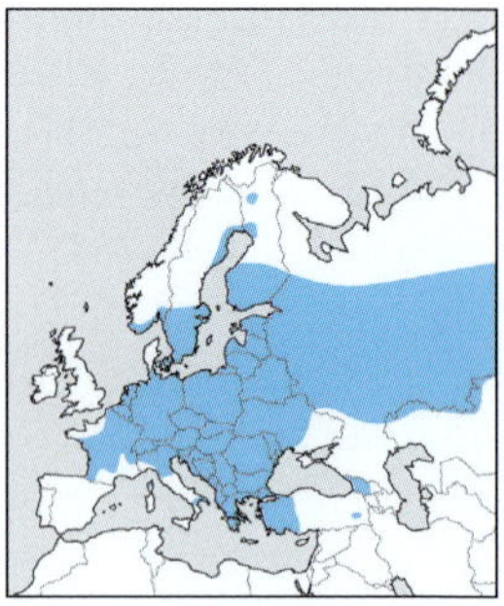

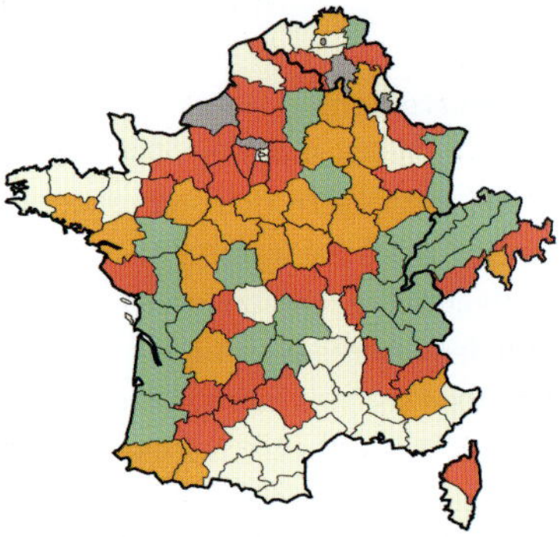

Critères de terrain

Corps vert métallique à noirâtre brillant avec l'**abdomen marqué de taches jaunes latérales sur ses sept premiers segments et le thorax marqué de bandes jaunes latérales**. Toutes ces taches et bandes jaunes s'obscurcissent et s'estompent avec l'âge.

Dimensions

Abdomen (mm) : ♂ 34 - 38 ; ♀ 34 - 43
Ailes postérieures (mm) : ♂ 32 - 37 ; ♀ 33 - 39

Confusions à éviter

L'identification d'une Cordulie nécessite toujours de bonnes conditions d'observations sur un individu posé ou tenu en main.

Répartition géographique, distribution et abondance

De l'ouest et du nord de l'Europe à l'Iran et au sud de la Sibérie occidentale dans l'Altaï. Cette espèce est dispersée dans presque toute la France, hormis dans la région méditerranéenne, mais reste globalement peu commune malgré des populations localement importantes. Elle est bien distribuée sur le Plateau suisse mais est rare en Belgique et a disparu du Luxembourg. En Suisse elle était surtout répandue sur le Plateau où elle est en régression significative du fait de l'assèchement régulier de nombreux marais au cours du XXe siècle. Elle subsiste encore localement çà et là dans le Jura, les Préalpes et le Tessin

Écologie et biologie

La Cordulie à taches jaunes trouve ses habitats préférés dans les parties en voie d'atterrissement des étangs et des lacs, dans les marais mésotrophes et dans les tourbières mésotrophes ou oligotrophes de plaine, jusqu'à 1 300 m dans le Massif central. On peut également la rencontrer dans d'anciennes gravières ou sur les bras morts des grandes rivières, parfois en eau très faiblement courante. Les larves vivent à faible profondeur dans la vase, dans la litière des hydrophytes en voie de décomposition ou au sein de la végétation aquatique immergée. Elles se tiennent surtout dans les secteurs en voie de colonisation par les roseaux, les carex ou les joncs et s'enfouissent en profondeur si l'eau libre vient à disparaître. Elles survivent ainsi aux phases de sécheresse estivales, notamment dans les tourbières. Les œufs éclosent 3 à 8 semaines après la ponte et la phase larvaire dure 2 ou 3 ans. Lorsque les populations sont importantes, les émergences s'étalent sur environ six semaines.

Accouplement. Tourbière, Puy-de-Dôme, 1 170 m, juillet 2005. © D. Grand.

Mâle âgé très sombre. Corse, juin 2005. © D. Grand.

Comportement

Les mâles s'observent le plus souvent planant le long des chemins forestiers, des lisières et des haies, ainsi qu'au niveau des prairies et des marécages entourant les étangs. Ils se posent de temps à autre dans les arbres ou les arbustes. Ils défendent un territoire comprenant une vaste partie terrestre, parfois très à l'écart de l'eau et située au voisinage de buissons, d'arbres isolés, de lisières ou de layons, où ils chassent et attendent les femelles, et une partie située au-dessus des rives ou de l'eau libre, où ces dernières pondent. Les affrontements entre mâles résidents et intrus sont assez violents. Les femelles pondent furtivement en essayant de passer inaperçues des mâles, comme chez beaucoup de libellules.

Menaces et mesures de gestion

Là où elle se développe, cette espèce est menacée par les pollutions agricoles, la fermeture des milieux et le comblement ou le drainage des marais. Des opérations de fauche tardive et de déboisement, ainsi que le creusement de petites fosses dans les tourbières et les marais en fin de cycle sont à préconiser en vue de conserver ses populations. L'unique population corse est vulnérable du fait de l'exiguïté de la réserve naturelle du Fango qui l'héberge.

PROTECTION				LISTES ROUGES							DIRECTIVE HABITATS
FR	BE	LX	CH	MONDE	EU	FR	WA	FL	LX	CH	
○	Wa, Fl	●	GE, VD	LC	LC	LC	CR	VU	RE	LC	–

Somatochlora alpestris (Selys, 1840)

La Cordulie alpestre

Cordulia alpestris Selys, 1840, *Monographie des Libellulidées d'Europe*: 65. Roret, Paris.

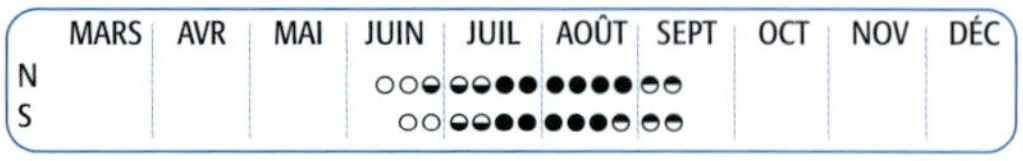

Mâle. Haut-Rhin, Vosges, 1 105 m, août 1984.
© J.-P. Boudot.

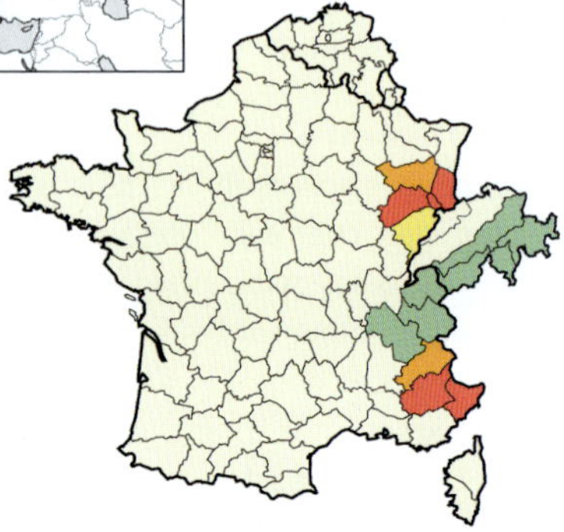

Critères de terrain

Corps vert métallique à noirâtre brillant, sans taches jaunes latéro-dorsales dans aucun des deux sexes. **Deux nervures transverses cubito-anales aux quatre ailes**, entre la base de l'aile et la cellule discoïdale.

Dimensions

Abdomen (mm) : ♂ 32 - 34 ; ♀ 31 - 35
Ailes postérieures (mm) : ♂ 30 - 32 ; ♀ 30 - 34

Confusions à éviter

L'identification d'une Cordulie nécessite toujours de bonnes conditions d'observations sur un individu posé ou tenu en main.

Répartition géographique, distribution et abondance

Espèce boréo-alpine à aire disjointe. Nord de la Scandinavie et de la Russie européenne ; reliefs du sud de la Sibérie de l'Altaï au Kamtchatka. Sakhaline et Hokkaido ; massifs montagneux d'Europe centrale. En France, cette espèce est bien connue dans les Vosges et les Alpes au-delà de 800 m d'altitude mais aucune localité n'a été documentée dans le massif du Jura. L'espèce est par contre bien distribuée dans les Alpes Suisses.

Écologie et biologie

Tourbières à sphaignes et mares tourbeuses, entre 800 et 2 250 m d'altitude. Les larves vivent dans la tourbe et dans les sphaignes des dépressions inondées. Elles résistent aux phases de sécheresse et de gel répétées et prolongées de leur habitat. Elles peuvent de ce fait se développer sans grande concurrence dans les derniers petits trous d'eau temporaires qui subsistent dans les tourbières en fin de cycle. Les adultes ne résistent par contre que très mal au mauvais temps et sont décimés lors des périodes neigeuses estivales excédant 3 ou 4 jours. Les œufs éclosent habituellement 3 à 6 semaines après la ponte, mais 40 % des pontes tardives entrent en diapause et n'éclosent qu'après l'hiver. La phase larvaire dure de 2 à 5 ans et compte entre

11 et 13 stades. Les émergences s'étendent sur 4 à 5 semaines dans une localité donnée. Elles sont synchronisées et la moitié des imagos émerge en 5 à 6 jours.

Comportement

La Cordulie alpestre est une espèce discrète qui peut passer inaperçue. Les mâles patrouillent dans les tourbières au-dessus des fosses de détourbage, des gouilles et des suintements, où ils attendent les femelles venant y pondre. Les mâles ayant émergé en début de saison sont plus robustes et parviennent à défendre un territoire qu'ils occupent à plusieurs reprises au cours de la journée. Ils défendent parfois également un territoire de chasse. Ceux qui ont émergé plus tardivement sont plus frêles et condamnés à vagabonder d'un site à un autre, même lorsqu'ils sont éloignés de plusieurs kilomètres. Les affrontements entre mâles territoriaux sont assez violents. Les femelles pondent en se déplaçant furtivement d'un point à un autre, tout en tapotant la surface des gouilles ou de la tourbe humide de l'extrémité de l'abdomen. Si un mâle s'approche, elles réagissent par immobilisation réflexe et se laissent tomber dans l'herbe, y restant jusqu'à ce que le mâle s'éloigne.

Menaces et mesures de gestion

Cette espèce est menacée par la fermeture naturelle, le drainage ou l'exploitation des tourbières. Les implantations touristiques ainsi que le piétinement et l'eutrophisation des marais par le bétail constituent un grand danger pour elle dans les Alpes. La mise en protection de ses habitats vis-à-vis des troupeaux, ainsi que le creusement de petites fosses de détourbage visant à recréer des stades initiaux dans les tourbières en fin de cycle, sont à préconiser si l'on veut à terme éviter la disparition de cette Cordulie.

Femelle. Alpes-Maritimes, Mercantour, 2215 m, août 1985. © J.-P. Boudot.

PROTECTION				LISTES ROUGES							DIRECTIVE HABITATS
FR	BE	LX	CH	MONDE	EU	FR	WA	FL	LX	CH	
O	–	–	GE, VD	LC	LC	NT	–	–	–	NT	–

Somatochlora arctica *(Zetterstedt, 1840)*

La Cordulie arctique

Aeshna arctica Zetterstedt, 1840, *Insecta Lapponica descripta* : 1040. Voss, Leipzig.

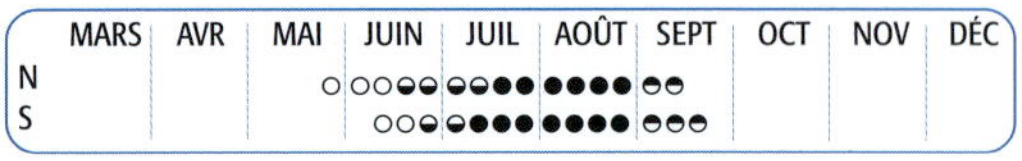

Mâle. © T. Roussel.

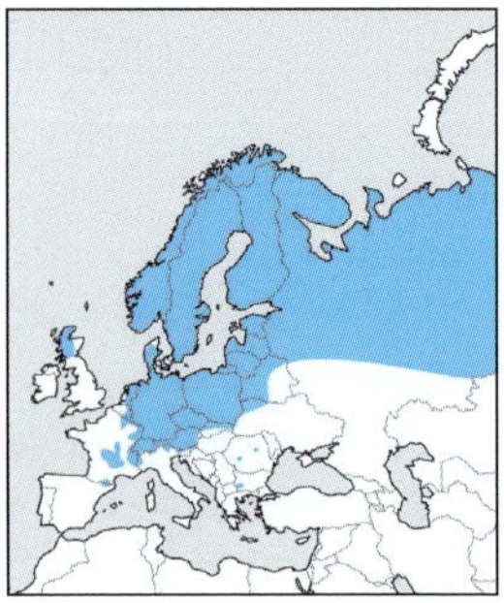

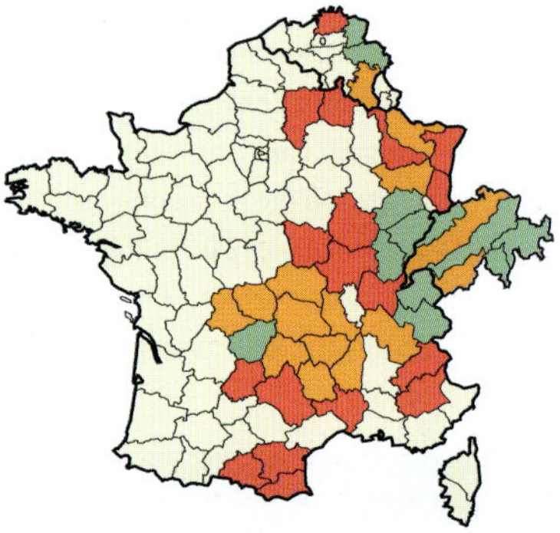

Critères de terrain

Corps vert métallique à noirâtre brillant. **Cercoïdes des mâles en forme de pince caractéristique. Lame vulvaire des femelles appliquée contre l'abdomen, peu visible en vue latérale et sensiblement aussi longue que le 9ᵉ segment abdominal. Troisième segment abdominal des femelles marqué de 2 taches jaunes dorso-latérales arrondies.**

Dimensions

Abdomen (mm) : ♂ 30 - 36 ; ♀ 30 - 37
Ailes postérieures (mm) : ♂ 28 - 32 ; ♀ 30 - 35

Confusions à éviter

L'identification d'une Cordulie nécessite toujours de bonnes conditions d'observations sur un individu posé ou tenu en main.

Répartition géographique, distribution et abondance

Du nord et de l'ouest de l'Europe à la Sibérie orientale et à l'Extrême Orient russe, moitié nord du Japon. Surtout dans les massifs montagneux dans le sud de son aire, mais également à basse altitude dans le nord et le centre de l'Europe. En France, cette espèce est bien implantée dans les Vosges, le Jura, le Massif central et les Alpes. En Suisse, elle est bien dispersée dans le Jura et les Alpes, avec quelques individus observés sur le Plateau. Elle est très ponctuelle dans les Pyrénées et les Ardennes et globalement peu commune en Belgique.

Écologie et biologie

Tourbières acides et neutres, du niveau de la mer dans le nord de la Belgique à plus de 2000 m d'altitude dans les Alpes. Les larves se développent dans les gouilles, les fosses de détourbage, les dépressions herbeuses inondées, les suintements tourbeux et les petits trous d'eau, même s'ils s'assèchent en été et gèlent en hiver. Elles s'enfouissent en profondeur jusqu'à 30 cm lorsque leur habitat s'assèche en été, et, de ce fait, cette espèce est parmi les dernières à subsister dans les tourbières en voie d'assèchement. Les œufs éclosent

Accouplement. Tourbière, Massif des Bauges, Savoie, 1 310 m, août 2004. © D. Grand.

Femelle. © C. Gosset.

habituellement 3 à 4 semaines après la ponte, mais 20 % des pontes tardives entrent en diapause et n'éclosent qu'après l'hiver. La phase larvaire dure entre 2 et 5 ans suivant les conditions climatiques et hydriques et compte 12 ou 13 stades. La période d'émergence est assez longue et dure entre 6 et 8 semaines du printemps à l'été. Le rythme des émergences est lent et régulier et la moitié d'une génération annuelle met 3 à 4 semaines pour apparaître.

Comportement

La Cordulie arctique est une espèce discrète, qui peut passer inaperçue et qui semble donner lieu à une dispersion importante. Les mâles patrouillent périodiquement pendant deux à trente minutes dans les tourbières et les bas-marais, parcourant de longues distances. Parfois, ils deviennent territoriaux et survolent longuement un espace réduit, au-dessus d'une gouille, d'une fosse ou d'un suintement. Ils en excluent tous leurs congénères mais les affrontements sont brefs et peu violents. Après un certain temps, ils changent de localité ou repartent en patrouille, quitte à revenir à un autre moment. Lors de la ponte, les femelles survolent les zones inondées des marais et des tourbières en volant très bas, touchant l'eau ou les sphaignes de l'extrémité de l'abdomen en ayant les derniers segments légèrement recourbés vers le haut. La plupart d'entre elles échappent aux mâles qui les cherchent en se dissimulant dans les herbes ou en s'enfuyant.

Menaces et mesures de gestion

Cette espèce est menacée par la fermeture naturelle, le drainage, l'exploitation et le boisement des tourbières. Le piétinement et l'eutrophisation des marais par le bétail constituent également un danger important dans certaines régions. Des opérations de déboisement, de mise en protection vis-à-vis des troupeaux, ainsi que le creusement de petites fosses de détourbage visant à recréer des stades initiaux dans les tourbières en fin de cycle, sont à préconiser si l'on veut que cette espèce subsiste dans nos régions.

PROTECTION				LISTES ROUGES							DIRECTIVE HABITATS
FR	BE	LX	CH	MONDE	EU	FR	WA	FL	LX	CH	
○	Wa, Fl	–	GE, VD	LC	LC	NT	EN	CR	–	VU	–

Epitheca bimaculata (Charpentier, 1825)

La Cordulie à deux taches

Libellula bimaculata Charpentier, 1825, *Horae Entomologicae, Libellulinis Europaeis*: 43. Gosohorsky, Breslaw.

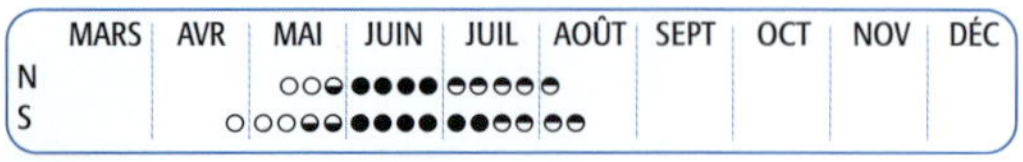

Mâle. © T. Roussel.

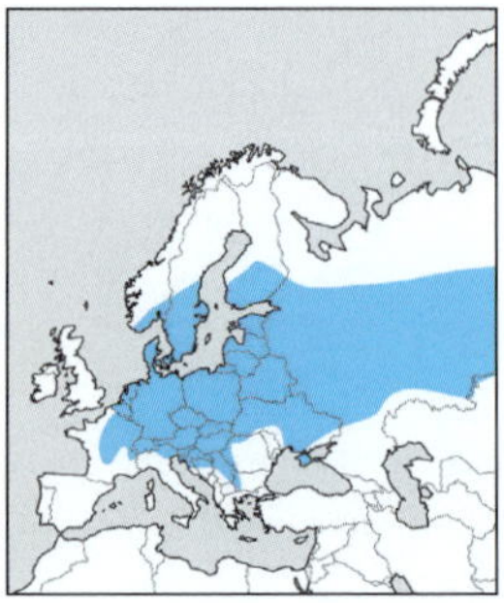

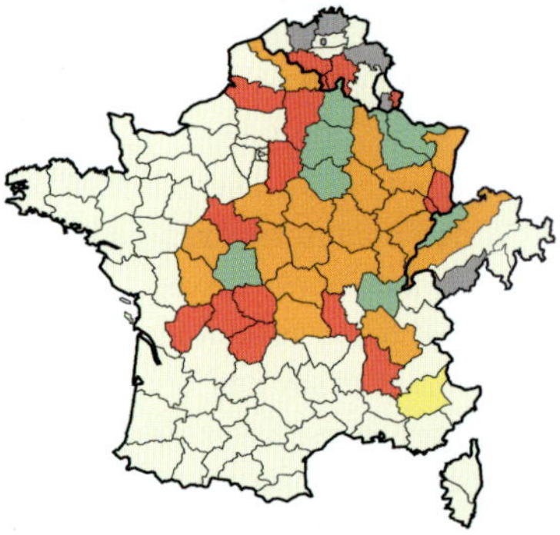

Critères de terrain

Couleur générale jaune à brun noirâtre. **Base des ailes postérieures avec une grande tache noire, mais nodus des 4 ailes sans tache noire.**

Dimensions

Abdomen (mm) : ♂ 37 - 42 ; ♀ 37 - 43
Ailes postérieures (mm) : ♂ 36 - 41 ; ♀ 39 - 44

Confusions à éviter

La confusion est possible avec *Libellula quadrimaculata*, mais celle-ci porte des taches noires au nodus des quatre ailes.

Répartition géographique, distribution et abondance

De l'ouest et du nord de l'Europe à l'est de la Sibérie et à l'Extrême Orient russe. En France, cette espèce est bien connue dans le nord-est du pays, où elle est irrégulièrement disséminée des Ardennes à la Lorraine. Elle reste rare ailleurs même si plusieurs observations ont récemment étendu son aire de distribution dans le centre du pays. Elle est également très rare en Belgique et au Luxembourg et a disparu des Pays-Bas.

Écologie et biologie

Eaux stagnantes des régions semi-boisées des plaines continentales : étangs et anciennes gravières envahis ou non d'hydrophytes immergées ou flottantes. Les œufs éclosent environ 2 à 4 semaines après la ponte. La phase larvaire dure de 1 à 3 ans et compte entre 12 et 13 stades. Les larves vivent à la surface des sédiments et au sein de la végétation aquatique immergée. Lorsque les populations sont importantes, les émergences durent entre 1 et 3 semaines et sont synchronisées, si bien que 50 % de la génération annuelle apparaît en 4 à 7 jours dans l'est de la France par exemple. Les exuvies peuvent être couramment trouvées jusqu'à une dizaine de mètres des rives et sont fréquemment accrochées à la face inférieure des feuilles, notamment dans les ronciers et les fourrés d'orties. Quelques émergences se déroulent à une centaine de mètres des rives.

Comportement

Les adultes ne sont que rarement visibles sur leurs sites de reproduction et l'on ne sait que peu de choses de leur vie. Les meilleurs indices de la présence de l'espèce et de l'abondance des populations sont recueillis lors de l'émergence, au mois de mai. Lorsque la densité des mâles est faible ou modérée, quelques études effectuées dans des sites particulièrement favorables montrent que ceux-ci défendent un territoire de 10 à 20 m le long des rives, parfois pendant plus d'une heure. Ils en excluent leurs congénères, ainsi que les mâles de plusieurs autres espèces d'Anisoptères. Lors de la ponte, après l'accouplement, la femelle se pose, relève l'extrémité de son abdomen et produit un amas d'œufs renfermés dans un cordon gélatineux, gros comme un pois. Elle le maintient entre sa longue lame vulvaire et son abdomen. Une fois déposé dans l'eau, cet agglomérat se déroule et gonfle en un cordon long de 20 à 40 cm pour un diamètre de cinq à six millimètres. Il contient jusqu'à 2000 œufs et adhère aux plantes aquatiques dans lesquelles il s'emmêle.

Menaces et mesures de gestion

Cette espèce est très raréfiée en Belgique et au Luxembourg. Dans le nord-est de la France, de belles populations ont été détruites ces dernières décennies du fait de l'aménagement d'anciennes ballastières attenant aux cours d'eau. Le faucardage et le curage des étangs, ainsi que la pisciculture intensive, constituent une menace chronique pour une espèce aussi disséminée et irrégulière.

Femelle. © N. Helitas.

PROTECTION				LISTES ROUGES							DIRECTIVE HABITATS
FR	BE	LX	CH	MONDE	EU	FR	WA	FL	LX	CH	
IdF	Wa, Fl	•	•	EN	LC	LC	EN	RE	R	LC	–

Incertae sedis

Il est actuellement admis qu'*Oxygastra curtisii* n'appartient pas aux Corduliidae, famille à laquelle il était jusqu'ici rattaché. L'espèce ne peut néanmoins pas, en l'état actuel des études phylogénétiques être rattachée avec certitude à une quelconque famille existante. Il semble bien qu'*Oxygastra curtisii* soit l'espèce la plus isolée sur le plan phylogénétique en Europe et au monde et constitue vraisemblablement l'une des relictes les plus anciennes des phyllums ancestraux d'Odonates. Conformément au code international de nomenclature zoologique, cette espèce est actuellement considérée *incertae sedis*, ce qui signifie « de position taxonomique incertaine ».

Bibliographie

Boudot & Kalkman, 2015 ; Dijkstra *et al.*, 2013 ; Ott, 2018 ; Ware *et al.*, 2007.

Oxygastra curtisii (Dale, 1834)

La Cordulie à corps fin

Cordulia curtisii Dale, 1834, *Magazine of Natural History*, 7 : 60.

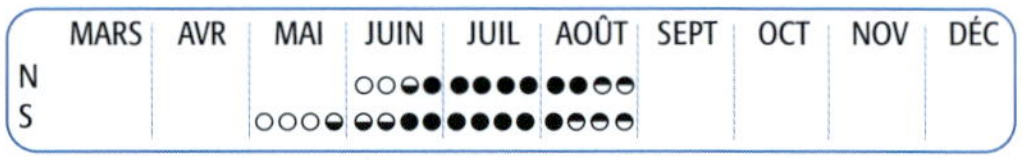

Mâle. © L. Rouschmeyer.

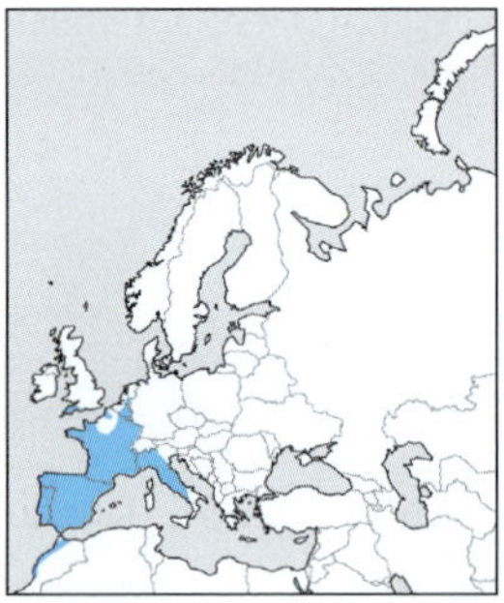

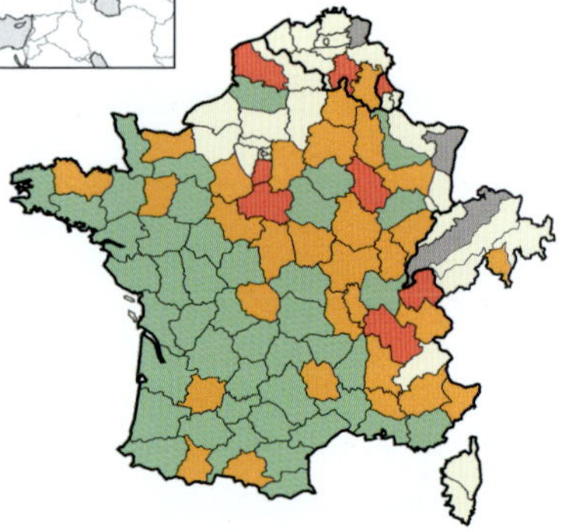

Critères de terrain

Abdomen vert métallique à noirâtre avec des taches jaunes médiodorsales allongées bien visibles. Thorax entièrement vert métallique. Dixième segment abdominal des mâles avec une crête longitudinale médiodorsale claire.

Dimensions

Abdomen (mm) :	♂ 33 - 39 ; ♀ 34 - 35
Ailes postérieures (mm) :	♂ 24 - 36 ; ♀ 33 - 34

Confusions à éviter

L'identification de cette Cordulie est assez facile avec ses taches jaunes sur le dessus de l'abdomen. Ces taches se ternissant progressivement, il est néanmoins préférable d'avoir l'exemplaire en main pour une identification sûre.

Répartition géographique, distribution et abondance

Endémique d'Europe occidentale, devenant très rare en Afrique du Nord. En France, cette espèce est assez commune dans la région méditerranéenne et sur la façade atlantique mais se raréfie dans la moitié nord-est du pays. Très rare en Belgique, considérée comme éteinte en Allemagne et au Luxembourg, disparue des îles Britanniques et des Pays-Bas. En Suisse, les localités stables sont localisées à quelques lacs du Tessin tandis que d'anciennes citations des environs de Genève ne concernaient que des individus erratiques.

Femelle. Gard, juin 1983. © J.-P. Boudot.

Écologie et biologie

Surtout en eau courante (notamment dans les parties calmes des grandes rivières aux rives plus ou moins boisées), parfois en eau stagnante (mares, étangs, lacs, anciennes gravières), en dessous de 800 m d'altitude. La présence d'une lisière arborée lui est nécessaire car les larves vivent surtout dans les débris végétaux s'accumulant entre les racines d'arbres immergées à l'aplomb des rives, où elles chassent à l'affût. Les œufs éclosent 2 à 10 semaines après la ponte et la phase larvaire dure 2 ou 3 ans. Les émergences se regroupent pour l'essentiel sur 10 à 15 jours, même si quelques-unes s'observent encore par la suite.

Comportement

Les mâles de la Cordulie à corps fin patrouillent continuellement le long des rives sur des tronçons de 6 à 15 m, notamment au niveau des secteurs ombragés et calmes, à la recherche des femelles qui viendraient y pondre. Ils y défendent un territoire, dont ils excluent tout autre mâle tentant d'y pénétrer. Les mâles n'ayant pu acquérir de territoire restent dissimulés à proximité dans la végétation et guettent le moment où un territoire se libérera (mâles satellites). Les femelles pondent furtivement et en se déplaçant rapidement d'un vol désordonné, tout en touchant l'eau de l'extrémité de l'abdomen de manière répétée.

Menaces et mesures de gestion

Cette espèce est très menacée sur les limites orientales et septentrionales de son aire de répartition (Belgique, Luxembourg, Allemagne, Suisse, Italie). En France, elle est bien implantée dans la moitié sud-ouest du pays et présente de belles populations çà et là dans les autres régions. Les menaces qui pourraient l'affecter de manière significative résident dans la pollution de l'eau, l'aménagement des grandes rivières et des fleuves, l'exploitation directe de granulats dans leur lit mineur, le déboisement de leurs rives. L'espèce semble particulièrement sensible à la prédation par certaines espèces d'écrevisses invasives du Nouveau Monde et sa disparition de son unique population germano-luxembourgeoise semble résulter de l'invasion de l'Our par l'écrevisse de Californie (= écrevisse du Pacifique ou « écrevisse signal » *Pacifastacus leniusculus* (Dana, 1852)).

Mesures de classement et de protection

Du fait de son endémisme, la Cordulie à corps fin figure aux annexes II et IV de la directive Habitats et est partout protégée.

PROTECTION				LISTES ROUGES							DIRECTIVE HABITATS
FR	BE	LX	CH	MONDE	EU	FR	WA	FL	LX	CH	
•	Wa, Fl	•	•	LC	NT	LC	EN	RE	R	VU	II, IV

Sympetrum flaveolum. Puy-de-Dôme, 1250 m, août 2003. © D. Grand.

La famille des Libellulidés

(Libellulidae Leach in Brewster, 1815)

Cette très vaste famille, présente sur tous les continents, ne rassemble pas moins de 140 genres et 1037 espèces à travers le monde à la fin de l'année 2022. Onze de ces genres et 38 espèces ont été cités en Europe. Neuf genres totalisant 30 espèces ou sous-espèces ont été cités dans notre région. Cette famille est constituée d'espèces de petite à moyenne taille. Leurs **yeux** sont **contigus avec le bord postérieur subrectiligne. Les cellules discoïdales sont transverses aux ailes antérieures et longitudinales aux postérieures. La base des ailes postérieures est arrondie chez les deux sexes.**

Larve de Libellulidae du genre *Sympetrum*. © F. Melki.

Écologie

Cette famille, probablement la plus récente parmi les Anisoptères, a colonisé toutes les eaux stagnantes, qu'elles soient permanentes, temporaires, saumâtres ou même salées, alcalines, neutres ou acides, naturelles ou créées par l'homme, parfois même sensiblement polluées. Plusieurs espèces se reproduisent également en eau courante. Les Libellulidés colonisent aussi bien les plaines que les montagnes et certains d'entre eux dépassent 2000 m d'altitude dans le sud de la France.

Biologie

Les œufs sont petits, sensiblement sphériques, parfois entourés de mucus. Ils éclosent le plus souvent quelques semaines après la ponte, mais, chez la plupart des *Sympetrum*, ils entrent en diapause et n'éclosent qu'après l'hiver. De nombreuses espèces sont univoltines, mais certaines peuvent être bivoltines ou trivoltines. Les émergences surviennent dans la matinée, parfois pendant la nuit, sur un support vertical et durent une à deux heures par beau temps. Les exuvies peuvent encore être trouvées à plus de 3 m de haut sur les arbres et à près de 30 m de l'eau.

Comportement

Certains Libellulidés ne s'éloignent que modérément de leur site de reproduction tandis que d'autres divaguent très loin, parfois en grand nombre, pendant leur phase de maturation. Quelques espèces sont migratrices et leurs déplacements peuvent alors dépasser un millier de kilomètres. Les adultes se posent fréquemment au sol ou dans la végétation, une simple branche ou une tige sèche leur servant alors de poste de guet. Certaines espèces sont territoriales, d'autres non. Au bord de l'eau, dès qu'un mâle aperçoit une femelle, il s'en empare brutalement et l'accouplement se forme pour une durée n'excédant guère une demi-heure. Bien souvent le couple se pose mais chez quelques genres ou espèces (*Crocothemis*, *Trithemis*, *Pantala* et certains *Libellula*) l'accouplement se déroule en vol et est souvent très bref (moins de 30 secondes). La ponte débute en tandem chez les *Sympetrum* et *Pantala*. Si le harcèlement des autres mâles est faible, la femelle peut continuer à pondre seule mais le mâle reste à proximité pour éloigner ses congénères. Chez les autres espèces, les femelles pondent seules ou protégées par le mâle et lâchent leurs œufs en vol ou en touchant l'eau de l'extrémité de l'abdomen. Les *Sympetrum* pondent souvent au-dessus des rives humides ou dans des mares asséchées qui ne seront en eau qu'au printemps.

Bibliographie

Aguesse, 1968 ; Arnquist & Johansson, 1998 ; Artiss, 2001 ; Berquier, 2013 ; Borisov, 2005 ; Bonet-Betoret, 2000 ; Brauner, 2006 ; Brockhaus, 2001 ; Chelmick

Libellula depressa femelle, en vol au point fixe lors de la ponte. Meuse, août 1990. © J.-P. Boudot.

& Pickess, 2008; Buczinski *et al.*, 2019; Convey, 1989a; Corbet, 1999; Corso *et al.*, 2012, 2017; Darblade & Ducout, 2005; De knijf, 2015, 2018, 2022; Duborget, 2013; Dumont & Hinnekint, 1973; Durand, 2016; Engler, 2014; Falchetti & Utzeri, 1974; Ferreras Romero, 1981; Galasso *et al.*, 2020; Gheza *et al.* 2019; Gorb, 1994; Gil-Tapetado *et al.*, 2023; Grand, 1990b, 1994, 2002d, 2003, 2004d, 2005; Gauci, 2022; Günther, 2019a, b; Günther *et al.*, 2018; Henseler, 2019; Hickling *et al.*, 2005; Heidemann & Seidenbusch, 2002; Heymer; 1960; Hinojosa *et al.*, 2017; Hoess, 2019; Holusa, 1997, 2008; Iorio, 2012; Ito, 1996; Jacquemin & Boudot, 1999; Jödicke, 1991, 2003; Jödicke & Jödicke, 1996; Jödicke & Thomas, 1993; Johansson, 2000; Johansson & Samuelsson, 1994; Jöhnk & Jödicke, 2022; Jourdain, 2005; Julian & Julian, 1989a; Kiauta, 1964; Kotarac, 1996; Krüner, 1977; Lewandowska *et al.*, 2020; Lieftinck, 1979; Martynov *et al.* 2015; Mauersberger, 1994; Mayer, 1961; Meurgey, 2005b; Michiels & Dhondt, 1989a-b, 1991a-b; Mikolajewski, 2001; Mikolajewski & Johansson, 2004; Mikolajewski & Rolff, 2004; Mikolajewski *et al.*, 2004; Miller *et al.*, 1984; Monnerat, 2023; Moore, 1991a; Mulnet, 2002a-b; Nederlandse Vereniging voor Libellenstudie, 2002; Ott, 1996; Ottolenghi, 1987; Paine, 1987; Pajunen, 1962a-b, 1963, 1964; Parr, 1983; Piretta & Assandri, 2019; Prunier & Brochard 2016; Reinhardt, 1998; Robert, 1958; Roché, 1989, 1991; Samraoui & Corbet, 2000; Samraoui *et al.*, 1998; Sánchez García *et al.*, 2009; Sannier 2015; Santos Loureiro, 2012; Schirrmacher *et al.*, 2007; Schmidt, 1998, 2008; Selys, 1888; Sternberg & Buchwald, 2000; Suhling & Martens, 2007; Uboni *et al.*, 2015; Utzeri & Dell'Anna, 1989; Wasscher, 1998; Wildermuth *et al.*, 2005; Wischhof, 1997.

Libellula quadrimaculata *Linnaeus, 1758*

La Libellule à quatre taches

Libellula quadrimaculata Linnaeus, 1758, *Systema naturae*, 10e éd., 1 : 543. Laurentii Salvii, Stockholm.

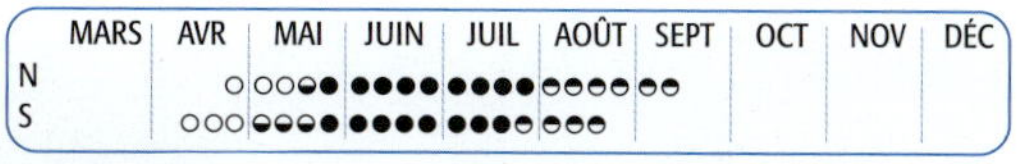

Mâle. © L. Rouschmeyer.

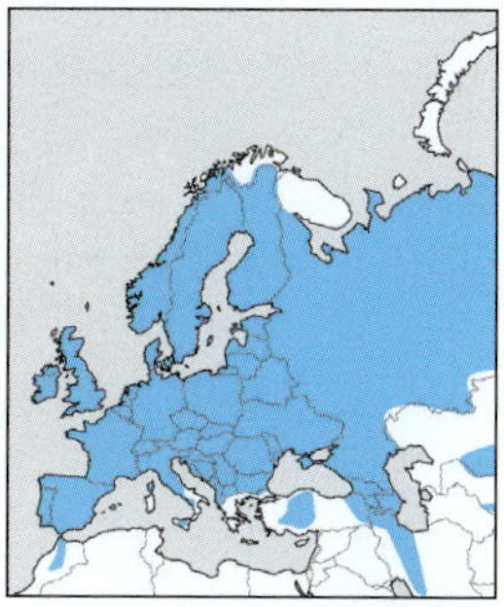

Critères de terrain

Coloration générale jaune brun à olivâtre et noire. **Base des ailes postérieures marquée d'une tache noire bien visible. Une tache noire au nodus des 4 ailes.**

Dimensions

Abdomen (mm) : ♂ 27 - 32 ; ♀ 28 - 31
Ailes postérieures (mm) : ♂ 32 - 36 ; ♀ 33 - 40

Confusions à éviter

La confusion est possible avec *Epitheca bimaculata*, mais la présence de taches noires au niveau du nodus et de plus de 13 nervures transverses anténodales aux ailes antérieures permet l'identification de ce taxon.

Répartition géographique, distribution et abondance

De l'ouest de l'Europe au Kamtchatka, au Japon et au nord du continent américain. Afrique du Nord. Espèce partout très commune en Europe, des tourbières d'altitude aux plaines tempérées puis se raréfiant sensiblement dans les eaux saumâtres du littoral méditerranéen.

Écologie et biologie

Eaux stagnantes de toute nature : mares, étangs, lacs, bras morts, anciennes gravières, marais, tourbières, fossés, même saumâtres, etc. Parfois également en eau faiblement courante. L'espèce se reproduit jusqu'à 2000 m d'altitude dans les Alpes, 2200 m dans les Pyrénées. Les œufs, enrobés d'un mucus gélatineux facilitant leur adhésion aux supports, éclosent 2 à 7 semaines après la ponte. La phase larvaire dure entre 1 et 3 ans selon la latitude et l'altitude et compte 11 ou 12 stades. Les larves vivent sur les sédiments, dans les débris végétaux qui s'accumulent au fond de l'eau, ou au sein de la végétation aquatique immergée et ne supportent guère la pollution. En plaine, les émergences sont assez bien regroupées et dans une localité donnée la moitié de la population apparaît en 12 à 20 jours. Lorsqu'elles sont synchronisées et massives, elles peuvent induire de véritables

Mâle. © C. Gosset.

Femelle dite praenubila à cause des taches noires sur les parties apicales des ailes. © D. Grand.

Mâle. Vosges, mai 2023. © J.-P. Boudot.

migrations prenant la forme de convois spectaculaires pouvant atteindre 20 km de long et 600 m de large. De telles migrations volent à moins de 5 m au-dessus du sol sur parfois 200 à 300 km.

Comportement

Les mâles sont territoriaux et se tiennent généralement perchés sur les tiges sèches qui bordent l'eau ou parsèment les marais, d'où ils cherchent à s'emparer des femelles passant à proximité. Ils sont agressifs vis-à-vis des mâles de toute espèce. Ils peuvent également voler longuement au point fixe au-dessus des sites de ponte. Une partie des mâles n'ayant pas de territoire reste à proximité en position d'attente et guette le moment où un territoire se libérera (mâles satellites) ; les autres se déplacent continuellement à la recherche de femelles. L'accouplement se déroule en vol et ne dure qu'une vingtaine de secondes. Les femelles pondent en touchant l'eau de l'extrémité de leur abdomen, de préférence dans des zones riches en plantes aquatiques immergées, tandis que le mâle reste à proximité en volant au point fixe.

Menaces et mesures de gestion

Cette espèce très ubiquiste n'est nulle part menacée. Dans certaines régions de Belgique, l'élimination des roselières lui est cependant néfaste.

PROTECTION				LISTES ROUGES							DIRECTIVE HABITATS
FR	BE	LX	CH	MONDE	EU	FR	WA	FL	LX	CH	
○	Fl	●	GE, VD	LC	LC	LC	LC	LC	LC	LC	–

Libellula depressa *Linnaeus, 1758*

La Libellule déprimée

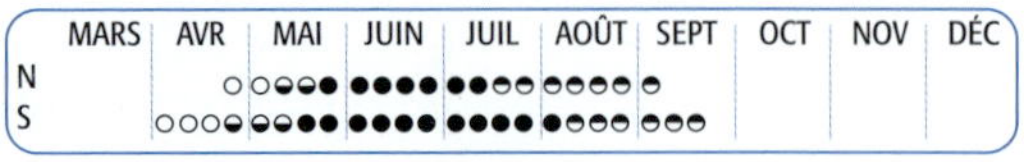

Libellula depressa Linnaeus, 1758, *Systema naturae*, 10e éd., 1 : 544. Laurentii Salvii, Stockholm.
Synonymie : *Platetrum depressum* (Linnaeus, 1758), *Ladona depressa* (Linnaeus, 1758).

Mâle. Meurthe-et-Moselle, juin 1982. © J.-P. Boudot.

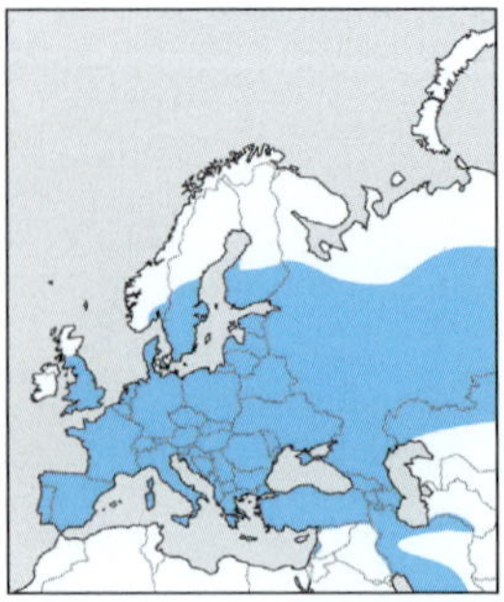

Critères de terrain

Abdomen trapu, bleu à maturité chez les mâles, brun jaune chez les femelles, avec des lunules latérales jaunes. Base des ailes postérieures marquée d'une grande tache noire englobant la totalité de la cellule discoïdale. Les informations génétiques disponibles établissent la parenté de cette espèce avec les genres ou sous-genres *Ladona* et *Plathemis*, mais ne démontrent pas son intégration à l'un ou à l'autre.

Dimensions

Abdomen (mm) : ♂ 24 - 31 ; ♀ 21 - 29
Ailes postérieures (mm) : ♂ 32 - 36 ; ♀ 33 - 38

Confusions à éviter

Cette espèce ne peut guère être confondue avec une autre.

Répartition géographique, distribution et abondance

De l'ouest de l'Europe à l'Asie centrale et à l'Iran. Cette espèce est partout extrêmement commune en Europe occidentale et centrale au printemps, sauf aux latitudes les plus septentrionales et aux altitudes élevées. Dans les îles Britanniques, la limite septentrionale de son aire de répartition s'est déplacée vers le nord d'une centaine de kilomètres depuis les années 60, ce qui est attribué au réchauffement du climat.

Écologie et biologie

Eaux mésotrophes et eutrophes stagnantes et faiblement courantes, même saumâtres ou légèrement polluées : marais, fossés, mares, étangs, lacs, bras morts, gravières et bassins divers, parties calmes des grands cours d'eau méridionaux. La Libellule déprimée est une espèce pionnière qui colonise rapidement les pièces d'eau récentes. Lorsque la végétation se développe, ses effectifs décroissent et l'espèce survit en plus petit nombre.

Femelle. © L. Rouschmeyer.

Mâle immature. Meurthe-et-Moselle. © T. Roussel.

Elle ne dépasse guère 800 m d'altitude dans le nord-est de la France mais se reproduit jusqu'à 2000 mètres d'altitude dans les Pyrénées, où des individus erratiques atteignent 2350 mètres. Les œufs sont enrobés d'un mucus gélatineux épais facilitant leur adhésion à des supports et éclosent 1 à 5 semaines après la ponte. Le développement larvaire peut être très rapide (3 à 4 mois en conditions optimales), mais les émergences n'auront lieu qu'après l'hiver. La phase larvaire dure au total 1 ou 2 ans et compte entre 11 et 14 stades. Les larves vivent sur ou dans les sédiments et sont à l'occasion capables de passer l'hiver enfouies dans la terre, sans eau libre. Elles peuvent passer d'une mare à une autre en transitant par la terre ferme. Généralement, la période d'émergence traîne en longueur sur près de trois mois, ce qui reflète l'existence de plusieurs cohortes larvaires.

Comportement

Mâles et femelles se déplacent beaucoup, ce qui leur confère un caractère pionnier indéniable. Par temps ensoleillé, les mâles se tiennent généralement perchés sur des tiges sèches ou sur les buissons des rives et des friches qui entourent les étangs. Ils sont très agressifs vis-à-vis de leurs semblables. Au début de la journée, ils circulent de place en place, sans être territoriaux, jusqu'à ce qu'ils trouvent une femelle libre. L'accouplement a lieu en vol et dure moins de 30 secondes. La femelle dépose ensuite ses œufs en touchant l'eau ou la rive de l'extrémité de l'abdomen. Le mâle reste alors à proximité, devient territorial pour le restant de la journée et repousse violemment tous ses congénères. Les mâles changent généralement de territoire d'un jour à l'autre.

Menaces et mesures de gestion

La Libellule déprimée n'est nulle part menacée.

PROTECTION				LISTES ROUGES							DIRECTIVE HABITATS
FR	BE	LX	CH	MONDE	EU	FR	WA	FL	LX	CH	
○	Fl	●	GE, VD	LC	LC	LC	LC	LC	LC	LC	–

Libellula fulva *Müller, 1764*

La Libellule fauve

Libellula fulva Müller, 1764, *Fauna Insectorum Fridrichsdalina* : 62. Gleditsch, Copenhague.
Synonymie : *Ladona fulva* (Müller, 1764).

	MARS	AVR	MAI	JUIN	JUIL	AOÛT	SEPT	OCT	NOV	DÉC
N			○○◒	●●●●	●◓◓◓	◓◓◓				
S		○○○○	◒◒◒●	●●●●	●●●◓	◓◓◓				

Mâle. Vosges, juin 2023. © J.-P. Boudot.

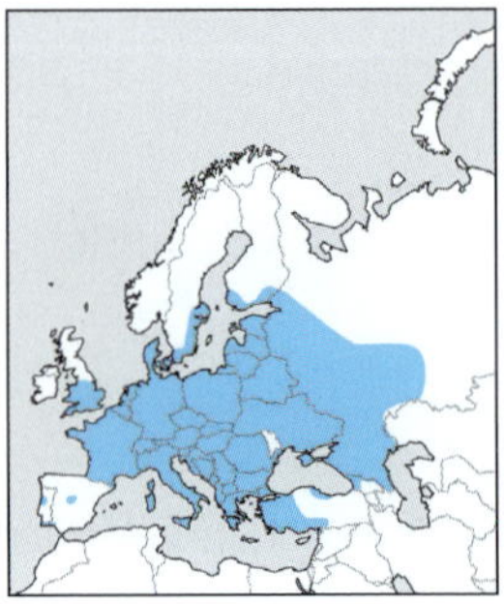

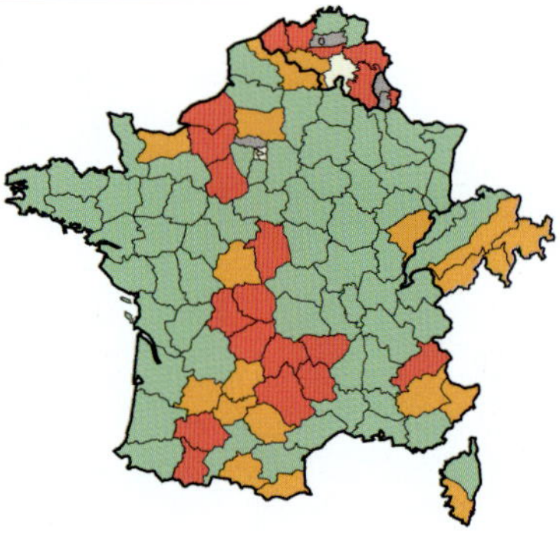

Critères de terrain

Abdomen bleu avec l'extrémité noire chez les mâles mûrs, sans lunules jaunes latérales ; celui des jeunes mâles et des femelles brun jaune avec une ligne noire dorsale s'élargissant du premier au dernier segment. **Base des ailes postérieures marquée d'une tache noire n'englobant pas la totalité de la cellule discoïdale.** Extrémité des ailes avec une tache sombre arrondie chez les femelles et certains mâles. Cette espèce est également proche des *Ladona*.

Dimensions

Abdomen (mm) : ♂ 26 - 29 ; ♀ 26 - 29
Ailes postérieures (mm) : ♂ 33 - 38 ; ♀ 34 - 37

Confusions à éviter

Confusion possible avec *Orthetrum cancellatum*, mais yeux gris bleu et base des ailes avec une tache noire.

Répartition géographique, distribution et abondance

De l'ouest de l'Europe à la Russie européenne. Espèce fréquente dans la région méditerranéenne, plus irrégulière ailleurs, mais de plus en plus fréquente dans le nord de la France et en Belgique depuis quelques années, sans doute à cause du réchauffement du climat. En Suisse, bien présente sur le Plateau et dans le Jura, avec quelques observations dans le Tessin, les Grisons et le Bas-Valais.

Écologie et biologie

Eaux mésotrophes ou eutrophes stagnantes et faiblement courantes, préférentiellement bordées d'hélophytes et entourées de zones herbeuses ou semi-boisées : fossés, étangs, lacs, bras morts, anciennes gravières en eau phréatique, canaux et rivières calmes, jusqu'à 800 m d'altitude. L'espèce est favorisée par la présence d'hydrophytes immergées, auxquels les œufs adhèrent grâce à leur épaisse couche de mucus. Les œufs éclosent en 2 à 7 semaines et la phase larvaire, qui dure vraisemblablement 2 ans, compte entre 11 et 16 stades. Les larves vivent dans les sédiments, au sein des débris végétaux qui s'accumulent au fond de l'eau ou sur les plantes aquatiques. Les émergences sont synchronisées et dans une localité donnée la totalité de la génération annuelle apparaît en quelques jours au printemps.

Comportement

Les imagos en voie de maturation s'éloignent notablement de leur lieu de naissance mais n'effectuent pas de migrations. Durant leur période de reproduction, ils ne montrent guère de tendances au vagabondage. Les mâles se tiennent près des rives et y défendent un territoire d'une cinquantaine de mètres carrés, qu'ils parcourent de temps à autre à la recherche d'une femelle et d'où ils repoussent toutes les libellules bleues. Ils sont dans l'ensemble moins agressifs que les autres *Libellula* européens. L'accouplement est long (de 10 à 30 minutes) et a lieu posé.

Menaces et mesures de gestion

La Libellule fauve résiste à une eutrophisation modérée des eaux mais est sensible au manque d'oxygène. Elle est actuellement bien implantée dans de nombreuses régions de France et est à nouveau plus fréquente en Belgique, d'où elle avait presque disparu dans les années 1990. Un assainissement des eaux, l'abandon de la pisciculture intensive en étang et le maintien de l'ensoleillement des rives sont des mesures propres à favoriser ses populations.

Femelle. © L. Rouschmeyer.

Jeune mâle immature. Rhône, mai 2004. © D. Grand.

PROTECTION				LISTES ROUGES							DIRECTIVE HABITATS
FR	BE	LX	CH	MONDE	EU	FR	WA	FL	LX	CH	
○	Wa, Fl	●	C	LC	LC	LC	EN	EN	EN	LC	–

Orthetrum cancellatum (*Linnaeus, 1758*)

L'Orthétrum réticulé

Libellula cancellata Linnaeus, 1758, *Systema naturae*, 10e éd., 1 : 544. Laurentii Salvii, Stockholm.

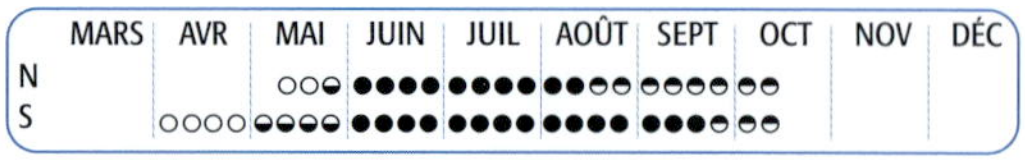

Mâle. Corse du Sud, juin 2019. © J.-P. Boudot.

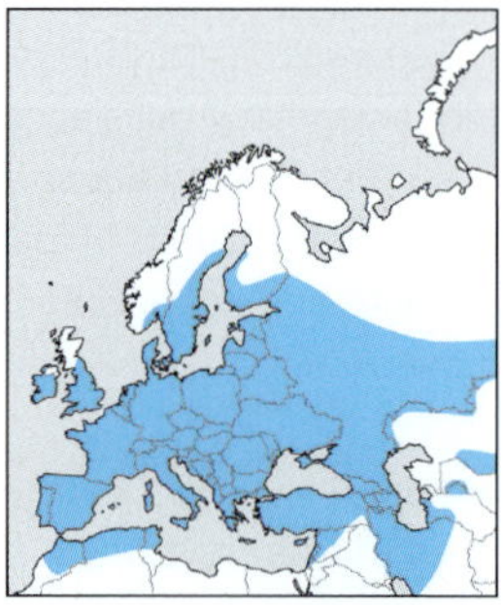

Critères de terrain

Abdomen bleu ou jaune et noir. **Base des ailes sans tache noire. Ptérostigmas et cercoïdes noirs.**

Dimensions

Abdomen (mm) : ♂ 29 - 35 ; ♀ 27 - 34
Ailes postérieures (mm) : ♂ 35 - 40 ; ♀ 34 - 41

Confusions à éviter

Confusion possible avec *O. albistylum* qui a les appendices abdominaux tout ou en partie blancs, et *Libellula fulva*, qui a des taches noires à la base des ailes et des yeux gris-bleu et non brunâtres chez les mâles à maturité.

Répartition géographique, distribution et abondance

De l'ouest de l'Europe et du Maghreb à la Sibérie centrale, à la Mongolie et au Cachemire, avec quelques observations dispersées en Asie centrale sous forme de sous-espèces dont la signification taxonomique est obscure. Espèce partout très commune en plaine, parfois présente en altitude dans le sud de son aire. Dans les îles Britanniques, sa limite septentrionale s'est déplacée vers le nord d'une centaine de kilomètres depuis les années 60, ce qui est attribué au réchauffement climatique.

Écologie et biologie

Eaux stagnantes de toutes natures, même acides, saumâtres ou modérément polluées, surtout à basse altitude, jusqu'à 1 300 m d'altitude dans le sud de la France et en Corse : mares, étangs et grands lacs, même tourbeux, gravières et bassins divers, marais littoraux, bras morts. Parfois également sur les fossés, les canaux de navigation et les parties calmes des grandes rivières. Cet Orthétrum présente un caractère pionnier indéniable et apparaît rapidement sur les sites récents. Les œufs sont enrobés d'un mucus gélatineux facilitant leur adhésion aux supports et éclosent 2 à 6 semaines après la ponte. La phase larvaire dure habituellement entre 1 et 3 ans et compte 12 ou 13 stades,

Mâle immature. © L. Rouschmeyer.

mais l'espèce pourrait être bivoltine dans la région méditerranéenne. Les larves, couvertes de vase et très mimétiques, vivent dissimulées dans les débris végétaux ou s'enfouissent dans les sédiments, notamment aux stades terminaux. Les émergences sont étalées sur environ un mois à l'échelle régionale.

Comportement

Les mâles restent longuement posés sur les pierres ou la terre qui bordent les lacs et les étangs, d'où ils font de nombreuses incursions au-dessus de l'eau en volant très bas. Ils défendent un territoire sur 2 à 50 m le long des rives pendant 10 à 15 jours, période durant laquelle ils sont très agressifs et repoussent vivement leurs congénères, parfois même des mâles d'Aeschnidés. Les poursuites entre mâles ont toujours lieu au-dessus de l'eau. Les parties des rives situées à plus de trois mètres de l'eau sont « neutres »: les mâles y sont tolérants et ne réagissent plus à la présence des femelles. L'accouplement peut se dérouler au vol et ne dure alors qu'une trentaine de secondes, mais si le couple se pose, il dure une quinzaine de minutes.

Menaces et mesures de gestion

Cette espèce n'est nulle part menacée.

Femelle. © C. Gosset.

PROTECTION				LISTES ROUGES							DIRECTIVE HABITATS
FR	BE	LX	CH	MONDE	EU	FR	WA	FL	LX	CH	
○	Fl	●	GE, VD	LC	LC	LC	LC	LC	LC	LC	–

Orthetrum albistylum (Selys, 1848)

L'Orthétrum à stylets blancs

Libellula albistyla Selys, 1848, *Revue de zoologie Guérin-Méneville*, 11 : 15.

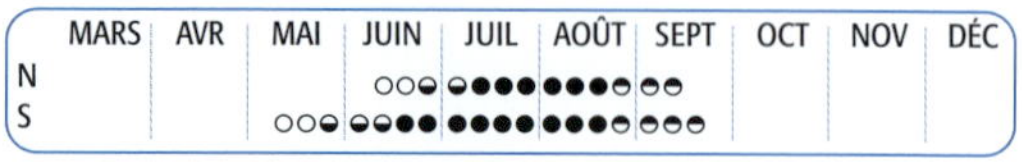

Mâle. Vosges, juin 2020. © J.-P. Boudot.

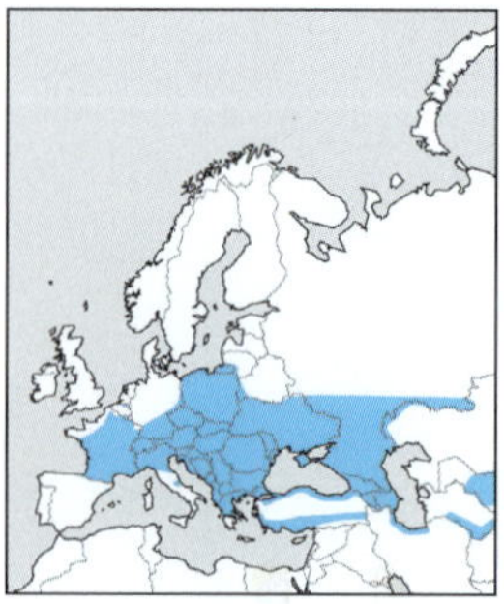

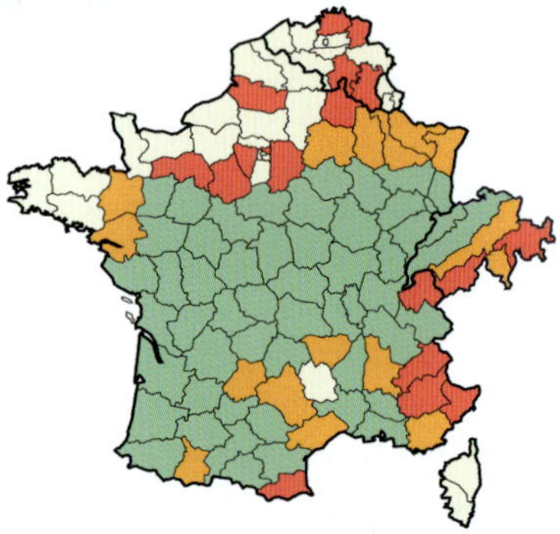

Critères de terrain

Abdomen bleu ou jaune et noir. **Base des ailes sans tache noire. Ptérostigmas noirs et cercoïdes blancs. Dixième segment abdominal des femelles dorsalement blanc.** Les individus à cercoïdes noirâtres ou noirs qui se rencontrent parfois pourraient représenter des hybrides *O. albisylum* x *O. cancellatum*, les accouplements entre ces deux espèces n'étant pas rares dans les localités où elles cohabitent.

Dimensions

Abdomen (mm) : ♂ 32 - 34 ; ♀ 31 - 33
Ailes postérieures (mm) : ♂ 34 - 36 ; ♀ 32 - 38

Confusions à éviter

De loin ou au vol, la confusion est possible avec *O. cancellatum*, mais la présence d'appendices abdominaux blancs chez *O. albistylum* permet son identification.

Répartition géographique, distribution et abondance

De l'ouest de l'Europe au Japon. En France, cet Orthétrum est localement abondant dans les régions situées au sud d'une ligne allant de la Loire au sud de l'Alsace. Cette espèce thermophile n'était connue qu'au sud des Alpes durant toute la première moitié du XXe siècle. Elle se rencontre actuellement bien plus au nord et a récemment atteint le nord de la Pologne et les Pays Baltes. Elle a été découverte en 2016 en Wallonie et en Flandre et est actuellement bien disséminée sur le Plateau suisse. Elle atteint les rives de la mer Baltique en Pologne et aux Pays Baltes. Elle pourrait bientôt apparaître au Luxembourg et aux Pays-Bas. En Suisse, surtout présent sur le Plateau et dans le Jura, avec quelques données dans le Tessin. Rares observations transitoires dans le Bas Valais et les Grisons.

Femelle. Meuse. © T. Roussel.

Écologie et biologie

Eaux stagnantes et faiblement courantes en dessous de 800 m d'altitude : mares, étangs et lacs mésotrophes ou eutrophes, étangs tourbeux acides, gravières, bras morts, retenues de barrages, fossés et canaux. La phase larvaire dure un an et compte vraisemblablement 13 stades. Les larves vivent à la surface des sédiments et s'y enfouissent dans les stades terminaux. Les émergences sont étalées sur environ deux mois et sont suivies d'une période de maturation d'une dizaine de jours.

Comportement

L'Orthétrum à stylets blancs est une espèce territoriale dont le comportement, encore incomplètement étudié, semble proche de celui de l'Orthétrum réticulé. Sur un même site, les deux espèces paraissent être en compétition et l'Orthétrum réticulé parvient souvent à l'évincer. Il présente un comportement pionnier indéniable et apparaît rapidement sur les sites récents. L'accouplement est bref et dure de deux à dix minutes.

Accouplement. Dombes, Ain, mai 2004. © D. Grand.

Menaces et mesures de gestion

Cette espèce n'est pas menacée dans sa zone d'habitat principal, même si elle est globalement moins commune qu'*Orthetrum cancellatum*. La pisciculture intensive lui est néfaste.

PROTECTION				LISTES ROUGES							DIRECTIVE HABITATS
FR	BE	LX	CH	MONDE	EU	FR	WA	FL	LX	CH	
O	O*	–	GE, VD	LC	LC	LC	–	–	–	NT	–

* Absent de Flandre.

Orthetrum brunneum *(Fonscolombe, 1837)*

L'Orthétrum brun

Libellula brunnea Fonscolombe, 1837, *Annales de la Société entomologique de France*, 6 : 141.

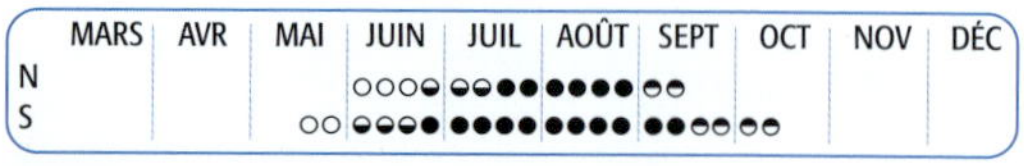

Mâle. © L. Rouschmeyer.

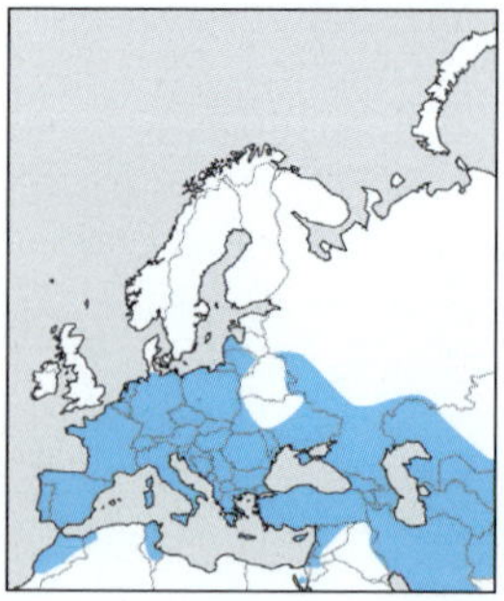

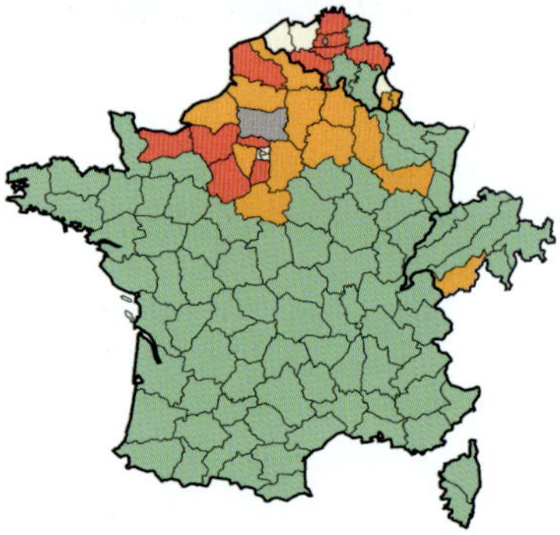

Critères de terrain

Abdomen bleu ou jaune et noir. Base des ailes sans tache noire. **Ptérostigmas brun jaune et face blanche. Pulvérulence bleue des mâles aussi marquée sur le thorax que sur l'abdomen.**

Dimensions

Abdomen (mm) : ♂ 25 - 34 ; ♀ 25 - 31
Ailes postérieures (mm) : ♂ 29 - 38 ; ♀ 28 - 37

Confusions à éviter

La confusion est possible avec *O. coerulescens*, mais ce dernier, généralement un peu plus petit, a la face brune.

Répartition géographique, distribution et abondance

De l'ouest de l'Europe et au nord du Maghreb à l'Asie centrale. Faible pénétration en Sibérie, en Chine et en Mongolie. Espèce commune à très commune en France dans la région méditerranéenne, le Centre et l'Ouest, plus rare et souvent inconstante ailleurs, de même qu'en Belgique et au Luxembourg. En Suisse, cette espèce est surtout présente sur le Plateau et dans le Jura, mais reste confinée aux basses altitudes dans le Valais, les Grisons et le Tessin. Thermophile, elle s'étend actuellement vers le nord où elle atteint les Pays Baltes.

Écologie et biologie

Eaux stagnantes et courantes (mares, étangs, gravières, bassins artificiels, suintements, petits cours d'eau méditerranéens, rivières lentes), seulement en plaine au nord de son aire, jusqu'à 1 500 m dans les Alpes et 1 800 m dans les Pyrénées. Les œufs sont enrobés d'un mucus gélatineux facilitant leur adhésion aux supports et éclosent 4 à 5 semaines après la ponte. La phase larvaire dure de moins d'un an (bivoltinisme occasionnel en Suisse, vraisemblablement plus général dans la région méditerranéenne) à un ou deux ans, voire 3, et compte 10 ou 11 stades. Les larves peuvent s'enfouir dans les sédiments. Les émergences sont étalées sur 5 à 9 semaines, selon l'importance des populations.

Comportement

L'Orthétrum brun est une espèce pionnière qui apparaît rapidement sur les sites récents, puis finit par disparaître lorsque la végétation devient trop envahissante. Les adultes se posent de préférence sur le sol nu, parfois sur la végétation. Les mâles défendent un territoire sur 1 à 10 m de rives pendant trois jours en moyenne, parfois pendant trois semaines d'affilée. Un bon nombre des mâles n'ayant pas trouvé de territoire restent aux aguets à proximité et attendent qu'un territoire se libère (mâles satellites). L'accouplement est bref et dure environ 5 mn. Les femelles pondent dans le territoire d'un mâle et celui-ci reste à proximité.

Accouplement. Rhône, juillet 2004. © D. Grand.

Menaces et mesures de gestion

L'Orthétrum brun n'est pas menacé dans le sud de son aire, où il est abondant. Plus au nord, on le trouve fréquemment dans les gravières récemment abandonnées et les pièces d'eau récentes. La conservation de populations reproductrices passe par le maintien et le renouvellement régulier de ces milieux particuliers, souvent plus chauds que les zones environnantes, ainsi que par le rétablissement de la dynamique naturelle des cours d'eau qui abandonnent des mares entourées d'alluvions nues après chaque crue.

Jeune femelle. Corse, juillet 1993. © D. Grand.

PROTECTION				LISTES ROUGES							DIRECTIVE HABITATS
FR	BE	LX	CH	MONDE	EU	FR	WA	FL	LX	CH	
○	FI	●	GE, VD	LC	LC	LC	VU	DD	LC	LC	–

Orthetrum coerulescens (Fabricius, 1798)

L'Orthétrum bleuissant

Libellula coerulescens Fabricius, 1798, *Supplementum entomologiae systematicae* : 285. Proft et Storck, Copenhague.

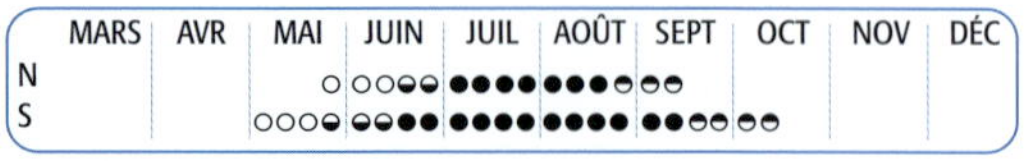

Orthetrum c. coerulescens, mâle. © L. Rouschmeyer.

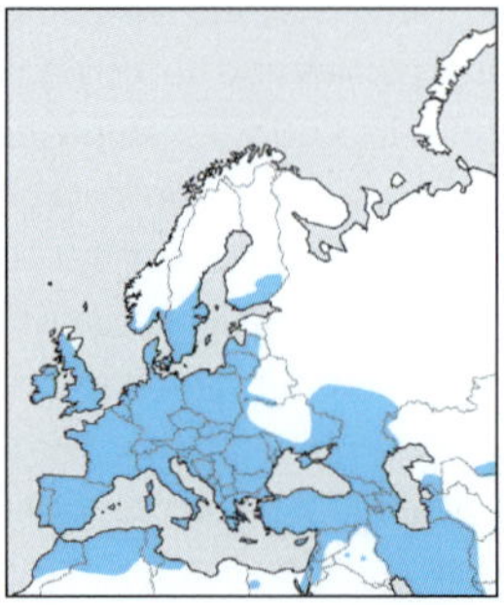

O. c. coerulescens

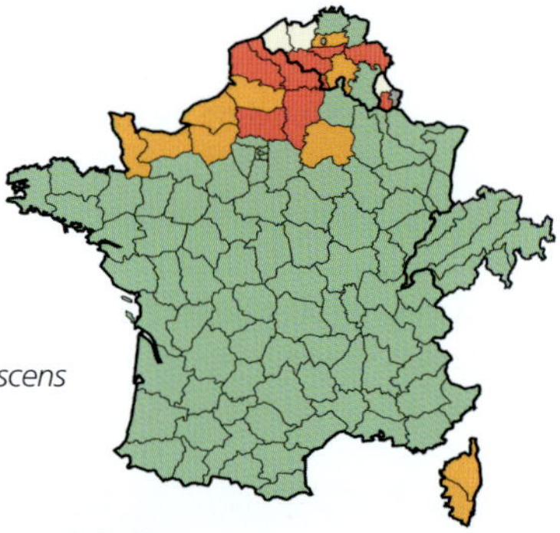

O. c. coerulescens

O. c. anceps

Critères de terrain

Ressemble à l'Orthétrum brun, mais stature plus fine et **face brune**.

Deux sous-espèces dans la région considérée :

- ***O. c. coerulescens*** (Fabricius, 1798) **Orthétrum bleuissant** : ptérostigmas longs de 3,3 à 4 mm. **Lame antérieure des pièces génitales des mâles brusquement redressée à angle droit par rapport à la base de l'abdomen et subcylindrique en vue de profil.** Femelles andromorphes (bleues à maturité) exceptionnelles.

- ***O. c. anceps*** (Schneider, 1845) **Orthétrum de Rambur** : ptérostigmas < 3,5 mm. **Lame antérieure des pièces génitales des mâles obliquement relevée par rapport à la base de l'abdomen et triangulaire en vue de profil.** Femelles andromorphes fréquentes. La morphologie de la lame vulvaire ne permet pas de distinguer les femelles de ces deux sous-espèces.

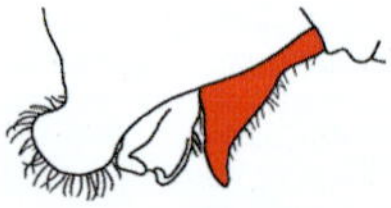

Dimensions

– *O. c. coerulescens* :

Abdomen (mm) : ♂ 25 - 31 ; ♀ 25 - 30

Ailes postérieures (mm) : ♂ 28 - 34 ; ♀ 28 - 33

– *O. c. anceps* :

Abdomen (mm) : ♂ 23 - 30 ; ♀ 23 - 29

Ailes postérieures (mm) : ♂ 24 - 33 ; ♀ 24 - 32

Confusions à éviter

Les deux sous-espèces peuvent facilement se confondre. La distinction des femelles sur la base de la longueur du ptérostigma nécessite un examen statistique des populations. La confusion est également possible avec *O. brunneum*, mais ce dernier a la face blanche.

Répartition géographique, distribution et abondance

- *O. c. coerulescens* : Europe occidentale et centrale, rare plus au nord. Présent dans l'ensemble de la France, avec une abondance particulière dans le Sud. Peu commun en Belgique et au Luxembourg. En Suisse, surtout distribué sur le Plateau et dans le Jura mais actuellement bien présent dans le Valais, les Grisons et le Tessin aux altitudes inférieures. Dans les îles Britanniques, la limite septentrionale de son aire de répartition s'est déplacée vers le nord de près de 200 km depuis les années 60, ce qui est attribué au réchauffement du climat.
- *O. c. anceps* : du Maghreb et du sud de l'Europe au Pakistan et à l'Asie centrale. Les rares citations de Corse figurant dans diverses publications et bases de données sont à confirmer sur des critères anatomiques rigoureux.

De nombreux hybrides se rencontrent dans les zones où ces deux sous-espèces cohabitent.

Orthetrum coerulescens, cœur copulatoire. Pyrénées-Atlantiques. © T. Luzzato.

Femelle d'*O. c. coerulescens*. Espagne, Aragon, juillet 1991. © J.-P. Boudot.

Écologie et biologie

Eaux stagnantes et courantes (étangs, tourbières acides ou alcalines, sourcins, suintements, petits ruisseaux, carrières inondées, gravières récemment abandonnées), jusqu'à 1 100 m d'altitude dans les Alpes et 1 600 m dans les Pyrénées. Il s'accommode mal des eaux polluées. La phase larvaire dure 1 ou 2 ans, peut-être parfois 3, et compte entre 10 et 16 stades. Les larves vivent cachées dans les débris végétaux et peuvent s'enfouir dans les sédiments. Dans certaines localités les émergences sont régulièrement réparties sur 4 à 9 semaines, tandis que dans d'autres on peut noter deux épisodes distincts d'apparition.

Comportement

Les immatures s'éloignent jusqu'à une vingtaine de kilomètres de leur lieu de naissance. Les mâles mûrs se posent fréquemment sur le sol, les pierres ou la végétation. Un bon nombre d'entre eux se déplacent continuellement et ne sont pas territoriaux, d'autres défendent un territoire sur 5 à 20 m de rives, souvent pendant moins d'une heure. Ils en repoussent tous leurs congénères et attaquent les autres espèces de libellules qui leur ressemblent. Ils en changent souvent au cours de la journée et d'un jour à l'autre. Leur vol est assez erratique mais vif, avec de petits arrêts au point fixe. L'accouplement se déroule au sol et dure de quelques minutes à plus d'une demi-heure.

Mâle d'*O. c. anceps*. Crète, Grèce, septembre 1991. © D. Grand.

Menaces et mesures de gestion

Orthetrum coerulescens n'est pas menacé dans le sud de son aire de répartition, où il abonde. Plus au nord son statut est plus variable et ses habitats méritent d'être protégés. Le drainage et la fermeture des marais, le curage des fossés et des ruisseaux, l'eutrophisation des eaux, provoquent sa disparition. Le creusement de fosses dans les zones tourbeuses et le débroussaillement des marais sont susceptibles de le favoriser. *Orthetrum c. anceps* est globalement très rare et sans doute sporadique en Corse, mais son statut exact y est mal connu.

Mesures de classement et de protection

Le statut d'*O. c. anceps* reste à préciser en Corse et en l'état des connaissances ses localités connues doivent être protégées.

Accouplement d'*O. c. anceps*. Chalcidie, Grèce, août 1980. © D. Grand.

PROTECTION				LISTES ROUGES							DIRECTIVE HABITATS
FR	BE	LX	CH	MONDE	EU	FR	WA	FL	LX	CH	
○	Wa, Fl	●	C	LC	LC	LC	EN	VU	RE	LC	–

Mâle. Dordogne. © N. Helitas.

Orthetrum trinacria *(Selys, 1841)*

L'Orthétrum de Sicile

Libellula trinacria Selys, 1841, *Revue de Zoologie Guérin Méneville*, 4 : 244.

Mâle. Égypte, Fayum oasis, 5 mai 2009. © J.-P. Boudot.

Critères de terrain

Abdomen noirâtre plus ou moins pruineux ou jaune et noir, **extrêmement dilaté en ampoule à la base puis étroit et de largeur sensiblement constante, plus long que les ailes postérieures**.

Dimensions

Abdomen (mm) : ♂ 35 - 44 ; ♀ 36 - 42
Ailes postérieures (mm) : ♂ 32 - 40 ; ♀ 35 - 40

Confusions à éviter

Dans de bonnes conditions d'observation, cette espèce ne peut être confondue avec aucune autre.

Répartition géographique, distribution et abondance

Toute l'Afrique mais seulement localisé ou disséminé dans la zone saharienne et arabique. Décrite de Sicile il y a plus de 150 ans, cette espèce est en expansion depuis une cinquantaine d'années dans l'ensemble du Bassin méditerranéen (Portugal : 1966, 1991 ; Sardaigne : 1973 ; Espagne : 1980 ; Calabre : 2010 ; Turquie : 2010 ; Grèce : 2011 ; Corse : individus observés de 2012 à 2022), principalement en Haute-Corse.

Écologie et biologie

Lagunes côtières saumâtres et, à l'intérieur des terres, eaux stagnantes douces, saumâtres et salées (conductivité électrique jusqu'à 42 ms/cm, soit environ 24 g/l de sel pour des eaux à 30 °C en Syrie) et rives marécageuses des rivières à basse altitude. Préfère les grands lacs aux rives marécageuses aux petits étangs, mais dans les oasis sahariennes se reproduit jusque dans les citernes en ciment. La phase larvaire est courte si bien que dans les régions sèches l'espèce parvient à se reproduire dans les eaux temporaires. Celle-ci paraît néanmoins rester univoltine en Europe. Étant donné sa grande tolérance à la salinité et son rapide développement larvaire, cette espèce est très bien adaptée aux régions désertiques et semi-désertiques.

Comportement

L'Orthétrum de Sicile est un spécialiste de la capture des Lépidoptères, mais les Diptères et d'autres Odonates, même de forte taille, sont également à son menu. Il a un vol puissant qui rappelle celui des Aeschnes. Il se pose souvent en oblique

L'habitat de l'espèce, ici à l'embouchure d'un affluent du Lago Coghinas, Sardaigne. © J.-P. Boudot.

Cœur copulatoire. Maroc, 29 juin 2009. © J.-P. Boudot.

Femelle. © J.-P. Boudot.

sur des tiges, parfois également au sol ou sur des herbes couchées. Son comportement territorial ne semble pas avoir été étudié en détail, bien qu'il ait été occasionnellement noté.

Menaces et mesures de gestion

Profitant de la multiplication des pièces d'eau artificielles, de ses grandes capacités de dispersion et du réchauffement du climat, l'Orthétrum de Sicile est en expansion depuis une quarantaine d'années dans le sud de l'Europe et l'ensemble du Bassin méditerranéen. Il n'est pas menacé à l'échelle européenne. En France cet Orthetrum s'est implanté en Corse depuis 2012-2013 et au total plus d'une dizaine d'observations sont disponibles, principalement dans les parties nord, est et sud de l'Île, sans que l'indigénat des individus ait pu à chaque fois être établi. Des recherches devront être effectuées dans toute l'île de Corse pour apprécier le statut régional de l'espèce, compte tenu du fait que les populations sardes constituent un réservoir important devant permettre une colonisation durable de la Corse.

Mesures de classement et de protection

Aucune mesure réglementaire ne concerne en France cette espèce, qui doit pour le moment être considérée comme un visiteur occasionnel. La conservation en bon état de ses habitats privilégiés (lagunes littorales et grands lacs de barrage) est un préalable à son installation durable en Corse.

Période de vol

Les observations corses de cette espèce s'étendent de début juin à septembre. Dans le sud de l'Europe, les observations portant sur cette espèce s'étendent de début mai à début octobre. Au Maghreb, la période de vol de l'espèce semble être plus longue et s'étend de début avril à début novembre, sa période principale se concentrant de mai à fin septembre.

PROTECTION				LISTES ROUGES							DIRECTIVE HABITATS
FR	BE	LX	CH	MONDE	EU	FR	WA	FL	LX	CH	
O	–	–	–	LC	LC	NA	–	–	–	–	–

Crocothemis erythraea (Brullé, 1832)

Le Crocothémis écarlate

Libellula erythrea Brullé, 1832, *Expédition scientifique de Morée*, 1 (2) : 102. Levrault, Paris.

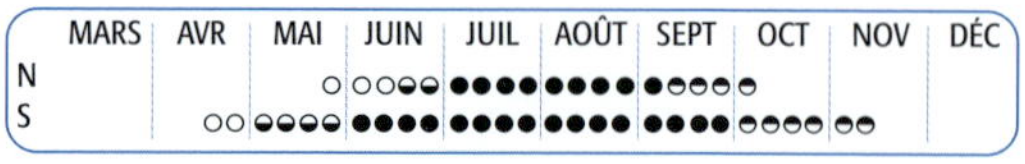

Mâle. Meuse, juillet 2022. © J.-P. Boudot.

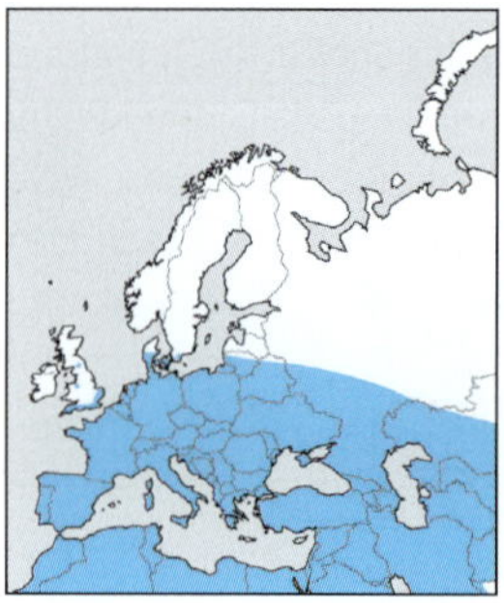

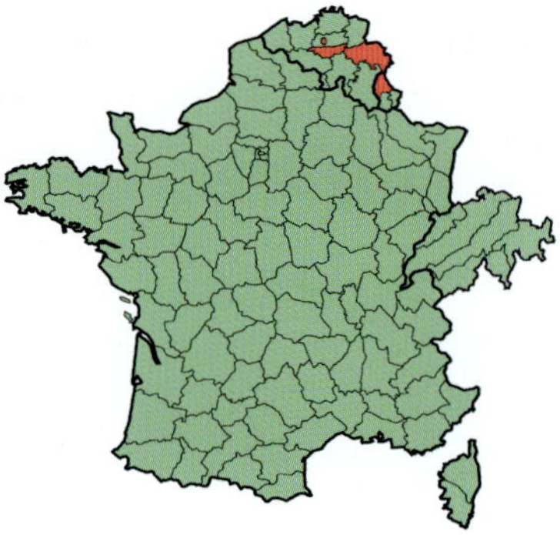

Note nomenclaturale

Bien que l'orthographe originelle utilisée par Brullé pour ce taxon en 1832 ait été *C. erythrea* et non *C. erythraea*, l'application de l'article 33.2.3.1 de la quatrième édition du *Code international de nomenclature zoologique*, destiné à stabiliser la nomenclature, implique de conserver l'orthographe *erythraea* en usage quasi exclusif depuis plus d'un siècle.

Critères de terrain

Abdomen large et déprimé, jaune puis rouge écarlate chez les mâles, brun jaune, parfois rouge écarlate, chez les femelles. Une tache jaune bien visible à la base des ailes postérieures.

Dimensions

Abdomen (mm) : ♂ 19 - 31 ; ♀ 18 - 29
Ailes postérieures (mm) : ♂ 24 - 33 ; ♀ 23 - 32

Confusions à éviter

Dans notre région, il est difficile de confondre cette espèce avec une autre.

Répartition géographique, distribution et abondance

De l'Europe, surtout méridionale, au sud de l'Afrique à l'Asie centrale. Depuis une trentaine d'années, l'aire de répartition de *C. erythraea* s'étend nettement vers le nord et l'espèce est maintenant connue du nord de l'Angleterre, du Danemark, des Pays Baltes et du sud de la Suède, ce qui est attribué au réchauffement du climat, si bien que l'on peut parler d'indicateur climatique pour cette espèce. En France, *C. erythraea* est très commun dans la région méditerranéenne et sur la façade atlantique, et se rencontre dans la quasi-totalité des autres régions. Régulièrement observé en Belgique et au Luxembourg. En Suisse, cette espèce est surtout présente sur le Plateau et dans le Jura, d'où elle a bien pénétré les régions alpines, le Valais, les Grisons et le Tessin.

Mâle immature. © J.-P. Boudot.

Femelle. © J.-P. Boudot.

Écologie et biologie

Eaux stagnantes et faiblement courantes, même saumâtres ou notablement eutrophisées : mares prairiales, étangs, lacs, marais côtiers, gravières, bassins artificiels, bras morts, canaux, rivières et ruisseaux méditerranéens, jusqu'à plus de 1300 mètres d'altitude en Corse. Les œufs sont enrobés d'un mucus gélatineux facilitant leur adhésion aux supports et éclosent 1 à 10 semaines après la ponte. La phase larvaire compte 9 stades et dure entre 9 ou 10 semaines et un an, en fonction de la température de l'eau. L'espèce est ainsi univoltine ou bivoltine en climat tempéré, bivoltine à quadrivoltine dans le Bassin méditerranéen, et parvient fréquemment à accomplir un cycle reproductif complet dans des mares éphémères. Les larves vivent sur les plantes aquatiques ou à la surface des sédiments, et survivent à un bref assèchement de leur habitat. Dans les milieux permanents, la période d'émergence s'étend sur plus de deux mois, alors que dans les milieux temporaires les émergences sont fréquemment synchronisées. Par temps chaud l'envol de l'imago peut se faire en moins d'une heure.

Comportement

Les adultes ont des tendances affirmées à migrer et se dispersent sur de longues distances. Ils ont de ce fait un comportement pionnier et colonisateur marqué et apparaissent rapidement sur les milieux récents, même éphémères, dans lesquels ils se reproduisent avant de conquérir de nouveaux sites. Les mâles défendent un territoire sur 2 à 10 m de rives pendant une vingtaine de minutes et se repoussent vigoureusement lorsqu'ils se rencontrent. Ceux qui n'ont pas de territoire restent à proximité en position d'attente et guettent le moment où un territoire se libérera. Ils peuvent également partir en prospection pour trouver des femelles d'une manière plus active. L'accouplement est généralement très bref ; il dure entre 3 et 10 secondes et se déroule en vol. Par grand vent, les couples se posent brièvement au sol ou dans la végétation.

Menaces et mesures de gestion

Le Crocothémis écarlate est en expansion vers le nord dans toute l'Europe et n'est pas menacé dans nos régions.

PROTECTION				LISTES ROUGES							DIRECTIVE HABITATS
FR	BE	LX	CH	MONDE	EU	FR	WA	FL	LX	CH	
○	FI	●	GE, VD	LC	LC	LC	NE	LC	LC	LC	–

Sympetrum danae (Sulzer, 1776)

Le Sympétrum noir

Libellula danae Sulzer, 1776, *Abgekürzte Geschichte der Insekten nach dem Linnaeischen System* : 169. Steiner et Co., Winterthur.

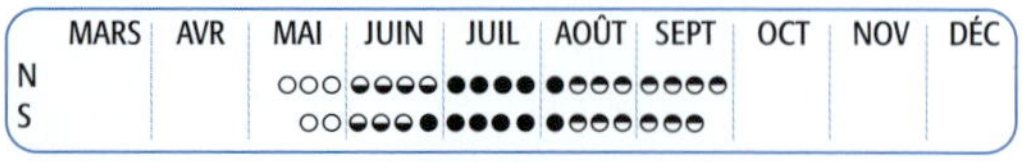

Mâle âgé. Vosges. © N. Helitas.

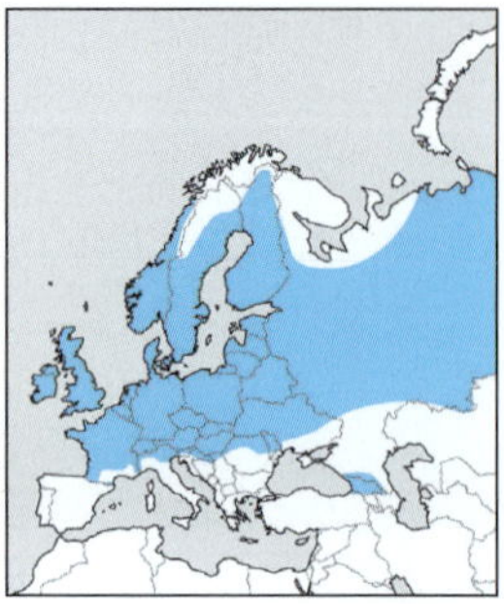

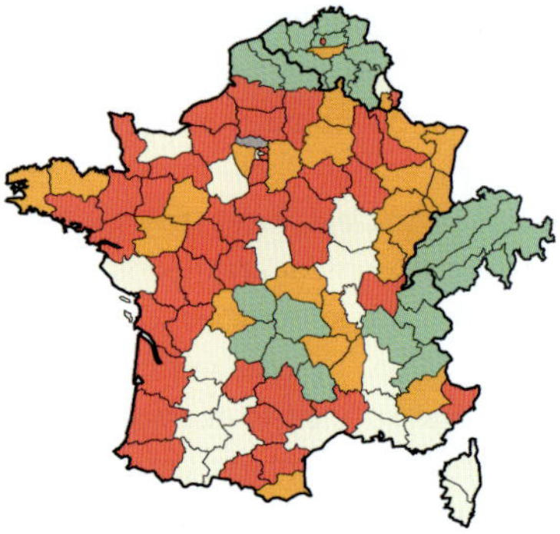

Critères de terrain

Pattes entièrement noires. Mâles adultes noirs ou noirs et jaunes, femelles et jeunes mâles jaunes à brun noir avec les côtés du thorax largement marqués de noir. Dessus du thorax des femelles marqué d'un grand triangle noir.

Dimensions

Abdomen (mm) : ♂ 20 - 26 ; ♀ 18 - 26
Ailes postérieures (mm) : ♂ 21 - 30 ; ♀ 20 - 29

Confusions à éviter

Dans notre région, cette espèce ne peut être confondue avec aucune autre.

Répartition géographique, distribution et abondance

De l'ouest et du nord de l'Europe au Kamtchatka, à l'Extrême Orient russe et à la moitié nord du Japon, Amérique du Nord. En France, cette espèce holarctique est surtout commune dans les massifs montagneux. Elle est également présente à basse altitude dans la moitié nord du pays, ainsi qu'en Belgique où elle est fréquente. En Suisse elle abonde partout entre 600 et 2000-2200 m d'altitude. Elle reste très rare au Luxembourg.

Écologie et biologie

Eaux stagnantes non poissonneuses et donc préférentiellement acides ou temporaires (tourbières à sphaignes, marais et étangs tourbeux acides), à basse altitude dans le nord de la Belgique, jusqu'à 2000 m dans les Alpes. Les eaux mésotrophes neutres ou alcalines ne lui conviennent que si elles sont pauvres en poissons ou offrent des secteurs protégés, car les larves sont très sensibles à la prédation. Les œufs, dépourvus de mucus, entrent en diapause après la ponte et n'éclosent qu'au printemps suivant, ce qui leur permet de subsister dans les zones temporairement asséchées. La phase larvaire dure ensuite de 2 à 6 mois et compte entre 8 et 10 stades. De rares cas d'éclosion directe et de bivoltinisme sont probables. Certains imagos parviennent parfois à hiverner. Les larves vivent à la surface des sédiments tourbeux, dans les secteurs qui s'échauffent le plus, parfois dans la végétation immergée, et ont un mode de

Mâle en début de maturité. Vosges. © T. Roussel.

vie très actif. Elles supportent de brèves périodes d'assèchement en s'enfouissant. Les trois quarts des imagos émergent en six semaines de nuit ou le matin, mais la période d'émergence s'étale sur deux mois et demi. La période de maturation dure près de 15 jours.

Comportement

Le Sympétrum noir fait preuve d'une notable dispersion à longue distance. Il est connu pour changer volontiers de site alors même que sa phase de reproduction a déjà débuté. Cette émigration se fait soit individuellement (dispersion), soit collectivement (migration), si bien que les imagos s'observent sporadiquement à peu près n'importe où. Au bord de l'eau, les mâles, non territoriaux, ont un vol saccadé. Ils se posent souvent, sur la végétation ou sur des morceaux de bois au sol, après avoir marqué un bref temps d'arrêt au-dessus de leur support. La majorité des tandems précopulatoires se forme le matin à l'écart de l'eau, les autres au bord de l'eau vers midi et l'accouplement dure jusqu'à une demi-heure. La ponte débute en tandem audessus de l'eau libre ou de la vase exondée des

Accouplement. © L. Rouschmeyer.

Femelle à maturité. Hautes-Alpes, Col Bayard, août 1981. © J.-P. Boudot.

rives, puis la femelle continue seule, parfois protégée par le mâle qui vole au point fixe à proximité.

Menaces et mesures de gestion

Le Sympétrum noir n'est pas menacé dans les massifs montagneux européens. À basse altitude, ses stations permanentes sont à préserver, notamment au Luxembourg où il ne se maintient qu'à grand-peine du fait de la dégradation générale des marais. Une réhabilitation de ceux-ci est souhaitable. L'eutrophisation des eaux, le comblement naturel et la destruction des tourbières par l'homme constituent les principaux dangers pour cette espèce.

PROTECTION				LISTES ROUGES							DIRECTIVE HABITATS
FR	BE	LX	CH	MONDE	EU	FR	WA	FL	LX	CH	
IdF	Fl	●	GE, VD	LC	LC	VU	NT	EN	LC	LC	–

Sympetrum sanguineum (Müller, 1764)

Le Sympétrum rouge sang

Libellula sanguinea Müller, 1764, *Fauna Insectorum Fridrichsdalina* : 62. Gleditsch, Copenhague.

	MARS	AVR	MAI	JUIN	JUIL	AOÛT	SEPT	OCT	NOV	DÉC
N			○○	◒◒◒◒	●●●●	●●●●	●◓◓◓	◓◓◓		
S		○○○○	○○◒◒	◒◒◒●	●●●●	●●●●	●●●●	◓◓◓◓	◓◓◓◓	

Mâle en début d'été. Meuse, juin 2018. © J.-P. Boudot.

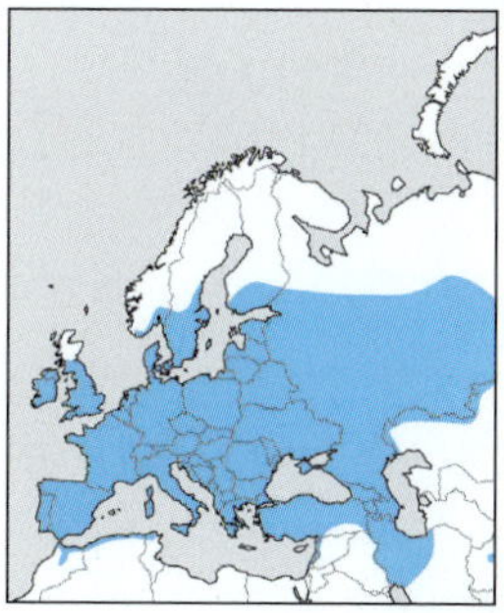

Critères de terrain

Pattes entièrement noires et abdomen fusiforme, étranglé en son milieu, rouge vif chez les mâles, jaunâtre chez les femelles, avec des taches noires latérales. Face rouge vif chez les mâles à maturité. Quatre ou cinq rangées de cellules entre la nervure Rspl et le bord arrière des ailes postérieures.

Dimensions

Abdomen (mm) : ♂ 20 - 26 ; ♀ 21 - 26
Ailes postérieures (mm) : ♂ 23 - 29 ; ♀ 24 - 29

Confusions à éviter

La confusion est possible avec *S. depressiusculum*, mais ce dernier n'a ni l'abdomen fusiforme ni la face rouge. Les critères de nervation doivent toujours être contrôlés.

Répartition géographique, distribution et abondance

De l'ouest de l'Europe et du Maghreb au sud-est de la Sibérie occidentale. Des sous-espèces distinctes remplacent la forme nominale dans certaines parties de l'Asie. Cette espèce est presque partout très commune à basse altitude dans nos régions.

Écologie et biologie

Eaux stagnantes entourées de roselières et de zones de carex, même temporaires, saumâtres ou notablement eutrophisées, et eaux faiblement courantes (marais, mares, étangs et lacs, bras morts et parties calmes des cours d'eau, tourbières alcalines, anciennes gravières, bassins de décantation, etc.), essentiellement en plaine, localement jusqu'à 1 700 m dans les Alpes. Les œufs, très gros mais dépourvus de mucus, entrent en diapause après la ponte et n'éclosent qu'au printemps suivant. La phase larvaire dure ensuite 6 à 10 semaines et compte entre 8 et 12 stades. De rares cas d'éclosion directe et de bivoltinisme sont probables. Les larves vivent au sein des plantes aquatiques ou à la surface des sédiments. La présence de poissons induit une augmentation de la taille de leurs épines, ce qui leur offre vraisemblablement une protection accrue vis-à-vis des poissons de petite taille, comme cela a été démontré chez les *Leucorrhinia*. La période d'émergence s'étend sur deux mois.

Cœur copulatoire sur zone humide d'altitude (1250 m). Lanarce, Ardèche, juillet 2018. © Ch. & P. Juliand.

Femelle solitaire lâchant un paquet d'œufs sur le sol humide. Dombes, Ain, juillet 2004. © D. Grand.

Comportement

Après une période de maturation d'une à deux semaines au cours de laquelle ils divaguent jusqu'à plusieurs kilomètres de leur lieu de naissance, les imagos reviennent au bord de l'eau. Par temps ensoleillé, les mâles sont souvent posés en nombre dans les herbes ou les buissons, mais maintiennent entre eux une distance d'environ deux mètres. Ils se déplacent continuellement et ne se fixent pas dans un territoire donné. Les femelles défendent un territoire de chasse à l'écart de l'eau, à partir d'un poste de guet. L'accouplement dure moins de 10 mn. La ponte débute en tandem au-dessus de l'eau libre ou des prairies inondables entourant les étangs et les lacs à niveau variable, puis la femelle continue seule si le harcèlement des mâles célibataires n'est pas trop important. Le mâle reste généralement à proximité pour prévenir tout dérangement intempestif.

Menaces et mesures de gestion

Le Sympétrum sanguin est omniprésent dans nos pays et n'est nulle part menacé.

PROTECTION				LISTES ROUGES							DIRECTIVE HABITATS
FR	BE	LX	CH	MONDE	EU	FR	WA	FL	LX	CH	
○	FI	●	GE, VD	LC	LC	LC	LC	LC	LC	LC	–

Cœur copulatoire au bord d'un plan d'eau. Chauzon, Ardèche, juillet 2021. © Ch. & P. Juliand.

Couple avec une femelle andromorphe. Corse, mai 2005. © D. Grand.

Mâle âgé. Haute-Loire, août 2016. © J.-P. Boudot.

Sympetrum depressiusculum (Selys, 1841)

Le Sympétrum déprimé

Libellula depressiuscula Selys, 1841, *Revue de zoologie Guérin-Méneville*, 4 : 244.

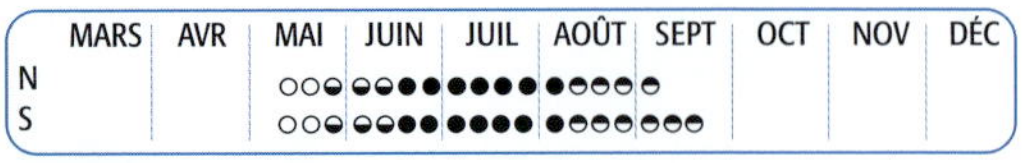

Mâle. Rizière, Camargue, Bouches-du-Rhône, juillet 1987.
© J.-P. Boudot.

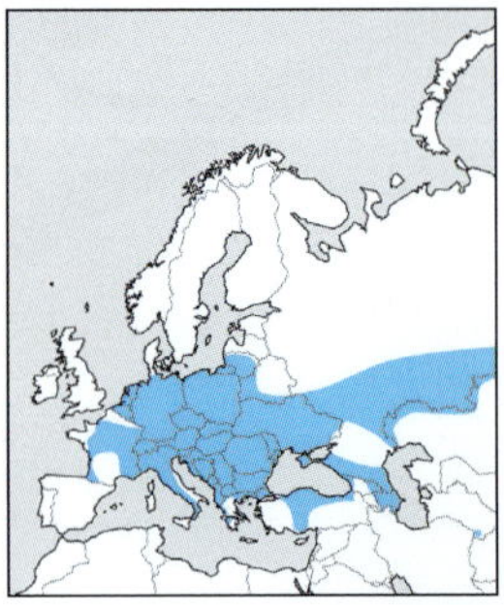

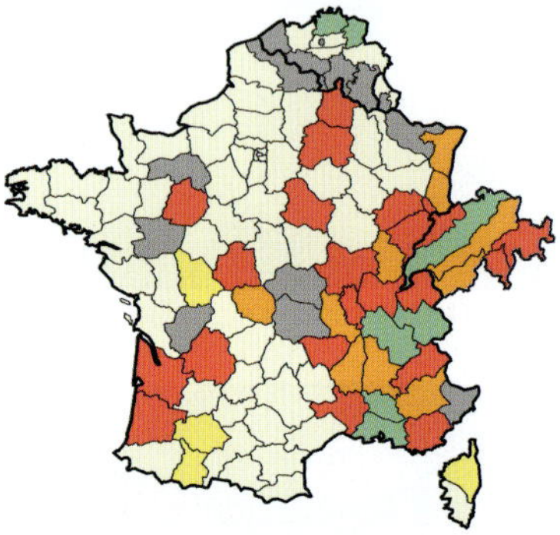

Critères de terrain

Pattes entièrement noires. Abdomen non étranglé au milieu en vue de profil, subdéprimé et rouge vif chez les mâles, subcylindrique et jaunâtre chez les femelles, avec des taches noires cunéiformes caractéristiques sur les côtés. Face restant brune à maturité chez les 2 sexes. Cinq à sept rangées de cellules entre la nervure Rspl et le bord arrière des ailes postérieures.

Dimensions

Abdomen (mm) : ♂ 20 - 23 ; ♀ 21 - 24
Ailes postérieures (mm) : ♂ 24 - 27 ; ♀ 25 - 28

Confusions à éviter

Confusion possible avec *S. sanguineum*, mais ce dernier a un abdomen nettement fusiforme et ses taches noires ne sont pas cunéiformes. Les critères de nervation doivent toujours être contrôlés.

Répartition géographique, distribution et abondance

De l'ouest de l'Europe au Japon. En régression dans de nombreux pays européens. Dans nos régions, les populations pérennes les plus importantes se situent dans certains marais des vallées du Rhône et du Rhin, ainsi que dans le nord-est de la Flandre. Plus sporadique ailleurs, disparu de Wallonie et du Luxembourg, en nette régression depuis les années 1970 en Suisse du fait de l'assèchement des marais…

Écologie et biologie

Eaux stagnantes peu profondes et ensoleillées, souvent temporaires ou à niveau variable et envahies par la végétation (bordures des lacs, marais mésotrophes, prés marécageux, mares herbeuses, anciennes gravières envahies d'herbes, tourbières, rizières, etc.), à basse altitude. Parfois également sur les bordures marécageuses des cours d'eau et dans les canaux d'irrigation parfois aussi dans les bassins de rétention autoroutiers. Les œufs entrent en diapause après la ponte et n'éclosent qu'au printemps suivant. La phase larvaire dure ensuite entre 6 semaines et 4 ou 5 mois selon le régime hydrique et thermique local et compte 9 stades. Les larves

Mâle immature. © L. Rouschmeyer.

Accouplement. Drôme, août 2004. © D. Grand.

vivent à faible profondeur, à la surface des sédiments et au sein des hydrophytes. Les émergences, parfois massives, s'étendent sur plus de deux mois.

Comportement

Les adultes, non territoriaux, vivent en rassemblements souvent importants et aiment à se percher en haut des tiges, où ils adoptent une position en obélisque très caractéristique par temps chaud. Le soir, ils se regroupent en dortoirs pouvant compter plus de 10000 individus pour passer la nuit. Les tandems précopulatoires se forment à l'aube, dans les dortoirs à l'écart de l'eau. Les accouplements proprement dits débutent environ 3 h après, lorsque les couples arrivent sur les sites de ponte. Les couples pondent en tandem et lâchent leurs œufs au contact de l'eau, entre les hélophytes et dans les secteurs où les hydrophytes affleurent. La femelle termine parfois seule.

Menaces et mesures de gestion

Cette espèce est en régression dans tous les pays ouest-européens du fait de l'altération de ses habitats (assèchement des marais, disparition des marges humides des grands plans d'eau, changement des pratiques agricoles dans les rizières). Elle est très menacée dans notre région, s'est beaucoup raréfiée en Suisse et a disparu des rizières de Camargue. Les localités où elle est permanente doivent être impérativement préservées et gérées de façon à favoriser son expansion : une bonne qualité des eaux, des berges enherbées en pente douce, des marais inondables riches en herbacées mais pauvres en arbustes sont des conditions impératives.

PROTECTION				LISTES ROUGES							DIRECTIVE HABITATS
FR	BE	LX	CH	MONDE	EU	FR	WA	FL	LX	CH	
○	Fl	●	●	LC	VU	EN	DD	CR	RE	VU	–

Sympetrum striolatum (Charpentier, 1840)

Le Sympétrum fascié

Libellula striolata Charpentier, 1840, *Libellulinae Europaeae descriptae ac depictae* : 78. Voss, Leipzig.

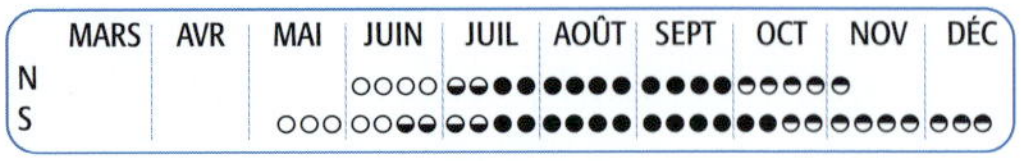

Mâle. Meurthe-et-Moselle, juillet 1980. © J.-P. Boudot.

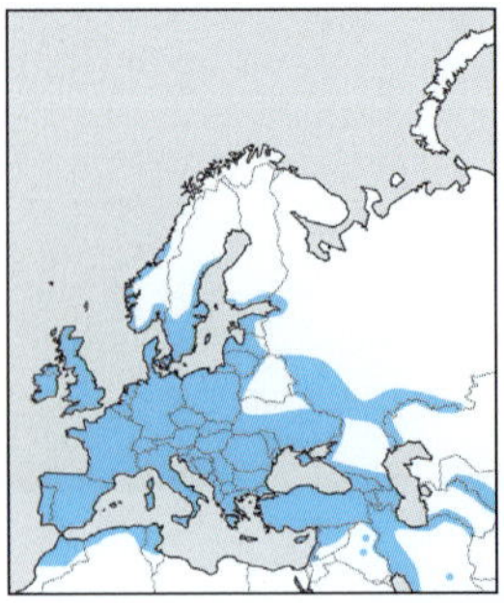

Critères de terrain

Pattes rayées de noir et de jaune et ailes surtout hyalines. Trait noir du haut du front non coudé et ne descendant pas le long des yeux. Côtés du thorax des mâles avec une bande rouge entourée de 2 bandes jaunes. Lame vulvaire des femelles redressée en oblique par rapport à l'abdomen.

Dimensions

Abdomen (mm) : ♂ 21 - 30 ; ♀ 20 - 30
Ailes postérieures (mm) : ♂ 24 - 30 ; ♀ 24 - 30

Confusions à éviter

Confusion possible avec *S. vulgatum*, notamment chez les femelles, mais la lame vulvaire permet une distinction aisée.

Répartition géographique, distribution et abondance

De l'ouest de l'Europe et du Maghreb à l'ouest de l'Asie. Des sous-espèces distinctes remplacent la forme nominale plus à l'est. Espèce partout commune à très commune dans nos régions bien qu'évitant les altitudes trop élevées dans les Alpes et les Pyrénées. Dans les îles Britanniques, la limite septentrionale de son aire de répartition s'est déplacée vers le nord de près de 350 km depuis les années 60, ce qui est attribué au réchauffement du climat.

Écologie et biologie

Eaux stagnantes et faiblement courantes ensoleillées, même saumâtres ou légèrement polluées (marais, mares, étangs, lacs, tourbières, bras morts, gravières, bassins artificiels, parties lentes des cours d'eau, ruisseaux), à basse altitude en Europe tempérée. Dans le sud de son aire, l'espèce est particulièrement abondante en automne sur les petits ruisseaux méditerranéens réduits à quelques vasques et se reproduit encore à plus de 1 600 m d'altitude en Corse. Les pontes précoces éclosent après quelques semaines mais les pontes tardives entrent en diapause et n'éclosent qu'après l'hiver. Les larves vivent parmi les plantes aquatiques et à la surface des sédiments, généralement à proximité des rives. La phase larvaire dure de 5 mois à un an selon la date d'éclosion des œufs et compte entre 9 et 11 stades. Les émergences s'échelonnent de juin à novembre et l'on note

Femelle âgée en fin de saison. Moselle, octobre 2018. © J.-P. Boudot.

Accouplement en fin de saison. Moselle, octobre 2018. © J.-P. Boudot.

parfois deux ou trois pics d'intensité décroissante (début août, mi-septembre et octobre/ novembre), correspondant dans l'ordre aux pontes à éclosion directe, aux pontes à éclosion différée et enfin à l'apparition d'une seconde génération annuelle les années exceptionnellement chaudes (bivoltinisme). L'hivernage occasionnel de quelques imagos de *S. striolatum* est par ailleurs largement connu dans l'ensemble du Bassin méditerranéen, et même en Grande-Bretagne.

Comportement

Le Sympétrum fascié est une espèce à forte capacité d'expansion, car les immatures se dispersent très loin et effectuent fréquemment de grands déplacements, notamment pour estiver jusqu'à l'automne. Les mâles passent leur temps posés au sol ou sur la végétation et entrent en compétition pour les meilleurs perchoirs. Les dominants défendent un territoire de reproduction dont ils excluent leurs semblables. Cette espèce semble également être l'une des rares à manifester un comportement territorial au niveau de ses zones de chasse. L'accouplement peut durer un quart d'heure. La femelle pond habituellement en pleine eau, parfois sur les rives exondées, d'abord en tandem avec le mâle, puis seule. Le mâle reste alors fréquemment à proximité en volant au point fixe pour la protéger. À la fin de l'automne, on trouve souvent des individus vieillissants en train de se chauffer dans les clairières et sur les lisières forestières.

Menaces et mesures de gestion

Cette espèce n'est nulle part menacée.

PROTECTION				LISTES ROUGES							DIRECTIVE HABITATS
FR	BE	LX	CH	MONDE	EU	FR	WA	FL	LX	CH	
○	FI	●	GE, VD	LC	LC	LC	LC	LC	LC	LC	–

Sympetrum vulgatum (*Linnaeus, 1758*)

Le Sympétrum vulgaire

Libellula vulgata Linnaeus, 1758, *Systema naturae*, 10e éd., 1 : 543. Laurentii Salvii, Stockholm.

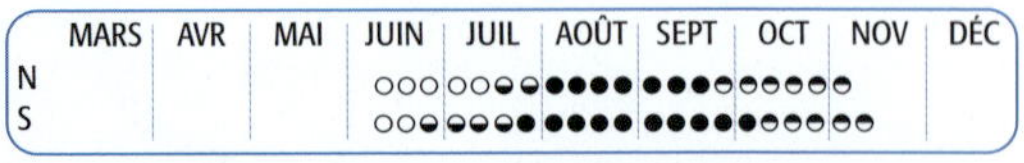

Sympetrum v. vulgatum. Mâle. Moselle, octobre 2018. © J.-P. Boudot.

Critères de terrain

Pattes rayées de noir et de jaune et ailes surtout hyalines. Thorax jaune à brun sans bande rouge médiane. Lame vulvaire des femelles redressée à angle droit par rapport à l'abdomen.

Deux sous-espèces dans la région considérée :

- *S. v. vulgatum* (Linnaeus, 1758) - **Le Sympétrum vulgaire : sutures thoraciques nettement surlignées de noir. Pattes noires rayées de jaune ou de brun rouge.** Trait noir horizontal du haut du front toujours coudé et descendant latéralement le long des yeux. Thorax devenant d'un brun foncé plus ou moins rougeâtre et abdomen devenant rouge vif. **Stature robuste : abdomen, appendices compris, mesurant plus de 23 mm.**

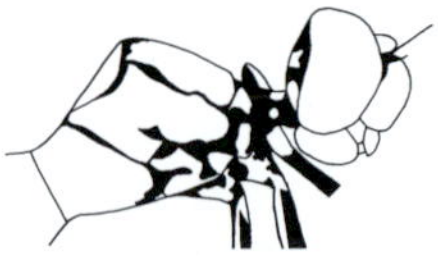

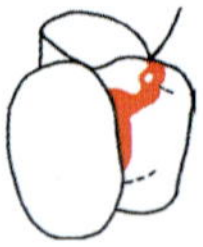

- *S. v. ibericum* Ocharan, 1985 - **Le Sympétrum ibérique : sutures thoraciques très finement et incomplètement surlignées de noir. Pattes brun jaune avec quelques taches brun foncé sur les fémurs et les tibias.** Trait noir horizontal du haut du front coudé ou non. Thorax restant jaune ou d'un brun peu foncé, abdomen brun jaune devenant tardivement rouge brique. **Stature grêle : abdomen, appendices compris, mesurant moins de 24 mm.**

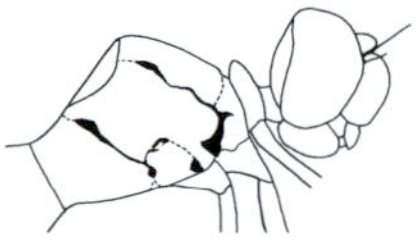

Dimensions

- *S. v. vulgatum* :

Abdomen (mm) : ♂ 23 - 28 ; ♀ 24 - 28
Ailes postérieures (mm) : ♂ 24 - 29 ; ♀ 26 - 29

- *S. v. ibericum* :

Abdomen (mm) : ♂ 20 - 24 ; ♀ 21 - 23
Ailes postérieures (mm) : ♂ 22 - 27 ; ♀ 23 - 26

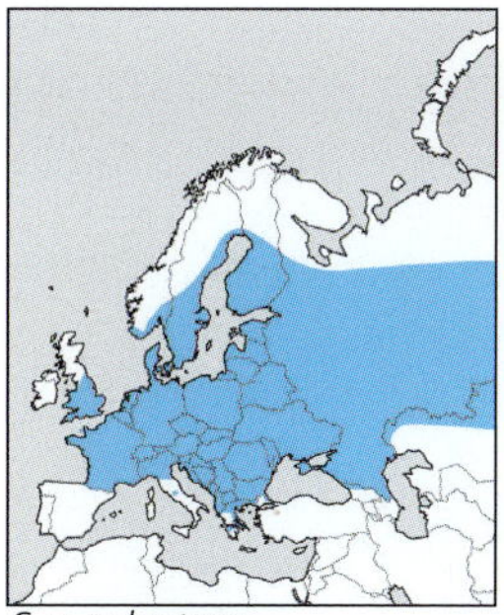

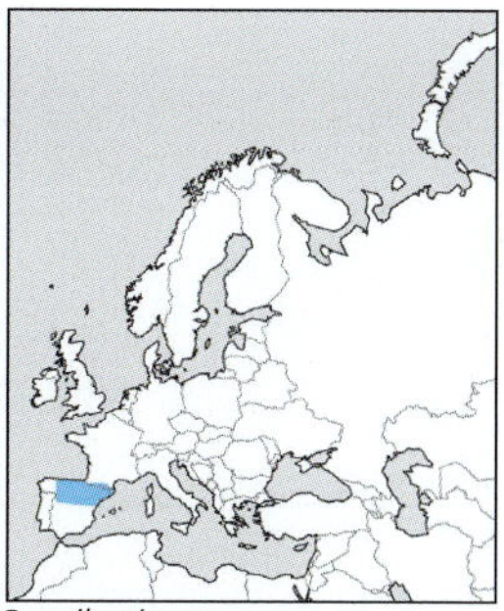

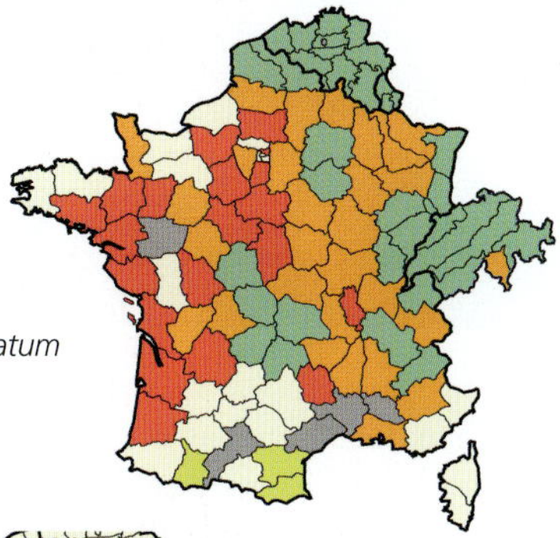

Confusions à éviter

La sous-espèce nominale peut être confondue avec *S. striolatum*, notamment en ce qui concerne les femelles, mais le trait noir du front et la lame vulvaire permettent une distinction sûre. La sous-espèce ibérique peut être très facilement confondue avec *S. meridionale*. Il est indispensable de contrôler les hamuli des mâles et la lame vulvaire des femelles lors de la détermination des *Sympetrum*.

Répartition géographique, distribution et abondance

• *S. v. vulgatum :* De l'ouest de l'Europe au centre de la Sibérie. Commun en Belgique, au Luxembourg et, en Suisse, sur le Plateau et dans le Jura ; plus rare ailleurs. Tend nettement à se raréfier ou à disparaître en plaine dans la moitié est de la France, où cette espèce était commune dans le passé.

• *S. v. ibericum :* Taxon confiné à la moitié nord de l'Espagne à Andorre et au versant français des Pyrénées.

Écologie et biologie

Eaux stagnantes (fossés, mares, étangs, lacs, bras morts, anciennes gravières et carrières inondées, etc.), localement jusqu'à 1400 m d'altitude dans les Alpes, 2000 m dans les Pyrénées. Les œufs sont enrobés d'un mucus gélatineux facilitant leur adhésion sur les supports qu'ils rencontrent, ils entrent

Sympetrum v. ibericum. Mâle. Espagne, Aragon, septembre 2017. © J.-P. Boudot.

Sympetrum v. ibericum. Femelle. Espagne, Castille-La Mancha, septembre 2017.© J.-P. Boudot.

Sympetrum v. vulgatum. Femelle. © G. Doucet.

en diapause après la ponte et éclosent au printemps suivant. La phase larvaire dure ensuite de 2 à 5 mois, rarement un an de plus, et compte entre 9 et 11 stades. Les larves vivent parmi les plantes aquatiques et à la surface des sédiments et sont parfois recouvertes de vase. La présence de poissons induit une augmentation de la taille de leurs épines, ce qui leur offre vraisemblablement une protection accrue contre la prédation, comme cela a été démontré chez les *Leucorrhinia*. La période d'émergence dure un peu plus de deux mois mais dans une localité donnée la moitié de la population apparaît en deux semaines.

Comportement

Le Sympétrum vulgaire a un comportement migratoire assez marqué, ce qui lui permet de coloniser rapidement de nouveaux sites. Des imagos erratiques à tout stade de maturité peuvent se rencontrer dans des zones abritées loin de l'eau, même en montagne jusqu'à près de 2 500 m d'altitude. Des déplacements en masse s'observent également de temps à autre. Au bord de l'eau, les adultes se tiennent le plus souvent posés dans les buissons, sur les pierres ou sur la terre nue des rives. Les mâles territoriaux attendent les femelles au bord de l'eau, les autres les recherchent activement à l'écart. L'accouplement peut durer longtemps. Les femelles pondent dans les roselières, près des berges ou même directement sur les rives asséchées des lacs à niveau variable, d'abord en tandem puis parfois seules, le mâle restant alors à proximité afin de les protéger. À la fin de l'automne, on trouve souvent des individus vieillissants en train de se chauffer dans les clairières et sur les lisières forestières.

Menaces et mesures de gestion

La sous-espèce nominale semble avoir significativement régressé et parfois même disparu dans l'est de la France à basse altitude, alors que cette région concentrait encore il y a 15-20 ans l'essentiel des populations nationales. En l'absence d'atteinte physique aux habitats, que cela soit dû au réchauffement du climat ou à un changement de la qualité des eaux de surface reste à élucider. L'aire de répartition de *S. v. ibericum* reste à préciser mais il est clair que ce taxon restera toujours marginal en France. Ses localités connues doivent impérativement être protégées de toute atteinte, aussi bien en France qu'en Espagne.

Sympetrum v. vulgatum : accouplement. Territoire-de-Belfort, août 1982. © J.-P. Boudot.

Sympetrum v. vulgatum. Tandem précopulatoire. Hautes-Alpes, Col Bayard, août 1981. © J.-P. Boudot.

S. vulgatum

PROTECTION				LISTES ROUGES							DIRECTIVE HABITATS
FR	BE	LX	CH	MONDE	EU	FR	WA	FL	LX	CH	
○	Fl	●	GE, VD	LC	LC	NT	NT	VU	LC	LC	–

Sympetrum meridionale (Selys, 1841)

Le Sympétrum méridional

Libellula meridionalis Selys, 1841, *Revue de zoologie Guérin-Méneville*, 4 : 245.

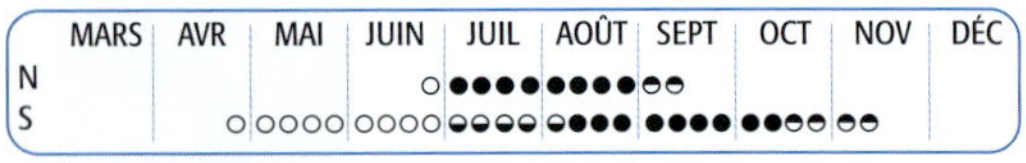

Mâle. © N. Helitas.

Critères de terrain

Pattes surtout brun jaune. **Thorax** brun clair, **presque sans trait noir sur les sutures**, abdomen des mâles rouge pâle. Ailes surtout hyalines. **Lame vulvaire des femelles plaquée contre l'abdomen et à peine visible en vue de profil.** Espèce souvent parasitée par des acariens qui se fixent sur les nervures des ailes.

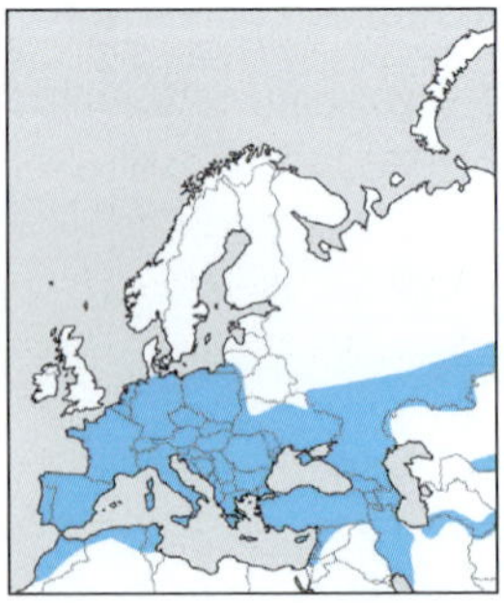

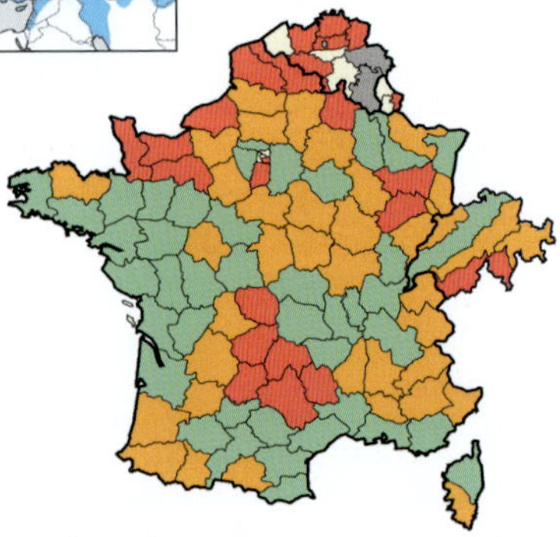

Dimensions

Abdomen (mm) : ♂ 22 - 28 ; ♀ 22 - 28
Ailes postérieures (mm) : ♂ 20 - 30 ; ♀ 20 - 30

Confusions à éviter

Des formes mélaniques de cette espèce ayant été citées d'Europe centrale et d'autres espèces de Sympétrums étant au contraire très pâles, il convient d'être très prudent et de toujours contrôler la morphologie des hamulis des mâles et de la lame vulvaire des femelles.

Répartition géographique, distribution et abondance

De l'ouest du Bassin méditerranéen à l'ouest de la Mongolie. En France cette espèce est abondante sur le littoral méditerranéen et remonte irrégulièrement vers le nord, pour finalement atteindre la Suisse, la Belgique et le Luxembourg, où elle est essentiellement migratrice malgré des phases temporaires de reproduction. Des émergences de plusieurs millions d'individus ont été récemment constatées dans les grands lacs réservoirs de Champagne, dans le département de l'Aube.

Écologie et biologie

Eaux stagnantes, même temporaires ou saumâtres, à basse altitude (fossés, mares, marais, étangs et lacs, gravières, bras morts, etc.). Des individus erratiques ont été cités des Alpes jusqu'à 3000 m d'altitude. Les œufs entrent en diapause après la ponte et éclosent au printemps suivant. La phase larvaire, mal connue, dure vraisemblablement entre 2 et 4 mois selon la température. Les larves vivent parmi les plantes aquatiques et à la surface des sédiments. Les émergences s'étalent sur environ un mois et surviennent souvent la nuit.

Comportement

Cette espèce n'est permanente que dans les régions chaudes. Elle est volontiers migratrice et se répand vers le nord à la faveur des étés les plus chauds. Dans la zone méditerranéenne, après l'émergence en mai et juin, les jeunes adultes se rassemblent un peu à l'écart pendant quelques jours puis entament un vol d'estivation en direction de reliefs boisés parfois distants de 30 à 50 km. Ils y passent la saison sèche à un stade préreproductif correspondant à leur période de maturation, s'y dispersent ou restent groupés, puis redescendent ensemble ou isolément vers les basses terres en septembre/octobre, à la saison des pluies, pour se reproduire. Dans la zone tempérée au contraire, ils restent à proximité de leur lieu de naissance et s'y reproduisent dès la seconde quinzaine d'août. En septembre, ils se dispersent, ou migrent en masse lorsque les populations sont importantes, ce qui permet aux femelles fécondées de laisser une descendance dans d'autres localités plus septentrionales. Les accouplements ont lieu posés. Les femelles pondent au-dessus de l'eau ou des rives exondées des plans d'eau à niveau variable, d'abord en tandem puis parfois seules, le mâle restant alors à proximité afin de les protéger.

Tandem en vol. © N. Helitas.

Femelle. © L. Rouschmeyer.

Menaces et mesures de gestion

La conservation en bon état des écosystèmes lagunaires méditerranéens et atlantiques est indispensable à la survie de cette espèce qui, globalement, est plutôt rare et localisée.

PROTECTION				LISTES ROUGES							DIRECTIVE HABITATS
FR	BE	LX	CH	MONDE	EU	FR	WA	FL	LX	CH	
○	FI	●	GE, VD	LC	LC	LC	NE	DD	NE	LC	–

Sympetrum flaveolum (Linnaeus, 1758)

Le Sympétrum jaune d'or

Libellula flaveola Linnaeus, 1758, *Systema naturae*, 10e éd., 1 : 543. Laurentii Salvii, Stockholm.

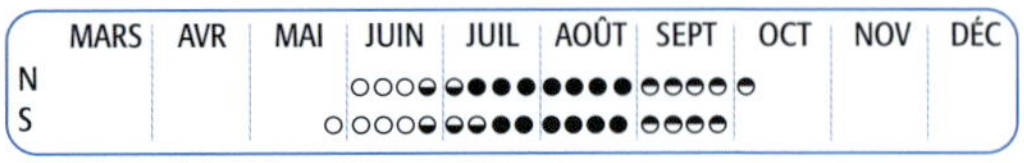

Mâle. © L. Rouschmeyer.

Critères de terrain

Dans nos régions, base des ailes jaune, au moins jusqu'à l'apex de la cellule discoïdale aux postérieures. Partie inférieure des yeux jamais bleuâtre.

Dimensions

Abdomen (mm) :	♂ 21 - 25 ; ♀ 19 - 27
Ailes postérieures (mm) :	♂ 24 - 31 ; ♀ 23 - 32

Confusions à éviter

La confusion est possible avec *S. fonscolombii*.

Répartition géographique, distribution et abondance

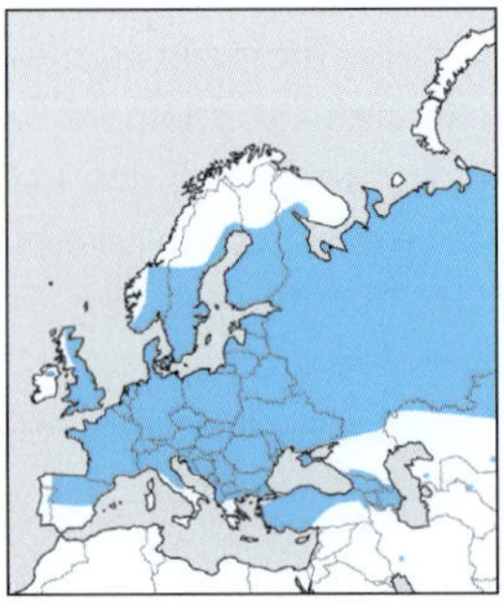

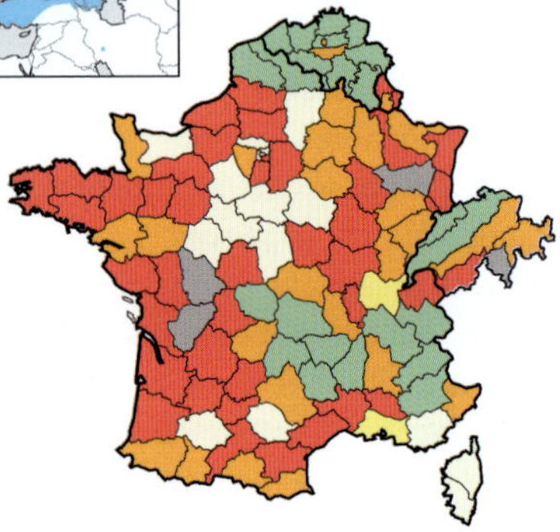

De l'ouest et du nord de l'Europe au Japon. En France, cette espèce est plus particulièrement implantée dans les zones de montagne (hormis le massif vosgien), mais est souvent seulement migratrice en plaine. Largement dispersée en Belgique, très rare au Luxembourg. Initialement bien distribuée sur le Plateau suisse, cette espèce a beaucoup régressé suite à l'assèchement des marais.

Écologie et biologie

Étangs herbeux, marais, prés inondés, tourbières, préférentiellement dans les massifs montagneux et jusqu'à plus de 2100 mètres d'altitude dans le sud de son aire. Avec *Lestes dryas*, il est un véritable spécialiste des mares temporaires. Les œufs entrent généralement en diapause et n'éclosent qu'après l'hiver, mais en plaine les pontes précoces lâchées directement dans l'eau éclosent en 5 à 10 semaines. La phase larvaire dure de 5 à 8 semaines (pontes à éclosion différée) ou près d'un an (pontes à éclosion directe) et comprend 8 à 11 stades. Les larves vivent dans la végétation immergée ou au fond de l'eau. La période d'émergence dure environ 6 semaines et la maturation des jeunes adultes prend une dizaine de jours.

Comportement

Les populations de cette espèce connaissent des fluctuations importantes d'une année à l'autre, et, lorsque leur densité est élevée, les adultes sont capables d'entreprendre de longues migrations. La migration massive de 1995 a certainement été la mieux suivie. Après être partie de l'est de l'Allemagne vers le 20 juillet, elle a atteint le nord de la France et les côtes anglaises via les Pays-Bas début août, en profitant de vents d'est soutenus. L'espèce s'est ensuite reproduite quelques années aux Pays-Bas, en Angleterre et dans le nord de la France, puis la plupart de ces noyaux de population se sont éteints, car *S. flaveolum* demande un climat continental ou montagnard pour se maintenir durablement dans l'ouest de l'Europe. Sur leur site de reproduction, les mâles volent au-dessus des marais à la recherche des femelles et se pourchassent vigoureusement. L'accouplement peut durer une demi-heure puis le tandem lâche ses œufs au-dessus de l'eau ou des rives temporairement exondées.

Femelle. © L. Rouschmeyer.

Accouplement. Ariège, 1 800 m, juillet 1988.
© J.-P. Boudot.

Menaces et mesures de gestion

Le Sympétrum jaune d'or est menacé par l'abaissement des nappes, le drainage des prairies humides, la pollution des étangs en zone agricole et la destruction des zones tourbeuses. S'il se maintient actuellement bien dans la plupart des massifs montagneux français et en Flandre, où la conservation en bon état des marais et des tourbières est impérative, il est en régression en Wallonie et est très raréfié au Luxembourg. Les populations de plaine ont certainement été de tout temps sporadiques en France, mais il est vraisemblable que la régression des zones prairiales inondables limite actuellement l'implantation temporaire de l'espèce à basse altitude.

PROTECTION				LISTES ROUGES							DIRECTIVE HABITATS
FR	BE	LX	CH	MONDE	EU	FR	WA	FL	LX	CH	
○	Fl	●	●	LC	LC	NT	VU	CR	VU	CR	–

Sympetrum fonscolombii (Selys, 1840)

Le Sympétrum de Fonscolombe

Libellula fonscolombii Selys, 1840, *Monographie des Libellulidées d'Europe* : 49. Roret, Paris.
Synonymie : *Tarnetrum fonscolombii* (Selys, 1840).

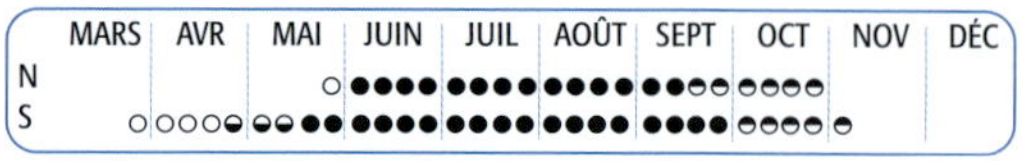

Mâle. © L. Rouschmeyer.

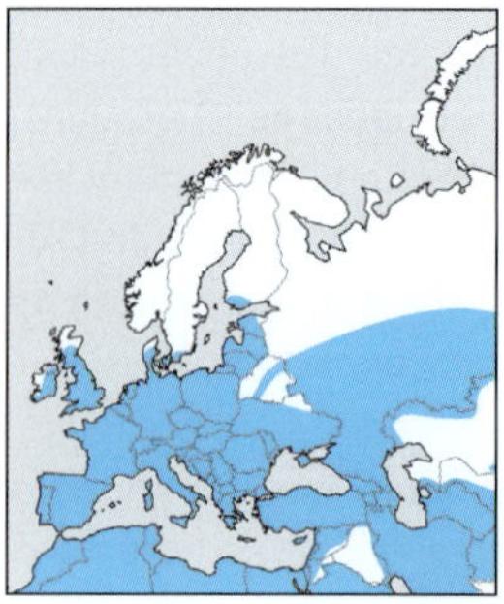

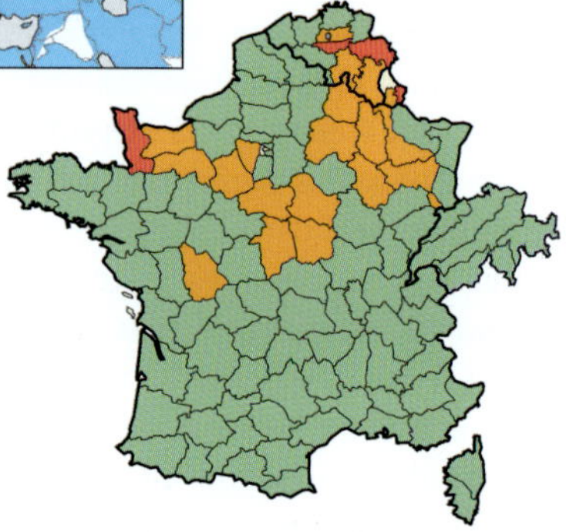

Critères de terrain

Partie jaune de la base des ailes postérieures habituellement bien visible quoiqu'assez variable mais n'englobant pas la cellule discoïdale. Bord postérieur des yeux gris bleuâtre à maturité chez les mâles. Cette espèce a parfois été classée au sein du genre *Tarnetrum* qui, au mieux, n'est plus considéré actuellement que comme sous-genre.

Dimensions

Abdomen (mm) : ♂ 22 - 29 ; ♀ 22 - 28
Ailes postérieures (mm) : ♂ 26 - 30 ; ♀ 26 - 30

Confusions à éviter

La confusion est possible avec *S. flaveolum*.

Répartition géographique, distribution et abondance

Du sud-ouest de l'Europe au sud de l'Afrique et à l'Asie centrale, avec des migrations sporadiques en Mongolie, Chine et Japon. Cette espèce thermophile est actuellement en nette expansion vers le nord et depuis les années 90 s'est progressivement installée durablement en Belgique, aux Pays-Bas, en Allemagne et dans les Îles Britanniques. Depuis le début du XXIe siècle, elle a également été observée en Finlande, où elle se reproduit, au Danemark, en Suède et dans les Pays Baltes.

Écologie et biologie

Eaux stagnantes ensoleillées de plaine, même saumâtres (étangs, lacs, gravières, marais littoraux, lagunes côtières, rizières, bassins divers, etc.). Les œufs éclosent directement, en 10 à 25 jours. Dans la région méditerranéenne, la phase larvaire dure de 7 à 10 semaines et comprend de 11 à 13 stades. L'espèce compte alors deux à trois générations par an. Dans la zone tempérée, une partie des larves émerge rapidement tandis qu'une autre n'émerge qu'en juin de l'année suivante. Les larves vivent à la surface des sédiments et au sein de la végétation aquatique immergée. Les émergences ont parfois lieu la nuit. Les imagos les plus précoces se reproduisent sur leur site d'origine. Les plus tardifs se dispersent immédiatement et quittent définitivement les lieux.

Tandem pondant au contact de l'eau. Rhône, septembre 2005. © D. Grand.

Comportement

En été, le Sympétrum de Fonscolombe se tient souvent à l'écart de l'eau et estive sur les reliefs lorsqu'il fait trop chaud ou que ses sites de reproduction sont asséchés. Pendant cette période, il est fréquemment erratique et peut entreprendre de grandes migrations sous forme d'immenses nuages de plus d'un million d'individus, qui dérivent avec les courants chauds atmosphériques et peuvent encore passer les montagnes à 2200 m d'altitude. L'espèce pond un peu n'importe où au gré de ces déplacements, sans succès au-delà d'une certaine altitude. Au bord de l'eau, les mâles défendent un territoire dont ils repoussent même des espèces aussi grandes qu'*Anax imperator*. Les accouplements ont lieu posés et durent une quinzaine de minutes. Les tandems de ponte lâchent leurs œufs au contact de l'eau libre et parfois la femelle continue seule.

Cœur copulatoire. Hérault. © V. Delcourt.

Menaces et mesures de gestion

Le Sympétrum de Fonscolombe n'est pas menacé dans la moitié sud de la France, car il profite de ses mœurs vagabondes pour se reproduire un peu n'importe où. La conservation en bon état des dernières lagunes littorales est néanmoins essentielle au maintien de ses populations les plus importantes.

PROTECTION				LISTES ROUGES							DIRECTIVE HABITATS
FR	BE	LX	CH	MONDE	EU	FR	WA	FL	LX	CH	
○	FI	●	GE, VD	LC	LC	LC	NE	LC	NE	NE	–

Sympetrum pedemontanum (Müller in Allioni, 1766)

Le Sympétrum du Piémont

Libellula pedemontana Müller *in* Allioni, 1766, *Mélanges de Philosophie et de Mathématique de la Société royale de Turin*, 3 (7) : 194.

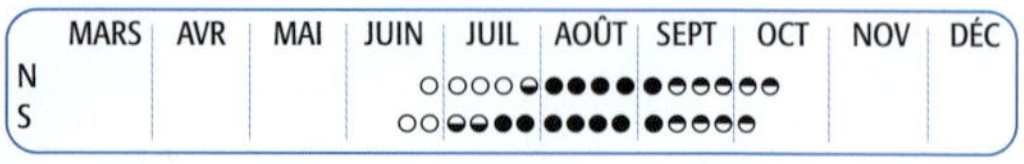

Mâle. © L. Rouschmeyer.

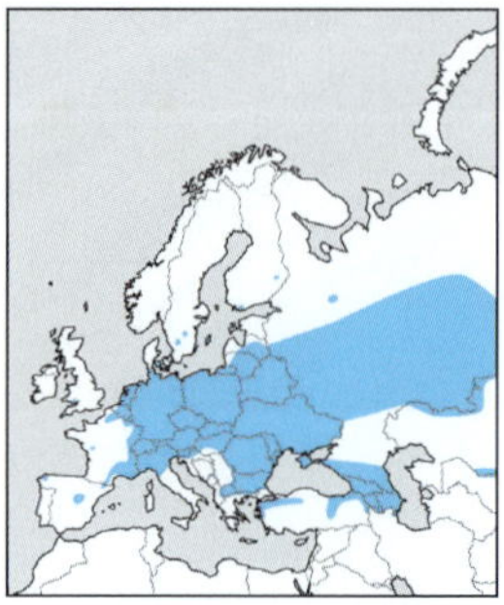

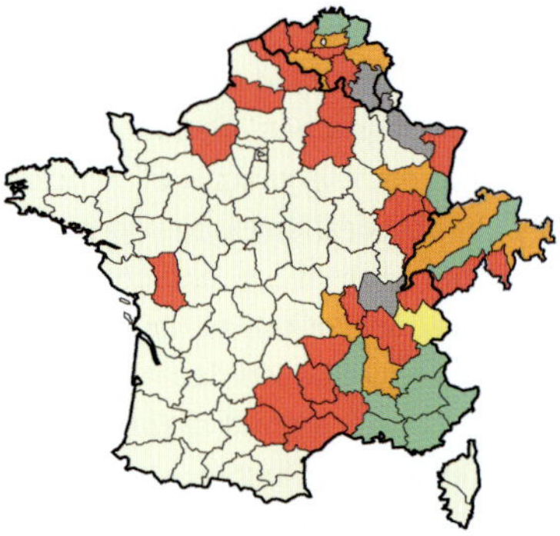

Critères de terrain

Ailes traversées par une large bande brune au contact des ptérostigmas, ceux-ci uniformément rouges ou jaunes.

Dimensions

Abdomen (mm) : ♂ 18 - 23 ; ♀ 18 - 24
Ailes postérieures (mm) : ♂ 22 - 28 ; ♀ 21 - 28

Confusions à éviter

Cette espèce ne peut être confondue de loin qu'avec *Brachythemis impartita*.

Répartition géographique, distribution et abondance

De l'ouest de l'Europe au Japon. En France, cette espèce est surtout disséminée dans la partie orientale du pays, mais aussi le long des basses vallées du Rhône et de la Durance. Rare en Belgique et disparue au Luxembourg. Nette régression en Suisse au XXe siècle suite à la régularisation du régime hydrologique des rivières et des lacs.

Écologie et biologie

Eaux stagnantes et faiblement courantes, ensoleillées, mésotrophes et eutrophes (marais, prairies humides, mares, étangs, rizières, anciennes gravières, argilières ou sablières, fossés, canaux d'irrigation lents, ruisseaux herbeux et petites rivières lentes), jusqu'à 700 m d'altitude. Les œufs entrent en diapause après la ponte et éclosent au printemps suivant. La phase larvaire dure ensuite entre 1 et 5 mois et comprend 11 stades. Les larves vivent à la surface des sédiments, dans lesquels elles s'enfouissent au cours de leurs premiers stades. Les émergences, qui s'étendent sur environ deux mois, sont synchronisées, la moitié d'entre elles survenant durant les 7 à 11 premiers jours. Ensuite, la période de maturation s'étend sur 8 jours chez les mâles, un peu plus chez les femelles. La durée moyenne de vie des imagos est comprise entre 13 et 17 jours chez les mâles, entre 7 et 16 chez les femelles.

Femelle. © N. Helitas.

Accouplement. Drôme provençale, août 2004. © D. Grand.

Comportement

Cette espèce a un vol papillonnant très caractéristique, qui, joint à la présence des bandes brunes sur les ailes, permet une identification immédiate à distance. Elle se pose fréquemment à l'extrémité des tiges, parfois au sol. Elle n'entreprend guère de véritables migrations, mais son fréquent erratisme après émergence, particulièrement chez les femelles, lui confère une bonne capacité de colonisation et lui a permis d'atteindre les îles Britanniques. Les mâles manifesteraient parfois une ébauche de territorialité, mais restent très peu agressifs les uns envers les autres. Les tandems de ponte lâchent leurs œufs en pleine eau ou sur les rives exondées des plans d'eau à niveau variable.

Menaces et mesures de gestion

Le Sympétrum du Piémont est globalement rare à très rare dans l'ensemble de notre région, qui constitue la limite occidentale de son aire de distribution. Certaines des localités ne sont pas permanentes mais d'autres sont pérennes depuis de nombreuses années. La pollution des eaux, l'assèchement des ruisseaux dans la zone méditerranéenne, la régulation des niveaux d'eau et le curage des étangs représentent des menaces réelles pour ce Sympétrum. Une surveillance de ses principaux habitats devrait rapidement être instaurée. Le drainage des prairies humides, le comblement des gravières et le développement d'une pisciculture intensive sont à prohiber là où l'espèce se développe.

PROTECTION				LISTES ROUGES							DIRECTIVE HABITATS
FR	BE	LX	CH	MONDE	EU	FR	WA	FL	LX	CH	
○	Wa, Fl	●	C	LC	LC	NT	CR	VU	RE	EN	–

Leucorrhinia dubia (Vander Linden, 1825)

La Leucorrhine douteuse

Libellula dubia Vander Linden, 1825, *Monographiae Libellulinarum Europaearum Specimen* : 16. Frank, Bruxelles.

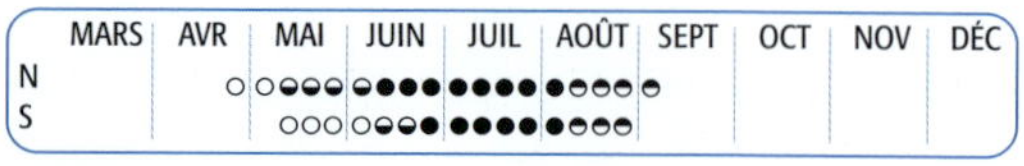

Mâle. © L. Rouschmeyer.

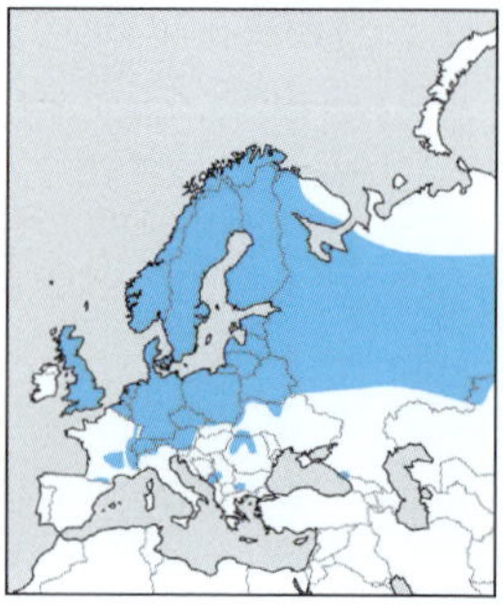

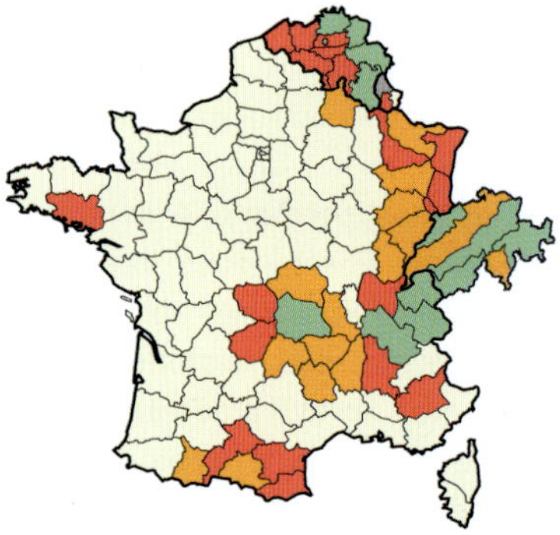

Critères de terrain

Abdomen noir et jaune, devenant rapidement noir et rouge chez les mâles et certaines femelles. **Taches claires des segments 4 et 5 nulles ou très réduites chez les mâles. Ailes postérieures avec une tache noire de taille moyenne, les antérieures avec une tache noire englobant au moins en partie la cellule contiguë à la membranule. Ptérostigmas noirs chez les deux sexes.**

Dimensions

Abdomen (mm) : ♂ 24 - 28 ; ♀ 21 - 25
Ailes postérieures (mm) : ♂ 24 - 30 ; ♀ 23 - 30

Confusions à éviter

Confusion possible avec *L. rubicunda*, mais les mâles de ce dernier ont les ptérostigmas rouges. L'examen de la lame vulvaire des femelles est essentiel à leur identification.

Répartition géographique, distribution et abondance

De l'ouest et du nord de l'Europe à l'ouest de la Sibérie centrale. Du nord-ouest de la Sibérie occidentale et de la sibérie centrale au Pacifique, cette espèce est remplacée par Leucorrhinia orientalis Selys, 1887, taxon très voisin récemment reclassé de sous-espèce à espèce à part entière. En France et en Belgique, *L. dubia* est assurément la plus commune des Leucorrhines et est présente dans la plupart des tourbières des massifs montagneux. Elle est excessivement rare au Luxembourg.

Écologie et biologie

Tourbières à sphaignes, marais et étangs acides pauvres en poissons, depuis 200 m d'altitude dans le nord-est de la France à 2300 m dans les Pyrénées. Les œufs éclosent 3 à 4 semaines après la ponte. Les larves vivent à la surface des sédiments tourbeux et dans la végétation aquatique. En face d'un prédateur elles cherchent à s'enfuir plutôt qu'à s'immobiliser et sont de ce fait très vulnérables à la prédation par les poissons. L'espèce se développe lorsque ses habitats s'acidifient et perdent leurs populations de salmonidés. La présence de poissons induit une augmentation de la taille des épines des larves, ce qui leur confère une protection accrue en cas d'attaque par l'arrière par des animaux de petite taille. La phase larvaire dure entre 2 et 5 ans suivant la latitude, l'altitude et le type d'habitat, et comprend entre 11 et 13 stades. Dans une même localité, les émergences sont synchronisées et plus de la moitié de la population apparaît en 5 à 10 jours. La période d'émergence dure au total autour de 6 semaines et la maturation des jeunes adultes prend environ 15 jours.

Mâle chargeant son réservoir séminal à partir de son orifice génital (transfert spermatique). Moselle, juin 1983. © J.-P. Boudot.

Comportement

Seule une petite partie de la population d'une localité est présente sur site à un moment donné, et le nombre d'adultes observé n'a rien à voir avec leur nombre réel. Par beau temps, les mâles survolent périodiquement l'eau d'un vol erratique et peuvent défendre un territoire dans lequel ils tolèrent la présence de mâles subordonnés. Leur agressivité les uns envers les autres diminue lorsque leur densité augmente, puis, lorsque celle-ci devient trop forte, ils abandonnent tout comportement territorial. Les couples se posent dans les tourbières ou à leur périphérie, l'accouplement dure entre 15 et 60 minutes. Les femelles pondent en volant sur place ou en se déplaçant rapidement, tout en touchant l'eau de l'extrémité de l'abdomen, à la limite de la tourbe et de l'eau ou dans des zones de sphaignes inondées. Au début le mâle reste à proximité en volant au point fixe pour la protéger, mais dès qu'il s'engage à la poursuite d'un concurrent, la femelle continue seule, si bien qu'elle est généralement reprise par un autre mâle pour un nouvel accouplement.

Accouplement. © L. Rouschmeyer.

Menaces et mesures de gestion

Bien qu'une certaine décroissance soit localement possible, cette espèce n'est pas menacée dans les massifs montagneux français et suisses, encore suffisamment riches en milieux tourbeux. Elle est par contre en régression dans certaines régions de Belgique et n'est probablement plus qu'accidentelle au Luxembourg. La fermeture naturelle des habitats favorables à l'espèce doit être surveillée et le creusement de petites fosses de détourbage est à encourager afin d'éviter sa disparition. Le drainage et le développement d'activités piscicoles et touristiques sont à proscrire partout où l'espèce est implantée.

PROTECTION				LISTES ROUGES							DIRECTIVE HABITATS
FR	BE	LX	CH	MONDE	EU	FR	WA	FL	LX	CH	
○	Wa, Fl	●	GE, VD	LC	LC	NT	VU	VU	RE	NT	–

Leucorrhinia rubicunda (Linnaeus, 1758)

La Leucorrhine rubiconde

Libellula rubicunda Linnaeus, 1758, *Systema naturae*, 10e éd., 1 : 543. Laurentii Salvii, Stockholm.

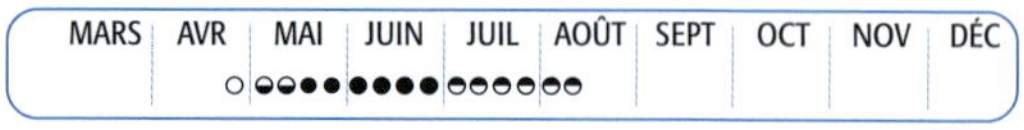

Mâle. Suède, mai 2002. © D. Grand.

Critères de terrain

Ressemble beaucoup à la Leucorrhine douteuse, mais **tache noire de la base des ailes antérieures très petite et n'englobant pas, ou à peine, la cellule contiguë à la membranule. Ptérostigmas rouges et taches claires de l'abdomen bien marquées sur les segments 2 à 7 chez les mâles.**

Dimensions

Abdomen (mm) : ♂ 26 - 28 ; ♀ 23 - 27
Ailes postérieures (mm) : ♂ 27 - 31 ; ♀ 27 - 31

Confusions à éviter

Confusion possible avec *L. dubia* (mâle) et *L. pectoralis* (femelle). L'examen de la lame vulvaire des femelles est essentiel à leur identification.

Répartition géographique, distribution et abondance

Du nord de l'Europe à la Sibérie occidentale et au nord-ouest de la Mongolie. Espèce très rare et en régression notable dans la zone tempérée. Plus aucune population pérenne n'existe en Suisse, au Luxembourg et en France bien que quelques individus migrateurs y soient sporadiquement observés. Les seules populations actuellement pérennes dans notre région sont situées en Belgique.

Écologie et biologie

Eaux stagnantes généralement acides à basse altitude et pauvres en poissons (marais, lacs et étangs tourbeux, tourbières à sphaignes, étangs herbeux mésotrophes). Les larves, extrêmement sensibles à la prédation par les poissons, vivent à la surface de la tourbe ou au sein de la végétation aquatique, à une quinzaine de centimètres de profondeur. Les œufs éclosent 1 à 4 semaines après la ponte. La phase larvaire dure 2 ans et comprend 14 stades, puis les émergences s'étalent sur 6 à 8 semaines au printemps. Elles sont synchronisées et leur rythme est sensiblement identique à ce qui est connu chez *L. dubia*.

Comportement

Les capacités de dispersion de cette espèce sont importantes, ce qui explique ses apparitions sporadiques récentes en France, au Luxembourg ou en

Accouplement. Suède, mai 2002. © D. Grand.

Suisse, ainsi que dans plusieurs localités de Belgique dans lesquelles elle n'est pas permanente. Le comportement de cette espèce est analogue en tout point à celui de *L. dubia*.

Menaces et mesures de gestion

Cette Leucorrhine ne possède plus aucune localité pérenne en France, au Luxembourg ou en Suisse. En Wallonie ne subsiste plus qu'une seule localité bien établie bien qu'une certaine recolonisation ait été notée depuis les migrations de 2012 au niveau des zones tourbeuses réhabilitées des hauts plateaux de l'Ardenne belge. L'espèce est mieux représentée en Flandre mais elle y a connu une régression notable du fait de l'altération de bon nombre de ses habitats, et peut-être également par suite du réchauffement climatique. La conservation et le classement de ses habitats sont absolument nécessaires, mais il faut veiller à ce que ceux-ci ne se ferment pas trop. La présence de dépressions inondées dans les tourbières lui est indispensable et il peut être nécessaire de creuser de petites fosses pour lui assurer des microhabitats favorables.

Femelle engluée dans un pied de *Drosera rotundifolia*, plante carnivore des tourbières. Suède, juillet 2003. © J.-P. Boudot.

PROTECTION				LISTES ROUGES							DIRECTIVE HABITATS
FR	BE	LX	CH	MONDE	EU	FR	WA	FL	LX	CH	
○	Wa, Fl	●	GE, VD	LC	LC	RE	CR	EN	RE	NE	–

Leucorrhinia pectoralis (Charpentier, 1825)

La Leucorrhine à gros thorax

Libellula pectoralis Charpentier, 1825, *Horae Entomologicae, Libellulinis Europaeis*: 46. Gosohorsky, Breslaw.

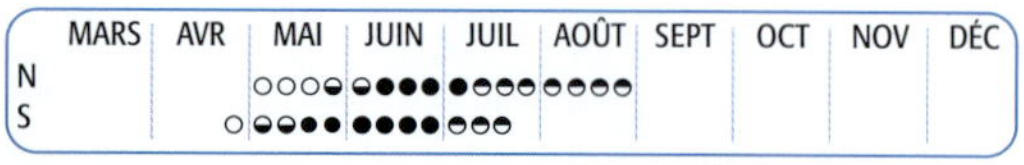

Mâle. © L. Rouschmeyer.

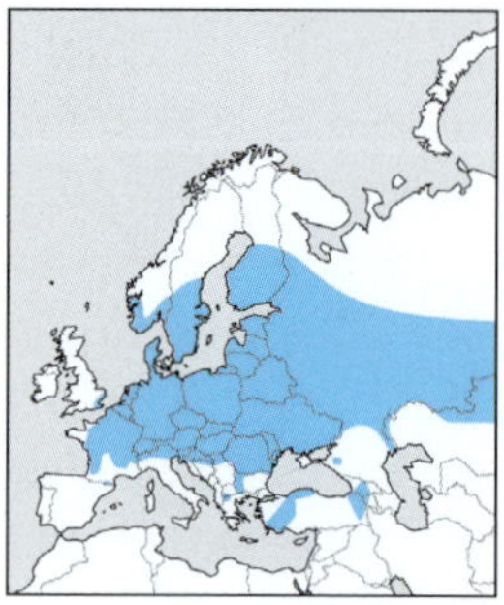

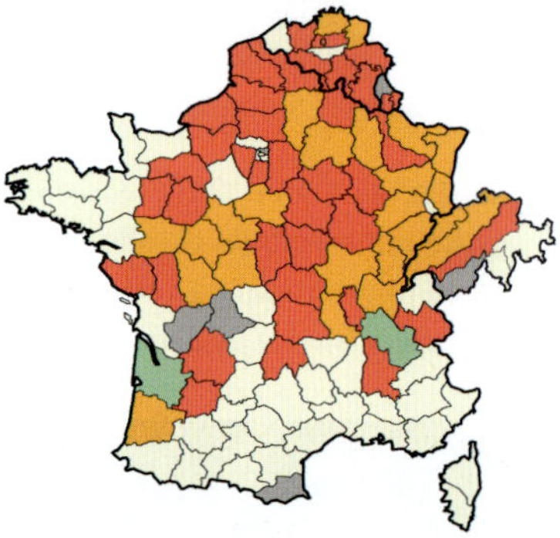

Critères de terrain

Tache claire du 7e segment abdominal restant toujours jaune citron jusqu'à un âge avancé, s'obscurcissant dans l'ultime vieillesse, les autres d'abord jaune vif puis brunes et de plus en plus sombres.

Dimensions

Abdomen (mm) : ♂ 25 - 27 ; ♀ 23 - 26
Ailes postérieures (mm) : ♂ 30 - 32 ; ♀ 30 - 33

Confusions à éviter

Confusion possible avec *L. rubicunda* voire avec *L. dubia* par négligence en ce qui concerne les femelles. Seule la lame vulvaire permet la distinction.

Répartition géographique, distribution et abondance

De l'ouest et du nord de l'Europe à la Sibérie occidentale et à l'Asie Mineure. En régression dans de nombreux pays par destruction ou comblement naturel de ses biotopes. Des opérations de restauration adaptées ont néanmoins permis de la conserver sur le plateau suisse après une régression notable tout au long du XXe siècle. Quelques populations importantes existent par ailleurs dans le centre et l'est de la France. Espèce globalement très rare ou accidentelle en Belgique et au Luxembourg. Plus aucune population pérenne n'existe au Luxembourg, où seuls de rares individus nomades ont été vus après 1960.

Femelle. Haute-Saône, juin 1986. © J.-P. Boudot.

Écologie et biologie

Eaux stagnantes pauvres en poissons ou possédant des zones abritées (tourbières à sphaignes, étangs à large ceinture d'hélophytes, zones herbeuses des grands lacs, etc.), en dessous de 1000 m d'altitude dans la zone tempérée. Une unique observation des Pyrénées catalanes espagnoles, documentée par capture, est explicitement considérée comme se référant à un individu nomade (erratisme ou migration, fréquentes chez cette espèce). Il en est sans doute de même des rares et anciennes mentions des Pyrénées-Orientales françaises, où de telles observations n'ont jamais pu être renouvelées. Les larves sont très sensibles à la prédation par les poissons et doivent pouvoir bénéficier de zones abritées. Les effectifs de cette espèce connaissent de très fortes variations d'une année à l'autre et semblent être contrôlés par les conditions météorologiques prévalant au moment des émergences et par la prédation exercée par les larves d'Aeschnidés. Les œufs éclosent 6 semaines après la ponte et la phase larvaire dure entre 1 et 3 ans. La période d'émergence est comprise entre une quinzaine de jours par beau temps et un mois par temps médiocre. Les émergences sont synchronisées et plus de la moitié d'une population donnée apparaît en 8-10 jours. La période de maturation des jeunes adultes dure une à deux semaines. Un épisode migratoire important a été observé en 2012 dans l'ouest de l'Europe, qui a permis de nombreuses observations dans des régions où cette espèce était préalablement absente en France, en Belgique, en Allemagne, aux Pays-Bas, dans les Îles Britanniques et dans le nord de l'Italie.

Comportement

La Leucorrhine à gros thorax ne peut guère être observée que par temps ensoleillé, car elle part se dissimuler dans les arbres et les arbustes dès que le temps se couvre. Les mâles volent périodique-

Exuvies abandonnées après de nombreuses émergences sur un même support. © G. Doucet.

Accouplement. Dombes, Ain, mai 1997. © D. Grand.

ment au-dessus de l'eau et se perchent longuement sur les buissons et les herbes. Lorsque leur densité est faible ou modérée, ils sont agressifs et défendent un territoire d'une cinquantaine de mètres le long des rives. Leur territorialité finit par disparaître dans les populations les plus importantes. La ponte est analogue à celle de *L. dubia*.

Menaces et mesures de gestion

Cette Leucorrhine est très menacée dès que ses biotopes commencent à être altérés, comme l'atteste la disparition des anciennes colonies luxembourgeoises. Il faut à tout prix éviter que ses habitats ne se ferment, quitte à recreuser de petites fosses de détourbage dans les tourbières. Comme beaucoup d'espèces continentales et septentrionales, elle est menacée par le réchauffement actuel du climat. La protection officielle dont elle et ses habitats bénéficient doit inciter à entreprendre l'inventaire de ses populations en vue de veiller à leur conservation.

Mâle à pleine maturité. © T. Roussel.

PROTECTION				LISTES ROUGES							DIRECTIVE HABITATS
FR	BE	LX	CH	MONDE	EU	FR	WA	FL	LX	CH	
●	Wa,Fl	●	●	LC	LC	NT	RE	CR	RE	EN	II, IV

Leucorrhinia caudalis (Charpentier, 1840)

La Leucorrhine à large queue

Libellula caudalis Charpentier, 1840, *Libellulinae Europaeae descriptae ac depictae* : 89. Voss, Leipzig.

	MARS	AVR	MAI	JUIN	JUIL	AOÛT	SEPT	OCT	NOV	DÉC
N			○○◒●	●●●●	◓◓					
S		○○◒	◒●●●	●●●◓	◓◓					

Mâle. Meuse, juin 2000. © J.-P. Boudot.

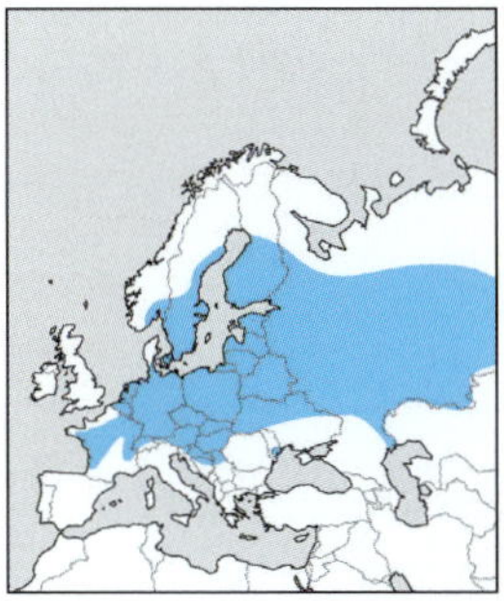

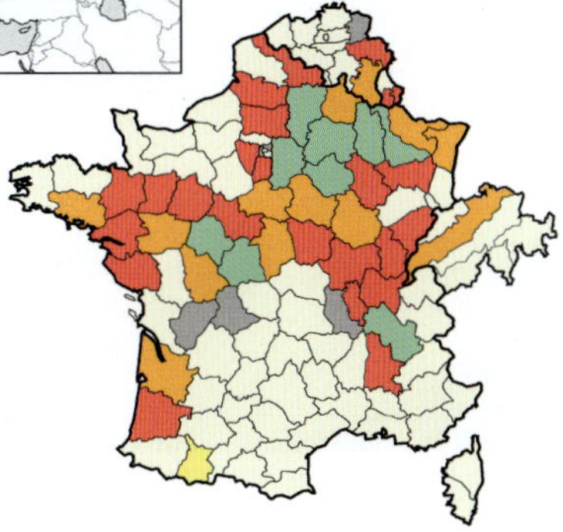

Critères de terrain

Face blanche. Abdomen noir recouvert d'une pruinescens bleue sur les segments 2 (3) à 5 chez les mâles à maturité, noir et jaune chez les femelles, très élargi au niveau des segments 6 à 9. Cercoïdes blancs chez les deux sexes. Ptérostigmas blancs en dessus chez les mâles. Deux nervures transverses cubito-anales aux ailes postérieures entre la cellule discoïdale et la base de l'aile.

Dimensions

Abdomen (mm) : ♂ 23 - 24 ; ♀ 23 - 24
Ailes postérieures (mm) : ♂ 29 - 31 ; ♀ 29 - 32

Confusions à éviter

Confusion possible avec *L. albifrons* qui a normalement l'abdomen bien moins élargi que *L. caudalis*. L'existence d'individus atypiques de *L. albifrons* rend toutefois nécessaire l'examen de la nervation pour une identification sûre.

Répartition géographique, distribution et abondance

De l'ouest et du nord de l'Europe à la Sibérie centrale et au nord de la Caspienne. Bien qu'en forte régression dans presque tous les pays d'Europe durant une grande partie du XXe siècle, cette espèce fait actuellement preuve d'une expansion significative et tend maintenant à recouvrer ses anciens territoires jusque dans l'ouest de la France. De belles populations existent dans le nord-est de la France mais l'espèce reste très rare au Luxembourg et rare en Suisse. Elle a récemment été retrouvée en Belgique et aux Pays-Bas après y avoir été considérée comme éteinte.

Écologie et biologie

Eaux stagnantes eutrophes, mésotrophes et oligotrophes en paysage souvent forestier (mares, étangs tourbeux ou non, lacs, tourbières et anciennes fosses de détourbage, annexes hydrauliques des grands cours d'eau, gravières abandonnées), à basse altitude. À la fin du XXe siècle,

Femelle à pleine maturité. Meuse. © J.-P. Boudot.

cette espèce était réputée être extrêmement spécialisée et confinée à un type d'habitat particulier (étangs à nymphéas) (espèce sténoèce). En réalité, depuis qu'elle a regagné le terrain perdu dans tout l'ouest de son aire, elle apparaît nettement moins spécialisée et son implantation fréquente dans des milieux stagnants et prhéatiques variés et tout à fait ordinaires est maintenant bien établie. Ce qui est important et essentiel à son implantation et à son maintien est la présence d'hydrophytes submergés pouvant offrir de bons refuges aux larves contre les prédateurs. Les œufs éclosent 2 à 6 semaines après la ponte. La phase larvaire semble ne durer qu'un an et non pas deux comme il est souvent affirmé, et comprend 12 stades. Les larves vivent parmi la végétation immergée et sont moins sensibles à la prédation par les poissons que celles des autres Leucorrhines. Leurs épines très développées leur offrent en effet une espérance de vie multipliée par quatre lors d'une attaque par l'arrière. Les émergences s'étalent sur 4 semaines et se produisent tôt en matinée. La maturation des jeunes adultes dure une dizaine de jours.

Comportement

Les mâles de la Leucorrhine à large queue aiment à se poser sur les feuilles de nymphéas, sur lesquelles ils se tiennent parfois l'abdomen redressé en oblique. Ils sont alors agressifs et défendent avec vigueur un territoire de 10 à 20 m², d'où ils repoussent vigoureusement tout autre mâle de Leucorrhine, et parfois même de grandes libellules comme l'Anax empereur. Contrairement aux autres Leucorrhines, leur territorialité se maintient et leur agressivité s'accroît lorsque leur densité augmente. Les femelles sont plus cachées et restent difficiles à trouver. L'accouplement, d'une durée de 5 à 30 minutes, commence et se termine dans le territoire du mâle, même si le couple se pose transitoirement à l'écart. La ponte débute dans le territoire du mâle puis se poursuit en dehors, dans des zones bien pourvues en végétation aquatique. La femelle reste alors protégée par le mâle qui vole à proximité au point fixe.

Menaces et mesures de gestion

Après avoir fortement décliné dans l'ouest de l'Europe et disparu de Belgique, des Pays-Bas, du Danemark, d'Autriche, de Pologne et de plusieurs régions d'Allemagne et de Suisse au cours du XXe siècle, *L. caudalis* recouvre régulièrement ses anciens territoires perdus un peu partout depuis le début du XXIe siècle. Les modèles bioclimatiques ayant prédit la régression de l'espèce et son confinement au nord de l'Europe en conséquence de l'élévation des températures, cette évolution ne peut guère être attribuée qu'à une amélioration de la qualité physico-chimique des eaux de surface dans nos régions et non à une tendance climatique quelconque. Les menaces principales résident surtout dans le curage et la pollution des étangs, le faucardage des hydrophytes flottants et la pisciculture. Le remplacement des zones de nymphéas par des tapis continus de nénuphars jaunes provoque sa disparition. La protection officielle dont elle et ses habitats bénéficient doit inciter à entreprendre l'inventaire de ses populations en vue de veiller à leur conservation.

Accouplement de *Leucorrhinia caudalis*. Meuse, mai 1993. © J.-P. Boudot.

Femelle. Vosges, juin 2023. © J.-P. Boudot.

Jeune femelle. © T. Roussel.

Mesures de classement et de protection

Du fait de sa récente expansion, la Leucorrhine à large queue est présente en classe LC sur les Listes Rouges française et européenne. On devrait s'attendre rapidement à une amélioration de son statut de conservation en Suisse, au Luxembourg et en Belgique.

PROTECTION				LISTES ROUGES							DIRECTIVE HABITATS
FR	BE	LX	CH	MONDE	EU	FR	WA	FL	LX	CH	
●	Wa, Fl	●	●	LC	LC	LC	RE	CR	R	EN	IV

Leucorrhinia albifrons *(Burmeister, 1839)*

La Leucorrhine à front blanc

Libellula albifrons Burmeister, 1839, *Handbuch der Entomologie. Neuroptera*, 2 (2) : 851. Reimer, Berlin.

	MARS	AVR	MAI	JUIN	JUIL	AOÛT	SEPT	OCT	NOV	DÉC
N				○○◒◒	●●●●	●●●●	◒◒			
S			○○◒◒	●●●●	●●●●	◒◒◒				

Mâle. Landes. © T. Luzzato.

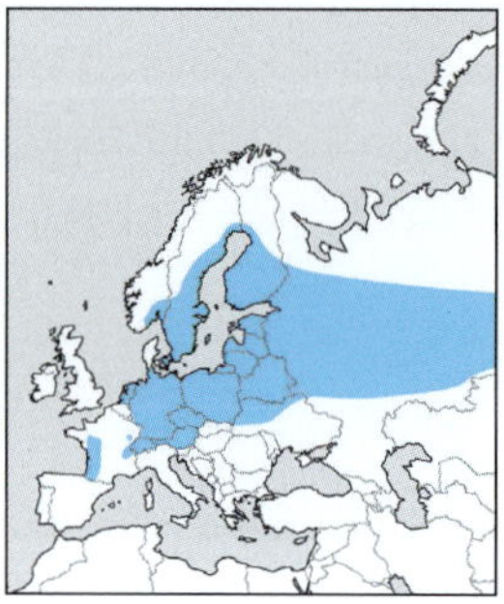

Critères de terrain

Face blanche. Abdomen bleu à la base (segments 2-3 ou 2 à 5) puis noir chez les mâles à maturité, noir et jaune chez les femelles, habituellement peu élargi et plus étroit que le thorax (sauf chez certains juvéniles). Cercoïdes blancs et ptérostigmas noirs sur le dessus chez les deux sexes. Une seule nervure transverse cubito-anale aux ailes postérieures entre la cellule discoïdale et la base de l'aile.

Dimensions

Abdomen (mm) : ♂ 25 - 27 ; ♀ 24 - 25
Ailes postérieures (mm) : ♂ 28 - 31 ; ♀ 28 - 29

Confusions à éviter

Confusion possible avec *L. caudalis*, mais l'abdomen reste ici habituellement très peu élargi. L'existence d'individus atypiques, notamment dans les stades jeunes, rend toutefois nécessaire l'examen de la nervation pour une identification valide.

Accouplement. © L. Rouschmeyer.

Répartition géographique, distribution et abondance

Du sud-ouest de la France à la Scandinavie et à la Sibérie occidentale. En régression dans de nombreux pays européens au XXe siècle. Éteinte en Slovaquie. Après avoir été à la limite de l'extinction, l'espèce amorce depuis peu un retour significatif aux Pays-Bas et en Suisse. En France, globalement très rare et observée actuellement essentiellement dans le Jura et en Aquitaine. Une implantation pérenne a été notée de 2020 à 2023 dans une localité du département des Vosges avec reproduction avérée.

Écologie et biologie

Tourbières à sphaignes, étangs tourbeux acides et anciennes zones d'extraction de lignite, souvent en paysage forestier, également dans certains lacs alcalins pauvres en poissons ou présentant des secteurs abrités, jusqu'à 1 150 m d'altitude dans le Jura. La phase larvaire dure 2 ans. Les larves vivent à la surface des sédiments tourbeux à proximité des rives, et, ayant des épines relativement développées, elles sont un peu moins sensibles à la prédation par les poissons que *L. dubia*, *L. rubicunda* et *L. pectoralis*. Dans une même localité, les émergences sont synchronisées et plus de la moitié de la population apparaît en une quinzaine de jours. La période d'émergence s'étale sur 4 à 8 semaines suivant la densité des populations. L'espérance de vie des adultes est d'une quarantaine de jours.

Femelle. Jura, 1 150 m, août 1987. © J.-P. Boudot.

Comportement

Les mâles de la Leucorrhine à front blanc aiment à se poser sur les buissons ou les formations herbeuses bordant les étangs tourbeux ou les tourbières, à des endroits où ils ont vue sur l'eau et les sites de ponte possibles. Leur agressivité et leur

Mâle venant d'émerger lors de son vol inaugural. Vosges, 24 juin 2023. © J.-P. Boudot.

comportement territorial sont très développés à faible densité et diminuent lorsque leur densité augmente. Ils finissent même par ne plus défendre que leur poste de guet, puis par perdre toute territorialité. L'accouplement dure une quinzaine de minutes puis la femelle pond dans l'eau libre à proximité des rives, protégée par le mâle qui vole au point fixe à ses côtés.

Menaces et mesures de gestion

Cette rare espèce ne possède que quelques bastions dans notre région, localisés en deux secteurs disjoints de son aire de distribution principale. Elle est très menacée par l'aménagement touristique de la côte atlantique et la conversion de la forêt landaise en zone de maïsiculture, qui s'accompagne du remblaiement des zones humides et d'une forte pollution des eaux. L'aménagement touristique du Jura et le réchauffement actuel du climat constituent également des menaces importantes pour sa survie. Toute pisciculture est à proscrire dans ses habitats. La protection officielle dont elle et ses habitats bénéficient en France doit inciter à entreprendre l'inventaire complet de ses populations en vue de veiller à leur conservation.

PROTECTION				LISTES ROUGES							DIRECTIVE HABITATS
FR	BE	LX	CH	MONDE	EU	FR	WA	FL	LX	CH	
●	–	–	●	LC	LC	NT	–	–	–	CR	IV

Émergence d'une femelle de *Leucorrhinia albifrons*. © G. Doucet.

Trithemis annulata *(Palisot de Beauvois, 1807)*

Le Trithémis annelé

Libellula annulata Palisot de Beauvois, 1807, *Insectes recueillis en Afrique et en Amérique* : 69. Levrault, Paris.

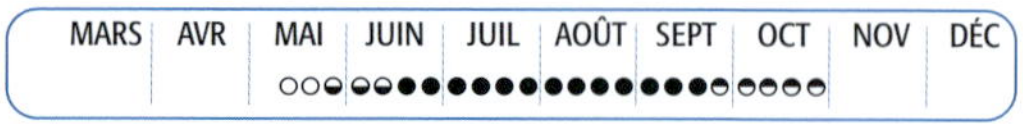

Mâle. Hérault. © J.-Y. Kernel.

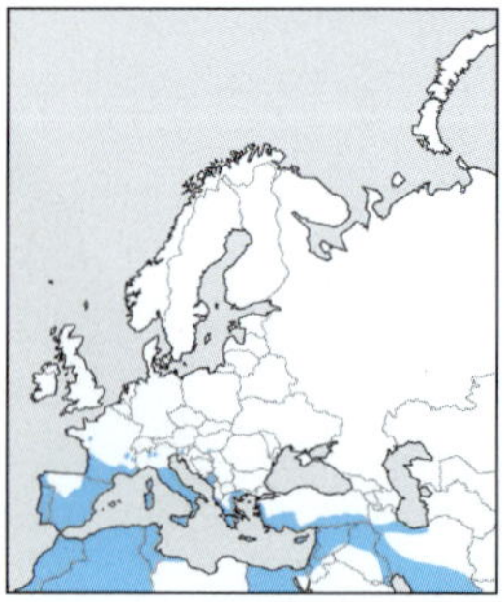

Critères de terrain

Coloration générale rouge à rouge violacé chez les mâles, brun jaune chez les femelles. Nervation largement rouge chez les mâles, brun jaune chez les femelles. Taches jaunes modérées à la base des ailes. **Dessus du front bronzé à violet métallique chez les mâles, brun jaune chez les femelles**.

Dimensions

Abdomen (mm) : ♂ 17 - 29 ; ♀ 19 - 24
Ailes postérieures (mm) : ♂ 20 - 35 ; ♀ 25 - 32

Confusions à éviter

Confusion possible avec *Crocothemis erythraea*. Les critères de nervation doivent toujours être pris en compte lors de l'identification de ces espèces.

Répartition géographique, distribution et abondance

Du sud de l'Europe à l'ensemble de l'Afrique et à l'Iran. En forte expansion vers le nord, ce Trithémis a été observé pour la première fois en Espagne en 1978, en Corse en 1989 et en France continentale (Roussillon) en 1994. Il remonte continuellement depuis, vers le Nord, vers l'Est, et s'étend le long des côtes atlantiques et méditerranéennes. Sa présence dans le sud de l'Italie, la Sicile et la Sardaigne est très ancienne (1839-1905), mais il s'y propage également rapidement vers le Nord et désormais présent jusqu'en Lombardie (2017–2020). Son arrivée en Suisse, dont il n'est plus distant que de 7 km, n'est qu'une affaire de temps. Présent au Monténégro dès 2008, il a été photographié dans le sud de la Hongrie en 2016 et est apparu en Slovénie en 2021, puis en Croatie en 2022. En France, il a d'ores et déjà colonisé presque toute la marge méditerranéenne et une bonne partie de l'Aquitaine, et a récemment atteint la Touraine et l'Ain.

Mâle vu de face. Pyrénées-Orientales, juillet 2003. © D. Grand.

Mâle immature. Corse, juillet 2004. © D. Grand.

Écologie et biologie

Eaux stagnantes et courantes à basse altitude (étangs, gravières, bassins d'incendie, retenues de barrage, ruisseaux, rivières). La phase larvaire dure 3 à 8 semaines et comprend 11 stades. L'espèce est bivoltine en certains points du Bassin méditerranéen, multivoltine dans les régions tropicales. Lors de l'émergence, les larves choisissent fréquemment un support en rétroversion plus ou moins complète.

Comportement

Les adultes ont un comportement exploratoire marqué leur permettant de se propager régulièrement dans de nouveaux habitats. Au bord de l'eau, les mâles se posent souvent sur les tiges et les branches des buissons, plus rarement au sol. Ils sont territoriaux et chassent énergiquement les autres mâles qui s'approchent. L'accouplement est très bref, ne dure en moyenne que 4 secondes et a lieu en vol. Lors de la ponte, la femelle vole sur place en touchant l'eau de l'extrémité de l'abdomen à de multiples reprises, tandis que le mâle reste à proximité lorsque la densité des mâles célibataires est importante.

Femelle. Hérault. © J.-Y. Kernel.

Menaces et mesures de gestion

Ce Trithémis possède un fort pouvoir colonisateur et ne semble pas menacé.

Mesures de classement et de protection

Du fait de sa forte expansion, le Trithémis annelé figure en classe LC sur les Listes Rouges française et européenne.

PROTECTION				LISTES ROUGES							DIRECTIVE HABITATS
FR	BE	LX	CH	MONDE	EU	FR	WA	FL	LX	CH	
O	–	–	–	LC	LC	LC	–	–	–	–	–

Trithemis kirbyi *Selys, 1891*

Le Trithémis de Kirby

Trithemis kirbyi Selys, 1891, *Annali Mus. civ. Stor. nat. Genova*, 2 (10) : 465.

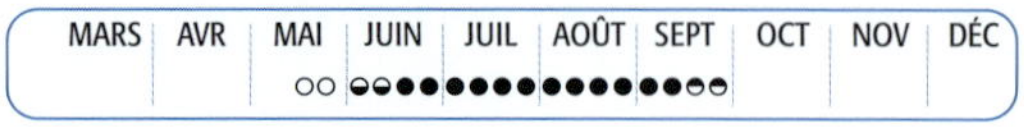

Mâle en position d'obélisque à midi solaire, position destinée à limiter l'échauffement du corps. Maroc, Anti-Atlas, juillet 2009 © J.-P. Boudot.

Critères de terrain

Coloration générale rouge vif chez les mâles à maturité, brun jaune à brun orangé chez les femelles. **Larges taches orangées à la base des ailes chez les mâles**, plus variables et parfois plus réduites chez les femelles. **Dessus du front rouge chez les mâles, jaune chez les femelles**.

Dimensions

Abdomen (mm) : ♂ 19 - 29 ; ♀ 19 - 23
Ailes postérieures (mm) : ♂ 24 - 28 ; ♀ 25 - 32

Confusions à éviter

Confusion possible avec *Crocothemis erythraea*. Les critères de nervation doivent toujours être pris en compte lors de l'identification de ces espèces.

Répartition géographique, distribution et abondance

Trithemis kirbyi est très répandu de l'Afrique à la Birmanie en passant par la péninsule Arabique, l'Iran et l'Inde. En forte expansion vers le nord, il a été observé pour la première fois en Europe en 2003 en Sardaigne, sans avoir pu s'y maintenir depuis, puis, de 2012 à 2014 des individus nomades ont été vus dans les îles italiennes de Linosa et Lampedusa. Sur le continent, *T. kirbyi* est apparu dans le sud de l'Espagne en Andalousie en 2007, puis s'est implanté durablement dans tout le pays, s'étendant tout d'abord tout au long de ses côtes méridionales et orientales. Il gagne ensuite l'intérieur du pays pour atteindre finalement le Pays basque. L'année 2012 est marquée par des premières observations dans le sud de l'Aragon et de la Catalogne espagnole. En 2016 l'espèce est observée en Navarre espagnole puis est photographiée à plusieurs à reprises l'année suivante dans les Corbières françaises et dans la basse vallée du Rhône en profitant de flux d'air sahariens prolongés. C'est enfin en 2019 que *T. kirbyi* est identifié dans les Pyrénées-Atlantiques, où sa reproduction est établie en 2020 et 2022. Finalement deux observations effectuées dans le sud du masif Central (Lozère et Aveyron) en juin 2022 montrent que l'espèce continue à se disperser sporadiquement dans le sud de la France en profitant des diverses vagues de chaleur touchant de

Femelle hétérochrome. Maroc, Anti-Atlas, juillet 2009.
© J.-P. Boudot.

Femelle partiellement homéochrome. Maroc, juillet 2009.
© J.-P. Boudot.

plus en plus fréquemment le bassin méditerranéen et l'ouest de l'Europe. De nouvelles observations en 2022 dans les Corbières aux mêmes endroits qu'en 2017 et à proximité sur l'Orbieu en 2023 suggèrent une reproduction locale dans l'Aude à l'instar de la situation de l'espèce dans les Pyrénées-Atlantiques. La propagation de ce Trithemis à la basse plaine côtière des Pyrénées-Orientales entre 2018 et 2022 tend à confirmer cette hypothèse.

L'observation de l'espèce, documentée par photographies, en Belgique en deux localités différentes par deux observateurs indépendants en juillet et août 2022, année particulièrement chaude, est plus inattendue mais semble bien s'inscrire dans la tendance actuelle bien établie du réchauffement climatique. Une étude récente montre en effet la généralisation des conditions climatiques favorables à cette espèce à l'ensemble de la façade atlantique française jusqu'à s'approcher du sud de la Belgique. Alternativement, ces observations pourraient être à mettre au compte de l'importation involontaire de larves ou d'œufs lors de l'importation de plantes aquatiques par les aquariophiles et les jardineries mais bien peu d'arguments soutiennent cette hypothèse.

Écologie et biologie

Eaux stagnantes et courantes à basse altitude (ruisseaux, rivières, étangs, gravières, bassins d'incendie, retenues de barrage, bassins d'irrigation, piscines privées, fontaines urbaines). La phase larvaire peut durer moins de 5 semaines en climat chaud et l'espèce peut être ainsi multivoltine, ce qui lui permet de se propager très rapidement durant les années chaudes.

Comportement

Les adultes ont un comportement exploratoire marqué leur permettant de se propager régulièrement dans de nouveaux habitats. Au bord de l'eau, les mâles se posent aussi bien sur les tiges qu'au sol. Lors de la ponte, la femelle vole sur place en lâchant ses œufs en touchant l'eau de l'extrémité de son abdomen à de multiples reprises, tandis que le mâle reste à proximité lorsque la densité des mâles célibataires est importante.

Menaces et mesures de gestion

Cette espèce possède un fort pouvoir colonisateur et ne semble pas menacée.

Mesures de classement et de protection

Du fait de sa forte expansion, *T. kirbyi* ne figure sur aucune liste rouge sous un statut d'espèce menacée.

PROTECTION				LISTES ROUGES							DIRECTIVE HABITATS
FR	BE	LX	CH	MONDE	EU	FR	WA	FL	LX	CH	
O	–	–	–	LC	NA	NE	NE	–	–	–	–

Brachythemis impartita (Karsch, 1890)

Le Brachythémis à bandes brunes

Zonothrasys impartitus Karsch, 1890, *Entomologische Zeitung*, Stettin, 51 : 297-297.

Mâle. Sardaigne, 25 juin 2008. © J.-P. Boudot.

Femelle. Sicile, 8 juillet 1998. © J.-P. Boudot.

Critères de terrain

Abdomen jaune pâle et brun noir (femelles et jeunes mâles) ou brun foncé (mâles adultes). **Les quatre ailes traversées d'une bande brune chez les mâles**. Ailes normalement hyalines chez les femelles. **Ptérostigmas bicolores, longuement blancs puis brièvement brun noir.**

Dimensions

Abdomen (mm) :	♂ 16 - 24 ; ♀ 16 - 24
Ailes postérieures (mm) :	♂ 20 - 26 ; ♀ 19 - 27

Confusions à éviter

Dans de bonnes conditions d'observation, les mâles ne peuvent être confondus avec aucune autre espèce européenne. Les femelles peuvent être confondues avec celles des *Crocothemis*, *Trithemis* et *Sympetrum*, mais les ptérostigmas permettent une distinction aisée.

Répartition géographique, distribution et abondance

Zone sahélienne, nord de l'Afrique, Levant et sud de l'Europe. Pratiquement absent des déserts sahariens et arabiques malgré quelques observations isolées, mais bien installé dans la vallée du Nil. En expansion vers le nord, maintenant bien présent en Sicile (connu depuis 1980), en Sardaigne (1979) et dans la péninsule Ibérique, notamment son quart sud-ouest (Portugal depuis 1957,

Le Lago Baratz en Sardaigne. Ce type d'habitat (lac ou étang à larges marges sableuses exondées) est très prisé par Brachythemis impartita. © J.-P. Boudot.

Espagne depuis 1961). Individus isolés, probablement nomades, connus jusqu'en Corse (2013), dans le nord de l'Espagne (1983) et en Géorgie (1909). Une espèce très voisine, *Brachythemis leucosticta* (Burmeister, 1839), s'étend du Sahel au sud de l'Afrique. Les deux taxons, confondus l'un avec l'autre jusqu'en 2009, cohabitent dans la partie médiane du continent africain.

Écologie et biologie

Eaux stagnantes et faiblement courantes à niveau variable, où les adultes affectionnent particulièrement les larges berges terreuses des grands lacs de barrage artificiels. Ces derniers ont visiblement contribué à l'installation et à la multiplication de cette espèce en Europe et à son expansion au Maghreb, où elle se cantonnait initialement aux étangs et lagunes côtiers plus ou moins saumâtres. Également présent dans les mares et petits étangs. La phase larvaire s'étend sur un à deux ans.

Comportement

En été, cette espèce spectaculaire est très grégaire et forme des colonies denses pouvant compter près d'un million d'individus sur les berges terreuses découvertes des plans d'eau à niveau variable. Les adultes suivent volontiers le visiteur ou tout animal traversant leur domaine vital pour capturer les insectes qu'il pourrait avoir levés au passage.

Menaces et mesures de gestion

Profitant de la multiplication des lacs artificiels, de ses capacités de dispersion et peut-être du réchauffement du climat, *B. impartita* s'est installé dans le sud de l'Europe depuis le milieu du XXe siècle. Il n'est pas menacé à l'échelle européenne. Une observation dans le nord de la Corse d'un individu provenant sans doute de Sardaigne illustre bien les capacités de dispersion de l'espèce et sa propension à s'installer dans les milieux favorables. Cela prélude peut-être à son installation durable dans l'île et des recherches futures devraient permettre d'apprécier son statut local sur le long terme, compte tenu du fait que les populations sardes constituent un réservoir important pouvant favoriser une colonisation durable des régions voisines.

Mesures de classement et de protection

Aucune mesure réglementaire ne concerne actuellement en France cette espèce, qui figure en classe NA sur la Liste Rouge française, NE sur la Liste Rouge européenne et doit pour le moment être considérée comme un visiteur occasionnel en Corse. La conservation en bon état de ses habitats potentiels est un préalable à son installation durable en Corse.

Période de vol

Dans le sud de l'Europe, les observations portant sur cette espèce s'étendent de fin mars à la première semaine d'octobre. Au Maghreb, la période de vol de l'espèce semble être plus longue avec une dernière observation au 3 novembre.

PROTECTION				LISTES ROUGES							DIRECTIVE HABITATS
FR	BE	LX	CH	MONDE	EU	FR	WA	FL	LX	CH	
○	–	–	–	LC	LC	NA	–	–	–	–	–

Selysiothemis nigra (Vander Linden, 1825)

Le Sélysiothémis noir

Libellula nigra Vander Linden, 1825, *Monographiae Libellulinarum Europaearum Specimen* : 16. Frank, Bruxelles.

Mâle. Crète, juillet 2014. © J.-P. Boudot.

Critères de terrain

Abdomen noir et beige puis entièrement noir à maturité chez les mâles, avec ou sans pruinescence blanchâtre, beige à brun sale chez les femelles. **Nervation très lâche et fine, à peine visible sur le terrain. Six nervures transverses anténodales aux ailes antérieures, la dernière étant complète**. Base des ailes hyaline. **Ptérostigmas beige clair avec des bordures antérieures et postérieures noires**. Appendices abdominaux supérieurs des mâles flexueux.

Dimensions

Abdomen (mm) :	♂ 19 - 26 ; ♀ 17 - 25
Ailes postérieures (mm) :	♂ 24 - 29 ; ♀ 23 - 28

Confusions à éviter

Les mâles peuvent se confondre avec ceux de *Sympetrum danae* à certains stades de leur vie, mais la nervation permet une identification sûre. Ces deux espèces n'ont en outre aucun habitat en commun. La confusion est plus fréquente sur le terrain avec *Diplacodes lefebvrii*, qui pour le moment reste inconnu dans la zone ici considérée bien qu'il s'en approche en Sardaigne.

Répartition géographique, distribution et abondance

Cette espèce est disséminée dans toute la zone désertique et steppique qui s'étend de l'Asie centrale et du nord-ouest de l'Inde au sud de la péninsule Arabique et à l'Atlantique. Les localités stables les plus septentrionales sont en Russie dans le sud de l'Oural. *Selysiothemis nigra* est devenu récemment plus fréquent dans la zone méditerranéenne, où la densité des observations a nettement augmenté durant ces dernières décennies sans que l'on puisse parler d'une extension significative de son aire de distribution. Dans la zone couverte par cet ouvrage, de petites populations sont connues en Haute-Corse depuis juin 2015 et une population reproductive de cette espèce a été découverte en France continentale dans le département du Var en 2018 et 2020 par deux observateurs indépendants.

Femelle. © L. Rouschmeyer.

Écologie et biologie

Selysiothemis nigra est très bien adapté aux milieux désertiques et semi-désertiques grâce à une tolérance importante de ses larves à la salinité des eaux et à un développement larvaire suffisamment rapide pour qu'il puisse achever son cycle reproductif avant assèchement. L'espèce se reproduit dans une large gamme d'eaux douces ou saumâtres, permanentes ou temporaires (lacs, lacs de barrage, étangs, mares, lagunes côtières, etc.). Elle est connue pour être bivoltine dans le Sud-Ouest asiatique, mais aucune donnée n'est disponible pour les pays européens. L'augmentation des observations est due en partie à de meilleures prospections dans sa zone de distribution mais aussi à la multiplication des bassins artificiels créés par l'homme en réponse au déficit pluviométrique observé de plus en plus fréquemment dans certaines parties de son aire de répartition.

Comportement

Cette espèce est particulièrement active par forte insolation et faible degré hygrométrique. Elle fait preuve d'un nomadisme important à l'écart de ses sites de reproduction et donne parfois lieu à des migrations lui permettant de coloniser des habitats très éloignés de la zone d'émergence des individus concernés. À l'instar de *Lindenia tetraphylla*, autre espèce érémique qui lui est souvent associée, cette aptitude lui a permis de profiter de la création des nouveaux plans d'eau artificiels créés par l'homme pour s'implanter dans des régions d'où elle était initialement absente, même dans des secteurs où le climat s'est rafraîchi et où la pluviométrie a augmenté depuis 75 ans, et donc indépendamment de tout réchauffement climatique global ou local.

Menaces et mesures de gestion

Profitant de la multiplication des lacs artificiels et de ses capacités de dispersion, *S. nigra* est maintenant bien mieux implanté dans le sud de l'Europe que par le passé. Il n'est pas menacé à l'échelle européenne. Une observation dans le nord de la Corse d'un individu présumé autochtone illustre bien les capacités de dispersion de l'espèce et sa propension à s'installer dans les milieux favorables. Elle prélude peut-être à son installation durable dans l'île et des recherches futures devraient permettre d'apprécier son statut local sur le long terme, compte tenu du fait que les populations italiennes continentales et insulaires constituent un réservoir important pouvant favoriser une colonisation durable des régions voisines.

Mesures de classement et de protection

Aucune mesure réglementaire ne concerne actuellement en France cette espèce, qui figure en classe NA sur la Liste Rouge française, LC sur la Liste Rouge européenne et doit pour le moment être considérée comme un visiteur occasionnel en Corse. La conservation en bon état de ses habitats potentiels est un préalable à son installation durable en Corse.

Période de vol

Dans le sud de l'Europe, les observations portant sur cette espèce s'étendent de mi-mai à début septembre.

PROTECTION				LISTES ROUGES							DIRECTIVE HABITATS
FR	BE	LX	CH	MONDE	EU	FR	WA	FL	LX	CH	
O	–	–	–	LC	LC	NA	–	–	–	–	–

Pantala flavescens (*Fabricius, 1798*)

La Libellule globe-trotter

Libellula flavescens Fabricius, 1798, *Supplementum entomologiae systematicae* : 285. Proft et Storck, Copenhague.

Mâle. Île Maurice, février 1999. © D. Grand.

Critères de terrain

Grand Libellulidé jaunâtre à rouge avec la **cellule discoïdale beaucoup plus distante de la base de l'aile aux antérieures qu'aux postérieures. Ailes postérieures extraordinairement larges à la base.**

Dimensions

Abdomen (mm) : ♂ 26 - 35 ; ♀ 26 - 37
Ailes postérieures (mm) : ♂ 38 - 42 ; ♀ 38 - 42

Confusions à éviter

La position très décalée des cellules discoïdales entre les ailes antérieures et postérieures est unique dans la zone considérée.

Répartition géographique, distribution et abondance

Toutes les régions intertropicales, et de là migrant très loin vers le nord (Alaska, Canada, Europe des Balkans à la Pologne et à Kaliningrad, Sibérie, Japon). Les observations documentées de cette espèce en France et en Espagne continentales sont très récentes (2019 et 2021, respectivement). *Pantala flavescens* a également été observé en Italie (Sicile et îles du détroit de Sicile (2012–2017)), Piémont (2019), Malte (2013-2020), Suisse (2019), Allemagne (2019), Pologne (2016, 2020), Kaliningrad (2013, 2019), Lituanie (2019), Biélorussie (2019) et Russie d'Europe (2020). Les preuves d'une reproduction réussie ont été relevées en Suisse et en Allemagne en 2019, en Pologne et à Malte en 2020 tandis qu'une seconde génération estivale locale a été identifiée à Kaliningrad en 2019.

Écologie et biologie

Eaux stagnantes, surtout temporaires, même saumâtres (mares, étangs, rizières, bassins artificiels). L'espèce se reproduit parfois dans les piscines chauffées en plein air, plus rarement dans des eaux faiblement courantes. Les œufs éclosent entre 5 et 44 jours après la ponte. La phase larvaire est brève (1 à 3 mois) et comprend 12 stades, ce qui confère à l'espèce une forte capacité à se reproduire avec succès dans les pièces d'eau éphémères des régions arides. Les jeunes larves résistent à la dessiccation mais succombent au froid.

Larve prête à émerger. Île de la Réunion, janvier 2003. © D. Grand.

Femelle. Île Maurice, février 1999. © D. Grand.

Comportement

Cette libellule cosmopolite est omniprésente dans l'ensemble de la ceinture intertropicale, d'où elle entame de longues migrations vers le nord, passant même des cols à 6300 m d'altitude dans l'Himalaya et traversant les océans. L'espèce a été capturée sur des bateaux en plein océan et c'est probablement de cette manière qu'elle a pu atteindre les îles Britanniques à de rares reprises. Il s'agit d'un migrateur obligé, qui essaime à la recherche de nouveaux sites de reproduction dès le début de sa vie aérienne. Les adultes ne se posent que très rarement dans la journée et s'observent généralement en train de planer assez haut au-dessus du sol, souvent en nuages denses durant leur phase migratoire. Ils chassent également en groupe au crépuscule et sont attirés par la lumière. Le soir, ils se rassemblent en grands dortoirs pour passer la nuit. Sur leur site de reproduction, les mâles défendent un territoire de 10 à 50 m de long, qu'ils survolent longuement à 1 ou 2 m de hauteur à plusieurs reprises dans la journée. Ils défendent également un territoire de chasse à l'écart de l'eau. L'accouplement a lieu en vol et dure entre 30 secondes et 5 minutes. Les femelles pondent soit en tandem, soit seules, et lâchent leurs œufs au contact de l'eau libre. Lorsqu'elles pondent seules, les mâles restent à proximité pour les protéger.

Menaces et mesures de gestion

Seuls des migrants et des individus issus d'une reproduction temporaire sont susceptibles de se rencontrer dans notre région.

Mesures de classement et de protection

La présence occasionnelle de cette espèce migratrice dans l'un ou l'autre de nos quatre pays est trop récente pour que des mesures conservatoires aient pu être prises, aucune population stable n'étant connue dans la région considérée.

Période de vol

L'espèce a été observée de mai à septembre dans le Bassin méditerranéen et de fin mai à mi-août à Kaliningrad et en Pologne. Les passages affectant notre région ne peuvent guère qu'avoir lieu durant les épisodes les plus chauds induits par des flux d'air provenant du Sahara.

Annexes

Femelle d'*Anax parthenope*. © J.-P. Boudot.

Ptérographies

Nous faisons figurer ici une image en noir et blanc ou en niveaux de gris des ailes des mâles et parfois des femelles (lorsqu'elles sont très différentes), obtenues par numérisation à l'aide d'un scanner à la résolution de 2400 pixels par pouce (ptérographies). Elles donnent une image fidèle de la nervation des libellules adultes, qui constitue un critère déterminant de leur identification, à l'échelle de la famille et souvent du genre, parfois même de l'espèce. Sauf indication contraire (pour les très petites espèces), les ailes figurent en taille réelle.

Zygoptères

CALOPTERYGIDAE

Calopteryx splendens splendens p. 173

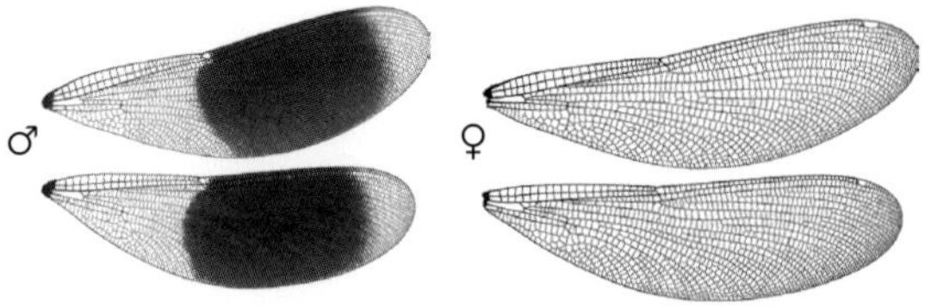

Calopteryx splendens caprai p. 173

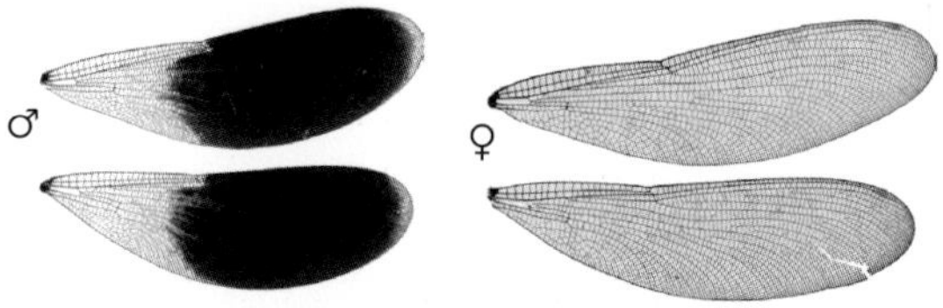

Calopteryx xanthostoma p. 176

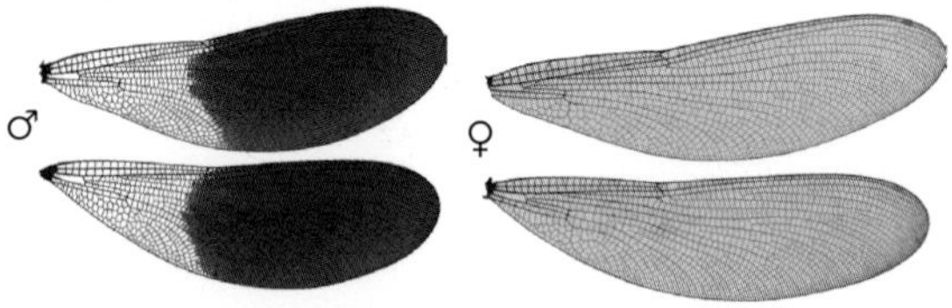

Calopteryx virgo virgo p. 178

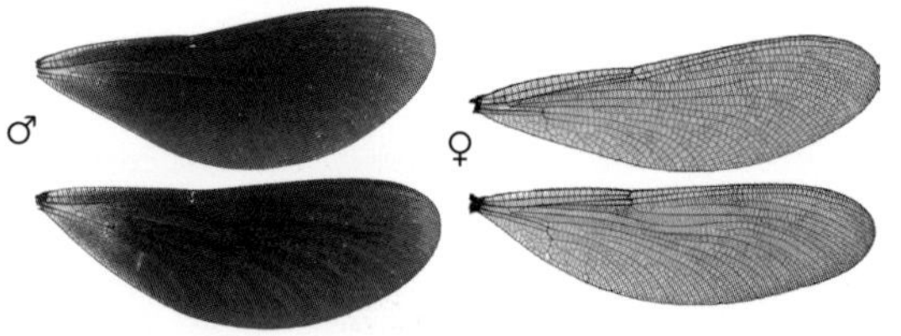

Calopteryx virgo meridionalis p. 178

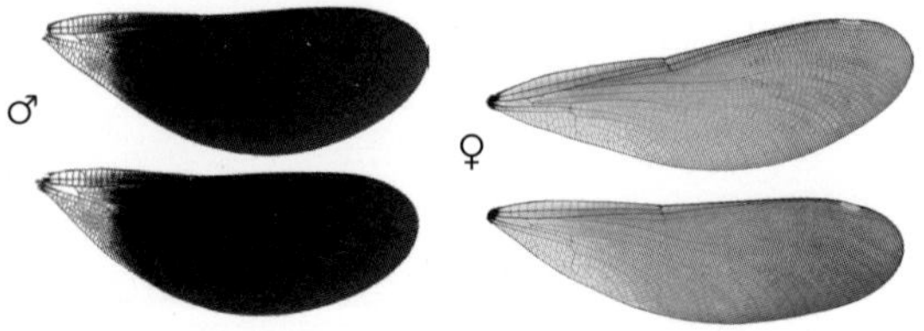

Calopteryx haemorrhoidalis p. 181

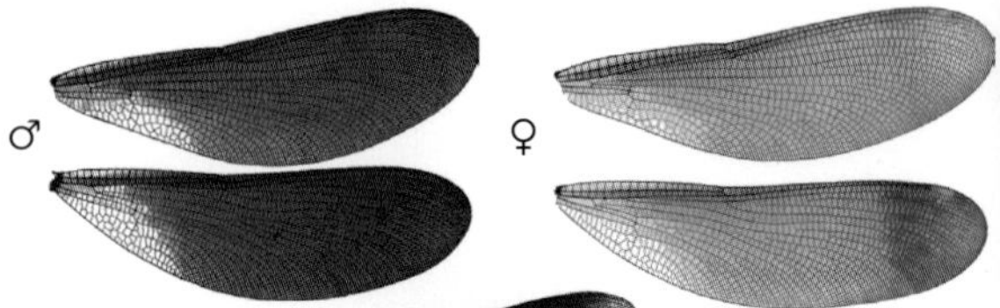

Phénotype « *occasi* »

LESTIDAE

Lestes barbarus × 1,5
p. 186

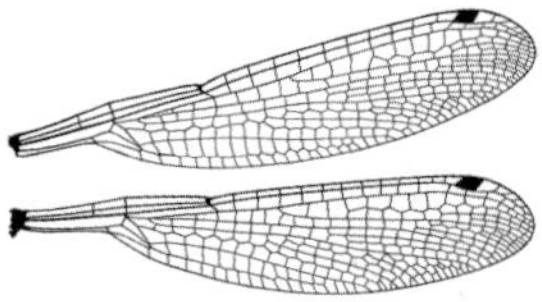

Lestes virens virens × 1,5
p. 188

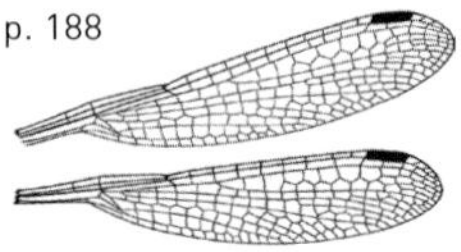

Lestes virens vestalis × 1,5
p. 188

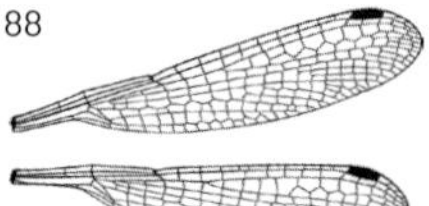

Lestes sponsa × 1,5
p. 192

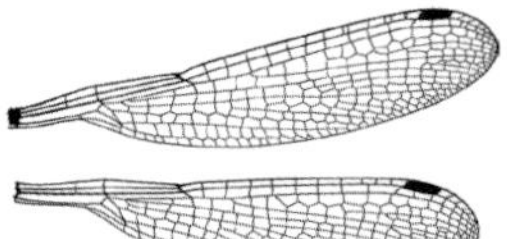

Lestes dryas × 1,5
p. 194

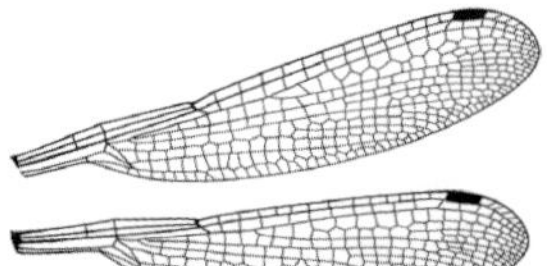

Lestes macrostigma × 1,5
p. 196

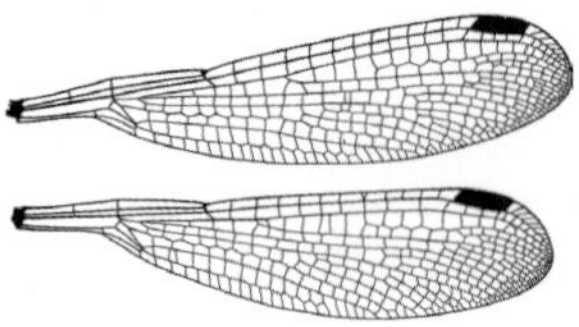

LESTIDAE *suite*

Chalcolestes viridis × 1,5 p. 200

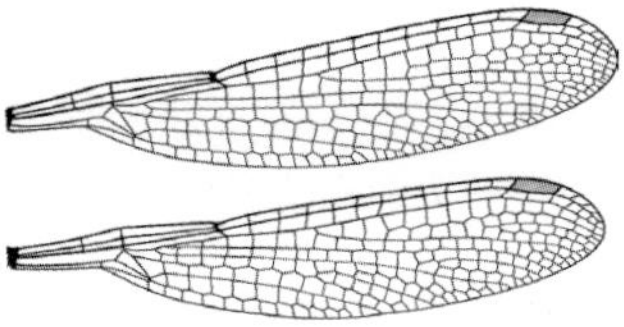

Chalcolestes parvidens × 1,5 p. 203

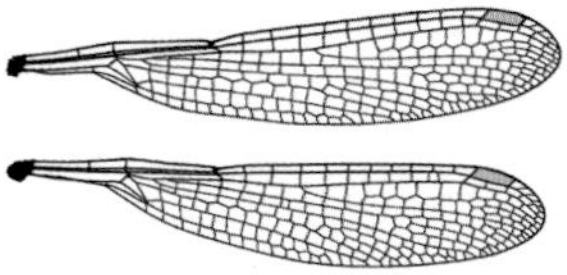

Sympecma fusca × 1,5 p. 205

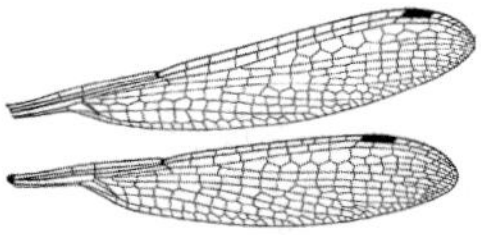

Sympecma paedisca × 1,5 p. 208

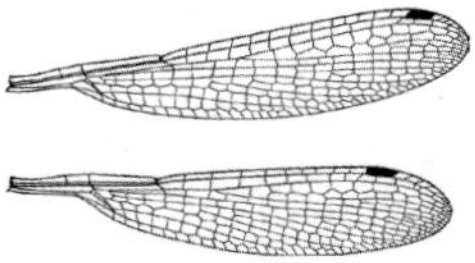

PLATYCNEMIDIDAE

Platycnemis pennipes × 1,5 p. 212

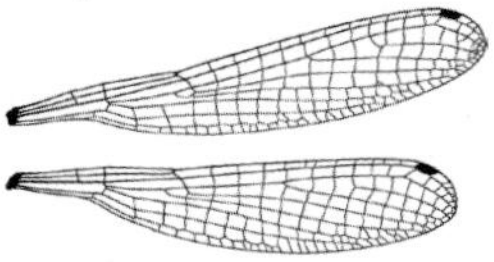

Platycnemis latipes × 1,5 p. 214

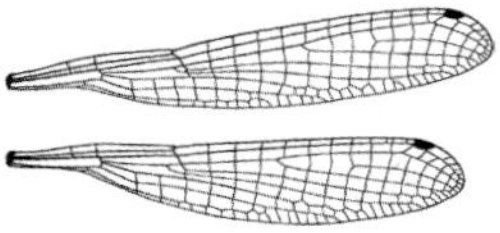

Platycnemis acutipennis × 1,5 p. 216

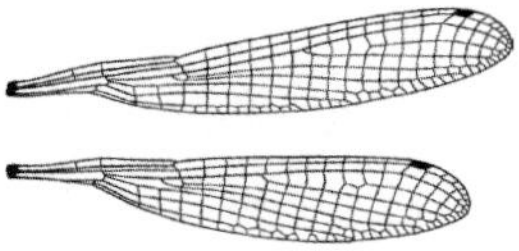

COENAGRIONIDAE

Coenagrion puella × 1,5 p. 220

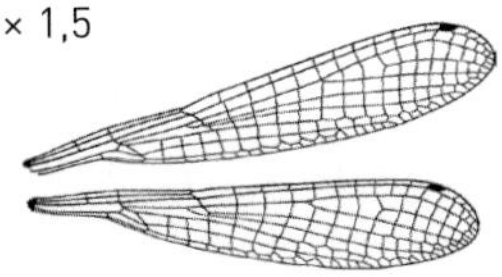

Coenagrion pulchellum × 1,5 p. 222

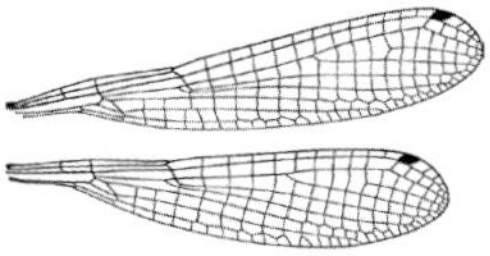

Coenagrion hastulatum × 1,5 p. 225

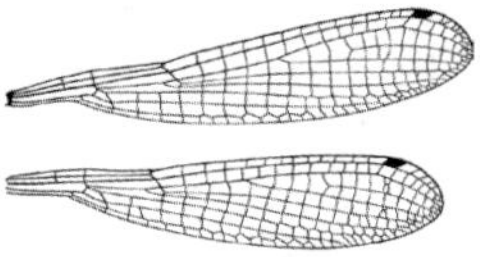

Coenagrion lunulatum × 1,5 p. 228

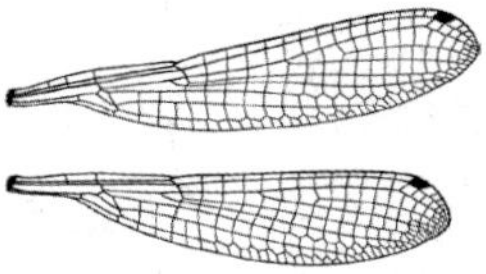

Coenagrion ornatum × 1,5 p. 230

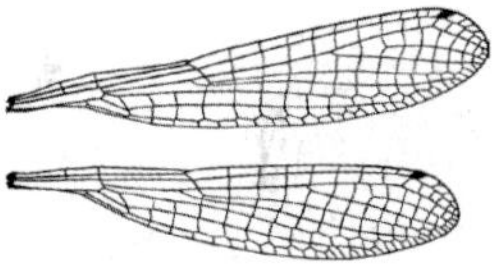

Coenagrion mercuriale × 1,5 p. 232

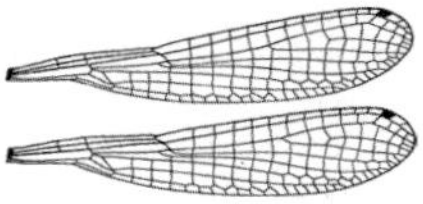

Coenagrion scitulum × 1,5 p. 235

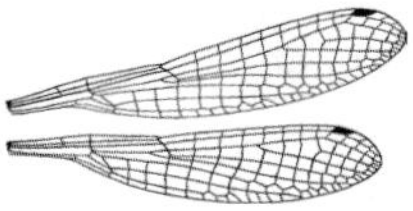

Coenagrion caerulescens × 1,5 p. 237

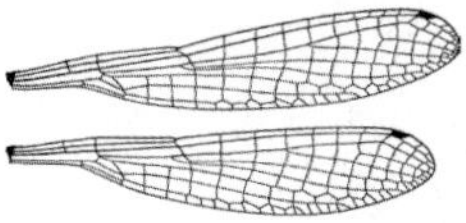

Enallagma cyathigerum × 1,5 p. 239

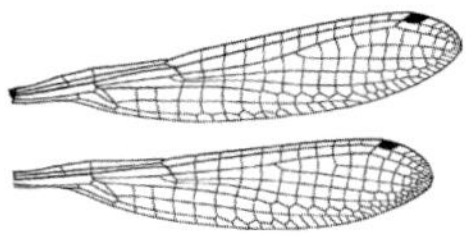

Ischnura elegans × 1,5 p. 241

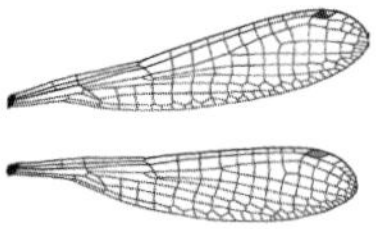

Ischnura genei × 1,5 p. 244

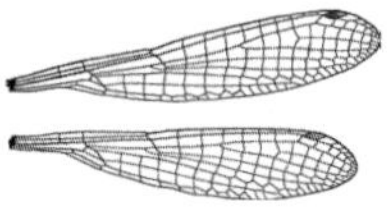

Ischnura graellsii × 1,5 p. 246

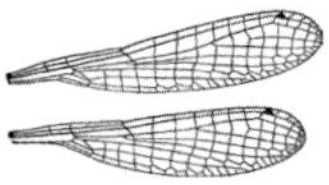

Ischnura pumilio × 1,5 p. 248

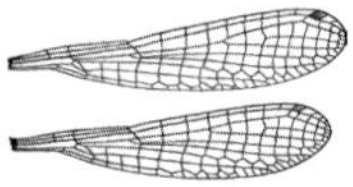

Erythromma lindenii × 1,5 p. 250

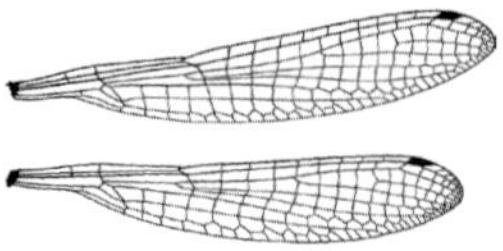

Erythromma najas × 1,5 p. 252

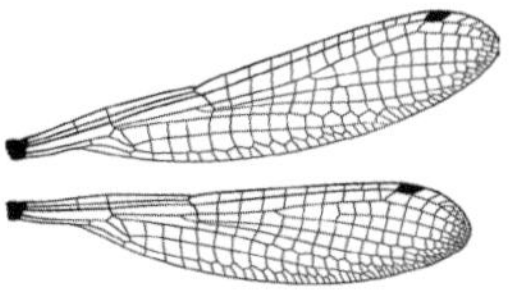

Erythromma viridulum × 1,5 p. 254

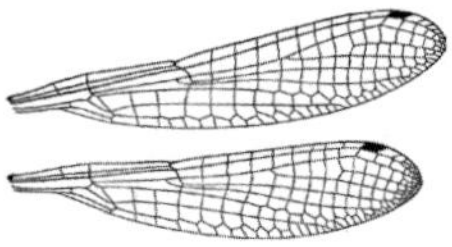

Pyrrhosoma nymphula × 1,5 p. 256

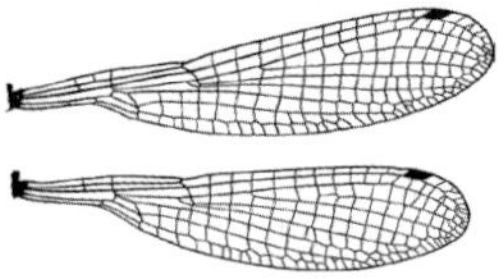

Ceriagrion tenellum × 1,5 p. 258

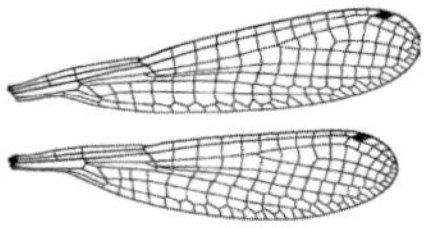

Nehalennia speciosa × 1,5 p. 260

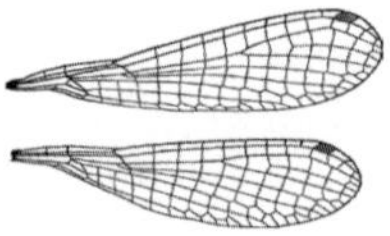

Anisoptères

AESHNIDAE

Aeshna affinis p. 268

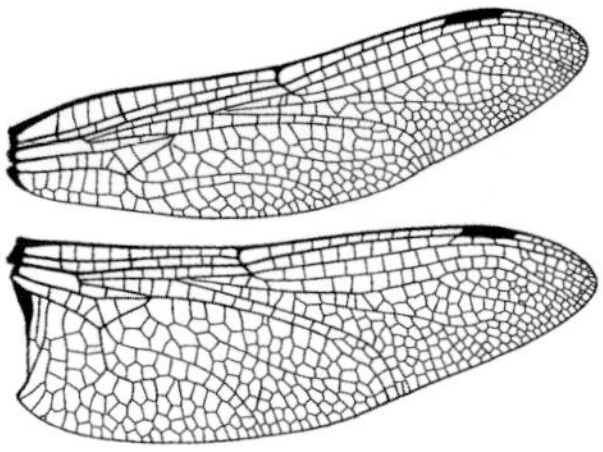

Aeshna caerulea p. 271

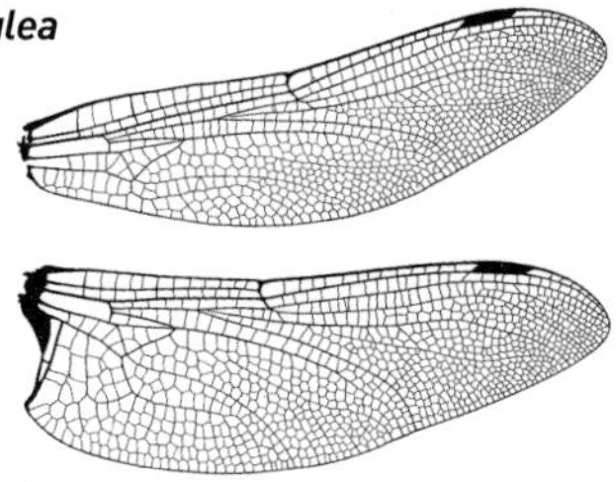

Aeshna mixta p. 274

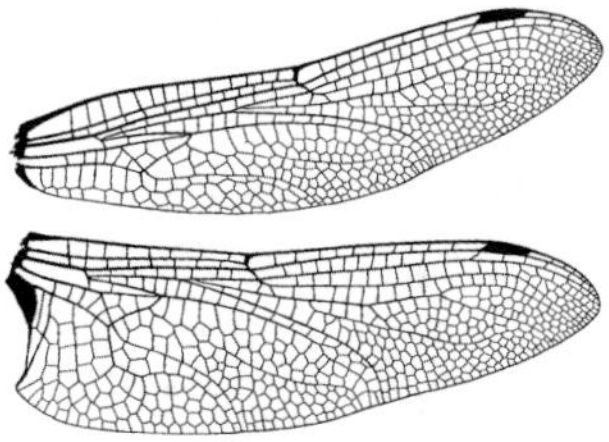

Aeshna juncea p. 277

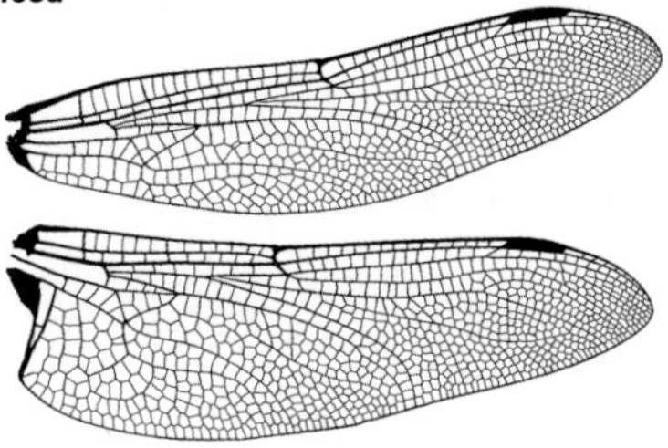

Aeshna subarctica elisabethae p. 280

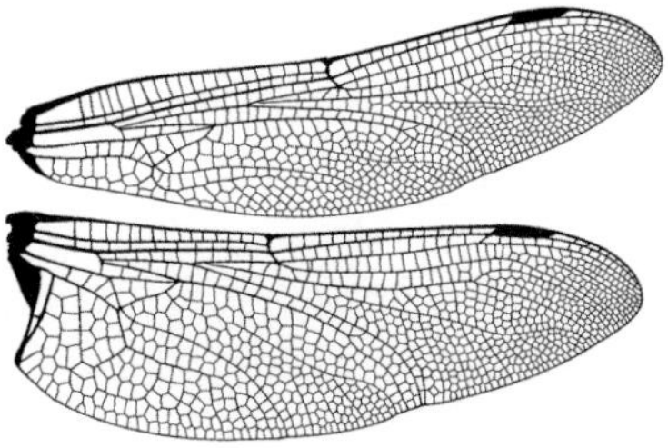

Aeshna cyanea p. 282

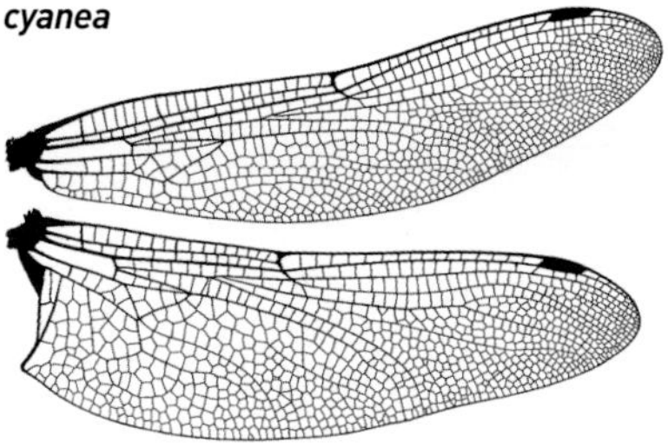

Aeshna grandis p. 285

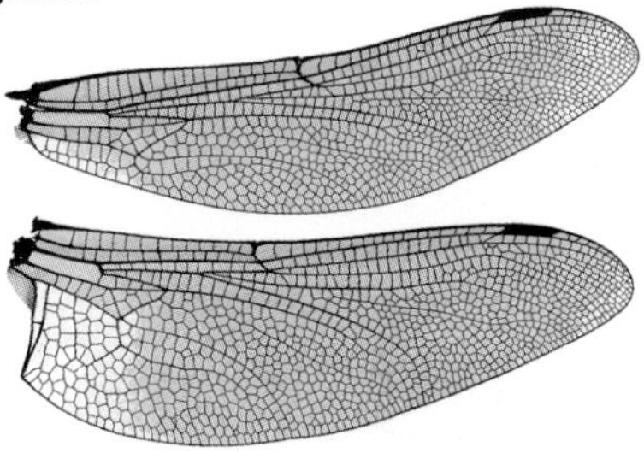

Aeshna isoceles p. 287

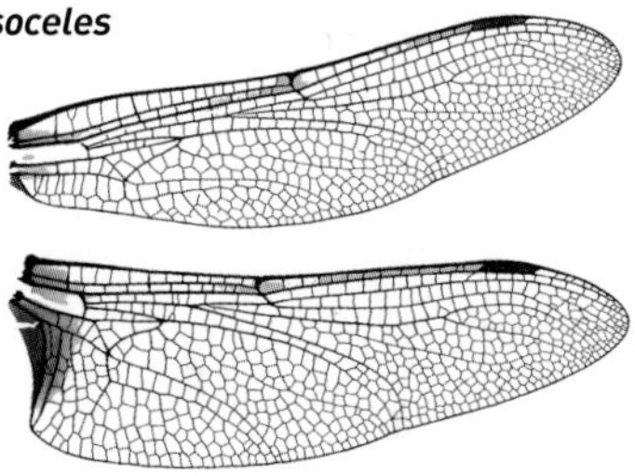

Brachytron pratense p. 290

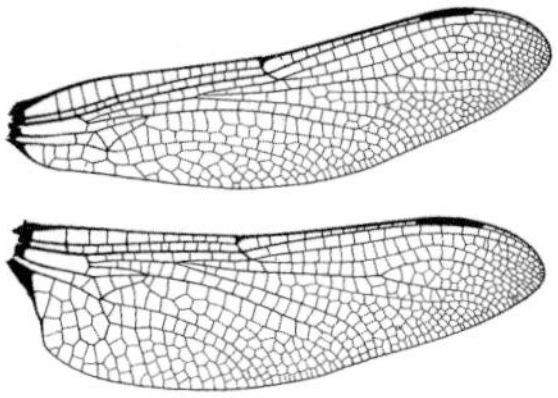

Boyeria irene p. 293

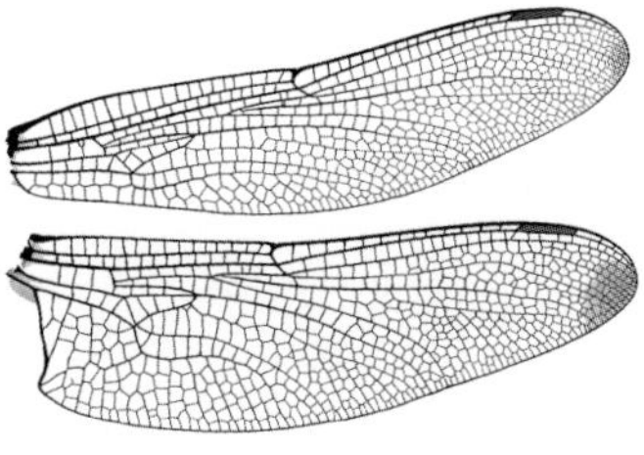

AESHNIDAE *suite*

Anax ephippiger p. 296

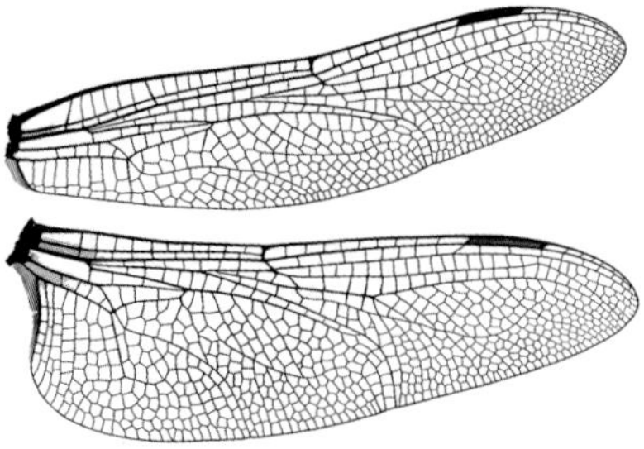

Anax junius p. 302

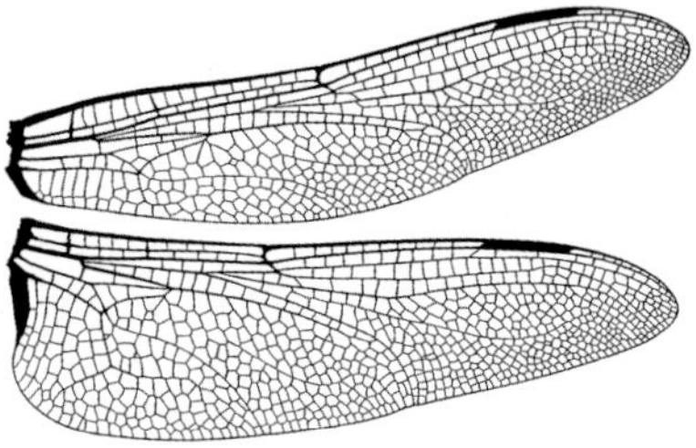

Anax imperator p. 299

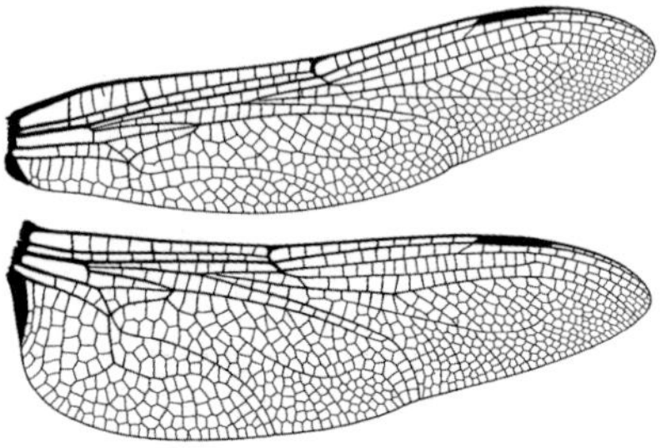

Anax parthenope p. 303

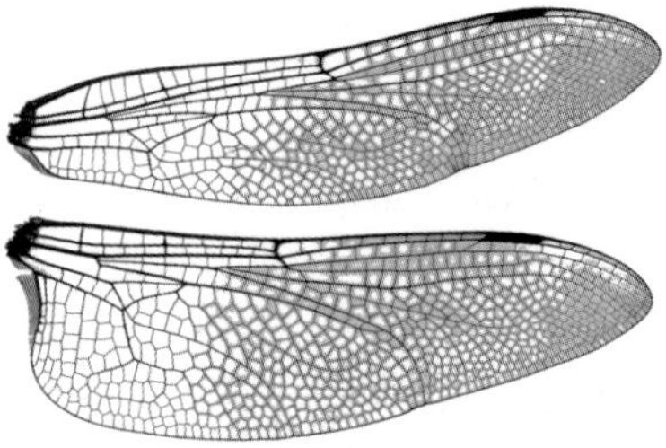

GOMPHIDAE

Gomphus vulgatissimus p. 308

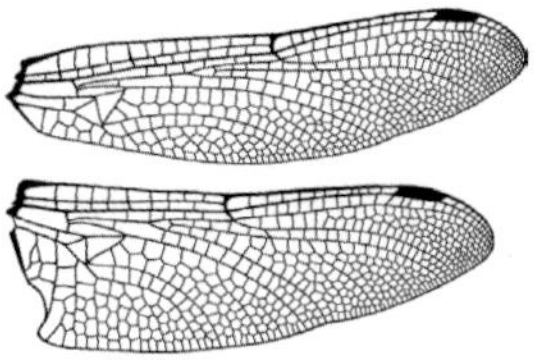

Gomphus pulchellus p. 310

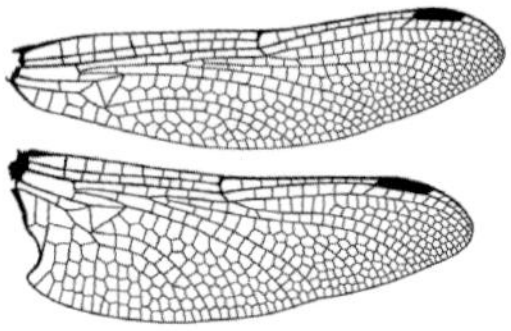

Gomphus simillimus p. 312

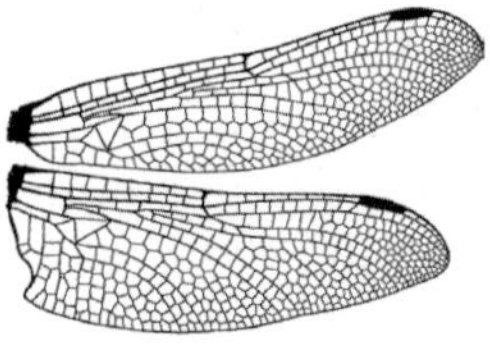

Gomphus graslinii p. 314

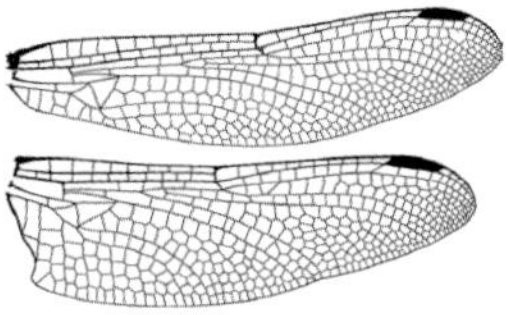

Stylurus flavipes p. 316

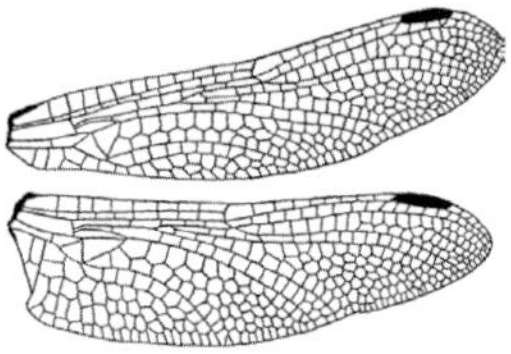

Ophiogomphus cecilia p. 318

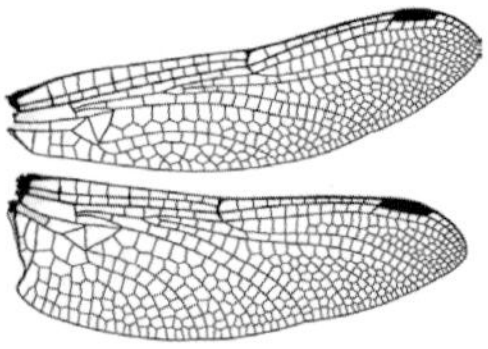

Onychogomphus forcipatus forcipatus

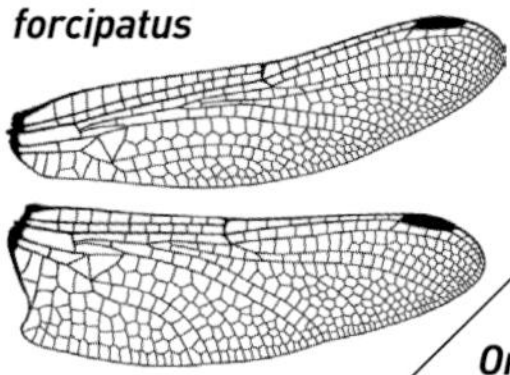

p. 320

Onychogomphus uncatus

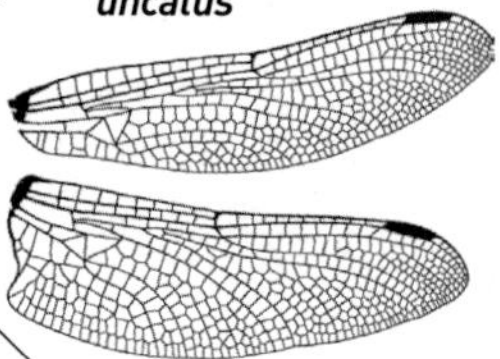

p. 324

Paragomphus genei

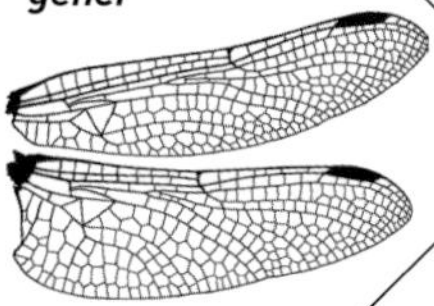

p. 326

Lindenia tetraphylla p. 328

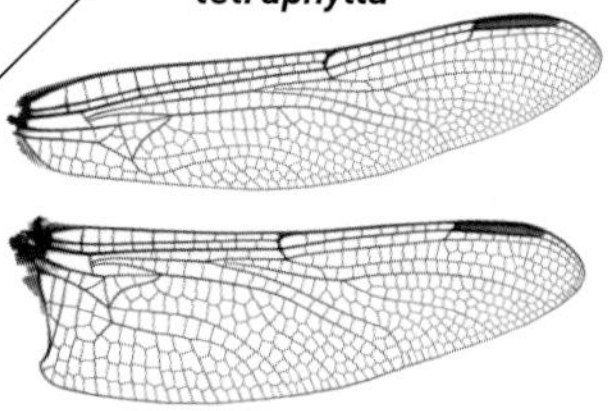

CORDULEGASTRIDAE

Cordulegaster boltonii p. 332

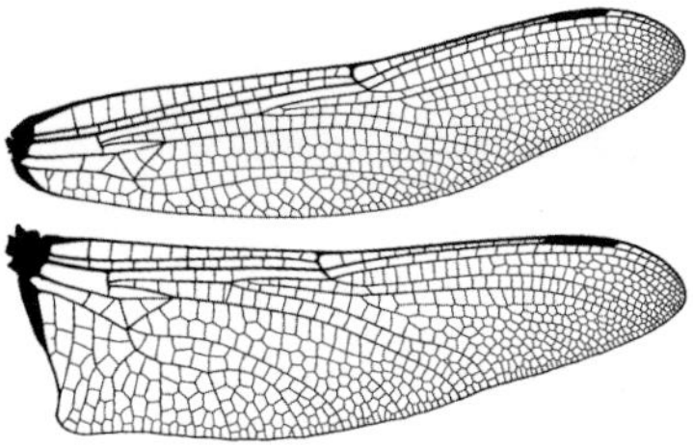

Cordulegaster bidentata p. 336

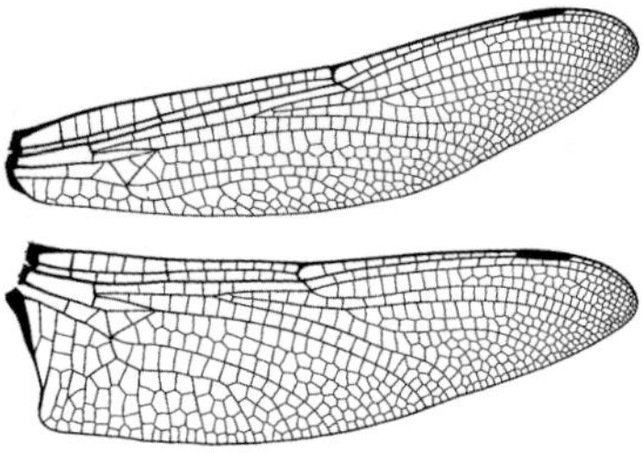

MACROMIIDAE

Macromia splendens p. 340

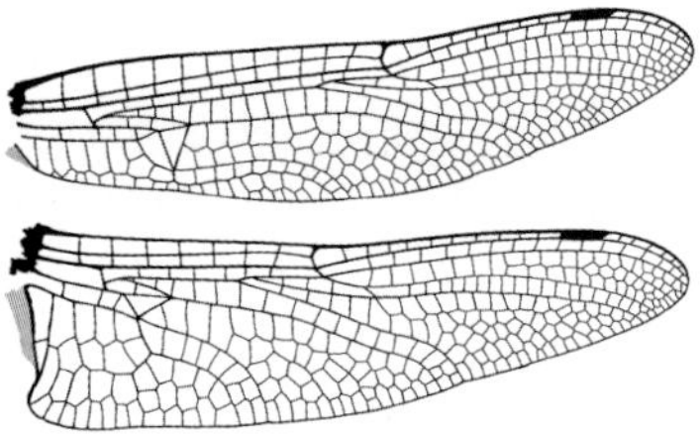

CORDULIIDAE

Cordulia aenea p. 344

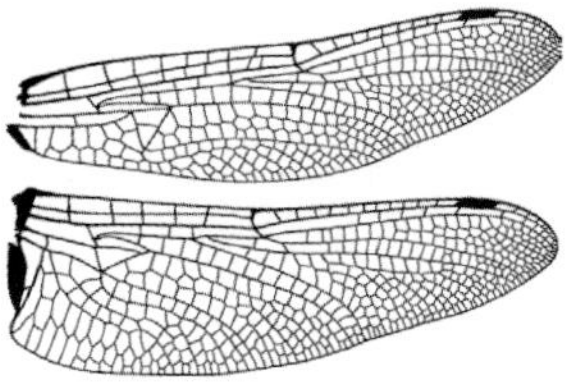

Somatochlora metallica p. 346

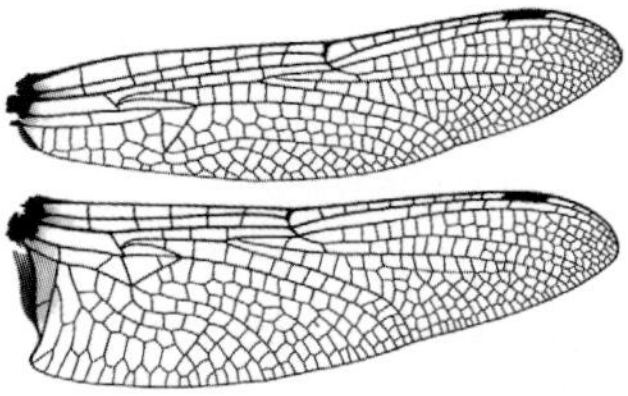

Somatochlora meridionalis p. 348

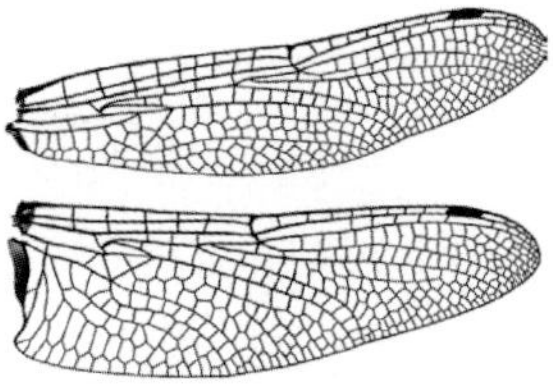

Somatochlora flavomaculata p. 350

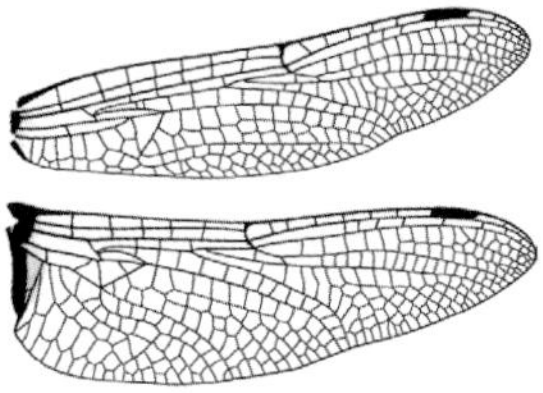

Somatochlora alpestris p. 352

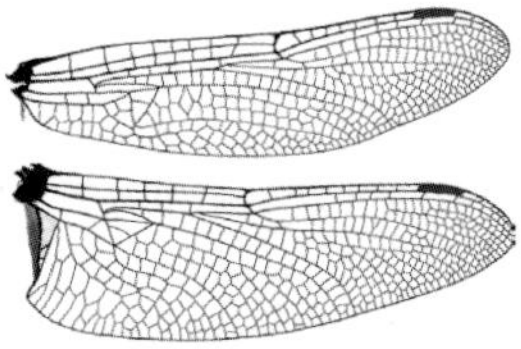

Somatochlora arctica p. 354

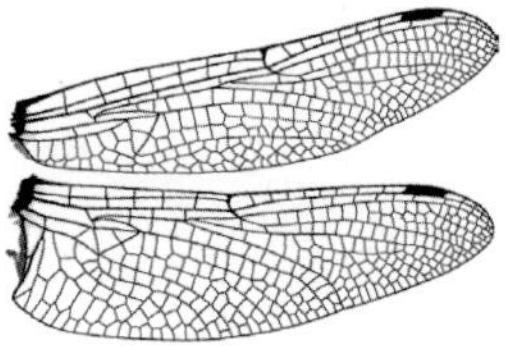

Oxygastra curtisii p. 358

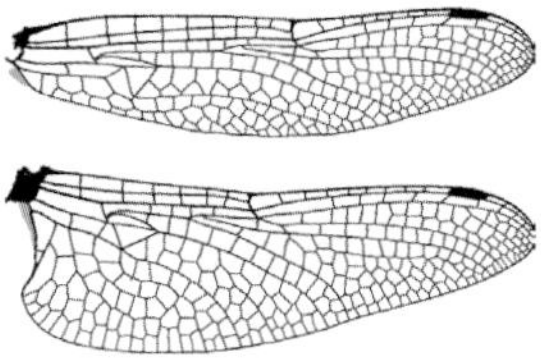

Epitheca bimaculata p. 356

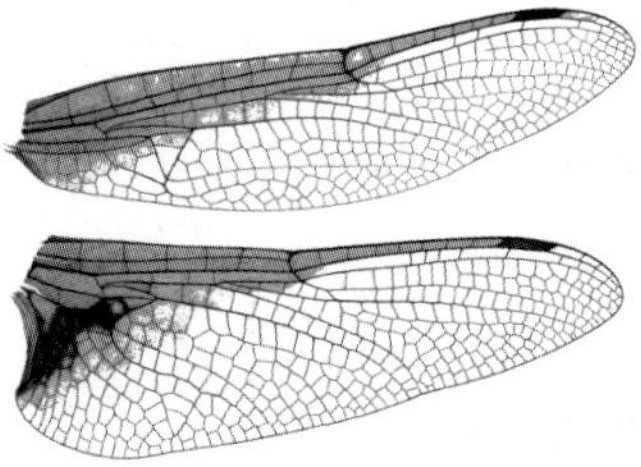

LIBELLULIDAE

Libellula quadrimaculata p. 363

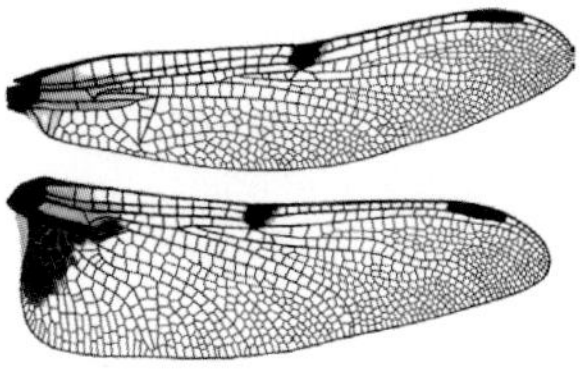

Libellula depressa p. 366

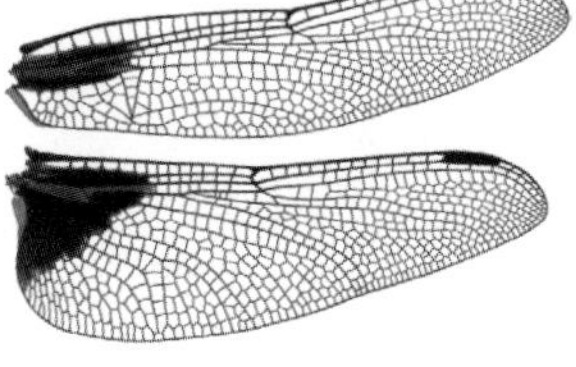

Libellula fulva p. 368

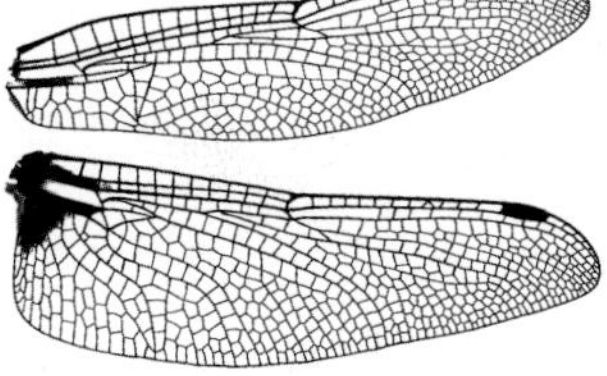

Orthetrum cancellatum p. 370

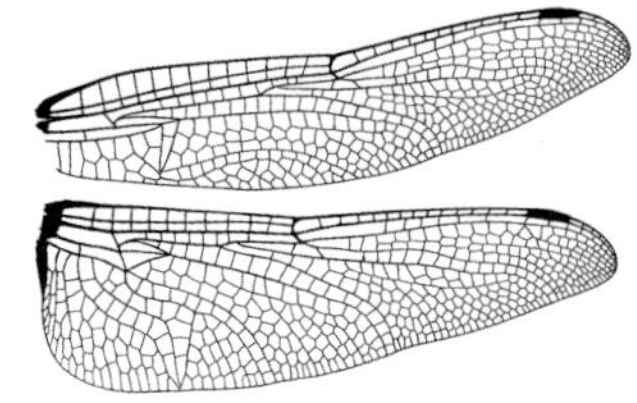

Orthetrum brunneum p. 374

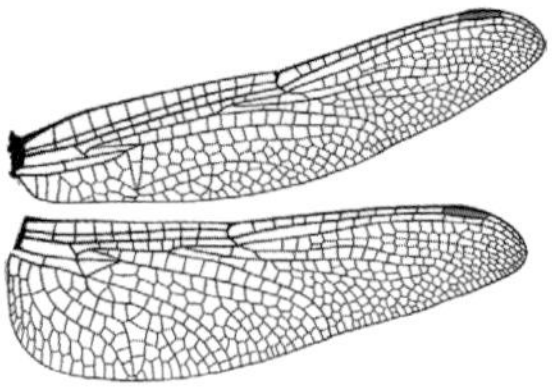

Orthetrum trinacria p. 380

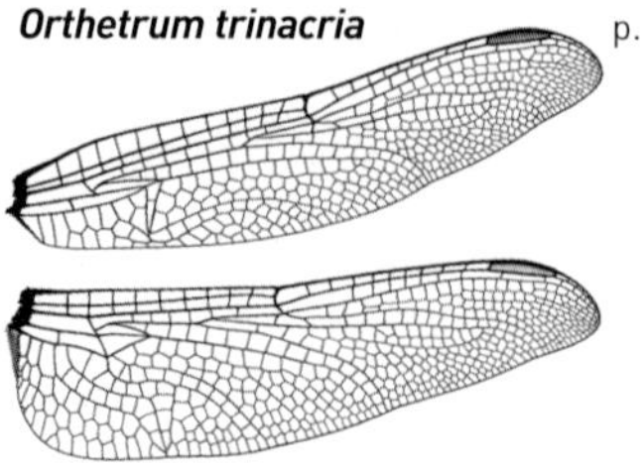

Orthetrum albistylum p. 372

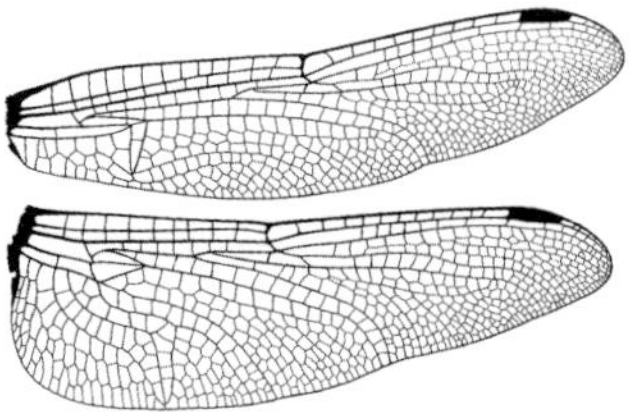

Orthetrum c. coerulescens p. 376

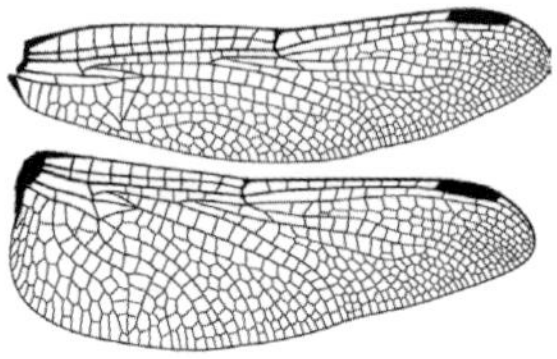

Crocothemis erythraea × 1,5 p. 382

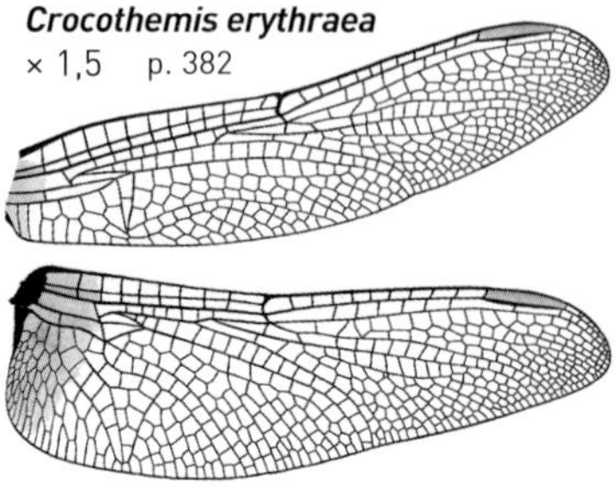

Sympetrum danae × 1,5 p. 384

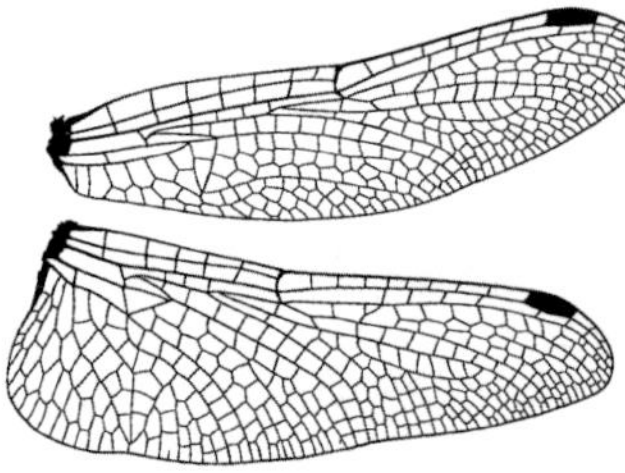

Sympetrum striolatum × 1,5 p. 392

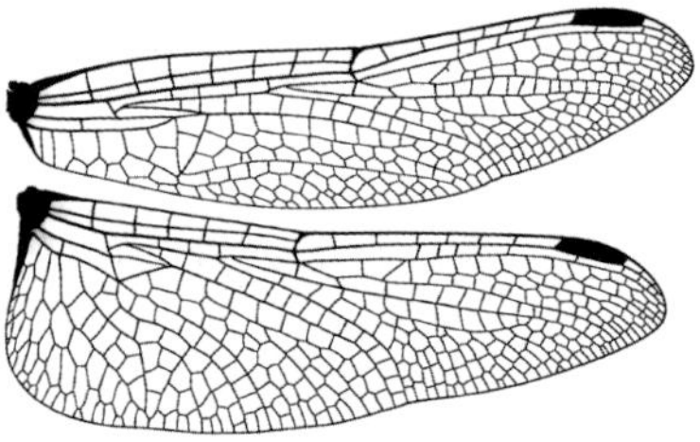

Sympetrum flaveolum × 1,5 p. 400

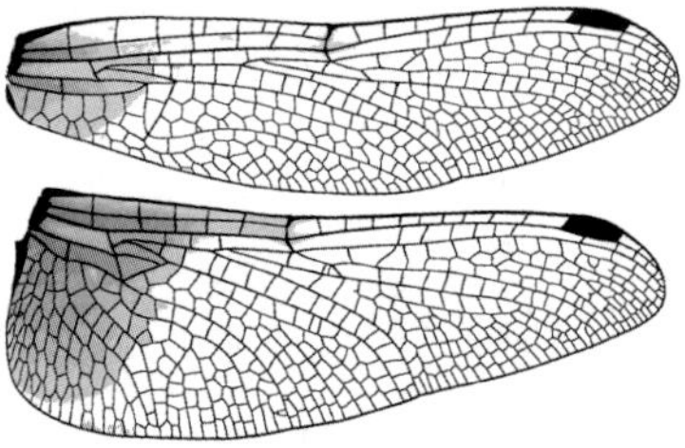

Sympetrum sanguineum × 1,5 p. 387

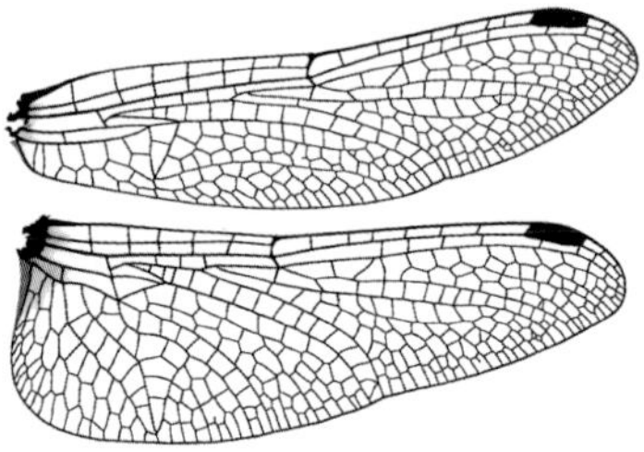

Sympetrum vulgatum × 1,5 p. 394

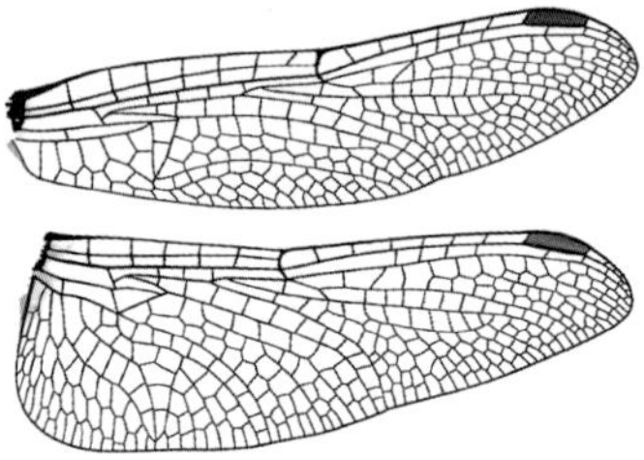

Sympetrum fonscolombii × 1,5 p. 402

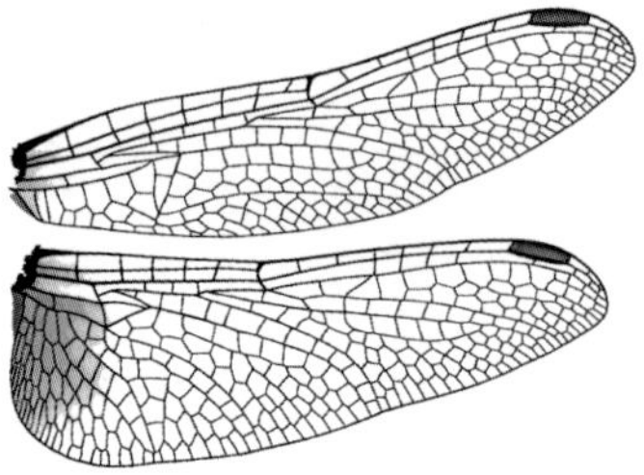

Sympetrum depressiusculum × 1,5 p. 390

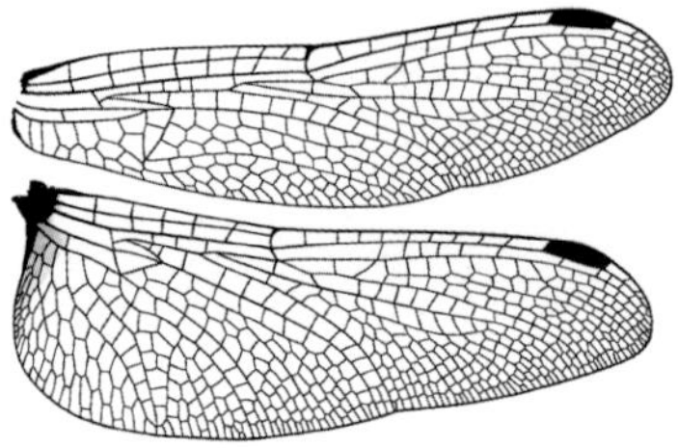

Sympetrum meridionale × 1,5 p. 398

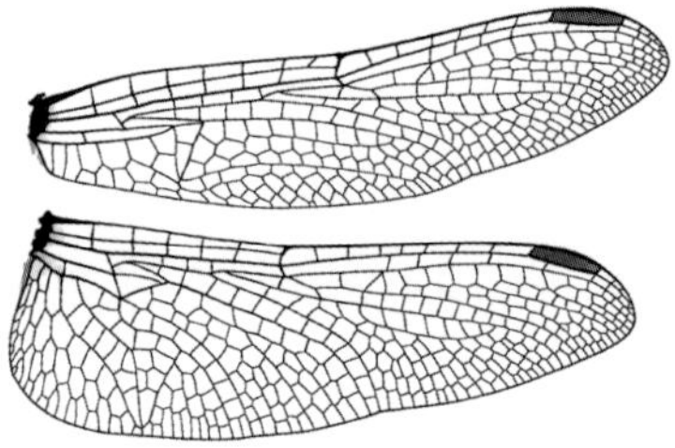

Sympetrum pedemontanum × 1,5 p. 404

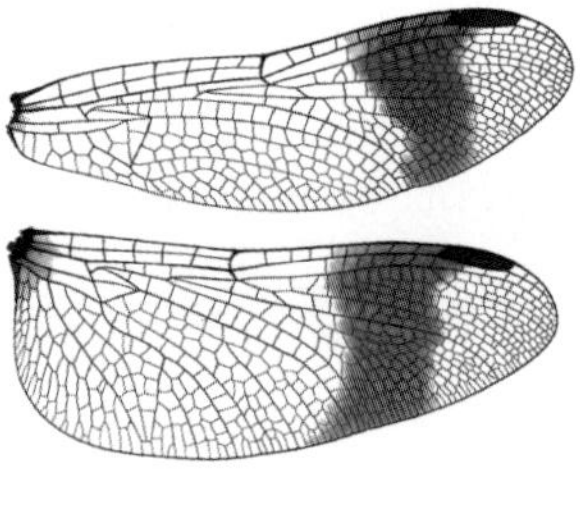

Leucorrhinia dubia × 1,5 p. 406

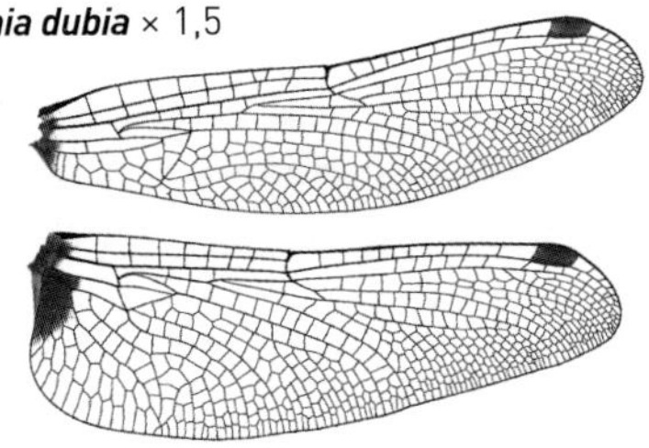

Leucorrhinia rubicunda × 1,5 p. 408

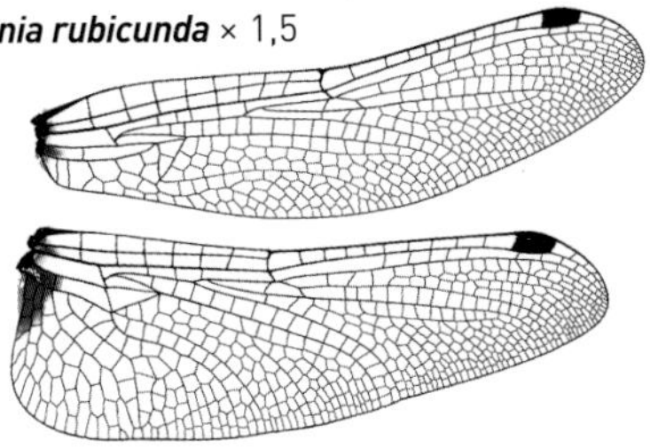

Leucorrhinia pectoralis × 1,5 p. 410

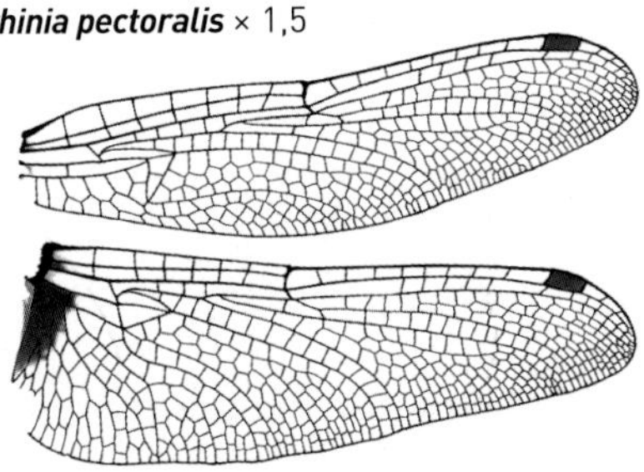

Leucorrhinia caudalis × 1,5 p. 413

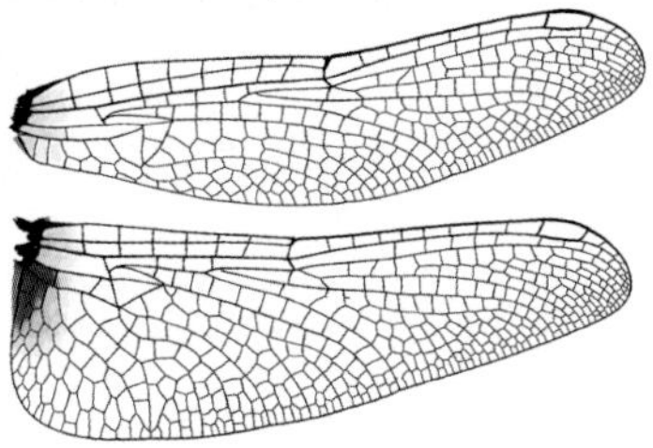

Leucorrhinia albifrons × 1,5 p. 416

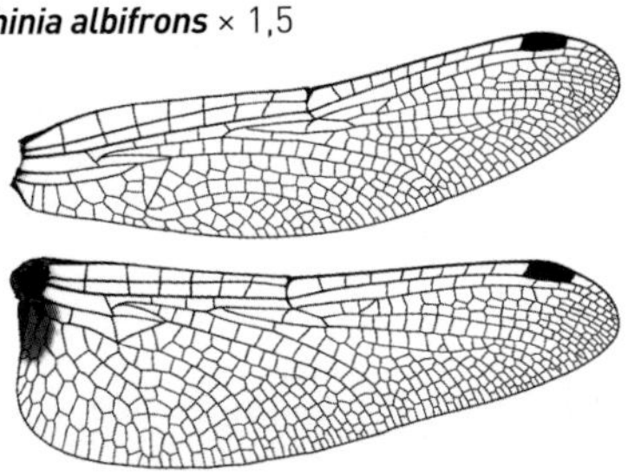

Trithemis annulata × 1,5 p. 420

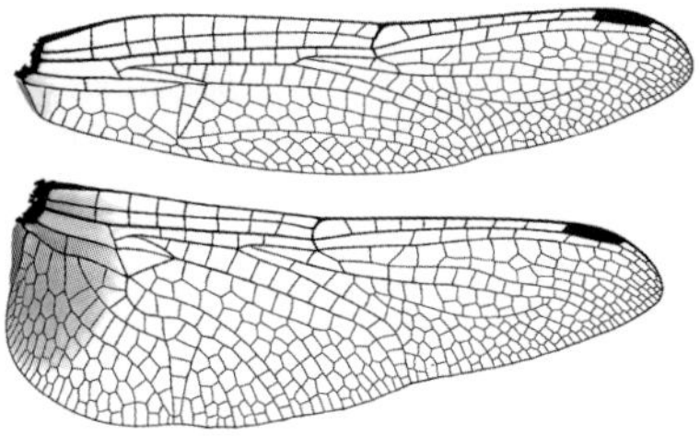

Trithemis kirbyi × 1,5 p. 422

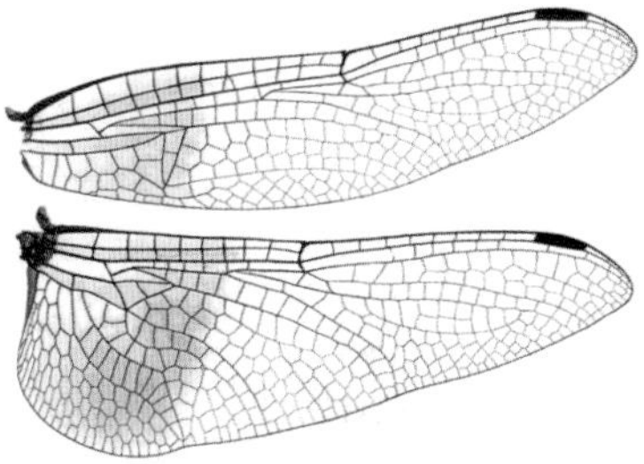

Brachythemis impartita × 1,5 p. 424

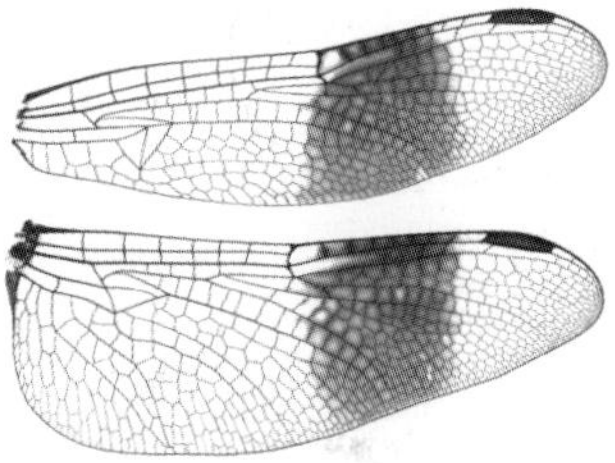

Selysiothemis nigra × 1,5 p. 426

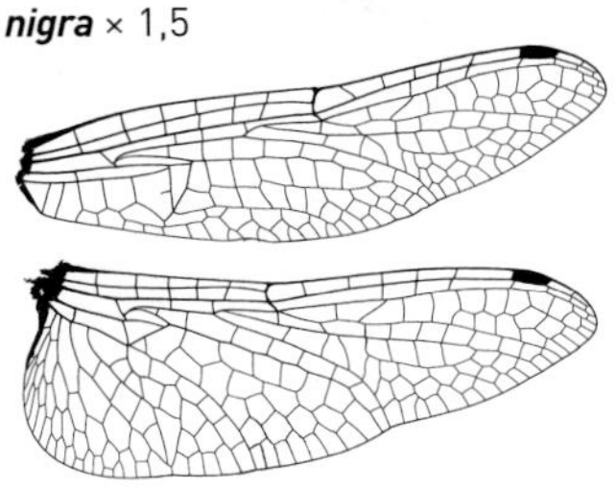

Pantala flavescens × 1,5 p. 428

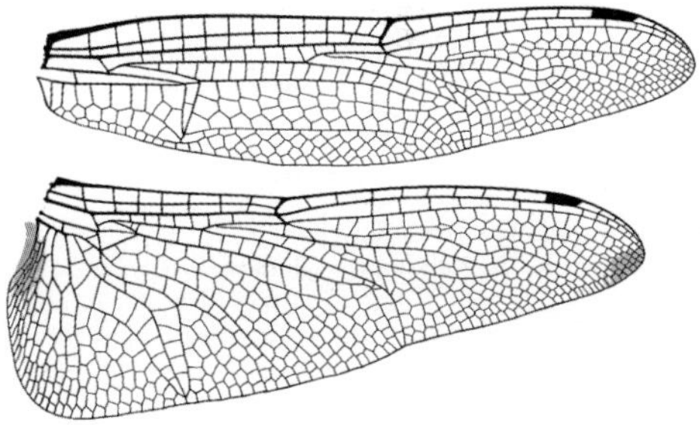

Bibliographie consultée

Livres

Aguesse P., 1958. *Faune terrestre et d'eau douce des Pyrénées-Orientales.* Fasc. 4: Odonates. Hermann, Paris, 54 pp.

Aguesse P., 1968. *Les Odonates de l'Europe occidentale, du nord de l'Afrique et des îles atlantiques. In*: Faune de l'Europe et du Bassin méditerranéen, Vol. 4., Masson, Paris, 258 pp.

Askew R.R., 2004. *The Dragonflies of Europe.* Revised edition. Harley Books, England, 308 pp.

Athias-Binche F., 1994. *La phorésie chez les acariens.* Éditions du Castillet, 178 pp.

Barnaud G., 1998. *Conservation des zones humides. Concepts et méthodes appliqués à leur caractérisation.* Muséum national d'Histoire naturelle, Paris, 451 pp.

Bensettiti F. & Gaudillat V., 2002. *Cahiers d'habitats Natura 2000. Connaissance et gestion des habitats et des espèces d'intérêt communautaire.* Tome 7: Espèces animales. La documentation française, Paris, 353 pp. + CD ROM, & http ://inpn.mnhn.fr/inpn/fr/download/cahhab.htm.

Beshovski V.L., 1994. *Fauna Bulgarica. 23-Insecta, Odonata.* Pensoft, Academic Publishing House, Bulgarian Academy of Sciences, Sofia, 372 pp.

Bos F. & Wasscher M., 2004. *Veldgids Libellen.* 4e édition. KNNV uitgeverij, Utrecht, 260 pp.

Boudot J.-P., & Kalkman V.J. (eds), 2015. *Atlas of the European dragonflies and damselflies.* KNNV publishers, the Netherlands, 381 pp.

Boudot J.-P, Borisov S, De Knijf G., Van Grunsven R., Schröter A. & Kalkman V.J., 2021. Atlas of the dragonflies and damselflies of West and Central Asia. Brachytron, 22, Supplement, 244 pp.

Bridges C.A., 1994. *Catalogue of the family-group, genus-group and species-group names of the Odonata of the world.* 3rd ed. C. A. Bridges (ed), Urbana, Illinois, USA, 906 pp.

Chopard L., 1948. *Atlas des Libellules de France, Belgique, Suisse.* Boubée, 137 pp., XII planches.

Chopard L., 1949. Paléontologie, Géonémie, Insectes inférieurs, Coléoptères. *In* P.P. Grassé (éd.), *Traité de Zoologie - Anatomie, Systématique, Biologie - Insectes,* Tome IX, 1117 pp.

Conci C. & Nielsen C., 1956. *Odonata.* Fauna d'Italia, 1, Calderini, Bologna, 298 pp.

Corbet P. S., 1999. *Dragonflies: Behaviour and Ecology of Odonata.* Harley Books, Colchester, 829 pp.

D'Aguilar J. & Dommanget J.L., 1998. *Guide des Libellules d'Europe et d'Afrique du Nord,* 2e édition. Delachaux et Niestlé, Lausanne, Paris, 463 pp.

Dawes B., 1968. *The Trematoda.* Cambridge Univ. Press, Cambridge, non paginé.

Dommanget J.L., 1987. *Étude faunistique et bibliographique des Odonates de France.* Secrétariat Faune/Flore, Muséum national d'Histoire naturelle, Paris. Collection Inventaires de Faune et de Flore, fasc. 36, 283 pp.

Dumont H.J., 1991. *Odonata of the Levant. In*: F.D. Por (ed.), Fauna Palestina, Insecta, V. The Israel Academy of Sciences and Humanities, Jerusalem, 297 pp.

Dumortier B., 2004. *Matériaux pour une histoire raisonnée des insectes.* Éditions la Fosse aux Ours, Lyon, 92 pp.

Dunkle S.W., 1989. *Dragonflies of the Florida peninsula, Bermuda and the Bahamas.* Scientific Publishers Nature Guide, Gainesville, FL, USA, 154 pp.

Dunkle S.W., 1990. *Damselflies of Florida, Bermuda and the Bahamas.* Scientific Publishers Nature Guide, Gainesville, FL, USA, 148 pp.

Dunkle S.W., 2000. *Dragonflies through binoculars.* Oxford University Press, 266 pp. + 47 pl.

Eigenheer K., 2002. *Die Libellen an der Aare zwischen Büren a. A. und Rothrist (Schweiz).* Eigenverlag, Brügglen, 44 pp.

Ferreras Romero M. & Puchol Caballero V., 1984. *Los insectos odonatos en Andalucia. Bases para su estudio faunistico.* Servicio de publicationes de la Universidad de Cordoba, textos e instrumentos N° 9, 160 pp.

Fiers V., Gauvrit B., Gavazzi E., Haffner P. & Maurin H., 1997. *Statut de la faune de France métropolitaine, statuts de protection, degrés de menace, statuts biologiques.* Muséum national d'Histoire naturelle, Paris, 225 pp.

Förster S., 1999. *The Dragonflies of Central America, exclusive of Mexico and the West Indies.* A guide to their identification. Braunschweig, 141 pp.

Fraser F.C., 1933. *The fauna of British India, including Ceylon and Burma. Odonata, Vol.1.* London, Taylor and Francis: xiii + 423 pp.

Fraser F.C., 1934. *The fauna of British India, including Ceylon and Burma. Odonata, Vol.2.* London, Taylor and Francis 2: xxiii+398 pp.

Fraser F.C., 1936. *The fauna of British India, including Ceylon and Burma. Odonata, Vol.3.* London, Taylor and Francis: xi + 461 pp.

Fraser F.C., 1957. *A reclassification of the order Odonata.* Royal Zool. Soc. New South Wales, Sydney, 133 pp.

Ghaffar-Shedid A. & Seidel M., 1991. *Das Grab des Nacht.* P. von Zabern Verlag, Mainz, 83 pp.

Geijskes D.C. & Van Tol J., 1983. *De Libellen van Nederland* (Odonata). Mededeling EIS-Nederland, 368 pp.

Gerken B. & Sternberg K., 1999. *Die Exuvien Europaïscher Libellen - The exuviae of European Dragonflies (Insecta, Odonata).* Arnika & Eisvogel, Hökster & Jena, 354 pp.

Goffart P., De Knijf G., Anselin A. & Tailly M., 2006. *Les Libellules (Odonata) de Belgique: répartition, tendances et habitats.* Publication du Groupe de Travail Libellules Gomphus et du Centre de Recherche de la Nature, des Forêts et du Bois (MRW-DGRNE), Série «Faune - Flore - Habitats» n° 1., Gembloux, 398 pp.

Grand D., 2004. *Les Libellules du Rhône.* Muséum, Lyon, 255 pp.

Grassé P., 1932. Observations et remarques sur les migrations d'Odonates. *In*: R. Jeannel, le *Livre du Centenaire.* Société Entomologique de France, pp. 657-668.

Hämäläinen M. & Pinratana A., 1999. *Atlas of the Dragonflies of Thailand.* Distribution maps by Provinces. Brothers of St. Gabriel in Thailand, 176 pp.

Heidemann H. & Seidenbusch R., 2002. *Larves et exuvies des libellules de France et d'Allemagne.* Société Française d'Odonatologie, Bois d'Arcy, France, 416 pp.

Inoue K. & Tani K., 1999. *All About Dragonflies.* Tombo Publishing Co. Ldt., 151 pp.

Jacquemin G. & Boudot J.P., 1999. *Les Libellules (Odonates) du Maroc.* Société Française d'Odonatologie, Bois d'Arcy, 149 pp.

Jödicke R., 1997. *Die Binsenjungfern und Winterlibellen Europas.* Die Neue Brehm-Bücherei, Vol. 631, Westarp-Wissenschaften, 277 pp.

Jourde P., 2005. Les Libellules de Charente-Maritime. Bilan de sept années de prospection et d'étude des odonates : 1999 - 2005. *Ann. Soc. Sci. Nat. Charente-Maritime,* supplément décembre 2005 : 1-144.

Jurzitza G., 1993. *Libellules d'Europe. Europe centrale et méditerranéenne.* Delachaux et Niestlé, Neuchâtel-Paris, 191 pp.

Kalkman V. J. & Theischinger G., 2013. Generic revision of Argiolestidae (Odonata), with four new genera. *International Journal of Odonatology,* 16: 1-52.

Karjalainen S., 2002. *Suomen Sudenkorennot.* Tammi, Helsinki, 222 pp.

Klaiber, J. ; Altermatt, F. ; Birrer, S. ; Chittaro, Y. ; Dziock, F. ; Gonseth, Y. ; Hoess, R. ; Keller, D. ; Küchler, H. ; Luka, H. ; Manzke, U. ; Müller, A. ; Pfeifer, M.A. ; Roesti, C. ; Schlegel, J. ; Schneider, K. ; Sonderegger, P. ; Walter, T. ; Holderegger, R. ; Bergamini, A., 2017: Fauna Indicativa. WSL Berichte, 54. Birmensdorf, Eidg. Forschungsanstalt für Wald, Schnee und Landschaft WSL. 198 pp. https://www.wsl.ch/fr/publications/fauna-indicativa.html

Koomen P. & Van Helsdingen P.J., 1996. *Liste des biotopes d'Europe d'après leur importance pour les invertébrés.* Collection Sauvegarde de la nature N° 77. Conseil de l'Europe, 67 pp.

Kotarac M., 1997. *Atlas of the Dragonflies (Odonata) of Slovenia, with the Red Data List.* Atlas Faunae et Florae Sloveniae 1. Center za kartografijo favne in flore, 205 pp.

Kuhn K. & Burbach K., 1998. *Libellen in Bayern.* Ulmer Verlag, Stuttgart, 333 pp.

Lecointre G. & Le Guyader H., 2001. *Classification phylogénétique du vivant.* Belin, Paris, 543 pp.

Lee S. M., 2001. *The Dragonflies of Korean Peninsula (Odonata).* Junghaeng-Sa, 229 pp.

Linnaeus C. von, 1758. *Systema Naturæ* (10e éd.). Laurentii Salvii, Stockholm.

Maibach A., Meier C. 1987. Atlas de distribution des libellules de Suisse (Odonata), avec liste rouge. *Doc. Faun. Helv.* 3., CSCF & LSPN, Neuchâtel, 231 p.

Maire M., 2004. *Métamorphose, le monde fascinant des insectes.* Éditions France-Loisirs, Bibliothèque nationale de France, 142 pp.

Martens A., 1996. *Die Federlibellen Europas.* Die Neue Brehm-Bücherei, Vol. 626, Westarp-Wissenschaften, 149 pp.

Martin R., 1931. *Histoire Naturelle de France. Pseudo-névroptères et névroptères.* Deyrolle, Paris, 220 pp.

Maravalhas E. & Soares A., 2013. *As Libélulas de Portugal / The Dragonflies of Portugal.* Booky publisher, 335 pp.

Matile L., Tassy P. & Goujet D., 1987. *Biosystema. 1. Introduction à la systématique zoologique.* Société Française de Systématique, 126 pp.

Maurin H. & Keith P., 1994. *Inventaire de la faune menacée en France.* Muséum national d'Histoire naturelle, -WWF-Nathan, Paris. 176 pp.

Merritt R., Moore N.W. et Eversham B.C., 1996. *Atlas of the dragonflies of Britain and Ireland.* Institute of Terrestrial Ecology, Centre for Ecology and Hydrology, Natural Environment Research Council. Her Majesty's Stationary Office, London, xii + 149 pp.

Nederlandse Vereniging voor Libellenstudie, 2002. *De Nederlandse Libellen (Odonata).* Nederlandse Fauna 4. Nationaal Natuurhistorisch Museum Naturalis, KNNV Uitgeverij & European Invertebrate Survey-Nederland, Leiden, 440 pp.

Needham J.G., Westfall M.J. & May M.L., 2000. *Dragonflies of North America.* Revised edition. Scientific Publishers, Gainesville, 939 pp.

Nel A., Martinez-Delclos X. & Paicheler J.C., 1993. Essai de révision des Aeschnidoidea (Insecta, Odonata, Anisoptera)- Les Isoptera fossiles (Insecta, Dictyoptera). *Cahiers de paléontologie,* CNRS Éditions, 179 pp.

Nel A., Martinez-Declos X., Paicheler J.C. & Henrotay M., 1993. Les "Anisozygoptera" fossiles : phylogénie et classification (Odonata). *Martinia,* N° Hors-série 3, 311 pp.

Nelson B. & Thomson R., 2004. *The Natural History of Ireland's Dragonflies.* The National Museums and Galleries of Northern Ireland, Ulster Museum, Belfast, 454 pp.

Nielsen A., 1997. *Aquatic Insects of North Europe. A Taxonomic Handbook. Volume 2, Odonata-Diptera.* Apollo Books, Stenstrup, Denmark, 440 pp.

Nielsen O.F., 1998. *Danske guldsmede.* Apollo Books, Stenstrup, Denmark, 280 pp.

Nilsson T., 1983. *The Pleistocene : Geology and life in the Quaternary Ice Age.* Ferdinand Enke Verlag, Stuttgart.

Odonat (coord.), 2003. *Les listes rouges de la nature menacée en Alsace.* Collection Conservation, Strasbourg, 479 pp.

Onishko V.V. & Kosterin O.E., 2021. Dragonflies of Russia. Illustrated Photo guide. Moscou, Phyton XXI, 476 pp.

Orr A.G., 2003. *A guide to the Dragonflies of Borneo, their Identification and Biology. Natural History Publications* (Borneo), Kota Kinabalu, 195 pp.

Ozono A., Kawahima I. & Futahashi R., 2012. Dragonflies of Japan. Bunichi-Sogo Syuppan Co. Ltd., 531 pp.

Page M., 2003. *La libellule de ses huit ans.* Ed. Le Dilettante, 251 pp.

Papazian M., Viricel G., Blanchon Y. & Kabouche B., 2017. *Les libellules de Provence-Alpes-Côte d'Azur.* Biotope, Mèze, 368 p.

Paulson D.R., 2009. Dragonflies and damselflies of the West. Princeton University Press, Princeton, New Jersey.

Paulson D.R., 2011. Dragonflies and damselflies of the East. Princeton University Press, Princeton, New Jersey.

Perrier R., 1923. *Faune de France illustrée. III, Myriapodes. Insectes inférieurs.* Delagrave, Paris, 158 pp.

Peters G., 1987. *Die Edellibellen Europae.* Die Neue Brehm-Bücherei, Ziemsen Verlag, Wittenberg Lutherstadt, 140 pp.

Piélou E.C., 1979. *Biogeography.* Wiley, New-York.

Pilon J.G. & Lagacé D., 1998. *Les Odonates du Québec.* Entomofaune du Québec, Chicoutimi, Québec, 367 pp.

Pinhey E.C.G., 1951. *The Dragonflies of Southern Africa.* Transvaal Museum, Pretoria, 335 pp.

Pinhey E.C.G., 1961. *A survey of the Dragonflies (Order Odonata) of Eastern Africa.* British Museum, London, 214 pp.

Polhemus D. & Asquith A., 1996. *Hawaiian Damselflies. A Field Identification Guide.* Bishop Museum Press, Honolulu, 122 pp.

Price T.D. & Gebauer A.B., 1995. *Last Hunters-First Farmers : New Perspectives on the Prehistoric Transition to Agriculture.* School of American Research Advanced Seminar Series, School of American Research Press, Santa Fe.

Prot J.M. (coord.), 2001. *Atlas commenté des insectes de Franche-Comté.* Tome 2 -

Odonates - Demoiselles et Libellules. OPIE Franche-Comté, Muséum d'Histoire Naturelle, Besançon. ISBN 2-9511077-1-4.

Ramade F., 2003. *Éléments d'écologie. Écologie fondamentale*. 3e édition, Dunod, coll. Sciences Sup, Paris, 690 pp.

Réaumur R.A.F. de, 1990. *Des mouches à quatre ailes nommées Demoiselles*. Iintroduction de Jacques d'Aguilar. Réédition. *Martinia*, N° Hors-série 2., pagination originale : 387-456, pl. 35-41 + introduction et préface.

Robert P.A., 1958. *Les libellules* (Odonates). Delachaux et Niestlé, Neuchâtel-Paris, 364 pp.

Rodriguez Capitulo A., 1992. *Los Odonatos de la Republica Argentina (Insecta)*. Fauna de agua dulce de la Republica Argentina, Vol. 34, fasc. 1, 91 pp.

Rostand J., 1954. *La vie des Libellules*. Les Livres de la Nature, Stock, 169 pp.

Rowe R., 1987. *The Dragonflies of New Zealand*. Auckland University Press, 260 pp.

Rüppell G., Hilfert-Rüppel D., Rehfeldt G. & Schütte C., 2005. *Die Prachtlibellen Europas*. Gattung *Calopteryx*. Die Neue Brehm-Bücherei, Vol. 654, Westarp-Wissenschaften, 255 pp.

Sahlén G., 1985. *Sveriges Trollsländor (Odonata)*. Fältbiologerna, 151 pp.

Sanchez A., Pérez J., Jiménez E. & Tovar C., 2009. *Los Odonatos de Extremadura*. Consejería, Energía y Medio Ambiante, 344 pp. http://extremambiente.gobex.es/files/biblioteca_digital/atlas_odonatos.pdf

Schmidt E., 1929. *7. Ordnung: Libellen, Odonata. In*: P. Brohmer (ed.), Die Tierwelt Mitteleuropas IV. Insekten. 1 Teil. Quelle & Meyer, Leipzig, 66 pp.

Scotese C.R., 2001. *Atlas of Earth History*, Paleomap Project, Arlington Texas, 52 pp. (2003). http://www.scotese.com/Default.htm

Selys-Longchamps E. (de) & Hagen H.A., 1850. *Revue des Odonates ou Libellules d'Europe*. Roret, Paris, 408 pp. + 11 planches.

Silsby J., 2001. *Dragonflies of the World*. Natural History Museum, Plymouth, United Kingdom and CSIRO Publishing, Australia, vii + 207 pp.

Smallshire D. & Swash A., 2004. *Britain's Dragonflies*. WildGuides, Hampshire, 168 pp.

Snowman K.A., 2003. *Capolavori dei grandi gioiellieri*. Rizzoli, Milano, 262 pp.

Société Limousine d'Odonatologie, 2002. *Atlas des Libellules du Limousin* (K. Guerbaa, coord.). EPOPS, Limoges, Hors-série N° 1, 110 pp.

Sternberg K. & Buchwald R., 1999. *Die Libellen Baden-Württembergs. Band 1: Allgemeiner Teil; Kleinlibellen (Zygoptera)*. E. Ulmer GmbH, Stuttgart, 468 pp.

Sternberg K. & Buchwald R., 2000. *Die Libellen Baden-Württembergs. Band 2: Großlibellen (Anisoptera); Literatur*. E. Ulmer GmbH, Stuttgart, 712 pp.

Sugimura M., Ishida S., Kojima K., Ishida K. & Aoki T., 2001. *Dragonflies of the Japanese Archipelago in Colour*. Hokkaido University Press, 641 pp.

Suhling F. & Martens A., 2007. *Dragonflies and Damselflies of Namibia*. Gamsberg Macmillan Publishers, Windhoek, Namibia, 280 pp.

Suhling F. & Müller O., 1996. *Die Flußjungfern Europas. Gomphidae*. Die Neue Brehm-Bücherei, Vol. 628, Westarp-Wissenschaften, 237 pp.

Tarboton W. & Tarboton M., 2002. *A Field guide to the Dragonflies of South Africa*. Publication privée, 96 pp.

Tarboton W. & Tarboton M., 2005. *A Field Guide to the Damselflies of South Africa*. Publication privée, 95 pp.

Tarboton W. & Tarboton M., 2015. *A Field Guide to the Dragonflies and Damselflies of South Africa*. Struik ed, 224 pp.

Trockur B., Boudot J.-P., Fichefet V., P Goffart., Ott J. & Proess R., 2010. *Atlas der Libellen / Atlas des Libellules* (Insecta, Odonata). Hrsg./Ed : Zentrum für Biodokumentation, Landsweiler-Reden, Saarland, Germany

Tsuda S., 2000. *A Distributional List of World Odonata*. 2nd ed., Pbk Tsuda, Osaka, 430 pp.

Van Helsdingen P.J., Willemse L. & Speight M.C.D., 1996. *Background information on invertebrates of the Habitats Directive and the Bern Convention. Part II - Mantodea, Odonata, Orthoptera and Arachnida*. Council of Europe Publishing, Strasbourg, Col. Nature and Environment, Vol. 80 : 219-396.

Van Tol J. & Verdonk M., 1988. *Protection des libellules (Odonates) et de leurs biotopes*. Conseil de l'Europe, comité européen pour la sauvegarde de la nature et des ressources naturelles, Strasbourg. Collection Sauvegarde de la Nature, vol. 38, 188 pp.

Walker E.M., 1953. *The Odonata of the Canada and Alaska*. Vol. 1. University of Toronto Press, Toronto and Buffalo, 292 pp.

Walker E.M., 1958. *The Odonata of the Canada and Alaska*. Vol. 2. University of Toronto Press, Toronto and Buffalo, 318 pp.

Walker E.M. & Corbet P.S., 1975. *The Odonata of the Canada and Alaska*. Vol. 3. University of Toronto Press, Toronto and Buffalo, 307 pp.

Wang L.J., 2000. *Dragonflies of Taiwan*. 349 pp.

Watson J.A.L., Theischinger G. & Abbey H.M., 1991. *The Australian Dragonflies. A Guide to the Identification, Distributions and Habitats of Australian Odonata*. CSIRO Australia, 278 pp.

Wendler A. & Nüß J.H., 1997. *Libellules. Guide d'identification des Libellules de France, d'Europe septentrionale et centrale*. Société Française d'Odonatologie, Bois d'Arcy, 130 pp.

Westfall M.J. & May L.M., 1996. *Damselflies of North America*. Scientific Publishers, Gainesville, FL, USA, 649 pp.

Wildermuth H., 2008. *Die Falkenlibellen Europas*. Die Neue Brehm-Bücherei, Vol. 653, Westarp-Wissenschaften, 160 pp.

Wildermuth H. & Küry D., 2009. *Protéger et favoriser les libellules. Guide pratique de protection de la nature*. Groupe de travail pour la conservation des Libellules de Suisse. Pro Natura, case postale CH-4018, Basel, 88 pp.

Wildermuth H. & Martens A., 2019. *Die Libellen Europas*. Quelle & Meyer, Wiebelsheim.958 pp.

Wildermuth H., Gonseth Y. & Maibach A. (éd.), 2005. *Odonata. Les Libellules de Suisse*. Fauna Helvetica 11. Centre Suisse de Cartographie de la Faune. Schweizerische Entomologische Gesellschaft, 398 pp.

Wilson K.D.P., 1995. *Hong Kong Dragonflies*. Urban Council of Hong Kong, 211 pp.

Wilson K.D.P., 2004. *Field Guide to Dragonflies of Hong Kong*. 2nd ed. Agriculture, Fisheries and Conservation Department, Friends of the Country Parks and Cosmos Books Ltd., 383 pp.

Revues, thèses, rapports, plaquettes, sites Internet

Abell P.I. & Hoelzmann P., 2000. Holocene palaeoclimates in northwestern Sudan : stable isotope studies on molluscs. *Global Planet. Change*, 26 : 1-12.

Åbro A., 1971. Gregarines : their effects on damselflies

(Odonata: Zygoptera). *Entomol. Scand.*, 2: 294-300.

Åbro A., 1987. Gregarine infection of Zygoptera in diverse habitats. *Odonatologica*, 16 (2): 119-124.

Åbro A., 1990. The impact of parasites in adult populations of Zygoptera. *Odonatologica*, 19 (3): 223-233.

Åbro A., 1992. A monumental dragonfly sculpture in Norway. *Notul. Odonatol.*, 3 (9): 149.

Adams J.M., 2003. *Global land environments since the last interglacial.* http://www.esd.ornl.gov/projects/qen/nerc.html

Adams J.M. & Faure H., 1997. *Review and Atlas of Palaeovegetation. Preliminary land ecosystem maps of the world since the Last Glacial Maximum.* http://www.esd.ornl.gov/projects/qen/adams1.html

Aguesse P., 1959. Note sur l'accouplement et la ponte chez *Crocothemis erythraea Brullé* (Odonata, Libellulidae). *Vie Milieu*, 10 (2): 176-184.

Aguesse P., 1960. Note sur l'écologie des Odonates de Provence. *Annee Biol.*, 36 (5-6): 217-230.

Aguesse P., 1961. *Contribution à l'étude écologique des Zygoptères de Camargue*. Thèse de doctorat de l'Université de Paris-Sorbonne, 156 pp.

Aguesse P., 1964. Note sur l'écologie et la répartition des Odonates du Massif Central. *Bull. Soc. Ent. Fr.* 69 (11/12): 223-234.

Aguiar S. & Faria M., 1991. Livres d'Heures et Libellules. *Martinia*, 7 (3): 59-61.

Ander K., 1950. Zur Verbreitung und Phänologie der boreoalpinen Odonaten der Westpaläarktis. *Opusc. Entomol.*, 15: 53-71.

Anderson, C.R., 2009. Do dragonflies migrate across the western Indian Ocean? *Journal of Tropical Ecology*, 25: 347-358.

Andrés J.A. & Cordero Rivera A., 2000. Copulation duration and fertilization success in a damselfly: An example of cryptic female choice? *Anim. Behav.*, 59 (4): 695-703.

Andrés J.A., Sanchez-Guillen R.A. & Cordero Rivera A., 2002. Evolution of female colour polymorphism in damselflies: testing the hypotheses. *Anim. Behav.*, 63 (4): 677-685.

Anhuf D., Schröder B. & Motzer T., 2004. Palaeovegetation Maps of Africa. http://www.uni-mannheim.de/phygeo/palaeo.htm

Anselin A., 1983. Libellules et conservation de la nature. *Bull. RNOB*, 3: 5-10.

Archimbaud C. & Jourdain B., 2002. *Gomphus grasslinii* (Rambur, 1842) découvert dans le Lot-et-Garonne et nouvelles données pour la Gironde et la Dordogne (Odonata, Anisoptera, Gomphidae). *Martinia*, 18 (4): 153-156.

Arnquist G. & Johansson F., 1998. Ontogenetic reaction norms of predator-induced defensive morphology in dragonfly larvae. *Ecology*, 79 (6): 1847-1858.

Artiss T., Schultz T.R., Polhemus D.A. & Simon C., 2001. Molecular phylogenetic analysis of the dragonfly genera *Libellula, Ladona,* and *Plathemis* (Odonata: Libellulidae) based on mitochondrial cytochrome oxidase I and 16S rRNA sequence data. *Mol. Phylogen. Evol.*, 18 (3): 348-361.

Arz H.W., Lamy F., Patzold J., Muller P.J. & Prins M., 2003. Mediterranean moisture source for an early-Holocene humid period in the northern Red Sea. *Science*, 300 (5616): 118-121.

Asahina S., 1974. The development of Odonatology in the Far East. *Odonatologica*, 3 (1): 5-12.

Aubin G. & Gaillard E., 2014 Première observation de *Macromia splendens* (Pictet, 1843) dans le bassin de l'Eyrieux (Ardèche) (Odonata, Macromidae). Martinia, 30 (1): 29-34.

Aurenche O., Galet P., Régagnon-Caroline E. & Évin J., 2001. Proto-Neolithic and Neolithic cultures in the middle east - The birth of agriculture, livestock raising and ceramics: a calibrated ^{14}C chronology 12,500-5500 cal BC. *Radiocarbon*, 43 (3): 1191-1202.

Azuma A. & Watanabe T., 1988. Flight performance of a dragonfly. *The Journal of Experimental Biology*, 137: 121-151.

Bailleux G., Couanon V., Gourvil P-Y., Soulet D., 2017. Pré-atlas des odonates d'Aquitaine – Synthèse des connaissances 1972 – 2014. CEN Aquitaine, LPO Aquitaine. Avril 2017. 117 p.

Bal B., 1996. *Oxygastra curtisii* au Roc de Chère: fin provisoire de l'énigme. *Sympetrum*, 9: 27-29.

Bal B., 2000. L'inventaire des Odonates de Haute-Savoie. *Bull. Romand Entomol.*, 18: 59-64.

Balança G. & Visscher M.N., 1989. Observation de la ponte en tandem d'*Anax imperator* Leach 1815 dans l'Hérault (Odonata, Anisoptera: Aeshnidae). *Martinia*, 5 (4): 90.

Barvaux E., 1960. Note sur *Aeschna juncea* Linnaeus et *Aeschna subarctica* Walker, Odonates des Hautes-Fagnes. *Bull. Hautes-Fagnes*, 1: 21-33.

Baumann W., 2000. Zwergdommel fischt mit Köder! *Falke*, 47 (11): 346.

Bechly G., 1995. Morphologische Untersuchungen am Flügelgeäder der rezenten Libellen und deren Stammgruppenvertreter (Insecta: Pterygota: Odonata) unter besonderer Berücksichtigung der Phylogenetischen Systematik und des Grundplanes der Odonata. *Petalura* (Spec. Vol. 1), 341 pp.

Bechly G., 1996. Morphologische Untersuchungen am Flügelgeäder der rezenten Libellen und deren Stammgruppenvertreter (Insecta: Pterygota; Odonata). *Petalura* (Spec. Vol. 2), 403 pp.

Bechly G., 1998-2005. *Phylogenetic Systematics of Odonata. Phylogenetic classification of fossil and extant odonates.* http://www.bechly.de/Phylosys.htm & http://www.bechly.de/system.htm

Bechly G., 1999. Epallagidae versus Euphaeidae revisited. *Int. J. Odonatol.*, 2 (2): 137-139.

Belle J., 1994. Some dragonfly records from the Lesser Sunda islands, Bali and Lombok, Indonesia, with an ethno-Odonatological note. *Notul. Odonatol.*, 4 (4): 60-62.

Belyshev B.F., 1968. Contributions to the knowledge of the fauna of Dragonflies (Odonata) of Siberia. IV. Geography of the Dragonflies of Siberia. *Fragm. Faunist., Warszawa*, 14 (13): 406-536.

Ben Azzouz, B. & Aguesse, P., 1990. Morphologie externe du dernier stade larvaire et analyse du polychromatisme imaginal chez *Ischnura graellsi* (Rambur, 1842) au Maroc (Odonata, Coenagriidae). *Nouv. Revue Ent.*, 7 (4): 389-398.

Bence S. & Bence P., 1989. Premier inventaire des Odonates du bassin du Réaltor (B.d.R.). *Faune de Provence* (CEEP), 10: 5-8.

Bernal Sánchez A. & Conesa García M.A., 2021. Primera cita de *Pantala flavescens* (Fabricius, 1789) (Odonata, Libellulidae) en la península ibérica. *Boletín de la Asociación española de Entomología*, 45 (3-4): 321-323.

Bernard R., 1993. The present knowledge about the distribution and ecology of *Nehalennia speciosa* (Charpentier, 1840) (Odonata: Coenagrionidae) in Poland. *Rocz. nauk. Pol. Tow. Ochr. Przyr. "Salamandra"*, 2: 67-93.

Bernard R. & Musial J., 1995. Observations of an abundant occurence of *Hemianax ephippiger* (Burmeister, 1839) in western Poland in 1995 (Odonata: Aeshnidae). *Opusc. zool. flumin.*, 138: 1-9.

Bernard R. & Samolag J., 1997. Analysis of the emergence of *Aeshna affinis* Vander Linden, 1823 in the vicinity of Poznan, western Poland (Odonata: Aeshnidae). *Opusc. zool. flum.*, 153: 1-12.

Bernier C., 2003. A la rencontre des libellules. *Cah. Techn. Gazette des Terriers*, 104, CPN, 75 pp.

Berquier C., 2013. Première observation en France d'*Orthetrum trinacria* (Selys, 1841) sur l'île de Corse (Odonata, Anisoptera: Libellulidae). *Martinia* 29: 15-18.

Berquier C., 2013. - Plan Régional d'Actions en faveur des Odonates. Région Corse. -2013 – 2017. Office de l'Environnement de la Corse – Direction Régionale de l'Environnement, de l'Aménagement et du Logement de Corse, 67pp.

Berquier C., Dommanget J.-L., Orsini A., Andrei-Ruiz M.-C., 2014. Complément à l'atlas des odonates de Corse: *Ischnura pumilio* et *Aeshna mixta*, deux espèces à la phénologie particulière (Odonata: Coenagrionidae, Aeshnidae). Martinia, 30 (1): 35-39.

Berquier C., Andrei-Ruiz M.-C., 2019. Synthèse des connaissances et évaluation de l'état de conservation de Lestes macrostigma en Corse (Odonata: Lestidae). *Martinia*, 34 (1-2): 1-16.

Beukema J.J., 2002. Changing distribution patterns along a stream in adults of *Calopteryx haemorrhoidalis* (Odonata: Calopterygidae): a case of larval-drift compensation. *Int. J. Odonatol.*, 5 (1): 1-14.

Beutler H., 1989. Terrestrische Überwinterung der Larven von *Platetrum depressum* (Linnaeus, 1758) (Odonata, Libellulidae). *Entomol. Nachr. Ber.*, 33 (1): 37-40.

Bick G.H. & Bick J.C., 1981. Heterospecific pairing among Odonata. *Odonatologica*, 10 (4): 259-270.

Bignon J.J., 1991. *Coenagrion ornatum* (Selys, 1850) en Saône-et-Loire. *Martinia*, 7 (4): 85.

Bilek A., 1962. *Orthetrum albistylum* Selys. Entwicklung vom Ei bis zur geschlechtsreifen Imago. *Nachrichtenbl. Bayer. Entomol.*, 11: 33-38.

Bilek A., 1964. Beobachtungen über Odonaten in Südfrankreich mit besonderer Berücksichtigung der Färbungsstadien von *Anax parthenope* Selys. *Nachrichtenbl. Bayer. Entomol.*, 13: 59-64.

Blattner S., 1990. *Feld- und Laborstudien zum Einfluß hoher Säure- und Aluminium-konzentrationen auf Libellen im Nordschwarzwald.* Diplomarbeit an Institut für Zoologie der Universität Hohenheim, 90 pp.

Bohm K., 2004. Entwicklung und Phänologie von *Crocothemis erythraea* in Nordrhein-Westfalen: Nachweis einer zweiten Jahresgeneration? (Odonata: Libellulidae). *Libellula*, 23 (3/4): 153-160.

Bonet-Betoret C., 2000. Extension de *Trithemis annulata* en Europa en los anos 80 y 90. *Bol. S.E.A.*, 27: 85-86.

Boon von Ochsée G.A., 1979. Dragonflies in the diet of teleostean fish in the Comoe River, Upper Volta, West Africa. *Notul. Odonatol.*, 1 (3): 46-47.

Borisov S.N., 2005. Ecology of *Selysiothemis nigra* (Vander Linden, 1825) (Odonata, Libellulidae) under desert condition. *Eurasian entomological* journal, 4 (2): 95-100.

Borisov S.N., 2012. Migrant dragonflies in Middle Asia. 3. *Pantala flavescens* (Fabricius, 1798) (Odonata, Libellulidae). *Euroasian Entomological Journal*, 11 (1): 37-41.

Borisov S.N., 2012 Migrant dragonflies in Middle Asia. Report 4. Anax parthenope parthenope (Selys, 1834). (Odonata, Aeshnidae). Euroasian Entomological Journal 11: 239-248.

Borisov S.N., 2012. Trans-latitudinal migrations of dragonflies (Odonata) in Middle Asia. Proceedings of the Russian Entomological Society. St. Petersburg, 83 (1): 62-72.

Borisov S. N., 2015. Dragonflies (Odonata) of thermal springs in Central Asia. *Zoologicheskii Zhurnal (Zoological Journal)*, 94 (12): 1400-1407.

Borisov A.S. & Borisov S.N., 2019. Spring immigration of dragonflies (Odonata) in Tajikistan. *Euroasian Entomological Journal*, 18 (5): 305-311.

Borisov S.N. & Malikova E.I., 2019. Distribution and migration strategy of *Pantala flavescens* (Fabricius, 1798) (Odonata, Libellulidae) near the northern limit of its range in Transbaikalia and in the Far East of Russia. *Euroasian Entomological Journal*, 18 (3): 155-162.

Borisov S.N., .Iakovlev I.K., Borisov A.S., Zuev A.G. & Tiunov A.V., 2020. Isotope evidence for latitudinal migrations of the dragonfly *Sympetrum fonscolombii* (Odonata: Libellulidae) in Middle Asia). *Ecological Entomology*, 45 (6): 1445-1456.

Boudier F. & Levasseur M., 1990. Les Odonates du bassin-versant de la Claise tourangelle (France: Indre-et-Loire). *Martinia*, N° Hors-série 1, 96 pp.

Boudot J.P., 2001. Les *Cordulegaster* du Paléarctique occidental: identification et répartition (Odonata, Anisoptera, Cordulegastridae). *Martinia*, 17 (1): 1-34.

Boudot J.-P., 2010. Abondance, synchronisme et sex-ratio à l'émergence chez *Epitheca bimaculata* (Charpentier, 1825) en Lorraine (NE France). Martinia, 26 (1/2): 9-17.

Boudot J.-P., Havelka P. & Martens A. 2019. The biting midge Forcipomyia paludis as a parasite of Odonata in Northern Africa (Diptera: Ceratopogonidae). *Notulae odonatologicae*, 9 (4): 145-149.

Boudot J.-P., 2014. A brief observation of egg laying in *Lindenia tetraphylla* (Odonata: Gomphidae) on Kríti (Crete), Greece. Notulae Odonatologicae, 8 (4): 94-96.

Boudot J.P. & Jacquemin G., 1987. *Somatochlora arctica* (Zett.) new for the French Pyrenees and for the southern French Alps, with further records of some rare Odonata in France. *Notul. Odonatol.*, 2 (9): 150-152.

Boudot J.P. & Jacquemin G., 1994. Revision of *Cordulegaster boltonii* (Donovan, 1807) in the south-west of Europe and North-Africa, with the description of *Cordulegaster boltonii iberica* ssp. nov. from Spain (Odonata: Anisoptera, Cordulegastridae). *Odonatologica*, 24 (2): 149-173.

Boudot J.P. & Jacquemin G., 2002. Inventaire et statut des Libellules de Lorraine. *Bull. Soc. Lorraine Entomol.*, N° Hors-série, Janvier 2002, 68 pp.

Boudot J.P., Goutet P. & Jacquemin G., 1990a. Notes sur quelques odonates peu communs observés en France. *Martinia*, 6 (1): 3-10.

Boudot J.P., Jacquemin G. & Dumont H.J., 1990b. Revision of the subspecies of *Onychogomphus forcipatus* (Linnaeus, 1758) in Europe and Asia Minor, and the true distribution of *Onychogomphus forcipatus unguiculatus* (Vander Linden, 1823) (Odonata, Gomphidae). *Bull. Ann. Soc. Roy. Belge Ent.*, 126: 95-111.

Boudot J.P., Jacquemin G. & Goutet P., 1990c. Odonates des lacs et tourbières à sphaignes des Hautes-

Vosges. *Opusc. Zool. Flumin.*, 52 : 1-11.

Boudot J.P., Grand D., Grebe B., Hacet N. & Marinov M., 2004. Description of the female of *Somatochlora borisi* with distributional notes on the species (Odonata : Corduliidae). *Int. J. Odonatol.*, 7 (3) : 431-438.

Bourque P.A., 2005. Planète Terre. Cours de Géologie de l'Université Laval, Québec. http ://www.ggl.ulaval.ca/personnel/bourque/intro.pt/planete_terre.html

Brauner O., 2006. Einjährige Entwicklung von *Leucorrhinia pectoralis* und *Brachytron pratense* in einem Kleingewässer Nordostbrandenburgs (Odonata : Libellulidae, Aeshnidae). *Libellula* 25 (1/2) : 61-75.

Brockhaus T., 2001. Untersuchungen zur Individualentwicklung, Phänologie und Populationsdynamik der Imagines von *Sympetrum pedemontanum* (Odonata : Libellulidae). *Libellula*, 20 (3/4) : 115-130.

Brockhaus T., 2003. *Pantala flavescens* (Fabricius) in Khambu Himal, Nepal (Anisoptera : Libellulidae). *Notul. Odonatol.*, 6 (1) : 2-3.

Brockhaus T., 2004. Entwicklungszyklen und morphometrische Differenzierungen in einer Larvenpopulation von *Platycnemis pennipes* (Pallas) (Zygoptera : Platycnemididae). *Odonatologica*, 33 (3) : 315-325.

Brockhaus T, 2012. Wie kam Somatochlora alpestris (Selys) in die zentraleuropäischen Gebirge? Der Lebensraumwechsel einer stenothermen transpaläarktisch verbreiteten Kaltzeitart am Beispiel des Erzgebirges (Sachsen) (Odonata, Anisoptera, Corduliidae). *Entomologische Nachrichten und Berichte*, 56 (1) : 17-28.

Brooks N., 2004a. The Fezzan Project : Geoarchaeology of the Sahara. http ://www.cru.uea.ac.uk/~e118/Fezzan/fezzan_home.html

Brooks N., 2004b. Drought in the African Sahel : long term perspectives and future prospects. Tyndall Centre for Climate Change Research, working paper 61, 35 pp.. School of Environmental Sciences, University of East Anglia, Norwich NR4 7TJ. http ://www.tyndall.ac.uk/publications/working_papers/wp61.pdf

Brooks S.J., McGeeney A. & Cham S.A., 1997. Time-sharing in the male Downy Emerald *Cordulia aenea* (L.) (Corduliidae). *J. Br. Dragonfly Soc.*, 13 : 52-57.

Brugière D., 1986. Recherche sur les Odonates de l'Allier. *Rev. Sci. Bourbonnais Centre Fr.*, 10 : 32-41.

Brugière D., 1992. À propos de *Coenagrion ornatum* (Selys, 1850) dans le département de l'Allier (Odonata, Zygoptera, Coenagrionidae). *Martinia*, 8 (3) : 67.

Brugière D., 1996. *Hemianax ephippiger* (Burmeister, 1839) dans le val de Loire bourguignon (Saône-et-Loire) (Odonata, Anisoptera, Aeshnidae). *Martinia*, 12 (2) : 47.

Buchwald R., 1988. Die Gestreifte Quelljungfer *Cordulegaster bidentatus* (Odonata) in Südwestdeutschland. *Carolinea*, 46 : 49-64.

Bucciarelli I., Galletti P.A. & Pavesi M., 1980. Attuali conoscenze sul popolamento odonatologico delle Sardegna. *Lav. Soc. It. Biogeogr.*, 8 : 467-544.

Buczynski P., Tończyk G., Buczyńska E., Gadawski P, Michoński G. & Zawal A. 2017. On the Occurrence of *Gomphus pulchellus* Selys, 1840 (Odonata : Gomphidae) on the Balkan Peninsula. *Acta Zoologica Bulgarica*, 69 (1) : 43-47.

Buczynski P., Buczynska E, Michalczuk W, 2019. From southern Balkans to western Russia : do first Polish records of *Pantala flavescens* (Fabricius, 1798) (Odonata : Libellulidae) Indicate a migration Route? *Journal of the Entomological Research Society*, 21 (1) : 11-16.

Burbach K., 2000 Nachweis einer zweiten Jahresgeneration von *Enallagma cyathigerum* und *Ischnura pumilio* in Mitteleuropa (Odonata : Coenagrionidae). *Libellula*, 19 (3/4) : 217-227.

Burbach K. & Schiel F.J., 2004. Beobachtungen zur Ausbreitungsfähigkeit von *Nehalennia speciosa* (Odonata : Coenagrionidae). *Libellula*, 23 (3/4) : 115-126.

Burkhard M., 2002. Géologie / Géomorphologie. Glaciations. Cours de l'Université de Neuchâtel. http :// www-geol.unine.ch/cours/geol/glaciations.htm

Burmeister E.G., 1989. Spätsommeraspekt der Libellenfauna Sardiniens (Italien). *Nachrichtenbl. Bayer. Entomol.*, 38 (3) : 80-83.

Burton J.F., 1991. Social wasps *Vespula* spp. attacking *Aeshna* hawker dragonflies and silver-Y moth *Autographa gamma* L. (Lep. : Noctuidae). *Entomol. Rec. J. Var.*, 103 : 199-200.

Bybee S.M, Kalkman V. J., Erickson R. J., Frandsen P. B., Breinholt J. W., Suvorov A., Dijkstra K-D. B., Cordero-Rivera A., Skevington J. H., Abbott J. C., Sanchez Herrera M., Lemmon A.R, Moriarty Lemmon E., Ware J.L., 2021. Phylogeny and classification of Odonata using targeted genomics, Molecular Phylogenetics and Evolution, Volume 160, 15p.

Cannings RA., 2019. Odonata of Canada. In : Langor DW, Sheffield CS (Eds) The Biota of Canada – A Biodiversity Assessment. Part 1 : The Terrestrial Arthropods. *ZooKeys*, 819 : 227-241.

Carbone J., Keller W. & Griffiths R.W., 1998. Effects of changes in acidity on aquatic insects in Rocky Littoral habitats of lakes near Sudbury, Ontario. *Restor. Ecol.*, 6 (4) : 376-389.

Carle F.L., 1986. The classification, phylogeny and biogeography of the Gomphidae (Anisoptera). I. Classification. *Odonatologica*, 15 (3) : 275-326.

Carle F.L., 1995. Evolution, taxonomy, and biogeography of ancient Gondwanian liblluloides, with comments on anisopteroid evolution and phylogenetic systematics (Anisoptera : Libelluloidea). *Odonatologica*, 24 (4) : 383-424.

Carle F.L., 1996. Revision of Austropetaliidae (Anisoptera : Aeshnoidea). *Odonatologica*, 25 (3) : 231-259.

Carle F.L. & Kjer K.M., 2002. Phylogeny of *Libellula* Linnaeus (Odonata : Insecta). *Zootaxa*, 87 : 1-18.

Carle F.L. & Louton J.A., 1994. The larva of *Neopetalia punctata* and establishment of Austropetaliidae fam. nov. (Odonata). *Proc. Entomol. Soc. Washington*, 96 (1) : 147-155.

Carrère V. & Blanchon Y., 2012. Découverte de *Gomphus flavipes* (Charpentier, 1825) en Languedoc-Roussillon (Odonata, Anisoptera : Gomphidae). *Martinia* 28 (1) : 66-67.

Carvalho A.L., 1999. Dragonfly in origami. *Odonatologica*, 28 (2) : 151-157.

Cassagne-Méjean F., 1963. Sur le cycle évolutif d'*Arrenurus (Arrenurus) ornatus* George, 1900, parasite des Zygoptères de la région de Montpellier. *C. R. Acad. Sci.*, Paris, 256 : 1589-1590.

Castella E., 1987. Larval Odonata distribution as describer of fluvial ecosystems : the Rhône and Ain rivers, France. *Adv. Odonatol.* 3 : 23-40.

Causse C., Conrad G., Fontes J.C., Gasse F., Gibert E. & Kassir A., 1988. Le dernier "Humide" pléistocène du Sahara nord-occidental daterait de 80-100 000 ans.

C. R. Acad. Sci., Paris, 306, série II : 1459-1464.

Causse C., Coque C., Fontes J.C., Gasse F., Gibert E., Ben Ouezdou H. & Zouari K., 1989. Two high levels of continental waters in the southern Tunisian chotts at about 90 and 150 ka. *Geology*, 17 : 922-925.

Centre suisse de cartographie de la faune / Ligue suisse pour la protection de la nature, 2004. Atlas de distribution des libellules de Suisse. http://lepus.unine.ch/carto/

Cham S., 2021. Ovipositing behaviour, egg positioning and egg set size of *Chalcolestes viridis* (Vander Linden) (Willow Emerald Damselfly) at a new site in Britain. *Journal of the British Dragonfly Society*, 37 (1):14-39.

Chambon J.P., 1993. La mortalité des insectes liée à la circulation automobile. *Insectes*, 88 (1) : 2-4.

Cheddadi R., Lamb H.F., Guiot J. & Van der Kaars S., 1998. Holocene climatic change in Morocco : a quantitative reconstruction from pollen data. *Climate Dynamics*, 14 : 883-890.

Chelmick D.G., 2020. Some observations on the life history and behaviour of *Aeshna affinis* Vander Linden (Southern Migrant Hawker). *Journal of the British Dragonfly Society*, 36 (1) : 22-36.

Chelmick D.G. & Mitchell P., 1996. *Macromia splendens* (Pictet) in Portugal (Anisoptera : Corduliidae). *Notulae odonatologicae*, 4 (7): 121-122.

Chelmick D. & Pickess B.P. 2008. *Trithemis kirbyi* Selys in southern Spain (Anisoptera : Libellulidae). *Notulae odonatologicae*, 7 (1) : 4-5.

Clark I.D. & Fontes J.C., 1990. Paleoclimatic reconstruction in northern Oman based on carbonates from hyperalkaline grounwaters. *Quat. Res.*, 33 (3) : 320-336.

Clastrier J., Grand D. & Legrand J., 1994. Observations exceptionnelles en France de *Forcipomyia (Pterobosca) paludis* (Macfie), parasite des ailes de Libellules (Diptera, Ceratopogonidae et Odonata). *Bull. Soc. Entom. France*, 99 (2) : 127-130.

Clausnitzer H.-J., Hengst R., Krieger C. & Thomes A., 2010. *Boyeria irene* in Niedersachsen (Odonata : Aeshnidae). *Libellula* 29 (3/4) : 155-168.

Clement R.A Natalie A. Saxton N.A., Standring S. Arnold P.R., Kaihileipihamekeol Johnson K., Bybee D.R. & Bybee S.M., 2022. Phylogeny, migration and geographic range size evolution of *Anax* dragonflies (Anisoptera : Aeshnidae). *Zoological Journal of the Linnean Society*, 194 : 858-873.

Cloupeau R., Levasseur M. & Boudier F., 1987. Clé d'identification des exuvies des espèces ouest-européennes du genre *Gomphus* Leach, 1815 (Anisoptera : Gomphidae). *Martinia*, 5 : 3-12.

Cohen K.M., Finney S.C., Gibbard P.L. & Fan J.-X., 2013. The ICS International Chronostratigraphic Chart. Episodes, 36 : 199-204. Update : K.M. Cohen, S.C. Finney & P.L. Gibbard, (c) International Commission on Stratigraphy, January 2015 http://www.stratigraphy.org/ICSchart/ChronostratChart2015-01.pdf

Convey P., 1989a. Influences on the choice between territorial and satellite behaviour in male *Libellula quadrimaculata* Linn. (Odonata : Libellulidae). *Behaviour*, 109 (1-2) : 125-141.

Convey P., 1989b. Post-copulatory guarding strategies in the non-territorial dragonfly *Sympetrum sanguineum* (Müller) (Odonata : Libellulidae). *Anim. Behav.*, 37 : 56-63.

Coppa G., 1989a. Aménagement de biotopes à Odonates sur les tourbières de moyenne altitude dans les Ardennes (08). *Martinia*, 5 (4) : 91-95.

Coppa G., 1989b. Note sur le vol d'*Epitheca bimaculata* (Charpentier, 1825) (Odonata, Anisoptera : Corduliidae). *Martinia*, 5 (3) : 69-73.

Coppa G., 1990a. *Cordulegaster bidentatus* Selys (Odonata Anisoptera : Cordulegastridae) dans les départements de la Haute-Marne et de la Côte-d'Or. *Bull. Soc. Sci. Nat. Archéol. Haute-Marne* ; 23 (9) : 217-224.

Coppa G., 1990b. Éléments cartographiques et écologiques sur les Odonates de Champagne-Ardenne. *Soc. Sci. Nat. Archéol. Haute-Marne*, N° spécial, 106 pp.

Coppa G., 1991. Notes sur l'émergence d'*Epitheca bimaculata* (Charpentier) (Odonata : Corduliidae). *Martinia*, 7 (1) : 7-16.

Coppa G., 1998. *Cordulegaster boltonii* (Donovan, 1807) et *Cordulegaster bidentata* Selys, 1843 (Odonata, Cordulegastridae) en région Champagne-Ardenne et dans le Laonnois (région Picardie) : présentation cartographique. *Bull. Soc. Hist. Nat. Ard.*, 88 : 29-32.

Corbet P.S., 1955. The larval stages of *Coenagrion mercuriale* (Charp.) (Odonata : Coenagrionidae). *Proc. Roy. Ent. Soc.* (A), 30 : 115-126.

Corbet P.S., 1957. The life-history of the Emperor dragonfly, *Anax imperator* Leach (Odonata : Aeschnidae). *J. Anim. Ecol.*, 26 : 1-69.

Corbet P.S. & Corbet S.A., 1958. Emergence of a summer species of Dragonfly. *Nature*, 182 : 194.

Corbet P.S. & Proess R., 1998. Sex-ratio of Odonata at emergence. *Int. J. Odonatol.*, 1 (2) : 99-118.

Cordero A., 1989. Reproductive behaviour of *Ischnura graellsii* (Rambur) (Zygoptera : Coenagrionidae). *Odonatologica*, 18 (3):237-244.

Cordero A., 1990a. The inheritance of female polymorphism in the damselfly *Ischnura graellsii* (Rambur) (Odonata : Coenagrionidae). *Heredity*, 64 : 341-346.

Cordero A., 1990b. The adaptative significance of the prolonged copulations of the damselfly, *Ischnura graellsii* (Odonata : Coenagrionidae). *Anim. Behav.*, 40 : 43-48.

Cordero A., 1992a. Density-dependent mating success and colour polymorphism in females of the damselfly *Ischnura graellsii* (Odonata : Coenagrionidae). *J. Anim. Ecol.*, 61 : 769-780.

Cordero A., 1992b. Morphological variability, female polymorphism and heritability of body lenth in *Ischnura graellsii* (Rambur) (Zygoptera : Coenagrionidae). *Odonatologica*, 21 (4) : 409-419.

Cordero A., 1995. Correlates of male mating success in two natural populations of the damselfly *Ischnura graellsii* (Odonata : Coenagrionidae). *Ecol. Entomol.*, 200 (3) : 213-222.

Cordero A., Santolamazza Carbone S. & Utzeri C., 1998. Mating opportunities and mating costs are reduced in androchrome female damselflies, *Ischnura elegans* (Odonata). *Anim. Behav.*, 33 (1) : 185-197.

Cordero Rivera A., 1987. Estructura de población en *Ischnura graellsi* Rambur, 1842 (Zygop. Coenagrionidae). *Bol. Asoc. Esp. Entom.*, 11 : 269-286.

Cordero Rivera A., 1988. Ciclomorfosis y fenologia en *Ischnura graellsi* Rambur, 1842 (Odonata : Coenagrionidae). *Actas III Congreso Ibérico de Entomologia*, pp. 419-430.

Cordero Rivera A., 2000. Distribution, habitat requirements and conservation of *Macromia splendens* Pictet (Odonata : Corduliidae) in Galicia (NW Spain). *Int. J. Odonatol.*, 3 (1) : 73-83.

Cordero Rivera, A., 2015. Demographics and adult activity of *Hemiphlebia mirabilis* : a short-lived species with a huge population size

(Odonata : Hemiphlebiidae). *Insect Conservation and Diversity*, 9 (2) : 108-117. https://doi.org/10.1111/icad.12147

Cordero Rivera A. & Egido Pérez F.J., 1998. Mating frequency, population density and female polychromatism in the damselfly *Ischnura graellsii* : an analysis of four natural populations. *Etologia*, 6 : 61-67.

Cordero Rivera A., Utzeri C. & Santolamazza Carbone S., 1999. Emergence and adult behaviour of *Macromia splendens* (Pictet) in Galicia, northwestern Spain (Anisoptera : Corduliidae). *Odonatologica* 28 (4) : 333-342.

Cordero Rivera A., Lorenzo Carballa M.O., Utzeri C. & Vieira V., 2005. Parthenogenetic *Ischnura hastata* (Say), widespread in the Azores (Zygoptera : Coenagrionidae). *Odonatologica*, 34 (1) : 1-9.

Corso A., Janni O., Pavesi M., Sammut M., Sciberras A. & Viganò M., 2012. Annotated checklist of the dragonflies (Insecta Odonata) of the islands of the Sicilian Channel, including the first records of *Sympetrum sinaiticum* Dumont, 1977 and Pantala flavescens (Fabricius, 1798) for Italy. Biodiversity Journal, 3 (4) : 459-478.

Corso A., Janni O., Pavesi M. & Viganò M., 2017. Update to the status *of Pantala flavescens* (Fabricius, 1798). and *Trithemis kirbyi* Selys, 1891 for Italy and Central Mediterranean basin (Odonata Libellulidae). *Biodiversity Journal*, 8 (1) : 33–38.

D'Aguilar J., 1990. Introduction. ***In*** : Réaumur R.A.F., 1990. *Des mouches à quatre ailes nommées Demoiselles*. *Martinia*, N° Hors-série 2, pagination originale : 387-456, pl. 35-41, pp. i-xi.

D'Amico F., Darblade S., Avignon S., Blanc-Manel S. & Ormerod S.J., 2004. Odonates as indicators of shallow lake restoration by liming : Comparing adult and larval responses. *Restor. Ecol.*, 12 (3) : 439-446.

Dantart J. & Martin F., 1999. *Somatochlora metallica* (Vander Linden, 1825) (Odonata : Corduliidae) y *Leucorrhinia pectoralis* (Charpentier, 1825) (Odonata : Libellulidae), dos nuevas especies de Libélulas para la Peninsula Ibérica. *Boln. Asoc. esp. Ent.*, 23 (1-2) : 147.

Darblade S. & Avignon S., 1999. Influence du traitement des eaux et de la réaffectation d'un site sur les Odonates (Arjuzanx, Landes). *Gibier Faune Sauvage*, 16 (4) : 339-353.

Darblade S. & Ducout B., 2005. Première observation de *Trithemis annulata* (Palisot de Beauvois, 1805) dans le département des Landes (Odonata, Anisoptera, Libellulidae). *Martinia*, 21 (3) : 123-125.

Davies D.A.L., 1981. A synopsis of the extant genera of the Odonata. *Soc. Int. Odonatol. Rapid. Com.*, 3, 59 pp.

Davis C.C., 1962. Ecological and morphological notes on *Hydrophylita aquivalans* (Math. & Crosby). *Limnol. Oceanogr.*, 7 : 390-392.

De Knijf G., 2015. *Pantala flavescens* a new species for the fauna of Bulgaria (Odonata : Libellulidae). *Notulae odonatologicae*, 8 (6) : 191-196.

De Knijf G., 2018. First evidence of reproduction of *Trithemis kirbyi* Selys, 1891 (Odonata : Libellulidae) in Portugal. *Boletín Rola*, 11 : 19-24.

De Knijf G., 2022. Eerste waarnemingen van de Oranje zonnewijzer (Trithemis kirbyi) in België. *Brachytron*, 23 (1/2) : 28-32,

De Knijf G. & Demolder H., 2000. Een populatie van *Coenagrion mercuriale* en *Libellula fulva* in de Gaume (Belgisch Lotharingen). *Gomphus*, 16 (2) : 115-122.

De Marmels J. & Schiess H., 1977. Zum Vorkommen der Zwerglibelle *Nehalennia speciosa* (Charp., 1840) in der Schweitz (Odonata : Coenagrionidae). *Vjschr. Naturf. Ges. Zürich*, 122 (3) : 339-348.

Deffert T., 1982. Manga, la bande dessinée japonaise. *Zoom*, Paris, pp. 84-87.

Degrange C., 1972. Le développement des cysticercoïdes du genre *Tatra* (Cestodes Cyclophyllidae) chez les larves d'Odonates. *Trav. Lab. Hydrobiol. Piscic. Univ. Grenoble*, 63 : 215-251.

Degrange C., 1974. L'œuf et l'éclosion de *Calopteryx virgo* L. (Odonata, Zygoptera, Calopterygidae). Considérations générales sur l'éclosion des larves des Odonates. *Trav. Labo. Hydrobiol. Piscic. Univ. Grenoble*, 64/65 : 251-257.

Degrange C. & Seasseau M.D., 1968. Odonates des Alpes-Maritimes. *Trav. Lab. Hydrobiol. Piscic. Univ. Grenoble*, 59/60 : 65-82.

Degrange C. & Seasseau M.D., 1970. Première capture en Europe de la larve de *Hemianax ephippiger* (Burmeister). *Trav. Lab. Hydrobiol. Piscic. Univ. Grenoble*, 61 : 77-87.

Degrange C. & Seasseau M.D., 1974. Odonates Corduliidae de Savoie et du Dauphiné. *Trav. Lab. Hydrobiol. Piscic. Univ. Grenoble*, 64/65 : 289-308.

De Knijf G., T. Adriaens, R. Vermylen & P. Van der Schoot, 2014. Ontdekking van een populatie Rivierrombout (*Gomphus flavipes*) op het Albertkanaal (België), een van de drukst bevaren kanalen van Europa, en een overzicht van de status in West- en Midden-Europa. *Brachytron* 16 : 3-17.

Delasalle J.F., Legris S. & Maillier S., 2003. *Atlas préliminaire des Odonates de Picardie* (1970-2002). Picardie Nature, Amiens, 48 pp.

Deliry C., 1998. Matériel pour une liste rouge des libellules du département de l'Ain. *Sympetrum*, 11 : 25-33.

Deliry C. & Favérot P., 1999. La gestion des milieux naturels de Rhône-Alpes. Marais et tourbières. Cahier technique N° 6, la prise en compte des libellules dans la gestion des marais et tourbières. Conservatoire Rhône-Alpes des Espaces Naturels, 8 pp.

Deliry C., 2003. Atlas des Libellules en Rhône-Alpes-Dauphiné. http://cyrille.deliry.free.fr/symatlasliste.htm

Delpon G., Costes A., Alquier D., Haber E., Polisset P. & Pelozuelo L., 2014. Nouvelles observations de *Macromia splendens* en région Midi-Pyrénées (Odonata : Macromiidae). *Martinia* 30 (2) : 47-58.

Devai G., 1976. The chorological research of the dragonfly (Odonata) fauna of Hungary. *Acta Biol. Debrecina*, 13 (suppl. 1) : 119-157.

D'Hondt J.L., Morgillo A. & Gontier B., 2002. *Urnatella gracilis* Leidy, 1851, un Entoprocte d'eau douce nouveau pour la faune française. *Bull. mens. Soc. linn. Lyon*, 71 (7) : 269-274.

Dijkstra K.D.-B., Assandri G. & Galimberti A., 2023. Morphological and molecular evidence supports the species status of the Italian endemic *Coenagrion castellani* Roberts, 1948 (Coenagrionidae). *International Journal of Odonatology*, 26 : 44-53.

Dijkstra K.D.B., Cordero Rivera A. & Andrés J.A., 2001. Repeated predation of Odonata by the hornet Vespa crabro (Hymenoptera : Vespidae). *Int. J. Odonatol.*, 4 (1) : 17-21.

Dijkstra K.-D.B., Bechly G., Bybee S.M., Dow R.A., Dumont H.J., Fleck G., Garrison R.W., Hämäläinen M., Kalkman V.J., Karube H., May M.L., Orr A.G., Paulson D., Rehn A.C., Theischinger G., Trueman J.W.H., van Tol J., von Ellenrieder N. & Ware J., 2013 The classification and diversity of dragonflies and damselflies (Odonata). In : Z.-Q. Zhang (ed.), Animal biodiversity: An outline of higher-level classification and survey of taxonomic richness. *Zootaxa* 3703: 36-45.

Dijkstra K.D.-B., Kalkman V.J., Dow R., Stokvis F. & van Tol J., 2014. Redefining the damselfly families: a comprehensive molecular phylogeny of Zygoptera (Odonata). Systematic Entomology, 39: 68-96.

Dombrowski A., 1989. *Ökologische Untersuchungen an Cordulegaster bidentatus Selys, 1843.* Diplomarbeit Zoologischen Institut, Georg-August-Universität Göttingen, 167 pp.

Dommanget J.L., 1982. Premières considérations sur la faune des libellules (Odonates) de la Brenne (Indre). *Bull. Soc. Versaillaise Sci. Nat.*, 9 (1): 1-13.

Dommanget J.L., 1984. *Coenagrion scitulum* (Rambur, 1842), espèce nouvelle pour la Corse (Odon. Coenagrionidae). *Entomologiste*, 41 (3): 100.

Dommanget J.L., 1989. Utilisation des Odonates dans le cadre de la gestion des zones humides. In: Secrétariat de la Faune et de la Flore (éd), *Utilisation des inventaires d'invertébrés pour l'identification et la surveillance d'espaces de grand intérêt faunistique*. Muséum National d'Histoire Naturelle, Paris, pp. 93-110.

Dommanget J.L., 1993. Les odonates du département de l'Indre: Évolution des populations depuis le siècle dernier. *Martinia*, 9 (2): 43-51.

Dommanget J.L., 1998. *Les libellules et leurs habitats.* SFO, 19 pp.

Dommanget J.L., 1998. Microhabitats refuges pour les larves d'*Aeshna cyanea* (Müller, 1764) lors de l'assèchement du milieu (Odonata, Anisoptera, Aeshnidae). *Martinia*, 14 (2): 56.

Dommanget J.L., 2001a. Étude de *Macromia splendens* (Pictet, 1843) dans la vallée du Tarn (Tarn, Aveyron) et statut national de l'espèce (Odonata, Anisoptera, Macromiidae). Ministère de l'Aménagement du Territoire et de l'Environnement / SFO, 136 pp.

Dommanget J.L., 2001b. Liste des espèces déterminantes d'Odonates pour la région Île-de-France, complétée par la liste des espèces répertoriées à ce jour et par la Liste Rouge des espèces menacées ou présentant de faibles effectifs. SFO- DIREN Île-de-France, 36 pp.

Dommanget J.L., 2002. Inventaire cartographique des Odonates de France. Bilan 1982-2000. *Martinia*, 18, supplément 1, 68 pp.

Dommanget J.L., 2004. Reconnaissance d'*Anax junius* (Drury, 1773) et note sur sa récente découverte en France (Odonata, Anisoptera, Aeshnidae). *Martinia*, 20 (1): 17-20.

Doniol-Valcroze P., Ferrière P. (de), Jourdain B. & Cugno A., 2021. Première preuve de reproduction de *Trithemis kirbyi* (Odonata: Libellulidae) en France dans les Pyrénées-Atlantiques. *Martinia*, 35 (2): 5-9.

Duborget R. 2013 Observation probable de *Brachythemis impartita* en Haute-Corse (Odonata: Libellulidae). *Martinia* 29: 103-104.

Dumont H.J., 1964. Note on a migration of the dragonfly *Libellula quadrimaculata* L. in the north of France. *Bull. Ann. Soc. r. ent. Belg.*, 100: 177-181.

Dumont H.J., 1972. The taxonomic status of *Calopteryx xanthostoma* (Charpentier, 1825) (Zygoptera: Calopterygidae). *Odonatologica*, 1 (1): 21-29.

Dumont H.J., 1975. Endemic dragonflies of late Pleistocene age of the Hula Lake Area (Northern Israel), with notes on the Calopterygidae of the rivers Jordan (Israel, Jordan) and Litani (The Lebanon) and description of *Urothemis edwardsi hulae* subspec. nov. (Libellulidae). *Odonatologica*, 4 (1): 1-9.

Dumont H.J., 1977a. An analysis of Odonata of Tunisia. *Bull. Ann. Soc. r. belge Ent.*, 113: 63-94.

Dumont H.J., 1977b. Sur une collection d'Odonates de Yougoslavie, avec notes sur la faune des territoires adjacents de Roumanie et de Bulgarie. *Bulletin et Annales de la Société Royale Belge d'Entomologie* 113: 187-209.

Dumont H.J., 1978. Neolithic hyperarid period preceded the present climate of the Central Sahel. *Nature*, 274 (5669): 356-358.

Dumont H.J., 1980. The dragonfly fauna of Egypt and the rôle of the Nile in its origin and composition. *Water Supply Manage.*, 4: 29-34.

Dumont H.J., 1982. Relict distribution patterns of aquatic animals: another tool in evaluating late pleistocene climate changes in the Sahara and Sahel. *In*: J.A. Coetzee et E.M. Van Zinderen Bakker (eds.), *Paleoecology of Africa and the surrounding Islands*, A.A. Balkema, Rotterdam, 14: 1-24.

Dumont H.J., 1988. On the composition and palaeoecological significance of the Odonate fauna of Darfur, Western Sudan. *Odonatologica*, 17 (4): 385-392.

Dumont H.J. & Hinnekint B.O.N., 1973. Mass migration in dragonflies, especially in *Libellula quadrimaculata* L.: a review, a new ecological approach and a new hypothesis. *Odonatologica*, 2 (1): 1-20.

Dumont H.J., Heidari H. & Atamuradov K.I., 1997. Hybridisation in *Calopteryx orientalis* (Selys) east of the shores of the south Caspian lake (Zygoptera: Calopterygidae). *Odonatologica*, 26 (2): 205-213.

Dumont H.J., Mertens J. & De Coster W., 1993. The *Calopteryx splendens* cline in southwestern France, analysed by quantitative wingspot analysis (zygoptera; Calopterygidae). *Odonatologica*, 22 (3): 345-351.

Dumont H.J., Vanfleteren J.R., De Jonckheere J.F. & Weekers P.H.H., 2005. Phylogenetic relationships, divergence time estimation, and global biogeographic patterns of Calopterygoid Damselflies (Odonata, Zygoptera) inferred from ribosomal DNA sequences. *Syst. Biol.*, 54 (3): 347-362.

Dumont H.J., Schneider T., Vierstraete A. & Borisov S.N., 2021. Biogeography and relationship of the Gomphidae of Europe, North Africa, and the Middle East (Odonata). *Odonatologica*, 50 (1/2): 17-42.

Dunkle S.W. & Belwood J.J., 1982. Bat predation of Odonata. *Odonatologica*, 11 (3): 225-229.

Durand E., 2016. *Sympetrum depressiusculum* dans l'aquifère de Crau (Bouches-du-Rhône, France): bilan des connaissances, état de conservation et facteurs de menace (Odonata: Libellulidae). *Martinia* 32 (1): 43-55.

Dutmer G., 2016. Ontdekking en studie van een populatie Dwergjuffers (Nehalennia speciosa) in Oost-Nederland. Brachytron, 18 (1) : 16-22.

Dutreix C., 2002. L'entomofaune du Morvan. Contribution à l'étude des Libellules (Odonates). *Bull. Soc. Hist. Nat. Amis Muséum Autun*, 180: 43-45.

Engler J.O., 2014 Zoogeographic notes on *Orthetrum trinacria* with special emphasis on its recent discovery on Corsica, France (Odonata, Libellulidae). *Libellula* 33: 21-26.

Eriksson M.O.G., Henrickson L., Nilsson B.I., Nyman G., Oscarson H.C., Stenson A.E. & Larsson K., 1980. Predator-prey relations important for the biotic changes in acidified lakes. *Ambio*, 9: 248-249.

Evangelio Pinach J.M. 2021. *Macromia splendens* (Pictet, 1843) (Odonata: Macromiidae) : nueva especie para Castilla-La Mancha (centro-este de España). *Zoolentia*, 1 : 70-81.

Fabricius J.C., 1798. Supplementum entomologiae Systematicae. *Hafniae. Proft. (Schubothe)*, pp. 283-285.

Falchetti E. & Utzeri C., 1974. Preliminary observations on the territorial behaviour of *Crocothemis erythraea* (Brullé). *Fragm. Entomol.*, 10 : 295-300.

Farkas S., 2018. A *Trithemis annulata* (Palisot de Beauvois, 1807) elõfordulása Magyarországon. *Folia Historico Naturalia Musei Matraensis*, 41 : 09-10.

Faton J.M., 2003. Avancement de la prospection dans la Drôme et découverte de trois nouvelles espèces dans le département : *Coenagrion caerulescens* (Fonscolombe, 1838), *Gomphus graslinii* Rambur, 1842 et *Hemianax ephippiger* (Burmeister, 1839). *Martinia*, 19 (2) : 61-64.

Faton J.M. & Deliry C., 2000. Nouvelles données sur la population de *Coenagrion caerulescens* (Fonscolombe, 1838) dans les Hautes-Alpes. *Martinia*, 16 (1) : 11-14.

Feng H.Q., Wu K.M. & Ni Y.X., Cheng D.F and Guo Y.Y, 2016. Nocturnal migration of dragonflies over the Bohai Sea in northern China. *Ecological Entomology*, 31 : 511-520.

Ferreira S., Martínez Freiría F., Boudot J.-P., El Haissoufi M., Bennas, N. Alves P.C., Watts P.C., Thompson, D.J. & Brito, J.C., 2015. Local extinctions and range contraction of the endangered *Coenagrion mercuriale* in North Africa. *International Journal of Odonatology* 18 (2) : 137-152.

Ferreira S., Boudot J.-P., El Haissoufi M., Alves P.C., Thompson D.J., Brito J.C., Watts P.C., 2016. Genetic distinctiveness of the damselfly *Coenagrion puella* in North Africa : an overlooked and endangered taxon. *Conservation Genetics* 17 : 985-991.

Ferreras Romero M., 1981. Un odonato nuevo para la fauna Ibérica, *Trithemis annulata* (Palisot de Beauvais, 1805) (Anisoptera, Libellulidae). *Bol. Asoc. esp. Entomol.*, 4 (1980) : 191-193.

Ferreras Romero M., 1991. Preliminary data on the life history of *Cercion lindeni* (Selys) in southern Spain (Zygoptera : Coenagrionidae). *Odonatologica*, 20 (1) : 53-63.

Ferreras Romero M., 1997. The life history of *Boyeria irene* (Fonscolombe, 1838) (Odonata : Aeshnidae) in the Sierra Morena mountains (southern Spain). *Hydrobiologia*, 345 : 109-116.

Ferreras Romero M. & García-Rojas A.M., 1995. Life-history patterns and spatial separation exhibited by the Odonates from a Mediterranean inland catchment in southern Spain. *Vie Milieu*, 45 (2) : 157-166.

Ferreras Romero M., Atienzar M.D. & Corbet P.S., 1999. The life cycle of *Onychogomphus uncatus* (Charpentier, 1840) (Odonata : Gomphidae) in the Sierra Morena Mountains (southern Spain) : an example of protracted larval development in the Mediterranean basin. *Arch. Hydrobiol.*, 144 (2) : 215-228.

Ferreras Romero M., Atienzar M.D. & Corbet P.S., 2000. Voltinism of *Calopteryx haemorrhoidalis* (Vander Linden) in the Sierra Morena Mountains, southern Spain : A preliminary study. *Int. J. Odonatol.*, 3 (2) : 125-130.

Fliedner-Kalies T. & Fliedner H., 2011. Libellen im Kanton Schwyz. *Berichte der Schwyzerischen Naturforschenden Gesellschaft*, 16 : 1-208.

Francez A.J., 1985. Les Odonates d'Auvergne : répartition de quelques espèces rares ou peu connues. Essai de zoogéographie régionale. *Entomologiste*, 41 (3) : 101-111.

Francez A.J. & Brunhes J., 1983. Odonates des tourbières d'Auvergne (Massif central francais) et répartition en France des odonates d'altitude. *Notul. Odonatol.*, 2 (1) : 1-8.

Fränzel U., 1985. *Etho-ökologische Untersuchungen an Cordulegaster bidentatus* Selys, 1843 *(Insecta : Odonata) im Bonner Raum*. Diplomarbeit an der Mathematisch-Naturwissenschaftlichen Fakultät der Rheinischen-Friedrich-Wilhelms-Universität Bonn, 194 pp.

Fraser F.C., 1944. Remarkable distance covered by nymphs of *Pyrrhosoma nymphula* (Sulz.) (Odon., Coenagriidae). *Ent. month. Mag.*, 80 : 192.

Freeland J.R. & Conrad K.F., 2002. Genetic similarity within and among populations of the Variable and Azure damselflies (*Coenagrion pulchellum* and *C. puella*). *Hydrobiologia*, 479 : 69-73

Froufe E., S. Ferreira, J.-P. Boudot, P.C. Alves & Harris D.J., 2014. Molecular phylogeny of the Western Palaearctic Cordulegaster taxa (Odonata : Anisoptera : Cordulegastridae). *Biological Journal of the Linnean Society* 111 : 49-57.

Galasso P., Marletta A. & Corso A., 2020. Odonata of Sicilian southeast swamp lakes "Pantano Cuba" and "Pantano Longarini" (SE-Sicily, Italy). *Biodiversity Journal*, 11 (1) : 57-64.

Galimberti, A., Assandri, G., Maggioni, D., Ramazzotti, F., Baroni, F., Bazzi, G., Chiandetti, I., Corso, A., Ferri, V., Galuppi, M., Ilahiane, L., La Porta, G., Laddaga, L., Landi, F., Mastropasqua, F., Ramellini, S., Santinelli, R., Soldato, G., Surdo, S. & Casiraghi, M., 2021. Italian Odonates in the Pandora's Box : a comprehensive DNA barcoding inventory shows taxonomic warnings at the Holarctic scale. *Molecular Ecology Resources*, 21(1) : 183-200

Gärdenfors U., Hilton-Taylor C., Mace G.M. & Rodriguez J.P., 2001. The application of IUCN Red List criteria at regional levels. *Conserv. Biol.*, 15 : 1206-1212.

Gardner, 1955. The egg and mature larva of *Aeshna isosceles* (Müller) (Odonata : Aeshnidae). *Entomol. Gaz.*, 6 : 13-20.

Gaven C., Hillaire-Marcel C. & Petit-Maire N., 1981. A Pleistocene lacustrine episode in southeastern Libya. *Nature*, 290 : 131-133.

Gauci C., 2022. An exceptional influx and successful breeding of *Pantala flavescens* on the Island of Malta (Maltese Archipelago) (Odonata : Libellulidae). *Fragmenta entomologica*, 54 (2) : 247-256

Gavory L. & Dommanget J.L., 1998. Redécouverte de *Leucorrhinia rubicunda* (L., 1758) en France. *Martinia*, 14 (2) : 47-52.

Gazaix A., Fontes H., Audo L. A., Rocarpin P., Ernoul L. & Lambret P., 2023. Rapport de restitution du projet MediCyn – septembre 2023. Institut de recherche de la Tour du Valat, Arles | Grand Port Maritime de Marseille, Fos-sur-Mer, 46 pp.

Geijskes D.C., 1975. The dragonfly wing used as a nose plug adornment. *Odonatologica*, 4 (1) : 29-30.

Gentilini G. & Peters G., 1993. The upper Miocene Aeshnids of Monte Castellaro, Central Italy, and their relationships to extant species (Anisoptera : Aeshnidae). *Odonatologica*, 22 (2) : 147-178.

Gerend R., 1988. Faunistik und Ökologie von *Lestes dryas* Kirby, 1890 in Luxemburg (Insecta : Anisoptera). *Paiperlek*, 9 (4) : 49-56.

Gerend R., 1989. Nachweis von *Leucorrhinia rubicunda* (Linnaeus, 1758) im Süden Luxemburgs (Odonata : Anisoptera). *Paiperlek*, 11 (2) : 57-61.

Geraeds R., 2019. Ei-afzet door de Houtpantserjuffer (*Chalcolestes viridis*) in kruiden langs de Vlootbeek. *Brachytron*, 20 (2): 87-93.

Gewecke M., Heinzel H.G. & Philippen, J., 1974. Role of antennae of the dragonfly *Orthetrum cancellatum* in flight control. *Nature*, 249: 584-585.

Gheza G., g. Ancarani, C. Chiari, C. Corazzato, C. Galliani, A. Minicò, F. Sacchi, M.L. Sand & A. Piglia, 2019. Breeding of *Trithemis annulata* in quarry lakes in the continental area of Italy (Odonata: Libellulidae). *Libellula*, 38 (3/4): 137-155.

Giard A., 1889. Sur un convoi migrateur de *Libellula quadrimaculata* L. dans le Nord de la France. *C. R. Séances Soc. Biol., Paris*, 9 (1): 423-425.

Gibbons D.W. & Pain D., 1992. The influence of river flow rate on the breeding behaviour of *Calopteryx* damselflies. *Journal of animal ecology*, 61: 283-289.

Gil-Tapetado D., López-Collar D., Gómez, J.F., Mañani-Pérez J., Cabrero-Sañudo F.J., Muñoz J., 2023. Climate change as a driver of insect invasions: Dispersal patterns of a dragonfly species colonizing a new region. PLoS ONE 18(9): e0291270. *https://doi.org/10.1371/journal.pone.0291270*

Glutz von Blotzheim U.N., 2023. Die Libellenfauna eines Gartenweihers am randes von Schwyz. *Berichte der Schwyzerischen Naturforschenden Gesellschaft*, 19 (1): 1-28. https://www.szng.ch/pdf/szng_heft19_teil1_libellen.pdf

Godin J., Haubreux D., Kérautret L., Pratte O. & Vanappelghem C., 2003. *Partez à la rencontre de la biodiversité. Les Odonates du bassin Artois-Picardie*. Agence de l'Eau Artois-Picardie, 65 pp.

Goffart P., 1983. *Contribution à l'étude des Odonates des tourbières du plateau des Tailles*. Mém. Lic. Sci. Zool., Univ. Catholique Louvain, 172 pp.

Goffart P., 1988. Les libellules: témoins privilégiés de la dégradation des milieux aquatiques. *Rés. Nat.*, (3-4): 106-108.

Goffart P., 1997. Liste Rouge des libellules de Wallonie. In: *Les zones humides de Wallonie*, Travaux N° 21, Actes des colloques de 1996 organisés par le Ministère de la Région wallonne dans le cadre de l'Année mondiale des Zones Humides, Région wallonne, pp. 83-95.

Goffart P., 1999. Compte-rendu des observations d'espèces prioritaires d'Odonates en Wallonie durant la saison 1998, dans le cadre du programme d'Inventaire et surveillance de la biodiversité (ISB). *Gomphus*, 15 (2): 86-95.

Goffart P., De Knijf G., Anselin A. & Tailly M., 2006. *Les Libellules (Odonata) de Belgique: répartition, tendances et habitats*. Publication du Groupe de Travail Libellules Gomphus et du Centre de Recherche de la Nature, des Forêts et du Bois (MRW-DGRNE), Série "Faune - Flore - Habitats" n° 1., Gembloux, 398 pp.

Goffart P., Motte G. & Vandevyvre X., 2012. Un afflux exceptionnel de Leucorrhine à gros thorax (*Leucorrhinia pectoralis*) en Wallonie en 2012. *Les Naturalistes belges*, 93(4): 85-94.

Gonseth Y., Wohlgemuth T., Sansonnens B., Buttler A., 2001. Les régions biogéographiques de la Suisse – Explications et division standard. *Cahier de l'environnement* n° 137. Office fédéral de l'environnement, des forêts et du paysage Berne. 48 p.

Gorb S.N., 1994. Female perching behaviour in *Sympetrum sanguineum* (Müller) at feeding places (Anisoptera: Libellulidae). *Odonatologica*, 23 (4): 341-353.

Gorham C.T. & Vodopich D.S., 1992. Effects of acidic pH on predation rates and survivorship of damselfly nymphs. *Hydrobiologia*, 242: 51-62.

Goyaud C., 1995. À propos de la nervation alaire de *Trithemis annulata* (Palisot de Beauvois, 1805). *Martinia*, 11 (1): 7-9.

Grand D., 1987. Nouvelle observation d'*Epitheca bimaculata* (Charpentier, 1825) dans les monts du Jura (Odonata, Anisoptera: Corduliidae). *Martinia*, 6: 25-26.

Grand D., 1988a. Confirmation de la présence dans le Gard (30) et l'Hérault (34) de *Macromia splendens* (Pictet, 1843) (Odonata, Anisoptera: Corduliidae). *Martinia*, 4 (4): 97-101.

Grand D., 1988b. Confirmation de la présence d'*Epitheca bimaculata* en Isère. *Sympetrum*, 2: 51-53.

Grand D., 1989a. Notes complémentaires sur la présence d'*Ophiogomphus cecilia* (Fourcroy 1785) dans le département de la Saône-et-Loire. *Sympetrum*, 3: 23-26.

Grand D., 1989b. Sur la présence de *Somatochlora arctica* (Zetterstedt, 1840) dans le département de la Savoie (73) (Odonata, Anisoptera: Corduliidae). *Martinia*, 5 (4): 95-96.

Grand D., 1990a. La collection d'Odonates d'Eugène Foudras, entomologiste lyonnais. *Martinia*, 6 (2): 29-33.

Grand D., 1990b. Deux nouveautés pour le département de la Gironde: *Leucorrhinia albifrons* (Burmeister, 1869) et *Orthetrum albistylum* (Selys, 1848) (Odonata, Anisoptera: Libellulidae). *Martinia*, 6 (3): 65-66.

Grand D., 1990c. Sur une migration d'*Hemianax ephippiger* Burmeister, 1839 en région lyonnaise, Rhône. *Martinia*, 6 (4): 85-92.

Grand D., 1991. Les Odonates de la Dombes et des régions voisines (Ain). *Martinia*, 7 (2): 41-46.

Grand D., 1992a. Sur la présence de *Coenagrion ornatum* (Selys, 1850) dans le département de la Saône-et-Loire (Odonata, Zygoptera: Coenagrionidae). *Martinia*, 8 (4): 95-97.

Grand D., 1992b. Sur la présence de *Gomphus simillimus*, *Anax parthenope* et Oxygastra curtisii en Saône-et-Loire (71). *Sympetrum*, 6: 7-10.

Grand D., 1994. Sur *Trithemis annulata* (Palisot de Beauvois, 1805) en France continentale et en Espagne du nord-est (Odonata, Anisoptera, Libellulidae). *Martinia*, 10 (4): 65-71.

Grand D., 1995a. Première rencontre avec *Aeshna caerulea* (Ström, 1783) dans les Alpes françaises (Odonata, Anisoptera: Aeshnidae). *Martinia*, 11 (1): 3-6.

Grand D., 1995b. À propos d'un cas de cannibalisme intragénérique chez *Cordulegaster* (Odonata, Cordulegastridae). *Sympetrum*, 8: 31-33.

Grand D., 1996. *Somatochlora meridionalis* Nielsen, 1935 en Provence et autres observations d'Odonates dans les départements du Var et des Alpes-Maritimes (Odonata, Anisoptera: Corduliidae). *Martinia*, 12 (1): 9-18.

Grand D., 1997. *Somatochlora meridionalis* Nielsen, 1935 (Odonata, Anisoptera). Analyse bibliographique et compléments biologiques. *Martinia*, 13 (3): 67-86.

Grand D., 1998. *Calopteryx haemorrhoidalis* et *Oxygastra curtisii* dans le Rhône suivi d'autres observations sur ce département. *Sympetrum*, 11: 7-10.

Grand D., 2000. Influence d'une éclipse de soleil sur une population d'Odonates. *Bull. Romand Entomol.*, 18 (1): 84-91.

Grand D., 2002a. Sur la distribution de *Macromia splendens* (Pictet, 1843) en région méditerranéenne française : complément et synthèse. *In :* J.P. Boudot et J.L. Dommanget (coordinateurs), *Actes des premières et secondes rencontres odonatologiques de France (Bonnevaux, 4-6 août 1990 - Oulches, 16-19 juin 1995). Martinia*, numéro Hors-série, novembre 2002, pp. 17-22.

Grand D., 2002b. La faune odonatologique de la fontaine vauclusienne du Lamalou. *In :* J.P. Boudot et J.L. Dommanget (coordinateurs), *Actes des premières et secondes rencontres odonatologiques de France (Bonnevaux, 4-6 août 1990 - Oulches, 16-19 juin 1995). Martinia*, numéro Hors-série, novembre 2002, pp. 23-26.

Grand D., 2002c. La distribution de *Coenagrion ornatum* (Selys, 1850) en France centrale. *In :* J.P. Boudot et J.L. Dommanget (coordinateurs), *Actes des premières et secondes rencontres odonatologiques de France (Bonnevaux, 4-6 août 1990 - Oulches, 16-19 juin 1995). Martinia*, numéro Hors-série, novembre 2002, pp. 55-58.

Grand D., 2002d. Sur la distribution en Gascogne de *Leucorrhinia albifrons* (Burmeister, 1839) (Odonata, Anisoptera, Libellulidae). *Martinia*, 18 (4) : 147-152.

Grand D., 2003. L'africain *Trithemis annulata* (Palisot de Beauvois) s'installe en Languedoc (Odonata, Anisoptera : Libellulidae). *Martinia*, 19 (4) : 158-160.

Grand D., 2004a. *Calopteryx haemorrhoidalis occasi* Capra 1945. Le grand retour lyonnais (Odonata, Zygoptera : Calopterygidae). *Martinia*, 20 (1) : 43-44.

Grand D., 2004b. Compte rendu odonatologique d'un voyage à l'île de la Réunion. *Martinia*, 20 (2) : 67-76.

Grand D., 2004c. *Calopteryx h. haemorrhoidalis* (Vander Linden, 1825), une espèce accidentelle du département du Doubs. *Martinia*, 20 (4) : 205.

Grand D., 2004d. Quelques libellules de la Principauté d'Andorre. *Martinia*, 20 (3) : 131-139.

Grand D., 2005. Nouvelle progression en Languedoc de *Trithemis annulata* (Palisot de beauvois, 1805). *Martinia*, 21 (4) : 167-168.

Grand D. & Roché B., 2003. Complément à la faune des Odonates de Corse et nouvelles observations de *Somatochlora metallica meridionalis* Nielsen, 1935 (Odonata, Anisoptera, Corduliidae). *Martinia*, 19 (2) : 31-50.

Grand D., Greff N. & Delcourt G., 2001. *Leucorrhinia pectoralis* (Charpentier, 1825) nouveau pour le département du Rhône (Odonata, Anisoptera, Libellulidae). *Martinia*, 17 (3) : 107-110.

Gribbin S.D. & Thompson D.J., 1991. The effects of size and residency on territorial disputes and short-term mating success in the damselfly *Pyrrhosoma nymphula* (Sulzer) (Zygoptera : Coenagrionidae). *Anim. Behav.*, 41 : 689-691.

Gribbin S.D. & Thompson D.J., Grand D., B. Pont, R. Krieg-Jacquier, R. Barlot, B. Feuvrier, N. Bazin, C. Biot, C. Deliry, V. Gaget, J.-L. Michelot & Michelot L., 2011. *Gomphus flavipes* (Charpentier, 1825) redécouvert dans le bassin hydrographique du Rhône (Odonata, Anisoptera : Gomphidae). *Martinia* 27 : 9-26.

Gubbels R., 2001. Eerste waarneming van *Gomphus flavipes* (Charpentier, 1825) in België : een grensgeval. *Gomphus*, 17 (1) : 3-8.

Guerbaa K., 2002. Atlas des libellules du Limousin. EPOPS numéro hors-série, SLO/SEPOL, 110 pp.

Guerbaa K. & Hennequin E., 2003. Mise en place d'un suivi des peuplements d'Odonates de la tourbière de la Ferrière (Communes de Davignac et Bonnefond, Corrèze). Premiers résultats après deux ans. *Martinia*, 19 (3).

Guerbaa K. & Hennequin E., 2005. Bilan de six années de suivis odonatologiques sur deux gouilles de la tourbière du Longeyroux (Corrèze, France). *Acte des Premières Rencontres odonatologiques ouest-européennes*, Vallet (France), 24-27 juin 2005.

Guibon S., 1996. Inventaire préliminaire des libellules (Odonates) du Morvan. Étude des peuplements odonatologiques des prairies humides face aux diverses pratiques agricoles. Mémoire de DESS. Université Catholique de l'Ouest, Angers, 49 pp.

Guiot J. & Cheddadi R., 2004. Variabilité des écosystèmes terrestres et du climat sur un cycle glaciaire-interglaciaire. *C. R. Geoscience*, 336 : 667-675.

Guiot J., de Beaulieu J.L., Cheddadi R., David F., Ponel P. & Reille M., 1993. The climate in Western Europe during the last Glacial/Interglacial cycle derived from pollen and insect remains. *Palaeogeogr. Palaeoclimatol. Palaeoecol.*, 103 : 73-93.

Guiter F., Andrieu-Ponel V., de Beaulieu J.L., Cheddadi R., Calvez M., Ponel P., Reille M., Keller T. & Goeury C., 2003. The last climatic cycles in Western Europe : a comparison between long continuous lacustrine sequences from France and other terrestrial records. *Quat. Intern.*, 111 : 59-74.

Günther A., 2005. *Anax ephippiger* in Europa immer Invasionen in eine Sackgasse ? (Odonata : Aeshnidae). *Libellula*, 24 (3/4) : 241-247.

Günther A., 2019a. Erster Freilandnachweis von *Pantala flavescens* in Deutschland (Odonata : Libellulidae) : *Libellula*, 38 (3/4) : 127-136.

Günther A. 2019b Successful breeding by *Pantala flavescens* in Germany (Odonata : Libellulidae). *Odonatologica*, 48 (3/4) : 203-210.

Günther A., Heise S., Held M., Jäger N., Kipping J., Moritz R., Schnabel H., Voigt H & Brockhaus T., 2018. Neue Nachweise der Zierlichen Moosjungfer *Leucorrhinia caudalis* (Charpentier 1840) in Sachsen und einige Bemerkungen zur Ökologie der Art (Odonata, Libellulidae). *Entomologische Nachrichten und Berichte*, 62 : 11-25.

Gyulavári H.A., Felföldi T., Benken T., Szabó L.J., Miskolczi M., Cserháti C., Horvai V., Márialigeti K., Dévai G., 2011. Morphometric and molecular studies on the populations of the damselflies *Chalcolestes viridis* and *C. parvidens* (Odonata, Lestidae). International Journal of Odonatology, 14 : 329-339.

Hacet N. & Aktaç N., 2004. Considerations on the odonate fauna of Turkish Trace, with some taxonomic notes. *Odonatologica*, 33 (3) : 253-270.

Hämäläinen M., 1978. Three metre high dragonfly statue in Finland. *Notul. Odonatol.*, 1 (2) : 28-29.

Hasik A. Z. Ilvonen J. J., Siepielski A. M., & Murray R. L., 2023. Odonata immunity, pathogens, and parasites. In : A. Córdoba-Aguilar, C. D. Beatty & J. T. Bried. Dragonflies and Damselflies. Second Edition. Oxford University Press.

Hatto Y., 1994. *Buri* or *Toriko*, a traditionnal method of catching dragonflies. *Odonatologica*, 23 (3) : 283-289.

Havens K.E., 1993. Acid and aluminium effects on the survival of littoral macroinvertebrates during acute bioassays. *Environ. Pollut.*, 80 (1) : 95 - 100.

Heidari H. & Dumont H.J., 2002. An annotated checklist of the Odonata of Iran. *Zool. Middle East*, 26 : 133-150.

Heidemann H., 1989. Der Begriff *Stylurus flavipes.* Bemerkungen zu seiner Begründung. *Libellula*, 8 (3/4) : 115-144.

Heidemann H., 1991. Notes sur le comportement de quelques Odonates. *Martinia*, 7 (2) : 29-35.

Hennequin E., 2009. Découverte d'une nouvelle population de *Leucorrhinia dubia* (Vander Linden, 1825) dans le département de la Corrèze (Limousin) (Odonata : Anisoptera : Libellulidae). *Martinia*, 25 (3) : 116.

Hennequin E. & Cabaret P., 2018. Restauration d'une tourbière acide à sphaignes sur le Plateau de Millevaches : la tourbière de la Ferrière (Davignac, 19). *L'écho des tourbières*, 22: 22-24.

Henseler D., Müller M. & Hoess R., 2019. *Pantala flavescens* neu für die Schweiz, inklusive Entwicklungsnachweis (Odonata : Libellulidae). - First record of Pantala flavescens from Switzerland, including proof of development (Odonata : Libellulidae). *Libellula*, 38 (3/4). 2019 : 211-218.

Heymer A., 1964. Ein Beitrag zur Kenntnis der Libelle *Oxygastra curtisii* (Dale, 1834). *Beitr. Entomol.*, 14 (1/2) : 31-44.

Heymer A., 1966. Études comparées du comportement inné de *Platycnemis acutipennis* Selys, 1841 et de *Platycnemis latipes* Rambur, 1842 (Odon. Zygoptera). *Ann. Soc. Ent. France*, 2 (1) : 39-73.

Heymer A., 1967. Contribution à l'étude du comportement de ponte du genre *Platycnemis* Burmeister, 1839 (Odonata : Zygoptera). *Zeitschrift für Tierpsychologie*, 24 : 645-650.

Heymer A., 1968a. Le comportement d'appétence sexuelle chez quelques Anisoptères non territoriaux (Odon.). *Ann. Soc. Ent. France*, 4 (4) : 891-900.

Heymer A., 1968b. Über ein Vorkommen von *Platycnemis latipes* Rambur 1842 im Ober-Elsaß (Odonata : Zygoptera). *Beitr. Naturk. Forsch. Südw. Deutschl.*, 27 (1) : 35-36.

Heymer A., 1969. Fortpflanzungsverhalten und Territorialität bei *Orthetrum coerulescens* (Fabr., 1798) und *O. brunneum* (Fonsc., 1837) (Odonata ; Anisoptera). *Rev. Comp. Anim.*, 3 : 1-24.

Heymer A., 1972. Comportement social et territorial des Calopterygidae (Odon. Zygoptera). *Annales de la Société Entomologique de France*, 8 (1) : 3-53.

Heymer A., 1973a. Verhaltensstudien an Prachtlibellen. Beiträge zur Ethologie und Evolution der Calopterygidae Selys, 1850 (Odonata : Zygoptera). *Zeitschrift für Tierpsychologie*, 11 : 1-100.

Heymer A., 1973b. Étude du comportement reproducteur et analyse des mécanismes déclencheurs innés (MDI) optiques chez les Calopterygidae (Odon. Zygoptera). *Ann. Soc. Ent. Fr.*, 9 (1) : 219-254.

Heymer A., 1997. Réflexions sur la signification phylogénétique des stratégies reproductrices et de l'investissement mâle chez les libellules (Hexapodes, Paléoptères). *Vie Milieu*, 47 (3) : 229-246.

Hickling R., Roy D.B., Hill J.K. & Thomas C.D., 2005. A northward shift of range margins in British Odonata. *Global Change Biol.*, 11 : 502-506.

Hinojosa J.C., Martín R., Maynou X. & Vila R., 2017. Molecular taxonomy of the *Sympetrum vulgatum* (Odonata : Libellulidae) complex in the West Palaearctic. *European Journal of Entomology*, 114 : 373-378.

Hobson, K.A. ; Anderson, R.C. ; Soto, D.X. ; Wassenaar, L.I., 2012. Isotopic evidence that dragonflies (*Pantala flavescens*) migrating through the Maldives come from the northern Indian subcontinent. *Plos One*, 7 (12) : e52594.

Hoess R., 2019. Erstnachweis einer zweiten Jahresgeneration von *Orthetrum brunneum* (Odonata : Libellulidae) für Mitteleuropa. *Libellula*, 38 (1/2) : 97-102.

Hoffmann J., 1960. Les Odonates du Grand-Duché de Luxembourg. *Arch. Inst. grand-duché Luxembourg (Sci. Nat.)*, 27 : 219-238.

Holusa O., 1997. The existence of dark colour form of male in *Sympetrum meridionale* (Sel.) (Anisoptera : Libellulidae). *Notul. Odonatol.*, 4 (10) : 161-162.

Holusa O., 2008. *Trithemis kirbyi* auf Sardinien : Erstnachweis für Europa (Odonata : Libellulidae). *Libellula*, 27 : 111-115.

Houard X. (coord.), 2020 - Plan national d'actions en faveur des libellules - Agir pour la préservation des odonates menacés et de leurs habitats 2020-2030. Office pour les insectes et leur environnement - DREAL Hauts-de-France – Ministère de la Transition Écologique : 66 p.

Houard X., Itrac-Bruneau R. & Sueur A., 2018. – Partage du bilan concernant le premier Plan national d'actions (PNA) en faveur des Odonates menacés (2010-2015). 14e Rencontres Bourgogne-Nature et 6e rencontres Odonatologiques - Les libellules : le juste milieu ? Entre naturalité et intervention. Revue scientifique Bourgogne-Franche-Comté Nature - 27-2018, 149-164 pp.

Huber C., 1984. Beobachtungen zum Verhalten des Kleinen Blaupfeils *Orthetrum coerulescens* Fabricius. *Libellula*, 3 (3/4) : 23-27

Hudson J. & Berrill M., 1986. Tolerance of low pH exposure by eggs of Odonata (dragonflies and damselflies). *Hydrobiologia*, 140 : 21 - 25.

Hugues A., 1935. Passages de libellules. *Sympetrum sanguineum* (Muls.). *Ann. Soc. linn. Lyon*, N.S., 78 : 117-121.

Hunger H., 2004. Naturschutzorientierte, GIS-gestützte Untersuchungen zur Bestandssituation der Libellenarten *Coenagrion mercuriale*, *Leucorrhinia pectoralis* und *Ophiogomphus cecilia* (Anhang II FFH- Richtlinie) in Baden-Württemberg. Thesis der Hochschule Vechta, 229 pp.

Hutchinson R., 1979. A *Vespula* wasp (Hymenoptera : Vespidae) with a male *Enallagma boreale* Selys (Zygoptera : Coenagrionidae) in its mouth. *Cordulia*, 5 (4) : 84.

Iorio E., 2012. Nouvelles données sur la répartition et l'écologie de *Sympetrum depressiusculum* (Selys, 1841) dans les Bouches-du-Rhône (Odonata, Anisoptera : Libellulidae). *Martinia* 28 (1) : 29-42.

Iorio E., 2013. Nouveau record d'altitude en France pour *Aeshna affinis* Vander Linden, 1820 (Odonata, Anisoptera : Aeshnidae). *Martinia*, 29 (1) : 19-22.

IPCC (GIEC), 2013. *5e rapport d'évaluation, Volume 1, les éléménts scientifiques ; Résumé à l'intention des décideurs.* ISBN 978-92-9169-238-5. http :// www.climatechange2013. org/ images/report/ WG1AR5_ Summaryvolume_FINAL_ FRENCH.pdf

IPCC (GIEC), 2021 : Climate Change 2021 : The Physical Science Basis. Contribution of Working Group I to the Sixth Assessment Report of the Intergovernmental Panel onClimate Change. Cambridge University Press, United Kingdom and New York, 2391 pp.

Ito Y., 1960. Territorialism and residentiality in a dragonfly, *Orthetrum albistylum speciosum* Uhler (Odonata : Anisoptera). *Ann. Entomol. Soc. Am.*, 53 : 851-853.

IUCN, 2021. https ://www.iucn.org/fr/news/species/202112/la-disparition-des-zoneshumides-menace-les-libellules-dans-le-monde-entier-liste-rouge-de-l'uicn.

IUCN, 2022. *The IUCN Red List of Threatened Species.* Version 2022. <https://www.iucnredlist.org. Consulté le 26 fevrier 2023.

IUGS, 2022. International Chronostratigraphic Chart. Échelle chronostratigraphique internationale. version 2022/10. <https://stratigraphy.org/chart>

Jacob U., 1969. Untersuchungen zu den Beziehungen zwischen Ökologie und Verbreitung heimischer Libellen. *Faun. Abh. Staatl. Mus. Tierkd. Dresden*, 2 (24): 197-239.

Jacquemin G. & Boudot J.P., 1986. Comportement de ponte chez *Hemianax ephippiger* (Burm.) (Anisoptera: Aeshnidae). *Notul. Odonatol.*, 2 (7): 112-113.

Jacquemin G. & Boudot J.P., 1990. À propos de *Coenagrion mercuriale* (Charpentier, 1840) au Maroc (Zygoptera: Coenagrionidae). *Notul. Odonatol.*, 3 (6): 91-94.

Jacquemin G. & Boudot J.P., 2002. Les Odonates des tourbières et lacs acides du massif vosgien: bilan de dix années de prospection. *In*: J.P. Boudot et J.L. Dommanget (coordinateurs), *Actes des premières et secondes rencontres odonatologiques de France (Bonnevaux, 4-6 août 1990- Oulches, 16-19 juin 1995). Martinia*, N° Hors-série 4, novembre 2002, pp. 27-38.

Jacquemin G., 1985a. Les odonates de la Merja de Sidi Bou Ghaba (Mehdiya, Maroc). *Bull. Inst. Sci., Rabat*, 11: 175-183.

Jacquemin G., 1985b. Une population de *Boyeria irene* (Fonsc.) dans le Rif, Maroc (Anisoptera: Aeshnidae). *Notul. Odonatol.*, 2 (6): 102-103.

Jacquemin G., 1994. Odonata of the Rif, northern Morocco. *Odonatologica* 23 (3): 217-237.

Jarry D., 1960. Note sur *Anagrus incarnatus* Hal. (Hyménoptère chalcidoïde), parasite des pontes de *Lestes viridis* L. au Jardin des Plantes. *Ann. Soc. Hort. Hist. Nat. Hérault*, 100: 59-63.

Jödicke R., 1991. Herbstphänologie mitteleuropäischer Odonaten. 1. Beobachtungen in Oberbayern, Bundesrepublik Deutschland. *Opusc. Zool. Flumin.*, 62: 1-11.

Jödicke R., 1993. Confirmation of an early record of *Sympetrum vulgatum ibericum* Ocharan from Spain (Anisoptera: Libellulidae). *Notul. Odonatol.*, 4 (1): 17.

Jödicke R., 1994. Marcha de larga distancia para la emergencia en *Sympetrum fonscolombei* (Selys) y *Orthetrum cancellatum* (L.). *Navasia*, 3: 5-6.

Jödicke R., 2001. Saisonale Einnischung von *Paragomphus genei* in Tunesien (Odonata: Gomphidae). *Libellula*, 20 (1/2):13-22.

Jödicke R., 2003. Mid-winter occurrence of dragonflies in southern Tunisia (Insecta: Odonata). *Kaupia*, 12: 119-128.

Jödicke M. & Jödicke R., 1996. Changes in diel emergence rhythm of *Orthetrum cancellatum* (L.) at a Mediterranean irrigation tank (Odonata: Libellulidae). *Opusc. Zool. Flumin.*, 140: 1-11.

Jödicke R. & Mitamura T., 1995. Contribution towards an annotated bibliography on hibernation in Sympecma Burmeister (Odonata: Lestidae). *Opusc. Zool. Flumin.*, 133: 1-9.

Jödicke R. & Thomas B., 1993. Bivoltine Entwicklungszyklen bei *Sympetrum striolatum* (Charpentier) in Mitteleuropa (Anisoptera: Libellulidae). *Odonatologica*, 22 (3): 357-364.

Jöhnk B. und Jödicke R., 2022. Über ein immatures Weibchen von *Leucorrhinia rubicunda* mit keulenförmigem Abdomenende (Odonata: Libellulidae). *Mitteilungen der AG Libellen in Niedersachsen und Bremen*, 4:39-40.

Johansson F., 2000. The slow-fast life style characteristics in a suite of six species of odonate larvae. *Freshw. Biol.*, 43: 149-159.

Johansson F. & Nilsson A.N., 1991. Freezing tolerance and drought resistance of *Somatochlora alpestris* (Selys) larvae in boreal temporary pools (Anisoptera: Corduliidae). *Odonatologica*, 20 (2): 243-252.

Johansson F. & Nilsson A.N., 1994. A five year study of the larval life history of *Coenagrion hastulatum* (Charpentier) and *C. armatum* (Charpentier) in northern Sweden (Zygoptera: Coenagrionidae). *Odonatologica*, 238 (4): 355-364.

Johansson F. & Samuelsson L., 1994. Fish-induced variation in abdominal spine length of Leucorrhinia dubia (Odonata) larvae? *Oecologia*, 100: 74-79.

Johnson D.M. & Crowley P.H., 1989. A ten year study of the odonate assemblage of Bay Mountain Lake, Tennessee. *Adv. Odonatol.*, 4: 27-43.

Jolly D., Harrison S.P., Damnati B. & Bonnefille R., 1998. Simulated climate and biomes of Africa during the late quaternary: comparison with pollen and lake status data. *Quat. Sci. Rev.*, 17: 629-657.

Jourdain B., 2004. Découverte de *Macromia splendens* (Pictet, 1843) en Gironde (Odonata, Anisoptera, Macromiidae). *Martinia*, 20 (4): 194-196.

Jourdain B., 2005. Première mention de *Trithemis annulata* (Palisot de Beauvois, 1807) en Gironde (Odonata, Anisoptera, Libellulidae). *Martinia*, 21 (3): 114.

Jourde P., 2000. Nouvelles données de captures d'Odonates par un végétal non carnivore. *Martinia*, 16 (1): 3-7.

Jourde P., 2005. Une nouvelle espèce de libellule pour la Charente-Maritime: la Cordulie splendide *Macromia splendens* (Pictet, 1843) (Odonata, Anisoptera, Macromiidae). *Ann. Soc. Sci. Nat. Charente-Maritime*, 9 (5): 529-534.

Jourde P., Allenou O., Caupenne M. & Thiron J.M., 1999. Inventaire des Odonates de Charente-Maritime. *Martinia*, 15 (3): 71-78.

Juliand C. & Juliand P., 1989a. Il y a bien des Libellules en Ardèche! *Martinia*, 5: 79-80.

Juliand C. & Juliand P., 1989b. Notes sur l'observation d'*Hemianax ephippiger* (Burmeister, 1839) (Odonata, Anisoptera: Aeschnidae). *Sympetrum*, 3: 31-34.

Juliand C. & Juliand P., 1994. L'identification des exuvies d'*Onychogomphus forcipatus forcipatus* (L., 1758) et d'*Onychogomphus forcipatus unguiculatus* (Vander Linden, 1820). *Martinia*, 10 (1): 3-5.

Jurzitza G., 1961. *Sympecma paedisca* Brauer in Frankreich (Odonata). *Nachbl. Bayer. Ent.*, 10 (9): 103-104.

Jurzitza G., 1964. À propos de quelques espèces rares d'Odonates en Camargue. *Ann. Soc. Hort. Hist. Nat. Hérault*, 104 (4): 261-267.

Jurzitza G., 1967a. Ein Beitrag zur Kenntnis der *Boyeria irene* (Fonscolombe). (Odonata, Aeshnidae). *Beitr. Naturk. Forsch. Südw. Deutschl.*, 26 (2): 149-154.

Jurzitza G., 1967b. Odonatologische Impressionen in der Camargue: Mistral. *Entomol. Z.*, 77 (13): 145-151.

Jusys V., Eigirdas V., Gliwa B., 2019. Pirmieji *Pantala flavescens* ir *Anax ephippiger* (Odonata) stebėjimai Lietuvoje (First records of *Pantala flavescens* and *Anax ephippiger* (odonata, libellulidae) in Lithuania). *Lietuvos entomology draugijos darbai. (Bulletin of the Lithuanian Entomological Society)*, 3 (31): 5-7.

Kaiser H., 1974a. Intraspezifische Aggression und räumliche Verteilung bei der Libelle *Onychogomphus forcipatus* (Odonata). *Oecologia*, 15 : 223-234.

Kaiser H., 1974b. Verhaltensgefüge und Temporialverhalten der Libelle *Aeshna cyanea* (Odonata). *Z. Tierpsychologie*, 34 : 398-429.

Kaiser H., 1982. Do *Cordulegaster* males defend territories? A preliminary investigation of mating strategies in *Cordulegaster boltonii* (Donovan) (Anisoptera : Cordulegastridae). *Odonatologica*, 11 (2) : 139-152.

Kaiser H., 1984. Bestimmung der Populationsdichte von Aeshniden am Beispiel von *Aeshna cyanea*. *Libellula*, 3 (1/2) : 20-31.

Kalkman V.J., Boudot J.-P., Bernard R., Conze K.-J., De Knijf G., Dyatlova E., Ferreira S., Jović M., Ott J., Riservato E. & Sahlén G., 2009. European Red List of Dragonflies. Service Contract No. 070307/2007 / 483305/MAR/B2 with the European Commission. IUCN Red List of Threatened Species, Regional Assessments series. IUCN, Gland, Switzerland & Cambridge, United-Kingdom & Office for Official Publications of the European Communities, Luxembourg ; © European Communities, 2009, 28 pp., et <http://ec.europa.eu/environment/nature/conservation/species/redlist/downloads/European_dragonflies.pdf>

Kappes E. & Kappes W., 1985. *Zusammenstellung der Libellen - Beobachtungen im Norden Griechenlands, 1982-1994*. Publication privée, 134 pp.

Kelts L.J., 1979. Ecology of a tidal marsh corixid, *Trichocorixa verticalis* (Insecta, Hemiptera). *Hydrobiologia*, 64 : 37-57.

Kérihuel C., 1997. Migration d'*Hemianax ephippiger* (Burmeister, 1839) dans le département de l'Aude (Odonata, Anisoptera, Aeshnidae). *Martinia*, 13 (4) : 106.

Kern D., 2005. Les libellules des manuscrits enluminés du Moyen âge. *Martinia*, 21 (1) : 35-42.

Kever D., Goffart P. & Schott O., 2016. Belgique : les effets positifs de la restauration des tourbières sur les populations d'odonates. *Le Courrier de la Nature*, 296, spécial Libellules : 70-72.

Kiauta B., 1964. Notes on some field observations on the behaviour of *Leucorrhinia pectoralis* Charp. (Odonata : Libellulidae). *Entomol. Ber.*, 24 (1) : 82-86.

Kiauta B., 1971. Predation by ants, *Formica fusca* L. and *F. rufa polyctena* Bondr., on the emerging dragonfly, *Aeshna juncea* (L.), and its teratological consequences. *Tombo*, 14 : 2-5.

Klass K.D. & Kristensen N.P., 2001. The ground plan and affinities of Hexapods : recent progress and open problems. *In* T. Deuve (ed.), Origin of the Hexapoda. *Ann. Soc. Ent. France*, 37 (1-2) : 265-298.

Klein J.P. & Berchtold J.P., 1998. Les odonates des réserves naturelle rhénanes d'Erstein, d'Offendorf et de Rhinau (Bas-Rhin, France) : statut et menaces. *Martinia*, 14 (1) : 3-18.

Knaus P. & Wildermuth H., 2002. Site attachment and displacement of adults in two alpine metapopulations of *Somatochlora alpestris* (Odonata : Corduliidae). *Int. J. Odonatol.*, 5 (2) : 111-128.

Koch B., Wildermuth H. & Walter T., 2009. Einfluss der Habitateigenschaften auf das Verbreitungsmuster von *Coenagrion mercuriale* an einem renaturierten Fliessgewässer im Schweizer Mittelland (Odonata : Coenagrionidae). *Libellula*, 28 : 139-158.

Koch V., 2006. Zoochorie : escargot et libellule. *MalaCo*, 2 : 33.

Koroiva R., Neiss U.G., Fleck G. & Hamada N., 2020. Checklist of dragonflies and damselflies (Insecta : Odonata) of the Amazonas state, Brazil. *Biota Neotropica.*, 20 (1) : 1-18.

Kosterin O.E., 2000. Observation on an intergeneric copulation between a male *Cordulia aenea* (L.) and a female *Epitheca bimaculata* (Charp.) (Anisoptera : Corduliidae). *Notul. Odonatol.*, 5 (5) : 55-56.

Kosterin O., 2023. Reconsideration of three Odonata taxa described by A.N. Bartenev from the same place in West Caucasus. *Odonatologica*, 52 (1/2)89-126.

Kotarac M., 1993. Dragonfly observations in the Raka area, Lower Carniola, eastern Slovenia, with a note on the behaviour of *Somatochlora meridionalis* Nielsen (Anisoptera : Corduliidae). *Notul. Odonatol.*, 4 (1) : 1-4.

Kotarac M., 1996. A note on the existence of androchrome females in *Crocothemis erythraea* (Brullé) (Anisoptera : Libellulidae). *Notul. Odonatol.*, 4 (7) : 123-124.

Krieg-Jacquier R., 2010. *Epitheca bimaculata* (Charpentier, 1825) dans le département de l'Ain (Odonata, Anisoptera, Corduliidae). Martinia, 26 (3-4) : 83-97.

Krüner U., 1977. Revier- und Fortpflanzungsverhalten von *Orthetrum cancellatum* (Linnaeus) (Anisoptera : Libellulidae). *Odonatologica*, 6 (4) : 263-270.

Kuhn J. & Gutser D., 2003. Beobachtung einer *Boyeria irene* bei Mittenwald, Oberbayern (Odonata : Aeshnidae). *Libellula*, 22 (1/2) : 41-48.

Lacroix J.L., 1914. Quelques Névroptères recueillis dans les départements de l'Ain, la Haute-Savoie, le Rhône, l'Isère, l'Ardèche, le Var et les Hautes-Pyrénées. *Ann. Soc. linn. Lyon*, 61 : 5-9.

Lacroix J.L., 1919. Quelques névroptères recueillis dans les départements de l'Ain, le Rhône, l'Isère, l'Ardèche, la Drôme, l'Ariège et les Hautes-Pyrénées. *Ann. Soc. linn. Lyon*, 65 (10) : 91-97.

Ladet A., 1994. Inventaire des Odonates du Haut-Bassin de l'Allier. Nature Haute-Loire, FRAPNA, Section Ardèche, 35 pp.

Ladet A., 1995. Inventaire des Odonates du Haut-Bassin de la Loire. Nature Haute-Loire, FRAPNA, Section Ardèche, 50 pp.

Lambret P., Besnard A. & Matushkina N., 2015a. Initial preference for plant species and state during oviposition site selection by an odonate. *Entomological Science* 18, 377-382.

Lambret P., Besnard A. & Matushkina N., 2015b. Plant preference during oviposition in the endangered dragonfly *Lestes macrostigma* (Odonata : Zygoptera) and consequences for its conservation. *Journal of Insect Conservation* 19 : 741-752.

Lambret P. & Boudot J.-P., 2013. *Hemianax ephippiger* (Burmeister, 1839). (Odonata, Anisoptera : Aeshnidae) : présentation générale. *Martinia*, Hors-série «*Hemianax ephippiger* : migration 2011» : 13-28.

Lambret P., Cohez D. & Janczak A., 2009 *Lestes macrostigma* (Eversmann, 1836) en Camargue et en Crau (Département des Bouches-du-Rhône) (Odonata, Zygoptera, Lestidae). *Martinia* 25 : 51-65. [erratum in *Martinia* 25 : 115].

Lambret P. & Deschamps C., 2013. Bilan de la migration d'*Hemianax ephippiger* (Burmeister, 1839). en France en 2011 (Odonata, Anisoptera : Aeshnidae). *Martinia*, Hors-série «*Hemianax ephippiger* : migration 2011» : 29-46.

Lambret, P., Janssens, L. & Stoks, R., 2021. The impact of salinity on a saline water insect : Contrasting survival and energy budget. Journal of Insect Physiology, 131 : 104224.

Lambret, P., Jeanmougin, M. & Stoks, R., 2023. Factors driving larval abundance and adult size of the threatened *Lestes macrostigma* (Odonata): keys for water management and habitat restoration. *Journal of. Insect Conservtion*. https://doi.org/10.1007/s10841-023-00461-3

Lambret, P., Rutter, I., Grillas, P. & Stoks, R., 2018. Oviposition plant choice maximizes offspring fitness in an aquatic predatory insect. Hydrobiologia, 823 : 1-12.

Landemaine D., 1991. *Lestes macrostigma* (Eversmann) dans le marais d'Olonne (Vendée). *Martinia*, 7 (3) : 58.

Larochelle A., 1977. Contribution bibliographique à la connaissance des odonates comme proie des oiseaux. Première partie. *Cordulia*, 3 (3) : 85-95.

Larsen J., Birks H.J.B., Raddum G.G. & Fjellheim A., 1996. Quantitative relationships of invertebrates to pH in Norwegian river systems. *Hydrobiologia*, 328 (1) : 57-74.

Lavigne R., 1976. Odonata as prey of robber flies (Diptera : Asilidae), *Cordulia*, 2 (1) : 1-19.

Le Quellec J.L., 1990. La Mythologie des Libellules. *Martinia*, 6 (3) : 59-63.

Lebioda B., 1987. Un méditerranéen exilé en Charente-Maritime : *Lestes macrostigma* (Eversmann, 1836) (Odonata, Zygoptera : Lestidae). *Martinia*, 6 : 27-28.

Lebraud C., 1987. Observation de *Paragomphus genei* (Selys, 1841) en Corse (Odonata, Anisoptera : Gomphidae). *Martinia*, 6 : 14.

Lecocq S. (Coord.), 2003. *Atlas provisoire des Odonates de l'Orne*. Association Faune Flore de l'Orne, 61 pp.

Leconte R. & Nicolas V., 2002. Contribution à la connaissance des Odonates en Bourgogne : les cortèges spécifiques des débuts de saison. *Bull. Soc. Hist. Nat. Amis Muséum Autun*, 180 : 7-18.

Leconte M., Ilbert N., Lapalisse J. & Laporte T., 2002. Le point sur les connaissances relatives aux Odonates rares des pays de l'Adour (Gers, Landes, Pyrénées-Atlantiques, Hautes-Pyrénées). *Martinia*, 18 (2) : 39-65.

Lesparre D., 2017. Première observation de *Trithemis kirbyi* Selys, 1891 (Odonata : Libellulidae) au Portugal. *Boletín de la Sociedad Entomológica Aragonesa*, 60 : 363-364.

Legrand J., 1979a. Les pontes d'Odonates, gite larvaire nouveau pour une drosophile africaine inédite : *Drosophila libellulosa*, n. sp. (Odonata : Libellulidae ; Diptera : Drosophilidae). *Rev. Fr. Ent.*, 1 (1) : 13-22.

Legrand J., 1979b. Morphologie, biologie et écologie de *Malgassophlebia aequatoris*, n. sp., nouveau Tetratheminae du Gabon (Odonata : Libellulidae). *Rev. Fr. Ent.*, 1 (1) : 3-12.

Leipelt K.G., 2005. Behavioural differences in response to current : Implications for the longitudinal distribution of stream odonates. *Archiv Hydrobiol.*, 163 (1) : 81-100.

Leipelt K.G. & Suhling F., 2001. Habitat selection of larval *Gomphus graslinii* and *Oxygastra curtisii* (Odonata : Gomphidae, Corduliidae). *Int. J. Odonatol.*, 4 : 23-34.

Leipelt K.G. & Suhling F., 2005. Larval biology, life cycle and habitat requirements of *Macromia splendens*, revisited (Odonata : Macromiidae). *Int. J. Odonatol.*, 8 (1) : 33-44.

Leipelt K.G., Jökel I., Schrimpf T., Schütte C. & Suhling F., 1999. Untersuchungen zur Habitatwahl der Larven von *Macromia splendens* (Pictet) (Anisoptera : Macromiidae). *Libellula*, 18 : 15-30.

Leipelt K.G., Schütte C. & Suhling F., 2001. Neue Daten zur Larvalökologie von *Macromia splendens* (Odonata : Macromiidae). *Libellula*, 20 : 1-11.

Leipelt K.G., Semmer R. & Martens A., 2001. Territorialität bei *Oxygastra curtisii* (Odonata ; Corduliidae). *Libellula*, 20 (3/4) : 155-170.

Lemoine G., 2005. *Dunes flamandes, joyau naturel du Nord*. Conseil Général, Département du Nord, 34 pp.

Lempert J., 1992. Dolichopodien als Eiräuber bei der tropischen Libelluliidae *Hadrothemis versuta* (Karsch) (Diptera : Dolichopodidae, - Odonata : Libellulidae). *Opusc. Zool. Flumin.*, 94, 1-4.

Leroy T., 2001. Les Odonates des lacs-tourbières de l'Artense en Auvergne (Département du Puy de Dôme et du Cantal). *Martinia*, 17 (2) : 37-50.

Leroy T., 2003. *Coenagrion lunulatum* (Charpentier, 1840) et *Coenagrion hastulatum* (Charpentier, 1825) : espèces nouvelles pour le département de l'Aveyron (Odonata, Zygoptera, Coenagrionidae). *Martinia*, 19 (4) : 154-157.

Leroy T., 2005. Nouvel inventaire des Odonates des tourbières du Cézallier en Auvergne (départements du Cantal et du Puy-de-Dôme). *Martinia*, 21 (1) : 3-15.

Lett J.M., 2001. Première donnée de *Coenagrion ornatum* (Selys, 1850) dans la Région Centre, département du Cher (Odonata, Zygoptera, Coenagrionidae). *Martinia*, 17 (3) : 94.

Lett J.M., Cloupeau R., Pratz J.L. & Male-Malherbe E., 2001. Liste commentée des Odonates de la région Centre (départements du Cher, de l'Eure-et-Loir, de l'Indre, de l'Indre-et-Loire, du Loir-et-Cher et du Loiret). *Martinia*, 17 (4) : 123-168.

Leuthold W., 2009. Libellen (Odonata) im Neeracherried (Kanton Zürich). Das Artenspektrum und seine Veränderungen in 20 Jahren. *Vierteljahrsschrift der Naturforschenden Gesellschaft in Zürich*, 154 (1/2) : 21-29.

Lewandowska E., Lewandowski K., Buczynski P., 2020. Reproductive success of Wandering Glider *Pantala flavescens* (Fabricius, 1798) (Odonata : Libellulidae) recorded in Lake Rakutowskie (central Poland). *Odonatrix*, 16 (11) : 1-7.

Lieftinck M.A., 1965. *Macromia splendens* (Pictet, 1843) in Europe with notes on its habits, larva, and distribution (Odonata). *Tijdschr. Entomol.*, 108 (2) : 41-59.

Lieftinck M.A., 1979. Libellen (Odonata). *In:* J.A. Guldemon, R. Leys, J.G.M. Notenboom et Wesselo (éd.), *Biospeleologische Expeditie Algerije 1978*, p. 108. Biospeleologische Werkgroep, Wageningen.

Linstädter J. & Kröpelin S., 2004. Wadi Bakht revisited : Holocene climate change and prehistoric occupation in the Gilf Kebir region of the Eastern Sahara, SW Egypt. *Geoarchaeology*, 19 (8) : 753-778.

Liu R.K., 2001. The symbolic importance of insects in jewelry. *Trans. Am. Ent. Soc.*, 127 (32) : 167-171.

Lohmann H., 1981. *Aeshna subarctica elisabethae* Djak.- Neu für Frankreich (Anisoptera : Aeshnidae). *Notul. Odonatol.*, 1 (7) : 123.

Lohmann H., 1996a. Das phylogenetische System der Anisoptera (Odonata). *Ent. Zschr.*, 106 (6) : 209-252.

Lohmann H., 1996b. Das phylogenetische System der Anisoptera (Odonata) (Schluß). *Ent. Zschr.*, 106 (7) : 253-266.

Lohmann H., 1996c. Das phylogenetische System der Anisoptera (Odonata). Erster Nachtrag. *Ent. Zschr.*, 106 (9) : 360-367.

Lohr M., 2003. Étude faunistique des Odonates des plaines alluviales de l'Allier et de quelques affluents au nord-ouest de Moulins (Département de l'Allier, du Cher et de la Nièvre). *Martinia*, 19 (4) : 123-148.

Lohr M., Proess R., Schorr M. & Zimmermann M., 2004. Reproduktionsnachweise für *Oxygastra curtisii* am luxemburgisch-deutschen Grenzfluss Our (Odonata : Corduliidae). *Libellula*, 23 (3/4) : 173-178.

López-Estrada E., Barona Fernández J., Cardo-Maeso N., Teruel Montejano S. and Díaz-Martínez C., 2020. *Onychogomphus cazuma* sp. nov. from Spain : molecular and morphological evidence supports the discovery of a new European dragonfly species (Odonata : Gomphidae). *Odonatologica*, 49 (1-2) : 125-154.

Louboutin B., 2022. Plus de 72 minutes : à propos d'une durée record de ponte immergée chez Coenagrion mercuriale (Odonata : *Coenagrionidae*). Martinia, 36 (5) : 39-43

Louboutin B., Nicolas M. & Gautier C., 2015. Redécouverte d'*Ischnura graellsii* en France (Odonata : *Coenagrionidae*). Martinia, 31 (2) : 91-102

Louboutin B., Besnard AA., Blnchon Y., Gaymard M., Houard X., Jaulin S., Monchaux G. & Petitot M. 2018. Détection des populations de *Gomphus graslinii* Rambur, 1842, *Stylurus flavipes* (Charpentier, 1825) et *Oxygastra curtisii* (Dale, 1834) : Synthèse d'une étude sur le Rhône méridional (Odonata). Revue scientifique Bourgogne-Franche-Comté Nature, 27 : 243-256.

Lutz P.E. & Rogers A., 1991. Thermal effect on embryonic development in four summer species of Libellulidae (Anisoptera). *Odonatologica*, 20 (3) : 281-291.

Macan T.T., 1977. A twenty-year study of the fauna in the vegetation of a moorland fishpond. *Arch. Hydrobiol.*, 81 (1) : 1-24.

Machado A.B.M. & Martinez A., 1982. Oviposition by egg-throwing in a zygopteran, *Mecistogaster jocaste* Hagen, 1869 (Pseudostigmatidae). *Odonatologica*, 11 (1) : 15-22.

Machet P. & Legrand J., 1986. À propos de la présence en France de *Coenagrion ornatum* (Selys, 1850). *Martinia*, 4 (2) : 9-14.

Machet P., 1990. Présence de *Lestes macrostigma* (Eversmann, 1836) dans l'Île de Noirmoutier, Vendée (Odonata, Zygoptera : Lestidae). *Martinia*, 6 (1) : 17-18.

Maibach A., 1985. Révision systématique du genre *Calopteryx* Leach (Odonata, Zygoptera) pour l'Europe occidentale. I. Analyses biochimiques. *Mitt. Schweiz. Ent. Ges.*, 58 : 477-492.

Maibach A., 1986. Révision systématique du genre *Calopteryx* Leach (Odonata, Zygoptera) pour l'Europe occidentale. II. Analyses morphologiques et synthèse. *Mitt. Schweiz. Ent. Ges.*, 59 : 389-406.

Maibach A., 1987. Révision systématique du genre *Calopteryx* Leach (Odonata, Zygoptera) pour l'Europe occidentale. III. Révision systématique, étude bibliographique, désignation des types et clé de détermination. *Odonatologica*, 16 (2) : 145-174.

Maibach A., Vonwil G. & Wildermuth H., 1989. Nouvelles observations de *Hemianax ephippiger* (Burm.) (Odonata, Anisoptera) en Suisse avec évidences de développement. *Bull. Soc. vaudoise Sci. Nat.*, 79 (4) : 340-346.

Male-Malherbe E., 2002. *Étude odonatologique. Bilan de l'année 2002. Inventaire du suivi des populations odonatologiques de la réserve naturelle de Chérine et des sites périphériques (propriété conventionnée, étangs Cistude).* Réserve naturelle de Chérine, 74 pp. + annexes.

Maley J., 2000. Last glacial maximum lacustrine and fluviatile formations in the Tibesti and other Saharan mountains, and large-scale climatic teleconnections linked to the activity of the subtropical jet stream. *Global Planet. Change*, 26 : 121-136.

Malkmus R., 1997. Zur Verbreitung der Amphibien, Reptilien und Libellen (Odonata) in den Ostalpen. *Nachr. naturwiss. Ver. Aschaffenburg*, 104 : 109-120.

Malkmus R., 2002. Die Verbreitung der Libellen Portugals, Madeiras und der Azoren. *Nachr. naturwiss. Mus. Aschaffenburg*, 106 : 117-143.

Malkmus R., 2003. Die prächtige Smaragdlibelle - ein Juwel unter Portugals Libellen. *Nat. Mus.*, 133 : 207-212.

Manach A., 2001. Atlas préliminaire des Odonates de Bretagne. *Martinia*, 17 (2) : 1-60.

Martens K., 1982. *Onychogomphus uncatus* (Charpentier, 1840) (Odonata, Gomphidae), a new species for the Belgian fauna. *Bull. Ann. Soc. r. ent. Belg.*, 118 : 193-194.

Martens A., 2002. Group oviposition in three Platycnemidid species (Odonata : Platycnemididae). *Int. J. Odonatol.*, 5 (1) : 75-80.

Martin R., 1886. Les odonates du département de l'Indre. *Revue Entomol.*, 5 : 231-251.

Martynov V.V., Nikulina T.V., Shokhin I.V., 2015. New records of *Selysiothemis nigra* (Vander Linden, 1825) (Odonata : Libellulidae) in the Sea of Azov region. *Caucasian Entomological Bulletin* 11(2): 263-265.

Mashaal M., 2002. *Somatochlora metallica* (Vander Linden, 1825), espèce nouvelle pour la Corse. *Martinia*, 18 (1) : 25-27.

Masselot G. & Nel A., 2003. Les Odonates sont-ils des taxons bio-indicateurs ? *Martinia*, 19 (1) : 5-40.

Matushkina N., Lambret P., Gorb S., 2016. Keeping the golden mean : plant stiffness and anatomy as proximal factors driving endophytic oviposition site selection in a dragonfly. *Zoology* 119 : 474-480.

Mauden R., 1994. Der Einfluß der Gewässerversauerung auf die Quellbachzoozönose. *LÖBF-Mitt.*, 1994 (1) : 24-28.

Mauden R. & Rupprecht R., 1996. Waldschutzkalkungen - Auch eine Hilfe für die Fauna versauerter Bäche? *Mainzer naturwiss. Archiv*, 34 : 165-186.

Mauersberger R., 1994. Zur wirklichen Verbreitung von *Orthetrum coerulescens* (Fabricius) und *O. ramburi* (Selys) = *O. anceps* (Schneider) in Europa und die Konsequenzen für deren taxonomischen Rang (Odonata, Libellulidae). *Dtsch. ent. Z.*, 41., 235-256.

May M.L., 1988. Gynandromorphic specimens of *Somatochlora* (Anisoptera : Corduliidae). *Odonatologica*, 17 (2) : 127-134.

May M.L., 1991. Thermal adaptation of Dragonflies revisited. *Adv. Odonatol.*, 5 : 71-88.

May M.L., 2013. A critical overview of progress in studies of migration of dragonflies (Odonata : Anisoptera), with emphasis on North America. *Journal of Insect Conservation*, 17 :1-15.

Mayer G., 1961. Studien an der Heidelibelle *Sympetrum vulgatum* (L.). *Naturkdl. Jahrb. Stadt Linz*, 1961 : 201-217.

Melzer A., 1996. *Konkurrenz und Prädation bei den koexistierenden Aeshnidenlarven Anax imperator (Leach, 1815) und Aeshna cyanea (Müller, 1764) unter Berücksichtigung der Temperatur.* Diplomarbeit an der Mathematisch-Naturwissenschaftlichen Fakultät der Rheinischen Friedrich-Wilhelms-Universität Bonn, 88 pp.

Merlet, F. & Itrac-Bruneau, R., 2016. Aborder la gestion conservatoire en faveur des Odonates. Guide technique. Office pour les insectes et leur environnement & Société française d'Odonatologie. Direction régionale de l'aménagement, de l'aménagement et du logement Hauts de France. 96 p.

Messlinger U. & Winterholler M., 2003. Bestandssituation und Ökologie von *Coenagrion lunulatum* in Franken (Odonata : Coenagrionidae). *Libellula Supplement*, 4 : 43-58.

Meurgey F., 2001a. Donnée nouvelle pour *Paragomphus genei* (Selys, 1841). Contribution à la faune des odonates de Corse. *Martinia*, 17 (2) : 54.

Meurgey F., 2001b. Les collections d'Odonates du Muséum d'Histoire Naturelle de Nantes. 1. Collection H. et T. Piel de Churcheville. Inventaire et révision. *Martinia*, 17 (2) : 55-66.

Meurgey F., 2002. Les collections d'Odonates du Muséum d'Histoire Naturelle de Nantes. 2. Collection G. Broquey. Inventaire et révision. *Martinia*, 18 (1) : 13-24.

Meurgey F., 2004a. Première observation d'*Anax junius* (Drury, 1773) en France (Odonata, Anisoptera, Aeshnidae). *Martinia*, 20 (1) : 13-15.

Meurgey F., 2004b. Sur la collection d'Odonates de Guyane française du Muséum d'Histoire Naturelle de Nantes. *Martinia*, 20 (4) : 197-198.

Meurgey F., 2005a. Complément à l'identification d'*Anax junius* (Drury, 1773) après sa récente observation en France métropolitaine (Odonata, Anisoptera, Aeshnidae). *Martinia*, 21 (1) : 31-34.

Meurgey F., 2005b. Nouvelle observation de *Sympetrum vulgatum ibericum* Ocharan, 1983 en France (Pyrénées-Orientales). *Martinia*, 21 (3) : 134-135.

Michiels N.K. & Dhondt A.A., 1989a. Effects of emergence characteristics on longevity and maturation in the dragonfly *Sympetrum danae* (Anisoptera : Libellulidae). *Hydrobiologia*, 171 : 149-158.

Michiels N.K. & Dhondt A.A., 1989b. Differences in male and female activity patterns in the dragonfly *Sympetrum danae* (Sulzer) and their relation to mate-finding (Anisoptera : Libellulidae). *Odonatologica*, 18 (4) : 349-364.

Michiels N.K. & Dhondt A.A., 1991a. Characteristics of dispersal in sexually mature dragonflies. *Ecol. Entomol.*, 16 : 449-459.

Michiels N.K. & Dhondt A.A., 1991b. Sources of variation in male mating sucess and female oviposition rate in a nonterritorial dragonfly. *Behav. Ecol. Sociobiol.*, 29 : 17-25.

Michiels N. & Verheyen K. J., 1990. A note on *Leucorrhinia dubia* (Vander L.) in Spain (Anisoptera : Libellulidae). *Notul. Odonatol.*, 3 (5) : 77.

Michiels N., Anselin A., Goffart P. & Van Mierlo M., 1986. Atlas provisoire des libellules (Odonata) de Belgique et du Grand-Duché du Luxembourg. *Euglena, Gomphus*, N° spécial, 36 pp.

Mikolajewski D.J. & Johansson F., 2004. Morphological and behavioral defenses in dragonfly larvae : trait compensation and cospecialization. *Behavior. Ecol.*, 15 (4) : 614-620.

Mikolajewski D.J. & Rolff J., 2004. Benefits of morphological defence demonstrated by direct manipulation in larval dragonflies. *Evol. Ecol. Res.*, 6 : 619-626.

Mikolajewski D.J., Miksche D., Leipelt K.G. & Suhling F., 2000. Weibchenpolymorphismus, Geschlechterverhältnis und Größenunterschiede in französischen Populationen von *Boyeria irene* (Odonata : Aeshnidae). *Libellula*, 19 (1/2) : 1-15.

Mikolajewski D.J., Leipelt K.G., Conrad A., Giere S. & Weyer J., 2004. Schneller als gedacht : einjährige Larvalentwicklung und 'slow life style' bei *Leucorrhinia caudalis* (Odonata : libellulidae). *Libellula*, 23 (3/4) : 161-171.

Mill P.J., 1982. A decade of dragonfly neurobiology. *Advance in Odonatology*, 1 : 151-173.

Miller A.K. & Miller P.L., 1985a. Flight style, sexual identity and male interactions in a non-territorial dragonfly *Onychogomphus forcipatus unguiculatus* (Vander Linden) (Odonata : Gomphidae). *Ent. Month. Mag.*, 121 : 127-132.

Miller A.K. & Miller P.L., 1985b. Simultaneous occurence of crepuscular feeding and sexual activity in *Boyeria irene* (Fonsc.) in southern France (Odonata : Aeshnidae). *Ent. Month. Mag.*, 121 : 123-124.

Miller A.K., Miller P.L. & Siva-Jothy M.T., 1984. Pre-copulatory guarding and other aspects of reproductive behaviour in *Sympetrum depressiusculum* (Selys) at rice fields in southern France (Anisoptera : Libellulidae). *Odonatologica*, 13 (3) : 407-414.

Milne B.S., 1984. The dragonfly fauna of the Ouse Valley gravel pits. *J. Br. Dragonfly Soc.*, 1 (4) : 55-59.

Moncomble M., 2003. Première observation de la reproduction d'*Epitheca bimaculata* (Charpentier, 1825) en Poitou-Charentes et mise à jour des départements mentionnant cette espèce (Odonata, Anisoptera, Corduliidae). *Martinia*, 19 (4) : 149-153.

Monetti L., Sanchez-Guillén R.A. and Cordero Rivera A., 2002. Hybridization between *Ischnura graellsii* (Vander Linder) and *I. elegans* (Rambur) (Odonata : Coenagrionidae) : are they different species?. *Biol. J. Linnean Soc.*, 76 : 225-235.

Moniotte P., 2005. Pixels et chitine. La photographie numérique des insectes dans leur environnement. *Insectes*, 137 (2) : 29-33.

Monnerat C., 1992. *Coenagrion caerulescens* (Fonscolombe, 1838) (Odonata, Zygoptera : Coenagrionidae). *Martinia*, 8 (2) : 39-40.

Monnerat C., 2008. Neufund einer Population von *Nehalennia speciosa* in der Westschweiz (Odonata : Coenagrionidae). *Libellula* 27 : 39-51.

Monnerat C., 2016. Les Libellules (Odonata) du plan d'eau temporaire de Lavigny (VD). *Entomo Helvetica*, 9 : 79-93.

Monnerat C., 2023. Situation actuelle de *Leucorrhinia albifrons* (Burmeister, 1839) en Suisse (Odonata : Libellulidae). *Entomo Helvetica*, 16: 9-26.

Monnerat C., Wildermuth H., Gonseth Y., 2021. Liste rouge des Libellules. Espèces menacées en Suisse. *L'environnement pratique*, 2120: 72 pp. https://www.bafu.admin.ch/bafu/fr/home/themes/biodiversite/publications/publications-biodiversite/liste-rouge-libellules.html

Moore N.W., 1991a. Male *Sympetrum striolatum* (Charp.) "defends" a basking spot rather than a particular locality (Anisoptera : Libellulidae). *Notul. Odonatol.*, 3 (7) : 112.

Moore N.W., 1991b. The development of Dragonfly communities and the consequences of territorial behaviour : a 27 year study on small ponds at Woodwalton fen, Cambridgeshire, United Kingdom. *Odonatologica*, 20 (2) : 203-231.

Moore N.W., 1993. Behaviour of imaginal *Pantala flavescens* (Fabr.) on Easter island (Anisoptera : Libellulidae). *Odonatologica*, 22 (1) : 71-76.

Müller R. & Eggers T.O., 2018. Weiterer Fundort von *Boyeria irene* in Niedersachsen

(Odonata : Aeshnidae). *Libellula*, 37 (3/4).

Müller L. & Suhling F., 1990. Verbreitung und Ökologie der Westlichen Keiljungfer, *Gomphus pulchellus* Selys, 1840, in Südostniedersachsen (Odonata : Gomphidae). *Braunschw. Naturkdl. Schr.*, 3 (3) : 655-667.

Müller O., Schütte C., Artmeyer C., Burbach K., Grand D., Kern D., Leipelt K.G., Martens A., Petzold F., Suhling F., Weihrauch F., Werzinger J. & Werzinger S., 2000. Entwicklungsdauer von *Gomphus vulgatissimus* : Einfluss von Gewässertyp und Klima (Odonata : Gomphidae). *Libellula*, 19 (3/4) : 175-198.

Mulnet D., 1995. Cycle de vie et dynamique d'une population de *Leucorrhinia dubia* en haute Auvergne. Thèse de Doctorat de l'Université Paris 6, 217 pp.

Mulnet D., 2002a. Développement larvaire de *Leucorrhinia dubia* (Vander Linden, 1825) dans deux biotopes de tourbières. *In* : J.P. Boudot et J.L. Dommanget (coordinateurs), *Actes des premières et secondes rencontres odonatologiques de France (Bonnevaux, 4-6 août 1990- Oulches, 16-19 juin 1995). Martinia*, numéro Hors-série, novembre 2002, pp. 39-48.

Mulnet D., 2002b. Étude comparative de l'émergence de plusieurs espèces d'Odonates de tourbière. *In* : J.P. Boudot et J.L. Dommanget (coordinateurs), *Actes des premières et secondes rencontres odonatologiques de France (Bonnevaux, 4-6 août 1990- Oulches, 16-19 juin 1995). Martinia*, numéro Hors-série, novembre 2002, pp. 91-108.

Munoz-Pozo B. & Ferreras-Romero M., 1996. Fenología y voltinismo de *Aeshna mixta* Latreille, 1805 (Odonata, Aeshnidae) en Sierra Morena (Sur de Espana). *Bol. R. Soc. Esp. Hist. Nat.*, 92 : 239-244.

Neff F., Korner-Nievergelt F., Rey E., Albrecht M., Bollmann K., Cahenzli F., Chittaro Y., Gossner M.M., Martínez-Núñez C., Meier E.S., Monnerat C., Moretti M., Roth T., Herzog F. & Knop E., 2022. Different roles of concurring climate and regional land-use changes in past 40 years' insect trends. *Nature Communications*, 13 : 7611 : 1–12. https://doi.org/10.1038/s41467-022-35223-3

Nel A., Berthoux O., Bechly G., Martinez-Delclos X. & Papier F., 2001. The permotriassic Odonatoptera of the "Protodonate" Grade (Insecta : Odonatoptera). *Ann. Soc. Entomol. Fr.*, 37 (4) : 501-525.

Nilsson B.I., 1981. Susceptibility of some Odonata larvae to fish predation. *Verh. Internat. Verein. Limnol.*, 21 : 1612-1615.

Nunes L., Casanueva P., Hernández M.A., Sánchez-Sastre L.F., Santamaría T. & Campos F., 2021. Refining the identification criteria for *forma typica* and *brachycerca* in exuviae of Boyeria irene (Odonata : Aeshnidae). *Odonatologica*, 50 (3/4) : 227-238.

Ocharan F.J., 1983. *Calopteryx haemorrhoidalis asturica*, nueva subespecie de caballito del diablo del Norte de España (Odonata : Zygoptera). *Bol. Cien. Natural. IDEA*, 31 : 3-10.

Ocharan F.J., 1985. *Sympetrum vulgatum ibericum* n. ssp. (Odonata : Libellulidae) nueva subespecie de libélula del norte de España. *Bol. Cien. Nat. IDEA*, 36 : 75-85.

Ocharan F.J., 1987. *Los Odonatos de Asturias y de España. Aspectos sistemáticos y faunísticos*. Tesis de doctor en Ciencias Biológicas, Universidad de Oviedo, 983 pp.

Olaya, M., 2019. Odonatos en Latinoamérica : la riqueza de nuestra región. *Hetaerina*, 1 (2) :4-5.

Olias M., Weihrauch F., Bedjani M., Hacet N., Marinov M. & Salamun A., 2007. *Lestes parvidens* and *L. viridis* in southeastern Europe : a chorological analysis (Odonata : Lestidae). Libellula, 26 : 243-272.

Opie Midi-Pyrénées & LPO, 2016, Pré-Atlas des Odonates du Tarn. État des prospections début 2016, 68 pp.

Orendt C., 1998. Macroinvertebrates and diatoms as indicators of acidification in forest spring brooks in a region of eastern Germany (Leipzig-Halle-Bitterfeld) highly impacted by industrial activities. *Arch. Hydrobiol.*, 143 (4) : 435 - 467.

Orieux G., 1990. Observation d'*Hemianax ephippiger* (Burmeister, 1839) dans le département de la Nièvre (58) (Odonata, Anisoptera : Aeshnidae). *Martinia*, 6 (2) : 34.

Ott J., 1988. Markierungsexperimente an der Zweigestreiften Quelljungfer *Cordulegaster boltonii* Donovan, 1807-ein Beitrag zum Artenschutz (Anisoptera : Cordulegastridae). *Libellula*, 7 (3/4) : 77-88.

Ott J., 1996. Zeigt die Ausbreitung der Feuerlibelle in Deutschland eine Klimaveränderung ? Mediterrane Libellen als Indikatoren für Änderung in Biozönosen. *Nat. Schutz Landsch. Pfl.*, 28 (2) : 53-61.

Ott J., 2018. Invasive Krebse und ihre Wirkungen auf Libellen. Wie gewonnen, so zerronnen – erfolgreiche Ansiedlungen geschützter und gefährdeter Arten im Südwesten Deutschlands bedroht. Naturschutz und Landschaftsplanung, 50 (2)., 37-43.

Ottolenghi C., 1987. Reproductive behaviour of *Sympetrum striolatum* (Charp.) at an artificial pond in northern Italy (Anisoptera. Libellulidae). *Odonatologica*, 16 (3) : 297-306.

Owen D.F., 1958. Dragonfly migration in southwest Portugal, autumn 1957. *Entomologist*, 91 : 91-95.

Paine A., 1987. Common Darter (*S. striolatum*) on 23 jan 83 in Felixstowe, Suffolk. *Newsl. Br. Dragonfly Soc.*, 12 : 2.

Pajunen V.I., 1962a. A description of aggressive behaviour between males of *Leucorrhinia dubia* Vander Linden (Odonata, Libellulidae). *An. Entomol. Fenn.*, 28 (3) : 108-118.

Pajunen V.I., 1962b. Studies on the population ecology of *Leucorrhinia dubia* Vander Linden (Odonata, Libellulidae). *Ann. Zool. Soc. Zool. Bot. Fenn. Vanamo*, 24 (4) : 1-78.

Pajunen V.I., 1963. Reproductive behaviour in *Leucorrhinia dubia* Vander Linden and *L. rubicunda* L. (Odonata, Libellulidae). *Ann. Entomol. Fenn.*, 29 (2) : 106-118.

Pajunen V.I., 1964. Aggressive behaviour in *Leucorrhinia caudalis* Charp. (Odonata, Libellulidae). *Ann. Entomol. Fenn.*, 1 : 357-369.

Pajunen V.I., 1966a. Aggressive behaviour and territoriality in a population of *Calopteryx virgo* L. (Odon., Calopterygidae). *Ann. Entomol. Fenn.*, 3 : 201-214.

Pajunen V.I., 1966b. The influence of population densitiy on the territorial behaviour of *Leucorrhinia rubicunda* L. (Odonata, Libellulidae). *Ann. Entomol. Fenn.*, 3 : 41-52.

Papazian M., 1986. Alimentation et cannibalisme chez les Odonates adultes. *Martinia*, 3 : 8-10.

Papazian M., 1992. Contribution à l'étude des migrations massives en Europe de *Hemianax ephippiger* (Burmeister, 1839) (Odonata, Anisoptera, Aeshnidae). *Ent. gall.*, 3 (1) : 15-21.

Papazian M., 1995a. Les odonates de Camargue. *Entomologiste*, 51 (3) : 117-128.

Papazian M., 1995b. Étude systématique et biogéographique de *Calopteryx splendens* (Harris, 1782) en

Provence (Odonata, Zygoptera). *Bull. Soc. Ent. Fr.*, 100 (4): 361-376.

Parkinson D., Goffart P., Kever D., Motte G. & Schott O., 2017. Réponse des odonates à la restauration des tourbières ardennaises. *Forêt. Nature*, 142: 47-55.

Parr A.J., 1999. Migrant and dispersive dragonflies in Britain and Ireland during 1998. *J. Br. Dragonfly Soc.*, 15 (2): 51.

Parr A.J., 2000. Migrant Dragonflies in 1999. Including recent decisions and comments by the Odonata Records Committee. *Atropos*, 9: 21.

Parr M.J., 1976. Some aspects of the population ecology of the damselfly *Enallagma cyathigerum* (Charpentier) (Zygoptera: Coenagrionidae). *Odonatologica*, 5 (1): 45-57.

Parr M.J., 1983. Some aspects of territoriality in *Orthetrum coerulescens* (Fabricius) (Anisoptera: Libellulidae). *Odonatologica*, 12 (3): 239-257.

Parr M.J., 1999. The terminology of female polymorphs of *Ischnura* (Zygoptera: Coenagrionidae). *Int. J. Odonatol.*, 2 (1): 95-99.

Paulson D.R., C. de Haseth & Debrot A.O., 2014 Odonata of Curaçao, southern Caribbean, with an update to the fauna of the ABC islands. *International Journal of Odonatology* 17: 237-249.

Paulson, D., Schorr, M., Abbott, J., Bota-Sierra, C., Deliry, C., Dijkstra, K.-D. and Lozano, F. (Coordinators), 2023. World Odonata List. Odonata Central, University of Alabama

Pavlyuk R., 1998. Eine Bestandsaufnahme der Parasiten Fauna der Odonaten in der Ukraine (Odonata; Sporozoa, Trematoda, Cestoda, Nematoda, Acari). *Opusc. Zool. Flumin.*, 164: 1-23.

Peels F., 2014 The occurrence of *Ischnura senegalensis* in the Canary Islands, Spain (Odonata: Coenagrionidae). *Notulae odonatologicae*, 8 (4): 105-111.

Peltier W.R., 1994. Ice Age Paleotopography. *Science*, 265: 195-201.

Peters G., 2000. Unbekannte Bekannte: die Anax-Species in Europa (Odonata: Aeshnidae). *Libellula*, 19 (1/2): 53-64.

Petti & Grangaud, 1965. Les étangs de Commelles et d'Arzay près La Côte-Saint-André (30 Mai 1965). *Bull. Soc. Dauph. Etude Biol. Pro. Nat.*, 16: 40-42.

Peyron O., Guiot J., Cheddadi R., Tarasov P., Reille M., de Beaulieu J.L., Bottema S. & Andrieu V., 1998. Climatic reconstruction in Europe for 18,000 yr B.P. from pollen data. *Quat. Res.*, 49: 183-196.

Pfuhl, 1994. *Autökologische Untersuchungen an Cordulegaster boltoni (Donovan, 1807) (Insecta, Odonata).* Diplomarbeit, Zoologisches Institut der Georg-August-Universität zu Göttingen, 106 pp.

Picard L. & Meurgey F., 2005. Découverte d'une population de *Lestes macrostigma* (Eversmann, 1836) dans le département de Loire-Atlantique (Odonata, Zygoptera, Lestidae). *Martinia*, 21 (3): 122.

Piretta L. & Assandri G., 2019 First ecord of the migrant dragonfly *Pantala flavescens* for mainland taly (Insecta: Odonata). *Fragmenta entomologica*, 51 (2): 247-250.

Pissart A., 1999. Les traces de buttes cryogènes des Hautes Fagnes. Gotes, viviers, pingos, palses, lithalses. Pourquoi la terminologie a-t-elle changé? *Hautes Fagnes*, 234: 2.

Poethke H.J., 1988. Density-dependant behaviour in *Aeshna cyanea* (Müller) males at the mating place (Anisoptera: Aeshnidae). *Odonatologica*, 17 (3): 205-212.

Poethke H.J. & Kaiser H., 1987. The territoriality threshold: a model for mutual avoidance in dragonfly mating systems. *Behav. Ecol. Sociobiol.*, 20: 11-29.

Polette P., Abbott C., Gouys J., Jenard P., Juliand P., Sébastien D. & Boudot J.-P., 2017. Premières mentions de *Trithemis kirbyi* (Odonata: Libellulidae). en France. *Martinia*, 33 (1/2): 15-25.

Pollard J.B. & Berrill M., 1992. The distribution of dragonfly nymphs across a pH gradient in south-central Ontario lakes. *Can. J. Zool.*, 70: 878 - 885.

Pritchard G., 1984. Proceeding of Seventh International Symposium of Odonatology, Calgary, 1983. *Adv. Odonatol.*, 207 pp.

Pritchard G., Harder L.D., Kortello A. & Krishnaraj R., 2000. The response of larval growth rate to temperature in three species of coenagrionid dragonflies with some comments on *Lestes disjunctus* (Odonata: Coenagrionidae, Lestidae). *Int. J. Odonatol.*, 3 (2): 105-110.

Prodon R., 1976. *Le substrat, facteur écologique et éthologique de la vie aquatique: Observations et expériences sur les larves de Micropterna testacea et Cordulegaster annulatus.* Thèse de Doctorat, Univ. Claude Bernard Lyon I, 221 pp.

Proess R., 1996. Überblick über die Libellenfauna der stehenden Gewässer Luxemburgs. *Bull. Soc. Nat. Luxemb.*, 97: 163-180.

Proess R., 1998. Erstnachweis von *Leucorrhinia caudalis* (Charpentier, 1840) (Zierliche Moosjungfer) in Luxemburg (Insecta, Odonata). *Bull. Soc. Nat. Luxemb.*, 99: 133-135.

Proess, R., 2006a. Rote Liste der Libellen Luxemburgs. 3. Fassung, 2006 (Insecta, Odonata). *Bulletin de la Société des naturalistes luxembourgeois* 107: 123-130.

Proess R., 2006b. Verbreitungsatlas der Libellen des Grossherzogtums Luxemburg. *Ferrantia*, 47, Musée National d'Histoire Naturelle, Luxembourg, 172 pp.

Proess R. & Baden R., 1997. Die Libellen des Flieâgewässer Luxemburgs. Teil 1: Norden und Westen des Landes (Insecta, Odonata). *Bull. Soc. Nat. Luxemb.*, 98: 113-128.

Proess R. & Baden R., 1998. Die Libellen des Flieâgewässer Luxemburgs. Teil 2: Süden und Osten des Landes (Insecta, Odonata). *Bull. Soc. Nat. Luxemb.*, 99: 119-132.

Proess R. & Geren R., 1998. Rote Liste der Libellen Luxemburgs (2. Fassung: Stand 1998) (Insecta, Odonata). *Bull. Soc. Nat. Luxemb.*, 99: 137-148.

Prud'Homme E., 2003. Les Odonates de Charente. Bilan des connaissances au 1er janvier 2002. *Pica*, Angoulême, numéro spécial, 205: 23-70.

Prunier F. & Brochard C., 2016. An early record of *Orthetrum trinacria* in Portugal. *Boletín Rola*, 8:23-28

Purse B.V. & Thompson D.J., 2002. Voltinism and larval growth pattern in *Coenagrion mercuriale* (Odonata: Coenagrionidae) at its northern range margin. *Eur. J. Entomol.*, 99: 11-18.

Ranjan K.S., Pawar A.A., Roy A. & Saha S., 2022. Transoceanic migration of dragonflies and branched optimal route networks. DOI: 10.48550/arXiv.2206.11226.

Rehfeldt G.E., Schridde P. & Suhling F., 1991. Inventaire et protection des Odonates du canal de Vergières (B.D.R.). *Faune de Provence* (CEEP), 12: 4-9.

Rehfeldt G., 2004. Diel pattern of activity, mating, and flight behaviour in *Onychogomphus uncatus* (Odonata: Gomphidae). *Int. J. Odonatol.*, 7 (1): 65-71.

Rehn A.C., 2003. Phylogenetic analysis of higher-level relationships of Odonata. *Syst. Entomol.*, 28 : 181-239.

Reille M., Andrieu V., De Beaulieu J.L., Guenet P. & Goeury C., 1998. A long pollen record from Lac Du Bouchet, Massif central, France: for the period ca. 325 to 100 ka BP (OIS 9c to OIS 5e). *Quat. Sci. Rev.*, 17 (12) : 1107-1123.

Reinhardt K., 1998. Reproductive behaviour of *Leucorrhinia albifrons* (Burmeister) in a non-territorial situation (Anisoptera: Libellulidae). *Odonatologica*, 27 (2): 201-211.

Reinhardt K. & Gerighausen U., 2001. Oviposition site preference and egg parasitism in *Sympecma paedisca* (Odonata: Lestidae). *Int. J. Odonatol.*, 4 (2) : 221-230.

Reinhardt K. & Möller S., 1996. Libellen als Beute von Eidechsen: ein Übersicht. *Libellula*, 15 : 93-100.

Reygrobellet J.L. & Castella E., 1987. Some observations on the utilization on groundwater habitats by Odonata larvae in an astatic pool on the Rhône alluvial plain (France). *Adv. Odonatol.* 3: 127-134.

Richardot-Coulet M., Richoux P. & Roux C., 1983. Structure et fonctionnement des écosystèmes du Haut-Rhône français. Structure des peuplements de macroinvertébrés benthiques d'un ancien méandre. *Arch. Hydrobiol.*, 96 (3) : 363-383.

Robert N. & Coquillart H., 1998. *Le lac du Bourget, plus grand lac naturel de France.* Guide du patrimoine naturel de la Région Rhône-Alpes N° 2. CREN Rhône-Alpes, 63 pp.

Roché B., 1989. *Trithemis annulata* (Palisot de Beauvois, 1805): nouvelle espèce pour la Corse et la faune de France (Odonata, Anisoptera: Libellulidae). *Martinia*, 5 (1) : 23-24.

Roché B., 1991. Inventaire des Odonates de la Corse. *Bull. Soc. Sci. Hist. Nat. Corse*, 105 (658) : 51-76.

Rockwood J.P., Jones D.S. & Coler R.A., 1990. The effect of aluminum in soft water at low pH on oxygen consumption by the dragonfly *Libellula julia* Uhler. *Hydrobiologia*, 190 : 55-59.

Rota E. & Carchini G., 1988. Considerations on an autumn record of Lestes larvae in Italy (Zygoptera: Lestidae). *Notul. Odonatol.*, 3 (1) : 9-13.

Rudolph R., 1991. Paintings of Zygoptera in the Gutenberg Bible of 1453. *Odonatologica*, 20 (1) : 75-78.

Sadeghi S. & Dumont H.J., 2014. Variation in the shape of the wings and taxonomy of Eurasian populations of the *Calopteryx splendens* complex (Odonata: Calopterygidae). *European Journal of Entomology*, 111 : 575–583.

Sadeghi S., Adriaens D. & Dumont H.J., 2009. Geometric morphometric analysis of wing shape variation in ten European populations of *Calopteryx splendens* Harris (1782). (Zygoptera: Odonata). *Odonatologica*, 38: 343–360.

Salowsky A., 1989. *Untersuchungen zum Larvenbiotop von Cordulegaster bidentatus in Waldbächen um Freiburg i. Br.* Diplomarbeit am Institut für Biologie, Albert-Ludwigs-Universität Freiburg in Breisgau, 101 pp.

Samraoui B. & Corbet P.S., 2000. The Odonata of Numidia, northeastern Algeria. Part II: Seasonal ecology. *Int. J. Odonatol.*, 3 (1) : 27-39.

Samraoui B., Weekers P.H.H. & Dumont H.J., 2003a. The Enallagma of the western and central Palaearctic (Zygoptera: Coenagrionidae). *Odonatologica*, 31 (4): 371-381.

Samraoui B., Weekers P.H.H. & Dumont H.J., 2003b. Two taxa within the North African *Lestes virens* complex (Zygoptera: Lestidae). *Odonatologica*, 32 (2) : 119-204.

Samraoui B., Bouzid S., Boulahbal R., Corbet P.S., 1998. Postponed reproductive maturation in upland refuges maintains life-cycle continuity during the hot, dry season in Algerian dragonflies (Anisoptera). *Int. J. Odonatol.*, 1 (2) : 118-135.

Sánchez-Guillén R.A., Van Gossum H. & Cordero Rivera A., 2005. Hybridization and the inheritance of female colour polymorphism in two ischnurid damselflies (Odonata: Coenagrionidae). *Biol. J. Linnean Soc.*, 85 : 471-481.

Samu S., 1998 Zur Populations- und Verhaltensökologie von *Coenagrion lunulatum* (Charpentier) (Zygoptera: Coenagrionidae). *Libellula*, 17 (3/4) : 173-193.

Sannier D., 2015. Première observation en France de *Selysiothemis nigra* sur l'île de Corse (Odonata: Libellulidae). *Martinia* 31 (2):103-106.

Santos Loureiro N. (de), 2012. New data on the distribution of *Orthetrum trinacria* in the Algarve, southern Portugal (Odonata: Libellulidae). Libellula, 31 (1/2) : 77-87.

Sawkiewicz L., 1989. An interesting method of catching dragonflies. *Notul. Odonatol.*, 3 (3) : 45-46.

Schiess H., 1973. Beitrag zur Kenntniss des Biologie von *Nehalennia speciosa* (Charpentier, 1840) (Zygoptera: Coenagrionidae). *Odonatologica*, 2 (1) : 33-37.

Schiel F.J., 2016. Nachweis einer zweiten Jahresgeneration von *Erythromma najas* (Odonata: Coenagrionidae). *Libellula*, 25 (3/4) : 159-164.

Schirrmacher K., Schiel F.-J. & Martens A., 2007. Einjährige Entwicklung von *Gomphus pulchellus* und *Leucorrhinia caudalis* in einem neu angelegten Gewässer (Odonata: Gomphidae, Libellulidae). *Libellula*, 26 : 189-192.

Schmidt E., 1964. Biologisch-ökologische Untersuchungen an Hochmoorlibellen (Odonata). *Z. Wiss. Zool.*, 169 (3/4) : 313-386.

Schmidt E., 1967. Versuch einer Analyse der *Ischnura elegans*-Gruppe (Odonata, Zygoptera). *Entomol. Ts. Arg.*, 88 (3/4) : 188-225.

Schmidt E., 1998. Die ökologische Nische von *Sympetrum flaveolum* (L., 1758) und die Problematik von Artenschutz und Einstufung in Rote Listen bei Odonaten mit temporärer Habitat-Besiedlung (Odonata: Libellulidae). *Entomol. Gen.*, 23 (1-2) : 129-138.

Schmidt Eb., 2008. *Sympetrum depressiusculum* (Selys), a southern continental dragonfly depending on artificial habitats in atlantic northwestern Germany (state of Northrhine-Westphalia) (Anisoptera: Libellulidae). *Nolulae odonatologicae*, 7 (1) : 5-10.

Schneider T., Vierstraete A., Kosterin O.E., Ikemeyer D., Hu F-S, Snegovaya N., Dumont H.J., 2023. Molecular Phylogeny of Holarctic Aeshnidae with a Focus on the West Palaearctic and Some Remarks on Its Genera Worldwide (*Aeshnidae*, Odonata). Diversity, 15 (9), 950: 40 pp. *<https://doi.org/10.3390/d15090950>*

Schorr M., 2004. Die Gekielte Smaragdlibelle (*Oxygastra curtisii* Dale, 1834) an der Our (Rheinland-Pfalz / Luxemburg) (Insecta: Odonata: Corduliidae). Anmerkungen zur regionalen Verbreitung. *Fauna Flora Rheinland-Pfalz*, 10 (2) : 627-643.

Schorr M. & Paulson D., 2015. World Odonata List. http ://www.pugetsound.edu/academics/academic-resources/slater-museum/biodiversity-resources/dragonflies/world-odonata-list2/

Schröter A. & Borisov S.N., 2012. *Coenagrion scitulum* in Central Asia: a biogeographical analysis and rectification (Odonata: Coenagrionidae). *Libellula* 31 (3/4) : 267-283.

Schütte C., 1992. *Entwicklung und Populationsstruktur von Onychogomphus uncatus Charpentier, 1840 (Odonata: Gomphidae).* Diplomarbeit Zool. Inst. TU Braunschweig, 68 pp.

Schütte C. & Suhling F., 1997. Beobachtungen zum Fortpflanzungsverhalten von *Macromia splendens* (Pictet) (Anisoptera: Corduliidae). *Libellula*, 16: 81-84.

Schütte C., Schridde P. & Suhling F., 1998. Life history patterns of *Onychogomphus uncatus* (Charpentier) (Anisoptera: Gomphidae). *Odonatologica*, 27 (1), 71-86.

Schütte C., Hünken C., Ott J. & Hünken A., 1999. Vergleich der Larvalentwicklung von *Calopteryx splendens* (Harris, 1782) und *Calopteryx virgo* (L., 1758) (Odonata: Calopterygidae) in zwei Fließgewässern in Niedersachsen. *Braunschw. Nat. kdl. Schr.*, 5: 857-867.

Seidenbusch R., 1995. Dichromism in females of *Ischnura pumilio* (Charpentier), with special reference to homeochromic females. *J. Br. Dragonfly Soc.*, 11: 21-22.

Selys-Longchamps E. (de), 1876. Synopsis des Agrionines (suite de la 5e légion: *Agrion*). *Bull. Acad. roy. Belg.*, 41: 1233-1309.

Selys-Longchamps E. (de), 1888. Sur l'hivernation de deux espèces d'odonates. *C. R. Soc. Ent. Belg.*, 97: 27- 28.

SFO (Société française d'Odonatologie), 2013. *Hemianax ephippiger*: migration 2011. *Martinia*, Hors-série, mai 2013, 96 pp.

Shapoval N.A., Shapoval G.N., Shapoval A.P., 2022. New, rare and vagrant damselflies and dragonflies (Insecta: Odonata) in the Kaliningrad Oblast, northwestern Russia. *Acta Biologica Sibirica*, 8: 261-279.

Siegert M.J. & Marsiat I., 2001. Numerical reconstructions of LGM climate across the Eurasian Arctic. *Quat. Sci. Rev.*, 20: 1595-1605.

Simonsen T.J., Djernæs M., Nielsen O.F. & Olsen K., 2023. COI diversity supports subspecific diversion in Western European *Lestes virens* (Charpentier 1825) (Zygoptera: Lestidae), but hints at further Mediterranean complexity. *International Journal of Odonatology*, 26, 18-26

Siva-Jothy M.T., 1987. External and internal genital structures in a gynandromorph *Onychogomphus uncatus* (Charp.) (Anisoptera: Gomphidae). *Odonatologica*, 16 (3): 307-310.

Siva-Jothy M.T., Gibbons D.W. & Pain D., 1995. Female oviposition-site preference and egg hatching sucess in the damselfly *Calopteryx splendens xanthostoma*. Behavioural ecology and sociobiology, 37 (1): 39-44.

Soustelle C., Moisset F. & Lereec Le Bricquir M.L., 2019. Première mention documentée de *Pantala flavescens* en France métropolitaine (Odonata: Libellulidae). *Martinia*, 34 (1-2): 61-67.

St Quentin D., 1960. Die Odonatenfauna Europas, ihre Zusammensetzung und Herkunft. *Zool. Jahrb. Syst. Ökol. Geogr. Tiere*, 87 (4/5): 301-316.

St Quentin D., 1964. Territorialität bei Libellen (Odonata). Ergebnisse und Ausblicke. *Mitt. münch. entomol. Gesell.*, 54: 162-180.

Sternberg K., 1987. On reversible, temperature-dependent colour change in males of the dragonfly *Aeshna caerulea* (Ström, 1783). *Odonatologica*, 16 (1): 57-66.

Sternberg K., 1993. First record of commensal flies, *Desmetopa sp.*, on a dragonfly, *Cordulegaster boltonii* (Donovan) (Diptera: Milichidae; Anisoptera: Cordulegastridae). *Notul. Odonatol.*, 4: 9-12.

Sternberg K., 1998. The postglacial colonisation of Central Europe by Dragonflies, with special reference to southwestern Germany (Insecta, Odonata). *J. Biogeogr.*, 25: 319-337.

Stoks R. & De Block M., 1997. Successful reproduction in Belgium of the damselfly *Lestes barbarus* (Fabricius, 1798) (Odonata, Lestidae). *Bull. Ann. Soc. r. ent. Belg.*, 133: 303-308.

Strong K.F. & Robinson G., 2004. Odonate communities of acidic Adirondack Mountain lakes. *J. N. Am. Benthol. Soc.*, 23 (4): 839-852.

Sueur F., Carruette P. & Balej R., 1990. Migration d'Odonates dans le département de la Somme. *Martinia*, 6 (1): 19-23.

Suhling F., Befeld S., Häusler M., Katzur K., Lepkojus S. & Mesléard F., 2000. Effects of insecticide applications on macroinvertebrate density and biomass in rice-fields in the Rhône-delta, France. *Hydrobiologia*, 431 (1): 69-79.

Swaegers, J., Janssens, S. B., Ferreira, S., Watts, P. C., Mergeay, J., McPeek, M. A. & Stoks, R., (2014). Ecological and evolutionary drivers of range size in Coenagrion damselflies. *Journal of Evolutionary Biology*, 27: 2386-2395.

Szabo B.J., Haynes C.V. & Maxwell T.A., 1995. Ages of quaternary pluvial episodes determined by uranium-series and radiocarbon dating of lacustrine deposits of Eastern Sahara. *Palaeogeogr. Palaeoclimatol. Palaeoecol.*, 113: 227-242.

Tellez D. & Dommanget J.-L., 2009. *Lindenia tetraphylla* (Vander Linden, 1825) en Corse du Sud (Odonata: Anisoptera: Gomphidae). *Martinia*, 25 (3): 117.

Tennessen K.J., 1981. A hybrid male in the genus *Leucorrhinia* (Anisoptera: Libellulidae). *Notul. Odonatol.*, 1 (8): 136-137.

Tennessen K.J., 2005. About the front cover. *Argia*, 10 (4): 2

Ternois V., 2005. *Leucorrhinia caudalis* (Charpentier, 1840): espèce nouvelle pour le Parc naturel régional de la Forêt d'Orient et l'Aube (Odonata, Anisoptera, Libellulidae). *Martinia*, 21 (5): 115-121.

Ternois V. & Barande S., 2005. *Oxygastra curtisii* (Dale, 1834) en région Champagne-Ardenne (Odonata, Anisoptera, Corduliidae). *Martinia*, 21 (1): 17-30.

Terzani F., 1991. Segnalazioni faunistiche italiane. 165. *Trithemis annulata* (Palisot de Beauvois, 1805) (Odonata: Libellulidae). *Boll. Soc. Ent. It.*, 123 (1): 67-68.

Testard P., 1975. Note sur l'émergence, le sex-ratio et l'activité des adultes de *Mesogomphus genei* Selys, dans le sud d'Espagne (Anisoptera: Gomphidae). *Odonatologica*, 4 (1): 11-26.

Thibault M., 1962. *Contribution à l'étude biologique des eaux douces: étude de deux zygoptères: Platycnemis pennipes Pallas et Coenagrion lindeni Selys*. Thèse pour le Diplôme d'Études Supérieures, Faculté des Sciences, Université de Rennes, 90 pp.

Thirion J.M., Couturier S., Couturier T. & Russeil S., 2002. L'Anax Porte-selle, *Hemianax ephippiger* (Burmeister, 1839) (Odonata, Aeshnidae) en Charente-Maritime. *Annales de la Société des Sciences naturelles de la Charente-Maritime*, 9 (2): 1.

Tiberghien G., 1986. *Macromia splendens* (Pictet, 1843): Addition faunistique, biologique et récapitulation des principales données connues. (Odon. Anisoptera, Corduliidae). *Bull. Soc. ent. Fr.*, 90 (9/10): 8-13.

Torralba Burrial A. & Ocharan F.J., 2004. Frogs as prey of Dragonflies. *Notul. Odonatol.*, 6 (4): 37-44.

Trockur B., 1993. Erste Ergebnisse von Untersuchungen zum *Epitheca*-Vorkommen im Saarland (Anisoptera: Corduliidae). *Libellula*, 12 (3/4): 139-151.

Trockur B., 2004. *Untersuchungen zur Habitatwahl von Epitheca bimaculata Charpentier*, 1825. PhD Dissertation, Institut für Naturschutz und Umweltbildung der Hochschule, Vechta, Germany, 291 pp.

Trueman J.W.H., 1996. A preliminary cladistic analysis of Odonate wing venation. *Odonatologica*, 25 (1) : 59-72.

Tyagi B.K., 1981. Adult dragonflies as human food in the Nagaaland state, India. *Notul. Odonatol.*, 1 (8) : 137-138.

Uboni C., Nadalon G. & Schröter A., 2015. Evidence of breeding of *Selysiothemis nigra* in the regions of Friuli Venezia Giulia and Veneto, northeastern Italy (Odonata : Libellulidae). *Notulae odonatologicae*, 8 (5) : 117-155.

Udvardy M.D.F., 1975. A Classification of the Biogeographical Provinces of the World. *IUCN Occasional Paper* No. 18, prepared as a contribution to UNESCO's Man and the Biosphere (MAB) Program, Project No. 8. International Union for the Conservation of Nature and Natural Resources, Morges, Switzerland, 49 pp.

Udvardy M.D.F., 1982. A Biogeographical Classification System for Terrestrial Environments. Prepared for IUCN's Comission on National Parks and Protected Areas in cooperation with the United Nations Environment Programme. *In* : J.A. McNeely and K.R. Miller (eds), *National Parks Conservation and Development*, Washington, Smithsonian Institution, 1984, pp 34-38.

UICN, 2001. *Catégories et Critères de l'UICN pour la Liste Rouge, version 3.1.* Préparées par la Commission de la sauvegarde des espèces de l'UICN. Approuvée lors de la 51e réunion du Conseil de l'UICN le 9 février 2000, Gland, Suisse. 33 pp.

UICN, 2003. Lignes directrices pour l'application, au niveau régional, des critères de l'UICN pour la Liste Rouge. Commission de la sauvegarde des espèces de l'UICN. UICN, Gland, Suisse et Cambridge, Royaume-Uni. ii + 26 pp.

UICN, 2006. The IUCN Red List of Threatened Species. http ://www.redlist.org

UICN France, MNHN, OPIE & SFO, 2016. *La Liste rouge des espèces menacées en France - Chapitre Libellules de France métropolitaine.* Paris, France.

Ulmer A., 1997. *Les espèces d'Odonates de quatre carrières en bord du fleuve Loire dans la plaine du Forez.* Écopôle du Forez, FRAPNA Loire, 23 pp.

Utzeri C., 1985. Field observations on sperm translocation behaviour in the males of *Crocothemis erythraea* (Brullé) and *Orthetrum cancellatum* (L.) (Libellulidae), with a review of the same in the Anisoptera. *Odonatologica*, 14 (3) : 227-237.

Utzeri C. & Dell'Anna L., 1989. Wandering and territoriality in *Libellula depressa* L. (Anisoptera : Libellulidae). *Adv. Odonatol.*, 4 : 133-147.

Utzeri C. & Ercoli C., 2004. Disturbance by unpaired males prolongs postcopulatory guarding duration in the damselfly *Lestes virens* (Charpentier) (Zygoptera : Lestidae). *Odonatologica*, 33 (3) : 291-301.

Utzeri C. & Ottogenghi C., 1992. Further observations on intra-male sperm translocation behaviour in Anisoptera. *Notul. Odonatol.*, 3 (9) : 145-149.

Utzeri C., Dell'Anna L., Landi F., De Matthaeis E. & Cobolli M., 1994. Nota preliminare sulla distribuzione di *Chalcolestes viridis* (Vander Linden, 1825) e *C. parvidens* (Artobolevski, 1929) in Italia (Zygoptera : Lestidae). *Notul. Odonatol.*, 4 (3) : 46-50.

Utzeri C., Falchetti E. & Carchini G., 1983. The reproductive behaviour in *Cercion lindenii* (Selys) in Central Italy (Zygoptera : Coenagrionidae). *Odonatologica*, 12 (3) : 259-278.

Utzeri C., Carchini G. & Landi F., 1987. Nota sulla riproduzione di *Hemianax ephippiger* (Burm.) in Italia (Anisoptera : Aeshnidae). *Notul. Odonatol.*, 2 : 162-165.

Utzeri C., Cordero A., Santolamazza Carbone S., Dell'Anna L. & Mancini L., 1998. *Somatochlora meridionalis* Nielsen, 1935 nel Lazio (Italia centrale), con note di autecologia e comportamento (Odonata : Corduliidae). *Opusc. Zool. Flumin.*, 163 : 1-16.

Vallat A., Giriens S., 2022. Découverte d'*Aeshna subarctica* Walker, 1908 dans le canton de Fribourg (Odonata : Aeshnidae). *Entomo Helvetica*, 15 : 151-154.

Vallat A., Monnerat C., Tschanz-Godio S. & Juillerat L., 2020. Rétablissement des communautés de libellules (Odonata) dans les tourbières du Jura neuchâtelois (Suisse). *Alpine Entomology*, 4 : 99-116.

Vanappelghem C. & Houard X., Jolivet S. & Lambret P., 2013. Observations de *Chalcolestes parvidens* en Corse (Odonata : Lestidae). *Martinia*, 29 (2) : 139-146.

Van Andel T.H. & Tzedakis P.C., 1996. Palaeolithic landscapes of Europe and environs : 150,000-25,000 years ago : an overview. *Quat. Sci. Rev.*, 15 : 481-500.

Van Damme K. & Dumont H.J., 1999. A drought-resistant larva of *Pantala flavescens* (Fabricius, 1798) (Odonata : Libellulidae) in the Lençois Maranhenses, N-E-Brazil. *Int. J. Odonatol.*, 2 (1) : 69-76.

Van Gossum H., Stoks R. & De Bruyn L., 2001. Frequency-dependent male mate harassment and intra-specific variation in its avoidance by females of the damselfly *Ischnura elegans*. *Behav. Ecol. Sociobiol.*, 51 : 69-75.

Van Gossum H., Sánchez-Guillén R.A. & Cordero Rivera A., 2003. Observations on rearing damselflies under laboratory conditions. *Anim. Biol.*, 53 : 37-45.

Van Halder I., Archimbaud C. & Jourdain B., 2002. Les libellules en Gironde, résultats de quatre années de prospection. *Le Courbageot*, 19 : 11-22.

Vanderhaeghe F., 1997. Is *Coenagrion scitulum* (Gaffelwaterjuffer) terug te verwachten in België, *Gomphus*, 13 (3) : 65-71.

Vennin E., De Wever P., Rouchy J.M. & Blanc-Valleron M.M., 2000. L'histoire de la Terre. http ://www.Muséum national d'Histoire naturelle.fr/ Muséum national d'Histoire naturelle/geo/histoireterre.html

Verneaux J., 1972. Faune dulçaquicole de Franche-Comté. Le bassin du Doubs (Massif du Jura). V. Les Odonates. *Annls. Sci. Tech. Univ. Besançon*, 3 (8) : 15-20.

Verschuren D., 1989. Revision of the *larvae* of West-Palaearctic *Cordulegaster* Leach, 1815 (Odonata, Cordulegastridae), with a key to the considered taxa and a discussion on their affinity. *Bull. Ann. Soc. r. ent. Belg*, 125 : 5-35.

Vick G.S., 1984. An unusual population of *Boyeria irene* (Fonsc.) in Hérault, France (Anisoptera : Aeshnidae). *Notul. Odonatol.*, 2 (4) : 69-70.

Vincent G., Boudot J.P., Jacquemin G., Goutet P. & Schwaab F., 1987. *Epitheca bimaculata* (Charpentier, 1825) dans l'est de la France : rare, ou discrète et méconnue ? (Odonata, Anisoptera : Corduliidae). *Martinia*, 6 : 3-13.

Vinko D., Šalamun A., 2019. First record of Violet Dropwing *Trithemis annulata* (Palisot de Beauvois, 1807) (Odonata : Libellulidae) in Slovenia. *Natura Sloveniae*, 23 (2) : 25-37.

Von Ellenrieder N., 2002. A phylogenetic analysis of the extant Aeshnidae (Odonata : Anisoptera). *Syst. Entomol.*, 27 : 437-467.

Von Ellenrieder N., 2005. Taxonomy of the South American genus *Phyllopetalia* (Odonata : Austropetaliidae). *Int. J. Odonatol.*, 8 (2) : 311-352.

Vonwil G. & Osterwalder R., 2006. Die Libellen im Kanton Aargau. Umwelt Aargau, Departement Bau, Verkehr und Umwelt, Aarau. *Sondernummer*, 23 : 1-96.

Waage J.K., 1986a. Sperm displacement by two libellulid dragonflies with disparate copulation durations (Anisoptera). *Odonatologica*, 15 (4) : 429-444.

Waage J.K., 1986b. Evidence for widespread sperm displacement ability among Zygoptera (Odonata) and the means for predicting its presence. *Biol. J. Linnean Soc.*, 28 (3) : 285-300.

Ward L. & Mill P.J., 2005. Habitat factors influencing the presence of adult *Calopteryx splendens* (Odonata : Zygoptera). *European Journal of Entomology*, 102 : 47-51.

Ware J., May M. & Kjer K., 2007. Phylogeny of the higher Libelluloidea (Anisoptera) : An exploration of the most speciose superfamily. *Molecular Phylogenetics and Evolution* 45 : 289-310.

Ware J.L., Pilgrim E., May M., Donnelly T.M. & Tennessen K., 2017. Phylogenetic relationships of North American Gomphidae and their close relatives. *Systematic Entomology*, DOI : 10.1111/syen.12218.

Wasscher M., 1998. De invasie van de Geelvlekheidelibel in 1995. *Natura (Amsterdam)*, 95 (6) : 179-181.

Weekers P.H.H & Dumont H.J., 2004. A molecular study of the relationship between the Coenagrionid genera *Erythromma* and *Cercion*, with the creation of *Paracercion* gen. nov. for the East Asiatic "Cercion" (Zygoptera : Coenagrionidae). *Odonatologica*, 33 (2) : 181-188.

Weekers P.H.H, De Jonckheere J.F. & Dumont H.J., 2001. Phylogenetic Relationships Inferred from Ribosomal ITS Sequences and Biogeographic Patterns in Representatives of the Genus *Calopteryx* (Insecta : Odonata) of the West Mediterranean and Adjacent West European Zone. *Mol. Phylogenet. Evol.*, 20 : 89-99.

Weihrauch F. & Borcherding J., 2002. The zebra mussel, *Dreissena polymorpha* (Pallas), as an epizoon on anisopteran *larvae* (Anisoptera : Gomphidae, Corduliidae, Libellulidae). *Odonatologica*, 31 (1) : 1-116.

Weihrauch F., Olias M., Bedjanič M., Marinov M. & Salamun A., 2005. Distribution and overlap of ranges of *Lestes parvidens* and *Lestes viridis* in southeastern Europe (Odonata : Lestidae). *Abstracts Book 4th WDA International Symposium of Odonatology*, 26-30 July, Pontevedra, pp. 37-38.

Wenger O.P., 1955. Über die Entwicklung von *Crocothemis erythraea* Brullé (Odanata-Libellulidae). *Mitt. Schweiz. Entomol. Ges.*, 28 : 280-281.

Wermeille E., Geiger W. & Tester U. 2002. Les animaux protégés de Suisse. – Des invertébrés aux mammifères. Delachaux & Niestlé, Lonay & Paris, 236 pp.

Westermann K. & Westermann S., 1996. Neufunde der Gelben Keiljungfer (*Gomphus simillimus*) und der Grünen Keiljungfer (*Ophiogomphus cecilia*) am Oberrhein bei Basel. *Naturschutz südl. Oberrhein*, 1 : 183-186.

White H.B. & Fox R.C., 1979a. Chironomid (Diptera) larvae and hydroptilid (Trichoptera) pupae attached to a macromiid nymph (Anisoptera). *Notul. Odonatol.*, 1 (4) : 76-77.

White H.B. & Fox R.C., 1979b. Dragonfly predation by bats. *Notul. Odonatol.*, 1 (4) : 77.

Wigglesworth V.B. & Lee W.M., 1982. The supply of oxygen to the flight muscles of insects : a theory of tracheole physiology. *Tissue Cell*, 14 (3) : 501-518.

Wildermuth H., 1986. Die Libellenfauna des Stelsersee-Gebietes (Prättigau). *Jahresbericht der Naturforschenden Gesellschaft Graubünden*, 103 : 153-163.

Wildermuth H., 1992. Habitate und Habitatwahl der Großen Moosjungfer (*Leucorrhinia pectoralis*) Charp., 1925 (Odonata, Libellulidae). *Z. Ökol. Natursch.*, 1 : 3-21.

Wildermuth H., 1994. Populationsdynamik der Großen Moosjungfer, *Leucorrhinia pectoralis* Charpentier, 1925 (Odonata, Libellulidae). *Z. Ökol. Natursch.*, 3 : 25-39.

Wildermuth H., 1998. Terrestrial and aquatic mating territories in *Somatochlora flavomaculata* (Vander Linden) (Anisoptera : Corduliidae). *Odonatologica*, 27 (2) : 225-237.

Wildermuth H., 1999a. *Somatochlora alpestris* (Selys, 1840) in den Schweizer Alpen : eine Verbreitungs- und Habitatanalyse (Anisoptera : Corduliidae), *Odonatologica*, 28 (4) : 399-416.

Wildermuth H., 1999b. Verbreitung und Habitate von *Aeshna caerulea* (Ström, 1783) in den Schweizer Alpen (Odonata, Anisoptera : Aeshnidae), *Opusc. Zool. Flumin.*, 166 : 1-18.

Wildermuth H., 2000. Alternative Taktiken bei der Weibchensuche von *Boyeria irene* (Odonata : Aeshnidae). *Libellula*, 19 (3/4) : 143-155.

Wildermuth H., 2001. Das Rotationsmodell zur Pflege kleiner Moorgewässer. Simulation naturgemässer Dynamik. Naturschutz und Landschaftsplanung, 33 (9) : 269-273.

Wildermuth H., 2003. Fortpflanzungsverhalten von *Somatochlora arctica* (Zetterstedt) (Anisoptera : Corduliidae). *Odonatologica*, 32 (1) : 61-77.

Wildermuth H., 2004. *Nehalennia speciosa* in der Schweiz : ein Nachruf (Odonata : Coenagrionidae). *Libellula*, 23 (3/4) : 99-113.

Wildermuth H., 2008a. Habitat requirements of *Orthetrum coerulescens* and management of a secondary habitat in a highly man-modified landscape (Odonata : Libellulidae). *International Journal of Odonatology*, 11 (2) : 261-276.

Wildermuth H., 2008b. Konstanz und Dynamik der Libellenfauna in der Drumlinlandschaft Zürcher Oberland. Rückblick auf 35 Jahre Monitoring. *Vierteljahrsschrift der Naturforschenden Gesellschaft Zürich*, 153 : 57-66.

Wildermuth H., 2009. Förderung der Libellenfauna kleiner Moorgräben durch einfache Naturschutzmaßnahmen (Odonata). *Libellula*, 28 (1/2) : 31-48.

Wildermuth H., 2013. Entwicklung der Libellenfauna (Odonata) am Husemersee (Kanton Zürich) im Verlauf der letzten 130 Jahre. Entomo Helvetica, 6 : 7-21.

Wildermuth H., 2016. Auswirkungen der Hochmoorregeneration auf die Libellenfauna (Odonata) des Torfrieds Pfäffikon (ZH). *Entomo Helvetica*, 9 : 41-51.

Wildermuth H., 2020. Als Larvenhabitate von *Orthetrum coerulescens* (Odonata : Libellulidae) im Hinblick auf sporadische Sommertrockenheit optimierte Flachmoorgräben. *Entomo Helvetica*, 13 : 107-116.

Wildermuth H., 2021. Auswirkungen des trocken- heissen Sommers 2018 auf die Libellenfauna eines Wiesenweihers im östlichen Schweizermittelland. *Entomo Helvetica*, 14: 33-44.

Wildermuth H. & Knapp E., 1998. Die Libellen der Alp Flix (GR), ein Beitrag zur Odonatenfauna an der Waldgrenze. *Mitteilungen der Entomologischen Gesellschaft Basel*, 48 : 2-24.

Wildermuth H. & Knaus P., 2002. The impact of incidental summer snowfall on two alpine metapopulations of *Somatochlora alpestris* (Selys) (Anisoptera : Corduliidae). *Odonatologica*, 31 (1) : 55-63.

Wildermuth H. & Monnerat C., 2020. Fakten und Indizien zum Besiedlungs- und Ausbreitungsverhalten von *Coenagrion scitulum* in der Schweiz (Odonata : Coenagrionidae). *Libellula*, 39 (3/4) : 123-147.

Wildermuth H., Jödicke R., Schröter A. & Borkenstein A., 2019. Death feigning in sexual conflict between dragonflies (Odonata) : does it exist?. *Odonatologica*, 48 (3/4) : 211-228.

Wischhof S., 1997. *Zur Habitatwahl und Populationsdynamik von Leucorrhinia albifrons Burmeister 1839 (Odonata)*. Diplomarbeit am Fachbereich Biologie, Zoologisches Institut und Museum Hamburg, Universität Hamburg, 123 pp.

Wojtusiak J., 1974. A dragonfly migration in the High Indu Kush (Afghanistan), with a note on high altitude records of *Aeshna juncea mongolica* Bartenev, and *Pantala flavescens* (Fabricius) (Anisoptera : Aeshnidae, Libellulidae). *Odonatologica*, 3 (2) : 137-142.

WWF, 2005a. Biomes and biogeographical realms. http :// worldwildlife.org/science/ ecoregions/biomes.cfm

WWF, 2005b. Terrestrial Ecoregions of the World. http :// worldwildlife.org/science/ data/attributes.cfm

Zahner R., 1960. Über die Bindung der mitteleuropäischen Calopteryx-Arten (Odonata, Zygoptera) an den Lebensraum des strömenden Wassers. II. Der Anteil der Imagines an der Biotopbindung. *Int. Rev. ges. Hydrobiol.*, 101-123.

De bonnes adresses

Office pour les insectes et leur environnement, Opie-odonates
https ://www.facebook.com/Opie.odonates/
Structure animatrice du Plan national d'actions en faveur des libellules : https://libellules.pnaopie.fr/

Édite la revue *Martinia* : https://martinia.insectes.org/

Atlas dynamique des Odonates de France :
https://atlas-odonates.insectes.org/

Groupe de travail libellules Gomphus
http://biodiversite.wallonie.be/fr/gt-gomphus.html?IDC=3761
Édite la revue *Gomphus*.

Libellenvereniging Vlaanderen
http://www.odonata.be

Musée national d'histoire naturelle Luxembourg
https://www.mnhn.lu

British Dragonfly Society
https://british-dragonflies.org.uk

Gesellschaft deutschsprachiger Odonatologen (GdO)
http://www.libellula.org
Édite les revues *Libellula* et *Libellula Supplement*.

Groupement des Odonatologues de Suisse
http://www.cscf.ch

Dutch Dragonfly Association (Nederlandse Vereniging voor Libellenstudie)
http://www.brachytron.nl
Édite la revue *Brachytron*.

International Odonatological Foundation (SIO)
http://www.odonatologica.com
Édite les revues *Odonatologica* et *Notulae Odonatologicae*.

Worldwide Dragonfly Association (WDA)
http://worlddragonfly.org
Édite la revue *International Journal of Odonatology*.

Glossaire

Diapause : Période au cours de laquelle l'activité métabolique ou le développement d'un insecte est suspendue à un stade déterminé (œuf, larve, nymphe ou adulte) de son évolution sous l'action de facteurs internes ou externes.

Dimorphisme : Existence, au sein d'une espèce animale ou végétale, de deux formes distinctes.

Ectoparasite : Organisme vivant à la surface des végétaux ou d'animaux parasités.

Embryogenèse : Ensemble des transformations morphologiques par lesquelles passent un animal ou une plante depuis l'état d'œuf ou de spore jusqu'à l'état adulte.

Endémisme : Caractère d'une espèce vivante qui est confinée dans une aire particulière (par exemple une île)

Endoparasite : Organisme vivant dans le sang, les cavités ou les tissus des animaux ou des végétaux parasités.

Exosquelette : Squelette externe. Cuticule externe dont la face interne permet l'attachement des muscles. Collectivement les plaques externes de la paroi d'un corps.

Génome : Lot chromosomique d'un gamète mâle ou femelle.

Hamulis : Chez les Odonates mâles, appendices latéraux de l'appareil copulateur placés sous le deuxième segment et maintenant l'ovipositeur pendant l'accouplement.

Hémolymphe : Chez les invertébrés, liquide présent dans le système circulatoire.

Histolyse : Dégénérescence et dissolution des tissus organiques. Pendant le développement post-embryonnaire changement profond de l'hypoderme, du système digestif, des muscles et des glandes salivaires.

Holocène : Période supérieure du quaternaire d'une durée approximative de 11 000 ans

Imago : Forme définitive de l'insecte adulte et sexué.

Létal : Se dit de toute cause qui entraîne la mort (gène, substance, rayonnement, etc.).

Lyse : Fonte ou destruction de cellules, de tissus ou d'organes sous l'action d'agents biologiques, chimiques ou physiques.

Malacologique : Relatif à la branche de la zoologie qui étudie les mollusques.

Nymphochrysalide : Dernier état des insectes hétérométaboles, qui précède le stade imago.

Ommatidie : L'une des unités constituantes de l'œil composé. Élément oculaire composant l'œil normal d'un insecte.

Paléolithique : Période archéologique d'une durée de quelques millions d'années (d'environ 3,5 millions d'années à 10000 avant aujourd'hui), marquée par l'emploi de la pierre taillée.

Parthenogenèse : Développement d'un individu à partir d'un œuf non fécondé.

Phylogénétique : Qui se rapporte à l'enchaînement des lignées animales et végétales, ou phylums, au cours de l'évolution.

Polymorphisme : Chez certaines espèces, coexistence de deux ou plusieurs formes distinctes.

Pruinescence : Poudre légère qui cache le brillant du tégument (d'un insecte). Elle s'enlève facilement, mais peut se régénérer.

Quaternaire : Ère géologique la plus récente et la plus brève, marquée par le développement de l'homme.

Sédiment : Dépôt d'origine détritique, chimique ou organique, résultant de l'altération chimique ou physique des roches, de la précipitation de matières dissoutes ou en suspension dans l'eau, ou de l'accumulation continentale ou marine de matières organiques.

Spéciation : Processus de formation d'une espèce nouvelle.

Tertiaire : Avant-dernière ère des temps géologiques, d'une durée de 63 millions d'années.

Würm : Dernière glaciation quaternaire alpine.

Chalcolestes viridis, mâle © J.-P. Boudot.

Index

Les noms valides sont en ***gras italique***, les synonymes en *italique*, les noms de famille en **gras**. Les numéros de page en **gras** renvoient aux monographies des espèces concernées.

Sympetrum striolatum. © J.-P. Boudot.

Biotope est un acteur français majeur de l'ingénierie écologique et de la conservation de la nature.

Créée en 1993 par des amis passionnés de nature, l'entreprise a évolué, durant toutes ces années, pour répondre aux problématiques émergentes.

La protection de la biodiversité, l'aménagement durable et la diffusion des connaissances constituent l'ADN même de Biotope. Les métiers développés au sein du bureau d'étude, du département Innovation, de la Fondation d'entreprise, de l'agence de communication et de la maison d'édition répondent à l'ensemble des besoins liés à la préservation de l'environnement.

Les Éditions Biotope publient de nombreux ouvrages naturalistes, guides d'identification, atlas de répartition, monographies, guides techniques, ainsi que de beaux livres de photographies. Issus de projets éditoriaux que nous soumettent leurs auteurs, ils peuvent également résulter d'initiatives que nous portons en réunissant des collectifs d'experts chevronnés, d'illustrateurs et de photographes. Quelle que soit la technicité des sujets abordés, notre ligne éditoriale impose toujours un haut niveau de vulgarisation, notre objectif étant de partager notre passion pour les sciences de la nature avec le plus grand nombre.

Éditions Biotope
30 boulevard Maréchal Foch
34140 Mèze – France
edition@biotope.fr
00 33 (0)4 67 18 65 39
www.biotope-editions.com

Conception et réalisation : **Biotope Communication Édition**

Suivi éditorial : **Jean-Yves Kernel**
Mise en page : **Noémie Tangapriganin**

Fabriqué en France par **SEPEC** (Ain) - 21754231238

PEFC 10-31-1470

Dépôt légal : avril 2024

Photo 1re de couverture : *Somatochlora metallica* (Cordulie metallique) © L. Rouschmeyer.
Photo 4e de couverture : *Ischnura elegans* (Agrion élégant) © C. Gosset/Biotope

Référence bibliographique à utiliser :

Boudot J.-P., Grand D., Wildermuth H. & Monnerat C., 2024. – *Les Libellules de France, Belgique, Luxembourg et Suisse*. Biotope, Mèze (Collection Parthénope), 3e éd., 472 p.